U0922273

中 国 国 家 标 准 汇 编

388

GB 22151～22185

（2008 年制定）

中国标准出版社　编

中 国 标 准 出 版 社

北　京

图书在版编目（CIP）数据

中国国家标准汇编：2008年制定.388：GB 22151～22185/中国标准出版社编.—北京：中国标准出版社，2009

ISBN 978-7-5066-5311-4

Ⅰ.中…　Ⅱ.中…　Ⅲ.国家标准-汇编-中国-2008　Ⅳ.T-652.1

中国版本图书馆CIP数据核字（2009）第082096号

中国标准出版社出版发行
北京复兴门外三里河北街16号
邮政编码：100045
网址 www.spc.net.cn
电话：68523946　68517548
中国标准出版社秦皇岛印刷厂印刷
各地新华书店经销

*

开本 880×1230 1/16　印张 38.25　字数 1 123 千字
2009年6月第一版　2009年6月第一次印刷

*

定价 200.00 元

ISBN 978-7-5066-5311-4

出 版 说 明

1.《中国国家标准汇编》是一部大型综合性国家标准全集。自1983年起，按国家标准顺序号以精装本、平装本两种装帧形式陆续分册汇编出版。它在一定程度上反映了我国建国以来标准化事业发展的基本情况和主要成就，是各级标准化管理机构，工矿企事业单位，农林牧副渔系统，科研、设计、教学等部门必不可少的工具书。

2.《中国国家标准汇编》收入我国每年正式发布的全部国家标准，分为"制定"卷和"修订"卷两种编辑版本。

"制定"卷收入上一年度我国发布的、新制定的国家标准，顺延前年度标准编号分成若干分册，封面和书脊上注明"20××年制定"字样及分册号，分册号一直连续。各分册中的标准是按照标准编号顺序连续排列的，如有标准顺序号缺号的，除特殊情况注明外，暂为空号。

"修订"卷收入上一年度我国发布的、被修订的国家标准，视篇幅分设若干分册，但与"制定"卷分册号无关联，仅在封面和书脊上注明"20××年修订-1，-2，-3，……"字样。"修订"卷各分册中的标准，仍按标准编号顺序排列(但不连续)；如有遗漏的，均在当年最后一分册中补齐。需提请读者注意的是，个别非顺延前年度标准编号的新制定的国家标准没有收入在"制定"卷中，而是收入在"修订"卷中。

读者配套购买《中国国家标准汇编》"制定"卷和"修订"卷则可收齐上一年度我国制定和修订的全部国家标准。

3. 由于读者需求的变化，自1996年起，《中国国家标准汇编》仅出版精装本。

4. 2008年我国制修订国家标准共5946项。本分册为"2008年制定"卷第388分册，收入国家标准GB 22151～22185的最新版本。

中国标准出版社

2009年5月

目　　录

ICS 03.100.01
A 02

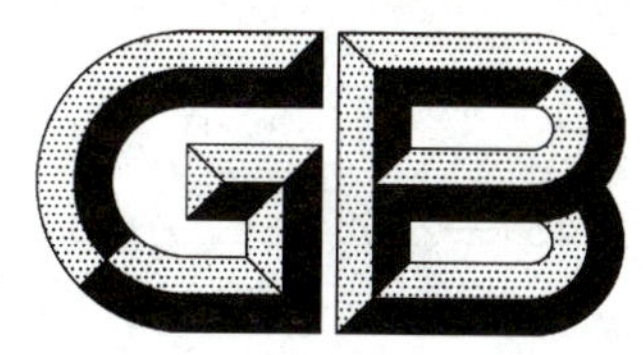

中华人民共和国国家标准

GB/T 22151—2008

国际货运代理作业规范

Guideline on international freight forwarding operation

2008-07-02 发布　　　　2008-12-01 实施

中华人民共和国国家质量监督检验检疫总局
中国国家标准化管理委员会　发布

前　言

本标准的附录均为资料性附录。

本标准由中华人民共和国商务部提出并归口。

本标准起草单位:浙江双马国际货运有限公司、中国国际货运代理协会、新景程国际物流有限公司、中国对外贸易运输(集团)总公司、中国海运(集团)总公司、中国中钢集团公司、锦程物流(集团)公司、北京交通大学、中钢国际货运公司、上海宝霖国际危险品物流有限公司、重庆市人民政府口岸办、重庆市国际货运代理协会、深圳市联合纵横国际货运代理有限公司、福建金航国际货运代理有限公司。

本标准主要起草人:林忠、王喜富、陈峥、冯建萍、杨旭、刘占芳、丁慎鹏、蒋寒松、王为、徐建东、刘军、孙林。

国际货运代理作业规范

1 范围

本标准规定了国际货运代理企业(以下简称“企业”或“货运代理”)的作业范围、各主要业务环节中的作业流程和作业规范要求。

本标准适用于国际货运代理和与其业务相关的企业,也可作为对企业进行规范与管理的依据。

2 规范性引用文件

下列文件中的条款通过本标准的引用而成为本标准的条款。凡是注日期的引用文件,其随后所有的修改单(不包括勘误的内容)或修订版均不适用于本标准,然而,鼓励根据本标准达成协议的各方研究是否可使用这些文件的最新版本。凡是不注日期的引用文件,其最新版本适用于本标准。

GB/T 22153—2008 国际货运代理通用交易条件

国际海运危险货物规则(IMDG CODE)33-06 版 中华人民共和国海事局

3 术语和定义

下列术语和定义适用于本标准。

3.1

国际货运代理 international freight forwarding

接受进出口货物收货人、发货人和其他委托方或其代理人的委托,以委托人名义或者以自己的名义,组织办理国际货物运输及相关业务,是提供国际货物流通领域的供应链及物流增值服务、国际多式联运的组织者、经营者。

3.2

国际货运代理企业 international freight forwarding enterprise

在中国境内依法注册并经行业主管部门备案(企业备案和业务备案)的从事国际货运代理、物流等业务的企业及其分支机构。

3.3

货运代理服务 international freight forwarding service

以独立经营人或代理人身份,为客户提供与国际货物运输相关的综合性物流服务工作,包括但不仅限于揽货、订舱(含租船,包机、包板、包舱)、托运、配载、换单、缮制单证、仓储、分拨、中转、集装箱的装拆箱;海上货物运输、陆上货物运输、航空货物运输、管道运输、江河货物运输及相关的短途运输;国际多式联运、集运(含集装箱拼箱)、国际铁路联运、国际快递;报关、报检、报验、保险;运费、杂费收付及结算;国际展品、私人物品及过境货物运输代理;以及包装、装卸、信息和咨询等有偿服务,以收取有偿服务报酬的经济活动。

3.4

国际货运代理作业 international freight forwarding operation

接受客户的委托,完成货物运输及相关业务的某个或多个环节,可以直接或通过其分支机构及其雇佣的第三方为客户提供各种服务的运作过程。

3.5

国际多式联运 international multi-modal transport

按照多式联运合同,以至少两种不同的运输方式,由多式联运经营人将货物从一国国境内接管货物的地点运至另一国境内指定交付货物的地点。

3.6

多式联运经营人 international multi-modal transport operator (MTO)

本人或通过其代表订立多式联运合同的任何人，其为事主而不是发货人的代理人或代表或参加多式联运的承运人的代理人或代表，并且负有履行合同的责任。

3.7

多式联运分包商 sub contractors of multi-modal transport

根据国际多式联运的需要，能为货运代理提供国际多式联运运作资源保障的下游企业或其他经营主体，包括但不限于：各种类型的运输企业或其他经营主体，仓储、装卸机具或包装设备等设备经营者；物流 IT 企业，以及上述企业或机构的代理人等。

3.8

运单 waybill

承运人和托运人之间缔结运输契约的凭证，承运人收运货物的证明文件。如公路运输运单、海运运单、航空货运单、航空货运分运单、国际铁路联运运单、国际多式联运运单、FIATA 运单、快递运单等。

3.9

电放 telex release

在装货港货物已装船，承运人签发提单后，托运人再将全套提单交回承运人，并出据保函，指定收货人，承运人以电讯方式授权其在卸货港的代理人，在收货人不出具提单的情况下交付货物。

3.10

仓储 warehousing

利用仓库存放、储存物品，并根据需要交付使用的行为。仓储活动包括存储保管、存期控制、库存控制、流通加工、数量管理、质量维护、出入库管理、整合运输和配载、分拣和组合、仓储质押监管等。

3.11

委托人 entrusting party

与货运代理签订合同、接受其提供的服务，依据合同享有权利并承担义务的法人或自然人，或与该合同有利害关系的法人或自然人。包括但不限于货物的所有人、托运人、发货人、收货人或其代理人。

3.12

长江内河支线运输国际货运代理企业 international freight forwarding enterprises involved in Yangtze River transport

利用长江水道向委托人提供国际货物运输、综合物流服务及相关业务的、并具有签发全程海运提单或国际多式联运单证或无船承运人单证资质的企业。

3.13

支线船 feeder ships

从事江河、沿海支线运输的船舶。

3.14

干线船 routing liner ships

从事海洋干线运输的船舶。

3.15

一程船、二程船 first voyage vessels, second voyage vessels

江河、沿海支线运输的出口支线船、进口干线船，为一程船；出口的干线船、进口的支线船，为二程船。

4 作业范围

4.1 以服务对象分类

根据货运代理的不同服务对象，其作业内容可包括，但不仅限于：

a） 为发货人服务

代替发货人承担在各种不同阶段的货物运输中的任何一项业务，包括以最快、最省的运输方式，安排合适的货物包装，选择合理的货物运输路线；向客户建议仓储与分拨；选择可靠、效率高的承运人，并负责缔结运输合同；安排货物的计重和计量（尺码）；代办货物的保险；拼装货物；装运前或在目的地分拨货物之前，将货物存仓（如果需要的话）；安排货物到装运港的运输，办理海关和有关单证手续，并将货物交给承运人；代表托运人/收货人承付运费、关税、税收等；办理有关运输的外汇交易；取得承运人签发的各种单证，并交付发货人，监督货物运输的进程。

b） 为海关服务

作为代理报关，办理有关进出口商品的海关手续时，不仅代表他的客户，也协助海关当局。

c） 为承运人服务

向海、陆、空承运人及时地订好足够的舱位，认定对承运人和发货人都是公平合理的费率，安排在适当的时间里交货，以及以发货人的名义解决与承运人或承运人代理的运费结算等问题。货运代理与承运人的关系随业务的不同而不同。

4.2 以服务角色分类

根据在提供服务中所承担的角色可分为但不限于：

a） 向客户提供有关服务的意见或建议的顾问；

b） 综合物流服务、多式联运的组织者；

c） 代理人；

d） 履约承运人；

e） 契约承运人；

f） 分包商。

4.3 与相关部门的联系

在提供上述服务中与相关部门包括政府当局和某些公共机构应建立、发展和保持联系。

货运代理与相关部门的联系示意图，参见图 A.1。

5 主要作业风险

5.1 作为代理人的主要风险

代理人主要风险包括：

a） 因安排运输疏忽，错发、错运、错交、迟延运输货物，遗漏、错误缮制、签发运输单证、文件而给委托人造成的费用损失；

b） 因受托包装、加固货物不当，而给委托人造成的货物损失；

c） 因临时保管不善，造成委托人的货物损失；

d） 因选择承运人、仓储保管人不慎，造成委托人的货物损失；

e） 因交付、接收货物疏忽，没有取得当时货物状况的证据，导致委托人不能向责任人索赔的损失；

f） 因装箱、拆箱、拼箱操作失误，造成委托人货物损失；

g） 因自身过错造成他人集装箱箱体及附属设备损坏；

h） 因报关、报检失误，违反进出口管制规定或海关、检验检疫机关要求而被有关当局征收额外的税费，处以相应的罚款；

i） 因代办保险失误，漏保、错保、申报错误，造成委托人不能或难以获得保险公司的赔偿；

j） 因侵权行为，造成第三人的人身伤亡或财产损失。

5.2 作为当事人的主要风险

当事人的主要风险包括：

a） 因运输工具本身发生火灾、爆炸、碰撞、倾覆，造成运载货物的损失；

b) 签发与事实不符的单证(如倒签、预借提单)、无单放货;
c) 在运输、看管、仓储、搬运、装卸、包装、保管的过程中货物被盗窃、污染、雨淋水淹、冲走,造成整件或部分损毁、灭失、污染、变质;
d) 运输过程中因挤压、碰撞、震动造成货物的破碎、弯曲、折断、散落;
e) 因包装不善,配载、积载不当造成的货物损失;
f) 错发、错运、错交致使货物迟延交付造成的运费损失;
g) 因其他原因迟延交付货物而被货主追究违约责任;
h) 因违规装运危险货物、特种货物,而对运输工具或其他货物造成损坏;
i) 因操纵运输、装卸、搬运工具,使用集装箱不当,损坏其他运输工具、集装箱、托盘、拖车等承载工具造成的损坏;
j) 因使用不符合规定的燃油、润滑油、电源,而对出租人出租的运输、装卸、搬运工具、承载工具造成的损害;
k) 因自有或租赁承载工具及所载货物重量申报不实而造成的运输、装卸、搬运工具、设备损坏和他人的人身伤害;
l) 因驾驶运输、装卸、搬运工具不当或其他原因,而造成第三人的人身伤亡和财产损失;
m) 因发生其他意外事故,造成第三人的人身伤亡和财产损失;
n) 因信息系统损毁、故障、软件错误、漏洞而给客户造成的财产和费用损失;
o) 因违规丢弃包装、捆绑、衬垫物料,清理、排放残留货物、废水、废渣、废油、废物造成的环境污染损害;
p) 因分包人履约过失所导致的风险。

6 主要业务环节作业规范要求

6.1 委托代理

接受客户的委托时,应与其签订货运代理委托协议。委托协议应明确以下内容:

a) 委托人和代理人的全称、注册地址、联系方式;
b) 详细、明确的服务范围;
c) 委托方应提供的单证及提供的时间;
d) 双方的权利和义务;
e) 明确为履行全部或者部分委托事宜,货运代理可以自己的名义与第三人签订合同,该合同效力及于委托方;
f) 委托方和代理人的特别约定;
g) 合同价款及支付方式:合同价款及构成、合同价款支付的时间约定、合同价款的调整;
h) 保密条款;
i) 不可抗力条款;
j) 违约责任;
k) 一般条款,包括法律适用;合同的订立、解释、履行、修改、终止及争议的解决;合同的完整性;合同的分割性;
l) 选择 GB/T 22153—2008 相关内容并入合同。

6.2 订舱

6.2.1 接受委托后,应根据客户提供的有关贸易合同或信用证条款的规定,在货物出运之前一定的时间内,及时填制订舱单向承运人或其代理人申请订舱。

6.2.2 应考虑航线、运输工具、运输要求、港口(场、站)条件、运输时间等方面能否满足运输及单证的要求。

6.2.3 根据客户提供的具体货物名称、数量、种类、航程、时间要求、货物备妥时间、偏好之船公司或其他承运人等信息，及时报出运价。

6.2.4 按客户或信用证的要求选择合理的运输方式和快速、安全、经济的运输线路，并及时安排运输。

6.2.5 订舱联系单所列项目必须完整、正确地填写。

6.2.6 危险品订舱时，应按《国际海运危险货物规则》(IMDG CODE)的规定注明等级、编号和性质(如有毒、易燃、易爆、放射性)。

6.2.7 贵重物品要加注货价，选配适当运输工具，保证货物安全；对按货价区分运价等级的五金、钢材，要列明 FOB 单价以作为支付和审核运费的依据。

6.2.8 凡每件长度超过 9 m，重量超过 5 t 的货物，应在进出口订舱联系单上注明；成套设备和机械设备重大件(包括裸装设备及大型箱装机器)；凡毛重超过 20 t，长度超过 12 m，宽度超过 2.3 m，高度超过 2.2 m 货物，应在订舱联系单上逐件注明。各种车辆不论是否超长超宽，应注明长、宽、高以计算积载费用。

6.2.9 特殊货物如散油、冷藏货及鲜货、活货的订舱，应在进、出口订舱联系单上列明具体货物运输温度等要求。

6.2.10 接受超重、超限箱或特殊货物订舱前，应得到中转港、过境港、目的港代理的同意和托运人的收费标准书面确认。

6.2.11 应要求托运人准确提供货物的总长/总宽/总高/总重。对于特种箱的货物，必须提供货物的超长/超宽/超重的具体数字，以安排舱位和作为审核时的参考。

6.3 托运

有以下情况不应接受托运：

a) 非法经营进出口业务或货运代理业务的企业或个人所托运的货物；

b) 国家规定禁止进出口的货物；

c) 托运单证内容与实际出运物品明显不相符的货物；

d) 明知违反运输合同规定，包装不良的货物；

e) 资料不全，货物性质不清，说明模糊，没有危险品鉴定包装证书的危险品货物；

f) 拖欠运费及其他费用严重，信誉不好的托运人所托运的货物；

g) 托运单证不齐全，单证内容不正确或托运不及时的货物。

6.4 货物收受

6.4.1 收受货物应与单证交接同时进行。

6.4.2 检查货物的外表包装是否适合运输、仓库存储或者货物的特殊属性，和符合相关的技术要求。

6.4.3 货物包装外表是否注明搬运、储存、防护等标识。

6.4.4 注意在客户的订舱单上是否注明对货物的储存、防护或者对运输有特殊要求。

6.4.5 提示客户是否对货物有特殊要求，如果没有特殊要求，将按普通货处理，对因此造成的货物损坏或者造成客户和/或第三人的任何损失或者责任，由客户承担。

6.4.6 提示客户如实申报货物名称，不得在货物中夹带易燃、易爆、有毒、有腐蚀性、有放射性物品及国际规定的禁止进出口的物品。对具有危险品性质的货物，无论是否在《国际海运危险货物规则》中列明，无论客户是否进行了危险品申报，因由危险货物造成的一切损失、责任、费用，均由客户承担。如果托运的货物是危险品，客户应当确定该危险品等级并书面告知。

6.4.7 按合同约定的时间、地点、数量、质量、外表等要求进行货物收受并做好单证交接和记录明细。

6.5 运输、中转、集运

国际集装箱多式联运进口单证流转示意图，参见图 I.1。

国际集装箱多式联运出口单证流转示意图，参见图 J.1。

国际集装箱铁海联运出口业务流程图，参见图 K.1。

国际多式联运方案设计的内容与程序流程图，参见图 L.1。

6.5.1　在使用自己的运输工具进行运输或在签订协议和以承运人身份签发运输单证时，应承担当事人责任。

6.5.2　应按照合同的要求提供适合的运输工具，并应谨慎处理，使所提供的运输工具处于适航、适货，妥善配备适格的作业人员。

6.5.3　妥善地、谨慎地装载、搬移、积载、运输、保管、照料和卸载所运货物。

6.5.4　按照约定的或者习惯的或者地理上的航线将货物运往卸货港。

6.5.5　以契约承运人身份，如无船承运人，开展货物运输经营活动时，应妥当地履行承运人的义务。

6.5.6　无船承运人应公布运价本，内容可包括货物分级表、航线费率表、附加费表、冷藏货及活性畜费率表等，按照各种商品的不同积载因素、不同性质和不同的价值结合不同的航线加以确定。

6.5.7　以多式联运经营人身份，开展多式联运经营活动时，应承担合同事主的责任。

6.5.8　国际多式联运经营条件：

a)　资格经行业主管部门备案；

b)　拥有国际多式联运线路以及相应的经营网络；

c)　与有关的实际承运人、场站经营人建立长期合作关系；

d)　拥有必要的运输设备，尤其是场站设施和短途运输工具；

e)　拥有足够的资金和良好的资信；

f)　拥有符合行业主管部门规定要求的国际多式联运单据；

g)　具备自己所经营国际多式联运线路的运价表；

h)　投保责任险。

6.5.9　运输方式的选择

应根据各种运输方式的特点、服务性的内容进行综合考察，突出的决定性因素是运输成本、运输时间、可靠性、运输能力、可用性和安全性。其他因素包括运输货物的适应性，能适合多种运输需要的伸缩性，与其运输方式衔接的灵活性，提供货物所在地位置信息的可能性。

6.5.10　运输线路的选择

6.5.10.1　以效益最高、成本最低、路程最短、服务水准最优、运力利用最合理、劳动消耗最低等为目标。

6.5.10.2　尽量安排直达运输，以减少运输装卸、转运环节、运输时间，节省运输费用。

6.5.10.3　选择自然条件和装卸设备较好、费用较低的港口。

6.5.10.4　运输线路选择需考虑的约束条件：

a)　满足所有客户对货物品种、规格、数量的要求；

b)　满足客户对货物发到时间范围的要求；

c)　在允许通行的时间内进行运送；

d)　各运送路线的货物量不得超过运输工具容积和载重量的限制；

e)　在企业现有运力允许的范围内。

6.5.11　选择运输线路时应注意的事项：

a)　与其他环节的运输线路选择结合在一起；

b)　运输线路中装卸地点的选择；

c)　集运与运输线路选择。集运的目的在于节省运输费用，提高运输工具的载运率。

6.5.12　运输工具与设备的选择

6.5.12.1　对运输工具的类型、吨位(载重量)、国籍、出厂日期等有关指标的选择。

6.5.12.2　在运输线路上合理配置不同技术性能与经济性能的运输工具。

6.5.12.3　选用合理的装卸搬运设备，提高效率，最大限度地防止货物运输事故的发生，尤其是对于超长、超宽、超高、超重、移动困难、易损坏的货物。

6.5.13 考虑货物运输的实际情况和运输要求、运输线路和港口、内陆场站及经济合理等因素，合理选择集装箱。

6.5.14 在设计运输包装时要考虑对运输方式的适应性和方便性，以及何时何地将运输包装转换为销售包装。

6.5.15 自营与分包的选择

运用市场机制，合理使用自有运力和对外采购运力。

6.5.16 集运

6.5.16.1 分析集运各个环节，实现业务程序的有效性和单证作业的正确性。

6.5.16.2 减少运输方式带来更多的中间环节和产生的额外费用。

6.5.16.3 选择中转港作业条件好、能力强、关系好、信誉高的代理人。

6.5.16.4 建立应付突发事件的程序。

6.5.17 中转货物做到及时、安全，并随时掌握中转信息。

6.5.18 提供航空包机运输服务应详细考虑每个环节，注意以下流程环节的合理性：

a) 货物装机不出现差错；

b) 卸货时需要对货物称重以保证报关时不出现差错；

c) 外包装变形的货物的实际尺寸需要重新测量；

d) 打板应符合货物的实际尺寸及客户的要求；

e) 轻泡货与重货合理搭配打板，最大化地利用机内舱室限重和限高；

f) 散货打板最大化利用、填充机内剩余舱室。

6.5.19 包舱运输

6.5.19.1 按约定时间将货物送到指定机场，自行办理检验检疫等手续后办理托运手续。

6.5.19.2 包舱货物的实际重量和体积不得超过包舱运输合同中规定的最大可用吨位和体积。

6.5.19.3 不因货物迟到、装机困难、货物不符合安全要求、卸货不及时等而造成飞机延误。

6.6 成本费用分析

6.6.1 多式联运成本费用分析

6.6.1.1 运输线路、运输方式、实际承运人的选择。包括运费高低、运输时间的长短、运输的次数（频率）、运输能力的大小、运输货物的安全性、运输货物的准确性、运输货物的适用性、能适合多种运输需要的伸缩性、与其他方式衔接的灵活性，提供货物所在位置信息的可能性。

6.6.1.2 运输线路区段划分。包括与货主、各派出机构、代理人、实际承运人之间的信息、单证传递费用、通信费用、单证成本和制单手续费，以及派出机构的管理费。

6.6.1.3 将货物分派或分配到各备选的运输方式的选择。包括集疏运费、港区场站服务费、集装箱租赁费、保险费、在途库存成本、始发地库存成本、目的地库存成本等构成。

6.6.1.4 预期取得毛利润。包括市场竞争情况和竞争需要。

6.6.2 国际铁路联运运价分析

国际铁路联运出口货物运输流程图，参见图 F.1。

国际铁路联运代理出口业务流程图，参见图 G.1。

铁路集装箱办理站作业流程图，参见图 H.1。

6.6.2.1 发送路的运送费用。

6.6.2.2 到达路的运费费用。

6.6.2.3 过境路的运送费用。

6.6.3 内陆运价分析

6.6.3.1 运费、关税及清关费用。

6.6.3.2 货物的包装费用。

6.6.3.3 无效运输及更改运输线路与方向的费用。

6.6.3.4 公路、铁路及内河运输的装箱时间及延滞费。

6.6.3.5 额外服务及附加费。

6.6.4 集装箱整、拼箱运输费用分析

6.6.4.1 启运港的费用。包括货物提前进站的仓储费用和海关监管费、提运空箱和重箱进场的拖运费和码头费用、货物的装箱费和理货费用等。

6.6.4.2 海运运费及船舶代理办理有关订舱业务收取手续费等。

6.6.4.3 目的港费用。包括提运重箱和还空箱的拖运费和码头费用、拆箱费和理货费、分拨费和相关的代理手续费、拼箱货的仓储费用、其他特殊费用等。

6.6.4.4 拼箱货混拼运费分析,还包括中转港再拼箱及理货的费用、集装箱的拖运费和仓储费、中转港代理人的费用、其他相关的服务费用。

6.6.5 航空运费分析

国际快递服务流程图,参见图 P.1。

航空货物出口运输代理业务流程图,参见图 Q.1。

6.6.5.1 货物的适用运价与货物的计费重量。

6.6.5.2 航空区域、货物种类不同所适用的最低运价、普通货物运价、等级货物运价、指定商品运价的不同。

6.6.5.3 体积重量和实际重量的不同。

6.6.5.4 航空货物运价的“递远递减”的原则。

6.6.5.5 飞机载运能力受飞机最大起飞全重和货舱本身的体积限制。

6.6.5.6 提供地面运输、仓储、制单、国际货物的清关等服务的部门所收取的费用。

6.6.5.7 货物航空运价、运费的货币进整。

6.7 代理报关、报验

出国展览会展品报关业务流程图,参见图 M.1。

进(来)料加工货物基本通关作业流程图,参见图 N.1。

报关业务流程图,参见图 O.1。

6.7.1 履行代理人职责,配合海关监管和出入境检验检疫机构的工作。

6.7.2 应当妥善保管海关、检验检疫机构核发的注册登记证书等相关证明文件。

6.7.3 配备合格的报关员、报检员。

6.7.4 与委托方签订书面委托协议,载明受托报关企业名称、地址、委托事项、双方责任、期限、委托人的名称、地址等内容,由双方签章确认。

6.7.5 建立、健全代理报关、报检业务档案,真实、正确、完整地记录其承办业务的所有活动,并自觉接受海关、检验检疫机构的日常监督和年度审核。

6.7.6 报关、报检的单证在递交海关、检验检疫机构之前,要认真审核,做到资料齐全,内容准确,不错填、漏填。

6.7.7 需要变更,提示客户应在报关、报检前提出,并应出具书面的变更通知。报关后有正当理由更改的,客户应书面委托。

6.7.8 对实施代理报关、报检中所知悉的商业秘密负有保密义务。

6.7.9 不得有下列行为:

a) 闯关;

b) 滥用报关权;

c) 弄虚作假、投机取巧;

d) 以任何形式出让名义,供他人办理报关、报检业务;

e） 借海关、检验检疫机构名义向委托人收取额外费用。

6.7.10 代理报关的货物涉及走私违规情事的，应当接受或者协助海关调查。

6.7.11 积极协助客户办理退税手续。

6.7.12 海关监管站、保税仓库、监运车队和到异地报关的货物操作，要严格遵守海关规定。

6.7.13 转关货物未经海关许可，不得进行任何处置。转关货物运输途中因交通意外等原因需要更换运输工具或驾驶员，应通知附近海关，经附近海关核实同意后，方可在海关的监管下换装运输工具或更换驾驶员。

6.7.14 退关货物和因故未及时出运的货物，应在得到退关通知后及时向海关注销。退关货物重新出运，要另行报关。

a） 退运进口通关

原出口货物退运进境时，原发货人或其代理人应填写进口货物报关单向进境地海关申报，并提供原货物出口时的出口报关单，以及保险公司证明、承运人溢装、漏卸的证明等有关资料。原出口货物海关已出具出口退税报关单的，按规定办理手续。

b） 退运出口通关

因故退运出口的境外进口货物，原收货人或其代理人应填写出口货物报关单申请出境，并提供原货物进口时的进口报关单，以及保险公司、承运人溢装、漏卸的证明等有关资料，经海关核实无误后，验放有关货物出境。

c） 出口退关货物

出口货物经海关放行后因故未能装上出境的运输工具，发货人或其代理人请求将货物退运出海关监管区域不再出口，按规定办理货物运出海关监管场所手续。

6.7.15 协助客户做好出入境检验检疫工作。

6.7.16 及时申报、检验、出证，无特殊情况不得影响货物的按时出运或中转。

6.7.17 配合检验检疫机构对其所代理报检的事项进行调查和处理。

6.7.18 按照检验检疫机构的要求，负责落实检验检疫场地、时间等有关事宜。

6.7.19 按照规定代委托人缴纳检验检疫费，并将向检验检疫机构的缴费情况以书面形式如实通知委托人，以备检验检疫机构随时进行抽查、核实。

6.8 业务单证

杂货班轮货运及主要单证流程图，参见图 B.1。

6.8.1 建立严格的单证审核制度，做到谨慎缮制，认真审核，保证单证一致，单单一致，单货一致，单约一致，防止因单证错误、缺失影响业务的开展。

6.8.2 接受更改单宜在出口货物装上运载工具前，当运载工具离开装运港后不接受更改。接受更改单后应及时处理，并通知有关方。

6.8.3 由承运人出具的运输单证，如海运提单、国际陆运运单、承运货物收据、航空货运单、邮政收据，在取得实际承运人运输单证后最迟不得超过 2 个工作日，将单据寄交托运人。

6.8.4 装箱单要在货物装箱后 1 个工作日内集中并交有关方。

6.8.5 核销单、退税单要在海关审核退回后 5 个工作日内寄交托运人。

6.8.6 签发提单、运单、航空货运分运单的企业应具备以下的条件：

a） 签发无船承运人提单，应取得无船经营者资格；

b） 签发国际货运代理多式联运提单、运单、航空货运分运单，应经行业主管部门备案；

c） 具有良好的信誉；

d） 最低注册资本、具有从业资格的人员数量应符合规定；

e） 投保国际货运代理提单责任保险；

f） 其中至少有 1 名从业经验丰富的高级管理人员。

6.8.7 FIATA 单证的签发，还应符合下列要求：

a) 经 FIATA 授权并在其许可地域范围内使用；

b) 签署者需经企业全权授权；

c) 签署者应熟知签发单证所应承担的责任和义务；

d) 签单章、修改章应妥善管理，包括登记、发放、作废和更换；

e) 除非实际掌控货物或作为实际承运人，否则不增加任何手写、打印的条款或作任何与 FIATA 单证条款和条件相抵触的修改。

6.8.8 提单

6.8.8.1 提单签署

a) 签署者的手迹或印摹、签章应备案，可供查询；

b) 签署的提单上应有查询编码，可供查询签发企业或其分支机构、代理人、签发人、签发日期。

6.8.8.2 提单记载内容

以收货单（杂货运输）或场站收据（集装箱运输）为依据，对提单所记载的，包括提单的各个关系人的名称、货物的名称、包装、标志、数量和外表状况、运输路线、处置及任何特殊要求等项内容的必要记载事项进行认真仔细的核对、审查，使不正确的内容能得到及时纠正，做到所签发的提单字迹清晰、整洁、内容完整、不错不漏。

6.8.8.3 提单的份数和签发日期

a) 正本提单的份数应分别记载于所签发的各份正本提单上；

b) 正本提单应标注“Original”字样；

c) 提单上记载的提单签发日期应是提单上所列货物实际装上运载工具的日期。

6.8.8.4 提单的更正

a) 提单的更正应在规定的截单日期之前办理，减少因此而产生的费用和手续；

b) 货物已经装上运载工具，而且已经签署了提单后托运人才提出更正的要求，如承运人考虑各方面的关系后同意更改的，应收回原来所签发的提单；

c) 因更正提单内容而引起的损失和费用，都应由提出更正要求的托运人负担。

6.8.8.5 提单的补发

如果提单签发后遗失，托运人提出补发提单，承运人会根据不同情况进行处理。如要求提供担保或者保证金，还要依照程序将提单声明作废。

6.8.8.6 提单的背书

a) 不论是记名提单、不记名提单，还是指示提单，在凭提单提货或者换取提货单时，收货人都应在提单上记载提货的意思表示，通常是由收货人在提单的背面盖章、签字；

b) 记名提单，不得转让；不记名提单，无须背书，即可转让；指示提单，经过记名背书或者空白背书转让。

6.8.8.7 提单的缴还

a) 收货人提货时必须以提单为凭，而承运人交付货物时必须收回提单并在提单上做作废的批注；

b) 提单没有缴还给承运人时，承运人就必须继续承担运输合同和提单下的义务。如果承运人无提单放货，就必须为此而承担赔偿责任，即使是实际提货的人原本是有权提货的人时也不例外。

6.8.8.8 提单“电放”

收回全套提单，并要求托运人和收货人出具保函。

6.8.9 运单签发

a) 运单上印有“不可转让”(non negotiable)；

b) 通常只签发一份正本货运单；

c) 如经请求，也可签发两份或两份以上的正本货运单；

d) 如托运人要求更改收货人，承运人应要求托运人交回原来已经签发的运单，然后再按托运人的要求签发已更改收货人的运单；

e) 海运单签发程序：

——承运人签发海运单给托运人；

——承运人在船舶抵达卸货港前向海运单上记名的收货人发出到货通知书；

——收货人在目的地出示有效身份，证明其为海运单上记载的收货人，并将其签署完的到货通知书交给承运人的办事机构或当地代理人，同时出示海运单副本；

——承运人或其代理人签发提货单给收货人；

——一旦这批货物的运费和其他费用结清，同时办好海关等所有按规定应办理的手续，收货人就可以提货。

6.8.10 货运代理收货凭证(FIATA FCR-Forwarders Certificate of Receipt)

6.8.10.1 收货凭证签发，证明货运代理根据不可撤销的指示已实际占有特定的货物并要将货物发送给收货凭证所记载的收货人。

6.8.10.2 签发收货凭证时，货运代理应确认自己或代理人(分支机构、中间的货物运输代理等)已收到特定货物并已取得处置货物的唯一授权；货物表面状况良好；凭证内容与其所接受的指示一致；运输单证上(如提单等)条款与收货凭证所列的责任条款一致。

6.8.10.3 收到货物后，应将收货凭证交与发货人。

6.8.10.4 只有提交正本收货凭证给签发凭证的货运代理，而且该货运代理处于可撤销或变更的条件下，才能撤销对货运代理所做的指示。

6.8.10.5 收货凭证是不可转让单证，因交付货物给收货人不是依据已签发、仅有一份正本的收货凭证的递交。

6.8.10.6 收货凭证只有一份正本，如需要多份凭证时，其他几份必须印有“副本不可转让”字样。

6.8.11 仓单是提取仓储物的凭证，客户或者仓单持有人在仓单上背书并经保管人签字或盖章的，可以转让提取仓储物的权力。

6.9 仓储、物流服务

6.9.1 在履行物流服务合同时，企业可自行决定将部分物流服务委托分合同方完成，但应保证分合同方将如同自己一样遵守合同的规定，并承担因分合同方违反合同的规定而造成的一切损失与责任。

6.9.2 货物保管人要求

6.9.2.1 宜采取先进的技术和机械设备、合理的保管措施、有效的管理手段，妥善和勤勉地保管仓储物，保管物除了所发生的自然损耗和自然减量外，不发生差、损、错事故。

6.9.2.2 制定货物保管养护计划、设备利用计划、劳动力组织计划和储存费用计划时应考虑以下情况：

a) 货物的市场供求变化情况；

b) 存储货物的种类、性能、体积、重量、数量、规格、型号、包装、批次、特殊要求；

c) 仓储量和周转量的波动周期、波动范围、波峰波谷值；

d) 货物的合理堆码方式；

e) 所需最大最小面积；

f) 货物流向、出入库的装卸搬运方式；

g) 月度、旬度出入库计划。

6.9.2.3 要根据各类货物的堆码要求，对堆码形式、堆码方法、堆码的技术要求进行标准化堆码管理。

6.9.2.4 固定货位、统一编号、绘制仓库货物堆放平面图，并进行必要的苫盖。

6.9.2.5 根据货物不同的理化性质，确定其正确的防湿、防霉、防火、防锈蚀等技术措施，保护入库货物的安全完好无损。

6.9.2.6 按照客户的要求分批收货和分批出货，对储存的货物进行数量控制，配合物流管理的有效实施，同时向客户提供数量的信息服务，以便客户控制存货。

6.9.2.7 建立货物入库验收制度、签发规定票据以及台账登记的办法进行货物交接、验收、登记、入库。

6.9.2.8 认真验收，分清仓库保管人与客户或运输承运人的责任。

6.9.2.9 仓储物发生危险时，需要及时采取有效的措施减少损失，并及时通知客户。

6.9.2.10 仓储物有变质或者其他损坏的可能，危及其他货物的安全和正常保管，应通知客户并在征得其书面同意后做出必要的处理，并将结果及时通知客户。

6.9.2.11 发现仓储物临近失效期或有异状时及时通知客户，客户未告知有效期的除外。

6.9.2.12 冷冻货、危险品、特种货物要严格按要求保管，重大件、机械设备要注意堆放，防止变形。

6.9.2.13 货物出库：

a) 制定货物出库放行办法；
b) 核对凭证、防止差错；
c) 备妥货物、准备出库；
d) 核对实物、再行付货；
e) 货物出库后，更新台账，做好信息储存，为统计、查询、核算费用提供准确的依据；
f) 出库应做到及时、准确、方便、完好，使客户满意，全面履行仓储合同约定的义务。

6.9.2.14 物流服务：

a) 保管物在保管期间，保管人根据客户的要求对保管物进行外观、形状、成分构成、尺度等加工，使仓储物发生客户所希望的变化；
b) 货物包装，包括外包装、内包装和分拆/组装后的适当包装，应适合运输条件和各种天气的变化，并符合有关主管机关所规定的标准；
c) 根据流出去向、流出时间的不同进行分区分类，分别配载到不同的运输工具，配送到不同的目的地；
d) 按客户要求，通过在仓储中整合、分类众多小批量的托运货物，进行合并、配载运输；
e) 使用适用、安全、可靠的仓储、配送信息系统来管理相应的操作和服务，该系统应当具备在紧急情况下（如断电、断线）持续、安全工作的能力，以保证操作的连续和信息的完整；
f) 发现运载工具（船舶、飞机、火车）、航次、关单号、货物数量、重量、尺码、包装、唛头、装卸港口、交货地点有差错或混票等问题应及时向有关方联系，查明后更正；
g) 重量和尺码必要时需进行复丈复磅，如有争议，以口岸商检衡定为准；
h) 松钉、散箍、更换包装等要及时联系客户，或协助客户修补。

6.10 装、拆箱

整箱货出口货运代理业务流程图，参见图C.1。

整箱货进口货运代理业务流程图，参见图D.1。

拼箱货业务流程图，参见E.1。

6.10.1 提取空箱

6.10.1.1 在领取空箱时，应与集装箱堆场办理空箱交接手续，并填制设备交接单。

6.10.1.2 不使用损坏或变形的集装箱装载货物，避免因集装箱的缺陷造成货损。如因集装箱短缺需使用有微小缺陷的集装箱时，应事先告知客户供其选择是否使用，或者异地换提箱。

6.10.2 货物装箱

6.10.2.1 应根据订舱清单的资料，并核对场站收据和货物装箱的情况，填制集装箱货物装箱单。

6.10.2.2 应按装箱单配货装箱，做到紧密、整齐、牢固，充分利用箱容，不混票、不污染、不串味，不同性质的危险品不混装，重大件必要时必须衬垫、绑扎。

6.10.2.3 进口货拆箱需核对装箱单，分清唛头，分清票数，分别堆装，利于快速中转或客户提货。

6.10.2.4 发现原配计划与实际装箱有较大差异，应及时反映，取得同意后再修改原计划执行。

6.10.2.5 配合海关监装、监卸和监管转运，海关人员不在场时，如发现问题，及时报告。

6.10.2.6 如因意外事故无法按时到达指定位置装载集装箱，应及时告知原因与车辆目前位置，防止因集装箱车司机路况不熟或因道路拥挤、堵塞无法及时抵达，延误客户工作。

6.10.3 **整箱货交接签证**

6.10.3.1 集装箱交付码头堆场验收后，应取得经签署的场站收据。

6.10.3.2 凭据经签署的场站收据要求承运人签发提单。

6.10.3.3 集装箱进口接运时，应提前做好准备，并及时告知收货人。汇集单证保持与港方联系，做到谨慎接卸。

6.11 **货物交付**

6.11.1 货物到目的港后，尽早、尽快、尽妥地通知货主到货情况，提请货主配齐有关单证，尽快报关，减少货主仓储费、避免滞纳金。

6.11.2 空运货物到货通知应向货主提供到达货物的以下内容：运单号、分运单号、货运代理公司编号、件数、重量、体积、品名、发货公司、发货地；运单、发票上已编注的合同号、随机已有单证数量及尚缺的报关单证；运费到付数额，货运代理公司地面服务收费标准；货运代理公司及仓库的地址（地理位置图）电话、传真、联系人；提示货主超过海关规定的时间报关将被收取滞报金。

6.11.3 按合同约定的时间、地点、数量、质量等要求进行交货并做好记录明细。

6.11.4 货物交付时，应认真查对收货人证件，并经收货人检查货物完好无误后，签字、确认提货。

6.11.5 在使用提单提取货物的情况下，及时和收货人联系，取得经正确背书的提单，并要求付清应该支付的费用，换取提货单，办理进口手续提取货物。

6.11.6 在使用"电放"提单的情况下，证实收货人的身份，不错交货物。

6.11.7 在使用运单提取货物的情况下，认真核实运单上注明的收货人的证明材料。

6.11.8 发生货物差错，应及时通知相关人员，会同收货人做好相关记录。

6.11.9 及时递交收货人签字确认后的单证及相关记录。

6.12 **责任风险管理**

6.12.1 投保国际货运代理人责任险。具有法人资格的企业投保国际货运代理人责任险，最低保险限额为100万元人民币。企业每增设一个分支机构，增加保险金额不低于20万元人民币。

6.12.2 以当事人或契约承运人身份签发国际货运代理提单的，投保国际货运代理提单责任险。具有法人资格的企业投保国际货运代理提单责任险最低保险限额为100万元人民币。企业每增设一个分支机构，增加保险金额不低于20万元人民币。

6.13 **货物保险与索赔**

6.13.1 **接受客户委托**

6.13.1.1 委托内容应明确货物名称、标记、规格、数量、投保价值、投保金额、投保币种、投保险别、保险起讫地、客户能够接受的保险费率。

6.13.1.2 如果客户指定保险人，需要明确其所指定保险人的具体名称。

6.13.2 **协商保险条件**

协助客户与保险人协商保险条件。包括保险责任、附加承保条件、保险人义务、被保险人义务、除外责任、保险费率、免赔额/免赔率、赔偿处理等事项。

6.13.3 **代办投保手续**

按照客户的指示，向满足客户投保要求的保险人办理投保手续，协助客户填具投保单，并以客户的名义（投保单由客户签章）向保险人投保。

6.13.4 **完善投保手续**

取得保险单和保费发票或保费通知单后，认真审核并交由客户确认，完成投保手续。但应注意暂保单不作为投保手续完成的最终凭证。

6.13.5 缴付保费

协助客户按照保险合同的规定及时支付保险费，确保合同的履行。

6.13.6 退保限制

海洋货物运输保险责任开始后，被保险人不得要求解除保险合同。

6.13.7 预约保险

如果客户在一定期间分批装运或者货运代理分批接受货物的，协助客户与保险人订立预约保险合同，提高保险操作效率。预约保险合同须逐票核实并以起运通知的形式，在客户与保险人间建立完备的起保通知机制。

6.13.8 如实告知义务

在订立保险合同前，提示客户投保人应将其知道的或者在通常情况下应当知道的有关影响保险人据以确定保险费率或者确定是否同意承保的重要情况，如实告知保险人。货物运输代理应协助客户履行如实告知义务。

6.13.9 协助索赔

在保险期间发生保险事故，有义务尽力协助客户向保险人索赔。特别是既负责协助投保又负责办理接货手续的货运代理(在海运时的通知方)，在接货时应：

a) 认真验收货物，及时检查货物外观和清点货物数量；
b) 发现货损货差应向有关责任方(如：海、陆、空运的承运人或多式联运经营人、港务当局等)或理货公司索取货损货差证明；
c) 当发现货损有可能扩大时，应协助客户采取必要的合理措施，防止或减少损失；
d) 协助客户联系目的港或目的地商检机构和/或保险人公估人有关货损检验事宜，同时协助客户进行货物检验；
e) 协助客户与有关责任方进行交涉；
f) 协助客户收集有关索赔单证；
g) 货运代理作为保险代理人时，应根据保险人的委托，在保险人授权的范围内代为办理保险业务，禁止有下列行为：
  ——擅自变更保险条款，提高或降低保险费率；
  ——利用职业便利强迫、引诱投保人购买指定的保单；
  ——使用不正当手段强迫、引诱或者限制投保人、被保险人投保或转换保险人；
  ——串通投保人、被保险人或受益人欺骗保险人；
  ——对其他保险机构、保险代理机构做出不正确的或误导性的宣传；
  ——挪用或侵占保险费。

6.14 运费核算管理

6.14.1 接受并收集原始单据

财务部门在运费核算之前，应收集所有的原始单据，并办理相应的签收手续。

6.14.2 原始单证的审核

财务部门应对收到的各种原始单据进行完整细致的审核。

6.14.3 应收应付账款的挂账

财务部门根据审核无误的原始单据，即可填制会计凭证。

6.14.4 运费的更正

当发现运费错误时，应按规定的程序进行更正，更正要准确及时，以免耽误运费的催收和结算。

6.14.5 运费结算及入账

6.14.5.1 运费结算单据的处理

揽货及业务人员在接受货主承运要求同时，应与货主谈妥支付运费的方式，具体包括：现金、支票、托收、异地汇款。

6.14.5.2 **收款入账**

当运费款项入账后，财务人员根据银行入账单据、发票记账联、经货主确认的收费明细等原始资料填制记账凭证，冲减货主欠费。

6.14.5.3 **收款凭证的复核**

财务人员应将填制完毕的收款记账连同后附的原始凭证一并复核。

6.15 **客户的信用管理**

6.15.1 建立客户信用等级评定制度，定期评定客户的信用等级和信用额度。

6.15.2 建立重点客户的信用状况跟踪系统。经常跟踪、了解、分析客户的信用状况、经营及财务状况，一旦发现客户财务状况恶化，不能按时付费，即刻采取必要的措施。

6.16 **信息服务与管理**

6.16.1 提供真实、准确、连续、完整的货物运输情况以及客户要求的其他信息，对于与运输计划存在差异之处，应及时通知客户，最大程度地保护客户的利益。

6.16.2 信息化管理要覆盖、贯穿业务管理的全过程，信息化建设和业务管理一体化。包括作业流程、业务管理、电子单证管理、财务管理、客户管理、合同管理、信用管理、质量管理、货物跟踪、客户信息自动查询、客户信息人工查询。

6.16.3 不得随意泄漏合同任何一方的业务经营、经营渠道、操作程序、标准、价格及其他财务记录等资料，并应采取必要的措施，将所知悉或了解的信息限制在有关职员、代理人或顾问的范围内，并要求他们严格遵守保密条款不将有关信息泄漏予任何第三方。

6.16.4 提示客户下达任何指示均应当采用书面形式(限于信件、电报、电传、传真、电子数据交换、电子邮件)，且应当明确、可辨识。由于客观条件限制无法下达书面指令的，客户可以采用口头指令，但客户应该在口头指令24小时内采用书面形式对口头指令进行确认。但书面确认与口头指令不同的，如果该口头指令已被履行的，该口头指令是有效的。

6.17 **长江内河支线运输作业规范特殊要求**

6.17.1 **订舱**

6.17.1.1 应根据客户提供的有关贸易合同或信用证条款的规定，至少在货物出运之前一天内，填制订舱单向干、支线运输承运人或其代理人申请订舱。

6.17.1.2 危险品货物申报单、船舶申报单、危险品装箱证明书必须在装船前2个工作日送达。

6.17.1.3 特种箱(包括挂衣箱、开顶箱、框架箱、冷藏箱、罐式箱和平板箱等)订舱，应提前15个工作日提出书面申请，并经核实、确认。

6.17.1.4 挂衣箱订舱，应注明类型(如单杆、双杆、绳索或压条等)以及具体提箱日期。

6.17.1.5 开顶、框架或平板箱订舱，应提供每件货物的最大外型尺寸和毛重，并随附表明货物外型的技术图纸(搬运、储存、防护等作业指示)和装箱要求。

6.17.1.6 冷藏箱订舱，应注明冷藏温度、通风要求、是否需要预冷、作PTI测试以及预计提箱时间。

注：预检测试(PTI)每个冷箱在交付使用前应对箱体、制冷系统等进行全面检查，保证冷箱清洁、无损坏、制冷系统处于最佳状态。经检查合格的冷箱应贴有检查合格标签。

6.17.2 **单证签发**

6.17.2.1 货物进仓后，应及时签发国际货运代理仓库收货凭证。

6.17.2.2 应按委托协议的要求，依据所提供的服务、所承担责任的不同，和货物装船、发运已否，及时准确签发运输单证。

6.17.2.3 应告知客户多式联运提单、无船承运人提单、海运提单之间的区别和不同的签发要求。

6.17.3 **报关报检**

6.17.3.1 出口货物应至少在实际装船前1个工作日前向海关申报。

6.17.3.2 在制定出口计划时,应将道路运输、港口装箱、海关监管作业等时间因素计算在内,提前装箱、提前制单、提前发运(从厂内发运)、提前备妥相关单证。

6.17.3.3 进口货物启运后、抵港前或出口货物运入海关监管场所前三日内,应向海关办理报关手续,并按照海关的要求交验有关随附单证、进出口货物批准文件及其他需提供的证明文件。

6.17.3.4 出口货物应在海关查验放行前运抵海关监管场所,并装入集装箱、施加封志。

6.17.3.5 报检应在报关前完成。

6.17.4 配载

在海关、检验检疫机构对货物放行之后,应按以下流程进行配载:

a) 根据该航次装运的货物、品种、数量、体积以及中转港等,制定配船计划,编制《出口货物装船备案表》,并进行船舶配载;
b) 装船前,应将《出口货物装船备案表》交港口录入港口集装箱管理系统;
c) 应将纸质《出口货物装船备案表》一份交给海关进行装船备案,以核对电子数据与《出口货物装船备案表》数据是否一致;
d) 配载有特殊要求的,应按照订舱委托书要求配载。

6.17.5 转关

6.17.5.1 出口转关货物,应及时制作出口转关关封,进行中转申报,确保货物按时装上干线船。

6.17.5.2 进口转关货物,应及时通知代理制作进口转关关封,进行中转申报,确保货物按时装支线船。

6.17.5.3 二程船的装卸船作业分别在同一海关管辖区的不同码头的,应在货物卸船后及时指示转关地代理提前做好该转关货物拖运,确保货物按时装上二程船。

6.17.5.4 特殊货物或特种集装箱的转关,应及时通知代理安排转运。

6.17.6 核销

6.17.6.1 干线船离港一周后,出境口岸代理应及时配合海关核销中转电子信息,并将货物离境信息及时返回起运地海关,以便客户及时打印退税联。

6.17.6.2 进口货物到达目的地后,内河口岸代理应及时申报卸载,并将电子信息返回入境口岸,核销舱单数据。

6.17.7 理货

货物进出港时,应及时申请理货,核实和查看货物的交接数量和质量。需要场外理货的,应提前作出申请。

6.17.8 箱管

应按与干线船公司签定的协议要求,代其办理进入长江内河支线运输的集装箱空箱调运及其他的箱务管理。提箱、还箱、用箱及修箱,应填写集装箱设备交接单。

6.17.9 长江内支线运输条款

常用的条款如下:

a) CY—CY,即堆场到堆场。支线承运人在装货港集装箱堆场接收整箱货物并负责运至中转港集装箱堆场整箱交付,反之亦然。
b) CFS—CFS,即站到站。支线承运人在装货港集装箱货运站接收拼箱货物并负责运至中转港集装箱货运站拆箱交付,反之亦然。
c) CY—FO,即堆场到中转港支线船舱底。支线承运人在装货港集装箱堆场接收整箱货物并负责运至中转港,不负责卸货及中转。
d) FI—CY,即支线船舱底到堆场。支线承运人在中转港的支线船舱底接收整箱货物并负责运至卸货港堆场,不负责中转港的中转和装船。
e) CY—VB,即堆场到干线船舱底。支线承运人在装货港集装箱堆场接收整箱货物并运至中转港的干线船舱底,负责中转港的中转和装货至干线船舱底,反之亦然。

6.17.10 **费用**

6.17.10.1 委托人应支付的费用，包括全程运费、代理费、订舱费、服务费、双方约定的其他费用。

6.17.10.2 干线船公司应支付的费用，包括支线船运费、佣金、箱管费、支线货币贬值附加费、双方约定的其他费用。

支线货币贬值附加费是长江内河支线运输货运代理为了弥补货币兑换过程中的汇兑损失而加收的附加费。支线货币贬值附加费(支线 CAF)＝支线运费×货币贬值附加费费率。货币贬值附加费费率以干线船公司当月公布费率为准。

6.17.10.3 货运代理应按国家法律法规及协议约定收取和支付费用。运输过程中如产生额外费用，在得到委托人或干线船公司确认后，应按实际发生的金额收取。

附 录 A
（资料性附录）
货运代理与相关部门的联系示意图

货运代理与相关部门的联系示意图参见图A.1。

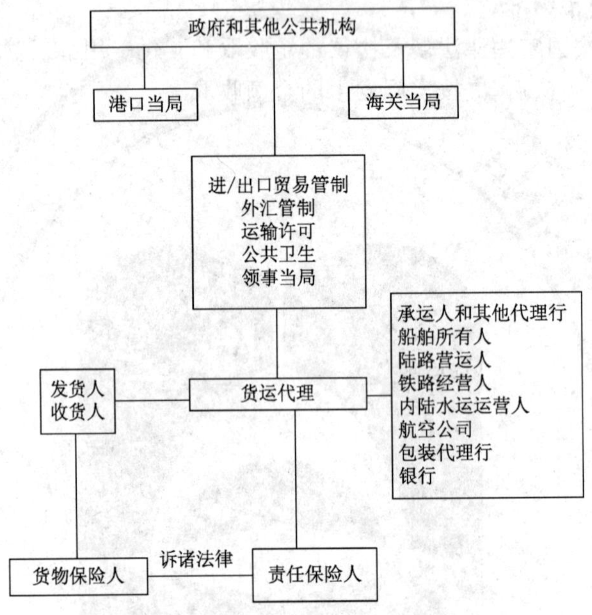

图A.1　货运代理与相关部门的联系示意图

附 录 B
（资料性附录）
杂货班轮货运及主要货运单证流程图

杂货班轮货运及主要货运单证流程图参见图 B.1。

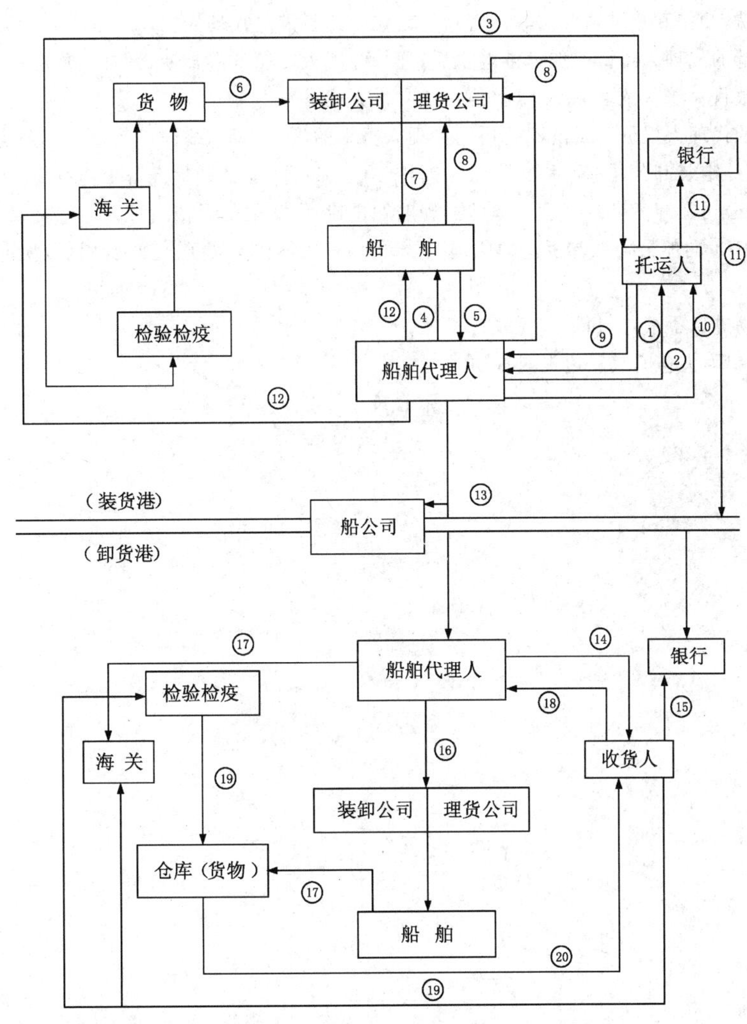

① 托运人向船公司在装货港的代理人（也可直接向船公司或其营业所）提出货物装运申请，递交托运单（booking note），填写装货联单；

② 船公司同意承运后，其代理人指定船名，核对 S/O 与托运单上的内容无误后，签发 S/O，将留底联留下后退还给托运人，要求托运人将货物及时送至指定的码头仓库；

③ 托运人持 S/O 及有关单证向海关办理货物出口报关、验货放行手续，海关在 S/O 上加盖放行图章后，货物准予装船出口；

④ 船公司在装货港的代理人根据留底联编制装货清单（L/L）送船舶及理货公司、装卸公司；

⑤ 大副根据 L/L 编制货物积载计划（stowage plan）交代理人分送理货、装卸公司等按计划装船；

⑥ 托运人将经过检验及检量的货物送至指定的码头仓库准备装船；

⑦ 货物装船后，理货长将 S/O 交大副，大副核实无误后留下 S/O 并签发收货单（M/R）；

⑧ 理货长将大副签发的 M/R 转交给托运人；

图 B.1 杂货班轮货运及主要货运单证流程图

⑨ 托运人持 M/R 到船公司在装货港的代理人处付清运费(预付运费情况下)换取正本已装船提单(B/L);

⑩ 船公司在装货港的代理人审核无误后,留下 M/R 签发 B/L 给托运人;

⑪ 托运人持 B/L 及有关单证到议付银行结汇(在信用证支付方式下),取得货款,议付银行将 B/L 及有关单证邮寄开证银行;

⑫ 货物装船完毕后,船公司在装货港的代理人编妥出口载货清单(M/F)送船长签字后向海关办理船舶出口手续,并将 M/F 交船随带,船舶启航;

⑬ 船公司在装货港的代理人根据 B/L 副本(或 M/R)编制出口载货运费清单(F/M)连同 B/L 副本、M/R 送交船公司结算代收运费,并将卸货港需要的单证寄给船公司在卸货港的代理人;

⑭ 船公司在卸货港的代理人接到船舶抵港电报后,通知收货人船舶到港日期,做好提货准备;

⑮ 收货人到开证银行付清货款取回 B/L(在信用证支付方式下);

⑯ 卸货港船公司的代理人根据装货港船公司的代理人寄来的货运单证,编进口载货清单及有关船舶进口报关和卸货所需的单证,约定装卸公司、理货公司、联系安排泊位,做好接船及卸货准备工作;

⑰ 船舶抵港后,船公司在卸货港的代理人随即办理船舶进口手续,船舶靠泊后即开始卸货;

⑱ 收货人持正本 B/L 向船公司在卸货港的代理人处办理提货手续,付清应付的费用后,换取代理人签发的提货单(D/O);

⑲ 收货人办理货物进口手续,支付进口关税;

⑳ 收货人持 D/O 到码头仓库或船边提取货物。

图 B.1(续)

附 录 C
（资料性附录）
整箱货出口货运代理业务流程图

整箱货出口货运代理业务流程图参见图 C.1。

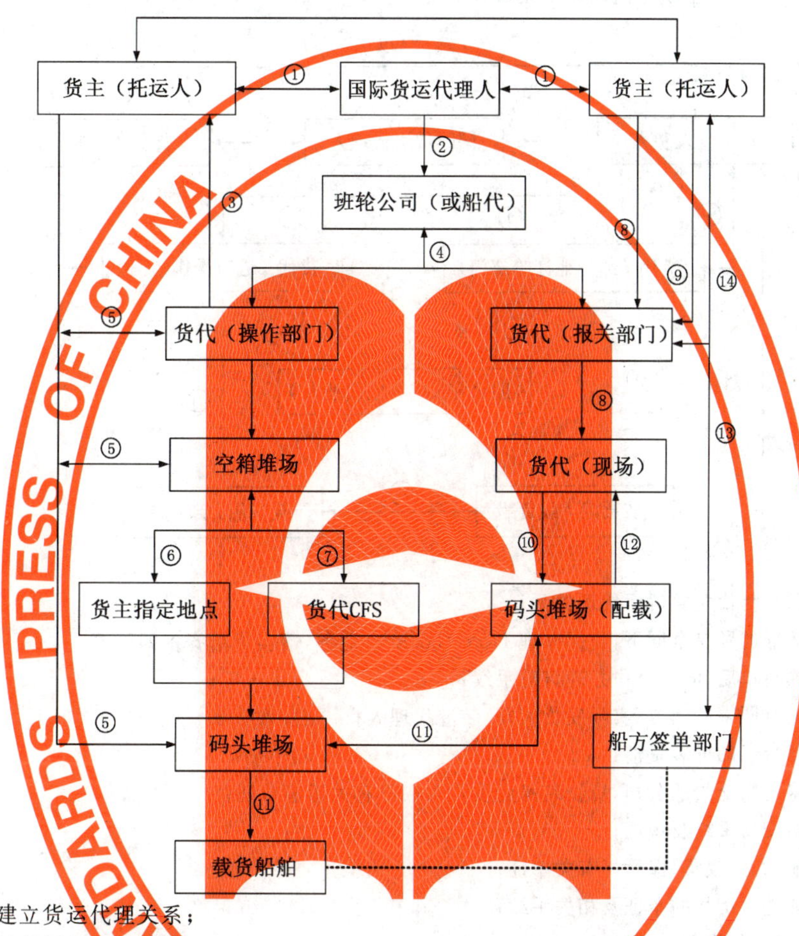

① 货主与货代建立货运代理关系；
② 货代填写托运单证，及时订舱；
③ 订舱后，货代将有关订舱信息通知货主或将"配舱回单"转交货主；
④ 货代申请用箱，取得 EIR(集装箱发放/设备交接单 equipment interchange receipt)后就可以凭以到空箱堆场提取所需的集装箱；
⑤ 货主"自拉自送"时，先从货代处取得 EIR，然后提空箱，装箱后制作 CLP(集装箱装箱单 container load plan)，并按要求及时将重箱送码头堆场，即集中到港区等待装船；
⑥ 货代提空箱到货主指定地点装箱，制作 CLP，然后将重箱"集港"；
⑦ 货主将货物送到货代 CFS，货代提空箱，并在 CFS 装箱，制作 CLP，然后"集港"；
⑧ 货主委托货代代理报关、报检、办妥有关手续后将单证交货代现场；
⑨ 货主也可自行报关，并将单证交货代现场；
⑩ 货代现场将办妥手续后的单证交码头堆场配载；
⑪ 配载部门制订装船计划，经船公司确认后实施装船作业；
⑫ 实践中，在货物装船后可以取得 D/R(场站收据 dock receipt)正本；
⑬ 货代可凭 D/R 正本到船方签单部门换取 B/L 或其他单据；
⑭ 货代将 B/L 等单据交货主。

注 1：⑤⑥⑦在实践中只选其中一种操作方式。

注 2：为方便图示，用两个方框表示同一个货主。

图 C.1 整箱货出口货运代理业务流程图

附　录　D
（资料性附录）
整箱货进口货运代理业务流程图

整箱货进口货运代理业务流程图参见图D.1。

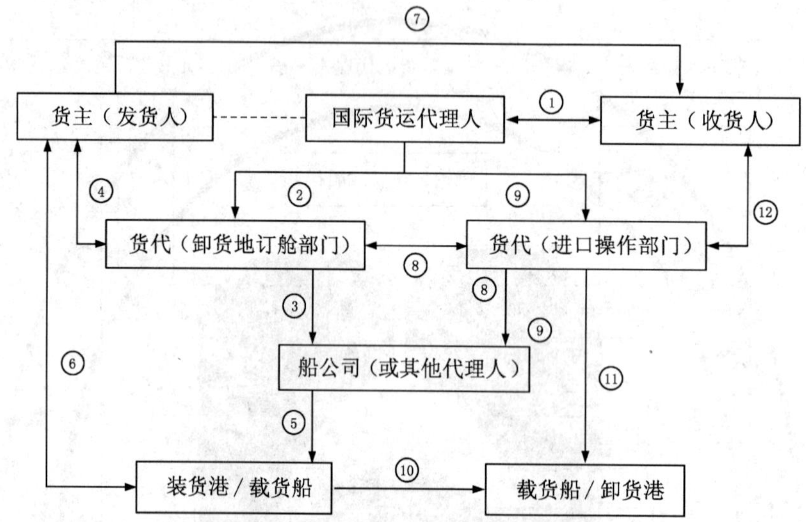

① 货主(收货人)与货代建立货运代理关系；
② 在买方安排运输的贸易合同下，货代办理Home booking业务，落实货单齐备即可；
③ 货代缮制货物清单后，向船公司办理订舱手续；
④ 货代通知买卖合同中的卖方(实际发货人)及装港代理人；
⑤ 船公司安排载货船舶抵装货港；
⑥ 实际发货人将货物交给船公司，货物装船后发货人取得有关运输单证；
⑦ 货主之间办理交易手续及单证；
⑧ 货代掌握船舶动态，收集、保管好有关单证；
⑨ 货代及时办理进口货物的单证及相关手续；
⑩ 船抵卸货港卸货，货物入库、进场；
⑪ 在办理了货物进口报关等手续后，就可凭提货单到现场提货，特殊情况下可在船边提货；
⑫ 货代安排将货物交收货人，并办理空箱回运到空箱堆场等事宜。
注：在卖方安排运输的贸易合同下，前②至⑦项不需要。

图D.1　整箱货进口货运代理业务流程图

附 录 E
（资料性附录）
拼箱货业务流程图

拼箱货业务流程图参见图 E.1。

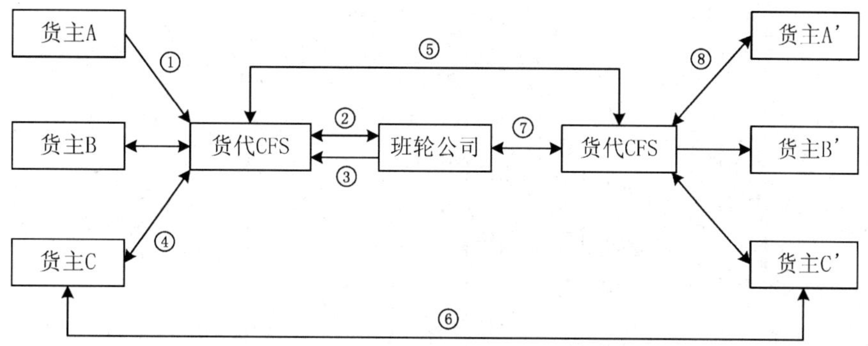

① A、B、C 等不同货主（发货人）将不足一个集装箱的货物（LCL）交集拼经营人；

② 集拼经营人将拼箱货拼装成整箱货后，向班轮公司办理整箱货物运输；

③ 整箱货装船后，班轮公司签发 B/L 或其他单据（如海运单）给集拼经营人；

④ 集拼经营人在货物装船后也签发自己的提单（House-B/L）给每一个货主（发货人）；

⑤ 集拼经营人将货物装船及船舶预计抵达卸货港等信息告知其卸货港的机构（代理人），同时，还将班轮公司 B/L 及 House-B/L 的复印件等单据交卸货港代理人，以便向班轮公司提货和向收货人交付货物；

⑥ 货主之间办理包括 House-B/L 在内的有关单证的交接；

⑦ 集拼经营人在卸货港的代理人凭班轮公司的提单等提取整箱货；

⑧ A'、B'、C'等不同货主（收货人）凭 House-B/L 等在 CFS 提取拼箱货。

图 E.1 拼箱货业务流程图

附 录 F
（资料性附录）
国际铁路联运出口货物运输流程图

国际铁路联运出口货物运输流程图参见图F.1。

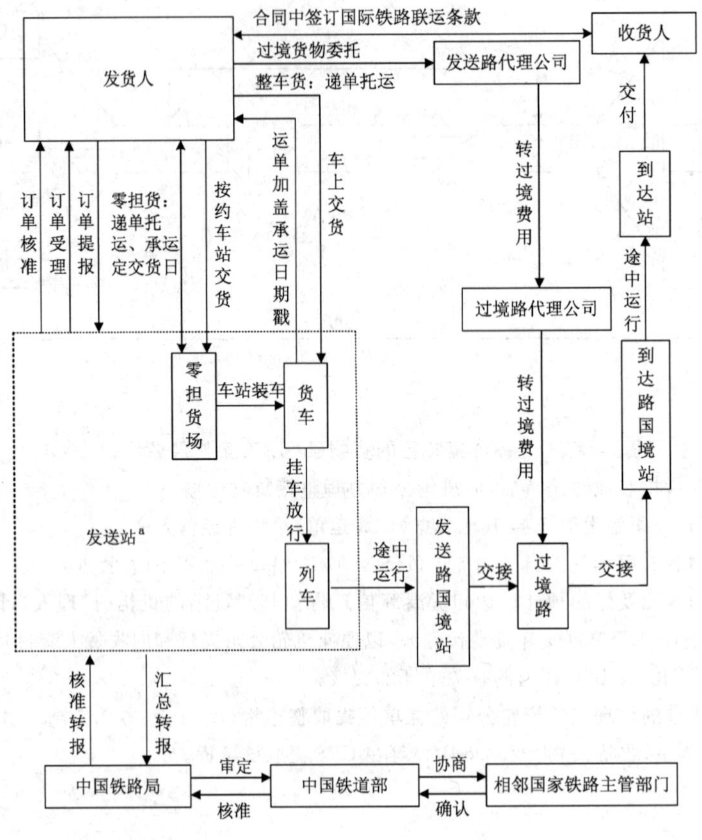

a

(1) 国际联运订单由铁路部门审定；

(2) 计划内整车货(包括以整车形式运输的集装箱)：每月19日提报，21日集中审定下达；

(3) 计划外的整车货以及零担、集装箱、班列运输：随时提报、随时审定。

图F.1 国际铁路联运出口货物运输流程图

附 录 G
（资料性附录）
国际铁路联运代理出口业务流程图

国际铁路联运代理出口业务流程图参见图G.1。

图G.1 国际铁路联运代理出口业务流程图

附　录　H
（资料性附录）
铁路集装箱办理站作业流程图

铁路集装箱办理站作业流程图参见图 H.1。

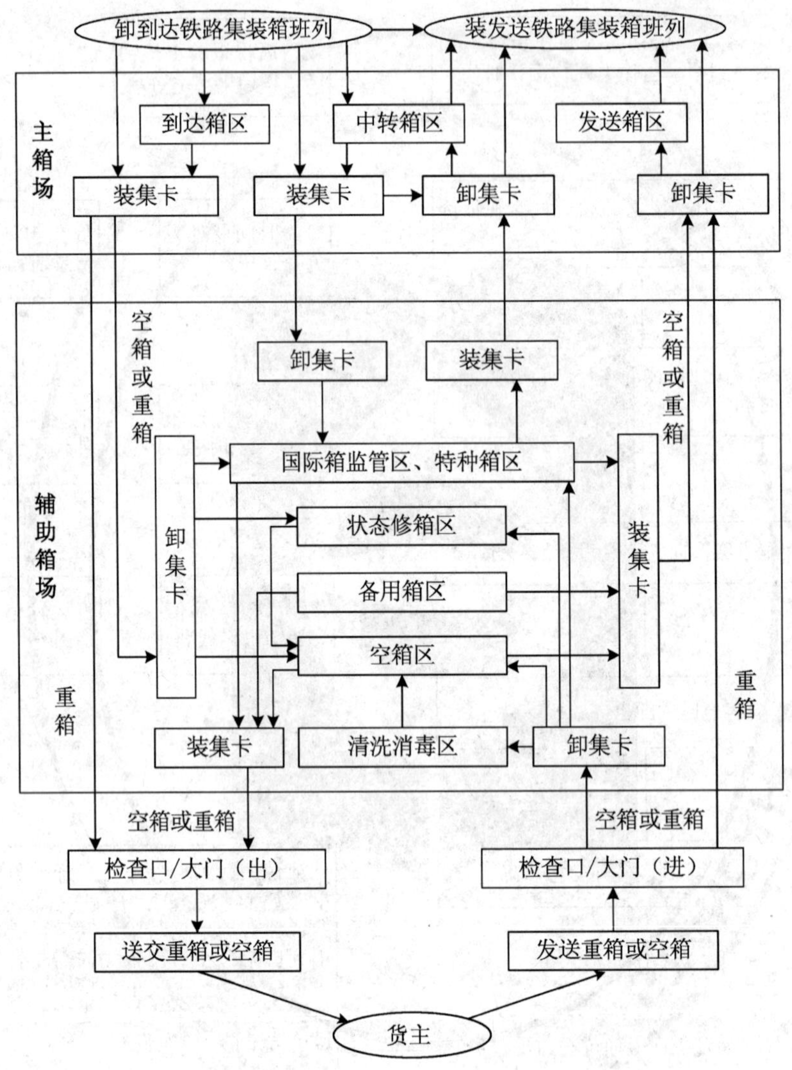

图 H.1　铁路集装箱办理站作业流程图

附 录 I
（资料性附录）
国际集装箱多式联运进口单证流转示意图

国际集装箱多式联运进口单证流转示意图参见图 I.1。

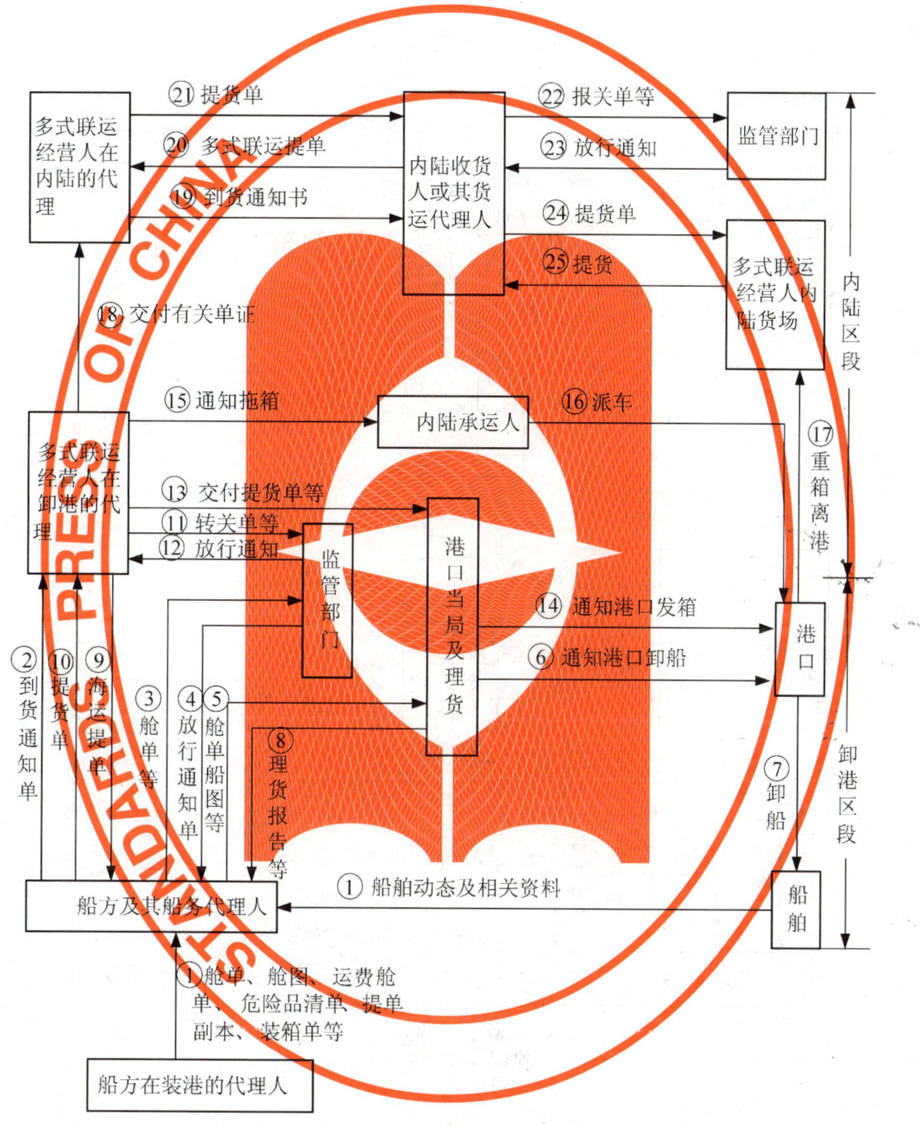

图 I.1 国际集装箱多式联运进口单证流转示意图

附　录　J
（资料性附录）
国际集装箱多式联运出口单证流转示意图

国际集装箱多式联运出口单证流转示意图参见图 J.1。

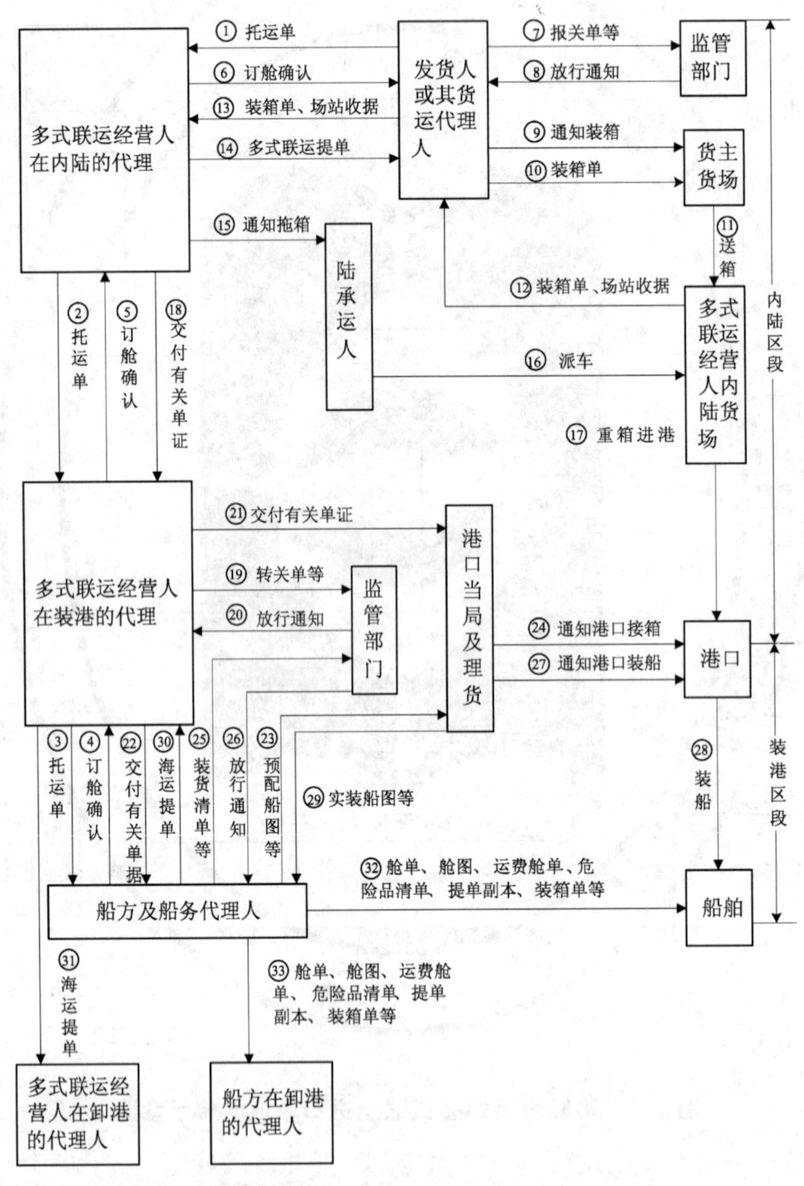

图 J.1　国际集装箱多式联运出口单证流转示意图

附 录 K
(资料性附录)
国际集装箱铁海联运出口业务流程图

国际集装箱铁海联运出口业务流程图参见图K.1。

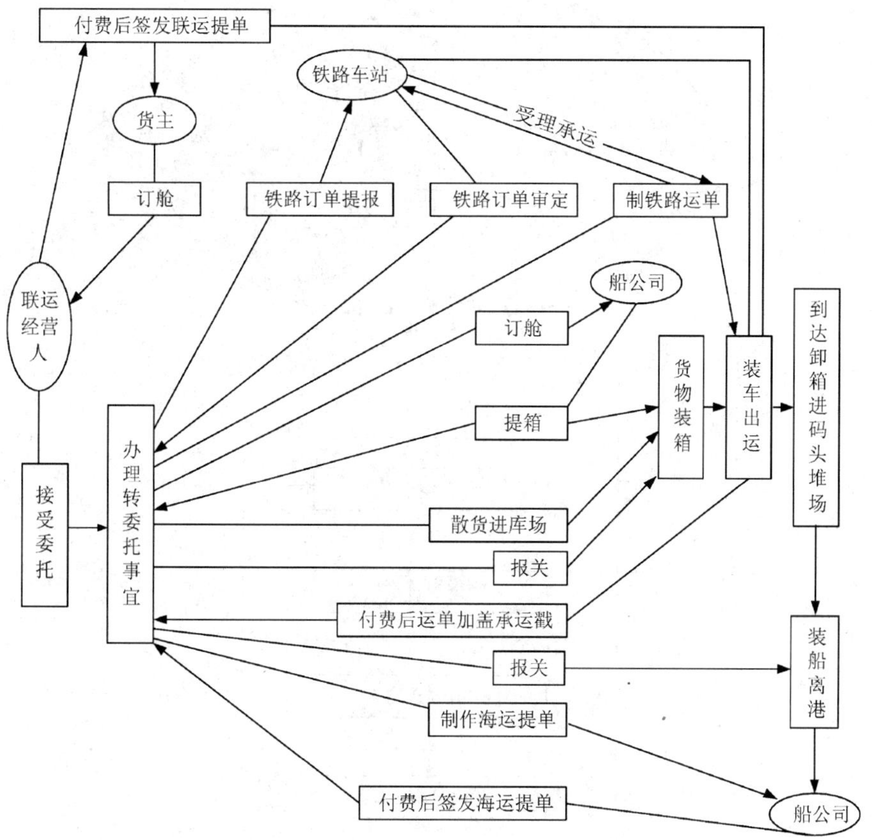

注:国际集装箱整箱货铁海多式联运出口业务(CIP价,carrige & insurance paid to)程序主要包括:接受托运申请,订立多式联运合同——编制月计划、日计划、向铁路部门、船公司订车、订舱——提取空箱(本例使用船公司箱)——货主安排货物进库场——报关报验——申请火车车皮,办理货物装车——签发全程多式联运提单——传递货运信息和寄送相关单证——办理货物在中转港的海关手续及制作货运单据——货交船公司,船公司签发提单—传递货运信息及寄送相关单证等环节。

图K.1 国际集装箱铁海联运出口业务流程图

附 录 L
（资料性附录）
国际多式联运方案设计的内容与程序流程图

国际多式联运方案设计的内容与程序流程图参见图 L.1。

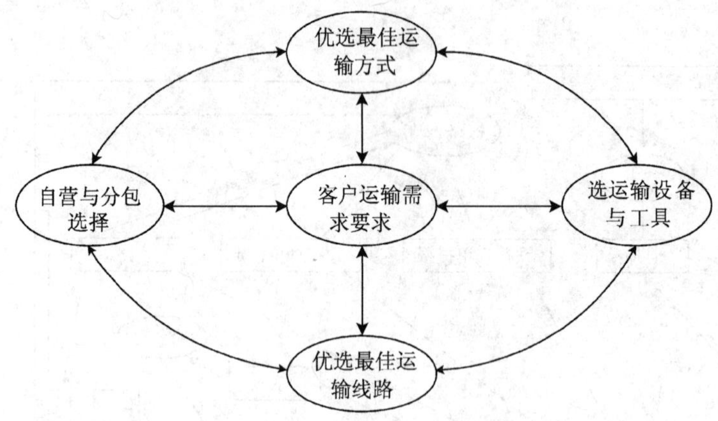

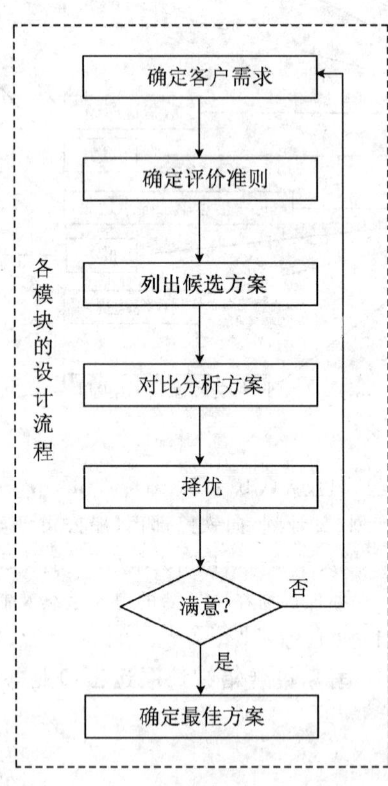

图 L.1 国际多式联运方案设计的内容与程序流程图

附 录 M
（资料性附录）
出国展览会展品报关业务流程图

出国展览会展品报关业务流程图参见图 M.1。

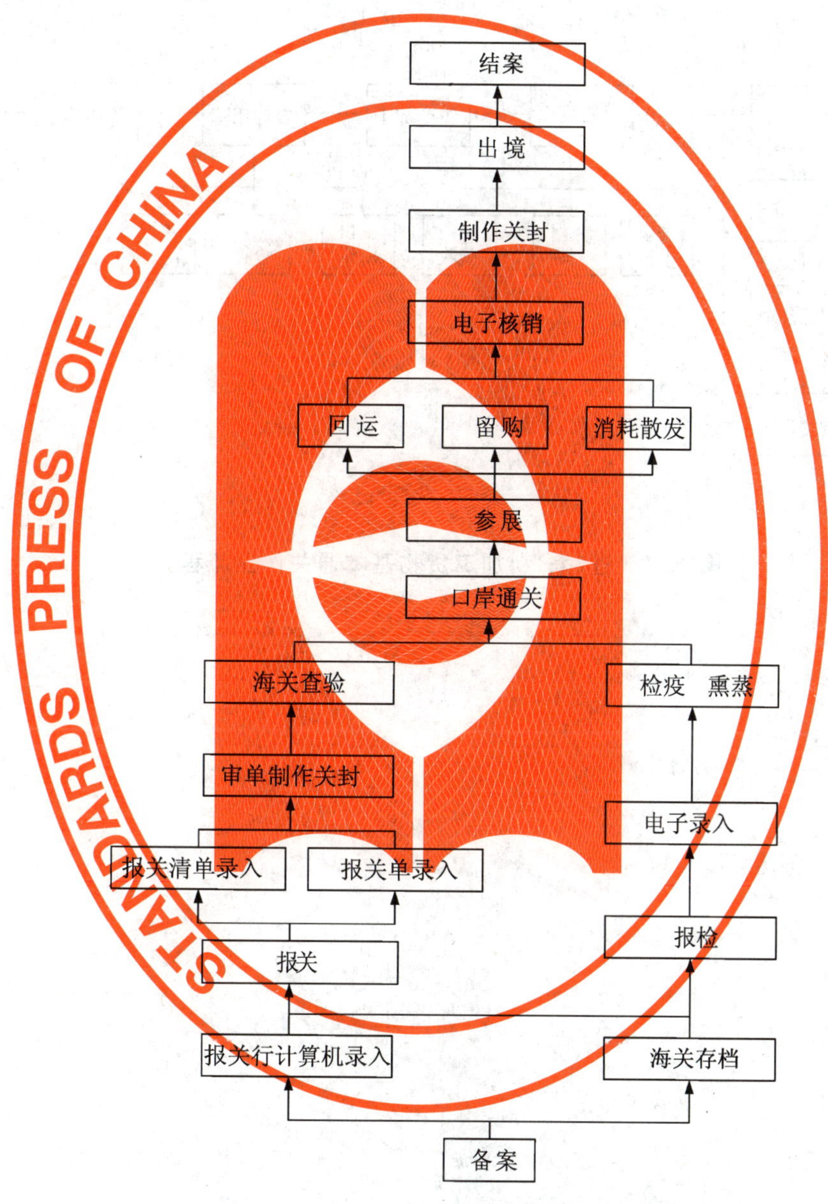

图 M.1 出国展览会展品报关业务流程图

附 录 N
（资料性附录）
进(来)料加工货物基本通关作业流程图

进(来)料加工货物基本通关作业流程图参见图 N.1。

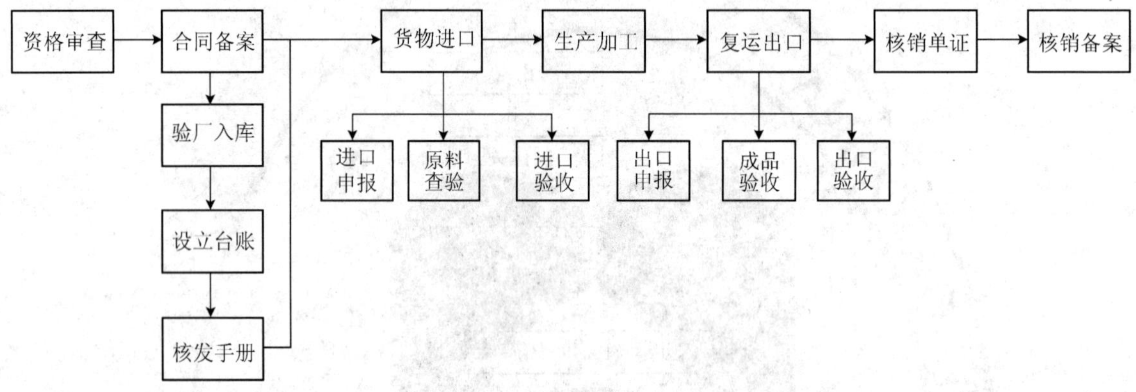

图 N.1 进(来)料加工货物基本通关作业流程

附 录 O
（资料性附录）
报关业务流程图

报关业务流程图参见图 O.1。

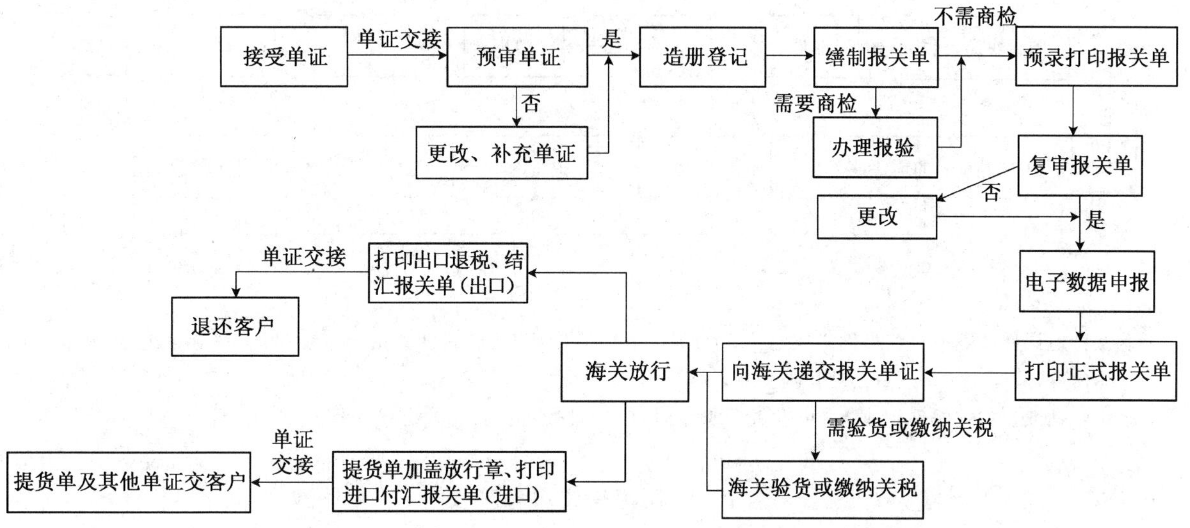

图 O.1 报关业务流程图

附　录　P
（资料性附录）
国际快递服务流程图

国际快递服务流程图参见图 P.1。

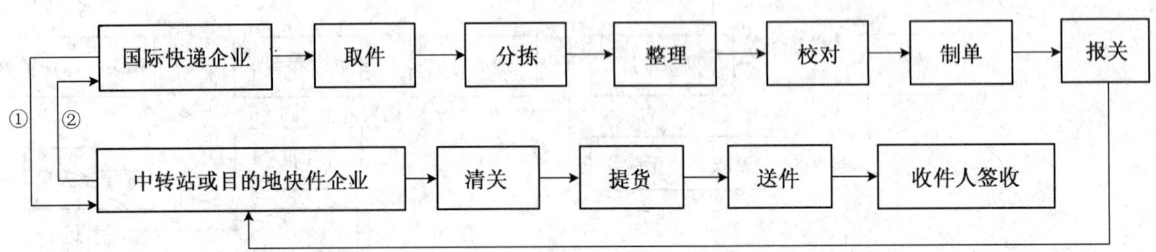

① 发件地快件企业通过信息网络或电传、电子邮件、传真将所发送快件相关信息（航空运单及分运单号、件数、重量等内容）通知中转站或目的地快件企业；

② 中转站或目的地快件企业将派送信息反馈到发件地的快递企业。

图 P.1　国际快递服务流程图

附 录 Q
（资料性附录）
航空货物出口运输代理业务流程图

航空货物出口运输代理业务流程图参见 Q.1。

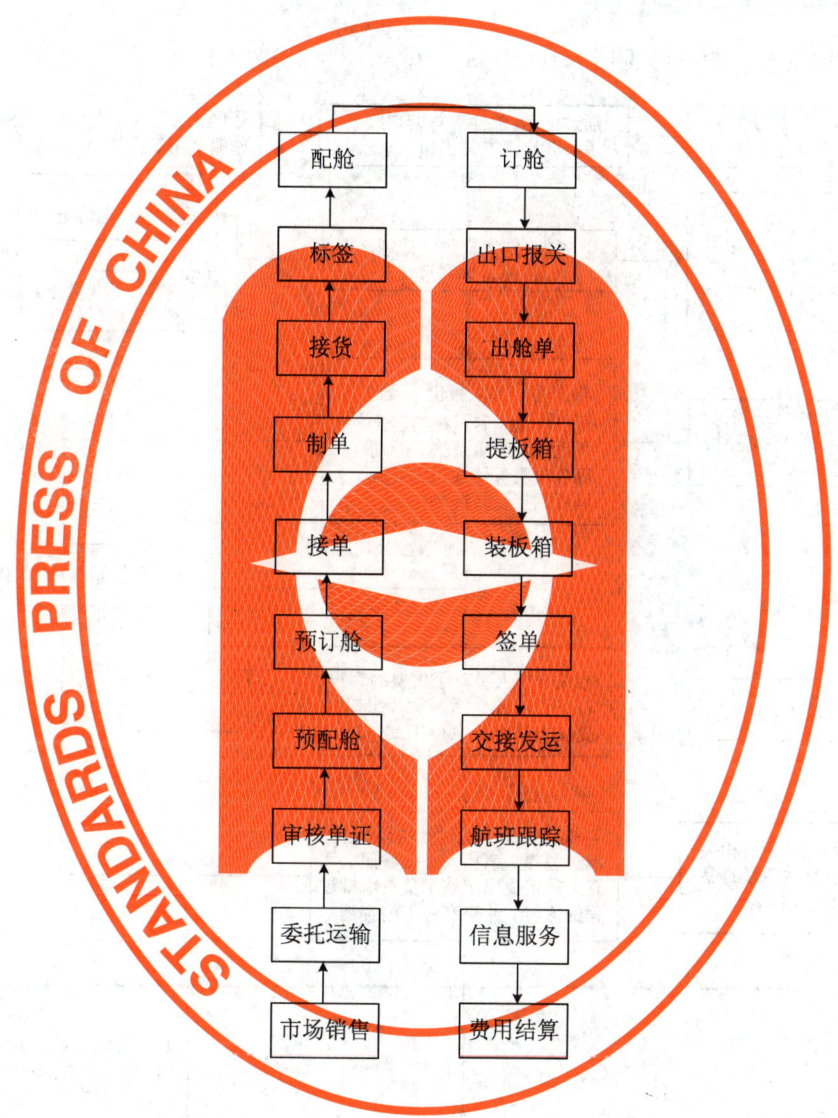

图 Q.1 航空货物出口运输代理业务流程图

附　录　R
（资料性附录）
综合管理流程图

R.1　进出口(航线)业务流程图

进出口(航线)业务流程图参见图 R.1。

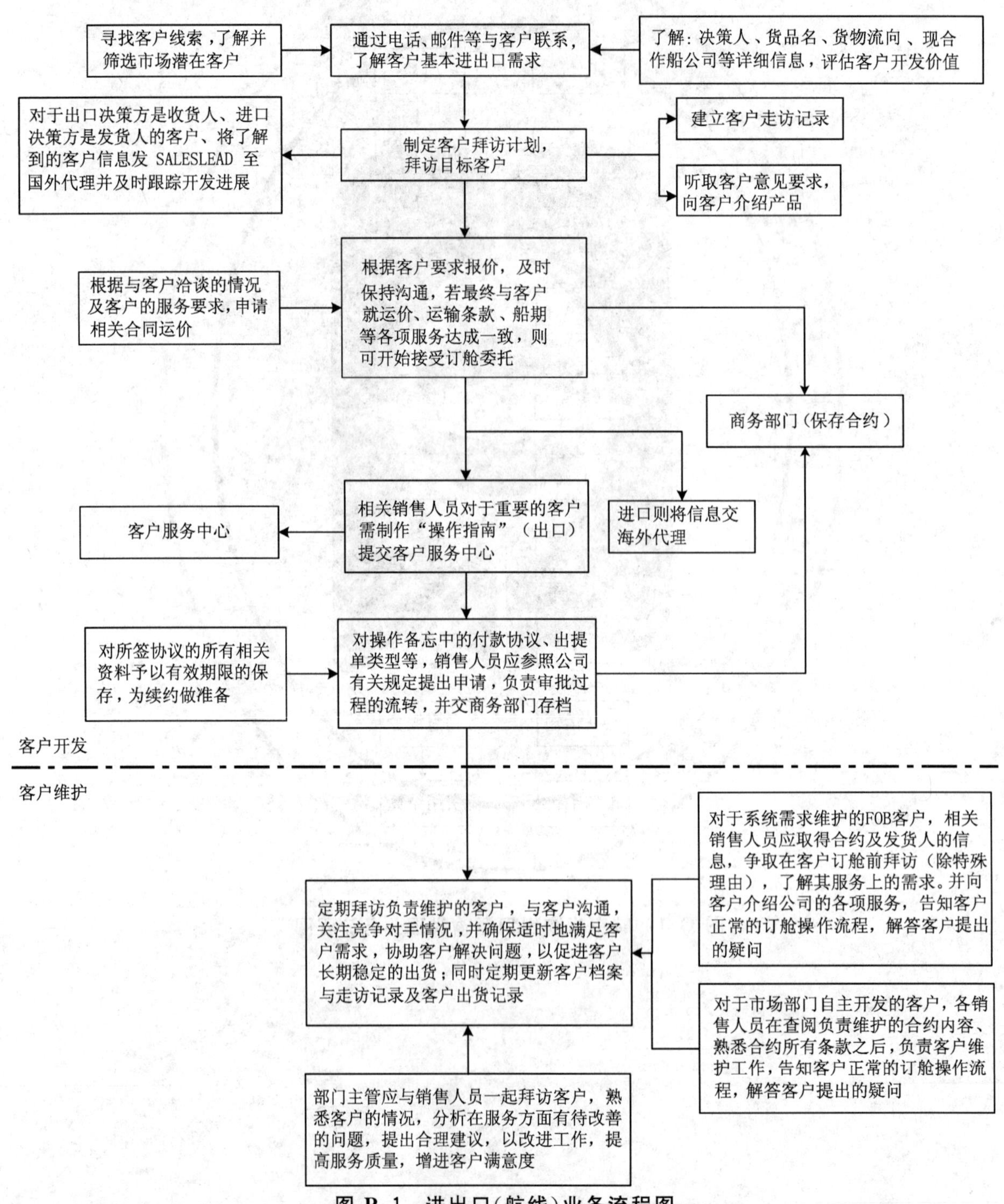

图 R.1　进出口(航线)业务流程图

R.2 运价管理流程图

运价管理流程图参见图 R.2。

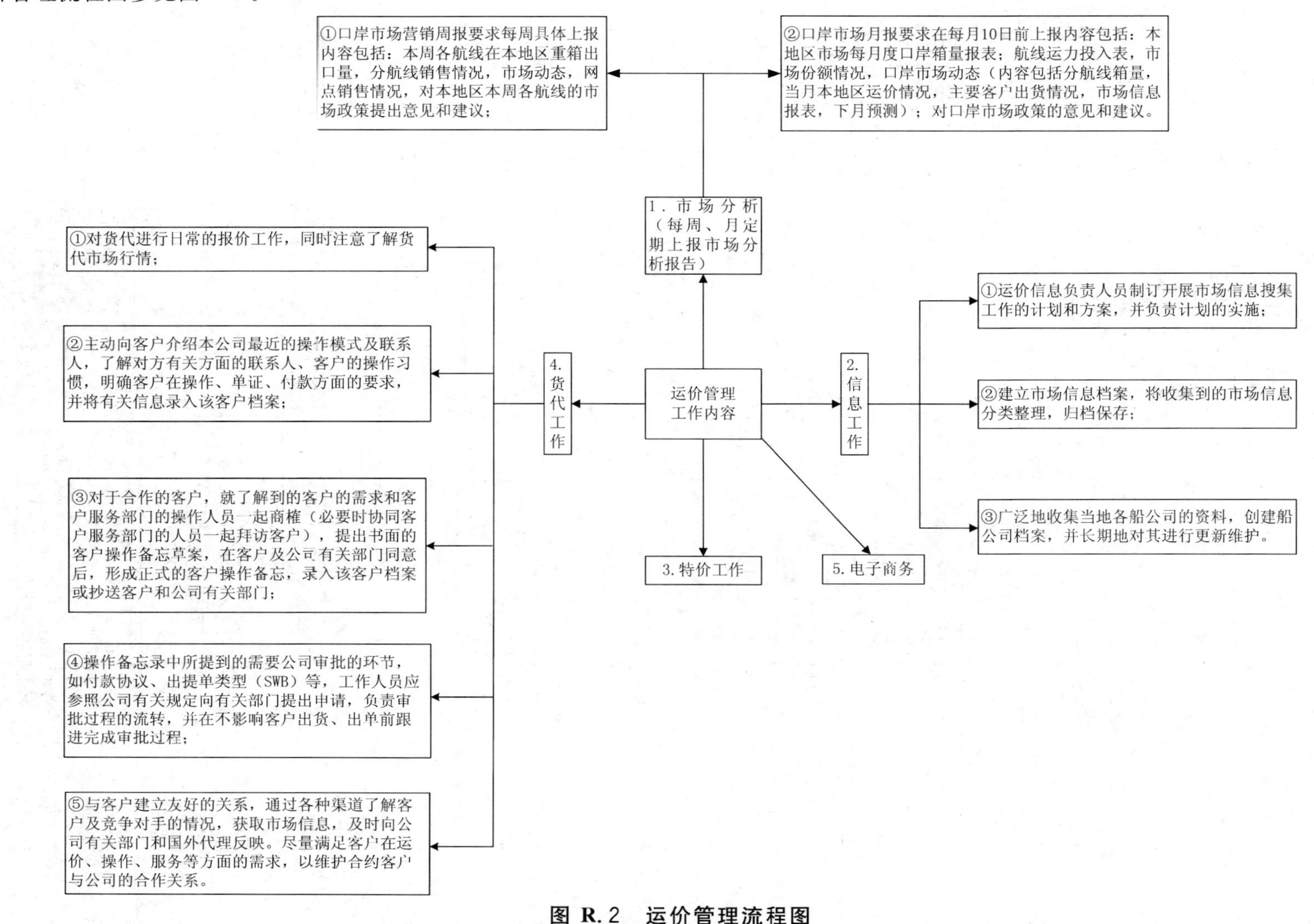

图 R.2　运价管理流程图

R.3 客户服务中心作业流程图

客户服务中心作业流程图参见图 R.3。

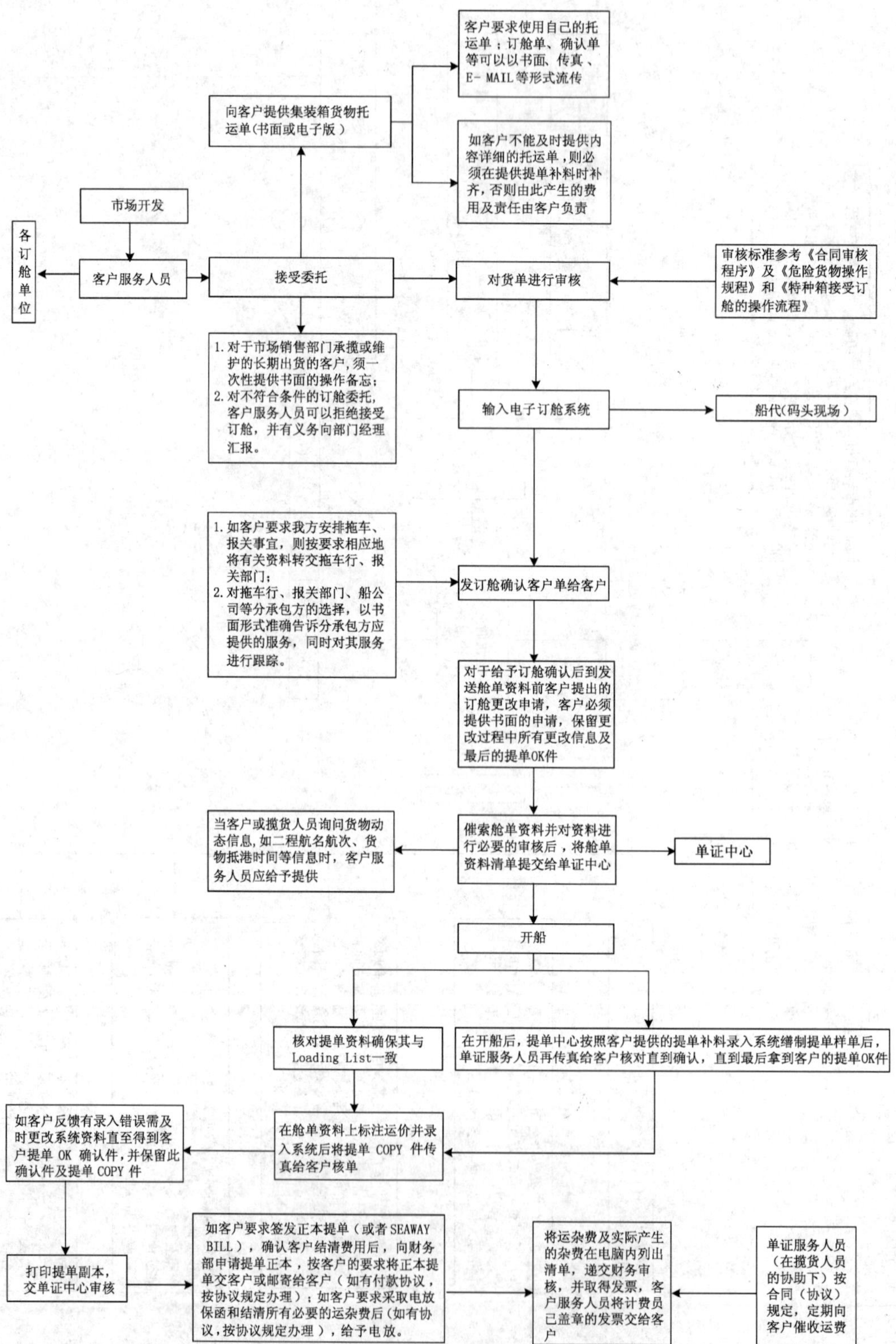

图 R.3 客户服务中心作业流程图

R.4 单证业务流程图

单证业务流程图参见图 R.4。

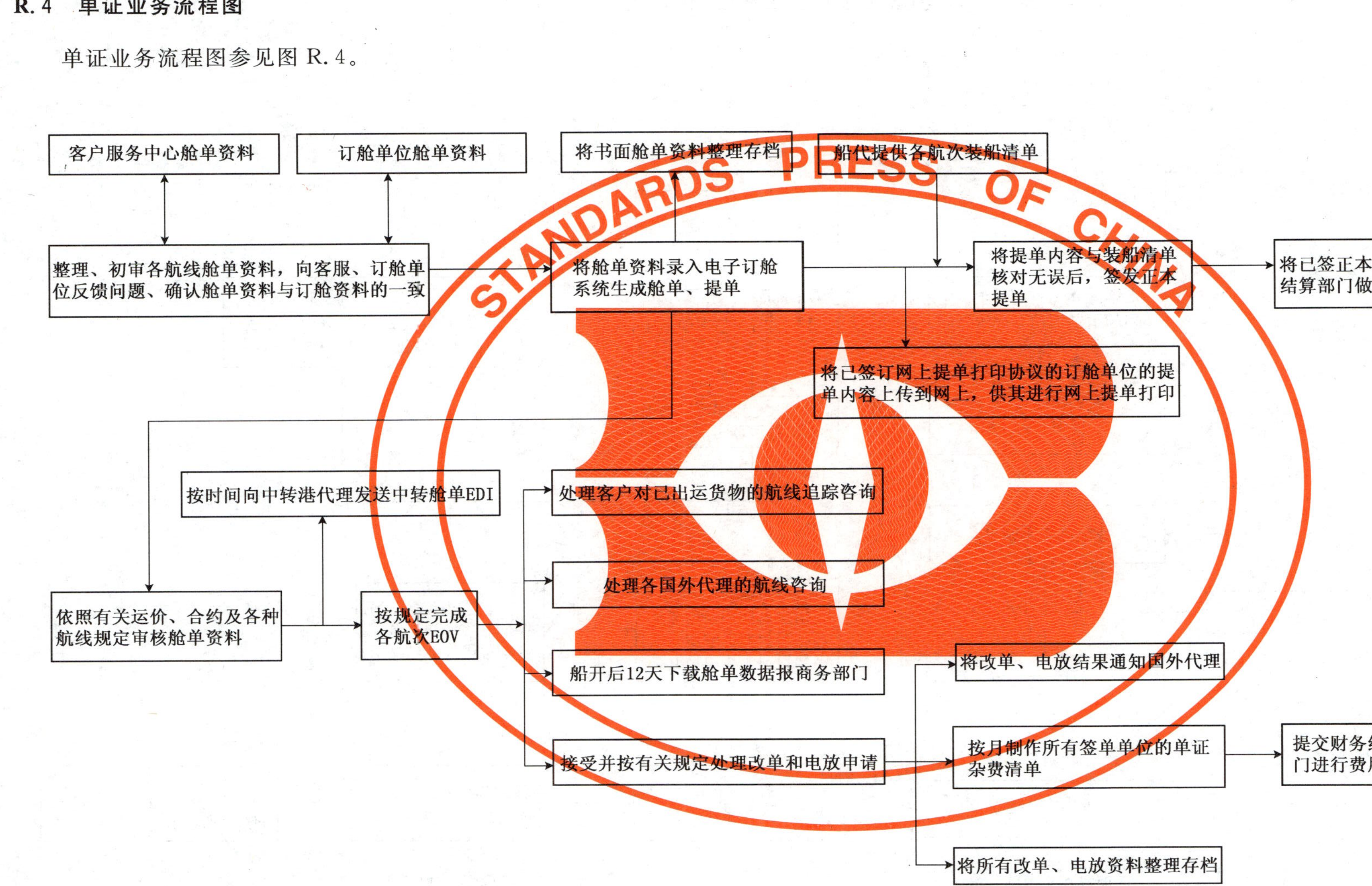

图 R.4 单证业务流程图

R.5 商务部门业务流程图

商务部门业务流程图参见图 R.5。

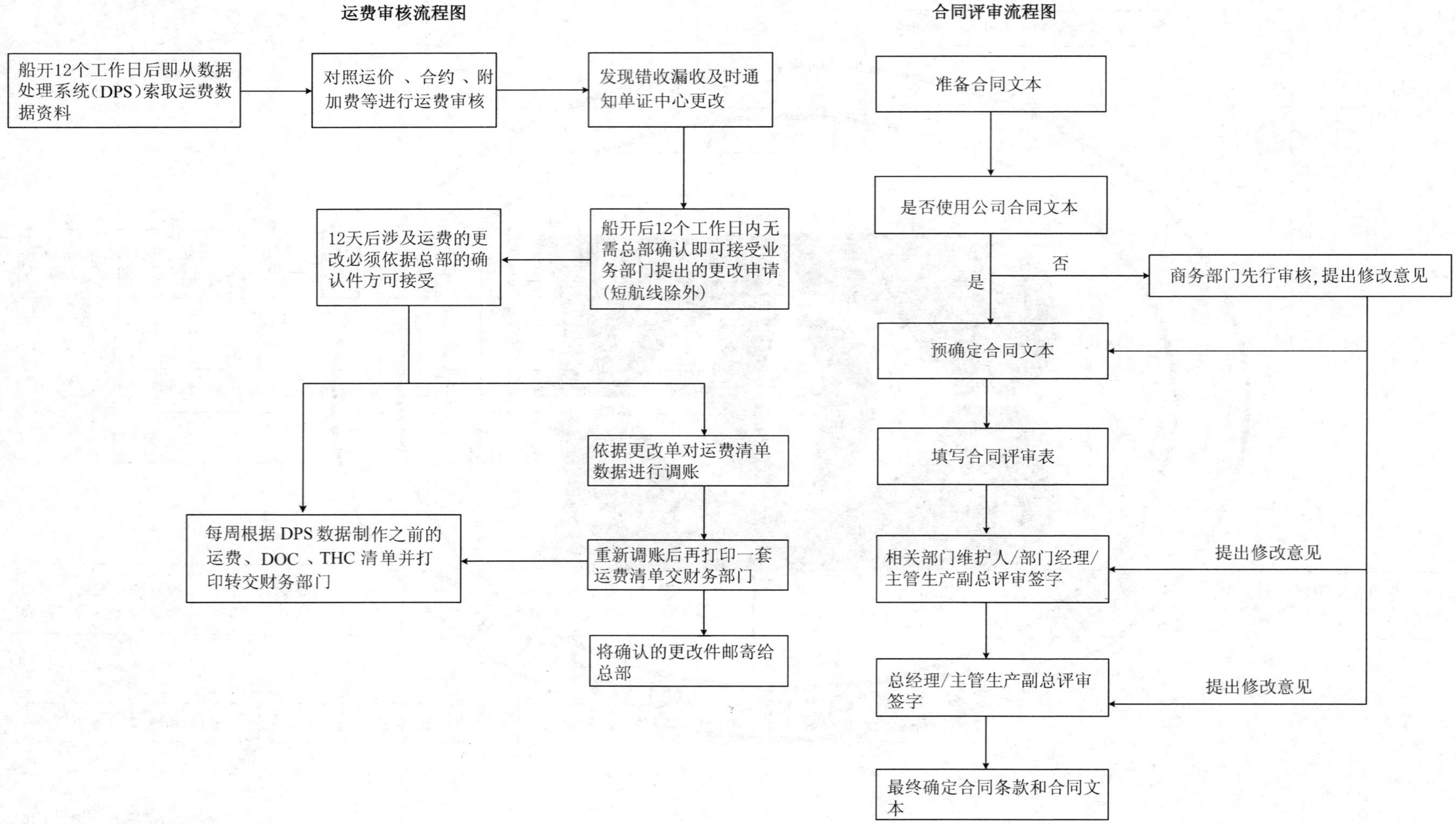

运费审核流程图

船开12个工作日后即从数据处理系统(DPS)索取运费数据资料

对照运价 、合约 、附加费等进行运费审核

发现错收漏收及时通知单证中心更改

船开后12个工作日内无需总部确认即可接受业务部门提出的更改申请(短航线除外)

12天后涉及运费的更改必须依据总部的确认件方可接受

依据更改单对运费清单数据进行调账

重新调账后再打印一套运费清单交财务部门

每周根据 DPS 数据制作之前的运费、DOC 、THC 清单并打印转交财务部门

将确认的更改件邮寄给总部

合同评审流程图

准备合同文本

是否使用公司合同文本

否

商务部门先行审核,提出修改意见

是

预确定合同文本

填写合同评审表

相关部门维护人/部门经理/主管生产副总评审签字

提出修改意见

总经理/主管生产副总评审签字

提出修改意见

最终确定合同条款和合同文本

图 R.5 商务部门业务流程图

R.6 货运代理保险业务流程图

货运代理保险业务流程图参见图R.6。

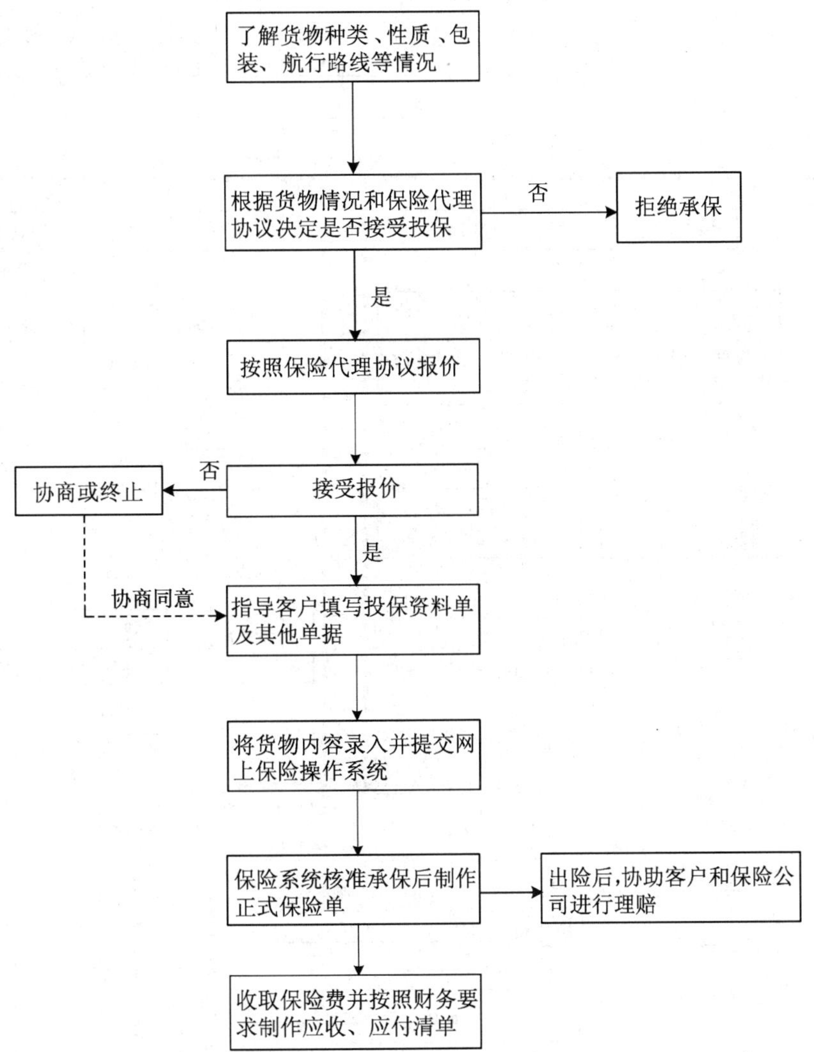

图 R.6 货运代理保险业务流程图

R.7 报关部门业务流程图

报关部门业务流程图参见图 R.7。

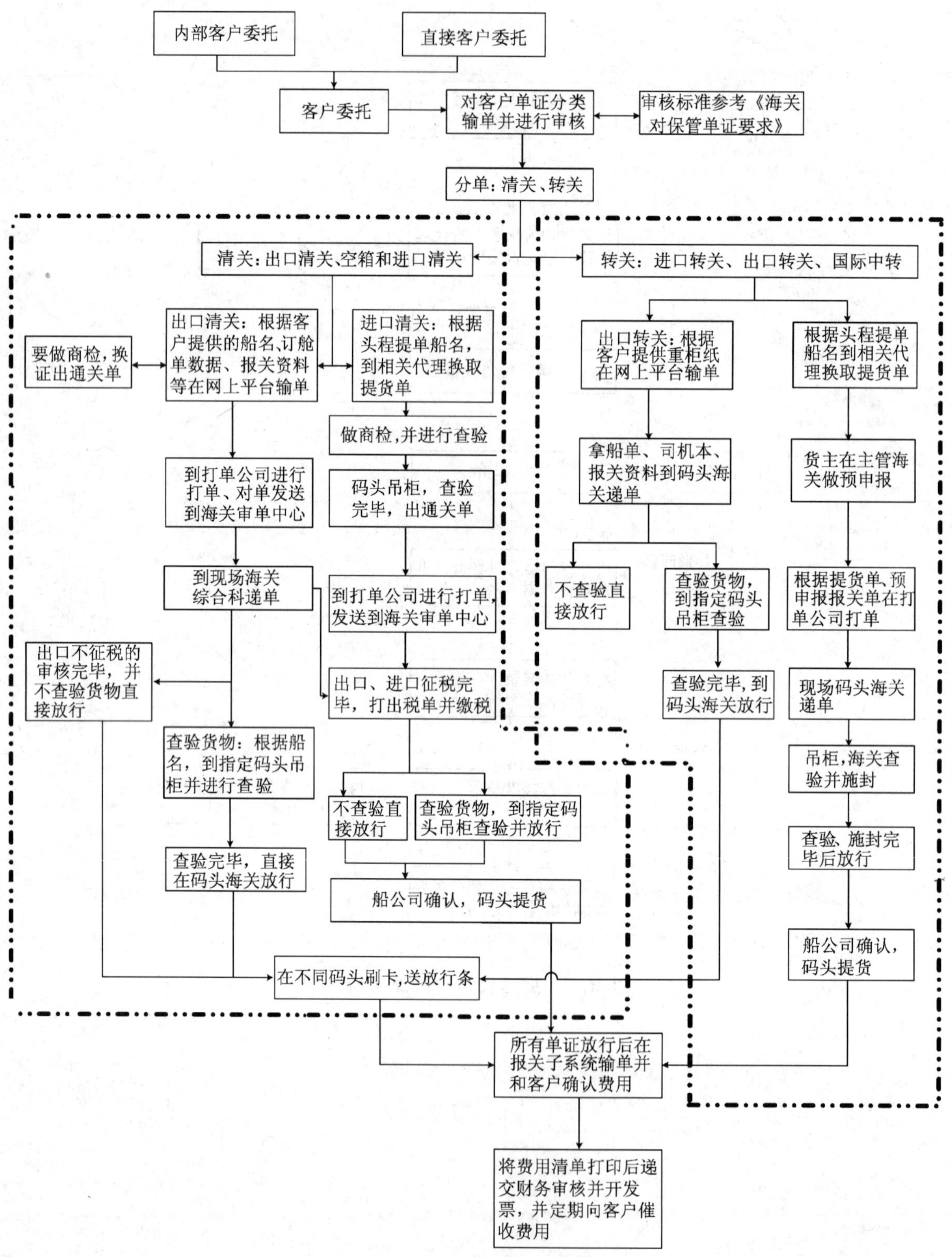

图 R.7 报关部门业务流程图

R.8 港口部(进口)作业流程图

港口部(进口)作业流程图参见图 R.8。

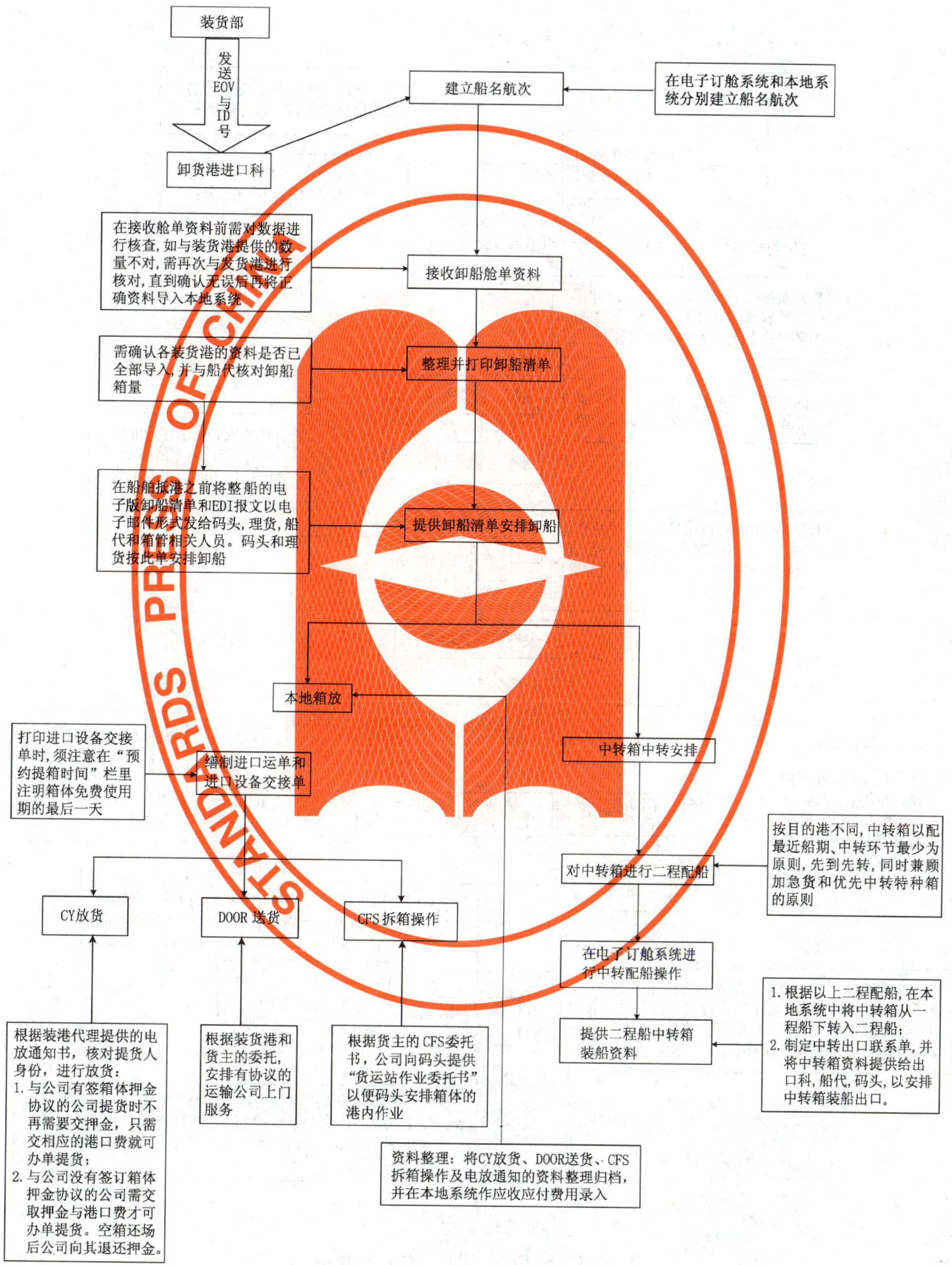

图 R.8 港口部(进口)作业流程图

R.9 港口部(出口)作业流程图

港口部(出口)作业流程图参见图 R.9。

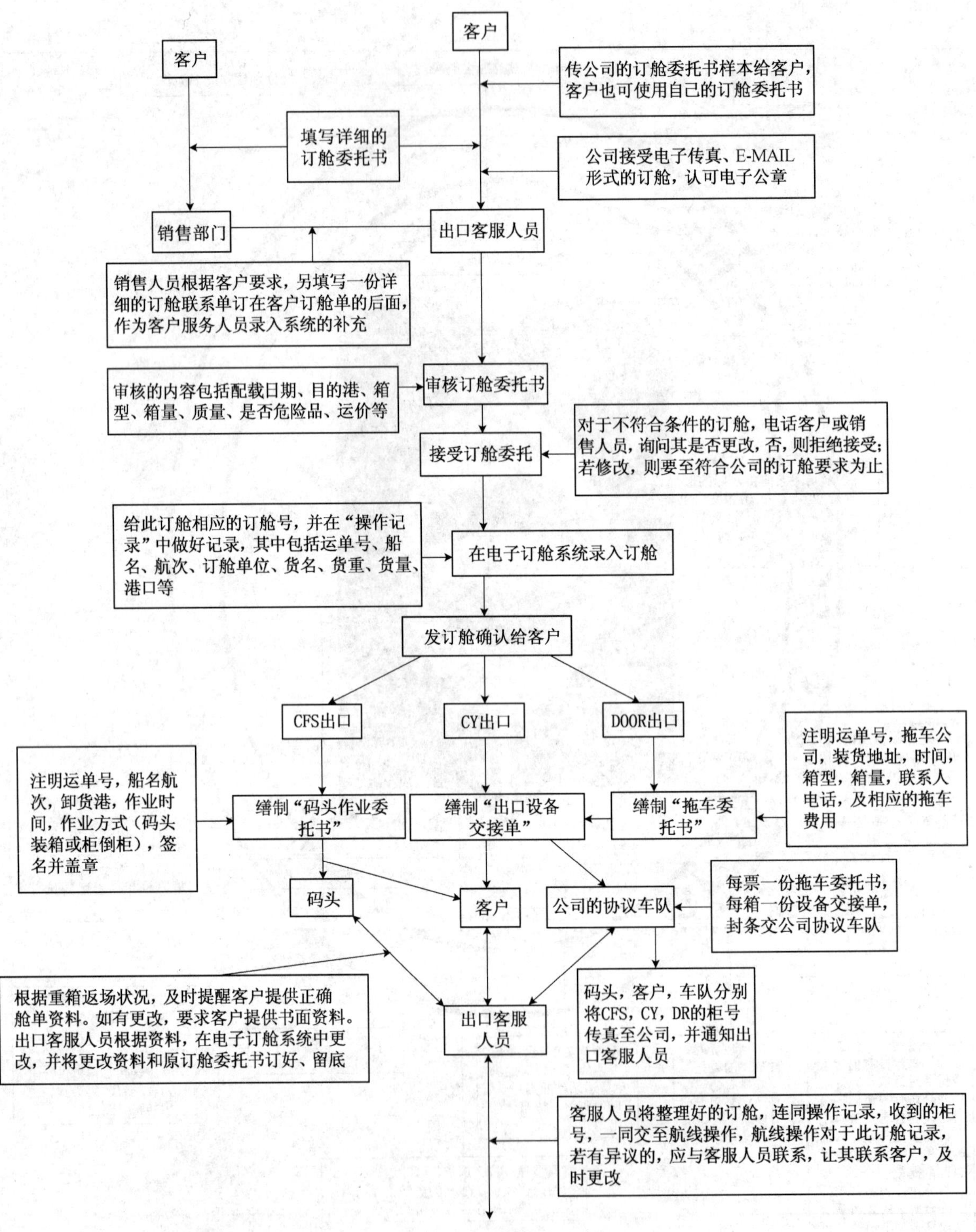

图 R.9 港口部(出口)作业流程图

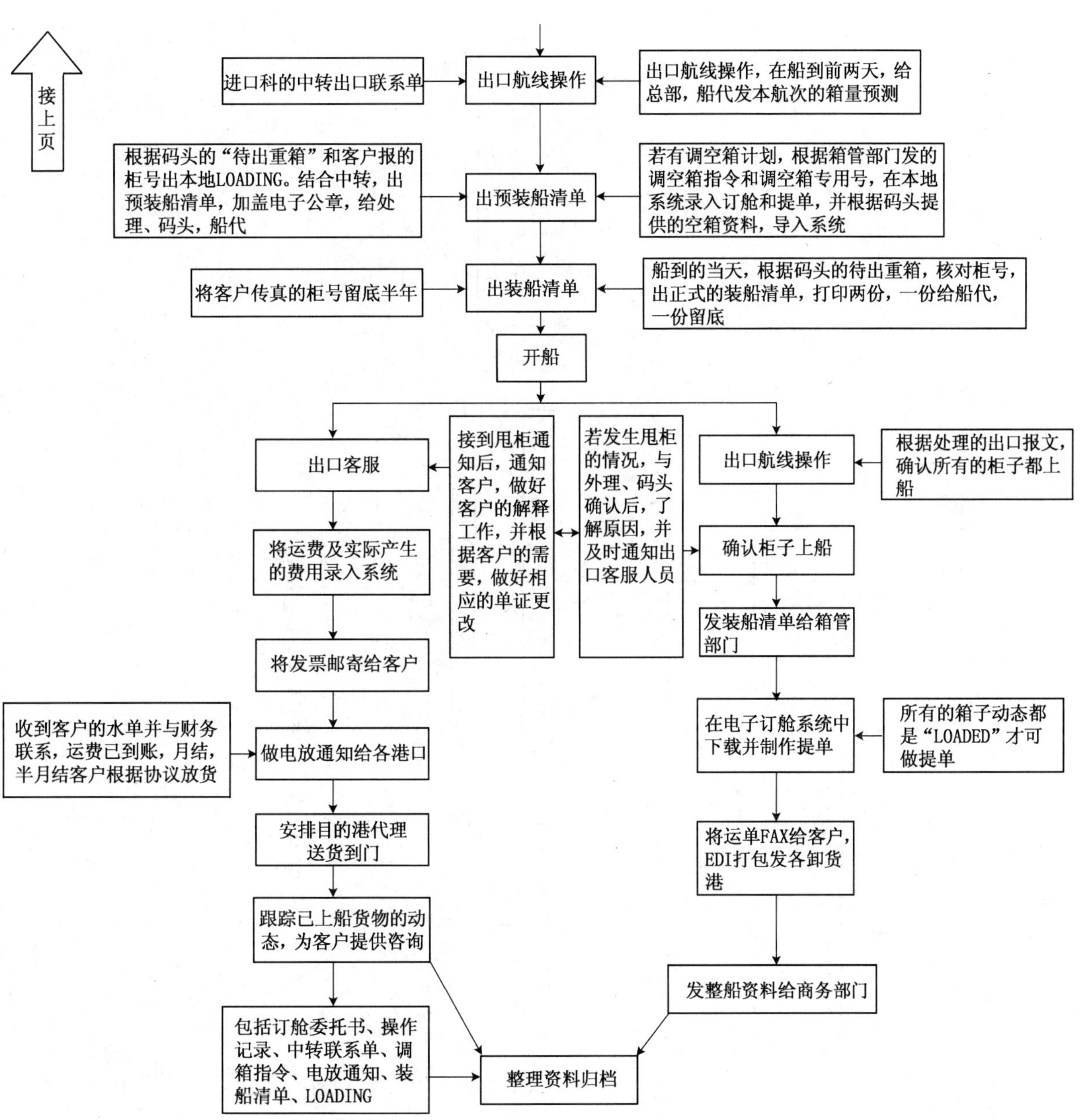

接上页
进口科的中转出口联系单
出口航线操作
出口航线操作，在船到前两天，给总部，船代发本航次的箱量预测
根据码头的“待出重箱”和客户报的柜号出本地LOADING。结合中转，出预装船清单，加盖电子公章，给处理、码头，船代
出预装船清单
若有调空箱计划，根据箱管部门发的调空箱指令和调空箱专用号，在本地系统录入订舱和提单，并根据码头提供的空箱资料，导入系统
将客户传真的柜号留底半年
出装船清单
船到的当天，根据码头的待出重箱，核对柜号，出正式的装船清单，打印两份，一份给船代，一份留底
开船
出口客服
接到甩柜通知后，通知客户，做好客户的解释工作，并根据客户的需要，做好相应的单证更改
若发生甩柜的情况，与外理、码头确认后，了解原因，并及时通知出口客服人员
出口航线操作
根据处理的出口报文，确认所有的柜子都上船
将运费及实际产生的费用录入系统
确认柜子上船
发装船清单给箱管部门
将发票邮寄给客户
收到客户的水单并与财务联系，运费已到账，月结，半月结客户根据协议放货
做电放通知给各港口
在电子订舱系统中下载并制作提单
所有的箱子动态都是“LOADED”才可做提单
安排目的港代理送货到门
将运单FAX给客户，EDI打包发各卸货港
跟踪已上船货物的动态，为客户提供咨询
发整船资料给商务部门
包括订舱委托书、操作记录、中转联系单、调箱指令、电放通知、装船清单、LOADING
整理资料归档

图 R.9（续）

R.10 物流(项目)作业流程图

物流(项目)作业流程图参见图 R.10。

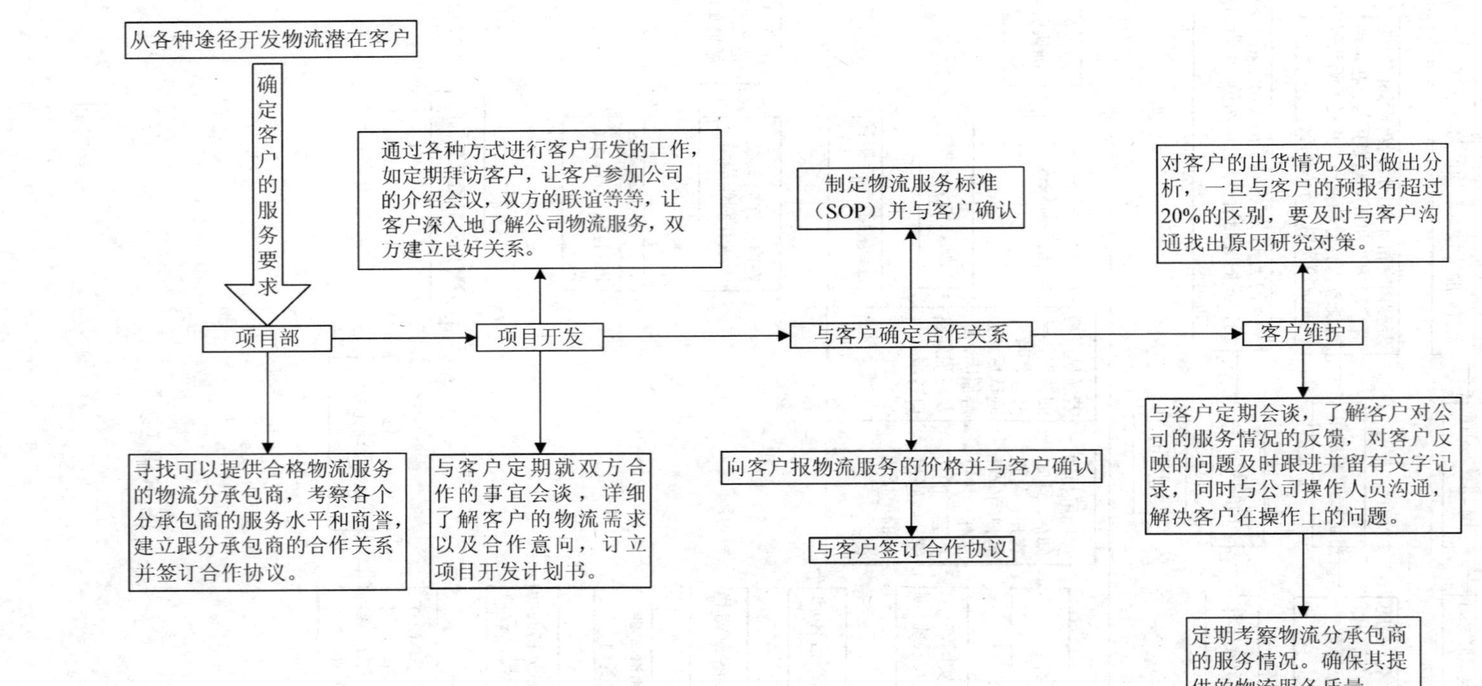

图 R.10 物流(项目)作业流程图

R.11 物流(联运)作业流程图

物流(联运)作业流程图参见图 R.11。

1. 出口货物

图 R.11 物流(联运)作业流程图

2. 进口货物

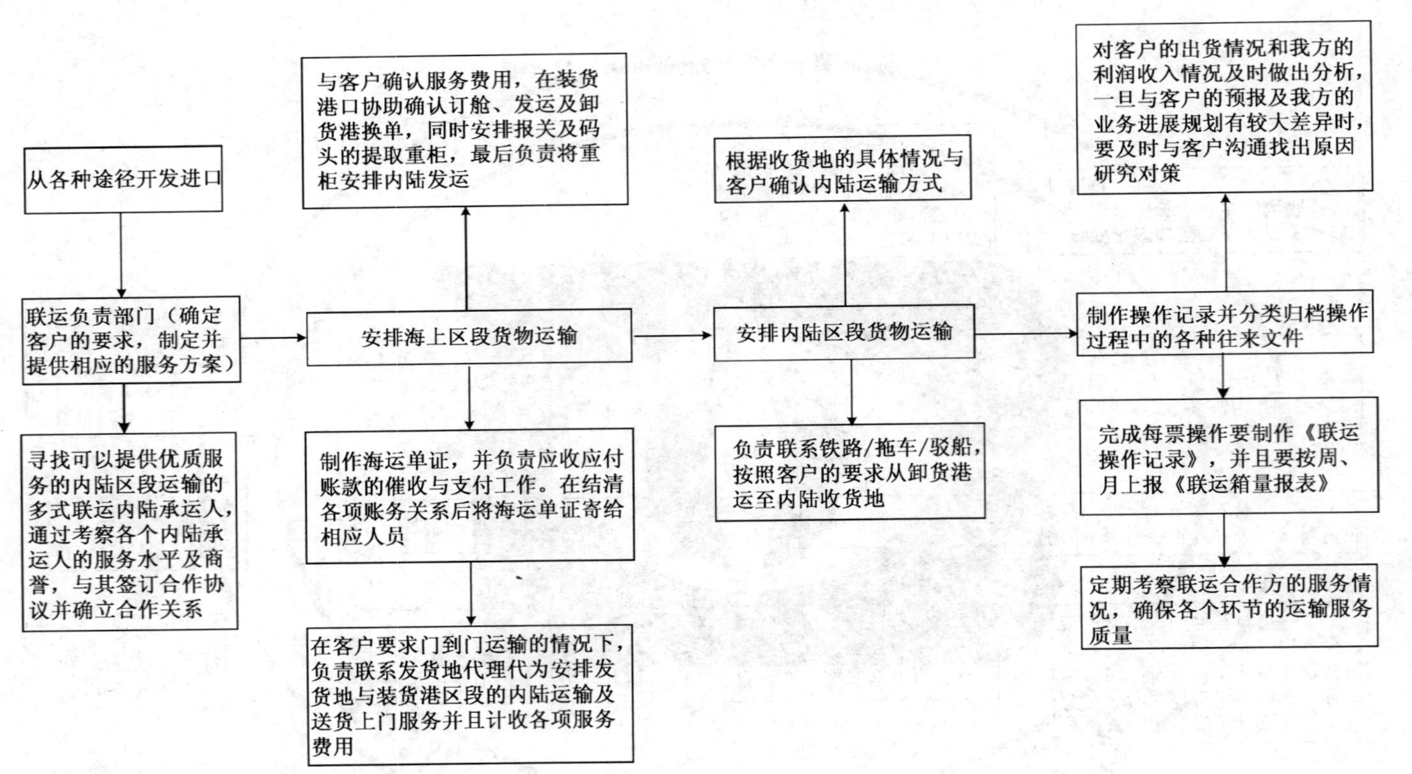
从各种途径开发进口
联运负责部门（确定客户的要求，制定并提供相应的服务方案）
寻找可以提供优质服务的内陆区段运输的多式联运内陆承运人，通过考察各个内陆承运人的服务水平及商誉，与其签订合作协议并确立合作关系
安排海上区段货物运输
与客户确认服务费用，在装货港口协助确认订舱、发运及卸货港换单，同时安排报关及码头的提取重柜，最后负责将重柜安排内陆发运
制作海运单证，并负责应收应付账款的催收与支付工作。在结清各项账务关系后将海运单证寄给相应人员
在客户要求门到门运输的情况下，负责联系发货地代理代为安排发货地与装货港区段的内陆运输及送货上门服务并且计收各项服务费用
安排内陆区段货物运输
根据收货地的具体情况与客户确认内陆运输方式
负责联系铁路/拖车/驳船，按照客户的要求从卸货港运至内陆收货地
制作操作记录并分类归档操作过程中的各种往来文件
对客户的出货情况和我方的利润收入情况及时做出分析，一旦与客户的预报及我方的业务进展规划有较大差异时，要及时与客户沟通找出原因研究对策
完成每票操作要制作《联运操作记录》，并且要按周、月上报《联运箱量报表》
定期考察联运合作方的服务情况，确保各个环节的运输服务质量

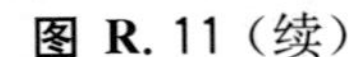
图 R.11（续）

R.12 拼箱部门业务流程图

拼箱部门业务流程图参见图 R.12。

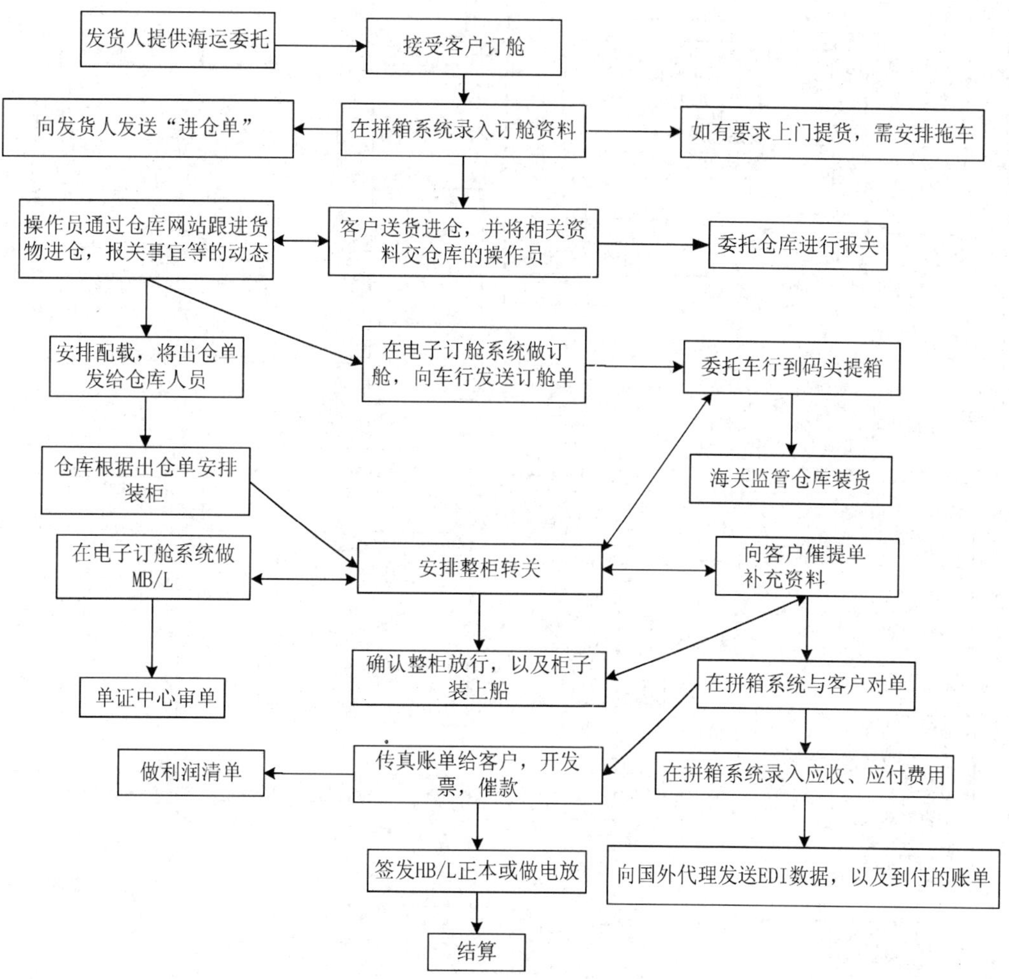

图 R.12 拼箱部门业务流程图

R.13 分支机构业务流程图

分支机构业务流程图参见图 R.13。

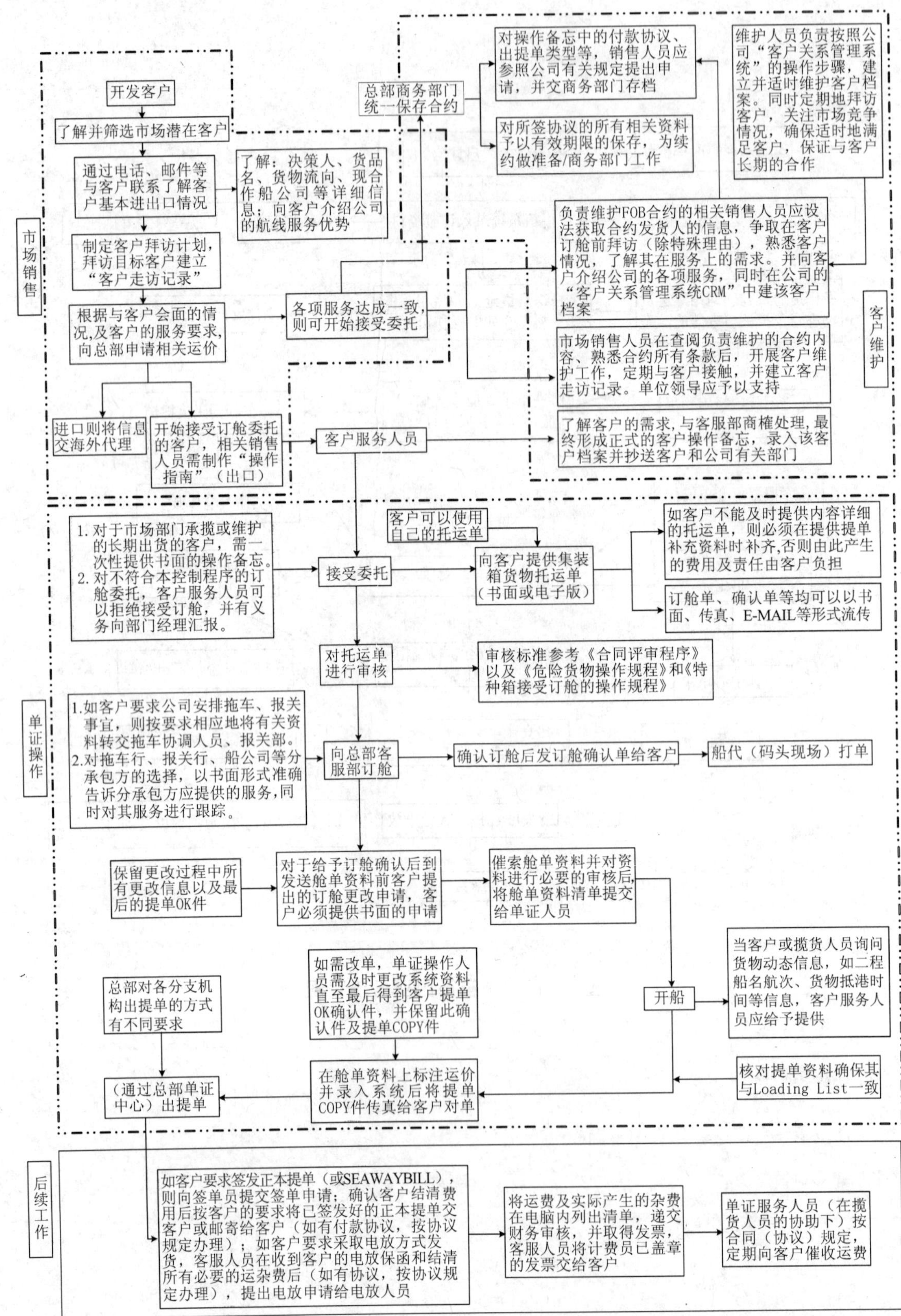

图 R.13　分支机构业务流程图

R. 14　分支机构结算业务流程图

分支机构结算业务流程图参见图 R. 14。

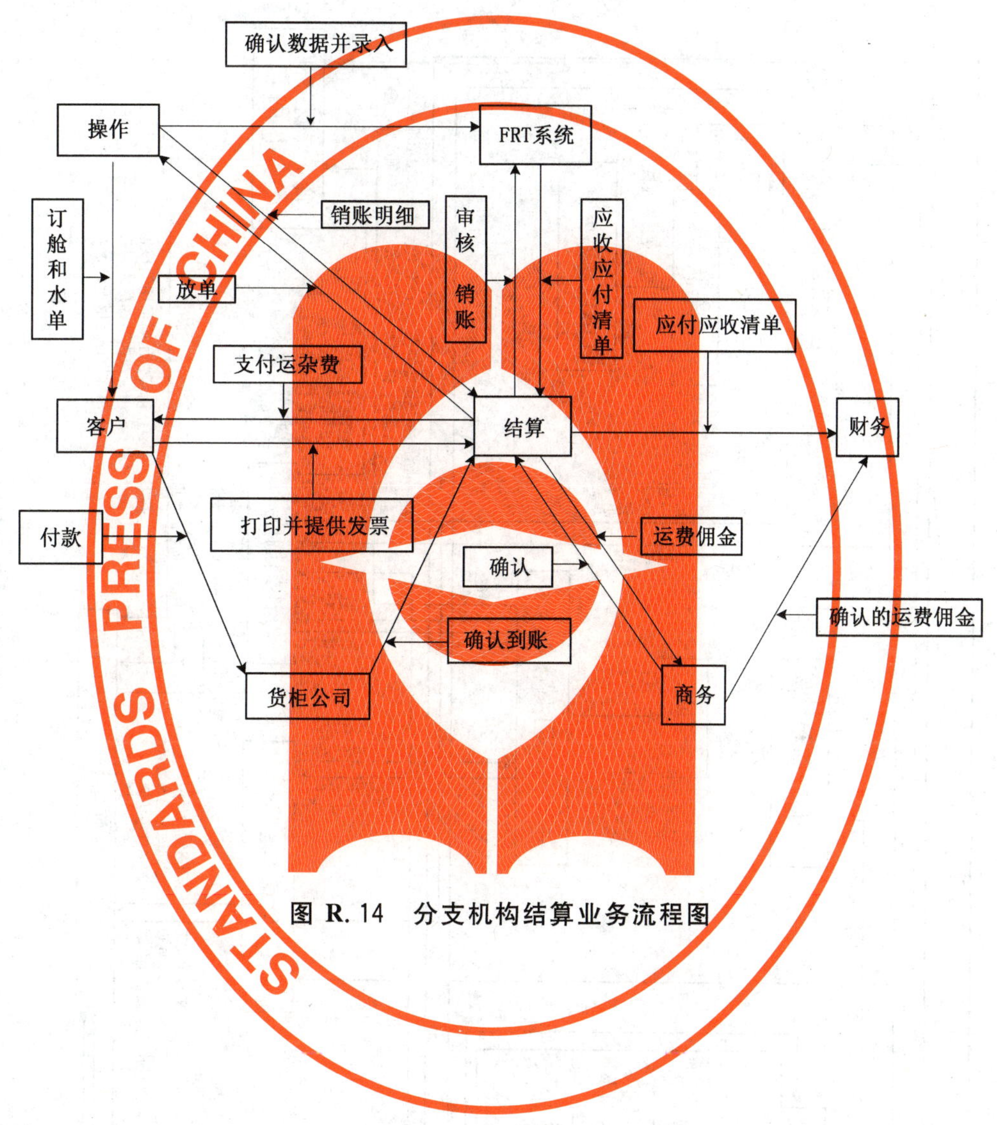

图 R. 14　分支机构结算业务流程图

R. 15 箱管部门业务流程图

箱管部门业务流程图参见图 R. 15。

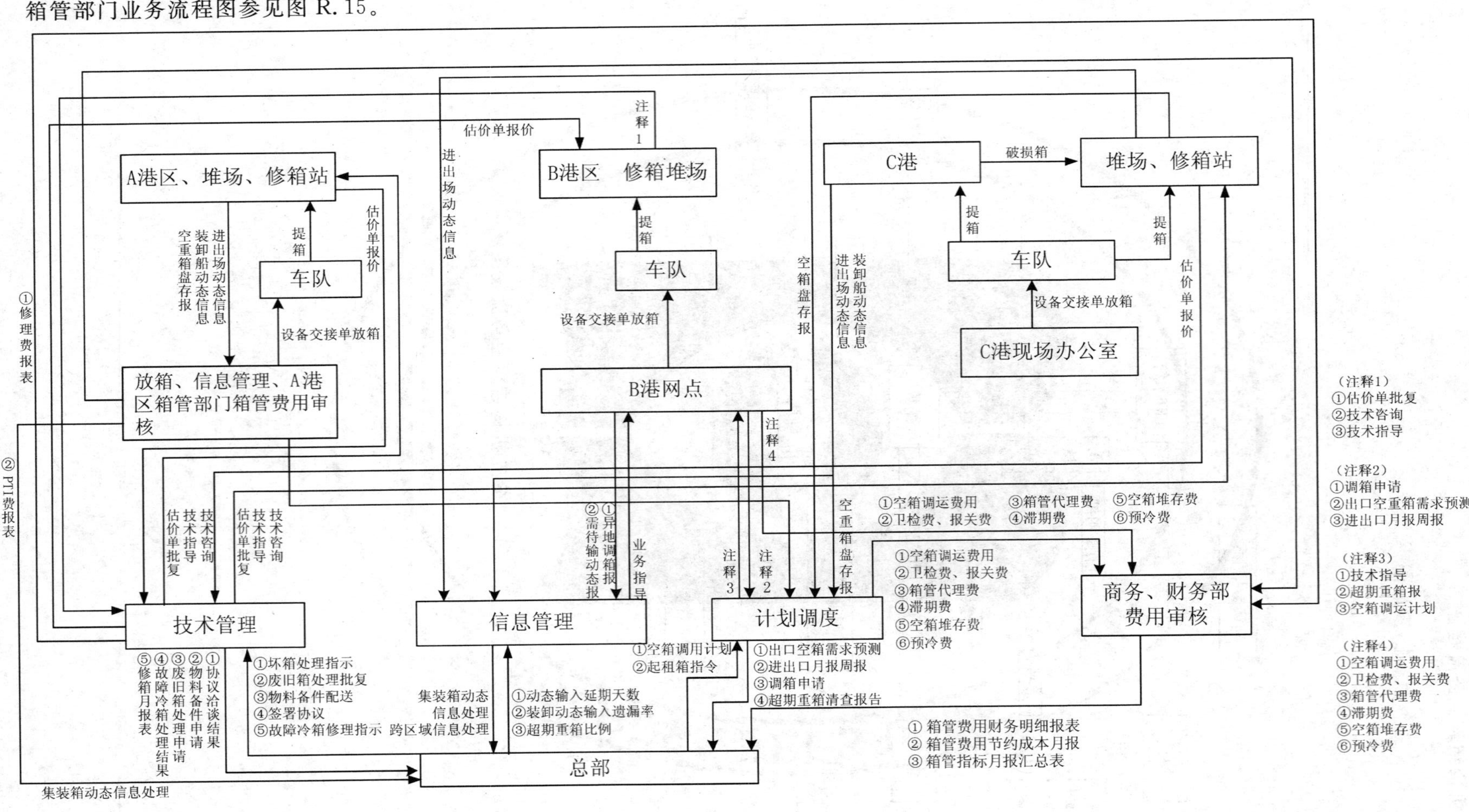

图 R. 15 箱管部门业务流程图

ICS 03.100.99
A 02

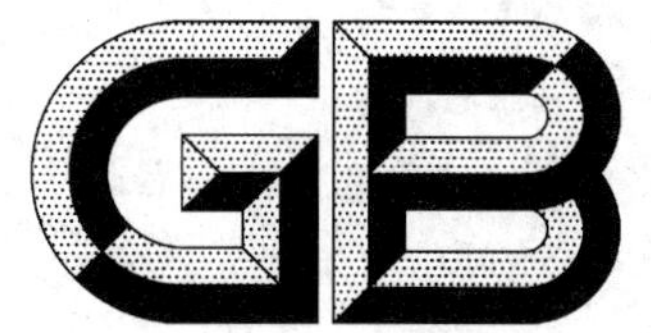

中华人民共和国国家标准

GB/T 22152—2008

国际货运代理业务统计导则

Guideline on international freight forwarding business statistic

2008-07-02 发布　　2008-12-01 实施

中华人民共和国国家质量监督检验检疫总局
中国国家标准化管理委员会　发布

前　言

本标准由中华人民共和国商务部提出并归口。

本标准起草单位：中国国际货运代理协会、中国对外贸易运输(集团)总公司、中国海运(集团)总公司、中国中钢集团公司、锦程物流(集团)公司、浙江双马国际货运有限公司、北京交通大学、中钢国际货运公司、新景程国际物流有限公司、深圳市联合纵横国际货运代理公司、福建金航国际货运代理有限公司、上海宝霖国际危险品物流有限公司。

本标准主要起草人：林忠、王喜富、陈峥、冯建萍、孙宝忠、杨旭、刘占芳、丁慎鹏、包红武、王为、崔福田、孙林。

国际货运代理业务统计导则

1 范围

本标准规定了国际货运代理业务统计制度、统计分类、统计范围和统计报表体系。

本标准适用于我国各类国际货运代理企业(以下简称“企业”或“货运代理”)的内部业务统计、企业资质和等级评估及行业主管部门对企业进行规范与管理的依据,亦可作为行业中介组织进行业务备案的依据。

2 术语和定义

下列术语和定义适用于本标准。

2.1

国际货运代理企业　international freight forwarding enterprise

在中国境内依法注册并经行业主管部门备案(企业备案和法人备案)的从事国际货物运输代理业务的企业及其分支机构。

2.2

代理人　agent

接受进出口货物收货人、发货人和其他委托方或其代理人的委托,以委托人名义或者以自己的名义办理有关业务、提供增值服务、收取代理费、佣金或其他的增值服务报酬行为的企业。

2.3

独立经营人　independent operator

接受进出口货物收货人、发货人和其他委托方或其代理人的委托,承办货物运输、签发运输单证、履行运输合同、提供增值服务并收取运费以及服务报酬行为的企业。如仓储经营人、代理报关报检经营人、履约承运人、契约承运人等。

2.4

国际货运代理业务　international freight forwarding business

以独立经营人或代理人身份,为客户提供与国际货物运输相关的综合性物流服务工作,包括但不仅限于揽货、订舱(含租船,包机、包板、包舱)、托运、配载、换单、缮制单证、仓储、分拨、中转、集装箱的装拆箱;海上货物运输、陆上货物运输、航空货物运输、管道运输、江河货物运输及相关的短途运输;国际多式联运、集运(含集装箱拼箱)、国际铁路联运、国际快递;报关、报检、报验、保险;运费、杂费收付及结算;国际展品、私人物品及过境货物运输代理;以及包装、装卸、信息和咨询等有偿服务,以收取有偿服务报酬的经济活动。

3 业务统计基本要求与范围

3.1　基本统计单位

以法人企业及所属的分支机构为单位进行业务统计。

3.2　统计报表分类

企业统计报表包括年报报表和月报报表。

3.2.1　年报报表分为:

a） 法人企业业务统计报表；

b） 分支机构业务统计报表；

c） 法人企业(合并)业务统计报表。

3.2.2 月报报表分为：

a） 海、陆、空运业务统计报表；

b） 国际快递业务统计表；

c） 报关报检业务统计报表。

3.3 统计周期、时效

3.3.1 年报报表按行业主管部门统一要求执行。

3.3.2 月报报表按企业内部管理要求执行。

3.4 统计范围

3.4.1 年报报表统计范围

a） 企业及其分支机构基础信息；

b） 上一年度法人企业及其分支机构在生产活动中的主要经营信息、生产设备、综合服务能力、风险控制指标、人员信息、信息化程度、社会信用记录、质量保证体系和社会荣誉等状况。

3.4.2 月报报表统计范围

月报统计范围为上一月份企业在生产活动中的主要经营状况指标。

3.5 年报报表可作为向行业主管部门或行业中介组织递交的企业业务备案的统计资料。

3.6 月报报表作为企业内部业务统计报表。

4 业务统计分类

4.1 货物类型

主要包括：

a） 集装箱；

b） 件杂货；

c） 散货；

d） 文件；

e） 包裹；

f） 其他货物。

4.2 经营方式

根据货运代理是作为代理人身份或独立经营人身份开展经营活动进行分类。主要包括：

a） 代理；

b） 契约承运；

c） 履约承运；

d） 物流服务；

e） 其他单一方式的经营；

f） 以上混合方式经营。

4.3 服务项目

主要包括：

a） 海运；

b） 陆运；

c）空运；

d）管道运输；

e）国际多式联运；

f）国际铁路联运；

g）国际快递；

h）代理报关报检；

i）仓储；

j）物流服务。

4.4 服务方式

以独立经营人或代理人身份，为客户提供与国际货物运输相关的综合性物流服务工作，包括但不仅限于揽货、订舱（含租船，包机、包板、包舱）、托运、配载、换单、缮制单证、仓储、分拨、中转、集装箱的装拆箱；海上货物运输、陆上货物运输、航空货物运输、管道运输、江河货物运输及相关的短途运输；国际多式联运、集运（含集装箱拼箱）、国际铁路联运、国际快递；报关、报检、报验、保险；运费、杂费收付及结算；国际展品、私人物品及过境货物运输代理；以及包装、装卸、信息和咨询等有偿服务。

4.5 货物流向

主要包括进口、出口、国内、内支线、第三国。

注1：国内即内贸货物在国内港口或江河之间的运输。

注2：内支线即外贸货物在国内港口或江河之间的运输。

4.6 货物来源

主要包括：

a）直接客户（生产型企业或贸易商直接委托的货物）；

b）同行客户（由本公司以外货运代理委托的货物）；

c）指定货（海外代理、承运人、货主等指定的货物）。

5 业务统计制度

5.1 企业应建立、健全各种原始记录、统计台账和统计资料管理及归档制度，使统计基础工作规范化。

5.2 企业可根据本标准建立内部报表的制定、变更和废除制度。

5.3 内部报表实行统一编号。

5.4 企业各种统计报表应经企业统计部门或综合统计人员的审核。审核内容包括，资料来源是否可靠，数据是否准确，统计指标是否填报完整，计量单位是否正确，指标代码是否正确，是否填写制表人；数字如有异常变动，是否已附加文字说明等。审核后应经企业领导签字、填写上报日期并加盖企业印章。

5.5 企业应建立统计报表的更正制度。报表报出后，如发现差错，应申请更正，更正后的统计报表应加盖制表人及单位公章。

5.6 凡已有业务统计资料的，不再重复统计。

6 各类业务报表

6.1 法人企业业务统计报表见表1。

6.2 分支机构业务统计报表见表2。

6.3 法人企业（合并）业务统计报表见表3。

6.4 海、陆、空运业务统计报表参见表4。

6.5 国际快递业务统计表参见表5。

6.6 报关报检业务统计报表参见表6。

表 1　法人企业业务统计报表

填报年月：

<table>
<tr><td rowspan="13">法人企业基础信息</td><td rowspan="2">企业名称</td><td colspan="3">（中文）</td></tr>
<tr><td colspan="3">（英文）</td></tr>
<tr><td>注册地址</td><td colspan="3"></td></tr>
<tr><td>经营地址</td><td colspan="3"></td></tr>
<tr><td>企业经营代码</td><td></td><td>组织机构代码</td><td></td></tr>
<tr><td>工商登记注册日期</td><td></td><td>工商登记注册号</td><td></td></tr>
<tr><td>法人代表</td><td></td><td>有效证件及其号码</td><td></td></tr>
<tr><td>企业类型</td><td></td><td>注册资金/万元</td><td></td></tr>
<tr><td>税务登记证</td><td colspan="3"></td></tr>
<tr><td>联系电话</td><td></td><td>传 真</td><td></td></tr>
<tr><td>邮政编码</td><td></td><td>企业网址</td><td></td></tr>
<tr><td>联系人及职务</td><td></td><td>电子邮件</td><td></td></tr>
<tr><td>—</td><td colspan="3"></td></tr>
<tr><td rowspan="4">业务类型经营范围</td><td>服务项目</td><td colspan="3"></td></tr>
<tr><td>货物类型</td><td colspan="3"></td></tr>
<tr><td>服务方式</td><td colspan="3"></td></tr>
<tr><td>经营方式</td><td colspan="3"></td></tr>
<tr><td rowspan="9">经营资质信息</td><td>资质名称</td><td>登记时间</td><td>证书编号</td><td>颁发部门</td></tr>
<tr><td>海关注册登记证书</td><td></td><td></td><td></td></tr>
<tr><td>代理报验注册证书</td><td></td><td></td><td></td></tr>
<tr><td>无船承运业务经营资格登记证</td><td></td><td></td><td></td></tr>
<tr><td>航空运输销售代理业务资格认可证书</td><td></td><td></td><td></td></tr>
<tr><td>国际货代提单备案登记证</td><td></td><td></td><td></td></tr>
<tr><td>FIATA 提单备案登记证</td><td></td><td></td><td></td></tr>
<tr><td>国际道路运输经营许可证</td><td></td><td></td><td></td></tr>
<tr><td>道路运输经营许可证</td><td></td><td></td><td></td></tr>
</table>

表 1（续）

法人企业经营信息	全年出口									
	服务项目	散货/t		杂货/(t/件)		集装箱货物/TEU		万元(人民币)		
		代理	签发自有提单	代理	签发自有提单	代理	签发自有提单	营业额	其中支付境外费用	其中收取境外费用
	海运									
	陆运									
	空运	t								
	快件	件								
	危险品	t TEU			代理货物运输保险	t TEU				
	全年进口									
	服务项目	散货/t		杂货/(t/件)		集装箱货物/TEU		万元(人民币)		
		代理	签发自有提单	代理	签发自有提单	代理	签发自有提单	营业额	其中支付境外费用	其中收取境外费用
	海运									
	陆运									
	空运	t								
	快件	件								
	仓储营业额		万元(人民币)							
	代理报关		万元(人民币)							
	代理报检		万元(人民币)							
	危险品		t TEU			代理货物运输保险	t TEU			
	年营业总额		万元(人民币)			其他营业额	万元(人民币)			
	年净利润总额		万元(人民币)			缴纳税金	万元(人民币)			
	年营业总额中第三国货运及其他业务的收入：						万元(人民币)			
	年营业总额中第三国货运及其他业务的支出：						万元(人民币)			
	代理班轮航线数量		条，占本地区班轮航线 %							
	代理航空航线数量		条，占本地区航空航线 %							
	代理货主航线数量		国际 家				国内 家			

表 1（续）

<table>
<tr><td rowspan="5">法人企业生产设备数量</td><td>自有运输工具
总载重量</td><td colspan="2">t</td><td>租用运输工具
总载重量</td><td>t</td></tr>
<tr><td>自有仓库面积</td><td colspan="2">m^2</td><td>租用仓
库面积</td><td>m^2</td></tr>
<tr><td>保税、监管库</td><td colspan="2">m^2</td><td>物流计算机
信息管理系统</td><td>套</td></tr>
<tr><td>铁路专用线</td><td colspan="4">条</td></tr>
<tr style="display:none"></tr>
<tr><td rowspan="7">法人企业综合服务能力</td><td></td><td colspan="2">国内</td><td colspan="2">国际</td></tr>
<tr><td>运营网点</td><td colspan="2">个</td><td colspan="2">个</td></tr>
<tr><td>代理网点</td><td colspan="2"></td><td colspan="2"></td></tr>
<tr><td>分支机构</td><td colspan="2"></td><td colspan="2"></td></tr>
<tr><td>仓储中转</td><td></td><td>国际多式联运</td><td colspan="2"></td></tr>
<tr><td>国际铁路联运</td><td></td><td>国际展品</td><td colspan="2"></td></tr>
<tr><td>物流服务</td><td></td><td>过境货物
运输代理</td><td colspan="2"></td></tr>
<tr><td rowspan="8">法人企业风险控制能力</td><td>险种</td><td>责任限额</td><td>保险费</td><td>保单号</td><td>责任终止日期</td></tr>
<tr><td>国际货运代理
提单责任险</td><td></td><td></td><td></td><td>年 月 日</td></tr>
<tr><td>国际货运代理人
责任险</td><td></td><td></td><td></td><td>年 月 日</td></tr>
<tr><td>物流责任险</td><td></td><td></td><td></td><td>年 月 日</td></tr>
<tr><td>承运人责任险</td><td></td><td></td><td></td><td>年 月 日</td></tr>
<tr><td>仓储责任险</td><td></td><td></td><td></td><td>年 月 日</td></tr>
<tr><td>雇主责任险或
人身意外伤害险</td><td></td><td></td><td></td><td>年 月 日</td></tr>
<tr><td>第三者责任险或
其他险种
（请注明）</td><td></td><td></td><td></td><td>年 月 日</td></tr>
</table>

表 1（续）

<table>
<tr><td rowspan="14">法人企业人员信息</td><td colspan="6">董事长</td></tr>
<tr><td>姓名</td><td></td><td>性别</td><td></td><td>民族</td><td></td></tr>
<tr><td>年龄</td><td></td><td>职称</td><td></td><td>现任职务</td><td></td></tr>
<tr><td>管理岗位年限</td><td></td><td></td><td>行业工作年限</td><td></td><td></td></tr>
<tr><td>最高学历</td><td></td><td></td><td>任职时间</td><td></td><td></td></tr>
<tr><td>年初职工人数</td><td>管理人员数</td><td colspan="2">财务人员数</td><td>业务人员数</td><td>大专以上学历人员数</td></tr>
<tr><td>年末职工人数</td><td></td><td colspan="2"></td><td></td><td></td></tr>
<tr><td colspan="6">具有航空销售代理从业资格的人数：</td></tr>
<tr><td colspan="6">具有国际货运代理从业职业资质的人数：</td></tr>
<tr><td colspan="6">具有代理报关从业资质的人数：</td></tr>
<tr><td colspan="6">具有代理报检从业资质的人数：</td></tr>
<tr><td colspan="6">具有代理保险从业资质的人数：</td></tr>
<tr><td colspan="6">具有 FIATA 从业资格的人数：</td></tr>
<tr><td colspan="6">具有质量管理从业资格的人数：</td></tr>
<tr><td rowspan="3">法人企业信息化程度</td><td colspan="6">计算机管理已涉及的领域
作业流程□　货物跟踪□　业务管理□　电子单证管理□　财务管理□
客户管理□　合同管理□　信用管理□　质量管理□　客户自动查询□
客户信息人工查询□　　其他□</td></tr>
<tr><td colspan="6">门户网站建设情况</td></tr>
<tr><td colspan="6">局域网建设情况</td></tr>
<tr><td rowspan="10">社会信用记录和质量保证体系</td><td colspan="6">工商信用记录：</td></tr>
<tr><td colspan="6">海关信用记录：</td></tr>
<tr><td colspan="6">银行信用记录：</td></tr>
<tr><td colspan="6">税务信用记录：</td></tr>
<tr><td colspan="6">信用评价记录：</td></tr>
<tr><td colspan="6">质量保证体系：</td></tr>
<tr><td colspan="6">其他：</td></tr>
<tr><td colspan="2">荣誉单位、奖励名称</td><td colspan="2">授予单位</td><td colspan="2">授予日期</td></tr>
<tr><td colspan="2"></td><td colspan="2"></td><td colspan="2"></td></tr>
<tr><td colspan="2"></td><td colspan="2"></td><td colspan="2"></td></tr>
</table>

表 1（续）

填表说明：

1. 按统计分类填写。

2. 经营代码是指行业主管部门对依法注册登记、依法备案的企业颁发一个在全国范围内唯一的、始终不变的代码标识。

3. 企业类型：国有企业、集体企业、私营企业、中外合资经营企业、中外合作经营企业、外商独资企业、港商合资经营企业、港商合作经营企业、港商独资企业、澳商合资经营企业、澳商合作经营企业、澳商独资企业、台商合资经营企业、台商合作经营企业、台商独资企业。

4. 年末从业人员数指在本单位工作并取得劳动报酬的年末实有人员数。

5. 自有仓储面积(m^2)指本企业拥有并用于保管、储存物品的建筑物和场所的面积，包括库房面积和货场面积。库房面积＝内墙的长×宽－障碍物面积(不能存放货物部分的面积，如：柱子)。

6. 租用仓储面积(m^2)指租用本企业以外的保管、储存物品的建筑物和场所的面积。包括库房面积和货场面积。

7. 装卸设备(台)指专用于装卸搬运货物的设备。包括集装箱装卸桥、门式起重机、桥式起重机、带式输送机、叉车等。

8. 物流计算机信息管理系统(套)指为提高经营管理的工作效率，对相关物流过程进行全面动态监控与管理的计算机管理系统。

9. 铁路专用线(条)指和铁路大动脉相连，归企业所有或租用的为加速货物的集散而铺设的专用铁路线。

10. 货运车辆(辆)包括普通货车和专用货车。

11. 专用货车(辆)指具有特殊构造和专门用途的货运汽车，如集装箱专用车、冷藏车、罐车、活畜运输车、散装水泥车等。

12. 集装箱专用车(辆)：专用装载集装箱的货运汽车。

13. 仓储营业额(万元人民币)主要指仓储租金收入和劳务费收入。其中劳务费用收入包括：装卸费、出入库费、拆箱装箱费、包装整理费等。

14. 各类营业额是指企业向委托方收取的全部费用总和(不扣除向承运人等最终支付的费用)，不是缴纳营业税的依据。

15. 年营业总额(万元人民币)各类营业额(海、陆、空、快件、仓储和其他)的总和，以企业年度财务报表或合并后的财务报表的数据为准。

16. 年净利润总额(万元人民币)：企业实现的税后利润总额。

17. 其中支付境外费用：在各项营业额中支付给境外企业(含在中国的分支机构)的各项费用，包括运费、服务费、佣金、杂费等其他费用。

18. 其中收取境外费用：在各项营业额中收取境外企业(含在中国的分支机构)的各项费用，包括运费、服务费、佣金、杂费等其他费用。

19. 第三国货运及其他业务的收入：企业在境外开展第三国业务的收入。

20. 第三国货运及其他业务的支出：企业在境外开展第三国业务的支出。

21. 缴纳税金(万元人民币)：企业缴纳的各类税金，是指营业税、所得税、附加税、员工所缴纳的所得税等。

22. 代理班轮航线：与班轮公司签订协议，为其营运航线提供揽货、订舱、托运等业务，单位为条。

23. 代理航空航线：与航空公司签订协议，为其营运航线提供揽货、订舱、托运等业务，单位为条。

24. 代理货主：与货运代理签订协议，并办理其所委托事宜的货主企业，单位为家。

表 2　分支机构业务统计报表

填报年月：

<table>
<tr><td rowspan="13">分支机构基础信息</td><td rowspan="2">企业名称</td><td colspan="3">（中文）</td></tr>
<tr><td colspan="3">（英文）</td></tr>
<tr><td>注册地址</td><td colspan="3"></td></tr>
<tr><td>经营地址</td><td colspan="3"></td></tr>
<tr><td>企业经营代码</td><td></td><td>工商登记注册号</td><td></td></tr>
<tr><td>工商登记
注册日期</td><td></td><td>企业网址</td><td></td></tr>
<tr><td>母公司名称</td><td></td><td>母公司经营代码</td><td></td></tr>
<tr><td>与母公司
隶属关系</td><td>分公司□　控股公司□
参股公司□</td><td>税务登记证</td><td></td></tr>
<tr><td>负责人</td><td></td><td>有效证件号码</td><td></td></tr>
<tr><td>注册资金/万元</td><td></td><td>联系电话</td><td></td></tr>
<tr><td>传　真</td><td></td><td>邮政编码</td><td></td></tr>
<tr><td>联系人及职务</td><td></td><td>电子邮件</td><td></td></tr>
<tr><td rowspan="4">业务类型经营范围</td><td>服务项目</td><td colspan="3"></td></tr>
<tr><td>货物类型</td><td colspan="3"></td></tr>
<tr><td>服务方式</td><td colspan="3"></td></tr>
<tr><td>经营方式</td><td colspan="3"></td></tr>
<tr><td rowspan="10">分支机构经营资质信息</td><td>资质名称</td><td>登记时间</td><td>证书编号</td><td>颁发部门</td></tr>
<tr><td>海关注册
登记证书</td><td></td><td></td><td></td></tr>
<tr><td>代理报验
注册证书</td><td></td><td></td><td></td></tr>
<tr><td>无船承运业务经营
资格登记证</td><td></td><td></td><td></td></tr>
<tr><td>航空运输销售代理
业务资格认可证书</td><td></td><td></td><td></td></tr>
<tr><td>国际货代提单备案
登记证</td><td></td><td></td><td></td></tr>
<tr><td>FIATA 提单备案
登记证</td><td></td><td></td><td></td></tr>
<tr><td>国际道路运输经营
许可证</td><td></td><td></td><td></td></tr>
<tr><td>道路运输经营许可证</td><td></td><td></td><td></td></tr>
</table>

表 2（续）

分支机构经营信息	全年出口									
	服务项目	散货/t		杂货/(t/件)		集装箱货物/TEU		万元(人民币)		
		代理	签发自有提单	代理	签发自有提单	代理	签发自有提单	营业额	支付境外费用	收取境外费用
	海运									
	陆运									
	空运	t								
	快件	件								
	危险品	t TEU		代理货物运输保险		t TEU				
	全年进口									
	服务项目	散货/t		杂货/(t/件)		集装箱货物/TEU		万元(人民币)		
		代理	签发自有提单	代理	营业额	营业额	营业额	营业额	其中支付境外费用	其中收取境外费用
	海运									
	陆运									
	空运	t								
	快件	件								
	仓储营业额	万元(人民币)								
	代理报关	万元(人民币)								
	代理报检	万元(人民币)								
	危险品	t TEU		代理货物运输保险		t TEU				
	其他营业额	万元(人民币)		年营业总额		万元(人民币)				
	年净利润总额	万元(人民币)		缴纳税金		万元(人民币)				
	年营业总额中第三国货运及其他业务的收入：					万元(人民币)				
	年营业总额中第三国货运及其他业务的支出：					万元(人民币)				
	代理班轮航线数量	条，占本地区班轮航线　%								
	代理航空航线数量	条，占本地区航空航线　%								
	代理货主企业数量	国际　家				国内　家				

表 2（续）

<table>
<tr><td rowspan="4">分支机构生产设备数量</td><td>自有运输工具总载重量</td><td colspan="2">t</td><td colspan="2">租用运输工具总载重量</td><td colspan="2">t</td></tr>
<tr><td>自有仓库面积</td><td colspan="2">m²</td><td colspan="2">租用仓库面积</td><td colspan="2">m²</td></tr>
<tr><td>保税、监管库</td><td colspan="2">m²</td><td colspan="2">物流计算机信息管理系统</td><td colspan="2">套</td></tr>
<tr><td>铁路专用线</td><td colspan="6">条</td></tr>
<tr><td rowspan="7">分支机构综合服务能力</td><td></td><td colspan="3">国内</td><td colspan="3">国际</td></tr>
<tr><td>运营网点</td><td colspan="3">个</td><td colspan="3">个</td></tr>
<tr><td>代理网点</td><td colspan="3"></td><td colspan="3"></td></tr>
<tr><td>分支机构</td><td colspan="3"></td><td colspan="3"></td></tr>
<tr><td>仓储中转</td><td colspan="2"></td><td colspan="2">国际多式联运</td><td colspan="2"></td></tr>
<tr><td>国际铁路联运</td><td colspan="2"></td><td colspan="2">国际展品</td><td colspan="2"></td></tr>
<tr><td>物流服务</td><td colspan="2"></td><td colspan="2">过境货物运输代理</td><td colspan="2"></td></tr>
<tr><td rowspan="8">分支机构风险控制能力</td><td>险种</td><td>责任限额</td><td colspan="2">保险费</td><td>保单号</td><td colspan="2">责任终止日期</td></tr>
<tr><td>提单责任险</td><td></td><td colspan="2"></td><td></td><td colspan="2">年 月 日</td></tr>
<tr><td>代理人责任险</td><td></td><td colspan="2"></td><td></td><td colspan="2">年 月 日</td></tr>
<tr><td>物流责任险</td><td></td><td colspan="2"></td><td></td><td colspan="2">年 月 日</td></tr>
<tr><td>承运人责任险</td><td></td><td colspan="2"></td><td></td><td colspan="2">年 月 日</td></tr>
<tr><td>仓储责任险</td><td></td><td colspan="2"></td><td></td><td colspan="2">年 月 日</td></tr>
<tr><td>雇主责任险或人身意外伤害险</td><td></td><td colspan="2"></td><td></td><td colspan="2">年 月 日</td></tr>
<tr><td>第三者责任险或其他险种（请注明）</td><td></td><td colspan="2"></td><td></td><td colspan="2">年 月 日</td></tr>
</table>

表 2（续）

<table>
<tr><td rowspan="14">分支机构人员信息</td><td colspan="6">负责人</td></tr>
<tr><td>姓名</td><td></td><td>性别</td><td></td><td>民族</td><td></td></tr>
<tr><td>年龄</td><td></td><td>职称</td><td></td><td>现任职务</td><td></td></tr>
<tr><td>管理岗位
年限</td><td></td><td></td><td>行业工作
年限</td><td></td><td></td></tr>
<tr><td>最高学历</td><td></td><td></td><td>任职时间</td><td></td><td></td></tr>
<tr><td>年初职工人数</td><td>管理人员数</td><td colspan="2">财务人员数</td><td>业务人员数</td><td>大专以上学历
人员数</td></tr>
<tr><td>年末职工人数</td><td></td><td colspan="2"></td><td></td><td></td></tr>
<tr><td colspan="6">具有航空销售代理从业资格的人数：</td></tr>
<tr><td colspan="6">具有国际货运代理从业职业资质的人数：</td></tr>
<tr><td colspan="6">具有代理报关从业资质的人数：</td></tr>
<tr><td colspan="6">具有代理报检从业资质的人数：</td></tr>
<tr><td colspan="6">具有代理保险从业资质的人数：</td></tr>
<tr><td colspan="6">具有 FIATA 从业资格的人数：</td></tr>
<tr><td colspan="6">具有质量管理从业资格的人数：</td></tr>
<tr><td rowspan="3">分支机构信息化程度</td><td colspan="6">计算机管理已涉及的领域
作业流程□ 货物跟踪□ 业务管理□ 电子单证管理□ 财务管理□
客户管理□ 合同管理□ 信用管理□ 质量管理□ 客户自动查询□
客户信息人工查询□ 其他□</td></tr>
<tr><td colspan="6">门户网站建设情况</td></tr>
<tr><td colspan="6">局域网建设情况</td></tr>
<tr><td rowspan="10">社会信用记录和质量保证体系、社会荣誉</td><td colspan="6">工商信用记录：</td></tr>
<tr><td colspan="6">海关信用记录：</td></tr>
<tr><td colspan="6">银行信用记录：</td></tr>
<tr><td colspan="6">税务信用记录：</td></tr>
<tr><td colspan="6">信用评价记录：</td></tr>
<tr><td colspan="6">质量保证体系：</td></tr>
<tr><td colspan="6">其他：</td></tr>
<tr><td colspan="2">荣誉单位、奖励名称</td><td colspan="2">授予单位</td><td colspan="2">授予日期</td></tr>
<tr><td colspan="2"></td><td colspan="2"></td><td colspan="2"></td></tr>
<tr><td colspan="2"></td><td colspan="2"></td><td colspan="2"></td></tr>
</table>

表 2（续）

填表说明：

1. 按统计分类填写。

2. 经营代码是指行业主管部门对依法注册登记、依法备案的企业颁发一个在全国范围内唯一的、始终不变的代码标识。

3. 企业类型：国有企业、集体企业、私营企业、中外合资经营企业、中外合作经营企业、外商独资企业、港商合资经营企业、港商合作经营企业、港商独资企业、澳商合资经营企业、澳商合作经营企业、澳商独资企业、台商合资经营企业、台商合作经营企业、台商独资企业。

4. 年末从业人员数指在本单位工作并取得劳动报酬的年末实有人员数。

5. 自有仓储面积(m^2)指本企业拥有并用于保管、储存物品的建筑物和场所的面积，包括库房面积和货场面积。库房面积＝内墙的长×宽－障碍物面积(不能存放货物部分的面积，如：柱子)。

6. 租用仓储面积(m^2)指租用本企业以外的保管、储存物品的建筑物和场所的面积。包括库房面积和货场面积。

7. 装卸设备(台)指专用于装卸搬运货物的设备。包括集装箱装卸桥、门式起重机、桥式起重机、带式输送机、叉车等。

8. 物流计算机信息管理系统(套)指为提高经营管理的工作效率，对相关物流过程进行全面动态监控与管理的计算机管理系统。

9. 铁路专用线(条)指和铁路大动脉相连，归企业所有或租用的为加速货物的集散而铺设的专用铁路线。

10. 货运车辆(辆)包括普通货车和专用货车。

11. 专用货车(辆)指具有特殊构造和专门用途的货运汽车，如集装箱专用车、冷藏车、罐车、活畜运输车、散装水泥车等。

12. 集装箱专用车(辆)：专用装载集装箱的货运汽车。

13. 仓储营业额(万元人民币)主要指仓储租金收入和劳务费收入。其中劳务费用收入包括：装卸费、出入库费、拆箱装箱费、包装整理费等。

14. 各类营业额是指企业向委托方收取的全部费用总和(不扣除向承运人等最终支付的费用)，不是缴纳营业税的依据。

15. 年营业总额(万元人民币)各类营业额(海、陆、空、快件、仓储和其他)的总和，以企业年度财务报表或合并后的财务报表的数据为准。

16. 其中支付境外费用：在各项营业额中支付给境外企业(含在中国的分支机构)的各项费用，包括运费、服务费、佣金、杂费等其他费用。

17. 其中收取境外费用：在各项营业额中收取境外企业(含在中国的分支机构)的各项费用，包括运费、服务费、佣金、杂费等其他费用。

18. 第三国货运及其他业务的收入：企业在境外开展第三国业务的收入。

19. 第三国货运及其他业务的支出：企业在境外开展第三国业务的支出。

20. 年净利润总额(万元人民币)：企业实现的税后利润总额。

21. 缴纳税金(万元人民币)：企业缴纳的各类税金，是指营业税、所得税、附加税、员工所缴纳的所得税等。

22. 代理班轮航线：与班轮公司签订协议，为其营运航线提供揽货、订舱、托运等业务，单位为条。

23. 代理航空航线：与航空公司签订协议，为其营运航线提供揽货、订舱、托运等业务，单位为条。

24. 代理货主：与货运代理签订协议，并办理其所委托事宜的货主企业，单位为家。

表 3　法人企业(合并)业务统计报表

填表年月：

	全年出口								
	服务项目	散货/t		杂货/(t/件)		集装箱货/TEU		万元(人民币)	
		代理	签发自有提单	代理	营业额	营业额	营业额	营业额	支付境外费用	收取境外费用
	海运									
	陆运									
	空运	t								
	快件	件								
	危险品	t TEU		代理货物运输保险		t TEU				
	全年进口									
	服务项目	散货/t		杂货/(t/件)		集装箱货物/TEU		万元(人民币)		
		代理	签发自有提单	代理	营业额	营业额	营业额	营业额	其中支付境外费用	其中收取境外费用
法人合并经营信息	海运									
	陆运									
	空运	t								
	快件	件								
	仓储营业额	万元(人民币)								
	代理报关	万元(人民币)								
	代理报检	万元(人民币)								
	危险品	t TEU		代理货物运输保险		t TEU				
	其他营业额	万元(人民币)		年营业总额		万元(人民币)				
	年净利润总额	万元(人民币)		缴纳税金		万元(人民币)				
	年营业总额中第三国货运及其他业务的收入：					万元(人民币)				
	年营业总额中第三国货运及其他业务的支出：					万元(人民币)				
	代理班轮航线数量	条，占本地区班轮航线　%								
	代理航空航线数量	条，占本地区航空航线　%								
	代理货主企业数量	国际　家			国内　家					

表 3（续）

<table>
<tr><td rowspan="4">法人合并企业生产设备数量</td><td>自有运输工具
总载重量</td><td colspan="2">t</td><td>租用运输工具
总载重量</td><td colspan="3">t</td></tr>
<tr><td>自有仓库</td><td colspan="2">m²</td><td>租用仓库面积</td><td colspan="3">m²</td></tr>
<tr><td>保税、监管库</td><td colspan="2">m²</td><td>物流计算机
信息管理系统</td><td colspan="3">套</td></tr>
<tr><td>铁路专用线</td><td colspan="6">条</td></tr>
<tr><td rowspan="7">法人合并企业综合服务能力</td><td></td><td colspan="3">国内</td><td colspan="3">国际</td></tr>
<tr><td>运营网点</td><td colspan="3">个</td><td colspan="3">个</td></tr>
<tr><td>代理网点</td><td colspan="3"></td><td colspan="3"></td></tr>
<tr><td>分支机构</td><td colspan="3"></td><td colspan="3"></td></tr>
<tr><td>仓储中转</td><td colspan="2"></td><td colspan="2">国际多式联运</td><td colspan="2"></td></tr>
<tr><td>国际铁路联运</td><td colspan="2"></td><td colspan="2">国际展品</td><td colspan="2"></td></tr>
<tr><td>物流服务</td><td colspan="2"></td><td colspan="2">过境货物
运输代理</td><td colspan="2"></td></tr>
<tr><td rowspan="17">法人合并企业风险控制能力</td><td>险种</td><td>责任限额</td><td colspan="2">保险费</td><td colspan="2">保单号</td><td>责任终止日期</td></tr>
<tr><td>国际货运代理
提单责任险</td><td></td><td colspan="2"></td><td colspan="2"></td><td>年 月 日</td></tr>
<tr><td>国际货运代理人
责任险</td><td></td><td colspan="2"></td><td colspan="2"></td><td>年 月 日</td></tr>
<tr><td>物流责任险</td><td></td><td colspan="2"></td><td colspan="2"></td><td>年 月 日</td></tr>
<tr><td>承运人责任险</td><td></td><td colspan="2"></td><td colspan="2"></td><td>年 月 日</td></tr>
<tr><td>仓储责任险</td><td></td><td colspan="2"></td><td colspan="2"></td><td>年 月 日</td></tr>
<tr><td>雇主责任险或
人身意外伤害险</td><td></td><td colspan="2"></td><td colspan="2"></td><td>年 月 日</td></tr>
<tr><td>第三者责任险或
其他险种
（请注明）</td><td></td><td colspan="2"></td><td colspan="2"></td><td>年 月 日</td></tr>
<tr><td>年初职工人数</td><td>管理人员数</td><td colspan="2">财务人员数</td><td colspan="2">业务人员数</td><td>大专以上学历人员数</td></tr>
<tr><td>年末职工人数</td><td></td><td colspan="2"></td><td colspan="2"></td><td></td></tr>
<tr><td colspan="7">具有航空销售代理从业资格的人数：</td></tr>
<tr><td colspan="7">具有国际货运代理从业职业资质的人数：</td></tr>
<tr><td colspan="7">具有代理报关从业资质的人数：</td></tr>
<tr><td colspan="7">具有代理报检从业资质的人数：</td></tr>
<tr><td colspan="7">具有代理保险从业资质的人数：</td></tr>
<tr><td colspan="7">具有 FIATA 从业资格的人数：</td></tr>
<tr><td colspan="7">具有质量管理从业资格的人数：</td></tr>
</table>

表 3（续）

<table>
<tr><td rowspan="3">法人合并企业信息化程度</td><td colspan="2">计算机管理已涉及的领域
作业流程□　货物跟踪□　业务管理□　电子单证管理□　财务管理□
客户管理□　合同管理□　信用管理□　质量管理□　客户自动查询□
客户信息人工查询□　　其他□</td></tr>
<tr><td colspan="2">门户网站建设情况</td></tr>
<tr><td colspan="2">局域网建设情况</td></tr>
<tr><td rowspan="3">分支机构名称</td><td>分支机构名称</td><td>经营代码</td></tr>
<tr><td></td><td></td></tr>
<tr><td></td><td></td></tr>
</table>

填表说明：
1. 按统计分类填写。
2. 经营代码是指行业主管部门对依法注册登记、依法备案的企业颁发一个在全国范围内唯一的、始终不变的代码标识。
3. 企业类型：国有企业、集体企业、私营企业、中外合资经营企业、中外合作经营企业、外商独资企业、港商合资经营企业、港商合作经营企业、港商独资企业、澳商合资经营企业、澳商合作经营企业、澳商独资企业、台商合资经营企业、台商合作经营企业、台商独资企业。
4. 年末从业人员数指在本单位工作并取得劳动报酬的年末实有人员数。
5. 自有仓储面积(m^2)指本企业拥有并用于保管、储存物品的建筑物和场所的面积，包括库房面积和货场面积。库房面积＝内墙的长×宽－障碍物面积(不能存放货物部分的面积，如：柱子)。
6. 租用仓储面积(m^2)指租用本企业以外的保管、储存物品的建筑物和场所的面积。包括库房面积和货场面积。
7. 装卸设备(台)指专用于装卸搬运货物的设备。包括集装箱装卸桥、门式起重机、桥式起重机、带式输送机、叉车等。
8. 物流计算机信息管理系统(套)指为提高经营管理的工作效率，对相关物流过程进行全面动态监控与管理的计算机管理系统。
9. 铁路专用线(条)指和铁路大动脉相连，归企业所有或租用的为加速货物的集散而铺设的专用铁路线。
10. 货运车辆(辆)包括普通货车和专用货车。
11. 专用货车(辆)指具有特殊构造和专门用途的货运汽车，如集装箱专用车、冷藏车、罐车、活畜运输车、散装水泥车等。
12. 集装箱专用车(辆)：专用装载集装箱的货运汽车。
13. 仓储营业额(万元人民币)主要指仓储租金收入和劳务费收入。其中劳务费用收入包括：装卸费、出入库费、拆箱装箱费、包装整理费等。
14. 各类营业额是指企业向委托方收取的全部费用总和(不扣除向承运人等最终支付的费用)，不是缴纳营业税的依据。
15. 年营业总额(万元人民币)各类营业额(海、陆、空、快件、仓储和其他)的总和，以企业年度财务报表或合并后的财务报表的数据为准。
16. 年净利润总额(万元人民币)：企业实现的税后利润总额。
17. 其中支付境外费用：在各项营业额中支付给境外企业(含在中国的分支机构)的各项费用，包括运费、服务费、佣金、杂费等其他费用。
18. 其中收取境外费用：在各项营业额中收取境外企业(含在中国的分支机构)的各项费用，包括运费、服务费、佣金、杂费等其他费用。
19. 第三国货运及其他业务的收入：企业在境外开展第三国业务的收入。
20. 第三国货运及其他业务的支出：企业在境外开展第三国业务的支出。
21. 缴纳税金(万元人民币)：企业缴纳的各类税金，是指营业税、所得税、附加税、员工所缴纳的所得税等。
22. 代理班轮航线：与班轮公司签订协议，为其营运航线提供揽货、订舱、托运等业务，单位为条。
23. 代理航空航线：与航空公司签订协议，为其营运航线提供揽货、订舱、托运等业务，单位为条。
24. 代理货主：与货运代理签订协议，并办理其所委托事宜的货主企业，单位为家。

表 4　海陆空业务统计表

填报单位：　　　　　　　　　　　　　　　　　　　　　　　　填报年月：

票号或提单号	服务项目	服务方式	流向	货源	是否指定货	货物种类	承运人
海外代理	口岸	装港（起运地）	卸港（目的地）	计费重量	货量	周转量	报关票数

填表说明：

1. 票号：企业规定的票号，如企业经营代码＋业务类型代码＋年月日＋航次(班)＋系列号。
2. 按业务统计分类填写。
3. 货量：集装箱整箱按 TEU 计算，单位为 TEU。
4. 集装箱拼箱量：按货物体积计算，单位为 m^3；按 TEU 计算，以 25 m^3 折算成 1 TEU 计算，单位为 TEU。
5. 件杂货：按体积计算，单位为 m^3；按重量计算，单位为 t。
6. 散货：按货物重量计算，单位为吨。
7. 铁路运输货量：零担(散、件杂货)按货物重量计算，单位为 t；整车按车皮计算，单位为车皮。
8. 文件：按件计算，单位为件。
9. 包裹：按体积计算，单位为 m^3；按重量计算，单位为 t。
10. 周转量：集装箱按箱公里计算，单位为箱公里；散货、件杂货按吨公里计算，单位为吨公里。
11. 装港或起运地：填写港口名称或货物起运城市名称；起运地为国外的，填写国家名称；流向为国内时，选填。
12. 目的港或目的地：填港口名称或货物目的地城市名称，目的地为国外的填写国家名称，流向为国内时选填。
13. 口岸：在流向为进出口时，填写从中国出入境的口岸城市名称，流向为国内时不填。
14. 海外代理：接受企业委托，为其完成所在地的货物操作等委托事宜。填写海外代理公司名称。

承运人：经营方式为代理人，才填写承运人的公司名称。

表 5　国际快递业务统计表

填报单位：　　　　　　　　　　　　　　　　　　　　　　　　填报年月：

票号	流向	经转	口岸	服务网络	区域	货类	票数	件数	货量

填表说明：

1. 票号：企业规定的票号，如企业经营代码＋业务类型代码＋年月日＋航次(班)＋系列号。
2. 按业务统计分类填写。
3. 口岸：快件进、出国境的空运口岸名称。流向为国内时，此项不用填列。
4. 服务网络：自有服务网络、代理公司的服务网络。代理公司服务网络，即出口快件通过该代理公司的服务网络流转、或进口快件通过本企业为该代理公司提供国内转运、派送服务。如使用代理公司的服务网络，应填写代理公司的名称。
5. 区域：以出口快件所抵达和进口快件始发地国别或地区为基础，依据费率水平将全球划分为若干区域，具体划分标准根据企业业务实际进行划分。
6. 票数：文件、包裹的票数。
7. 件数：文件、包裹的件数。
8. 货量：按体积计算，单位为 m^3；按重量计算，单位为 t。

表 6 报关、报检业务统计表

填报单位________ 填报年月________

服务项目	服务方式	流向	口岸	业务量		
				预录入(票)	报关(票)	报检(票)

填表说明：
1. 票号：企业规定的票号，如企业经营代码＋业务类型代码＋年月日＋航次(班)＋系列号。
2. 按业务统计分类填写。
3. 服务方式：清关、转关。
4. 口岸：快件进、出国境的空运口岸名称。流向为国内时，此项不用填列。
5. 预录入：以电子计算机数据预录入报关、报检的货物数量，单位为票。
6. 报关业务量：以书面或电子数据交换方式向海关申报进出口货物的实际数量，单位为票。
报检业务量：以书面或电子数据交换方式向检验检疫机构申报检验、检疫的实际数量，单位为票。

ICS 03.100.01
A 01

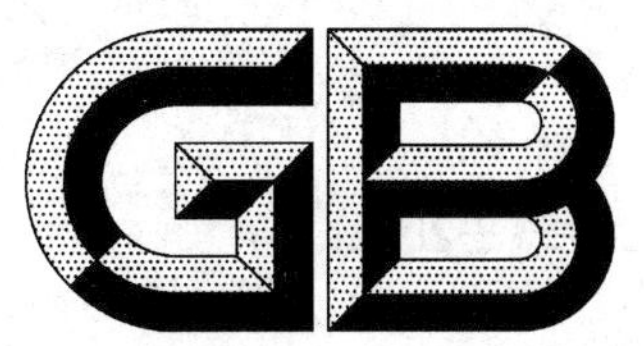

中华人民共和国国家标准

GB/T 22153—2008

国际货运代理通用交易条件

International freight forwarders trading conditions

2008-07-02 发布　　2008-12-01 实施

中华人民共和国国家质量监督检验检疫总局
中国国家标准化管理委员会　发布

前　言

本标准由中华人民共和国商务部提出并归口。

本标准起草单位：中国国际货运代理协会、中国对外贸易运输（集团）总公司、中国海运（集团）总公司、中国中钢集团公司、锦程物流（集团）公司、浙江双马国际货运有限公司、北京交通大学、中钢国际货运公司、新景程国际物流有限公司、深圳市联合纵横国际货运代理公司、福建金航国际货运代理有限公司、上海宝霖国际危险品物流有限公司。

本标准主要起草人：林忠、杨运涛、王喜富、陈峥、冯建萍、杨旭、刘占芳、丁慎鹏、蒋寒松、刘延东、王为、孙林。

国际货运代理通用交易条件

1 范围

本标准确立了国际货运代理企业和客户的合约地位，规定了有关责任保证、免责范围、责任限制、费用、时效。

本标准适用于国际货运代理企业所承接的所有业务。

2 术语和定义

下列术语和定义适用于本标准。

2.1

国际货运代理企业 international freight forwarding enterprise

在中国境内依法注册并经行业主管部门备案(企业备案和业务备案)的从事国际货运代理、物流等业务的企业及其分支机构。以下简称“企业”或“货运代理”。

2.2

公司 company

按照本标准规定和要求开展货运代理业务的国际货运代理企业。

2.3

客户 customer

与公司签订合同、接受公司提供的服务，依据合同享有权利并承担义务的法人或自然人，或与该合同有利害关系的法人或自然人，包括但不限于货物的所有人、托运人、发货人、收货人或其代理人。

2.4

指示 instructions

记载客户明确要求的书面陈述，包括托运人书面指示及/或公司运输单证(包括公司提单)首页中所阐明的要求。

2.5

货主 cargo owner

根据本标准进行交易的货物(包括任何集装箱或其他设备，但公司或承运人提供的除外)所有人，以及现时或将来可能对有关货物享有权益的任何人。包括托运人指示及/或公司运输单证(包括公司提单)页面中所列名的收货人。

2.6

货物 goods

包括活动物和由托运人提供的用于集装货物的集装箱、货盘或类似的装运器具。

2.7

危险货物 dangerous goods

依据《国际海运危险货物规则(IMDG CODE)》或国际公约、国内法律法规确定为危险品的货物，以及那些因本身性质或者特性而可能对人身、财产或者环境形成危险的货物。

3 运用规则

3.1 本标准构成公司与客户交易协议中不可分割的组成部分。

3.2 经双方书面协议，可对本标准的部分条款进行变更或放弃。

3.3　当双方协议或公司签发的表明公司为承运人的各种运输单证，包括但不限于空运单、海运单、国际铁路联运运单及国际多式联运提单等。单证中的内容与本标准规定有冲突的，应以协议或单证的规定为准。

3.4　公司未行使或迟延行使权利，均不可视为放弃有关权利。公司单项或局部行使任何有关权利，均不排除进一步或以其他方式行使有关权利，或行使公司享有的任何其他权利。

3.5　本标准中规定的公司权利，不排除公司依法享有的其他权利。

3.6　本标准的各项规定具有可分割性。任何一项或多项交易条件的无效、违法或不可执行，均不影响本标准其他规定的有效性、合法性和可执行性。

4　客户和公司的合约地位

4.1　与公司订立任何交易或业务的客户，应确认其作为货主或货主的代理人，完全接受或代表货主完全接受本标准。当客户为货主的代理人时，客户与货主对公司承担连带责任，即公司有权对货主和客户共同或分别行使公司权利。

4.2　公司提供的服务均是以客户代理人身份进行，但下列情况，公司为当事人：

a)　公司自身或其雇员对货物进行实际运输、搬运或储存，并且货物处于公司的实际掌管或控制之下，公司对其实际运输、搬运或储存的任务为当事人；

b)　在货物交付公司掌管前，货主书面要求公司提供承担全程或部分运输任务的承运人名称，公司在收到该书面要求后 28 d 内没有提供；

c)　公司以书面形式明确表示同意作为当事人；

d)　法院判决或仲裁机构裁定公司为当事人。

4.3　在不影响前款规定的情形下：

a)　公司按照固定费率或包干费率对任何性质的服务收取费用，其本身并不决定或证明公司是代理人或当事人；

b)　公司提供自有的或租用的设备，其本身并不决定或证明公司在运输、处理或储存货物过程中是当事人或代理人；

c)　如公司取得的提单或其他的单证能证明运输合同是由公司以外的其他人与货主或客户订立的，则公司为代理人；

d)　公司提供办理报关、税收、许可证、领事文件、原产地证明、检验、公证或其他类似服务时，公司为代理人并非当事人。

4.4　客户确认，对其与公司签订的协议以及公司为其签发的各种单证内容，在签订或接受时已经采取各种充分、有效的方式对相关内容有了充分的了解。

4.5　客户对公司的指示应是合法、有效和可行的。

4.6　客户对公司有关货物的说明应是充分、准确的。

4.7　客户保证货物的包装和标识应符合运输要求。客户应完成公司针对货物性质和运输线路的特殊情况而在接受货物时对包装和标识提出的特殊要求。

4.8　除非双方有特别的书面约定，客户应当保证所交运货物应不属于危险货物。因客户违反上述保证而给公司造成的一切支出、损失、损害(不论其产生方式)、罚款、索赔，客户应承担赔偿责任；无论双方是否有前述特别的书面约定，如果危险货物已经对或者适度显现有可能对人身、财产或者环境形成实际危险，或运输、搬运、储存该货物可能导致公司自身或第三人其他财产被扣留时，公司可以拒绝接收货物，并且可以不经通知采取包括将货物卸下、销毁或者使之不能致害等其他合理措施，由此产生的一切风险、责任和费用由客户承担。

4.9　在公司将货物交付给收货人之前，除非客户退还公司已签发的全套运输单证及承诺负责赔偿由于要求修改运输合同而给公司造成的一切损失，客户不可以要求公司中止运输、返还货物、变更到达地或将货物交付给其他收货人或解除合同。

4.10 公司的一般性规定

4.10.1 除非另有相反的书面约定，公司有权就下列事项自己或代表客户签订合同，无须通知客户：

a) 选择货物运输的承运人、方式和路线；
b) 选择货物是否装集装箱、是否装载在甲板上；
c) 进行货物储存、装卸、拆包、转运或其他方式处理货物；
d) 根据客户指示或公司认为必须做出的其他安排。

4.10.2 尽管某种作为或不作为背离或偏离客户的指示、当公司合理地认为该种作为或不作为符合客户的利益，公司有权选择进行，但不会因此而给公司增加额外的责任。公司在任何时候都应遵守政府有关部门的指示或命令，公司对货物的责任终止于其按照前述指示或命令进行交付或对货物进行其他方式处理之时。

4.10.3 公司依客户授权行事。公司无须将公司行事的详情通知客户，除非客户有明确书面要求。

4.10.4 无论何时，如果公司认为其履行义务受到或可能遭受妨碍、风险、迟延或不利等，而且公司无法以合理的方式避免，则公司可以向客户发出书面通知，终止履行义务。公司可以在其认为安全方便的任何地方，将货物的全部或部分交给客户掌管，至此，公司对货物的责任终止。客户应当根据要求，支付公司为货物运输、交付、储存到上述地点的额外支出和相关费用。

4.10.5 如客户没有在公司通知的时间和地点接收货物，公司有权将货物的全部或部分储存起来，由此产生的全部风险和费用由客户承担，至此，公司对货物的责任终止。

4.10.6 在下列情况下，公司有权利(但没有义务)销售或处置全部或部分货物，一切风险和费用由客户承担：

a) 公司单方面认为全部货物无法按照指示交付时，提前21 d向客户发出书面通知；
b) 货物已经腐烂变质，或即将腐烂变质，或已经造成，或将要造成他人或财产损失。

4.11 离抵日期

除非事先明确以书面形式约定货物离抵日期，公司对货物离抵日期不负责任。

4.12 公司作为代理人时的特殊约定

4.12.1 当公司作为代理人时，公司有权代表客户以客户或以自己的名义与第三人订立合同，该合同直接约束客户与第三人。

4.12.2 除非公司在履行代理职责时由于自身疏忽造成客户损失，否则公司无须承担赔偿责任。

4.12.3 公司作为代理人时，对第三人的行为和疏忽所造成的损失不承担责任，包括但不限于承运人、仓库保管员、港口装卸公司、铁路局、卡车公司等等，除非公司在选择、指示及监督第三人时未克尽职守。

4.13 公司作为当事人时的特殊约定

4.13.1 公司在使用自己的运输工具进行运输或在以承运人身份签订协议或签发运输单证时，应承担当事人责任。

4.13.2 在公司作为国际多式联运经营人时，责任期间自接收货物时起至交付货物时止。公司责任的判定，应依据“网状责任制”原则，具体适用调整该运输区段运输方式的法律法规。

4.13.3 如果客户接受了公司以外的其他人签发的运输单证，并且在合理的时间里没有主张公司承担当事人责任，则公司不再承担当事人责任。

4.13.4 公司作为当事人，将对其所雇佣的第三人在完成运输合同或其他服务时的行为和疏忽承担责任，如同该行为是其自己做出的一样。

4.13.5 前款有关公司作为当事人的特别约定，并不排除公司依照法律法规和本标准享有免责条款及限制责任条款的权利。

5 集装箱运输的特殊规定

5.1 如果集装箱不是由公司装箱或封箱,公司对于下列箱内货物损失情况不承担任何责任:

a) 装箱或封箱的方式;

b) 货物不适合集装箱运输,除非公司明示要求货物以集装箱运输;

c) 集装箱不适货或有其他缺陷,除非集装箱是由公司或代表公司的人提供的。即使集装箱是由公司提供的、但客户没有对货物的特殊性予以说明而导致的集装箱不适货,公司也不承担责任。

5.2 客户应保证公司不因5.1的情况遭受损失。如有损失,应予以赔偿。

5.3 如客户要求公司提供集装箱,除非有相反的明示要求,公司没有义务提供特殊类型或特殊质量的集装箱。

6 费用

6.1 公司可以价值或重量或体积来计算收费。应客户的要求,公司可提供有关运费计算方法的详细情况。

6.2 客户应按合同规定如期以现金或其他约定的方式向公司及时、足额支付各种公司收费,不得以任何理由扣减或延付。

6.3 当公司按指示向客户以外的第三人收取费用时,如果收取遇到困难,客户应立即无条件支付该笔费用。

6.4 公司有权对拖欠款项按照每天不低于万分之四收取滞纳金,自应付之日起,到实际支付款项时止。

6.5 公司报价一经客户接受即生效。如遇外汇、运费、保险等国家政策和市场费率发生重大变化,公司可与客户协商修改报价或收费。

6.6 客户未付清公司应收费用的情况下,公司或其代理人有权对收到的货物和单证行使留置权。如客户在得到货物或单证留置通知28 d内仍不付款,或当货物为易腐烂物品时,公司向客户发出书面通知后在合理时间内仍不付款,公司有权对货物和单证进行处置,以补偿欠费和处置费用。

7 有关责任保证、免责和责任限制

7.1 在公司按照客户指示行事时,如因客户违反义务、或客户提供的资料或其指示不准确、不详尽或模糊不清、或客户与货主的疏忽而产生的一切损失(包括但不限于任何机构所征收任何性质的所有税款、罚款及开支),客户应保证公司免受追索并赔偿因此而给公司造成的损失。

7.2 公司向客户发出的任何意见和资料,只对客户负责。如任何其他人依赖此文件而给公司造成的一切索赔、责任,客户有义务保证公司免受追索并赔偿因此而给公司造成的损失。

7.3 客户承诺,根据法律和本标准对公司适用的任何除外的责任、责任限制等规定,同样适用于公司的雇员、代理人、分代理人、分合同人等。

7.4 对于超越合同规定的应由公司承担责任的一切索赔、费用,客户应向公司做出赔偿并使得公司免受损失。

7.5 针对公司做出的任何有关共同海损性质的索赔,客户应向公司做出赔偿以使公司免受损失,并提供因此索赔公司所要求的担保。

7.6 在公司同意接受危险货物运输后,如果危险货物已经对或者适度显现有可能对人身、财产或者环境形成实际危险,或运输、搬运、储存该货物可能导致公司自身或第三人其他财产被扣留时,公司或者其他控制货物的人可以不经通知采取包括将货物卸下、销毁或者使之不能致害等其他合理措施,由此产生的一切风险、责任和费用由客户承担。

7.7 由客户、货主及其雇员、代理人、代表人直接或间接造成的运输开始前、运输过程中或运输完成后的损失、污染、玷污、延误或滞期，或公司或他人的财产（包括但不限于集装箱）、船舶的损失，客户均应负责赔偿。

7.8 除另有规定，公司对下列原因造成的任何损失不承担责任：

a) 客户或其代理的行为或疏忽；

b) 遵循客户的指示；

c) 货物包装或标识不良；

d) 客户或其代表对货物所进行的搬运、装卸、积载；

e) 货物固有的缺陷；

f) 罢工、动乱、禁运等；

g) 公司通过谨慎处理不能避免的其他原因。

7.9 除法律法规和本标准另有规定外，在任何情况下，无论是由于过失或过错或其他原因，公司的赔偿责任应以以下较低者为准：

灭失、损坏、错运、错交或因此产生索赔的货物的价值；或灭失、损坏、错运、错交或因此产生索赔的货物，以其毛重量每千克 2 个特别提款权（SDR）计算。

注 1：货物的价值包括货物在公司开始掌管时的价值加保险费（如果已付）和运费。

注 2：SDR 之定义如国际货币基金组织所示，1 个 SDR 之价值应以双方达成和解协议之时或法院判决之时的兑换率计算。

7.10 因货物延迟引起的索赔，如根据本标准无法免责，则赔偿限额为公司对延迟货物所收取的运费。

7.11 按货物价值赔付时应减去因货物灭失或损坏而少付或免付的有关费用。

7.12 公司接收货物时客户有价值声明或双方另有明确约定的，可向公司索赔更高的赔偿，但应不超过货物声明价值或约定价值。

8 通知、保险、时效

8.1 对货物发生的灭失或损坏，被指定的收货人应于接收货物时以书面形式通知公司，并列明此种损失的基本情况，否则此种交付表明货物在良好状态下运送、表面完好的初步证据。如果损失不明显，也应于货物交付给指定的收货人的次日起连续 7 d 内书面通知公司，如未提交书面通知，此种交付同样具有初步证据的效力，即说明运输货物的完好。

8.2 其他非货物灭失或损坏的索赔应自客户知道或应当知道产生损失之日起连续 14 d 内提出，否则，将被视为客户对权利的放弃。除非客户能证明在规定的时间内无法提出并在阻碍消失后立即提出了索赔。

8.3 除非公司接受了客户的明确指示，公司不安排投保。

8.4 所有经公司安排的保险，均须受承保的保险公司或承保人的保险单所载的免责条款和通常的限制。公司并无任何责任为每项运输安排独立投保。倘若有关承保人基于任何原因对其责任产生争议，则投保人只可向承保人提出保险赔偿，而公司对此概不承担任何法律责任，即使有关保险单的保费与公司收取的保费或客户付给公司的保费并不相同。

8.5 在公司同意安排保险的情况下，公司只纯粹以客户代理人身份努力安排有关投保，但公司并不保证或承诺任何有关保险将被有关保险公司或承保人接受。

8.6 除非另有明确的书面约定或客户已经向公司按本标准第 9 条提出索赔，否则公司在货物交付、或应当交付，或因未交付而收货人有权视为货物已灭失之日起 9 个月，免除所有责任。

9 争议解决

9.1 公司与客户签订协议时应任选 9.2 或 9.3 其中之一，不可同时选择。

9.2 凡因本标准产生的或与本标准相关的任何争议以及因公司提供服务而产生的任何争议，均适用中华人民共和国法律、法规，并由中国法院排他管辖。

9.3 凡因本标准产生的或与本标准相关的任何争议以及因公司提供服务而产生的任何争议，均适用中华人民共和国法律，并提交北京中国海事仲裁委员会，按照该委员会的现行仲裁规则进行仲裁，仲裁裁决是终局的，对各方当事人均有约束力。

参 考 文 献

[1] 《中国国际货运代理协会标准交易条件》 2002 年 中国国际货运代理协会
[2] 《FIATA 示范法》 1996 年 国际货运代理协会联合会
[3] 联合国贸易法律委员会(UNCITRAL)运输法(草案) 2001 年 国际海事委员会(CMI)

ICS 03.100.01
A 01

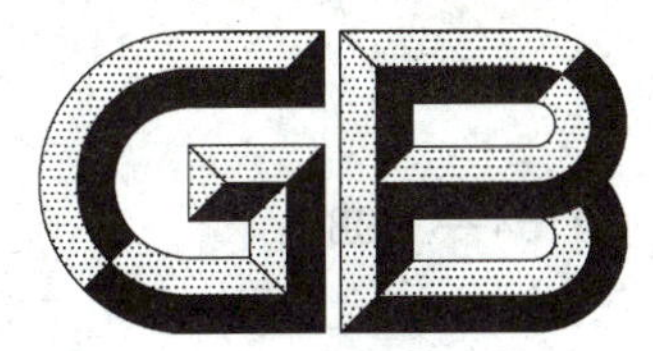

中华人民共和国国家标准

GB/T 22154—2008

国际货运代理服务质量要求

Requirement on services of international freight forwarders

2008-07-02 发布　　2008-12-01 实施

中华人民共和国国家质量监督检验检疫总局
中国国家标准化管理委员会　发布

前　　言

本标准由中华人民共和国商务部提出并归口。

本标准起草单位：中国国际货运代理协会、中国对外贸易运输(集团)总公司、中国海运(集团)总公司、中国中钢集团公司、锦程物流(集团)公司、浙江双马国际货运有限公司、北京交通大学、中钢国际货运公司、新景程国际物流有限公司、上海宝霖国际危险品物流有限公司、深圳市联合纵横国际货运代理有限公司、福建金航国际货运代理有限公司。

本标准主要起草人：林忠、王喜富、陈峥、冯建萍、杨旭、刘占芳、丁慎鹏、蒋寒松、徐建东、王为、孙林。

国际货运代理服务质量要求

1 范围

本标准规定了国际货运代理服务的质量要求。

本标准适用于国际货运代理行业和与行业有关的企业，也可作为对企业进行规范与管理的依据。

2 规范性引用文件

下列文件中的条款通过本标准的引用而成为本标准的条款。凡是注日期的引用文件，其随后所有的修改单（不包括勘误的内容）或修订版均不适用于本标准，然而，鼓励根据本标准达成协议的各方研究是否可使用这些文件的最新版本。凡是不注日期的引用文件，其最新版本适用于本标准。

GB/T 22152—2008 国际货运代理业务统计导则

GB/T 22153—2008 国际货运代理通用交易条件

3 术语和定义

下列术语和定义适用于本标准。

3.1

国际货运代理企业 international freight forwarding enterprise

在中国境内依法注册并经行业主管部门备案（企业备案和业务备案）的从事国际货运代理、物流等业务的企业及其分支机构。以下简称“企业”或“货运代理”。

3.2

FIATA单证 FIATA(international federation of freight forwarders associations) documents

国际货运代理协会联合会（以下简称“FIATA”）制定并推荐使用的单证。

3.3

客户 customer

与企业签订合同、接受企业提供的服务，依据合同享有权利并承担义务的法人或自然人，或与该合同有利害关系的法人或自然人，包括但不限于货物的所有人、托运人、发货人、收货人或其代理人。

3.4

货运代理服务 freight forwarding service

以独立经营人或代理人身份，为客户提供与国际货物运输相关的综合性物流服务工作，包括但不仅限于揽货、订舱（含租船、包机、包板、包舱）、托运、配载、换单、缮制单证、仓储、分拨、中转、集装箱的装拆箱；海上货物运输、陆上货物运输、航空货物运输、管道运输、江河货物运输及相关的短途运输；国际多式联运、集运（含集装箱拼箱）、国际铁路联运、国际快递；报关、报检、报验、保险；运费、杂费收付及结算；国际展品、私人物品及过境货物运输代理；以及包装、装卸、信息和咨询等有偿服务，以收取有偿服务报酬的经济活动。

3.5

服务报酬 service fee

包括运费、服务费、手续费及相关费用等。

3.6

国际多式联运分包商 sub contractors of international multimodal transport

根据国际多式联运的需要，能为货运代理提供国际多式联运运作资源保障的下游企业或其他经营主体，包括但不限于各种类型的运输企业或其他经营主体，仓储、装卸机具或包装设备等设备经营者；物流IT企业，以及上述企业或机构的代理人等。

3.7

实际承运人　carrier

履约承运人　performing carrier

用自己的运输工具实际进行运输的人。

3.8

契约承运人　contracting carrier

任何以明示或默示的方式承担运输责任的人。

3.9

当事人　principal

以自己的名义，为客户办理国际货物运输及相关业务并收取服务报酬的经营者。

3.10

国际货运代理提单　international freight forwarding bills of lading

货运代理以契约承运人身份签发的提单，承担契约承运人责任。

注1：以国际多式联运经营人身份签发的国际多式联运提单，负责履行国际多式联运合同的义务。

注2：以无船承运人身份签发的海运提单，承担海上承运人责任。

3.11

增值服务　value-added services

为具体的客户提供的超出货运代理基本服务的各种带来附加价值的延伸服务。

4　服务质量保证体系

4.1　服务质量方针

货运代理服务应以“安全、迅速、准确、节省、方便、守信”为服务质量方针。

4.2　企业

4.2.1　企业资质

企业应依法在工商管理部门注册登记并经行业主管部门备案（企业备案和业务备案）。

4.2.2　人员资质

4.2.2.1　企业至少应有3名从业人员获得行业主管部门或授权机构颁发的职业资格证书。

4.2.2.2　至少应有1名从业经验丰富的高级管理人员。

4.2.2.3　从业人员应具备企业管理、现代物流管理、货运代理等方面的专业知识、技能、经验与能力。

4.3　安全作业

企业应符合国家规定的安全作业条件。

4.4　经营管理和服务理念

企业应建立健全现代企业管理制度，明确经营理念，围绕经营理念开展服务，并将企业的愿景、使命和价值观传递到每个员工。

4.5　风险防范、控制、规避

4.5.1　企业应建立风险管理制度，依法防范、控制、规避经营风险。

4.5.2　企业应投保国际货运代理人责任险。具有法人资格的企业投保国际货运代理人责任险，最低保险限额为100万元人民币。企业每增设一个分支机构，增加保险金额不低于20万元人民币。

4.5.3　以独立经营人或契约承运人身份签发国际货运代理提单的，应投保国际货运代理提单责任险。具有法人资格的企业投保国际货运代理提单责任险最低保险限额为100万元人民币。企业每增设一个分支机构，增加保险金额不低于20万元人民币。

4.5.4 企业在投国际货运代理人和国际货运代理提单责任险时，保险期限应不少于1年，并应逐年连续投保。

4.6 信用管理

企业应加强信用管理，积极参与行业中介组织开展的信用评价活动，并以信用风险管理为核心，以提供信用产品与服务为宗旨。

4.7 社会责任

4.7.1 主动承担社会责任

遵纪守法，持续改进，做主动承担企业责任的典范。企业应积极参与社会公益事业，承担对员工、对社会和环境的社会责任，包括遵守商业道德、生产安全、职业健康、保护劳动者的合法权益、节约资源等。

4.7.2 环保

企业应树立环保理念，在服务设施、设备、工具、场所和工作环境等方面达到环保要求。预防污染，节能减排，保护环境。

4.7.3 员工发展

企业应以人为本，构建和谐，为员工创造人性化工作条件；制定员工发展计划，提供相应的专业培训和职业技能培训，促进员工成长，拓展就业渠道。

4.7.4 责任保险

企业应投保责任险，转移、化解经营风险，保障客户的合法权益，承担社会责任。

4.8 服务费用

4.8.1 告知

企业应在提供服务前告知客户服务费用包含的范围、内容、计收方式和标准。告知的内容应包括：

a) 企业可选择以价值或重量或体积来计算收费；

b) 有关服务费用包含的范围、内容和计收方式的详细情况；

c) 报价经客户接受后，如遇外汇、运费、保险、额外费用等国家政策变化，可与客户协商修改报价或收费；

d) 行业中介组织公布的收费标准。

4.8.2 服务费用收取

4.8.2.1 企业作为代理人，可向客户收取代理服务费用，并可从承运人处取得佣金。

4.8.2.2 企业作为当事人开展经营活动时，按照合理的运价标准向客户收取包括运费在内的服务费用。

4.8.2.3 企业在提供其他的增值服务时可依法收取合理报酬和客户另行约定的服务费用。

4.9 服务场所和标识

4.9.1 作业场所

4.9.1.1 企业应具有固定的、易识别的，并与其业务规模、作业需求相适应的营业或作业场所，如搬迁或停业应到工商和行业主管部门办理变更手续，并通过各种渠道和各种有效方式告知客户。

4.9.1.2 配备必要的设施、设备和辅助工具，并应符合保障安全生产、计量检定的有关的法律、法规、国家标准或者行业标准的规定。

4.9.2 标识

4.9.2.1 企业的名称应含有表明行业特点的“货运代理”、“运输服务”、“仓储”、“配送”、“集运”、“物流”、“贸易”、“国际快递”等相关字样。

4.9.2.2 服务营业场所、运输工具等宜有企业标示。

4.9.2.3 单证上应标注经行业主管部门备案的企业名称、经营代码、地址、电话、传真、电子邮箱等。

4.9.3 信息管理

企业信息化管理要覆盖、贯穿业务管理的全过程，包括作业流程、业务管理、电子单证管理、财务管理、客户管理、合同管理、信用管理、质量管理、货物跟踪、客户信息自动查询、客户信息人工查询。应实现信息化建设和业务管理的一体化。

4.10 重要服务合同和单证

4.10.1 重要服务合同,包括:

a) 国际货运委托代理合同(海运、陆运、空运、管道运输、国际快递);
b) 订舱协议;
c) 互为代理合同;
d) 多式联运合同;
e) 仓储服务合同;
f) 第三方物流服务合同;
g) 租船、包机、包舱等运输工具租赁合同;
h) 其他。

4.10.2 重要单证包括:

a) 提单;
b) 运单;
c) 国际快递运单;
d) 航空货运分运单;
e) 货运代理收货凭证;
f) 货运代理仓库收据;
g) 托运人危险品货物运输声明;
h) 托运人多式联运重量证书;
i) 运送指示;
j) FIATA 单证;
k) 国际铁路联运运单;
l) 其他。

4.11 档案

4.11.1 档案的范围

a) 企业在提供各种服务过程中形成的各种记录、合同、单证、资料、统计、组织按照统一的原则进行分类、汇总、储存,形成档案;
b) 所记录的内容、保存的合同、单证和收集的资料应真实、详细,能总体反映与客户交易的全过程,可作为企业经营管理的主要依据;
c) 企业在进行业务统计和向行业主管部门进行业务备案时,应按 GB /T 22152—2008 相关的规定执行。

4.11.2 档案的管理

宜采用现代信息技术,建立档案数据库,实现档案管理和查询服务。

4.11.3 档案的保存期限

应至少保存两年,并应与所提供的服务范围、内容相适用,符合从业人员管理、组织管理、财务管理、客户管理、合同管理、质量管理、信用管理、商务管理、业务管理、统计管理等的需要。

4.12 沟通

4.12.1 客户沟通

4.12.1.1 沟通渠道

企业应提供与客户沟通的渠道,主要包括网络、电话、传真、电子邮件、短信、信函、面对面等形式。

4.12.1.2 沟通内容

沟通内容应包括：

a) 业务咨询；
b) 业务受理；
c) 业务查询；
d) 客户满意；
e) 客户投诉；
f) 投诉处理；
g) 定期访问客户；
h) 主动征询顾客；
i) 服务承诺；
j) 发放调查问卷。

4.12.2 内部沟通

4.12.2.1 沟通渠道

内部沟通渠道应包括：

a) 定期召开会议；
b) 布告栏和内部刊物；
c) 声像资料；
d) 互联网；
e) 信函；
f) 其他。

4.12.2.2 沟通内容

内部沟通的内容应包括：

a) 企业的愿景、使命、价值观、发展方向和绩效目标；
b) 客户对服务技能、服务程序、服务质量等方面的要求；
c) 从业人员对企业的要求和反馈；
d) 企业最高管理者对从业人员的要求；
e) 内部各部门之间的沟通；
f) 阶段性总结。

4.13 其他规定

服务时限、责任保证、免责条件、责任限制、时效、法律适用和争议解决等应符合 GB/T 22153—2008 的有关规定。

5 服务环节

5.1 基本服务质量要求

5.1.1 安全

应按客户要求，合理组织、妥善安排、慎重处理、有效控制每个业务环节，按时、按质、按量、安全地完成货物的收受、单证处理、报关、报验、载运、拼装、积载、管理、包装或分拨、卸载、送达、交付等，保护客户所提供的资料、信息的安全。

5.1.2 迅速

应按客户要求，对以下因素进行充分考虑、比较和综合分析，选择最佳的运输方式、路线和最优的整合方案，求得最佳效益地完成服务全过程。

a) 各种运输方式的不同适用范围和不同的技术经济特征；

b) 各类货物的特点、性质和合理流向以及运输条件、数量、运输距离；

c) 二程或转运环节的安排、跟踪；

d) 地理差异、航区特点；

e) 季节变化、市场需求的缓急；

f) 风险程度、风险控制、风险转移；

g) 速度与成本的关系；

h) 其他。

5.1.3 准确

5.1.3.1 按照客户的指示，准确无误地收受、交接货物，包括准确地审核、办理各种手续、处理各类货运单证，保证单证一致，单单一致，单货一致，单约一致。

5.1.3.2 准确地计收、计付各项运杂费、服务费，避免错收、错付和漏收、漏付。

5.1.3.3 准确地处理各类信息和各业务环节中出现的问题。

5.1.3.4 预见性准确判断、慎重处理、化解可能出现的各类风险、危机。

5.1.4 节省

熟悉国际贸易规则，依从国际惯例，因地制宜，为客户精打细算，在整合资源优势的基础上，设计出合理的方案，提高工作效率，降低成本，节省费用。

5.1.5 方便

树立全局观念，加强团结协作，强化服务意识，彰显保障作用。即加强与商务、交通、税务、外管、检验检疫、海关等部门和银行、保险、港口、货主、承运人、船舶代理、货运代理等之间的联系，相互配合、密切协作，为企业创造更多的便利条件，竭尽全力为客户提供优质服务。

5.1.6 守信

依从国际惯例、维护社会公共商业道德，提倡合法、公平、有序竞争，诚实守信，依法经营。不应有下列行为：

a) 相互串通，操纵市场价格，损害其他经营者或客户的合法权益；

b) 乱收费，肆意扣押客户运输单证；伪造、变造、涂改、出租、出借、转让经行业主管部门备案的企业资质、单证、从业人员资格证书、国际货运代理责任保险凭证及其他的业务单证；

c) 采取不正当竞争行为影响行业经营秩序和行业利益；

d) 以商业贿赂方式承揽各项业务；

e) 以歧视性价格或其他限制性条件实施经营行为。

5.2 主要业务环节中服务质量要求

5.2.1 委托代理

5.2.1.1 根据授权书确定的代理事项和范围，认真、尽责地履行代理行为，及时向客户汇报业务进展情况，维护客户的合法权益。

5.2.1.2 与客户确认，为了履行全部或者部分委托事宜，企业可以自己的名义与第三人签订合同，该合同效力及于客户。同时，除非客户有明确相反的指示，企业可选择是否向第三人披露客户作为委托人这一事实。

5.2.1.3 按照客户的要求，提供真实、准确、完整的货物运输情况以及客户要求的其他信息。对于与运输计划存在差异之处，如发生交通工具意外事故等情况，应及时通知客户并按客户的指示行事，并最大程度地保护客户利益。

5.2.1.4 与客户确认，是否为客户代垫付运费、港口费用及其他代理、代办费用。如是，应约定偿还垫付的款项事宜。

5.2.2 托运

5.2.2.1 提示客户，如货物需紧急出运，客户应事先在托运单“特别要求声明”中注明或者以其他书面形式通知。

5.2.2.2　应尊重客户的意见和要求。当客户的意见有违买卖合同，或不安全运输，或不切实际时应耐心解释，并与客户一起做出合理安排。

5.2.2.3　对于预付运费条款下的出口货物，应认真考虑是否与客户约定“对于预付运费条款下的出口货物，无论根据中国法律或者运输合同所适用的法律，承运人是否有义务应客户的要求直接向客户签发提单，客户均授权企业代为接受提单，并确认在客户未结清所有企业垫付的费用之前，企业有权滞留相应的运输单据，由此产生的所有损失和责任由客户承担。客户与企业对此另有约定的，从其约定。”

5.2.2.4　有以下情况之一不得接受托运：

a)　非法经营进出口业务、货运代理业务的企业或个人托运的货物；

b)　国家规定禁止进出口的货物；

c)　托运单证内容与实际出运物品明显不相符的货物；

d)　明知违反运输合同规定，包装不良的货物；

e)　资料不全，货物性质不清，说明模糊，没有危险品鉴定包装证书的危险品货物；

f)　拖欠运费及其他费用严重，信誉不好的托运人所托运的货物；

g)　托运单证不齐全，单证内容不正确或托运不及时。

5.2.3　**订舱**

5.2.3.1　根据客户提供的具体货物名称、数量、种类、航程、时间要求、货物备妥时间、偏好的船公司或其他承运人等信息，及时报出运价。

5.2.3.2　按客户要求，订舱前书面确认报价，待定费用也应作详细说明，保护客户的合法权益。

5.2.3.3　及时提醒客户提前订舱，以避免出现因舱位紧张而错过信用证规定的最迟装运期。

5.2.3.4　空运订舱时，大宗货物、紧急物资、鲜货易腐物品、危险品、贵重物品应做到预定舱位。

5.2.3.5　在接到客户的订舱单后，在合理时间内前往船公司或其他承运人办理配载等手续，并应及时向客户提供船期、航班、车次等预报以及承运人截止接单日期。上述预报不构成双方对运输工具驶离装货港和抵达卸货港的具体时间约定，仅作为双方办理订舱事宜的参考。

5.2.3.6　提请并与客户约定，如客户要求变更订舱单所列事项时，应在货物装载运输工具前的具体日期出具书面更改单，并加盖客户印章。提示客户将承担因变更订舱事项所引起的各项费用及责任。

5.2.3.7　及时向客户核对托运单的内容，托运单应明确表明订舱单位名称、电话、传真及联系人，应注明收货人、货物的品名、件数、重量、体积、包装方式、目的港(地)、要求的运输线路、装载日期、运费条款、供运输用的声明价值、保险金额、处理事项及特别要求，并加盖客户的公章。

5.2.3.8　提示客户，如提交的托运单内容不准确、不完整或不合法将承担因此而导致的任何货物的损失或者造成客户和/或第三人的任何损失或者责任。

5.2.4　**货物接受**

5.2.4.1　约定客户负责货物包装。客户的货物包装应适合运输、仓库存储或者货物的特殊属性，并符合相关的技术要求。货物包装外表应注明搬运、储存、防护等标识。

5.2.4.2　注意在客户的订舱单上是否注明对货物的储存、防护或者对运输有特殊要求。提示客户，因货物包装不当将导致货物损坏、灭失，或造成第三方的损失。

5.2.4.3　提示客户是否对货物有特殊要求，如果没有特殊要求，将按普通货物处理。提示客户，如不明示特殊要求，将导致货物损坏、灭失，或造成第三方的损失。

5.2.4.4　提示客户，正确申报货物名称，不在货物中夹带易燃、易爆、有毒、有腐蚀性、有放射性物品及国际规定的禁止进出口的物品；如果托运的货物是危险品，请根据《国际海运危险货物规则》确定该危险品等级并书面告知。提醒客户，对具有危险品性质的货物，不管是否在《国际海运危险货物规则》中列明，不管客户是否进行了危险品申报，都将承担因由危险货物造成的一切损失、责任、费用。

5.2.4.5　按合同约定的时间、地点、数量、质量、外表等要求进行货物收受并做好单证交接和记录明细。

5.2.5 **代理报关、报检、保险**

5.2.5.1 履行代理人职责，配合海关监管和出入境检验检疫机构的工作，不得违法滥用报关权。

5.2.5.2 应当妥善保管海关、检验检疫机构核发的注册登记证书等相关证明文件。

5.2.5.3 报关员、报检员要持证操作，无证人员不得从事报关、报验工作。报关员、报检员要认真学习，努力提高业务水平，严格按章办事。

5.2.5.4 报关、报验的单证在递交海关、检验检疫机构之前，要认真审核，做到资料齐全，内容准确，不错填、漏填，绝不弄虚作假、投机取巧，严禁闯关。

5.2.5.5 需要变更的事项，提请客户在报关、报验前提出，并按客户的书面变更通知予以办理。报关后有正当理由更改的，应根据客户书面委托予以协助办理。

5.2.5.6 对于代理报关的货物涉嫌走私违规活动的，应当接受或者协助海关调查。

5.2.5.7 积极协助客户办理退税手续。

5.2.5.8 海关监管站、保税仓库、监运车队和到异地报关的货物操作，要严格遵守海关规定。

5.2.5.9 在提供代理报关、报验服务时，提示客户提供合法、合格、正确、齐全的报关报验单证，所报关货物不属于国家禁止或者限制进出境的物品。依货物性质的不同，可包括合同、发票、检验检疫证书、许可证、核销文件、报关单、手册、装箱单及有关批文等。提醒客户因提交报关报验单证的内容不准确、不完整或不合法将承担因此而导致的损失和费用。

5.2.5.10 在客户的授权范围内，认真履行职责，维护客户的合法权利，并应及时将报关进展情况向客户报告，并接受客户的监督。

5.2.5.11 与客户约定，客户应在运输工具抵港(站)前的具体日期，将报关、报验必须的单证文件送达。

5.2.5.12 客户是进口货物的海关关税、海关监管手续费、代征增值税的义务缴纳人。如需为客户代垫付有关税费，应另有书面约定。

5.2.5.13 提示客户如对海关开征的税额款有异议，应按我国《海关法》的规定办理，手续费自负。

5.2.5.14 提示客户，由于海关、出入境检验检疫等审核、查验等原因造成提货延误，客户将承担所产生的疏港(场、站)费、集装箱超期使用费及其他额外费用。

5.2.5.15 应客户要求协助投保运输险。如遇出险，应客户要求，可协助收集必要的损失证明或其他单证。

5.2.6 **指示**

提请客户下达任何指示均应采用书面形式(限于信件、电报、电传、传真、电子数据交换、电子邮件)，且应明确、可辨识。由于客观条件限制无法下达书面指令的，提示客户可以采用口头指令，但应提醒客户在口头指令 24 小时内采用书面形式对口头指令进行确认。书面确认与口头指令不同的，如果该口头指令已被履行的，该口头指令是有效的。

5.2.7 **运输**

5.2.7.1 在使用自己的运输工具进行运输或以契约承运人身份签发运输单证时，应承担当事人责任。

5.2.7.2 按照合同的要求提供适合的运输工具，应谨慎处理，使所提供的运输工具处于适航、适货状态，妥善配备适格的作业人员。

5.2.7.3 妥善地、谨慎地装载、搬移、积载、运输、保管、照料和卸载所运货物。

5.2.7.4 按照约定的或者习惯的或者地理上的航线将货物运往卸货港。

5.2.7.5 选择运输工具应做到：

a) 运输工具的类型、吨位(载重量)、国籍、出厂日期等有关指标符合要求；

b) 在运输线路上合理配置不同技术性能与经济性能的运输工具。

5.2.7.6 选择运输路线应：

a) 满足所有客户对货物品种、规格、数量的要求；

b) 满足客户对货物发到时间范围的要求；

c） 在允许通行的时间内进行运送；

d） 保证各运送路线的货物数量不超过运输工具容积和载重量的限制；

e） 保持在企业现有运力允许的范围内；

f） 考虑运输路线选择与其他环节关系；

g） 考虑运输路线选择中装卸地点的选择；

h） 考虑集运与运输路线选择。

5.2.7.7 选用装卸搬运设备应充分地考虑到超长、超宽、超高、超重、移动困难、易损坏的货物。

5.2.7.8 选择集装箱应合理考虑所运货物运输的实际情况和运输要求、运输线路和港口、内陆场站及经济合理等因素。

5.2.7.9 不使用损坏或变形的集装箱装载货物。如因集装箱短缺需使用有微小缺陷的集装箱时，应事先告知客户供其选择是否使用，或异地换提箱。

5.2.7.10 货物装板、装箱时，做到：

a） 不错用集装箱、集装板，不超装箱板尺寸；

b） 注意衬垫、封盖，防潮、防雨淋；

c） 集装箱、板内货物配装整齐，结构稳定，并接紧网索，防止途中倒塌。

5.2.7.11 提供航空包机运输服务应详细考虑每个环节，注意流程环节的合理性，货物装机不出现差错。

5.2.8 货物中转、转运

5.2.8.1 中转货物做到及时、安全，并随时掌握中转信息。

5.2.8.2 到达转运地之前，提前通知转运人员做好货物接收准备。

5.2.8.3 在转运地交接货物时，认真核对相关单证，对转运货物进行必要的质量检查并核对数量，做好记录明细。

5.2.8.4 如货物在转运过程出现意外事故，应及时通知客户。

5.2.8.5 接受客户委托转运进口货物时，应提请客户在对外签订的进出口贸易合同中明确规定提单通知人是作为货运代理人的本企业，并请告知编制的货物装船或其他运输工具标志。

5.2.9 到货通知

货物到目的港后，尽早、尽快、尽妥地通知客户到货情况，应提请客户配齐有关单证，尽快报关，减少货主仓储费、避免滞纳金。

5.2.10 货物交付

5.2.10.1 按合同约定的时间、地点、数量、质量等要求进行交货并做好记录明细。

5.2.10.2 货物交付时，应认真查对客户证件，并经客户检查货物完好无误后，签字、确认提货。

5.2.10.3 如发生货物差错，应及时通知相关人员，会同客户做好相关记录。

5.2.10.4 及时递交客户签字确认后的单证及相关记录。

5.2.11 物流服务

包括但不仅限于以下服务：

5.2.11.1 设计运输包装时要考虑对运输方式的适应性和方便性，以及何时何地将运输包装转换为销售包装。

5.2.11.2 在履行物流服务合同时，可自行决定将部分物流服务委托分合同方完成，但应保证分合同方将如同自己一样遵守合同的规定，并承担因分合同方违反合同的规定而造成的一切损失与责任。

5.2.11.3 自营与分包的选择：运用市场机制，合理使用自有运力和对外采购运力。

5.2.11.4 事先与客户约定，在根据客户的需求提供物流服务时，如为了客户利益所发生的必需和合理的费用，应请客户事后确认并予以补偿。但在切实可行的情况下应事先取得客户的许可，除非无法通知或在紧急的情况下。

5.2.11.5 接受客户对提供物流服务的设施施行检查和改进要求。

5.2.11.6 使用适用、安全、可靠的仓储信息系统来管理相应的操作和服务,应当具备在紧急情况下(如断电、断线)持续、安全工作的能力,以保证操作的连续和信息的完整。

5.2.12 仓储

5.2.12.1 提供的仓库应具备安全和防火措施,保持通风、防水等基本条件。

5.2.12.2 根据客户列明的服务要求,在双方选定的仓库内提供出入库装卸及在库管理。

5.2.12.3 认真核对客户到货通知中告知的货物有关的信息,包括但不仅限于货物的名称、性质、体积、重量、数量、规格、型号、批次、特殊储存要求、存储量和周转量的波动周期、波动范围、波峰波谷值、货物的合理堆码方式以及所需最大最少面积等重要信息资料。

5.2.12.4 确定客户是否参加或授权第三方参加入库货物的验收。交货及验收工作的完成,应以与客户或客户授权的第三方共同签署入库单为标志。

5.2.12.5 应客户的要求进行非日常性的较大规模库内仓储物整理,应与客户约定支付库内整理所发生的如人工、搬运等费用。库内整理涉及到再移库,则应约定客户按照移库操作支付费用。

5.2.12.6 在客户包仓情况下,提请客户如需增减仓容,则应对增减量、提前告知日期、结算标准等进行事前约定。

5.2.12.7 在非包仓情况下,应提请客户书面通知所需仓容的最大最小值(或客户储存货物的最大最小量)。

5.2.12.8 最大最小仓容(或最大最小储存货量),即任何时刻仓容(或货量)的波峰波谷值。如果实际占用仓容或实际储存货量低于客户提供的最小值,则应按照最小值结算仓租费用。

5.2.12.9 按照客户的要求分门别类摆放货物,但客户的货物堆码和仓库利用率的要求应明确合理,符合仓库条件和仓库管理的实际情况。

5.2.12.10 若发现货物有变质或者其他损坏的可能性,危及其他货物的安全和正常保管的,应当通知客户并在征得客户书面同意后作出必要的处理,并将处理结果及时通知客户。

5.2.12.11 在仓储责任期间,因未按合同约定的义务对入库货物进行仓储、作业而导致货物变质、毁损灭失的,应当承担赔偿客户损失的责任。赔偿金额以货物发生损失时仓储地的市场价格为准。

5.2.12.12 确保客户的货物安全、完整,发觉客户的货物临近失效期或有异状时应及时通知客户,但客户未告知有效期的除外。

5.2.12.13 与客户于每月底或约定的时间共同对库内实物进行全面盘点,盘点结束当天双方对盘点结果签名确认。如盘点账实不符,双方应约定具体的工作日内查明原因予以调整。若无法查明原因,则应赔偿盘亏价值减去盘盈价值与盘亏免赔额之后的差额。

5.2.12.14 应客户的要求,为客户提供如下信息服务:各类报表、单证、报送信息的时间、频率等。如果客户需要提供信息系统服务,则双方应另行签订协议。

5.2.12.15 如有要求,应接受客户对仓储物流操作的考核,但应与客户明确商定关键作业指标(KPI)的内容和奖惩事宜。

5.2.13 信息服务

5.2.13.1 现场操作人员应保持通信畅通,能够及时应对、处理各种突发事件。

5.2.13.2 提供空运服务时:

a) 如在交运航空公司称重过磅过程中,发现称重、体积与客户声明的重量、体积有误,且超过一定比例时,须通知客户,求得确认;

b) 对于集中托运货物,还应将发运信息预报给客户所在地的国外代理,以便对方及时接货、查询、分拨处理;

c) 在发运出口货物后,应将客户留存的单证,包括盖有放行章和验讫章的出口货物报关单、出口收汇核销单、第三联航空运单正本,以及用于出口产品退税的单据,及时准确交付或寄送给客户。

5.2.13.3 接受更改单宜在出口货物装上运载工具前，接受更改单后应及时处理，并通知有关方。不能更改的，应及时通知有关方。

5.2.13.4 应提供货物跟踪、人工或自动客户查询、电子单证等信息服务。

5.2.13.5 代客户接收的单证，在取得单证签发人递交的单证后最迟不得超过两个工作日将单据寄交客户。

5.2.14 签发单证的资格与要求

5.2.14.1 签发提单、航空货运分运单和运单的企业应符合以下条件：

a) 签发无船承运人提单，应取得无船经营者资格；
b) 签发国际货运代理多式联运提单、航空货运分运单、运单，应经行业主管部门备案；
c) 具有良好的信誉；
d) 最低注册资本、具有从业资格的人员数量应符合规定；
e) 投保国际货运代理提单责任保险；
f) 其中至少有1名从业经验丰富的高级管理人员。

5.2.14.2 应满足以下要求：

a) 提单的正面应载明备案登记编号、查询码、企业的中英文名称、地址、电话、传真、电子邮箱等；
b) 如签发 FIATA 单证，还应经 FIATA 授权并在其许可地域范围内使用，FIATA 单证正面指定位置应标识“CN”国家代码，除非实际掌控货物或作为实际承运人，企业不得在 FIATA 单证上增加任何手写、打印的条款或作任何与单证条款和条件相抵触的修改；
c) 与客户认真核对单证内容，及时将单证交回客户，防止因单证延误，影响客户议付、结算、报关、退税或产生额外的滞期费；
d) 对单证应妥善保管，对单证签章、更正章应严格管理；
e) 签发货运代理收货凭证时，还应注意：
   1) 签发货运代理收货凭证时，企业应确认本企业或指定的代理人(分支机构、中间的货运代理等)已收到特定货物并已取得处置货物的唯一授权；货物表面状况良好；凭证内容与其所接受的指示一致；运输单证上(如提单等)条款与货运代理收货凭证所列的责任条款一致；
   2) 收到货物后，立即将货运代理收货凭证交与发货人；
   3) 货运代理收货凭证签发后，证明企业根据不可撤销的指示已实际占有特定的货物并要将货物发送给货运代理收货凭证所记载的收货人；
   4) 企业只有收回正本货运代理收货凭证、且企业处于可撤销或变更凭证的条件下，客户才能撤销对企业所做的指示；
   5) 收货凭证只有一份正本，如需要多份凭证时，其他几份必须印有“副本不可转让”字样；
   6) 因并非凭已签发、仅有一份正本的货运代理收货凭证交付货物给收货人，货运代理收货凭证是不可转让单证。

5.2.14.3 多式联运单证、提单、非转让海运单、租船合约提单、空运单证、公路、铁路或内陆水运单据、快递收据、清洁运输单据应符合《跟单信用证统一惯例(UCP600)》的要求。

5.2.14.4 经企业全权授权的人，才有资格签发单证。

5.2.14.5 单证签署者应熟知作为货运代理人签发单证所应承担的法律责任和义务。

5.2.15 与客户签订服务合同的要求

应与客户约定：

a) 服务范围；
b) 双方的权利和义务；

c) 合同价款及支付方式；

d) 保密条款；

e) 不可抗力；

f) 违约责任；

g) 一般性条款；

h) 是否将 GB/T 22153—2008 并入合同。

5.2.16 国际快递

5.2.16.1 负责投递的国际快递服务人员应统一穿着具有企业标识的服装，并佩带工号牌或胸卡。

5.2.16.2 国际快递服务人员应根据寄件人的内件性质和规格携带相应的封装材料，告知寄件人封装材料是否收取费用，并指导寄件人对内件进行规范封装。封装应防止快件：

——变形、破裂；

——伤害快递服务人员；

——污染或损毁其他快件。

5.2.16.3 国际快递服务人员应将快件投递到约定的地址：

——在将快件交给收件人时，应提醒收件人当面验收内件；

——若收件人本人无法签收时，可与收件人（寄件人）沟通允许后，采用代收方式；

——与寄件人或收件人另有约定的从约定。

5.2.16.4 快件验收人验收无异议后，应请在快递运单上签字确认。除了快递服务组织与收件人有特殊约定外，快递服务人员应提醒签收人快件签收后的责任转移。

5.2.16.5 快件验收人拒绝签收的：

——由于快件原因，应请验收人在快递运单上注明拒收的日期和原因，并签名；

——由于到付业务的费用原因，快递服务人员写明日期和原因，并请验收人签名确认。

6 服务评价

6.1 基本原则

应恪守以客户需求为导向的经营理念，把企业的经营活动看作是一个不断满足客户需求的服务过程。以始于客户的需求，终于客户的满足为服务宗旨做好服务工作，并在不断了解、分析市场需求特点的基础上，不断改进、提高服务质量。

6.2 客户关系管理

企业应加强客户关系管理，通过管理客户信息资源，与客户建立起长期、稳定、相互信任、互惠互利的密切关系，提高客户的满意度和忠诚度。

6.3 客户满意需求分析

企业应对客户需求特点、需求层次、影响客户需求的基本因素进行分析。

6.4 客户满意度的评价

6.4.1 企业应确立客户满意度的评价标准，确定责任部门，对信息的收集 方式、频次、分析、对策及跟踪验证等做出规定。

6.4.2 企业应依据客户对各个服务项目的要求和已经取得的成绩进行分类、咨询、测评和跟踪，评价客户对服务质量的满意程度，验证服务质量标准与顾客需求和期望的距离。

6.4.3 客户满意的评价程序

客户满意的评价程序应包括：

a) 汇总客户满意及投诉信息；

b) 利用适当的统计技术进行分析处理；

c) 确定客户的满意程度；

d） 社会有关方面对服务质量的感受；

e） 找出提供的服务与客户期望的差距；

f） 制定改进措施。

6.5 客户满意信息的收集方法

企业注意捕捉与客户有关的信息来源（包括内部来源和外部来源），收集的方法主要包括：

a） 向客户发放问卷调查表；

b） 直接与客户沟通；

c） 收集各种媒体的报告；

d） 行业研究的结果；

e） 其他。

6.6 投诉渠道

企业应当提供客户投诉的渠道，主要包括网络、电话、传真、电子邮件、信函、面对面等形式。

6.7 投诉受理

6.7.1 投诉信息

企业应记录如下信息：

a） 投诉人的姓名、地址和联系方式；

b） 投诉的理由、目的、要求；

c） 其他投诉细节；

d） 在记录的过程中，应与投诉人核对信息，以保证信息的准确性；

e） 记录完信息后，应告知投诉人投诉处理时限。

6.7.2 投诉处理

投诉的处理应满足以下要求：

a） 在承诺的投诉处理时限内进行处理；

b） 按照服务承诺进行处理。

6.7.3 投诉信息统计

企业应对投诉信息进行统计、分析。

7 服务质量的监督

7.1 内部审核

企业应按一定的时间间隔进行内部审核，以确定服务质量是否：

a） 符合企业的服务质量方针；

b） 达到了企业的服务质量目标；

c） 得到有效地实施与保持。

7.2 财务测评

企业应建立将财务因素与服务质量管理体系联系起来的方法，在企业内用财务用语进行沟通。财务测评方法可包括：

a） 对服务质量合格成本和不合格成本进行预算；

b） 对服务质量合格成本和不合格成本的分析。

7.3 自我评价

企业应建立和实施自我评价过程，并依据服务质量目标和各项活动的重要性来确定评价的范围和深度。

8 服务改进

企业应建立、完善服务质量管理体系，掌握市场需求的变化，深入了解、分析、评价客户的满意度和投诉反映，不断改进服务质量。

8.1 持续改进

企业可通过以下活动，使服务质量管理体系持续改进。

8.1.1 定期评审服务质量方针、目标。

8.1.2 对服务中重复出现的不合格现象，采取纠正、预防措施。

8.1.3 定期召开服务质量管理体系评审会议，对体系的适宜性、充分性及有效性进行评审。

8.2 纠正措施

8.2.1 企业应采取纠正措施，以消除服务质量不合格的影响；纠正措施的力度应与服务质量不合格的影响程度相适应；纠正措施应编制成文件，以规定以下方面的要求：

a） 确定服务质量不合格的原因；

b） 服务质量不合格的纠正措施及处理方式；

c） 记录纠正措施的结果。

8.2.2 企业应不断寻求对其服务过程的改进，强调改进措施过程的效率和有效性，并应监控这些措施，以确保实现预期目标。可能采取的改进措施可以是日常的改进活动，直至长远的改进项目。措施主要包括：

a） 树立整体服务质量管理的思想；

b） 坚持持续进行服务改进的理念；

c） 做好内部服务营销工作；

d） 明确内部人员的职责和权限，以识别服务改进的机会；

e） 收集员工对企业满足其需求和期望所采取方式的意见；

f） 评定个人、集体的业绩及对企业的服务质量所作的贡献；

g） 制定高标准的服务规范；

h） 做好有形展示工作；

i） 制定提高服务质量的具体策略；

j） 确保改进过程的有效性和效率；

k） 管理者应对改进过程给予大力支持。

8.3 预防措施

企业应确定措施，以消除潜在的服务质量不合格的因素，防止发生服务质量不合格。预防措施力度应与潜在问题的影响程度相适应。预防措施应编制成文件，以规定以下方面的要求：

a） 确定潜在的服务质量不合格因素；

b） 防止服务质量不合格发生的措施；

c） 评审所采取的预防措施。

参 考 文 献

《跟单信用证统一惯例(UCP600)》2006 年修订本　国际商会第 600 号出版物

ICS 03.100.01
A 01

中华人民共和国国家标准

GB/T 22155—2008

国际货运代理企业资质和等级评价指标

Qualifications and evaluation indicators for international freight forwarding enterprise

2008-07-02 发布　　2008-12-01 实施

中华人民共和国国家质量监督检验检疫总局
中国国家标准化管理委员会　发布

前　言

本标准由中华人民共和国商务部提出并归口。

本标准起草单位：中国国际货运代理协会、中国对外贸易运输(集团)总公司、中国海运(集团)总公司、中国中钢集团公司、锦程物流(集团)公司、浙江双马国际货运有限公司、北京交通大学、中钢国际货运公司、新景程国际物流有限公司、深圳市联合纵横国际货运代理公司、福建金航国际货运代理有限公司、上海宝霖国际危险品物流有限公司。

本标准主要起草人：林忠、王喜富、陈峥、冯建萍、杨旭、刘占芳、丁慎鹏、蒋寒松、徐建东、王为、孙林。

国际货运代理企业资质和等级评价指标

1 范围

本标准规定了国际货运代理业的相关术语和定义、国际货运代理企业资质认定和等级评价指标。

本标准适用于我国各类国际货运代理企业(以下简称"企业"或"货运代理")的界定和国际货物流通市场对企业的评价与选择,也可作为对国际货运代理企业进行规范与管理的依据。

2 规范性引用文件

下列文件中的条款通过本标准的引用而成为本标准的条款。凡是注日期的引用文件,其随后所有的修改单(不包括勘误的内容)或修订版均不适用于本标准,然而,鼓励根据本标准达成协议的各方研究是否可使用这些文件的最新版本。凡是不注日期的引用文件,其最新版本适用于本标准。

GB/T 22151—2008 国际货运代理作业规范

GB/T 22152—2008 国际货运代理业务统计导则

GB/T 22154—2008 国际货运代理服务质量要求

3 术语和定义

下列术语和定义适用于本标准。

3.1

国际货运代理业 international freight forwarding industry

接受进出口货物收货人、发货人和其他委托方或其代理人的委托,以委托人名义或者以自己的名义,组织、办理国际货物运输及相关业务,提供国际货物流通领域的供应链及物流增值服务,经营国际多式联运的行业。

3.2

国际货运代理企业 international freight forwarding enterprise

在中国境内依法注册并经行业主管部门备案(企业备案和业务备案)的从事国际货运代理、物流等业务的企业及其分支机构。

3.3

国际货运代理业务 international freight forwarding business

以独立经营人或代理人身份,为客户提供与国际货物运输相关的综合性物流服务工作,包括但不仅限于揽货、订舱(含租船、包机、包板、包舱)、托运、配载、换单、缮制单证、仓储、分拨、配送、中转、集装箱的装拆箱;海上货物运输、陆上货物运输、航空货物运输、管道运输、江河货物运输及相关的短途运输;国际多式联运、集运(含集装箱拼箱)、国际铁路联运、国际快递;报关、报检、报验、保险;运费、杂费收付及结算;国际展品、私人物品及过境货物运输代理;物流服务以及包装、装卸、信息和咨询等有偿服务,以收取有偿服务报酬的经济活动。

3.4

服务机构网络 service network

支持、符合、保障货运代理的业务发展、业务运作、资源整合、售后服务等需求而下设的分支机构、营业网点、代理、分包商、合作伙伴等组成的服务网络。

4 企业资质要求和企业类型

4.1 资质要求

4.1.1 具有与其业务规模、作业需求相适应的营业或作业场所，配备必要的设施、设备和辅助工具，并应符合保障安全生产、计量检定的有关的法律、法规、国家标准或者行业标准的规定。

4.1.2 至少应有3名从业人员获得行业主管部门或授权机构颁发的职业资格证书。

4.1.3 至少应有1名从业经验丰富的高级管理人员。

4.1.4 应配置符合业务需求的专门机构和服务机构网络。

4.1.5 应取得签发各类业务单证的资格；如需签发国际多式联运提单、货运单、航空货运分运单应经商务主管部门备案登记；如需开展无船承运业务应持有《无船承运业务经营资格登记证》。

4.1.6 应有一定数量的运输设备或工具。

4.1.7 应具备信息网络化服务能力；信息化管理应覆盖、贯穿业务管理的全过程；信息化建设和业务管理一体化。

4.1.8 企业名称宜含有表明行业特点的“货运代理”、“运输服务”、“仓储”、“配送”、“集运”、“物流”、“贸易”、“国际快递”等相关字样。

4.1.9 应投保国际货运代理人责任险或独立经营人责任险（或国际货物运输代理提单责任险）。

4.1.10 应具有一定的经济责任承担能力。

4.1.11 应有健全的经营、财务、风险控制、质量管理、信用管理、统计、安全、技术服务、客户关系管理等机构和相应的管理制度。

4.1.12 服务质量应达到GB/T 22154—2008的规定和要求。

4.1.13 作业规范应符合GB/T 22151—2008的规定和要求。

4.2 企业分类

4.2.1 分类原则

4.2.1.1 符合4.1规定。

4.2.1.2 运输方式、业务类型、服务功能等为分类的主要依据。

4.2.1.3 将经营范围相近的企业纳入同一相应的类型。

4.2.2 企业类型

依据4.2.1的分类原则，企业分类如下：

a) 海运型企业；

b) 陆运型企业；

c) 空运型企业；

d) 国际快递型企业；

e) 仓储型企业；

f) 综合型企业。

4.2.3 海运型企业

除符合4.1规定外，还应以从事海运业务为主。

4.2.4 陆运型企业

除符合4.1规定外，还应以从事公路、铁路业务为主。

4.2.5 空运型企业

除符合4.1规定外，还应符合以下要求：

a) 以从事空运业务为主；

b） 至少应有3名从业人员取得航空运输销售代理人职业资格证书；

c） 符合IATA规定的要求。

4.2.6 国际快递型企业

除符合4.1规定外，还应符合以下要求：

a） 以从事国际快递业务为主；

b） 至少应有3名从业人员取得航空运输销售代理人职业资格证书；

c） 符合IATA规定的要求。

4.2.7 仓储型企业

除符合4.1规定外，还应符合以下要求：

a） 以从事仓储业务为主，为客户提供货物储存、保管、中转、配送、包装等服务；

b） 企业自有一定规模的仓储设施、设备；

c） 经营仓储业务达到两年以上。

4.2.8 综合型企业

除符合4.2.1规定外，还应符合以下要求：

a） 从事海陆空运输、国际多式联运、国际铁路联运、仓储、中转、代理报关、代理报检报验、代理保险、物流增值服务等多种综合性业务；

b） 根据客户需求，为客户制定整合国际货物运输及物流资源的运作方案。

5 企业等级评价指标

5.1 评价方法

根据规范的评价指标体系，运用科学的评价方法，履行严格的评价程序，通过信用记录、企业内在素质、管理能力、经营水平、外部环境、财务状况、债务偿还能力、风险控制能力、履行承诺的能力、发展前景及可能出现的各种风险等进行全面了解、调查、研究分析后，做出综合判断和评价。

5.2 等级分类

按照不同评价指标，将具备一定综合服务能力和服务水平的六种类型企业的等级分为AAAAA、AAAA、AAA、AA、A五个等级。AAAAA级最高，依次降低。

5.3 等级评价指标

5.3.1 海运型企业

海运型企业等级评价指标见表1。

5.3.2 陆运型企业

陆运型企业等级评价指标见表2。

5.3.3 空运型企业

空运型企业等级评价指标见表3。

5.3.4 国际快递型企业

国际快递型企业等级评价指标见表4。

5.3.5 仓储型企业

仓储型企业资质评价指标见表5。

5.3.6 综合型企业

综合型企业资质等级评价指标见表6。

5.4 企业资质和等级评价指标内容

企业等级评价指标的数据采集、数据分析、数据认定，按GB/T 22152—2008的规定执行。

表1 海运型企业等级评价指标

评价指标		级别				
		AAAAA	AAAA	AAA	AA	A
基础设施	自有/租用仓储面积/m^2	10 000以上	5 000以上	2 000以上	—	
运输工具设备	自有/租用运输工具总载重量/t	3 000以上	1 000以上	300以上	—	
营运状况		3年以上			2年以上	
信息网络系统	网络系统	信息化管理覆盖、贯穿业务管理的全过程，信息化建设和业务管理一体化			部分信息化管理覆盖、贯穿业务管理的全过程，信息化建设和业务管理一体化	
	电子单证管理	90%以上	70%以上		50%以上	
	货物跟踪	90%以上	70%以上		50%以上	
	客户查询	建立自动查询和人工查询系统			建立人工查询系统	
财务指标	资产总额/万元	10 000以上	5 000以上	2 000以上	500以上	200以上
	营业总额/万元	50 000以上	10 000以上	5 000以上	1 000以上	300以上
	资产负债率	不高于70%				
业务指标	代理班轮航线	占本地区30%	占本地区20%	占本地区15%	占本地区10%	占本地区5%
	代理集装箱数量/TEU	100 000以上	50 000以上	20 000以上	3 000以上	1 000以上
	代理散杂货数量/(t或m^3)	100 000以上	50 000以上	20 000以上	3 000以上	1 000以上
	签发自有提单进出口数量/TEU/t或m^3（散杂货）	10 000/100 000以上	5 000/50 000以上	2 000/10 000以上	300/1 500以上	100/500以上
	进出口拼箱数量/TEU	2 000以上	1 000以上	500以上	100以上	—
	代理货物运输保险的保险总额/亿元	5	3	2	1.5	—
从业人员	中高层管理人员	90%以上具有大专以上学历或国际货运代理从业人员职业资质	80%以上具有大专以上学历或国际货运代理从业人员职业资质		70%以上具有大专以上学历或国际货运代理从业人员职业资质	
	业务人员	80%以上具有中等以上学历或国际货运代理从业人员职业资质	70%以上具有中等以上学历或国际货运代理从业人员职业资质		60%以上具有中等以上学历或国际货运代理从业人员职业资质	
	具有从业资格的人员	符合法律、法规规定的最低人数				

表 1（续）

评价指标		级别				
		AAAAA	AAAA	AAA	AA	A
综合服务能力	运营网点/个	30 以上	15 以上	5 以上	—	
	业务辐射面	国际/国内范围			全国范围	
	代理网点	30	15	5	—	
	分支机构	30	15	5	—	
	仓储中转	有	有	有	—	
	代理报关资质	有	有	有	—	
	代理报检资质	有	有	有	—	
	国际多式联运	有	有	有	—	
	无船承运资质	有	有	有	—	
	物流服务	有	有	有	—	
	过境货物运输代理	有	有	有	—	
	管理制度	有健全的经营、财务、统计、安全、技术等机构和相应的管理制度				
风险控制能力		投保代理人责任险、提单责任险及其他责任险				
客户服务	顾客投诉率(或顾客满意度)	≤0.05% (≥98%)	≤0.1% (≥95%)		≤0.5% (≥90%)	
信用管理	社会信用记录	工商、海关、税务信用记录优秀，银行信用记录为 A 级	工商、海关、税务信用记录良好，银行信用记录为 B 级		工商、海关、税务信用记录一般，银行信用记录为 C 级	
	全国性行业中介组织信用纪录	最高信用等级			一般信用等级	
服务体系	质量管理	通过 ISO 9001—2000 质量管理体系认证		全国性行业中介组织质量管理体系评价		
注：表中“—”为不具体要求。						

表 2　陆运型企业等级评价指标

评价指标		级别				
		AAAAA	AAAA	AAA	AA	A
基础设施	自有/租用仓储面积/m^2	10 000 以上	5 000 以上	2 000 以上	—	
运输工具设备	自有/租用运输工具总载重量/t	3 000 以上	1 000 以上	300 以上	—	
铁路专用线	自有/租用/条	1	—			
营运状况		3 年以上			2 年以上	

表 2（续）

评价指标		级别				
		AAAAA	AAAA	AAA	AA	A
信息网络系统	网络系统	信息化管理覆盖、贯穿业务管理的全过程，信息化建设和业务管理一体化			部分信息化管理覆盖、贯穿业务管理的全过程，信息化建设和业务管理一体化	
	电子单证管理	90%以上	70%以上		50%以上	
	货物跟踪	90%以上	70%以上		50%以上	
	客户查询	建立自动查询和人工查询系统			建立人工查询系统	
财务指标	资产总额/万元	10 000 以上	5 000 以上	2 000 以上	500 以上	200 以上
	营业总额/万元	20 000 以上	4 000 以上	2 000 以上	400 以上	150 以上
	资产负债率	不高于 70%				
业务指标	代理集装箱数量/TEU	50 000 以上	25 000 以上	10 000 以上	1 500 以上	500 以上
	代理散杂货数量/(t 或 m^3)	50 000 以上	25 000 以上	10 000 以上	1 500 以上	500 以上
	签发自有提单进出口数量/TEU/t 或 m^3（散杂货）	5 000/50 000 以上	2 500/25 000 以上	1 000/5 000 以上	150/1 000 以上	50/500 以上
	进出口拼箱数量/TEU	1 000 以上	500 以上	250 以上	50 以上	—
	代理货物运输保险的保险总额/亿元	5	3	2	1.5	—
从业人员	中高层管理人员	80%以上具有大专以上学历或国际货运代理从业人员职业资质	60%以上具有大专以上学历或国际货运代理从业人员职业资质		30%以上具有大专以上学历或国际货运代理从业人员职业资质	
	业务人员	60%以上具有中等以上学历或国际货运代理从业人员职业资质	50%以上具有中等以上学历或国际货运代理从业人员职业资质		30%以上具有中等以上学历或国际货运代理从业人员职业资质	
	具有从业资格的人员	符合法律、法规规定的最低人数				
综合服务能力	运营网点/个	30 以上	15 以上	5 以上	—	
	业务辐射面	国际/国内范围			全国范围	
	代理网点	30	15	5	—	
	分支机构	30	15	5	—	
	仓储中转	有	有	有	—	
	代理报关	有	有	有	—	
	代理报检	有	有	有	—	
	国际多式联运	有	有	有	—	

表 2（续）

评价指标		级别				
		AAAAA	AAAA	AAA	AA	A
综合服务能力	国际铁路联运	有	有	有	—	
	国际道路运输	有	有	有	—	
	物流服务	有	有	有	—	
	过境货运代理	有	有	有	—	
	管理制度	有健全的经营、财务、统计、安全、技术等机构和相应的管理制度				
风险控制能力		投保代理人责任险、提单责任险				
客户服务	顾客投诉率（或顾客满意度）	≤0.05% （≥98%）	≤0.1% （≥95%）		≤0.5% （≥90%）	
信用管理	社会信用记录	工商、海关、税务信用记录优秀，银行信用记录为A级	工商、海关、税务信用记录良好，银行信用记录为B级		工商、海关、税务信用记录一般，银行信用记录为C级	
	全国性行业中介组织信用纪录	最高信用等级			一般信用等级	
服务体系	质量管理	通过ISO 9001—2000质量管理体系认证	全国性行业中介组织质量管理体系评价			
注：表中“—”为不具体要求。						

表 3　空运型企业资质等级评价指标

评价指标		级别				
		AAAAA	AAAA	AAA	AA	A
基础设施	自有/租用仓储面积/m^2	100 000以上	50 000以上	10 000以上	—	
运输工具设备	自有/租用运输工具总载重量/t	3 000以上	1 000以上	500以上	100以上	
营运状况		3年以上			2年以上	
信息网络系统	网络系统	信息化管理覆盖、贯穿业务管理的全过程，信息化建设和业务管理一体化			部分信息化管理覆盖、贯穿业务管理的全过程，信息化建设和业务管理一体化	
	电子单证管理	90%以上	70%以上		50%以上	
	货物跟踪	90%以上	70%以上		50%以上	
	客户查询	建立自动查询和人工查询系统			建立人工查询系统	
财务指标	资产总额/万元	10 000以上	5 000以上	2 000以上	500以上	200以上
	营业总额/万元	50 000以上	10 000以上	5 000以上	1 000以上	300以上
	资产负债率	不高于70%				
业务指标	代理航空航线数量	占本地区30%	占本地区20%	占本地区15%	占本地区10%	—
	万件/万吨/万立方米	200/5/30	150/3.5/21	100/2/12	—	

表 3（续）

评价指标		级别				
		AAAAA	AAAA	AAA	AA	A
从业人员	中高层管理人员	80%以上具有大专以上学历或国际货运代理从业人员职业资质	60%以上具有大专以上学历或国际货运代理从业人员职业资质		30%以上具有大专以上学历或国际货运代理从业人员职业资质	
	业务人员	60%以上具有中等以上学历或国际货运代理从业人员职业资质	50%以上具有中等以上学历或国际货运代理从业人员职业资质		30%以上具有中等以上学历或国际货运代理从业人员职业资质	
	具有从业资格的人员	符合法律、法规规定的最低人数				
综合服务能力	运营网点/个	30 以上	15 以上	5 以上	—	
	业务辐射面	国际/国内范围			全国范围	
	代理网点	30 以上	15 以上	5 以上	—	
	分支机构	30 以上	15 以上	5 以上	—	
	仓储中转	有	有	有	有	—
	代理报关	有	有	有	有	—
	代理报检	有	有	有	—	—
	国际多式联运	有	有	有	—	—
	物流服务	有	有	有	有	—
	包机	有	—	—	—	—
	包板	有	有	有	—	—
	国际展品	有	有	有	有	—
	过境货运代理	有	有	有	有	—
	管理制度	有健全的经营、财务、统计、安全、技术等机构和相应的管理制度				
风险控制能力		投保代理人责任险、提单责任险				
客户服务	顾客投诉率（或顾客满意度）	≤0.05% （≥98%）	≤0.1% （≥95%）		≤0.5% （≥90%）	
信用管理	社会信用记录	工商、海关、税务信用记录优秀，银行信用记录为 A 级	工商、海关、税务信用记录良好，银行信用记录为 B 级		工商、海关、税务信用记录一般，银行信用记录为 C 级	
	全国性行业中介组织信用纪录	最高信用等级			一般信用等级	
服务体系	质量管理	通过 ISO 9001—2000 质量管理体系认证	全国性行业中介组织质量管理体系评价			

注：表中“—”为不具体要求。

表 4 国际快递型企业等级评价指标

评价指标		级别				
		AAAAA	AAAA	AAA	AA	A
基础设施	自有/租用仓储面积/m^2	20 000 以上	10 000 以上	5 000 以上	—	
运输工具设备	自有/租用运输工具总载重量/t	3 000 以上	1 000 以上	500 以上	—	
营运状况		3 年以上			2 年以上	
信息网络系统	网络系统	信息化管理覆盖、贯穿业务管理的全过程，信息化建设和业务管理一体化			部分信息化管理覆盖、贯穿业务管理的全过程，信息化建设和业务管理一体化	
	电子单证管理	100%	100%	100%	—	
	货物跟踪	100%	100%	100%	—	
	客户查询	建立自动查询和人工查询系统			—	
财务指标	资产总额/万元	30 000 以上	15 000 以上	10 000 以上	—	
	营业总额/万元	180 000 以上	100 000 以上	30 000 以上	—	
	资产负债率	不高于 70%				
业务指标	万件	800	400	100	—	
	万吨/万立方米	10/60	5/30	1/6	—	
从业人员	中高层管理人员	80%以上具有大专以上学历或国际货运代理从业人员职业资质	60%以上具有大专以上学历或国际货运代理从业人员职业资质		30%以上具有大专以上学历或国际货运代理从业人员职业资质	
	业务人员	60%以上具有中等以上学历或国际货运代理从业人员职业资质	50%以上具有中等以上学历或国际货运代理从业人员职业资质		30%以上具有中等以上学历或国际货运代理从业人员职业资质	
	具有从业资格的人员	符合法律、法规规定的最低人数				
综合服务能力	运营网点(个)	30 以上	15 以上	5 以上	—	
	业务辐射面	国际/国内范围			全国范围	
	代理网点	符合业务需求				
	分支机构	符合业务需求				
	仓储中转	有	有	有	—	
	代理报关	有	有	有	—	
	代理报检	有	有	有	—	
	包机	有	有	有	—	
	包板	有	有	有	—	
	物流服务	有	有	有	—	
	国际展品	有	有	有	—	
	过境货运代理	有	有	有	—	
	管理制度	有健全的经营、财务、统计、安全、技术等机构和相应的管理制度				

表 4(续)

评价指标		级别				
		AAAAA	AAAA	AAA	AA	A
风险控制能力		投保代理人责任险、提单责任险				
客户服务	顾客投诉率(或顾客满意度)	≤0.05% (≥98%)	≤0.1% (≥95%)		≤0.5% (≥90%)	
信用管理	社会信用记录	工商、海关、税务信用记录优秀,银行信用记录为A级	工商、海关、税务信用记录良好,银行信用记录为B级		工商、海关、税务信用记录一般,银行信用记录为C级	
	行业中介组织信用纪录	最高信用等级		一般信用等级		
服务体系	质量管理	通过ISO 9001—2000质量管理体系认证		全国性行业中介组织质量管理体系评价		
注:表中“—”为不具体要求。						

表 5 仓储型企业等级评价指标

评价指标		级别				
		AAAAA	AAAA	AAA	AA	A
基础设施	自有/租用仓储面积/m²	200 000 以上	120 000 以上	80 000 以上	50 000 以上	
运输工具设备	自有/租用运输工具总载重量/t	200 以上	100 以上	80 以上	50 以上	
营运状况	3 年以上				2 年以上	
信息网络系统	网络系统	信息化管理覆盖、贯穿业务管理的全过程,信息化建设和业务管理一体化			部分信息化管理覆盖、贯穿业务管理的全过程,信息化建设和业务管理一体化	
	电子单证管理	90%以上	70%以上		50%以上	
	货物跟踪	90%以上	70%以上		50%以上	
	客户查询	建立自动查询和人工查询系统			建立人工查询系统	
财务指标	资产总额/万元	8 000 以上	4 000 以上	2 000 以上	1 000 以上	500 以上
	营业总额/万元	10 000 以上	3 500 以上	2 000 以上	1 000 以上	500 以上
	资产负债率	不高于 70%				
业务指标	仓储周转量/(t/天)	10 000 以上	7 000 以上	4 000 以上	2 000 以上	100 以上
	代理集装箱数量/TEU	50 000 以上	30 000 以上	10 000 以上	1 500 以上	500 以上
	进出口拼箱数量/TEU	1 000 以上	500 以上	200 以上	50 以上	50 以上
	代理货物运输保险的保险总额/亿元	5	3	2	1.5	—

表 5（续）

评价指标		级别				
		AAAAA	AAAA	AAA	AA	A
从业人员	中高层管理人员	80％以上具有大专以上学历或国际货运代理从业人员职业资质	60％以上具有大专以上学历或国际货运代理从业人员职业资质		30％以上具有大专以上学历或国际货运代理从业人员职业资质	
	业务人员	60％以上具有中等以上学历或国际货运代理从业人员职业资质	50％以上具有中等以上学历或国际货运代理从业人员职业资质		30％以上具有中等以上学历或国际货运代理从业人员职业资质	
	具有从业资格的人员	符合法律、法规规定的最低人数				
综合服务能力	运营网点/个	10	5	2	—	
	业务辐射面	国际/国内范围			全国范围	
	代理网点	符合业务需求				
	分支机构	符合业务需求				
	仓储中转	有	有	有	—	
	代理报关	有	有	有	—	
	代理报检	有	有	—	—	
	国际多式联运	有	有	—	—	
	物流服务	有	有	有	—	
	管理制度	有健全的经营、财务、统计、安全、技术等机构和相应的管理制度				
风险控制能力	投保责任险	投保代理人责任险、提单责任险及其他责任险	投保代理人责任险、提单责任险及其他责任险		投保代理人责任险、提单责任险	
客户服务	顾客投诉率（或顾客满意度）	≤1％	≤3％		≤5％	
		（≥98％）	（≥95％）		（≥90％）	
	商品出入库差错率	≤1‰	≤3‰		≤5‰	
信用管理	社会信用记录	工商、海关、税务信用记录优秀，银行信用记录为A级	工商、海关、税务信用记录良好，银行信用记录为B级		工商、海关、税务信用记录一般，银行信用记录为C级	
	行业中介组织信用记录	最高信用等级			一般信用等级	
服务体系	质量管理	通过ISO 9001—2000质量管理体系认证		全国性行业中介组织质量管理体系评价		

注：表中“—”为不具体要求。

表 6　综合型企业等级评价指标

<table>
<tr><td colspan="2" rowspan="2">评价指标</td><td colspan="5">级　　别</td></tr>
<tr><td>AAAAA</td><td>AAAA</td><td>AAA</td><td>AA</td><td>A</td></tr>
<tr><td>基础设施</td><td>自有/租用仓储面积/m²</td><td>200 000 以上</td><td>100 000 以上</td><td>20 000 以上</td><td colspan="2">—</td></tr>
<tr><td>运输工具设备</td><td>自有/租用运输工具总载重量/t</td><td>6 000 以上</td><td>2 000 以上</td><td>1 000 以上</td><td colspan="2">500 以上</td></tr>
<tr><td>铁路专用线</td><td>自有/租用/条</td><td>1 条以上</td><td>1 条以上</td><td colspan="3">—</td></tr>
<tr><td>营运状况</td><td colspan="4">3 年以上</td><td colspan="2">2 年以上</td></tr>
<tr><td rowspan="4">信息网络系统</td><td>网络系统</td><td colspan="3">信息化管理覆盖、贯穿业务管理的全过程，信息化建设和业务管理一体化</td><td colspan="2">部分信息化管理覆盖、贯穿业务管理的全过程，信息化建设和业务管理一体化</td></tr>
<tr><td>电子单证管理</td><td>90%以上</td><td colspan="2">70%以上</td><td colspan="2">50%以上</td></tr>
<tr><td>货物跟踪</td><td>90%以上</td><td colspan="2">70%以上</td><td colspan="2">50%以上</td></tr>
<tr><td>客户查询</td><td colspan="3">建立自动查询和人工查询系统</td><td colspan="2">建立人工查询系统</td></tr>
<tr><td rowspan="3">财务指标</td><td>资产总额/万元</td><td>20 000 以上</td><td>10 000 以上</td><td>4 000 以上</td><td>1 000 以上</td><td>400 以上</td></tr>
<tr><td>营业总额/万元</td><td>100 000 以上</td><td>20 000 以上</td><td>10 000 以上</td><td>2 000 以上</td><td>600 以上</td></tr>
<tr><td>资产负债率</td><td colspan="5">不高于 70%</td></tr>
<tr><td rowspan="9">业务指标</td><td>代理班轮航线数量</td><td>占在本地区 30%</td><td>占在本地区 20%</td><td>占在本地区 15%</td><td>占在本地区 10%</td><td>—</td></tr>
<tr><td>代理航空航线数量</td><td>占在本地区 30%</td><td>占在本地区 20%</td><td>占在本地区 15%</td><td>占在本地区 10%</td><td>—</td></tr>
<tr><td>代理集装箱数量/TEU</td><td>160 000 以上</td><td>80 000 以上</td><td>30 000 以上</td><td>5 000 以上</td><td>2 000 以上</td></tr>
<tr><td>代理散杂货数量/(t 或 m³)</td><td>160 000 以上</td><td>80 000 以上</td><td>30 000 以上</td><td>5 000 以上</td><td>2 000 以上</td></tr>
<tr><td>签发自有提单进出口数量/TEU/t 或 m³(散杂货)</td><td>20 000/200 000 以上</td><td>10 000/100 000 以上</td><td>4 000/20 000 以上</td><td>600/4 000 以上</td><td>100/1 000 以上</td></tr>
<tr><td>进出口拼箱数量/TEU</td><td>6 000 以上</td><td>3 000 以上</td><td>1 500 以上</td><td>200 以上</td><td>50 以上</td></tr>
<tr><td>空运量万件/万吨/万立方米</td><td>300/8/48 以上</td><td>240/6/36 以上</td><td>160/3/18 以上</td><td>100/2/12 以上</td><td>30/0.5/3 以上</td></tr>
<tr><td>仓储周转量/t/天</td><td>16 000 以上</td><td>11 000 以上</td><td>65 000 以上</td><td>3 000 以上</td><td>1 000 以上</td></tr>
<tr><td>代理货物运输保险的保险总额/亿元</td><td>5</td><td>3</td><td>2</td><td>1.5</td><td>—</td></tr>
<tr><td rowspan="3">从业人员</td><td>中高层管理人员</td><td>80%以上具有大专以上学历或国际货运代理从业人员职业资质</td><td colspan="2">60%以上具有大专以上学历或国际货运代理从业人员职业资质</td><td colspan="2">30%以上具有大专以上学历或国际货运代理从业人员职业资质</td></tr>
<tr><td>业务人员</td><td>60%以上具有中等以上学历或国际货运代理从业人员职业资质</td><td colspan="2">50%以上具有中等以上学历或国际货运代理从业人员职业资质</td><td colspan="2">30%以上具有中等以上学历或国际货运代理从业人员职业资质</td></tr>
<tr><td>具有从业资格的人员</td><td colspan="5">符合法律、法规规定的最低人数</td></tr>
</table>

表 6（续）

评价指标		级别				
		AAAAA	AAAA	AAA	AA	A
综合服务能力	运营网点(个)	60 以上	30 以上	10 以上	5 以上	
	业务辐射面	国际/国内范围			全国范围	
	代理网点	符合业务需求				
	分支机构	符合业务需求				
	仓储中转	有	有	有	有	—
	代理报关	有	有	有	有	—
	代理报检	有	有	有	有	—
	国际多式联运	有	有	有	—	—
	国际铁路联运	有	有	有	—	—
	无船承运	有	有	有	—	—
	国际道路运输	有	有	有	—	—
	航空运输代理	有	有	有	—	—
	物流服务	有	有	有	—	—
	国际展品	有	有	有	有	—
	过境货运代理	有	有	有	有	—
	管道运输	—				
	管理制度	有健全的经营、财务、统计、安全、技术等机构和相应的管理制度				
风险控制能力		投保代理人责任险、提单责任险				
客户服务	顾客投诉率(或顾客满意度)	≤0.05% (≥98%)	≤0.1% (≥95%)		≤0.5% (≥90%)	
信用管理	社会信用记录	工商、海关、税务信用记录优秀,银行信用记录为 A 级	工商、海关、税务信用记录良好,银行信用记录为 B 级		工商、海关、税务信用记录一般,银行信用记录为 C 级	
	行业中介组织信用纪录	最高信用等级			一般信用等级	
服务体系	质量管理	通过 ISO 9001—2000 质量管理体系认证		全国性行业中介组织质量管理体系评价		
注：表中“—”为不具体要求。						

ICS 17.140.20
Z 32

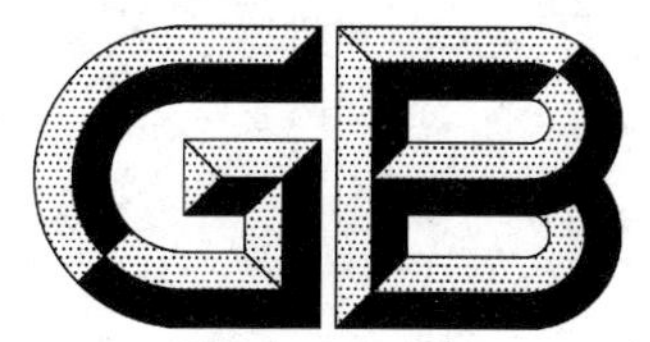

中华人民共和国国家标准

GB/T 22156—2008/ISO 11689:1996

声学 机器与设备噪声发射数据的比较方法

Acoustics—Procedure for the comparison of noise-emission data for machinery and equipment

(ISO 11689:1996,IDT)

2008-07-02 发布 2009-02-01 实施

中华人民共和国国家质量监督检验检疫总局
中国国家标准化管理委员会 发布

前　言

本标准等同采用 ISO 11689:1996《声学——机器与设备噪声发射数据的比较方法》(英文版)。

本标准的附录 A,附录 B,附录 C,附录 D 为资料性附录。

本标准由中国科学院提出。

本标准由全国声学标准化技术委员会(SAC/TC 17)归口。

本标准起草单位:同济大学声学研究所、中国传媒大学传播声学研究所。

本标准主要起草人:盛胜我、莫方朔、孟子厚。

本标准首次发布。

引　言

国内外法规越来越多地要求生产和使用低噪声机器和设备。这意味着制造商、机器和设备的用户以及授权机构都注意到,某一特定产品与相关机器族的噪声发射是具有联系性的。但只有获得或确定实际噪声发射的可靠信息,才可能确定这种联系。

根据这些信息,对于一定时期内市场上具有明确定义的一族、一类、或者一组机器,都能够确定它们的噪声控制性能指数。

比较和评估噪声发射数据可供以下人员或机构使用:

a) 需要获取某一族机器噪声水平相关信息的设计师,例如对某一种新的设计所要求达到的特性;

b) 希望比较市场上相类似机器或设备的噪声发射的用户或买主;

c) 准备制定机器安全标准,噪声测试标准或制定与某一特定机器族相关的噪声规则的工作小组;

d) 负责立法、劳动监督和检查、职业健康和安全的授权机构;

e) 应用噪声发射数据库的制造商和潜在用户;

f) 在现场应用适当技术对噪声级进行初步估算的声学顾问。

除掌握声源处噪声控制的知识外,本方法还要求掌握所考虑的机器组的特定知识。

收集和编辑噪声发射数据的工作由相关单位组成委员会来负责。

声学　机器与设备噪声发射数据的比较方法

1　范围

本标准规定了根据噪声发射数据，对于一族、一种型号、一组或一亚组机器或设备，确定噪声控制性能的方法。原则上只要有噪声测试标准或者具有可比的噪声发射数据，该方法适用于任何类型的机器或设备。

注：本标准介绍的一般方法原则上也适用于其他物理量(如：振动)。

本标准规定了比较噪声发射数据的方法和要求，可用于确定噪声控制性能。

本方法可对单个机器或者一组机器中某型机器的噪声发射进行评估，即允许比较机器的声学性能，但各个机器需具有可比较的非声学数据和应用领域。

附录B给出了如何对一组机器进行噪声发射数据评估的示例。

2　规范性引用文件

下列文件中的条款通过本标准的引用而成为本标准的条款。凡是注日期的引用文件，其随后所有的修改单(不包括勘误的内容)或修订版均不适用于本标准，然而，鼓励根据本标准达成协议的各方研究是否可使用这些文件的最新版本。凡是不注日期的引用文件，其最新版本适用于本标准。

GB/T 19052　声学　机器和设备发射的噪声　噪声测试规范起草和表述的准则(GB/T 19052—2003,ISO 12001:1996,IDT)

3　术语和定义

本标准采用GB/T 19052和下列术语和定义。

3.1

机器或设备族　family of machinery or equipment

具有相似设计或类型，能实现相同功能的机器或设备。

3.2

噪声发射测量值　measured noise-emission value

测量得到的时间平均A计权声功率级 L_{WA}，或者A计权发射声压级 L_{pA}，或者C计权峰值发射声压级 $L_{pC,peak}$ 的值。

3.3

噪声发射标称值　declared noise-emission value

A计权声功率级标称值 L_{WAd}，或者A计权发射声压级标称值 L_{pAd}，或者C计权峰值发射声压级标称值 $L_{pC,peak,d}$。

3.4

机器特征参量　characteristic machine parameter

表征某一特定组别机器的非声学量。

注：它的值在一组内各个机器之间都有变化(例如：功率，速度，负载，尺寸)。

3.5

噪声控制性能　noise-control performance

由给定一批机器中所有机器的噪声发射所确定的性能(见第4章中的分类)，可用 L 线(3.7)来描述。

3.6

噪声发射值的累积频次 cumulative frequency of noise-emission

在一批机器中等于或小于给定值的次数(见第7章)。

3.7

***L* 线 *L*-lines**

与回归线(见附录A)平行的直线,且位于其下有一定百分比的噪声发射值(见第7章)。

4 机器的分类

机器应按它们的用途分类,如有可能应采用标准化的方法分类。

机器应按以下原则分为族和组:

——各种机器族和组应能被精确定义,这样有可能使每一台机器能毫无异议地归入某一族或某一组。

示例:

木材加工机械

a) 木材加工机械族,如

——刨床;

——圆锯;

——制模机;

——带锯。

b) 圆锯组,如

——圆锯工作台;

——建筑现场用的圆锯。

c) 根据不同直径范围划分的亚组,例如

——350 mm 以下;

——350 mm~500 mm。

5 噪声发射数据

5.1 噪声发射量

噪声发射量可区分为以下类型:

a) 主要噪声发射量

——A计权声功率级 L_{WA};

——工作位置(操作位置)或其他指定位置的A计权发射声压级 L_{pA};

——C计权峰值发射声压级 $L_{pC,peak}$。

b) 附加的噪声发射量

——距离机器 d 的表面发射声压级$\overline{L}_{pAf}$(对距离声源 d 的被测表面进行能量平均的声压级);

——在相关标准和法规下的其他量。

c) 附加的噪声发射信息

——选定测点的发射声压频谱(例如倍频带或者是1/3倍频带);

——声功率谱(例如倍频带或者是1/3倍频带);

——脉冲特性;

——指向性指数。

注:GB/T 14367系列、GB/T 14574 和 GB/T 17248系列给出了以上参量的定义。

5.2 测量方法

噪声发射数据应该由标准的测量方法确定,如机器的专用测试规范,或者假如通过定义相关的参数能满足可比性时，可使用的噪声发射基础标准（例如 GB/T 14367 系列、GB/T 16404 和 GB/T 17248 系列）。

如果使用基础标准，必须提供以下附加说明：

——被测对象的分类；

——测量方法及准确度；

——测量噪声发射量时的工作条件。

然而，如果有适用的强制性测量方法，那么测量必须按此测量方法进行。

5.3 数据的代表性

具有代表性的噪声发射数据是描述噪声控制性能的基础。

对一个稳定的数据库而言，重要的因素不在数据量本身，而在于这些数据的代表性。一般来说，一组机器不可能具有 100% 的市场覆盖率，因此根据本标准，如果一个组别的机器包含了市场上至少 50% 的制造商，而且这组机器中已销售至少 50%，即可认为噪声发射数据具有代表性。如果不能满足本标准，应由有关单位组成委员会来决定这些数据的代表性。这里的市场可以是国内市场以及包含若干国家的地区市场或国际市场。在调查时，所有的机器应在市场上有供应。测试应该在新的机器上进行，如果有必要，还要在运行的机器上进行。如果数据库的代表性没有达到本标准的要求，应该清楚地表明，同时说明所包含的机器的百分比。

在收集噪声发射数据的过程中，应该记录下可区分机器及其制造商的参数；确定发射值的时间段；以及其他可用于比较的因素（例如市场覆盖率，用于降低声源噪声的技术手段及其费用等等）。

5.4 噪声发射值的类型

噪声发射值是由特定噪声测试规范确定的量（见 5.2）。

5.4.1 单个机器的个别值

在单个机器上测定的个别值。收集个别值是非常合适于个别生产的或者是小系列的机器。

5.4.2 批量机器的平均值

每种型号机器的噪声发射由这一批机器中各个机器个别值的算术平均值确定。

N 个个别值 L_i 确定的算术平均值 $\overline{L}$ 由式(1)给出：

$$\overline{L} = \frac{1}{N}\sum_{i=1}^{N} L_i \qquad \cdots\cdots(1)$$

对随机个别值求得的算术平均值可与两倍标准差 $\pm 2s_{\text{prod}}$ 或 $\pm 2s_{\text{tot}}$（详见 GB/T 14573.1 和 GB/T 14574）一起注明，取决于产品或总分布。注明每一平均值（对给定生产商的相同型号机器取平均）的标准差仅在提供和记录的机器型号数量不太多时有效。收集平均值非常适用于大批量生产的机器。

注：标准偏差 s 表示 L_i 在平均值附近的分布情况。大约 68% 的被测值落在 $(\overline{L}-s)$ 和 $(\overline{L}+s)$ 区间内，而大约 95% 落在 $(\overline{L}-2s)$ 和 $(\overline{L}+2s)$ 区间内；s 的值由式(2)求得：

$$s = \sqrt{\frac{1}{N-1}\sum_{i=1}^{N}(L_i - \overline{L})^2} \qquad \cdots\cdots(2)$$

6 噪声发射值的表达

6.1 噪声发射值应根据机器分类表达。特别应确定机器特征参数（例如功率、速度、负载、尺寸）对噪声发射的影响。

6.2 应以表格（注明机器参数、噪声发射数据）和/或图形形式（见附录 C）表示。表格应包含噪声发射数据、技术数据和进一步的特征数据。

6.3 对于图形表示，必须符合以下规定：

a) 如果机器的特征参数对噪声发射没有明显影响,噪声发射数据应由以下一个或多个形式表示:

1) 为标出所有噪声发射数据所在的区间,直线必须平行回归线,并经过偏离最远的那些点;

2) 标出所有被考虑的噪声发射值所在的区间;

3) 标出范围(最大值和最小值)及平均值;

4) 标出平均值及$\pm 2s$。

b) 噪声发射值的分布应表示成合适的柱状图或图表。

c) 如果在收集的噪声发射数据中能清楚确定噪声发射值和一个或多个机器特征参数之间的关系,应将这种依赖性用一种或多种噪声发射图表示出来(见图 1 和图 B.1 至图 B.3)。

注 1:优先选择相关性较好(见附录 A)和与机器选择相关标准相符的参数。

注 2:机器特征参数由噪声测试标准或者安全标准中有关噪声的条款给出。

d) 如果标称值和测量值同时存在,它们不应出现在同一图表上。

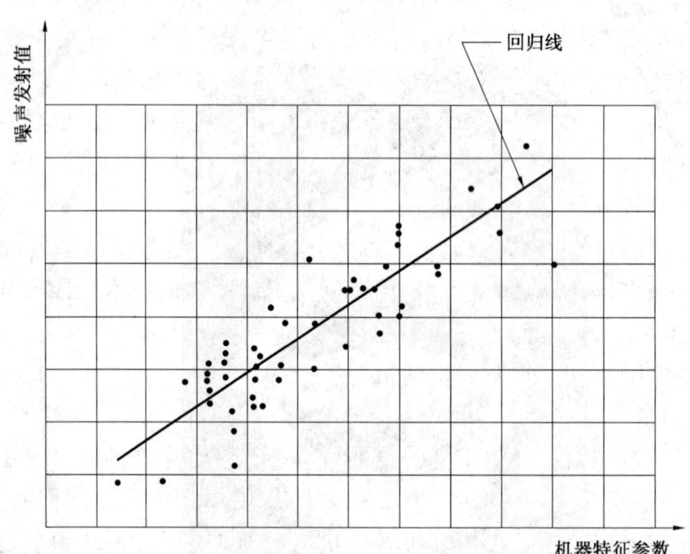

图 1 噪声发射值与机器特征参数的关系

6.4 噪声发射数据的表达至少应包含一组噪声发射值及计算得到的回归线(见附录 A)。如果单条线性回归线不能清晰地反映噪声发射值与机器特征参数的关系,应进一步细分机器特征参数分布所在的区间,使之能进行线性回归或任何其他可采用的回归分析(见图 B.1 和图 B.3)。

6.5 每个数据表或图应注明数据收集的年份并给出参考的噪声测试标准。

注 1:应给出任何可能对评估有用的其他因素。

注 2:如经同意,应给出机器和制造商的名字。否则作匿名处理。

7 噪声发射数据的评估

7.1 概述

采用 L 线来评估噪声发射数据。同时可以给出噪声控制设计原理,噪声控制方法等附加信息。

在完全可比的条件下,如能确定一组机器中不同型号机器噪声发射值,那么,考虑到测量的不确定性,可以认为在这组机器中,具有低发射值的机器拥有较高的噪声控制性能。

噪声发射数据的评估一般可以在图上采用平行于回归线的两条直线 L_1 和 L_2 来加以分析。为了评估噪声发射数据,推荐将 L_1 设置在噪声发射值累积次数的 70%…95%处,($x\%=70\%\cdots95\%$),L_2 设置在累积次数的 10%…30%处,($y\%=10\%\cdots30\%$),步长至少为 5%。

注:L_1 和 L_2 的累积次数百分比可以在有关的安全标准细则中给出。

L_1 与 L_2 之间的距离至少为 3 dB,否则在 7.2～7.4 中的分类就缺乏意义。

7.2 高噪声发射值

噪声发射值位于 L_1（见图 2）以上的机器通常具有低的噪声控制性能，L_1 应由噪声发射值的累积次数中的较高值给出（$x\%$，见附录 B）。

7.3 平均噪声发射值

噪声发射值位于 L_1 和 L_2 之间（见图 2）的机器具有中等的噪声控制性能。

7.4 低噪声发射值

噪声发射值位于 L_2（见图 2）以下的机器通常具有高的噪声控制性能，L_2 应由噪声发射值的累积次数中的较低值给出（$y\%$，见附录 B）。

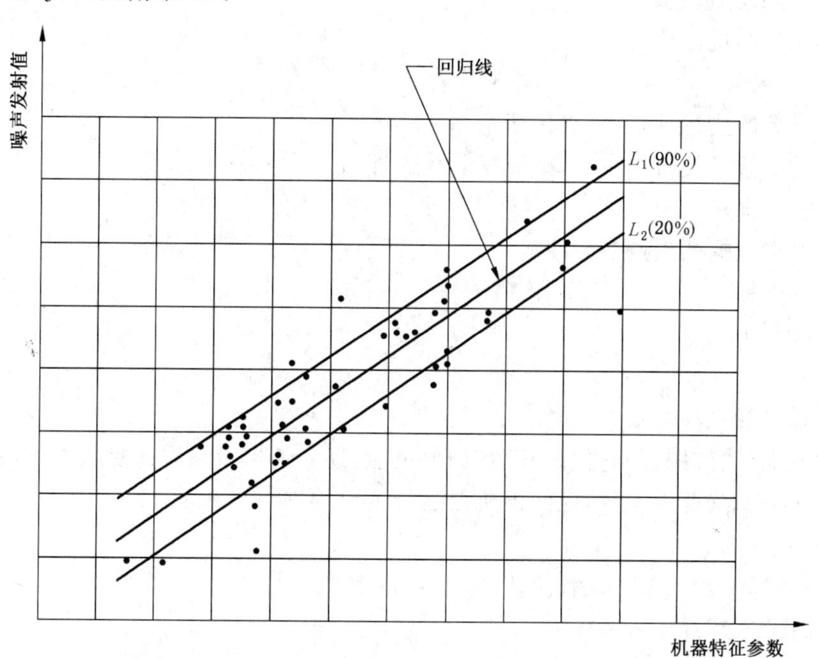

图 2　噪声发射数据的评估与噪声控制性能的确定

7.5 更广的噪声发射范围

对于某些组的机器或设备，实际上可在 L_2 以下再确定一条平行于回归线的直线 L_3，从而建立更广的发射范围。噪声发射值位于 L_3 以下的机器达到了更好的噪声控制性能。L_2 与 L_3 之间距离至少 3 dB，否则不画出 L_3。

直线 L_1 及 L_2（如果有必要，还有 L_3）应与相对累积次数百分比同时标出。[例如 L_1（$x\%$），L_2（$y\%$），L_3（$z\%$）]

为了补充给定一组机器或设备的噪声控制性能的资料，除噪声发射数据外，还可以说明制造商所使用的噪声控制方法。

8 确定噪声控制性能的步骤

确定给定一组机器或设备的噪声控制性能应按以下步骤进行：

a) 对一组需要确定噪声控制性能的机器或设备，寻求标准的噪声发射测量方法；

b) 整理收集的噪声发射数据及相应的机械参数，这些机械参数可由相关的制造商处获得；

c) 分析收集的数据，只采用那些由确定的测试标准得到的并可比较的数据，弃用其他数据；

d) 对于一组机器或设备，由保留的收集数据量化其覆盖的市场百分比，保证这些数据具有代表性（见 5.3）；

e) 鉴别与噪声发射相关的机器特征参数（一般可在噪声测试标准中找到）；

f) 准备噪声发射图表（噪声发射数据相对于机器特征参数）。如果需要，确定机器特征参数的分

段范围。确定每一组数据的回归线(见第6章);

g) 选择噪声发射数据的累积次数,这些数据是用来确定 L_1,L_2 及确定是否可能绘制 L_3(见第7章)。

为确定噪声控制性能,贯彻执行上述方法是一项特别任务,可由相关单位的任一方来完成(如:制造商、用户、授权机构、职业健康安全专家、声学专家)。

9 记录内容

a) 机器与设备数据应包含:

1) 对应于第4章的机器分类;

2) 技术数据;

3) 机器特征参数的描述(图2横坐标所示);

4) 被测试机器的数量及市场占有率(数据的代表性);

5) 机器的运行工况;

6) 收集噪声发射数据的人员及时间段;

7) 识别机器的数据。

b) 声学数据应包含:

1) 噪声发射量;

2) 所采用的噪声测试规范;

3) 噪声发射数据(表或图)和它们的来源,如果可能,还应给出所采取的噪声控制措施的资料。

4) 如果与噪声测试规范不一致,应给出机器运行工况的进一步细节。

c) 评估数据应包含:

1) 绘出 $L_1(x\%)$ 和 $L_2(y\%)$[如果有,$L_3(z\%)$] 的图形;

2) x 和 y(如果有 z)的值。

10 报告内容

提交的报告至少应包括第9章中的下列各项:a)中的1),3),4),5),6) 和 b)中的1),2),3),c)中的1)和2)。

附录C给出一个根据本标准的噪声发射数据表达的例子,该附录可用于报告。

附　录　A
（资料性附录）
线性回归的计算

A.1　概述

本附录中用于确定一组成对数值(x_i;y_i)最佳线性拟合的计算方法是经常采用的。它基于最小二乘法。这类数据分析的计算机软件已被普遍使用。

本标准只考虑线性回归。如果数据看起来更适合曲线回归的话，则可对数据子集采用分段线性回归。

注：这里给出的方法是一般(线性)回归方法，也可适用于其他问题。

A.2　定义和符号

本附录使用下列定义及术语。

A.2.1　成对数据(x_i;y_i)　pair of data

机器编号为 i 的特征参数值 x(见 3.4)与这台机器确定的噪声发射值 y。

注：y 可以是单个机器的个别数值，也可以是一批机器的平均数值(见 5.4.1 和 5.4.2)。

A.2.2　线性函数　linear function

x 与 y 之间一种理想线性关系，所有成对的数据可由下式表示：

$$y_i = ax_i + b$$

式中：

a——直线的斜率；

b——对应 $x=0$ 时的 y 值，称为截距。

A.2.3　回归线　regression line

一组成对数据线性函数的最佳拟合，假设这些数据具有线性关系，但由于测量的不确定性而分散于直线周围。

根据常见的统计学课本(例如见附录 D)，由 N 对数据确定的回归线中，a 与 b 的值可由式(A.1)和(A.2)计算：

$$a = \frac{N\sum_{i=1}^{N} x_i y_i - \sum_{i=1}^{N} x_i \sum_{i=1}^{N} y_i}{N\sum_{i=1}^{N} x_i^2 - \left(\sum_{i=1}^{N} x_i\right)^2} \qquad \cdots\cdots(\text{A.1})$$

$$b = \frac{\sum_{i=1}^{N} y_i - a\sum_{i=1}^{N} x_i}{N} \qquad \cdots\cdots(\text{A.2})$$

A.2.4　相关系数 r　correlation coefficient r

反映 x_i 与 y_i 线性相关程度的量值，r 由式(A.3)计算：

$$r = \frac{N\sum_{i=1}^{N} x_i y_i - \frac{1}{N}\left(\sum_{i=1}^{N} x_i\right)\left(\sum_{i=1}^{N} y_i\right)}{\sqrt{\left[\sum_{i=1}^{N} x_i^2 - \frac{1}{N}\left(\sum_{i=1}^{N} x_i\right)^2\right]\left[\sum_{i=1}^{N} y_i^2 - \frac{1}{N}\left(\sum_{i=1}^{N} y_i\right)^2\right]}} \qquad \cdots\cdots(\text{A.3})$$

$r=1$ 表示数据是完全线性的，$r=0$ 则表示完全不相关的。

A.3　回归线计算举例

设 x 为假想机器的额定功率值，单位为千瓦(kW)，y 为 A 计权声功率级 L_{WA}，单位为分贝(dB)。

表 A.1 表示成对的数据以及用于回归分析的乘积及总和。

由这 7 对数据可计算出斜率为：

$$a=\frac{N\sum_{i=1}^{N}x_iy_i-\sum_{i=1}^{N}x_i\sum_{i=1}^{N}y_i}{N\sum_{i=1}^{N}x_i^2-\left(\sum_{i=1}^{N}x_i\right)^2}=\frac{7\times 11\ 775-103\times 798}{7\times 1\ 593-103^2}=0.426 \quad \cdots\cdots\cdots\cdots(\text{A.4})$$

截距为：

$$b=\frac{\sum_{i=1}^{N}y_i-a\sum_{i=1}^{N}x_i}{N}=\frac{798\times 1\ 593-103\times 11\ 775}{7\times 1\ 593-103^2}=107.729 \quad \cdots\cdots\cdots\cdots(\text{A.5})$$

因此，这些数据可用以下线性函数近似：

$$y=107.729+0.426x \quad \cdots\cdots\cdots\cdots(\text{A.6})$$

相关系数为：

$$r=0.334 \quad \cdots\cdots\cdots\cdots(\text{A.7})$$

本例可参考图 A.1 表达。

表 A.1 假定的噪声发射数据

i	x_i	y_i	x_i^2	y_i^2	x_iy_i
1	13	112	169	12 544	1 456
2	17	117	289	13 689	1 989
3	10	111	100	13 321	1 110
4	17	113	289	12 769	1 921
5	20	116	400	13 456	2 320
6	11	114	121	12 996	1 254
7	15	115	225	13 225	1 725
总和	103	798	1 593	91 090	11 775

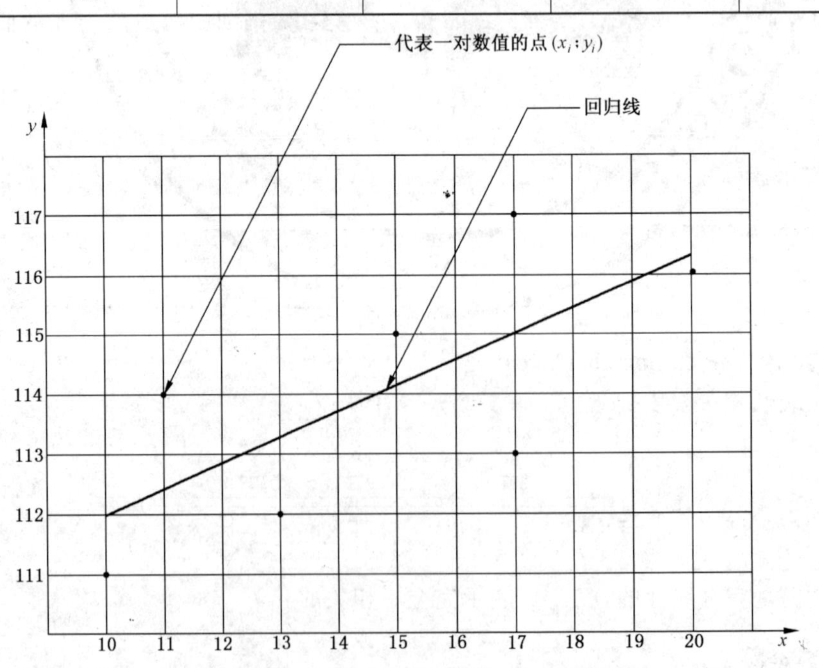

图 A.1 根据表 A.1 数据作出回归线的例子

A.4 回归分析结果的有效性

原则上,成对数据越多,回归分析越可靠。从统计学观点看,A.3 例子中的数据量(7)是相当少的。

超出数据范围的回归线外推很可能会产生容易误解的结果。同样,在两组明显离散的数据间进行回归插值也是错误的(见图 A.2)。

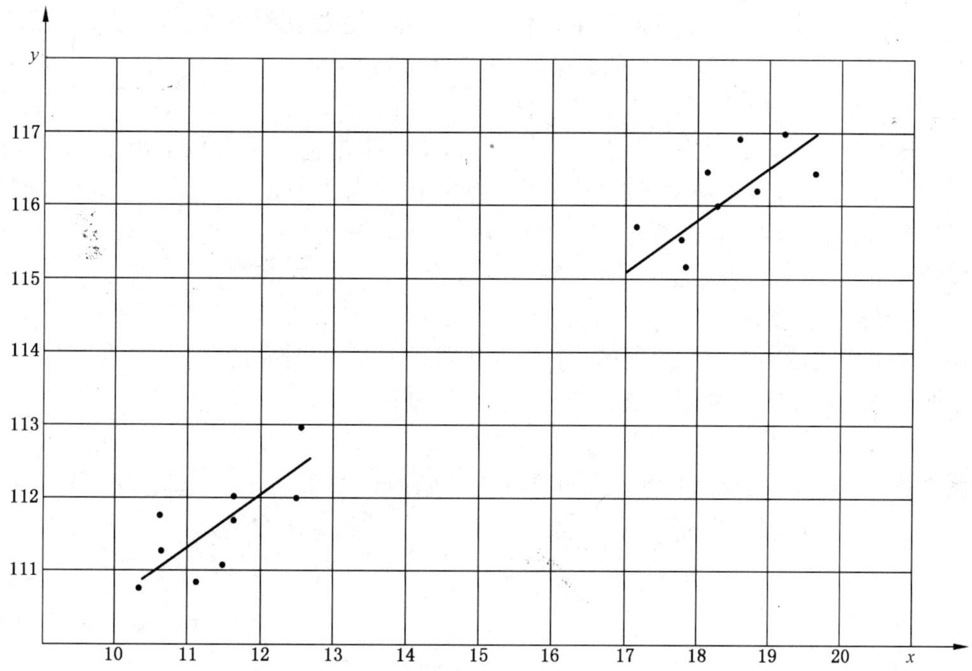

注:在两段分离回归线之间的插值会引起错误。

图 A.2 分散的成对数据的例子

附 录 B
（资料性附录）
噪声发射数据评估的示例

以下给出三个表达噪声发射数据的例子，用以表征特定一组机器噪声控制性能。

设有不同组别机器（例1、2、3）的测试数据（如声功率级）。图B.1、B.2、B.3分别表示出它们与机器特征参数之间的关系。用平均值来代表每种来自给定制造商的机器。

对每组机器的噪声发射数据进行评估（例1、2、3），噪声发射值取决于以下因素，如机器特征参数（例如功率）、适当的分组以及为减少噪声发射而可能使用的技术措施和设计。根据附录A计算噪声发射值对机器特征参数的平均依赖关系，并用回归线表示；画出平行于回归线的L线。

在很多情况下，较好的选择是把L_1置于噪声发射值累积次数的85%处，把L_2置于噪声发射值累积次数的15%处（见第7章）。

这种评估要求对机器的分组和可能的或已应用的技术及噪声控制方法有合理的认识。可由相关专用机器的专业标准化技术委员会来完成。

例1

在此例中，噪声发射值与机器特征参数值之间无清晰的相关性（见图B.1）。由于在机器特征参数某一中间值以上出现了明显更高的噪声发射值，因此可以把数据划成两个分组。

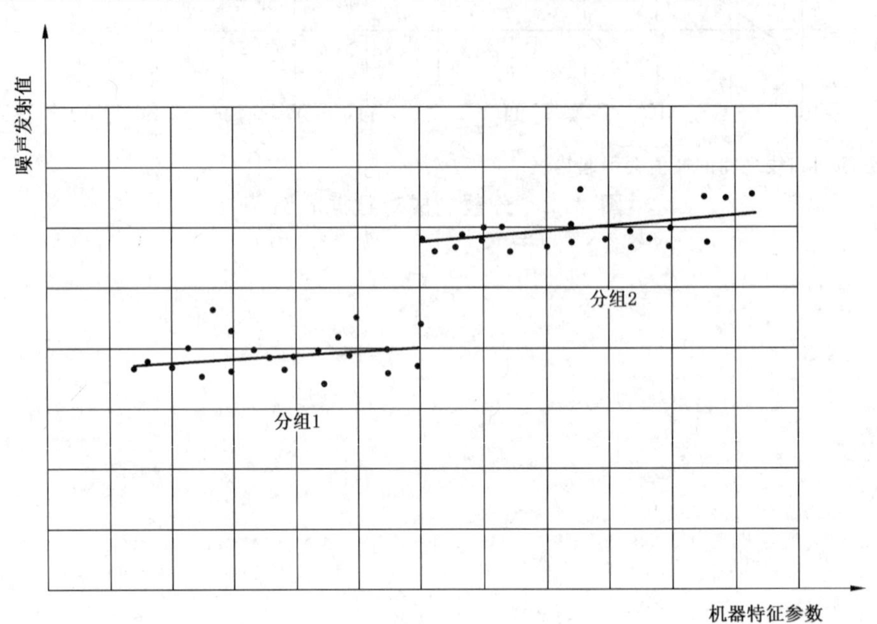

图B.1 分组的形成

例2

在此例中，噪声发射值与机器特征参数值之间具有清晰的相关性（见图B.2）。直线L_1画在90%处。如果采用简单的技术措施，绝大多数的机器的噪声发射值就在这条直线以下。直线L_2画在20%处。应用有效的噪声控制方法，噪声发射可以低于直线L_2表示的数值。

注：机器特征参数可以取对数值。选择对数坐标有助于确立噪声发射量及机器特征参数之间的线性关系。

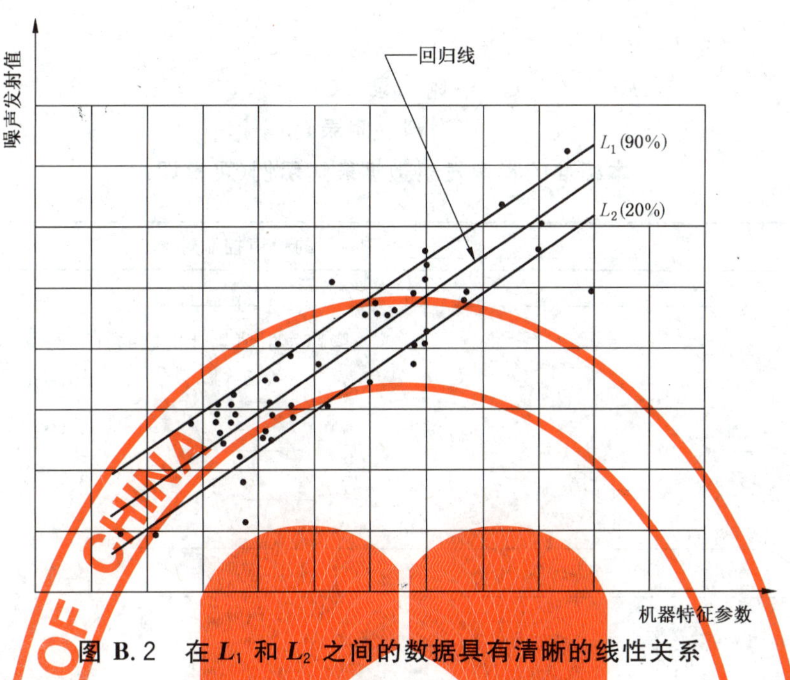

图 B.2　在 L_1 和 L_2 之间的数据具有清晰的线性关系

例 3

只有在机器特征参数值较低的情况下，噪声发射值与机器特征参数值之间才具有清晰的相关性（见图 B.3）。对于较高值，噪声发射值几乎是常数，即便机器特征参数值有相当的变化。因此在整个机器特征参数范围内进行线性回归是没有意义的。划为两个分组比较合适。可在两个分组内进行线性回归。

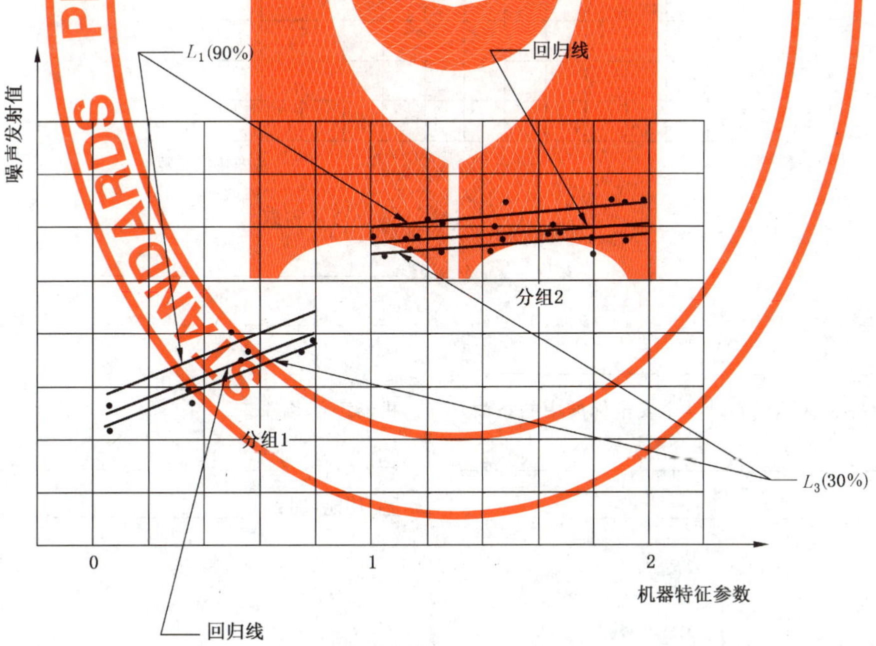

图 B.3　具有不同特点的两个分组的例子

附　录　C
（资料性附录）
本标准的噪声发射数据表达示例(可复印)

＿＿＿＿＿＿＿＿＿＿(机器)的噪声控制性能

机器类：＿＿＿＿＿＿＿＿＿＿＿＿＿＿＿＿＿＿＿＿＿＿＿＿＿＿＿＿

机器数量：＿＿＿＿＿＿＿＿＿＿

市场占有率：

——制造商：＿＿＿＿%

——型号：＿＿＿＿%

噪声发射值累计次数的百分比：

L_1：＿＿＿＿%

L_2：＿＿＿＿%

L_3：＿＿＿＿%

数据收集日期：＿＿＿＿＿＿＿＿＿＿＿＿＿＿＿＿＿＿＿＿＿＿＿＿＿＿＿＿

数据收集人员：＿＿＿＿＿＿＿＿＿＿＿＿＿＿＿＿＿＿＿＿＿＿＿＿＿＿＿＿

噪声发射值

机器特征参数

噪声发射量

□声功率级，L_{WA}

□声压级，L_{pA}，$L_{pC,peak}$

□其他，即：＿＿＿＿＿＿＿＿＿＿＿＿＿＿＿＿

机器特征参数

＿＿＿＿＿＿＿＿＿＿＿＿＿＿＿＿＿＿＿＿

＿＿＿＿＿＿＿＿＿＿＿＿＿＿＿＿＿＿＿＿

噪声测试标准(完整标准或者是某个安全标准中的条款)

□标准号＿＿＿＿＿＿＿＿＿＿＿＿＿＿＿＿＿＿＿＿

□其他，即：＿＿＿＿＿＿＿＿＿＿＿＿＿＿＿

机器工作条件

□ 见标准号＿＿＿＿＿＿＿＿＿＿＿＿＿＿＿

□ 其他，即：＿＿＿＿＿＿＿＿＿＿＿＿＿＿＿＿＿＿

发射值类型

□单个机器个别值

□批量机器平均值

□标称值

□其他，即：＿＿＿＿＿＿＿＿＿＿＿＿＿＿＿＿＿＿＿

附 录 D
(资料性附录)
参 考 文 献

[1] GB/T 14367—1993 声学 噪声源声功率级的测定 使用基础标准与制订噪声测试规范的准则

[2] GB/T 6881.1—2002 声学 声压法测定噪声源声功率级 混响室精密法

[3] GB/T 6881.2—2002 声学 声压法测定噪声源声功率级混响场中小型可移动声源工程法 第1部分:硬壁测试室比较法

[4] GB/T 6881.3—2002 声学 声压法测定噪声源声功率级混响场中小型可移动声源工程法 第2部分:专用混响测试室法

[5] GB/T 3767—1996 声学 声压法测定噪声源声功率级 反射面上近似自由声场的工程法

[6] GB/T 6882—1986 声学 噪声源声功率级的测定 消声室和半消声室精密法

[7] GB/T 3768—1996 声学 声压法测定噪声源声功率级 反射面上方采用包络测量表面的简易法

[8] GB/T 16538—2008 声学 声压法测定噪声源声功率级 现场比较法

[9] GB/T 14574—2000 声学 机器和设备噪声发射值的标示和验证

[10] GB/T 14573.1—1993 声学 确定和检验机械规定的噪声发射值的统计方法 第1部分:概述与定义

[11] GB/T 16404—1996 声学 声强法测定噪声源的声功率级 第1部分:离散点上的测量

[12] GB/T 17248.1—2000 声学 机器和设备发射的噪声 测定工作位置和其他指定位置发射声压级的基础标准使用导则

[13] GB/T 17248.2—2000 声学 机器和设备发射的噪声 工作位置和其他指定位置发射声压级的测量 一个反射面上方近似自由场的工程法

[14] GB/T 17248.3—1999 声学 机器和设备发射的噪声 工作位置和其他指定位置发射声压级的测量 现场简易法

[15] GB/T 17248.4—1998 声学 机器和设备发射的噪声 由声功率级确定工作位置和其他指定位置的发射声压级

[16] GB/T 17248.5—1999 声学 机器和设备发射的噪声 工作位置和其他指定位置发射声压级的测量 环境修正法

[17] GB/T 3785 1983 声级计的电、声性能及测试方法

[18] GB/T 17181—1997 积分平均声级计

[19] ISO 5725-1:1994,测量方法及结果准确度(真值和精确度)—— 第1部分:概述及定义

[20] EVERET B. and DUNN G. Applied Multivariate Data Analysis,Edward Arnold,1991.

[21] TOMASSONE R., LESQUOY E. and MILLIER C. La regression: Nouveaux regards sur une ancienne methode statistique,Masson/INRA,1983.

[22] SACHS L. Statistische Auswertungsmethoden, 2. neubearb. und erweiterte Auflage, Springer-Verlag,1969.

ICS 17.140.30
Z 32

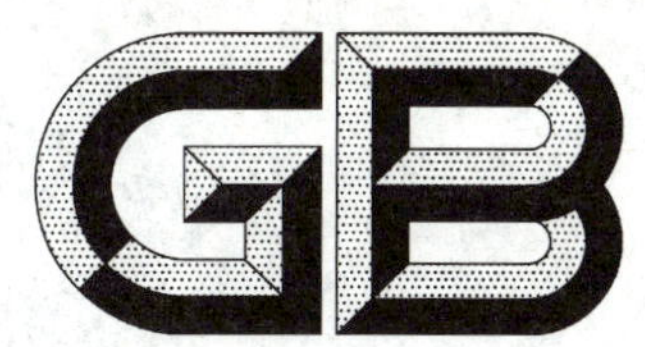

中华人民共和国国家标准

GB/T 22157—2008

声学 用于测量道路车辆发射噪声的试验车道技术规范

Acoustics—Specification of test tracks for the purpose of measuring noise emitted by road vehicles

(ISO 10844:1994,MOD)

2008-07-02 发布　　2009-02-01 实施

中华人民共和国国家质量监督检验检疫总局
中国国家标准化管理委员会　发布

前　　言

本标准修改采用 ISO 10844:1994《声学——用于测量道路车辆发射噪声的试验车道技术规范》。本标准在修改采用 ISO 10844:1994 过程中，将其规范性引用文件和参考文献中部分 ISO 标准替换成我国目前正在实施的对应国家标准。修改内容包括以下 4 个方面：

1）　用目前我国在道路建设中通用的材质要求、筛网孔径以及针入度替代了 ISO 10844 附录 B《设计指南》中给出的推荐值，以适应我国的国情；

2）　按我国的筛网孔径对附录 B 中图 B.1 的沥青混料集料配级曲线进行了修改；

3）　阻抗管中吸声测量方法增加了 GB/T 18696.2《声学　阻抗管中吸声系数和声阻抗的测量　第 2部分：传递函数法》；

4）　附录 F 中参考文献增加了 ISO 13473-2:2002。

本标准的附录 A 为规范性附录，附录 B、附录 C、附录 D、附录 E 和附录 F 为资料性附录。

本标准由中国科学院提出。

本标准由全国声学标准化技术委员会(SAC/TC 17)归口。

本标准起草单位：中国科学院声学研究所、交通部公路科学研究院、东风汽车有限公司商用车研发中心。

本标准主要起草人：程明昆、吕亚东、魏显威、田波、牛开民、邓耀文、徐欣。

本标准首次发布。

引　言

根据 ISO 362 和 GB/T 17250 标准进行的机动车辆噪声发射的测量，明显受到机动车辆行驶道路或试验车道类型的显著影响。通常影响机动车辆噪声发射的路面参数是路面层的纹理特性、吸声特性以及力阻抗或刚度特性。

为了使不同测试地点所做的车辆噪声测量的差异最小，就必须仔细规定测试路面的材料、设计、施工和特性。

ISO 362 的基本目的是提供一种与车辆动力单元相关的声源发射的噪声测量方法，因而暗示轮胎/路面相互作用的噪声不能很大。与此类似，GB/T 17250 的测试方法明确提到轮胎/路面噪声的贡献问题，指出测试期间路面应当提供最小的轮胎/路面噪声。因此根据这些标准，机动车辆噪声测试的任何测试车道的技术性能应当力图使轮胎/路面相互作用的噪声最小。

此外，重要的是，如果测试是为了保证不同测试地点之间所测数据具有较高的再现性，那么路面的设计不仅要使轮胎/路面噪声因地点变化引起的机动车噪声差异最小，同时也要保证与机动车动力单元有关的声源产生的噪声不受所用路面的影响。后者的考虑排除了使用多孔纹理的路面和对动力单元及其他相关声源产生的噪声具有吸声特性的路面。

本标准的附录 A 规定了测试路面宏观纹理的测量方法；附录 B 给出了一个适用的测试路面如何施工的指南，但该方法不能保证所有施工均能成功；附录 C 讨论了一些有关轮胎/路面噪声和降噪的一般原理以及附录 D 给出了关于预期再现性的指南。附录 E 给出了有关本标准与其他标准（正在使用或申请的）相协调的资料。附录 F 为参考文献。

声学 用于测量道路车辆发射噪声的试验车道技术规范

1 范围

本标准规定了一个测试路面应有的材料、设计、构造和特性，以使机动车辆在不同地点进行噪声测量的差异最小。

本标准中给出的路面设计应满足下列条件：

——在包括车辆噪声测试在内的宽范围运行条件下，产生的轮胎/路面噪声级要相对低；

——对车辆动力单元和相关声源噪声的声吸收可忽略；

——符合一般的道路建设惯例。

虽然本标准是为了使用 ISO 362 和 GB/T 17250 测试方法而特意制定的，但它同样可以用于通常期望得到一个低声级轮胎/路面噪声的机动车辆噪声测试。

本标准不考虑纯粹的轮胎参数诸如轮胎构造、轮胎花纹、充气压力和轮胎荷载对轮胎/路面噪声的影响。因为不打算让路面产生显著的轮胎/路面噪声，因此路面不特别为轮胎/路面噪声的测试和比较进行设计。

2 规范性引用文件

下列文件中的条款通过本标准的引用而成为本标准的条款。凡是注日期的引用文件，其随后所有的修改单（不包括勘误的内容）或修订版均不适用于本标准，然而，鼓励根据本标准达成协议的各方研究是否可使用这些文件的最新版本。凡是不注日期的引用文件，其最新版本适用于本标准。

GB/T 17250 声学 市区行驶条件下轿车噪声的测量(GB/T 17250—1998,idt ISO 7188:1994)

GB/T 18696.1 声学 阻抗管中吸声系数和声阻抗率的测量 第 1 部分：驻波比法(GB/T 18696.1—2004,ISO 10534-1:1996,MOD)

GB/T 18696.2 声学 阻抗管中吸声系数和声阻抗的测量 第 2 部分：传递函数法(GB/T 18696.2—2002,eqv ISO 10534-2:1998)

ISO 362 声学-加速的道路车辆发射噪声的测量-工程法

ISO 565 测试筛-金属丝布，穿孔金属板和电铸薄钢板-孔的标称尺寸

3 术语和定义

本标准采用以下术语和定义。

3.1

孔隙率 residual voids content

路面沥青混凝土的孔隙是由集料颗粒之间的空隙构成，包括开口孔隙和闭口孔隙。

由芯样确定的测试路面孔隙率用百分比来表示，见式(1)：

$$孔隙率 = (1 - \rho_A/\rho_R) \times 100 \qquad (1)$$

式中：

ρ_A——试样的毛体积密度；

ρ_R——试样最大理论密度。

试样毛体积密度或容积密度 ρ_A 用式(2)确定：

$$\rho_A = m/V \qquad \cdots\cdots (2)$$

式中：

m——所取的路面测试试样(芯样)的质量；

V——该试样的体积，不包括路面宏观纹理形成的体积。

ρ_R 由直接测量每个测试试样的沥青质量和体积以及每个测试试样内集料的质量和体积来确定：

$$\rho_R = \frac{m_B + m_A}{V_B + V_A} \qquad \cdots\cdots (3)$$

式中：

m_B——沥青的质量；

m_A——集料的质量；

V_B——粘接剂的体积；

V_A——集料的体积。

注：本标准中一个最关键的参数即吸声系数，会随着路面混凝土孔隙率的增加而增大，声音吸收取决于可见的或连通的孔隙。由于可见孔隙通常与孔隙率密切相关，因此作为本标准，提到公路建设者熟悉的孔隙率就足够了。附录C包含了附加的资料。

3.2

吸声系数　sound absorption coefficient

声波入射到路面后，一部分被反射而一部分被吸收，吸声系数 α 代表被路面材料吸收的声能与入射路面的总声能之比，即：

$$\alpha = \frac{\text{被吸收的声能}}{\text{入射路面的总声能}}$$

一般说来，吸声系数取决于频率和入射角。本标准的频率范围为 400 Hz 至 1 600 Hz，且假定为垂直入射(见附录C)。

3.3

宏观纹理　macrotexture

与水平波长为 0.5 mm 至 50 mm 范围之内出现的理想光滑度的偏差。

注1：宏观纹理可以用很多不同方法得到，如：撒铺，露骨，或改变级配得到具有足够孔隙的混合料，并以便路表排水。

注2：根据混合料设计及所用的压实方法，可以产生正或负的宏观纹理，凸起的集料或空腔会对宏观纹理等级起作用(见附录F参考文献[1])。

3.4

构造深度　texture depth

具有一定规格、均匀铺撒在路面上填充路面纹理的玻璃球填料薄层的平均厚度。玻璃球填料的上表面与道路表面层顶部相平。有关这一部分内容，包括填料及使用方法的进一步规定，见附录A。

注：该方法由附录F参考文献[2]所述的方法推导而得。并与参考文献[3]描述的众所周知的铺砂法很相似。

4　路面特性

只要孔隙率或吸声系数有一项满足 4.1 或 4.2 的要求，就可认为路面符合本标准。此外还要满足 4.3 和 4.4 给出的性能要求以及 5.2 给出的设计要求。

4.1　孔隙率

按照 6.1 的方法测得铺有混合料的测试路面孔隙率不应大于 8%。见 4.2 的注。

此外，单个试样的孔隙率不应高于 10%。

4.2 吸声系数

按 6.2 给出的方法测得的吸声系数 α 不应超过 0.10。

注：虽然道路建设者们对孔隙率更熟悉而且更愿使用，但最关键的参数是吸声系数。由于孔隙率不是很合适的参数，并且其测量具有较大的不确定性，有些路面可能不满足孔隙率评价指标，但仍符合吸声的要求。因此若只以孔隙率的测量结果为依据，则可能有些路面会被错误地认为不合格。附录 C 提供了更多的背景资料。

4.3 构造深度

依据体积填充法(见 6.3)所测定的平均构造深度(MTD)要求：

$$\mathrm{MTD} \geqslant 0.4\ \mathrm{mm}$$

4.4 路面的均匀性

在测试区域，其路面构造应尽可能均匀。

注：包括纹理和孔隙率。但是值得注意的是，如果碾压不均匀的话，将导致路面不均匀，也可能引起不必要的颠簸。

4.5 测试周期

为了确保路面持续满足本标准对纹理及孔隙率/吸声的要求，路面的周期性测试应按下述时间间隔进行：

a) 对于孔隙率或声吸收

——当路面是新的时候；

——如果新路面满足要求，则毋需做进一步的周期性测试；如果新路面不满足要求，因为路面会随着时间的推移变得堵塞和压实，则以后需要进行周期性测试。

b) 对于平均构造深度 MTD

——当路面是新的时候；

——当噪声测量开始(不早于完工 4 个星期)；

——之后每 12 个月测量一次。

5 测试路面设计

5.1 面积

在设计测试车道布局时，很重要的一点是，起码要求保证车辆通过测试车道时所经过的区域有规定的测试材料覆盖，并有适当的安全及切实可驾驶的范围，因此车道宽度至少为 3 m，车道长度要超过图 1 中的 *AA* 线和 *BB* 线两端至少 10 m，图 1 给出了适宜的测试现场平面图，指出了需要用特定的测试路面材料机械铺砌和机械压实的最小面积。

ISO 362 和 GB/T 17250 要求在机动车辆两侧进行测量。可以在车道每侧各放一个传声器进行单向驾驶测量，也可以双向驾驶而在一侧放置传声器测量，采用前者时要按图 1 要求，若采用后者，对不放传声器的那一侧路面不作要求。

5.2 路面设计要求

测试路面需要满足 4 个设计要求：

a) 应是密实级配的沥青混凝土；

b) 撒铺石料的最大粒径为 9.5 mm(允许从 4.75 mm 至 13.2 mm)；

c) 磨耗层厚度应≥30 mm；

d) 胶浆中应使用具有针入度的基质沥青，不需要采用改性沥青。

单位为米

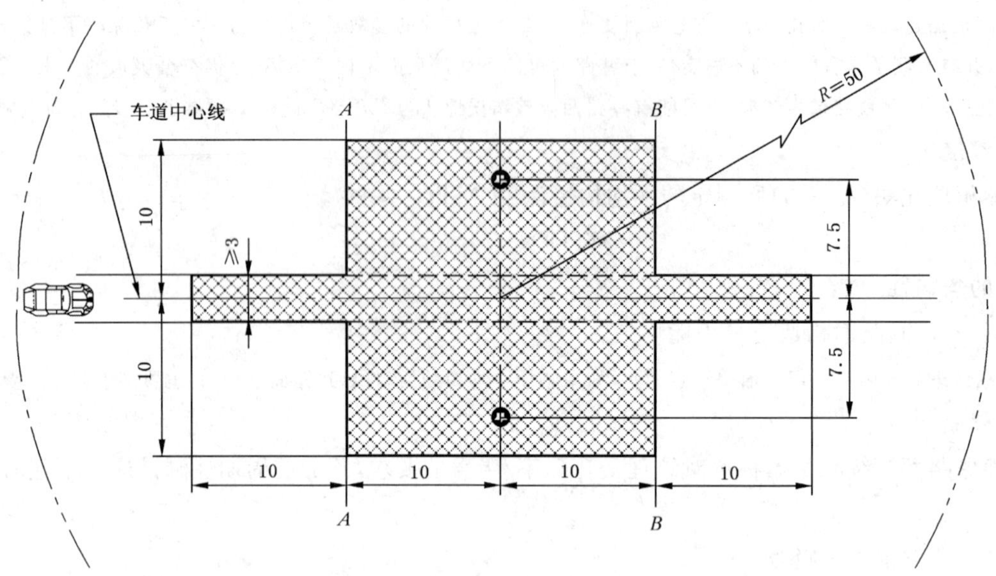

——测试路面覆盖的最小区域，即测试区域；

——传声器(高度 1.2 m)。

注：该半径 R 内没有大的声反射物。

图 1 测试路面区域的最低要求

6 测试方法

6.1 孔隙率的测量

为了测试，至少要在 AA 线与 BB 线区域内(见图 1)均匀分布的四个不同位置取出芯样。为避免轮迹的不均匀性和不平整性，不要在轮迹上取芯样，但应接近它，在靠近轮迹的位置至少取 2 个芯样，至少 1 个大致在车轮和传声器中间的位置。

如果怀疑均匀性不能满足(见 4.4)，应在测试区域内取更多的芯样。

对每块芯样确定其孔隙率，然后计算平均值并与 4.1 的要求比较。

注：测试路面的施工人员往往会遇到必须在受地下管线或电缆加热的测试区域内取芯样的问题。这时就必须认真计划未来钻取芯样的位置。建议预留几个大小约 200 mm×300 mm、没有管线或电缆或者它们埋得足够深的位置，以免在路面取芯样时损坏管线或电缆。

6.2 吸声系数

垂直入射吸声系数按照 GB/T 18696.1 和 GB/T 18696.2 的规定，在阻抗管中测量。对测试样品的要求与孔隙率的相同(见 6.1)。

测量 400 Hz 至 800 Hz 及 800 Hz 至 1 600 Hz 间(至少用 1/3 倍频带中心频率)的吸声并确定这两个频率范围中的最大值，然后取所有测试芯样的这些最大值的平均值作为最终结果。如果在 800 Hz 得到最大值，那么该值将只作为一个频带被保留。

6.3 宏观纹理测试

按照本标准要求，应沿着测试车道的轮迹等距离至少取 10 个点来测量构造深度，并将平均值与规定的最小深度进行比较，见附录 A 的方法描述。

7 时间的稳定性及维修

7.1 使用期限的影响

与大多数其他路面一样，在完工 6～12 个月期间，预计测试路面上所测量的轮胎与路面的噪声级会稍有增加。

完工 4 周后路面将达到其要求的性能。使用期限对噪声的影响，货车一般小于轿车，时间的稳定性主要取决于路面上行驶的机动车辆使路面光滑及坚实的程度，因此应按 4.5 所述进行周期性检查。

7.2 路面维护

疏松的碎屑或尘土会明显降低有效构造深度，因而必须将其从路面上清除。在一些国家，冬季有时会用盐防止结冰，盐可以短时甚至永久改变路面从而增加噪声，因此不宜采用。

7.3 重铺测试区域

如果需要重铺测试车道，只要测量时测试车道之外区域的孔隙率和吸声性能都满足要求，通常只需重铺机动车辆行驶的测试带(3 m 宽，见图 1)。

8 测试路面及测试的资料

8.1 测试路面的资料

以下资料应以文件形式提供以描述测试路面：

a) 测试线路的位置；

b) 胶浆的类型、针入度、集料类型、混凝土的最大理论密度(ρ_R)，磨耗层的厚度，由测试车道芯样确定的粒度曲线；

c) 压实方法(如：压路机种类、吨位及压路遍数)；

d) 路面铺设时的混合料温度、环境空气温度及风速；

e) 路面铺设的日期及承包商姓名；

f) 所有(至少有最近)的测试结果，包括：

1) 每块芯样的孔隙率；

2) 测试孔隙率所用芯样的取样位置；

3) (如果进行了测量)每块芯样的吸声系数，注明每块芯样及每个频率范围的结果以及全部芯样的平均值；

4) 测试吸声所用芯样的取样位置；

5) 构造深度，包括测试次数及标准偏差；

6) 进行 1)、3)项的测试单位及所用设备的类型；

7) 测试日期以及在测试车道钻取芯样的日期。

8.2 机动车辆路面噪声测试的资料

在描述机动车辆噪声测试的资料中，应说明本标准的所有要求是否满足，还应按照 8.1 的要求提供所有的参考资料，以核实测试结果。

附 录 A
（规范性附录）
应用体积修补技术测量铺设路面的宏观构造深度

多年来所谓的“铺砂法”广泛用于测试路面构造，其依据是将已知体积的砂子，铺撒在清洁干燥的路面，砂子均匀分布形成一个圆形补丁，测定圆的直径，计算得到覆盖砂子的面积，将面积除砂子的体积，得到砂层的厚度，即平均构造深度，参考文献[3]描述了这一方法，但其应用更早。

尽管铺砂法被广泛应用，但从未成为国际标准。

ASTM E 965:87（参考文献[2]）改用玻璃球对铺砂法进行改善。

本附录所用方法主要基于 ASTM E 965:87，但做了许多改动，如仅使用公制单位从而避免参考其他的 ASTM 标准，同样，结构设计也改成采用通常的国际标准。

选用 ASTM 标准而非 BS812-114（参考文献[4]）主要是基于这样的事实，即 ASTM 标准使用的材料性能更加一致，且 ASTM 标准对过程的描述更加精确。

A.1 范围

A.1.1 本附录叙述了铺设路面宏观纹理平均深度测定的步骤（见 3.3），即把已知体积的材料仔细地铺撒在路面上，然后测量覆盖的总面积。该技术只是为提供道路宏观纹理平均深度值设计的，而对道路微观纹理特性的测量不灵敏。

A.1.2 本方法适用于工地测定路面的平均宏观构造深度。与其他物理测试相结合时，由此方法测出的宏观构造深度值可以用于确定路面的防滑能力，噪声特性以及铺设材料或精加工技术的适应性。在与其他测试结果结合使用时，应注意所有测试应在同一位置进行。

A.2 测试方法概要

本标准的材料及测试仪器包括一定量的匀质材料、容积已知的容器（如量砂桶）、挡风板、清理表面用的刷子，推平板，刮平尺、量尺或其他测量器具。同时建议应使用实验室用天平以保证每次测量样品的一致性。

测试步骤包括在清洁干燥的路面上铺撒已知体积的材料，测量其所覆盖的面积，然后计算路面空隙底部到填料颗粒顶部的平均厚度。

按本法规定铺撒材料时，表面孔隙应完全充满，且表面不得有浮动的填料颗粒。

铺路填料的颗粒形状、尺寸及其分布是路面纹理的特性，本过程中未加阐述。本方法并不意欲对路面纹理特性提供全面的评价。特别是在多孔路面和深槽路面使用本方法时，对结果的解释要慎重。

本方法可以在各种路面上应用，但是当构造深度在 0.25 mm 至 5 mm 范围之外，则测试结果可能不准。

A.3 材料及设备

如图 A.1 所示，主要设备单元包括：

A.3.1 材料

基本上是用圆形的实心玻璃球。如附录 F 中参考文献[5]所示。玻璃球要用符合 ISO 565 的筛网来分级，穿过 0.250 mm 筛网而被 0.180 mm 筛网截住的玻璃球重量应占 90%以上。材料的适用性见参考文献[2]和[6]的例子。

注：若没有合适的玻璃球，也可采用传统的方法，填料用同样规格的砂子来替代。

A.3.2 样品容器

用内部容积已预先确定至少为 25 000 mm^3(25 mL)的圆柱状金属或塑料容器来测定玻璃球填料的体积。

A.3.3 铺撒工具

用一厚度约 25 mm、直径在 60 mm～75 mm 的扁平硬盘来撒铺砂子,圆盘的底面或表面要用硬橡胶材料包覆,并且可在顶面安一个把手。

注:冰球(硬橡皮圆盘)很适合用作为本测试方法的硬橡胶材料。

A.3.4 刷子

在铺撒材料样品之前要用一把钢丝硬刷和一把软毛刷来彻底清理路面。

A.3.5 挡风板

为了防止材料样品免受风和汽车通过时产生的扰动影响,应在路面上放上一个合适的屏障或挡板。图 A.1 给出了一个示例。

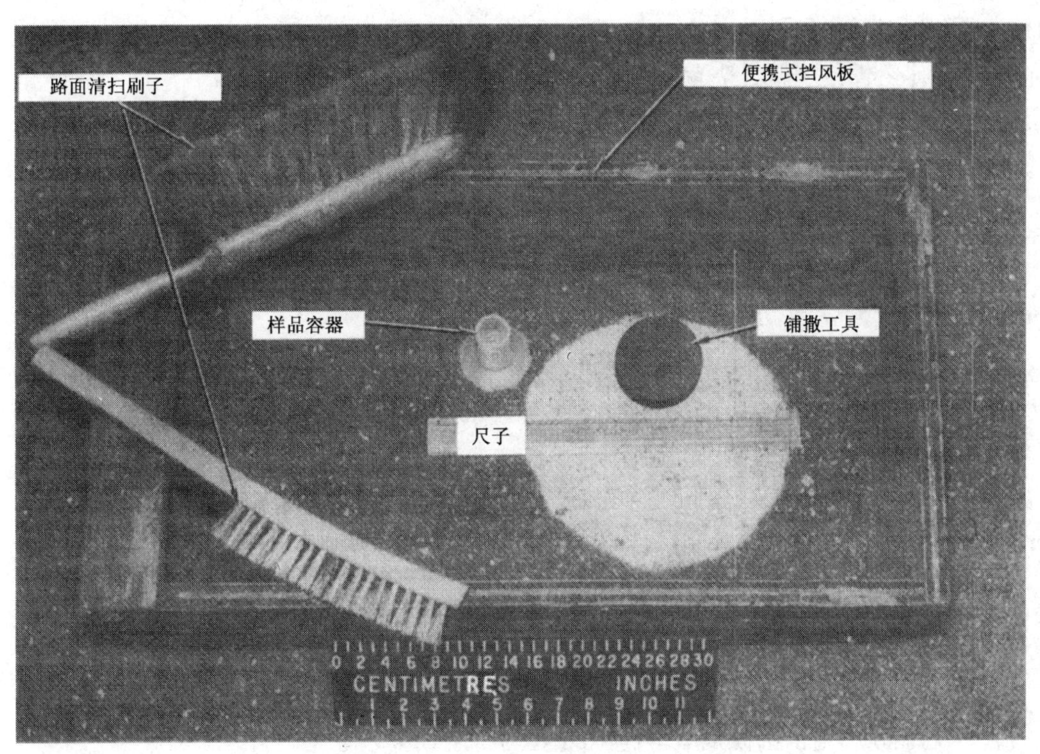

图 A.1 测量路面宏观构造深度的设备

A.3.6 标尺与天平

应当使用 300 mm 或更长的、刻度为 1 mm 的标尺。

在采用本方法时,建议使用灵敏度为 0.1 g 的实验室天平以便提供足够的质量控制从而保证用于路面宏观构造深度测量的材料质量保持恒定。

A.4 步骤

A.4.1 测试路面

仔细检查被测路面,选择干燥,均匀的区域且没有独特的、局部的特征,如裂痕或接缝等。先用钢丝硬刷彻底清除路面。然后用软刷扫除路面上的全部残留物、碎屑或疏松的填充物颗粒。用便携式挡风板把测试区域围住。

A.4.2 材料样品

将干燥的材料装满已知体积的柱筒中并将圆柱筒底部在刚性表面上轻轻跺几次，然后再添加材料到与圆柱筒顶部齐平。如果有实验室天平，请测定筒中材料的质量，并在每次测试时都用相同质量的材料样品。

A.4.3 测定

测定完材料体积或质量后，将其倒在清理后的测试路面，用底面粘有橡胶片的推平板，由里向外重复做摊铺运动，稍稍用力将玻璃球尽可能仔细摊开，使玻璃球添入凹凸不平的路表面的孔隙中，尽可能将玻璃球填料摊成圆形，并不得在表面上留有浮动的玻璃球。注意摊铺时不可用力过大或向外推挤。

至少在样品圆周上4个等间距的位置测量并记录玻璃球形成的圆面积直径。计算并记录其平均直径。

对于玻璃球形成的圆的直径大于300 mm的非常光滑的路面，建议使用正常容积的一半材料。

A.4.4 测量次数

同一个操作员在给定类型的测试路面上至少做4次随机间隔距离的测量，其算术平均值就作为测试路面构造(宏观构造)深度。

注：对本标准主要内容具体应用时，参见6.3对有关测量次数及测量位置的要求。

A.5 计算

A.5.1 圆柱筒容积

按下述方式计算圆柱筒的容积：

$$V = \pi d^2 h/4 \qquad \cdots\cdots(\text{A.1})$$

式中：

V——圆柱筒的内部容积，单位为立方毫米(mm^3)；

D——圆柱筒内径，单位为毫米(mm)；

h——圆柱筒高度，单位为毫米(mm)。

A.5.2 路面平均构造深度：

按下述公式计算平均构造深度(MTD)：

$$\text{MTD} = 4V/\pi D^2 \qquad \cdots\cdots(\text{A.2})$$

式中：

MTD——平均构造深度，单位为毫米(mm)；

V——试样体积(即圆柱筒容积)，单位为立方毫米(mm^3)；

D——材料所覆盖的圆面积平均直径，单位为毫米(mm)。

A.6 安全考虑

当测量工作在车辆来往的道路上进行时，这种测试方法可能会含有危险的操作。

本标准并未谈到与使用有关的所有安全问题。本标准的使用者有责任建立安全与健康的做法，并在使用前确定法规限制的适用性。

A.7 测试报告

每个测试路面的测试报告应包含以下项目的数据：

——测试路面的位置及标志；

——日期；

——操作者标识；

——测试材料所用体积(mm^3)；

——测量次数；
——各次测量中材料覆盖面积的平均直径(mm)；
——每次测量的路面构造深度(mm)；
——全部测试路面测量的平均构造深度(mm)。

A.8 方法的精确性

对于宏观构造深度从 0.5 mm 至 1.2 mm 的实验室试样进行了控制测试。附录 F 的参考文献[7]给出了支持的数据。

同一操作人员对同一路面进行重复测试的标准偏差可以低到平均构造深度的 1%。

不同操作人员对同一路面进行重复测试的标准偏差可以低到平均构造深度的 2%。

不同测点之间的标准偏差可以高达平均构造深度的 27%，这里所说的测点指的是名义上均匀的路段内随机选择的位置，这就意味着，尽管这种方法重复性很好且不太受操作的影响，但所给定的路面类型在结构上变化很大，必须进行大量的测试观察以保证评估的平均构造深度更加可靠。更多的信息请见附录 F 的参考文献[8]至[12]。

附 录 B
（资料性附录）
设 计 指 南

图 B.1 的集料级配曲线给出了期望特性，以作为供测试路面施工者使用的指南。此外，表 B.1 给出了期望得到的纹理和耐久性的一些导则。表 B.1 基于参考文献[13]。

级配曲线符合下述公式：

$$P = 100(S/S_{max})^{1/2} \qquad \text{(B.1)}$$

式中：

P——穿过筛网的百分率（质量分数）；

S——方筛网尺寸，单位为毫米(mm)（见 ISO 565）；

S_{max}＝9.5 mm，对图 B.1 中的中值级配曲线；

S_{max}＝13.2 mm，对图 B.1 中的下端允差曲线；

S_{max}＝4.75 mm，对图 B.1 中的上端允差曲线。

此外，有如下建议：

a) 细集料(0.074 mm＜s＜2.36 mm)应包括不大于 55％的天然砂和至少 45％的机制砂；

b) 路基和下基层应保证良好的稳定性和平整性；

c) 碎石都应破碎（破碎面达 100％），且材料的压碎值较低；

d) 清洗混合料中的粗集料；

e) 不应撒铺额外的小碎石来获得路表纹理；

f) 依据天气状况确定沥青的针入度，如 50#，70# 或 90#。其主要原则是尽可能使用较硬的沥青（针入度越低越好）；

g) 碾压前应选择合理的压实温度，以便得到合理的孔隙率。同时应合理选择压实机具、压实吨位及压实次数。

注 1：穿过筛网的百分率 P 通常又称为筛网的通透率。

注 2：经验表明，大多数情况下都能满足本标准的普通路面是“沥青马蹄脂碎石路面”(SMA)，其最大碎石粒径为 9.5 mm。它很容易获得较高的宏观纹理（即 0.7 mm 到 1.0mm）而没有太大的吸声，这种路面目前在其他国家正扩大应用，但应注意，SMA 表面与图 B.1 所示的分布曲线略有不同。

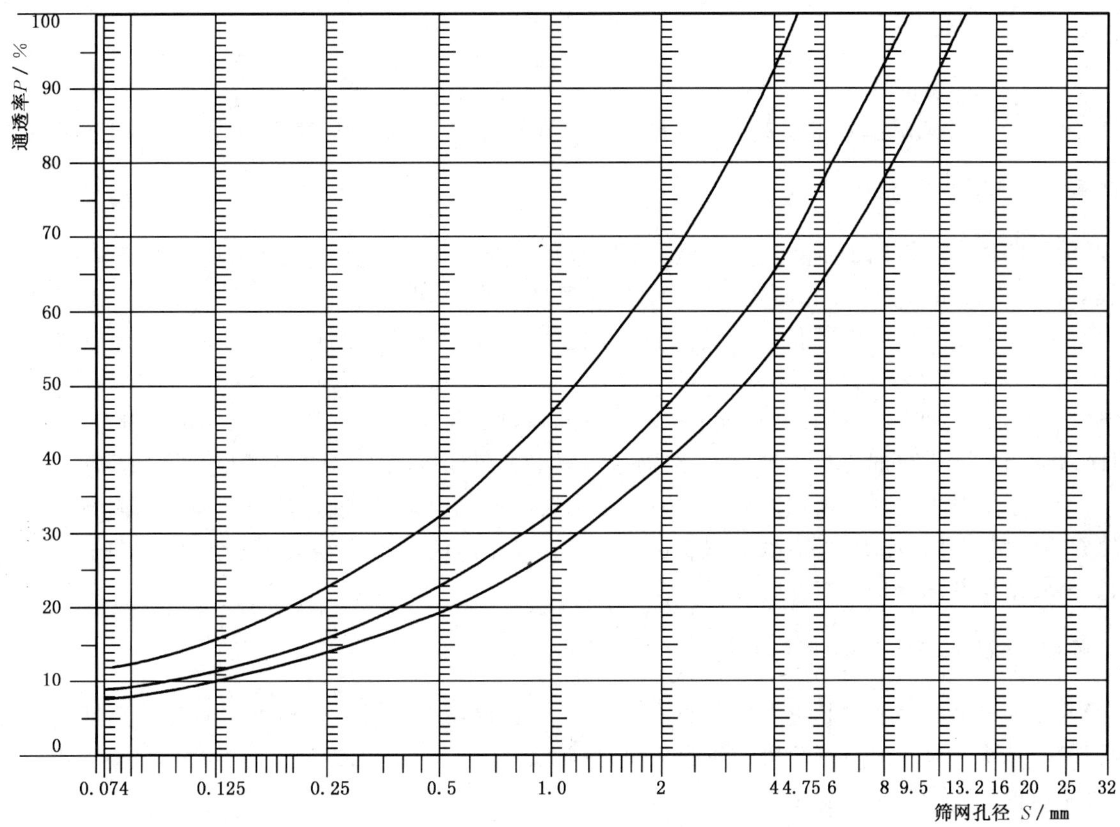

图 B.1 沥青混料中集料的级配曲线及其允许公差

表 B.1 设计指南

	目标值		允差
	混合料总质量	集料质量	
石料质量(S＞2.360 mm)	47.5%	50.5%	±5
沙子质量(0.074 mm＜S＜2.360 mm)	37.9%	40.2%	±5
填料质量(S＜0.074 mm)	8.8%	9.3%	±2
胶浆(沥青)质量	5.8%	不适用	±0.5
最大碎石尺寸	9.5 mm		6.3～10
胶浆硬度	见本章 f)		
抛光的石料值(见参考文献[4])	＞50		
密实度,与集合有关	98%		

附 录 C
（资料性附录）
一 般 考 虑

附录F中参考文献[14]中提供了本标准工作的概要，包括背景资料，实验数据以及所有主要依据。

C.1 影响噪声产生的路面因素

对无孔路面，轮胎/路面的噪声受道路表面的纹理特性控制。一般说来，虽然光滑路面轮胎/路面噪声可能高，其部分原因是由于轮胎花纹形状共鸣激励的结果，然而将全部纹理从一个高水平线降下来往往会引起轮胎/路面噪声的降低。因此，为降低轮胎/路面的噪声，路面应有足够的纹理以避免这些共鸣。

对有孔路面，道路的吸声影响到机动车辆的滚动噪声源及动力单元产生的噪声两个部分。继而，为使路面对动力单元噪声的传播影响最小，路面应由反射材料构成，从而使表面的吸声降到最小。

由于胶浆及其他材料的使用期限以及路面层的温度变化原因，结果能够使路面的力阻抗改变。总之，随着路面层刚性的增加，噪声级也往往会也增加。因此，为使刚度特性随着温度和年限的变化最小，仔细选择胶浆及其黏度是很重要的。

C.2 轮胎对机动车辆噪声发射的影响

研究车辆轮胎的性能已超出本标准的范畴，但是轮胎的结构与设计显然能影响噪声测试期间机动车辆发射的总噪声级。但对现阶段的轮胎来说，只要尺寸相近，由轮胎设计差异造成的车辆噪声范围一般均比路面设计差异产生的要小。

C.3 路面安全

本标准所说的路面已设计成大致相当于在干湿条件下，机动车辆处于低到中速时具有适当的滑溜性能的路面，因此可以认为与大多数有限速规定（如 60 km/h）的城市路面相似。但是，它不代表为更高行驶速度设计的路面，如快车道。因为纹理波长影响较高车速的湿滑性能，这些路面相对光滑。

标准路面的滑溜性能即安全性完全适合相对于低速范围内的机动车辆测试，这个速度范围是 ISO 机动车辆噪声测试方法要求的部分。

C.4 吸声

实验表明，车辆按照 ISO 362 和 ISO 7188 运行时，由于路面层里的孔隙引起的路面吸声（而不是其他的路面特性）会影响车辆的噪声，因而，本标准的声吸收必须低到可以忽略并要给出限制以保证这种结果。

测试路面的孔隙率在很大程度上影响所测机动车辆的噪声级，其原因为：

——当纹理形成的孔隙能排掉高速气流时，由于轮胎花纹的气压梯度降低则可以降低轮胎/道路的噪声生成；

——路面的孔隙能降低路面的反射声能，并影响声的传播。

第二个原因除影响轮胎/路面噪声外，也影响机动车辆的噪声。已注意到在用 ISO 362 和ISO 7188 的驾驶条件下，第二个原因对总噪声的影响更大。

为限制多孔性的影响，建立了吸声的最高限制。吸声性能应按照 GB/T 18696.1 和 GB/T 18696.2 的方法来进行测量。

但是，道路施工专家并不熟悉这个方法，最好是用孔隙率的限制来补充吸声的限制。

C.5 对路面纹理的评述

设计方案受到对轻型和重型车进行噪声测试时，都能使轮胎/路面噪声的影响和变化最小的思路的控制。重要的是，轿车行驶的路面纹理不能太光滑，否则轮胎噪声会受轮胎共鸣及轮胎类型的影响，而对于货车和公共汽车可设较粗糙的纹理构造，对重型车轮胎，已经表明，在路面纹理相对粗糙条件下，绝对噪声级和轮胎差异的影响都较小，见附录F文献[15]之例。

因此，如果测试对象主要是轿车，希望平均构造深度(MTD)值为允许范围的较低值，而对于重型车，则MTD最好选择实际能达到的较高值。但是道路施工中的构造深度的变化范围是有限的，因而重点是通过适当的表面压实以保证孔隙体积降低到技术要求中给定的目标水平以下，以保证所完成的路面没有明显的吸收声性能。

C.6 路面纹理和吸收之外的路面特性

正如C.1提到的，路面性能对轮胎/路面噪声影响的研究已表明，除构造和吸声外，以下特性也很重要。

——摩擦力；

——刚度(力阻抗)。

要测量和确定这些特性的限值会使本标准变得非常复杂化，但用这一测试路面，可以讨论如下问题：

a) 路面构造和集料的PSV值应选择好以使路面有较高的摩擦，当这一要求满足时，预期的摩擦变化率可望很小以至于其噪声影响可以忽略；

b) 如C.1所述，路面刚度主要受路面温度及胶浆使用期的影响，7.1已经说明了胶浆使用期限的影响。温度对刚度的影响普遍认为是很小的。

为限制刚度的影响，在完工4周后，路面就能满足噪声测试要求(见7.1)。

附 录 D
（资料性附录）
测试路面对噪声测量的预期影响

1990年，同一个工作人员用同样的测量设备，用五辆轿车和一辆载重车在符合本标准早先的草案铺设的路面上，进行了一系列的测试（该工作报告见附录F的参考文献[16]）。

结果发现，在满足本标准要求的路面上按照ISO 362及GB/T 17250测量的全部车辆噪声的再现性 R（见参考文献[17]ISO 5725-1的定义）等于或小于2.0 dB。

可以预料，上述数值不超过的概率是95%。这就意味，如果测量是由同一个人、用同样的设备和同样的车辆在满足本标准要求的不同车道上进行测量，100次测量结果中有95个可能落在至多2.0 dB的一个带内。

用同样的车辆但是不同的人员、不同的设备，再现性将至多增加到2.5 dB。参考文献[16]给出更进一步的信息。

因此再现性数值上与ISO 362及GB/T 17250中其他变量来源类似，而且是最小误差要求与修建一条符合本标准技术规范的实际测试路面的可能性之间的一个平衡结果。

在没有规定路面要符合本标准时，与上面给定的数值相比，相应的再现性会是6 dB的数量级。

附 录 E
（资料性附录）
与其他标准的协调性

E.1 有关机动车辆噪声测量的标准 ISO 362 及 GB/T 17250

本标准是对这些标准的补充。

E.2 有关道路摩擦测量的标准 ISO/TR[18] 8349 及 ISO/TR 8350[19]

这些标准中对于高摩擦水平下的测试要求与本标准低噪声级的要求是不可比的，而且在某些方面是矛盾的。最理想的是希望用同一个路面。然而为摩擦测量所选的路面在这儿不满足低轮胎/路面噪声发射的无条件的要求；特别是对货车的轮胎，因为它太光滑了。它往往会放大共鸣及不同轮间距离的差异。然而如上所述，用本标准，对安全的其他要求是满足的。

E.3 ECE/WP 29/GRB 中的提案："轮胎/路面噪声的测量方法"（TRANS/SC1/WP 29/GRB/R. 100）

在联合国欧洲经济委员会（ECE）和它的道路运输工作小组（WP）内，噪声起草小组（GRB）讨论了一个"轮胎/路面噪声测量方法"的提案。本标准与 ECE/GRB 的提案用途不同。ECE/GRB 提案的目的只是为轮胎/道路噪声的测量而规定了能够给出典型轮胎/道路噪声的路面。本标准的目的是在轮胎/道路噪声影响最小的情况下测量总的车辆噪声。

最近，另一个用本标准的测试路面来测量轮胎/路面噪声的提案（TRANS/SC 1/WP 29/GRB/R. 115）已经提出。

E.4 关于道路纹理测量的标准 ISO 13473[20]

现在正在准备的 ISO 13473（参考文献［20］）将介绍有关道路纹理的定义及宏观纹理测量的方法。它给出的用表面光度仪的方法意味着是对附录 A 规定的方法的一种替代或替换。因此 ISO 13473"估算的构造深度"（ETD）会与 WTD 相对应，并且预计要比按照附录 A 测量的 WTD 更准确。

人们必须采用附录 A 给出的方法直到 ISO 13473 正式颁布为止。

附　录　F
（资料性附录）
参　考　文　献

［1］ PIARC：Surface Characteristics，Technical Committee Report No. 1，XVIIIth World Road Congress，Brussels，1987，25-26，permanent international Association Road Congresses，Paris.

［2］ ASTM E 965：87，Standard test method of measuring surface macrotexture depth using a volumetric technique. American Society for Testing and Materials.

［3］ Road Research Laboratory，Instructions for using the portable skid resistance tester，Road Note 27，Transport Research Laboratory，Crowthorne，UK，1969.

［4］ BS 812-114：1989，Testing of aggregates-Method for the determination of the polished-stone value. British Standards Institution.

［5］ ASTM D 1155-89，Standard test method for roundness of glass spheres，Annual Book of ASTM Standards，Vol. 06. 02，1991. American Society for Testing and Materials.

［6］ SANDBERG，U. Comparison of parameters in sand patch testing methods，Swedish Road and Transport Research Institute，S-581 95 Linköping，Sweden，1991.

［7］ ASTM，Research Report RR：E17-1001. American Society for Testing and Materials.

［8］ YAGER，T. J. and BUHLMANN，F. Macrotexture and Drainage Measurements on a Variety of Concrete and Asphalt Surfaces，ASTM STP 763，1982. American Society for Testing and Materials.

［9］ American Concrete Paving Association，Guidelines for texturing of Portland cement concrete highway pavements，Technical Bulletin No. 19，March 1975.

［10］ HEGMAN，R. R. and MIZOGUCHI，M. Pavement texture measurement by the sang patch and outflow meter method，Automotive Safety Research Program，Report No. S40，Study No. 67-11，Pennsylvania State University，January 1970.

［11］ DAHIR，S. H. and LENTZ，H. J. ，Laboratory evaluation of pavement surface texture characteristics in relation to skid resistance. Faderal Highway Administration Report No. FHWA-RD-75-60，June 1972.

［12］ ROSE，J. G. et al. Summary and analysis of the attributes of methods of surface texture measurements，ASTM STP53，1972. American Sosiety for Testing and Materials.

［13］ Centre de recherches routières. Code de bonne pratique pour la formulation des enrobés bitumineux denses. Recommendation No. R61/87，Belgian Road Research Centre，Brussels，1987.

［14］ SANBERG，U. Standardization of a test track surface for use during vehicle noise testing. SAE paper 911048. Society of Automotive Engineers，Warrendale，PA，USA，1991. Reprint also available from Swedish Road and Transport Research Institute，S-581 95 Linköping，Sweden.

［15］ SANDBERG，U. Survey of noise emission from truck tires. Proc. Inter-noise 91，Sydney，Australia. Noise Control Foundation，Poughkeepsie，NY，USA，1991，317-320.

［16］ ENZ，W. and STEVEN，H. Erarbeitung wissenschaftlich technischer Grundlagen für EG-Richtlinien auf dem Gebiet der Lärmbekämpfung：Teil 1：Ringversuch auf Teststrecken nach dem Vorschlag der ISO/TC 43/SC 1/WG 27［Development of Scientifically based technical principles for EC guidelines in the field of noise abatement：Part 1：Round Robin Test on test tracks as proposed in ISO/TC 1/WG 27］. Report No. 10505993/01，FIGE GmbH，Herzogenrach，Germany（1992）.（Main report in German but Part 1 also translated into English）.

[17] ISO 5725-1: 1994 Accuracy (trueness and precision) of measurement methods and results——Part 1:General principles and definitions.

[18] ISO/TR 8349:1986,Road vehicles—Measurement of road surface friction.

[19] ISO/TR 8350:1986,Road vehicles—high friction test track surface—Specifications.

[20] ISO 13473-1: 1997, Acoustics—Characterization of pavement texture by use of surface profiles——Part 1:Determination of mean profile depth.

[21] ISO 13473-2: 2002, Acoustics—Characterization of pavement texture by use of surface profiles——Part 2:Terminology and basic requirements related to pavement texture profile analysis.

[22] ISO 13473-3: 2002, Acoustics—Characterization of pavement texture by use of surface profiles——Part 3:Specification and classification of profilometers.

ICS 27.120.20
F 69

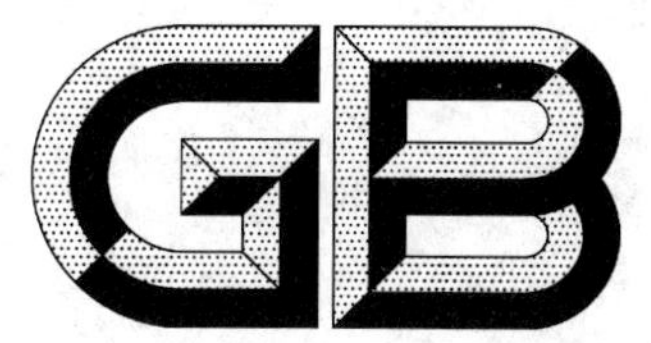

中华人民共和国国家标准

GB/T 22158—2008

核电厂防火设计规范

Design standard of fire protection in nuclear power plant

2008-07-02 发布 2009-04-01 实施

中华人民共和国国家质量监督检验检疫总局
中国国家标准化管理委员会 发布

前 言

本标准修改采用法国标准 RCC-I(1997 法文版)。

鉴于国情,在修改采用 RCC-I 时所作的主要改动为:

——按 GB/T 20000.2—2001《标准化工作指南 第 2 部分:采用国际标准的规则》规定对参照版本的格式进行了编辑性修改;

——结合国内核电建设经验对参照版本的部分技术性条款作了修正或补充;

——参照版本附录 A 引用的法国标准转换成国内相应的现行消防标准和规范;

——根据我国核安全法规要求,增加了“火灾危害性分析”章节。

本标准附录 B 和附录 C 为规范性附录,附录 A、附录 D 和附录 E 均为资料性附录。

本标准由中国核工业集团公司提出。

本标准由全国核能标准化技术委员会归口。

本标准起草单位:核工业第二研究设计院。

本标准主要起草人:信天民、王炯德、谭广萍、卜吟滨、宋世重、李京、武红兵、汪朝晖、花峻、姜庆水、王恃东、崔岚、陈梅、刘爱军、王强、王春明、李晟、沈蓉、刘亚凡、孙立臣。

核电厂防火设计规范

1 范围

本标准规定了核电厂防火设计的基本要求。

本标准适用于陆上固定式热中子反应堆(如轻水、重水反应堆、气冷堆)核电厂。

本标准主要针对核岛厂房的消防设计,常规岛和核电厂配套设施(BOP)的消防设计除执行本规范以外可参考、遵照国内相关设计标准。

2 规范性引用文件

下列文件中的条款通过本标准的引用而成为本标准的条款。凡是注日期的引用文件,其随后所有的修改单(不包括勘误的内容)或修订版均不适用于本标准,然而,鼓励根据本标准达成协议的各方研究是否可使用这些文件的最新版本。凡是不注日期的引用文件,其最新版本适用于本标准。

GB/T 7633—1987 门和卷帘的耐火试验方法

GB/T 18380.1 电缆在火焰条件下的燃烧试验 第1部分:单根绝缘电线或电缆的垂直燃烧试验方法

GB/T 18380.3 电缆在火焰条件下的燃烧试验 第3部分:成束电线或电缆的垂直燃烧试验方法

GB 50084 自动喷水灭火系统设计规范

GB 50151 低倍数泡沫灭火系统设计规范

GB 50193 二氧化碳灭火系统设计规范

GB 50219 水喷雾灭火系统设计规范

GB 50370 气体灭火系统设计规范

EJ/T 637—1992 核电厂安全有关通信系统

EJ/T 1217 核动力厂火灾危害性分析指南

HAF 003 核电厂质量保证安全规定

HAF 102 核动力厂设计安全规定

HAD 003/02 核电厂质量保证组织

HAD 003/03 核电厂物项和服务采购中的质量保证

HAD 003/04 核电厂质量保证记录制度

HAD 003/06 核电厂设计中的质量保证

HAD 003/07 核电厂建造期间的质量保证

HAD 003/09 核电厂调试和运行期间的质量保证

HAD 102/11 核电厂防火

3 术语和定义

下列术语和定义适用于本标准。

3.1

爆炸 explosion

一种急剧的氧化或分解反应;它会导致温度或压力升高或两者同时升高。

3.2

防火区 fire area

由一个或多个房间构成,并由耐火极限至少等于设计基准火灾持续时间的防火屏障包围。防火区应确保该空间内部发生的火灾不会蔓延到外部，或该空间外部发生的火灾不会蔓延到内部。

防火区屏障按本标准规定的耐火极限，并具有以下三种类型的防火区。

3.2.1

安全防火区　safety fire area

为保护安全系列防止共模失效，确保实现安全功能而建立的防火区。

3.2.2

限制机组不可用性防火区　unavailability limitation fire area

当一个空间的火灾荷载密度大于400 MJ/m^2，为限制火灾蔓延可能导致机组长期不可用以及为方便消防队灭火而建立的防火区。

它可以包括在安全防火区内或独立于所有的安全防火区。

3.2.3

防火及放射性包容区　fire and radioactivity confinement

在正常运行工况下，防火区内火灾可能会引起放射性物质释放。在该区内，除确保火灾不向外蔓延外，还应控制放射性物质的释放。

3.3

防火小区　fire zone

由一组相互连通的房间组成，其边界屏障的耐火极限是根据设计基准火灾、可靠的消防手段和设施确定的，以确保该空间内部发生的火灾不会蔓延到外部，或空间外部发生的火灾不会蔓延到内部。

3.3.1

安全防火小区　safety fire zone

为防止共模失效确保实现安全功能而建立的防火小区。

3.3.2

限制机组不可用性防火小区　unavailability limitation fire zone

为限制机组的不可用以及为方便消防队灭火建立的防火小区。

3.4

防火阀　fire damper

在规定条件下，为防止火灾通过风管蔓延所设计的自动关闭装置。

3.5

防火屏障　fire barrier

用于限制火灾后果的屏障。它包括墙壁、地板、天花板或者像门洞、贯穿件和通风系统等通道的封堵装置。防火屏障用额定耐火极限来表示。

3.6

防火隔断　fire stop

用于将空间内的火灾限制在厂房结构单元内部或结构单元之间的实体屏障。

3.7

不燃烧体材料　non-combustible material

在使用形态和预计条件下，当经火烧或受热时不会被点燃、助燃、燃烧或释放易燃气体的材料。

3.8

火灾荷载　fire load

空间内所有可燃物料（包括墙壁、隔墙、地板和天花板的面层）全部燃烧可能释放的热能总和，表示为兆焦（MJ）。

3.9

火灾荷载密度　fire load density

设定空间内按地面的单位面积计算出的火灾荷载即为火灾荷载密度。以每平米兆焦（MJ/m^2）

表示。

3.10

火灾共模失效　fire-related common mode failure

由于火灾这一特定的假设始发事件而导致核电厂系统或设备产生共模失效。

3.11

耐火极限　fire resistance rating

建筑结构构件、部件或构筑物在规定的时间范围内在标准燃烧试验条件下所要求承受的火灾荷载、保持完整性和(或)隔热性和(或)所规定的其他预计功能的能力。

3.12

安全重要非安全级　important to safety and not classified

核电厂非安全物项中区分有特殊要求的为安全重要物项,是安全相关消防系统的设备分级。

3.13

设计基准火灾　design basis fire

在装有可燃物的任何一个空间内可能发生的导致所有可燃物全部烧毁的最严重火灾。

4　防火设计总要求

4.1　防火的目的

在符合其他核安全要求的情况下,核电厂的构筑物、系统和部件的设计、布置,应尽可能降低由于外部或内部事件而引起火灾的可能性,将火灾的影响降至最低,以实现如下三个方面:

——确保工作人员人身安全;

——保证安全功能的实现;

——限制那些由火灾引起的使设备长期不可用的损坏事故发生。

为达到上述目的,核电厂的防火设计应贯彻纵深防御的原则,应达到下述三个主要目标:

a)　防止火灾发生;

b)　快速探测与报警并扑灭确已发生的火灾,限制火灾的损害;

c)　防止尚未扑灭的火灾蔓延,将火灾对核电厂的影响降至最低。

4.2　防火设计基准

4.2.1　防火设计准则

防火设计应建立在以下假设的基础上:

a)　火灾可能在机组正常工况或事故工况下发生,包括由火灾引起的瞬态工况;

b)　火灾发生在有固定或临时可燃物的地方;

c)　不考虑同一或不同机组厂房内同时发生2起及2起以上的独立火灾事件。

4.2.2　安全有关的设计基准

4.2.2.1　一般设计基准

核岛、安全厂用水泵房和安装有安全级设备的廊道等区域设计,应保证即使在核电厂内部出现设计基准火灾时,仍应满足HAF 102规定核电厂设计的基本安全目标。

4.2.2.2　防止共模失效

通过非能动的火灾封锁法,将为安全重要系统冗余设置的系列分别布置在不同的防火区内,避免可能发生的火灾蔓延导致执行同一安全功能的冗余设备同时被损毁。

4.2.2.3　潜在共模失效鉴定——防火薄弱环节分析

为了验证在核电厂初步设计中所采用防火措施的有效性,在施工设计阶段后期,运用鉴别潜在共模失效准则对防火分区进行核查,列出潜在共模失效清单,通过功能分析,进一步确定影响安全的火灾薄弱环节,采取诸如空间分隔、防火涂层隔离和隔热挡墙等相应的补充措施,进一步提高核电厂防火安全的水平。

4.2.2.4 消防设备分级

消防设备属于安全重要非安全级。因此,这些消防设备应定期进行试验。

消防设备应符合“抗震”分析准则,即不应由于消防设备的毁坏或塌落妨碍安全功能的完成。此外,属安全重要非安全级的设备还应符合附录B中的抗震要求,同时按消防设备技术规格书的要求还应明确相应的质量保证等级。

4.2.2.5 火灾探测

根据火灾探测区域发生火灾的特点合理选择火灾探测器,使操作人员和消防人员快速、准确地探知早期火灾,确定火灾的具体位置,启动警报装置,并可手动和自动控制灭火装置(见4.4)。整个核岛火灾自动报警系统属于安全重要非安全级。

4.2.2.6 灭火

当某一区域内的火灾荷载可能产生影响执行同一安全功能冗余设备的火灾时,应根据火灾要保护的设备及其特性,在该区域内设置固定或移动式灭火装置。

4.2.3 关于人员安全和设备不可用性的设计基准

发生火灾的房间不应使:

——火灾的烟雾蔓延到人员疏散通道,阻碍灭火;

——火灾向其他房间蔓延及增加机组不可用的时间。

为此,应将所有火灾荷载密度大于400 MJ/m^2 的房间划分为“限制不可用性防火区”或设置快速灭火的固定灭火系统,以避免火灾蔓延及减少烟雾的生成。

4.3 火灾预防

4.3.1 避免火灾潜在危险

为避免火灾潜在危险采用下列措施:

a) 尽可能选用不燃烧体的设备和介质;

b) 设备不应布置在输送易燃液体的管道和外壁温度大于100 ℃的热管附近。严禁在距这些管道或管壁小于1 m范围内布置电缆,与设备成一体化的电源和控制电缆除外;

c) 材料选用原则:

——保证厂房稳定性的建筑物构件应具有耐火稳定性,采用不燃材料;

——塑料应经燃烧性能测试后使用,并核实实际使用材料与测试材料的一致性。

4.3.2 限制火灾蔓延

4.3.2.1 总体布置

4.3.2.1.1 实体隔离

为防止共模失效,将厂房划分为防火区或防火小区以限制火灾蔓延。建立安全防火区是为了将冗余设置的安全系列(或设备)分隔布置,这类防火区边界屏障的耐火极限不应低于1.5 h。

电气系统采用经耐火鉴定试验的隔热防火套来满足隔离准则的要求。防火套的耐火等级不应低于防火区的耐火极限。

4.3.2.1.2 空间分隔

空间分隔可采用距离分隔或隔热屏障法:

a) 距离分隔

距离分隔可将受保护设备分别布置在2个防火小区内,防止火灾蔓延,分隔的距离取决于可燃物的热辐射效应。

b) 隔热屏障

隔热屏障作为距离分隔保护的一个补充措施,可通过设置隔热屏障使设备部分避免直接受到热辐射,屏障的耐火极限至少应等于设计基准火灾持续的时间。

经过对空间分隔进行分析可得出以下结论：火灾蔓延到被保护设备所需要的时间大于灭火所需要的时间。

4.3.2.1.3 主疏散通道的防火措施

有火灾危险的厂房内设主疏散通道，通过墙体形成防火边界，使之构成一个防火小区以保护疏散楼梯。主疏散通道的耐火极限应与邻近防火边界的耐火极限相当。

4.3.2.1.4 限制机组不可用性的措施

为限制火灾蔓延、防止火灾导致设备长期不可使用，应按 3.2.2 规定将火灾荷载密度超过 400 MJ/m^2 的场所划分为限制机组不可用性防火区。

4.3.2.2 特殊措施

4.3.2.2.1 电气连接和反应堆保护系统布置规定

核岛内电缆应符合 GB/T 18380.1 和 GB/T 18380.3 的要求，这些电缆属于 1E 安全级电缆。

4.3.2.2.1.1 电缆敷设

电缆敷设主要根据以下原则：

冗余安全电气通道应布置在不同的防火区或防火小区内，以避免火灾共模失效。

在各通道电缆特别集中的情况下(例如主控制室)，应进行最低限度的隔离，把冗余安全设备布置在不同的机柜内或控制盘上。当因为运行或操作要求使这些设备安装在同一个机柜内或同一个控制盘时，其中一列冗余连接的电缆应采用耐火材料进行包敷保护。在某些场合，不能完全遵守冗余系列安全级电缆的实体隔离准则，这些场合称为共模点。主控制室是一个特殊的共模点。如果由于运行或维修的要求，冗余电气设备的部件放在同一机柜或同一仪表板、同一控制台上，则它们间的距离最小为 0.2 m，其中一个系列的电缆要有金属保护套管、金属软管进行保护，禁止其表面涂敷任何可燃有毒的涂料。

除满足一般原则外，电缆敷设还应满足以下准则：

a) 反应堆安全壳电缆贯穿件的位置应远离管道贯穿件区；

b) 电缆平台宜采用金属托架；

c) 电缆桥架布置应远离装有热的或易燃流体管道(见 4.3.1)；

d) 电缆桥架采用竖向与水平交替的敷设方式(台阶式)，避免敷设很高的竖向线路，在竖向段前、后 0.50 m 处放置耐火隔板；

e) 为限制电缆可能发生的火灾蔓延，在距顶板小于 1 m 处或不是由固定自动灭火系统保护的有多层电缆的桥架上，为防止电缆火灾蔓延，至少每隔 25 m 安装有足够宽度与厚度的石膏板或难燃材料作为挡火隔墙，其宽度应足以中断由导电芯线和条状支架形成的“热桥”；

f) 当不能避免布置很高的竖向电缆桥架时，每隔 5 m 要由具有主体耐火极限的不燃烧体材料做成水平向的耐火隔板；

g) 如果电缆沟可能侵入易燃液体，则与安全相关系统的控制电缆不应敷设在该沟内。当不能避免时，可以在电缆沟覆盖防护盖板前填砂子或衬上矿物吸收材料。

为了与防火边界要求的耐火极限保持一致，防火边界的贯穿孔应采取下述措施：

a) 封堵防火区边界墙和地板上的贯穿孔，电缆穿过防火边界的电气开孔封堵防火材料其耐火性能应不小于防火边界的耐火极限；

b) 根据调整防火小区增加的墙和地板的贯穿孔进行封堵；

c) 在现场施工阶段，临时封堵地板及内墙的贯穿孔，在最末一批电缆安装完毕后，立即对所有贯穿孔作最终防火封堵处理。

防火贯穿孔封堵的水密性试验应符合附录 C 中的规定。这些封堵的防火分级只有在通过相关标准的鉴定试验后才被认可。

为了确保电缆功能的长期完整性,应对其设置有效保护的必要性进行分析。电缆的保护应属于总的保护体系且应延长到防火区或房间的电缆出口处。

为了避免遗漏任何共模点,应对不同系列电缆或保护组通道在一起的所有房间进行分析,首先依据一个系列电缆和保护通道电缆的就地布置图,其次依据电缆管理文件给出共模点清单。

对于不同系列安全级设备或保护组的电缆敷设是否提供额外保护,以阻止火灾蔓延,应按下列准则确定:

清查是否存在永久性可导致火灾的物质(电力电缆、含油的减速装置、输送易燃流体的管道)或可能由于技术方面的原因而存在的易燃品(用于给减速装置、润滑油回路注油的油箱等)。

与余热排出系统、反应堆换料水池和乏燃料水池冷却和处理系统相关的电缆,应遵守安全级准则。

如存在不同系列之间的去耦电缆,应将其分别敷设在独立的路径上。

4.3.2.2.1.2 保护组

参与核仪表、反应堆保护、主回路系统测量和控制的电缆应分为4组(两个属于A通道,分别为G1保护组Ⅰ和G3保护组Ⅲ;另两个属于B通道,分别为G2保护组Ⅱ和G4保护组Ⅳ),保护组电缆应敷设在独立的电缆桥架内。

如有必要,每个保护组相关的电缆敷设应采用与其他安全电缆相同规定的原则防止共模失效,每个保护组电缆都应进行单独保护。

电缆敷设在封闭的桥架中,一直到安全壳贯穿件处。每个保护组有一个贯穿件。

两个事故后监测系统通道的路径是相互隔离的,且应完全保护(采用与A、B系列同样的原则)。

4.3.2.2.2 管道布置原则

输送热流体、易燃流体的管道以及电缆的布置应符合4.3.1的规定。当受具体条件限制不能遵守该规定时,应采取相应的保护措施,以保证不同部件的分隔。

不允许使用能吸附易燃液体的保温材料,当不得不使用时,保温材料外应加金属密封保护层以防止保温材料吸附易燃液体。禁止任何沥青类材料作为密封保护层使用。

当靠近挥发性可燃流体的热点可能因其流体发生泄漏而引起火灾时,应对这些热点采取适当的保护措施,如:蒸汽排放阀热点应采用密封套进行保温处理。

为了限制易燃流体回路上的泄漏,管道连接应采取焊接方式。当不得不用法兰连接时,应采用承插焊式法兰,所有螺母应锁紧。应尽量减少管道的接头数量,少用软管连接,当不得不使用时,应选择耐火性能最好的软管。

对防火边界的管道贯穿孔应根据贯穿孔的具体情况(如:一根或多根管道贯穿、管道直径或截面积、管道温度、是否有保温层、墙的壁厚及特性、环形间隙大小等)按下列原则执行:

——对防火边界上的所有贯穿孔应进行防火封堵,贯穿防火封堵组件的耐火极限应经防火测试,且不应低于所在防火区规定的耐火极限。必要时,贯穿防火封堵组件允许贯穿管道存在位移,但不应降低其耐火极限。
——当设计要求垂直管道贯穿数层楼板,而其贯穿孔由于特殊需要不能进行封堵时,应在楼板之间安装防火套管,其耐火极限应不低于所在防火区规定的耐火极限。必要时应在防火套管上安装至少相同耐火极限的检查窗,以便接近管道检查。
——贯穿相邻两个建筑物墙的通风管,应作柔性耐火接头,以便承受建筑物的不均匀沉降引起的位移。
——有水密封要求的贯穿防火封堵组件应进行水密封试验。对于普通水密封要求,其试验按附录C进行。

——对于通风及排烟管道,防火边界上的贯穿防火封堵组件和安装的防火阀应经国家权威机构的防火检测鉴定。

4.3.2.2.3 **通风系统**

4.3.2.2.3.1 **总体布置**

通风系统的总体布置要求如下:

a) 通风管道不宜穿越防火区房间。进、出防火区房间通风系统的通风支管上应安装防火阀,以便火灾时中断着火房间的通风。

b) 如在特殊情况时,通风系统布置引起通风干管穿越防火区房间时,宜采用下列措施:

   1) 在系统设计时,应使通风管道和防火阀等防火边界与贯穿墙具有相同的耐火极限,通风管道的支吊架也应具有相同的耐火稳定性;

   2) 在防火边界的贯穿孔处安装防火阀。通风管道采用铁皮或不燃材料制作,贯穿孔应用不燃材料封堵,以免火灾蔓延。在设计中还应考虑由于防火阀关闭后导致中断部分或全部未着火房间通风的影响。

c) 防火阀易熔片或其他感温、感烟探测器等控制设备一经作用,防火阀应能顺气流方向自行严密关闭,并应设有单独支吊架等防止通风管道变形而影响关闭的措施。易熔片及其他感温元件应装在容易感温的部位,其动作温度一般采用 70 ℃。

d) 防火阀应设有电动或手动远距离操作装置,防火阀的远程操作应由火灾自动报警系统信号控制,且在主控制室可遥控操作,防火阀的开启或关闭状态应在主控制室显示。每一个防火阀应至少设置一个"关闭"行程终端开关,在正常运行情况下处于"开启"位置。远距离操作系统及行程终端开关应考虑设有防止热气影响的保护措施,否则应在紧靠操作机构的防火阀体外增设一个易熔装置。防火阀复位是手动或电动的。操作机构应易于靠近并操作方便。

e) 安装在排风管道上的防火阀关闭时,应在短时间内关上对应送风管道上的阀门,以免送风引起超压,使烟雾向邻近房间扩散。

f) 在房间和疏散通道采用转送风或回风形式时,应避免来自一定火灾荷载房间的热(烟)气的侵入,并在各房间和疏散通道内设置必要的探测设备,以便记录火灾首发地点及火灾烟雾侵入的房间。

g) 通风系统中可能堆积灰尘的位置,应设置清扫孔。

h) 通风系统的取风口的设置应避开有烟雾或有毒气进入的地方。对于一直有人员停留的房间(如主控制室),主通风系统进风口的设计应采取一定措施,如通过关闭风阀、设置滤毒系统或过滤系统,来隔绝外界可能产生的烟雾或毒气。

i) 采用气体灭火系统的房间,应设置有排除废气的排风装置;与该房间连通的通风管道上设置电动阀门,火灾发生时,阀门应自动关闭。在气体灭火结束后,手动开启电动阀门,并按设计要求进行换气。

j) 风管和设备的保温材料应采用不燃材料;消声、过滤材料及粘接剂应采用不燃材料或难燃材料。

k) 当系统中设置电加热器时,通风机应与电加热器联锁;电加热器前、后 800 mm 范围内的风管和设备均应采用不燃材料制作。

4.3.2.2.3.2 **受污染区通风系统**

受污染区通风系统的布置要求如下:

a) 受污染区通风系统的设计应保证房间的气流是自外向内流动,由污染低的房间流向污染高的房间,然后排向烟囱。

b) 对于在火灾情况下要求持续运行的通风系统,处于灭火装置下游的净化设备,如过滤器或碘吸附器，净化小室以及其他通风部件均应选用全耐火结构。

——预过滤器和高效过滤器的过滤介质及外壳材料为不可燃材料或难燃材料；

——预、高效过滤单元装在密封的金属箱壳内，箱壁的耐火极限应是过滤器引起火灾的估算时间的二倍；

——碘吸附器活性碳的自燃温度不应低于 350 ℃；

——碘吸附器密封箱体、防火阀和连接件的耐火极限至少是估算的火灾延续时间的二倍；

——对于设有布置空气净化处理设备的房间，其耐火极限应不少于 2 h。

c) 碘吸附器箱体应密封，箱体两端气流进、出口位置应设隔离阀，在碘吸附器发生火灾时关闭，以免烟雾扩散。隔离阀带有一个手动控制装置。在碘吸附器发生火灾时，消防人员能够接近并操作该手动装置。

d) 为避免辐射，根据火灾荷载(活性碳总量)，围绕每一个碘吸附器箱体假想一个无火灾荷载的中性区域边界，如果存在火灾荷载，可在碘吸附器与火灾荷载之间设置防火屏障以进行保护。

e) 在装有预、高效过滤器和(或)碘吸附器的通风系统中设置温度探测器。在过滤气体的温度超出整定值时，应在主控制室发出报警信号。

f) 通风系统内设有具备防火功能的隔离阀地方，宜设置喷水器(或喷雾器等措施)以减少火灾产生的热量进入通风系统。

g) 在设有喷水灭火设备的通风系统组件，如净化小室、管道、箱体等，应设排水措施，并确保该排水措施不削弱通风系统组件的密封性。排水如有潜在放射性应连接至放射性废水监测和排放系统。

4.3.2.3 非能动防火措施

4.3.2.3.1 建筑物构件的燃烧性能和耐火极限

防火墙墙体、柱、梁、楼板、屋顶承重构件等均为不燃烧体，其耐火极限不应低于 1.5 h。

4.3.2.3.2 架空地板

不宜使用架空地板。若不得不使用时应保证楼板和架空地板形成的空间隔开分区，并满足防火和防水要求。

4.3.2.3.3 管沟

不宜使用管沟。若不得不使用时，应在沟槽内装完电缆或冷管道后，在沟内填砂子和矿物纤维，然后盖上有牢固起吊装置的防护盖板，避免可燃液体意外流入发生火灾危险。

同时应考虑这种做法对电缆冷却不利，需要给电缆留有空间余量。

用于收集废水或“污染”水的管沟也存在着火灾危险。因此，应使用可以让水流通过但不让火通过的油水分离器或其他设备按一定间距将管沟断开。

4.3.2.3.4 吊顶

吊顶(包括吊顶格栅)应为不燃烧体。其耐火极限不应低于 1 h。

天花板与吊顶形成的空间内应最远每 25 m 用不燃烧体隔开。如果设有自动灭火系统设施时，可不受本条规定限制。当空间高度超出 0.2 m 时，应能检查此空间的各个部分。

4.3.2.3.5 防火门

4.3.2.3.5.1 一般规定

防火门应有显著标志，易于识别并易于接近。

防火门的耐火极限应满足其所在防火区所要求的耐火极限，且不少于 1 h。如防火门的耐火极限超过 1.5 h，应在门的两端设门斗，门与门斗共同保证达到所要求的耐火极限。

由于旋转门因搬运容易受损(尤其在施工期间)，因此防火门不宜采用旋转门的型式，宜选择平开门和滑动门。

防火门应配有自动闭门器。对于有火灾自动关闭要求的常开门，可配置自动熔断保险装置，并将关闭信号反馈到主控制室。

4.3.2.3.5.2 **试验**

根据有关规定要求，为核实门的机械性能，防火门应进行如下关闭试验：

a) 标准门

标准门试件首先应通过国家消防部门认可的试验室所做的标准化试验，再参照附录D作附加机械性能试验，最后做耐火极限试验。

耐火极限试验应包括整个门的装配件，如门、门框、开启装置、防火锁、五金件及可能有的气窗等。

对于各种型号的门，在制作期间应任选一种门进行附加耐火试验，以证实自试验报告提交后，制造商没有做过任何影响耐火性能的变更。

b) 其他门

对于尺寸超过试验规定的大型门，不能安装在加热炉上进行耐火试验时，则试件应取加热炉所能容纳的最大尺寸，其合适的尺寸应满足GB/T 7633—1987的规定，即不小于宽2 m，高2.5 m规定。其类比试验方案及试验原则，应经国家消防部门鉴定及认可。可参照有关的规定进行补充试验。

应由负责发放合格证的试验室给出技术建议报告，并应按照该技术建议进行供货。

由于技术或特殊原因不能对特种门(仅一个样品门)进行试验时，应根据有关的规定确定耐火极限。

在试验过程中，当门框的温升大于180 ℃时，距离门框周围100 mm内，不应安装可燃性材料或零件。

c) 疏散通道及防火楼梯的门

通过以下方法保证烟雾不进入疏散通道及防火楼梯内：

1) 最低承受压差不应低于80 Pa的门；

2) 通过通风设计使疏散通道及疏散楼梯间处于微正压；

3) 设置排烟系统。

4.3.2.3.5.3 **门的耐火性能**

按照本文规定划分防火分区的厂房，安装于防火墙上的门，应具备下述表1中规定的最低耐火极限要求。

表1 门的耐火极限

	防火及放射性包容区	安全防火区	安全防火小区	限制不可用防火区	限制不可用防火小区	疏散通道	外部	汽机大厅
防火及放射性包容区	CF2h PF2h	CF2h PF2h	CF1.5h PF2h	CF1.5h PF2h	CF1.5h PF2h	CF1.5h PF2h	CF1.5h PF2h	CF1.5h PF2h
安全防火区	CF1.5h PF2h	CF1.5h	CF1.5h	在核岛内不规定限值	在核岛内不规定限值	PF1h	一般	CF1.5h
安全防火小区	CF1.5h PF2h	CF1.5h	(1)	在核岛内不规定限值	在核岛内不规定限值	(2)	一般	CF1.5h

表 1（续）

	防火及放射性包容区	安全防火区	安全防火小区	限制不可用防火区	限制不可用防火小区	疏散通道	外部	汽机大厅
限制不可用防火区	CF1.5h PF2h	在核岛内不规定限值	在核岛内不规定限值	(2)	(3)	在核岛内不规定限值	在核岛内不规定限值	在核岛内不规定限值
限制不可用防火小区	CF1.5h PF2h	在核岛内不规定限值	在核岛内不规定限值	(3)	(3)	在核岛内不规定限值	在核岛内不规定限值	在核岛内不规定限值
疏散通道	CF1.5h PF2h	PF1.5h	(2)	在核岛内不规定限值	在核岛内不规定限值	一般	一般	PF1h
外部	CF1.5h PF2h	一般	一般	在核岛内不规定限值	在核岛内不规定限值	一般		一般
汽机大厅	CF1.5h PF2h	CF1.5h	CF1.5h	在核岛内不规定限值	在核岛内不规定限值	PF1h	一般	

注：当火灾持续时间大于 1.5 h 时，防火区或防火小区应设置自动喷淋系统，以确保防火门能承受 1.5h 的耐火极限。

(1)为设计基准火灾确定的耐火极限或根据论证无共模失效的其他证明。

(2)为设计基准火灾确定的耐火极限或 1 h 的隔火性能。

(3)为设计基准火灾确定的耐火极限或根据论证采取的措施。

CF——防火门。

PF——带有密封要求(防放射性污染物释放或防烟)的防火门。

4.3.2.3.6 防火包覆

对于有可能发生电气共模故障的低压动力电缆和仪表控制电缆，应布置在封闭的防火包覆内。

以不连续方式运行的和为阀门供电的所有动力电缆宜布置在封闭的防火包覆内。

对于中压动力电缆(MV)：不应采用防火包覆进行保护。

对于采用防火包覆的低压动力电缆(LV)，应采用防火包覆，并进行下述检查：

——检查安装于需要进行防火保护桥架上的每根电缆，当环境温度为 50 ℃，其实际电流强度 I 可低于允许的载流量 I_{50}。对于截面大于或等于 95 mm^2 的电缆其载流量的降低系数近似取 0.72，对于截面小于 95 mm^2 的电缆则近似取 0.8。

——检查防火包覆的电缆桥架单位长度内由所有电缆散发的总耗散功率 P(W/m)不应超出式(1)中给出的限值：

$$P(\mathrm{W/m})=\frac{\Delta t\cdot p}{0.133+\frac{e}{\lambda}\cdot\left(1.06+1.275\,\frac{e}{I+h}\right)} \qquad \cdots\cdots(1)$$

式中：

Δt——表示房间环境温度与防火包覆内温度之间的温差(两者通常分别是 30 ℃和 50 ℃)；

λ——在通电保护部位传导的热量，包括传导热和表面换热，单位为瓦每平方米摄氏度（$W/m^2 \cdot ℃$）；

l——防火包覆内空间的宽度，单位为米（m）；

h——防火包覆内空间的高度，单位为米（m）；

e——防火包覆层的壁厚，单位为米（m）；

p——防火包覆层的周长，单位为米（m）。

当房间的日平均温度可能超过 30 ℃时，通过计算方式确认电缆的电流强度仍能低于防火包覆内温度下电缆的允许载流量[借助式(1)进行计算]，以防电缆芯线发热、超温导致电缆受到损坏（对于 PVC，芯线温度一般是 70 ℃）。

在反应堆厂房内不应使用防火包覆保护低压动力电缆，供阀门使用的动力电缆除外。

防火包覆的选型应根据防火包覆所在的防火小区或防火区的设计基准火灾持续时间确定。为了使产品规格的标准化，防火包覆系列产品应满足以下的耐火极限：

0.25 h，0.5 h，0.75 h，1 h 和 1.5 h。

也可以使用已鉴定的封闭防火装置，但在防火装置内电缆槽上方应确保最小厚度 5 cm 的连续气流层。在这种情况下，耗散功率限值 P 应通过试验或计算方法进行确认。

4.3.2.3.7 金属结构屋面

4.3.2.3.7.1 一般要求

屋面要确保密封和隔热。屋面采用密封和隔热的一般要求如下：

a) 金属结构的耐火极限不应少于 0.5 h。如果低层厂房的防火要求提高，则应采取补充消防措施达到防火要求；

b) 屋面的施工材料：

   1) 不燃烧体；

   2) 架在不燃连续支架上的屋面为不燃烧体或难燃烧体。

4.3.2.3.7.2 特殊情况

当几个机组同在一个厂房大厅里（例如汽轮机厂房），屋面如果不使用不燃材料，应设 0.50 m 高的防火墙确保屋面的分隔。

4.3.2.3.7.3 排风措施

屋面下屋架顶结构处用格墙板划分为最大面积 1 600 m^2 的防火分区，其耐火极限为 0.5 h。

为了保护厂房结构，应采用如下排风（自然排风或机械排风）措施：

a) 烟雾的自然控制排放

——排烟口通过远距离手动控制/或通过火灾探测器/或通过易熔片打开；

——每一个分区至少有 4 个排烟口，其总面积应至少等于各防火区面积的 2%。

b) 烟雾的机械控制排放

——凡 350 m^2 的防火分区至少有一个机械排放装置，每个排风装置的风量至少为 3.5 m^3/s；

——在所有情况下，进风口应设在正面墙上，以满足机械排风装置所需要的风量。

4.4 火灾自动报警系统

4.4.1 一般规定

火灾自动报警系统属于安全重要非安全级，需满足 Q3 质保等级的要求并且系统在运行阶段要接受定期试验检查，另外，所有设备应经过抗震试验鉴定并能承受极限安全地震（SL-2）荷载，且保证其可运行性（见附录 B）。

a) 每个机组的火灾自动报警系统应为独立系统；

b) 火灾自动报警系统应具有以下功能：
   1) 快速地探知早期火灾；
   2) 确定火灾发生的位置；
   3) 监测火势发展；
   4) 启动报警装置，在通往火灾发生的区域及主控制室发出声光报警信号；
   5) 控制相应的固定灭火装置、防火阀和排烟系统的排烟阀。
c) 火灾自动报警系统应设有自动和手动两种触发装置；
d) 火灾报警控制器容量和每一总线回路所连接的火灾探测器和控制模块或信号模块的地址编码总数，宜留有一定余量。

4.4.2 系统设计要求

4.4.2.1 报警区域的划分

报警区域应根据防火区或楼层划分。一个报警区域宜由一个或相邻几个防火区组成。

4.4.2.2 探测区域的划分

探测区域应根据防火区域划分，一个探测区域宜是一个防火区或一个防火小区。

探测区域的设计应与消防行动卡使用相一致。

当由火灾自动报警系统控制消防排烟系统或手动、自动灭火系统时，探测区的划分要与防火区或防火小区相配合。

4.4.2.3 探测线路的设计

探测线路的设计应遵循下列原则：

a) 火灾探测回路采用带地址码的二总线环路形式；
b) 一个探测线路不应监测属于不同系列的防火区或防火小区；
c) 当采用信号模块接入不带地址码探测器时，探测器应在同一系列的防火区或防火小区及排烟分区内；
d) 当一个探测线路监测几个防火区或防火小区，探测系统不但要指示起火的首发区域，而且要指出烟雾蔓延的区域(火灾跟踪)。这种设计可以使消防队快速采取行动；
e) 探测线路不宜监视位于几个楼层的房间，除非可以在火灾就地模拟盘显示发生火灾房间的位置；
f) 一个探测器的动作报警不应影响回路上其他探测器的运行；
g) 如果火灾自动报警系统自动控制保护安全相关设备的灭火设施时，在设有安全重要物项的防火区内应采用感烟探测器、感温探测器、火焰探测器(同类型或不同类型)的组合等类型探测对火灾进行确认，以避免误动作或拒动；
h) 探测线路的往复应通过不同防火区或防火小区的不同路径敷设。

4.4.3 系统布置原则

4.4.3.1 火灾探测器的选择要求

根据火灾危害性分析，选择火灾探测器类型：

a) 在火灾初期阴燃阶段，产生大量的烟和少量的热，对很少或没有火焰辐射的场所，应选择感烟探测器；
b) 对火灾发展迅速，可产生大量热、烟和火焰辐射的场所，可选择感温探测器、感烟探测器、火焰探测器或其组合；
c) 对火灾发展迅速，有强烈的火焰辐射和少量的烟、热的场所，应选择火焰探测器；
d) 因放射性而不易进入的强辐照场所等宜选择高灵敏度空气采样火灾自动报警系统；

e) 无遮挡大空间或有特殊要求的场所，宜选择红外光束感烟探测器；

f) 电缆通道、电缆竖井、电缆夹层、电缆桥架等场所或部位，宜选择缆式线型感温探测器；

g) 在易燃易爆区域，应采用本安防爆型火灾探测器；

h) 对火灾形成因素不可预料的场所，可根据模拟试验的结果选择探测器；

i) 对使用、生产或聚集可燃气体或可燃液体蒸汽的场所，除设置火灾探测器外还应选择可燃气体探测器。

4.4.3.2 手动火灾报警按钮的设置

手动火灾报警按钮应设置在明显的和便于操作的部位。例如：电梯前室、消防疏散通道等。

4.4.3.3 火灾就地模拟盘的设置

火灾就地模拟盘设置于主要厂房和建筑物入口或各楼层主要楼梯口明显部位。这种带有模拟平面图和指示灯的装置可以快速把消防人员引向着火的房间。为此，探测线路的“早期火灾”指示信息应予以储存并显示。

火灾就地模拟盘上设置现场操作员用于控制的按钮，并显示固定灭火设备的动作指示灯的信息。

火灾就地模拟盘应包含以下内容：

a) 建筑平面图、房间编号等；

b) 防火分区的情况；

c) 防火门、防火阀和排烟阀的位置和状态显示；

d) 固定灭火设备的状态显示；

e) 每个防火分区的防火阀和排烟阀的集中控制按钮；

f) 现场测试按钮；

g) 电源状态显示，运行、故障和停止。

4.4.3.4 火灾集中报警控制器的设置

火灾集中报警控制器的设置原则如下：

a) 火灾集中报警控制器安装在主控制室或其他电子设备房间；

b) 火灾集中报警控制器应显示火灾自动报警系统及其各个部件状态的主要信息；

c) 火灾集中报警控制器应能提供总的声光火灾报警信号。

4.4.3.5 电源要求

各机组的火灾集中报警控制器由相互独立的机组电源供电：

a) 主电源由机组应急电源系统供电，并且应保证机组大修期间火灾报警控制器的供电；

b) 备用电源宜采用蓄电池组或不间断电源(UPS)装置，在主电源中断时自动投入，可维持系统大于 8 h 的正常工作；

c) 辅助电源是主备两种电源均中断时的报警信号电源，这种电源只用于失电报警；

d) 能手动或自动控制启闭相应的消防设备，并能显示其工作状态。

火灾自动报警系统采用集中供电的方式，工作电压宜采用直流 24 V。

对于空气采样火灾自动报警系统，探测部分应符合上述要求，用于反应堆冷却剂泵隔间的空气采样火灾自动报警系统，其取样部分宜为双重设置，每个抽风机由不同的电源系列供电。

4.4.3.6 布线要求

火灾自动报警系统的信号传输电缆采用低烟无卤阻燃电缆，防火阀控制电缆采用耐火电缆，符合 GB/T 18380 的要求。

4.4.4 火灾报警信号

对房间的火灾探测应是连续的。探测到某一房间的火灾通过下列信号显示：

a) 火灾集中报警控制器上的总声、光火灾报警信号；

b) 主控制室音响和可视报警信号；

c) 火灾就地模拟盘上的音响和灯光报警信号；

d) 安装在每个探测器上的指示灯可以鉴别探测器是否报警。

4.4.5 特殊场所火灾自动报警系统

以下受固定灭火系统保护的重要设备，尽可能独立设置火灾自动报警系统：

a) 变压器：主变、辅变、厂用电降压变压器；

b) 润滑油箱，或者是主汽轮机、汽动给水泵、反应堆冷却剂泵、上充泵等主要转动机械的调节油箱。

该探测系统与受保护设备的供电由同一电源线路供电。相应的信号与其他信号一起(如油压丧失、轴承温度过高等信号)送到主控制室。

4.4.6 探测装置运行管理

火灾探测装置的日常管理和维护措施要求：

a) 对探测器定期进行就地运行性试验；

b) 对探测器定期进行清洗、检测；

c) 探测器更换。

4.5 灭火

4.5.1 灭火措施

采取的灭火措施为：

a) 保证人员疏散和消防队灭火；

b) 为消防队提供有效的灭火手段；

c) 在一定情况下使灭火设施自动启动。

4.5.2 一般原则

人员疏散与消防队灭火应采用下述设计原则：

a) 为人员撤出和消防队员进入设置疏散通道。有火灾危险的单个房间或成组的工艺房间应设置两个独立的出口，两个出口应尽量分开布置。

b) 应通过通风及排烟系统保持主疏散通道无烟。

c) 把烟雾控制在着火的区域内。

d) 发出声、光报警信号。

e) 灭火设施由移动式灭火器和固定式灭火装置组成。应根据火灾危害性分析选择最合适的灭火方式。

f) 寒冷地区，灭火系统应考虑防冻措施。

4.5.3 灭火设施

4.5.3.1 灭火剂

灭火剂的化学、物理性能应不致加速火情和危害核电厂及人员安全。

在放射性物质可能泄漏的防火区或防火小区内，灭火剂应可以回收及过滤，以防止污染物扩散，并便于随后所需的各种去污工作。

水是最常用的灭火剂。当不能使用水作灭火剂时，可使用其他灭火剂，如：二氧化碳、七氟丙烷、IG-541(惰性气体)、热气溶胶及泡沫灭火剂等。

禁止使用卤代烷灭火剂。

4.5.3.2 固定灭火设施

4.5.3.2.1 设置场所

固定灭火设施适用于火灾危险性大的设备或火灾荷载密度大于 400 MJ/m^2 的房间，这些房间由于区域内部通道布置或存在放射性使消防队员难以进入。

4.5.3.2.2 固定二氧化碳灭火装置

二氧化碳灭火装置适用于密封或近乎密封的房间。由于二氧化碳的冷却作用使房间温度下降，所以应采取措施保护某些对低温敏感的设备。同时，应有足够长的时间保持二氧化碳气体浓度，以中止内部燃烧过程并使设备冷却。

禁止用二氧化碳扑救金属火灾。二氧化碳对于A类深位火灾(木材、卷宗纸张)需采用较高的设计浓度。

应对各种情况进行研究，以便根据可燃物的类型、房间的体积、灭火所需时间内气体的泄漏量来确定气体的储备量。

固定二氧化碳灭火装置包括：

a) 贮存二氧化碳的钢瓶或贮罐；

b) 内、外防腐蚀的管道；

c) 喷嘴；

d) 设有能使人员撤离房间的延时缓动装置的手动或自动控制系统；

e) 采取称重或其他各种配有标志手段进行气体贮量监测的系统。

进行二氧化碳气体灭火的隔间上部应有一个泄压口，且泄压口上应配有一个活门。在供气导致超压时，活门自动开启。

采用自控设备时，应备有：

a) 适当的探测逻辑线路，避免误启动；

b) 为避免缺氧，在气体喷射以前，用声、光报警，让现场工作人员撤离；

c) 必要时用钥匙将自动操作系统锁住，以免发生人员停留在该房间时喷射气体。

应对保护安全有关设备房间的气体储罐进行抗震验算，以便在极限安全地震(SL-2)的应力作用下，确保其完整性。

为防止温度升高引起的爆炸危险，气体储罐应备有限压装置，并放在防火区域以外。

固定二氧化碳灭火系统的设计应遵循GB 50193的规定。

4.5.3.2.3 其他气体灭火系统

除固定二氧化碳灭火装置外，还可采用七氟丙烷或IG-541、热气溶胶等固定气体灭火系统。

4.5.3.2.4 固定泡沫灭火装置

在发生液态碳氢化合物的火灾时，宜使用泡沫灭火剂，在首次使用合适的新产品之前，要进行试验，这种试验应尽可能接近安装场所的条件。

禁止使用泡沫灭火装置扑救PVC(聚氯乙烯)火灾(尤其是电缆火灾)。

使用泡沫灭火系统的房间内应设置一个排气口，以便在泡沫注入期间进行排气；在任何情况下应在发生器(或喷嘴)上设置足够大的空气接入口以确保泡沫的形成。

泡沫的膨胀力说明泡沫特性，根据用发泡倍数所表示的泡沫体积与产生泡沫的泡沫混合液体积之比，泡沫可分为以下三种：

a) 低倍数泡沫(<20)；

b) 中倍数泡沫(21～200)；

c) 高倍数泡沫(201～1 000)。

对于这种具有乳化特征的消防手段，宜使用配有AFFF添加剂(水成膜泡沫灭火剂)的水喷雾灭火系统。

4.5.3.2.5 喷水及水喷雾灭火装置

4.5.3.2.5.1 水剂灭火系统类型

水剂灭火系统有两种类型可供使用：

a) 洒水型；

b) 水雾型。

4.5.3.2.5.2 **固定喷水灭火系统**

固定喷水灭火系统考虑的类型有：

a) 湿式灭火系统

湿式灭火系统就是指消防水系统的管道内始终充满压力水的系统。该系统包括：

1) 湿式报警阀(也可根据情况不设)；

2) 手动隔离阀(正常情况下处于开启位置)；

3) 水流指示器；

4) 末端试水装置；

5) 管网及闭式喷头。

一旦喷头的热敏元件受热，脱离喷头，固定灭火系统即投入运行。通过手动关闭相应回路的隔离阀停止喷淋。隔离阀在正常运行情况下，处于开启位置。

湿式报警阀及手动隔离阀应安装在防火区或防火小区以外。

装在湿式报警阀及隔离阀下游的水流指示器可以喷水管网的位置。

b) 预作用喷水灭火系统

预作用喷水灭火系统是指其管道平时充以压缩空气的系统，该系统正常情况下使管网气体略微保持超压，以避免管道腐蚀及探测喷头误开。该系统分两个阶段操作，第一阶段使管道注入消防系统水，注水由双重探测信号控制。第二阶段与湿式灭火系统的运行方式相同。

该系统包括：

1) 预作用报警阀组(或采用气动、电动阀门)；

2) 手动隔离阀(正常情况下处于开启位置)；

3) 水流指示器；

4) 末端试水装置；

5) 管网及闭式喷头；

6) 供压缩空气的接管；

7) 用于检测压缩空气系统的测压孔。

c) 雨淋喷水灭火系统

雨淋喷水灭火系统由火灾自动报警系统或传动管控制，自动开启雨淋报警阀，向开式洒水喷头供水的自动喷水灭火系统。为防止误喷，可由双重探测系统控制或手动控制。

正常运行时，雨淋阀处于关闭位置。

4.5.3.2.5.3 **固定式水喷雾灭火系统**

该种系统以水雾喷头取代开式喷头，水雾喷头使水雾直接喷到可燃物体上，其他要求与雨淋喷水灭火系统相同。

4.5.3.2.5.4 **特殊消防**

特殊消防是基于上述固定灭火装置的其中一种形式，另外也考虑到其在充水控制方面的某些特殊要求。

在消防水采用除盐水时，除盐水罐水位上部空间注压缩气体以获得所要求的压力。为了保证在除盐水系统出故障时能延长扑灭火灾时系统的可作用的时间，应使它与消防水系统连接作备用。

系统可按如下方式启动：

a) 自动；

b) 遥控；

c) 手动，控制阀设在人员可接近处。

如果是自动或遥控启动，应加设一个手动控制阀。

为了避免由于温度升高引起的损坏，除盐水气压罐应按规定设有超压保护装置。

4.5.3.3 喷水及喷雾灭火设备设计要求及布置原则

4.5.3.3.1 设计要求

根据火灾危害性分析，对电缆火灾、碳氢化合物火灾和变压器火灾，在设计固定喷水及喷雾灭火系统时应遵循现行的国家标准GB 50219、GB 50084和GB 50151所规定的关于喷水强度、喷淋时间及保护面积的要求。

4.5.3.3.2 布置原则

喷水及喷雾灭火设备的一般布置原则如下：

A和B通道的喷淋、回收及排空系统应全部按实体隔离准则布置。为此，一个固定喷水或喷雾灭火系统不应服务于两个不同通道。

隔离阀下游管道的设计流量：

a) 对于湿式或预作用灭火系统，应考虑喷水强度和使用面积；

b) 对于雨淋或水喷雾灭火系统，应考虑喷水强度及设备或房间的面积。

控制阀上游管道的设计应考虑上述流量，并依据GB 50084及GB 50219进行计算，如果喷洒区不是同一个防火区，则应再增加相当于2个消火栓的流量。如果是水喷雾灭火系统，管道计算应取喷雾区的全部流量。

喷头布置应做到：

a) 喷头不应相互影响；

b) 喷头不应喷射到通风防火阀和排烟阀；

c) 障碍物(风道、管道、照明等)不应妨碍雾化；

d) 应采取各种措施(设备接地、托架及喷淋管等)确保喷淋后的清理工作。

4.5.3.4 消防水系统

4.5.3.4.1 高压供水

多堆机组的核电厂都可由两个泵站供高压消防水(参见图1)。

两个泵站之间又相互连接。每个泵站设有两台电动消防水泵，消防水泵的设计应能满足4×100%核岛消防水量的要求，同时其电机是1E级，并由相关机组的应急电源(柴油发电机)A通道和B通道供电。见图2和图3。

为了安全，对于两个相同的机组，至少设置两个独立的可靠淡水水源。如果使用水池，应设置两个100%系统容量的水池，抗SL-2地震，应根据火灾最小延续时间(2 h)和在所需压力下的最大预计流量来设计消防供水系统。该流量由火灾危害性分析得出，它以防火区喷水系统运行时的最大需水量再加上人工消防的适当水量为基础，每个消防水池的有效容积不小于1 200 m^3。消防水池的连接方式应使水泵能从任一个水池或两个同时吸水。补水能力应保证任一水池在8 h内再充满。

消防水池后的消防管网上设置消防水泵接合器。最终消防应急水由移动式消防水泵供给，并用软管接至总配水管网上。接口位置在靠近水源的消防泵的出口总管上(泵站或蓄水池)，也可以使用室外水泵接合器。

在正常运行情况下，总的消防配水管网应始终保持高压状态，以便扑灭随时可能发生的火灾，而不需等待消防泵启动。为此，在 1 号机组(或现场)最高厂房的顶部，设有两个相互连接、水量各为 50 m^3 的淡水箱。

两个淡水箱的总存水量为 100 m^3，在管网有压状态下可各自隔离检查，另外也可用其冲洗管网及向管网充水。

根据电厂布置情况，上述高位水箱的功能也可采用其他稳压方式实现，但至少应与上述措施具有同样的优点。

高位水箱与 1 号机组的高压消防水分配的环路连接。

4.5.3.4.2 高压消防水分配总管网

高压水分配系统应设计成闭合环路。见图 1。

每一个机组通过可隔离的支管至少在两个点上与环路相接。

系统应设计成可以对机组进行维修而不中断运行。

4.5.3.4.3 机组高压消防水分配管网

高压水分配系统应设计成闭合环路，见图 4，它由两个环路构成：

a) 第一环路供核岛厂房的消防水；

b) 第二环路供其他厂房消防水。可利用正常情况下开启的电动阀门与环路隔离，为必要时能快速关闭，确保优先为第一环路供水，电动隔离阀应始终是可以接近的。

主要楼层上的消火栓由立管供水，立管或直接与主环路相接或通过由支管形成的环路供水，该环路是通过装有阀门的两个支管与主环路在两点上相连接。当系统设计成闭合环路时，隔离阀、放气阀和疏水阀门的布置应能分段隔离维修而不会中断具有最大火灾危险区域内的消防供水。

4.5.3.4.4 管网设计

管网应设计成在消防泵投运后可以保证向管网上最不利点提供其需要的压力和流量。此外，管网应能承受零流量时泵的压力。

室外消火栓的间距不应超过 120 m。

总消防水分配管网以及向各机组供水的管路从泵站开始到管廊内应使用钢管。为厂房外面 BOP 设施供水用的埋在地下的支管可用球墨铸铁管材，但支管与主环路应用钢制阀门隔离。阀门最好安装在汽轮机厂房内，以便维修和防腐蚀及防冻。组成环路的材料应能耐内、外腐蚀。消火栓用球墨铸铁制造。

在管网设计时需考虑采取相应的防水锤措施。

吸水管线以及输送消防水至核岛的配水管线，包括环路隔离阀都应设计成在极限安全地震(SL-2)时能维持其运行能力。当一个厂址的两个泵站间的连接管很长时，在其两端应各设一个阀门使其隔离，在 SL-2 地震情况下，若隔离阀仍能保持其可运行性，连接管可不遵守上述抗震设计要求，当连接管不长时，可以只安装一个隔离阀，但需保证整个管段按抗 SL-2 地震设计。

4.5.3.4.5 泵

泵站内消防设施是专为消防所用。若作其他用途时，应进行专门的分析。

泵的扬程应满足最不利点喷水时所需的最小压力，泵容量按照最大消防水量确定，最大消防水量为防火区固定灭火系统运行时的最大需水量再加上室内、室外人工消防的用水量。在实际工程设计中，泵的容量根据下列 4 项消防用水量中的 1 项计算：

a) 主变的单相变压器的消防用水；

b) 保护面积为 260 m^2 的消防用水；

c) 汽轮发电机油箱区的消防用水；

d） 汽机大厅屋顶的消防用水。

消防水泵的设置台数应考虑上述用水量的计算并建立在假设有一路电源或一台泵失效的基础上。

在不同系统阻力损失的情况下，离心泵都应能单台或并联运行。泵的启动可以由主控制室配电盘或就地控制。所有消防泵的吸水管线按淹没式布置，以保证安全启动，其管径的确定要考虑在低压运行时流量增大的情况。

消防泵可与安全厂用水系统共用一个进水室。

当安装在原水系统的滤网网眼尺寸大于 1 mm 时，消防泵出水管上应设置自清过滤器。

消防泵在 SL-2 荷载时应仍能保持运行。

4.5.3.4.6 特殊情况

对于特殊情况，应进行如下处理：

a） 当厂址地形条件允许可建造高位消防水池，按重力流方式向消防水管网供水，因而可不需配置消防泵。在这种情况下，管网压力需与固定灭火系统运行所需的最低压力相一致。消防水池设置至少 2 个，可单个也可并联运行。在 SL-2 地震时仍能保持其完整性。

b） 对滨海厂址而言，消防泵取水自淡水池，一旦淡水用完，必要时也可考虑用海水。

c） 对设有安全厂用水冷却塔的厂址而言，每台消防泵可从与其为同一列的冷却塔集水池取水。集水池容量应能足以供给火灾延续 2 h 的消防用水量，并有适当裕量。

4.5.4 主疏散通道和疏散楼梯（楼梯、水平通道、门等）

4.5.4.1 主疏散通道和疏散楼梯

为便于人员疏散及消防队使用，应设置主疏散通道和疏散楼梯。有明显火灾危险的厂房应设置若干主疏散通道，并根据厂房布置进行合理安排。疏散楼梯间应为防烟楼梯间。

主疏散通道和疏散楼梯用它们各自的墙体分隔成为一个独立的防火小区（见 4.3.2.1.3），其功能如下：

a） 保证工作人员安全撤离；

b） 保证消防队员和消防设备进入并完成灭火任务；

c） 保证操纵员从主控制室撤向应急停堆盘控制室。

主疏散通道和疏散楼梯间的排烟方式：

a） 通过通风系统设计使疏散通道保持正压，确保门的密封性；

b） 排烟系统启动，着火房间形成负压（电气厂房）。

出现烟雾时，事故照明装置启动，使所有人员从主疏散通道撤离。

门应向疏散方向开启，并且确保门由于通风排烟系统运行而形成最大压差时仍能打开。

此外，应考虑门两侧由于通风系统或者排烟系统运行而形成最大压差时仍能保证打开。

主疏散通道的尺寸是根据通行人数及可能使用的救援设备（灭火器材，担架等）进行确定的。该尺寸是扣除门扇开启时占据的面积后得出的。

设定 0.6 m 为一个“通道宽度单元”。当通道只有一个疏散宽度单元时，其总宽度可从 0.6 m 加大到 0.9 m，当通道为两个疏散宽度单元时，其总宽度可从 1.2 m 加大到 1.4 m。

有关厂房中所需的主疏散通道总宽度不应低于表 2 所列数值。

表 2 主疏散通道总宽度

使用人数	主疏散通道累计总宽度（按通道宽度单元计）
1～20	1
21～100	2

使用人数按高峰期的工作人数确定，当各层人数不相等时，其楼梯总宽度应分层计算，下层楼梯总宽度按其上层人数最多的一层人数计算，但楼梯最小宽度不宜小于 1.1 m。

底层外门的总宽度，应按该层或该层以上人数最多的一层人数计算，但疏散门的最小净宽度不宜小于 0.9 m；疏散走道的净宽度不宜小于 1.4 m。

疏散通道（如平台、楼梯下的通道、管道和电缆桥架下面的通道）的通行高度不小于 2.2 m。

在无法满足特殊用途（设备运输、工具通行等）所需的尺寸时，应按需要增加尺寸。

4.5.4.2 电梯与工作梯

电梯与工作梯不应设在防火区内，火灾发生时不作为疏散安全出口使用。

消防电梯可与电梯或工作梯兼用，但应符合消防电梯的要求，并应保证在任何情况下都能运行。

4.5.4.3 供救援设备和消防器械用通道

厂区道路和厂房各入口应设置消防车道，使来自厂外的救援设备和消防器械能进入到离厂房最近的地点。

4.5.5 消防排烟系统

4.5.5.1 一般要求

4.5.5.1.1 自然排烟

采用自然排烟的厂房，排烟口的总面积应大于该防烟分区面积的 2%。自然排烟口底部距室内地面不应小于 2 m，应常开或发生火灾时自动打开。

4.5.5.1.2 机械排烟

应按照以下要求考虑并设置机械排烟：

a） 排烟系统可以是专设排烟系统、屋顶排烟口或者移动式排烟设备等形式；

b） 移动式排烟设备应采用标准接口，需要时通过标准接口与专设的消防通风系统相接，进行排烟；

c） 在无放射性危险且未设固定自动灭火设施的房间，正常通风不能满足排烟要求时，应设机械排烟设施；

d） 对火灾风险较大的房间，如汽轮机房、仓库等，在厂房顶部应设机械排烟装置；

e） 在放置大、中型转动机械用的冷却与润滑油回路和油箱的房间，或火灾时极难进入的房间应设置机械排烟系统。

4.5.5.1.3 排烟系统分区布置原则

不同防火分区内的排烟区应设置独立排烟系统。排烟风机的配电系统可以不受此限制。

4.5.5.2 固定机械排烟设计

固定机械排烟设计的基本原则：

a） 对未设自动灭火设施房间，其排烟容积宜为 350 m^3，最大容积不应超过 500 m^3。如果组成防火分区的房间容积超过该限值时应进行防烟分隔，以确保排烟系统的效能。

b） 对防火分区进行防烟分隔的门、挡烟垂壁、隔墙、突出底板不小于 500 mm 的梁等应具有耐火稳定性和阻烟作用。

c） 每个排烟区内均应设置排烟风口，排烟风口应安装在房间的顶部或墙的上部 1/3 高度处。

d） 排烟风口布置宜远离疏散出口，与疏散出口水平距离应大于 2 m。排烟风口有效作用水平距离不应大于 30 m。

e） 排烟风口的风速不宜大于 10 m/s。

f) 排烟风口与排风口合并设置时,风口所在通风支管接入排风(烟)系统时应设排烟阀。该排烟阀在排风(烟)系统转入排烟运行时,除着火防烟分区内的排烟阀处于开启状态外,其他排烟阀应处于关闭状态。每个排烟阀应设不受火灾影响的电动闭合位置开关。需要时,排烟阀的位置控制器应能给出该阀门处于开启终了位置时的位置指示信号。位置切换装置由耐火极限高的系统组成,以确保在火灾的初始阶段即投入工作。

g) 专设排烟系统中的排烟风口(或排烟阀)在正常情况下处于关闭状态。

h) 排烟风口(或排烟阀)的控制装置应位于防火区之外,以免操作装置受热气的影响。排烟风口(或排烟阀)应与火灾报警系统联动。其状态信号应统一送至主控制室,并进行显示。同时要求与通风系统控制盘、火灾信号显示盘、喷淋系统控制盘集中布置。

i) 排烟系统的排烟量计算,除本规范特别规定外,应符合以下要求:

1) 担负一个防烟分区或净空高度大于 6.00 m 的不划分防烟分区的房间排烟时,应按该部分总面积的每平方米不小于 60 m^3/h 计算,但排烟风机最小风量不应小于 7 200 m^3/h;

2) 担负二个或二个以上防烟分区排烟时,应按其中最大防烟分区面积每平方米不小于 120 m^3/h 计算。

j) 在排烟系统正常运行时,排烟区负压应不大于 80 Pa,应设置负压限制系统。在自然补风不能满足要求时,应设置机械补风系统,补风量不应小于排烟风量的 50%。

k) 管道支撑件及风管的耐火等级应具有与所贯穿的房间相一致的耐火性能。钢制排烟风管的钢板厚度不应小于 1.0 mm。

l) 排烟管道不宜穿越不同防火分区。当布置上要求排烟管道必须穿越不同防火分区时,排烟风管的耐火极限应不小于 1.5 h。

m) 排烟风机根据设计要求确定为核级或非核级风机,可以选用离心式风机或轴流风机;排烟风机应在烟气温度 280 ℃时能连续工作 30 min;排烟风机应采用不燃材料制作。

n) 排烟风机应与排烟风口或排烟阀联动,当任一排烟风口或排烟阀开启时,系统应转为排烟工作状态,排烟风机自动切换至排烟工况;当烟气温度大于 280 ℃时,排烟风机应随设置在风机入口处的 280 ℃排烟防火阀的关闭而自动关闭。

4.5.5.3 电气厂房排烟

电气厂房排烟的基本要求:

a) 在装有电气设备及含有 PVC 绝缘材料电缆的房间发生火灾时,火灾探测信号能够自动切断房间的正常通风系统,并将该房间接入排烟系统;

b) 未设自动灭火装置房间的排烟系统正常运行时,该房间相对于邻近房间应维持的最小负压为 20 Pa;

c) 设置自动灭火装置房间的排烟换气次数应按不小于 10 次/h 进行设计。在发生火灾时能在 3 min~5 min内排除室内烟气。

4.5.5.4 金属结构空间排烟

为了保护厂房(例如汽轮机厂房)的金属结构,在发生火灾时,采用自然排烟或机械排烟等措施,确保热气及烟雾排出,并应满足 4.3.2.3.7 金属结构屋面章节的相关规定。

4.5.5.5 主疏散通道和疏散楼梯间的防烟

为确保火灾时烟雾不进入疏散通道及疏散楼梯间,应采用正压送风系统或在有火灾荷载房间内设置通风排烟系统以保证疏散通道及楼梯间与相对邻近的房间处于微弱正压。采用正压送风系统时,应满足 GB 50045 的相关要求。

4.5.6 火灾警报系统

4.5.6.1 声警报系统

EJ/T 637—1992 中 3.2 有关警报编码的规定适用于核电厂实施撤离行动。

对于听不见警报的经常有人员停留的房间应设置光警报装置。

4.5.6.2 信标系统

人员按照信标系统指示撤离。该信标系统由闪烁发光板构成，在一些特殊的地方增设闪光加音响信号。在事件或事故情况下，围灯亮时禁止靠近主厂房。

鉴于随时可能发生能见度差的现象，因此所使用的信标板应用反光材料制成，并符合“安全颜色和信号”相关标准。在这些板上可外加反光漆带。

反应堆厂房的信标系统应把人员导向气闸门以便缩短撤离行动所需要的时间。

4.5.6.3 火灾应急广播系统

火灾应急广播系统应为厂区广播系统功能的一部分，可通过控制台发布火灾情况下的指挥、调度和人员疏散的指令。

4.5.6.4 消防通信系统

4.5.6.4.1 消防专用电话

设置消防专用电话的原则是：

a) 消防专用电话网络应为独立的消防通信系统；
b) 主控制室应设置消防专用电话总机，且宜选择共电式电话总机或对讲通信电话设备；
c) 应按下列部位设置电话分机或电话塞孔：
   ——消防水泵房、备用发电机房、配变电室、主要通风和空调机房、排烟机房及其他与消防联动控制有关的且经常有人值班的机房；
   ——灭火系统操作装置处或主控制室；
   ——消防站、消防值班室。

消防电话系统的通信电缆宜采用耐火电缆，线路配件为难燃材料。

4.5.6.4.2 与厂内消防队员的联系方式

夜班运行人员只需一次操作就可通过电话通知在家的电厂义务消防队员。

通过厂区的无线寻呼、运行电话、无线集群电话等通信系统能够保证在最快的时间内与一名不在岗位上的预先指定的或灭火时所需的人通话。

4.5.6.4.3 与厂外消防队的联系方式

与厂外消防队的联系应有三种方法：

a) 从电厂每个机组的主控制室用直通电话直接联系；
b) 从与公共电话通讯网联系的每个机组的各个岗位上的话机通过两条不同线路至电厂的自动交换台对外联系；
c) 电厂保安楼、消防站与消防车之间用无线电联系。

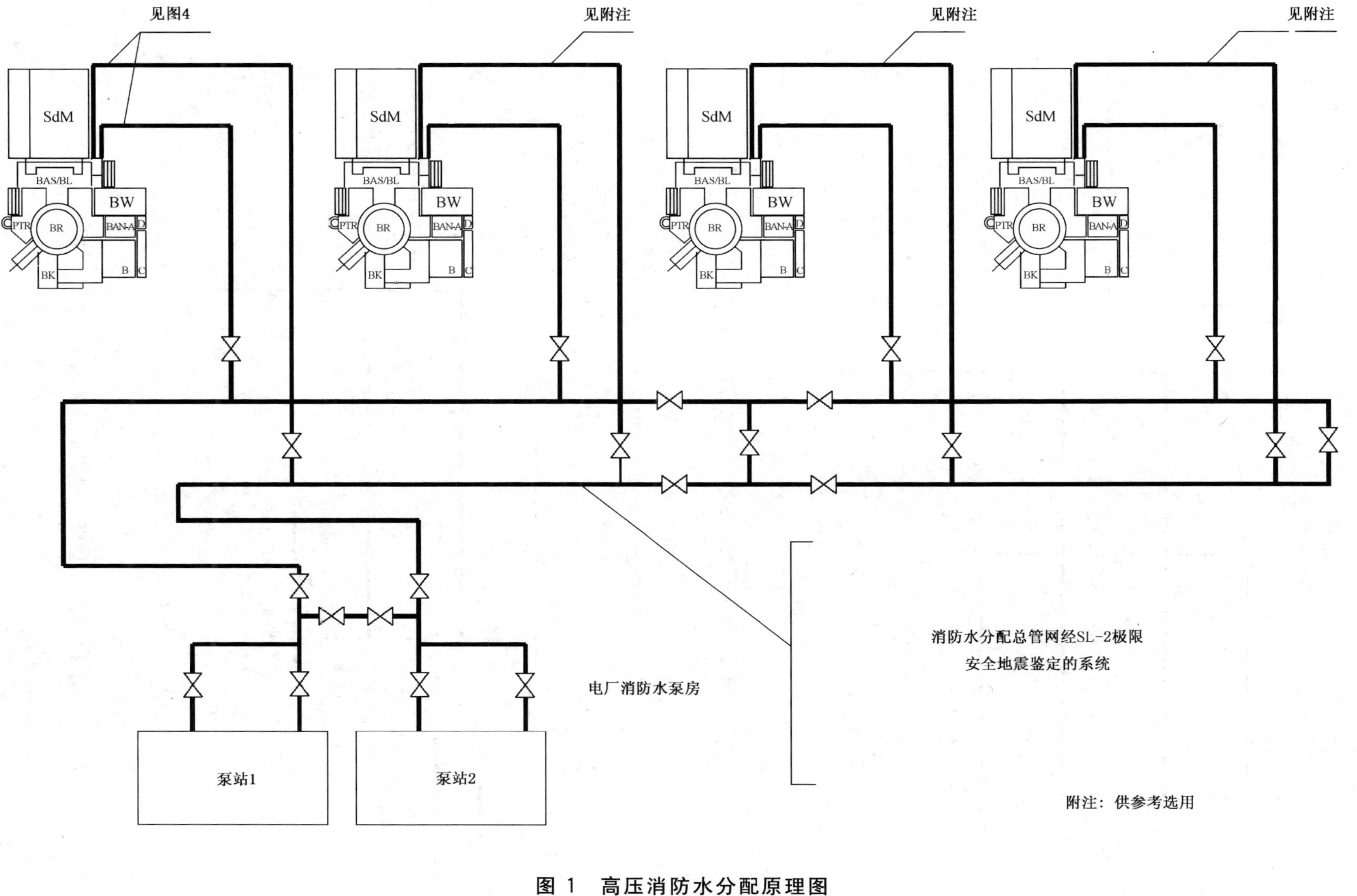

图 1 高压消防水分配原理图

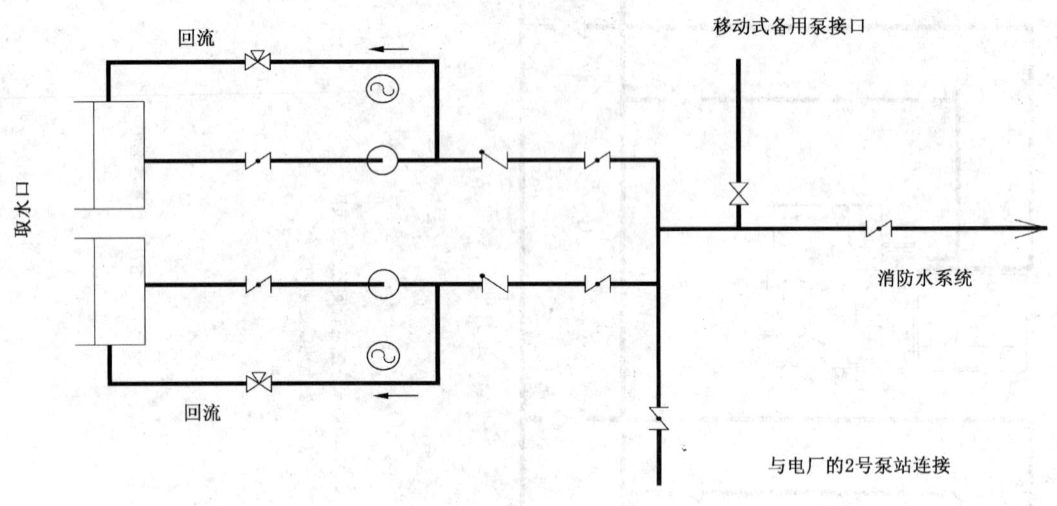

图 2　河边厂址每台机组的消防供水系统原理图

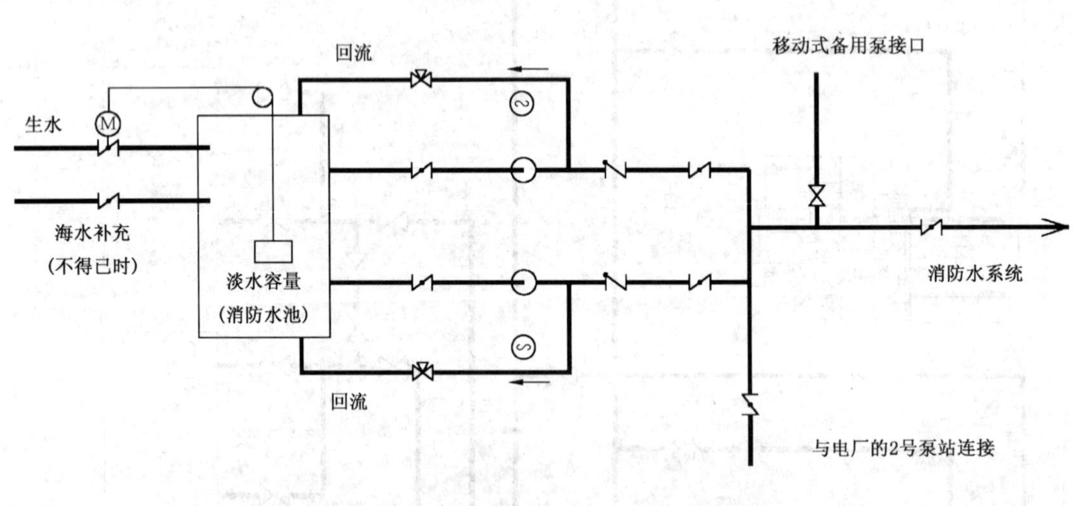

图 3　滨海厂址每台机组的消防供水系统原理图

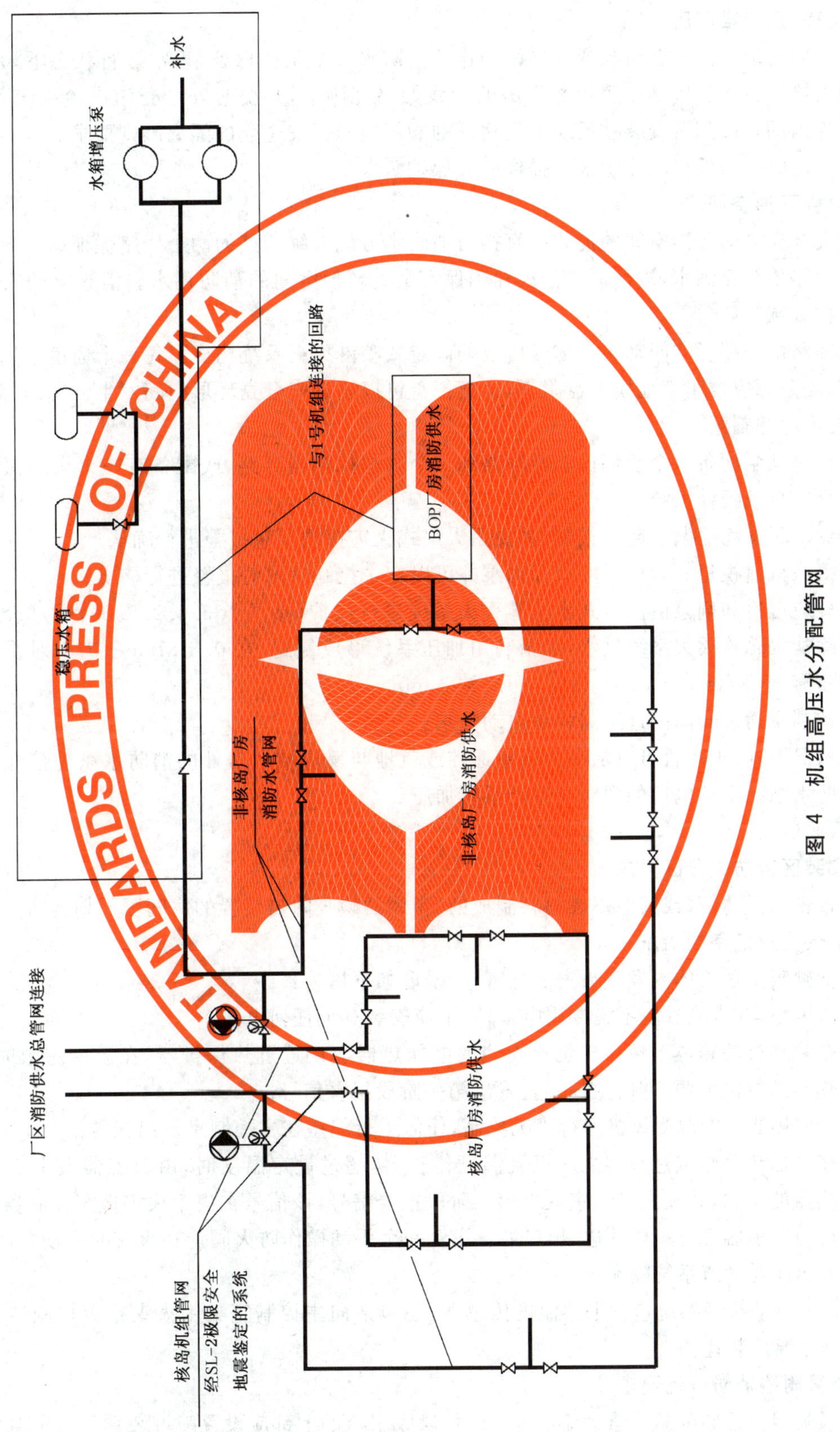

图 4 机组高压水分配管网

5 厂房与设备的消防措施

5.1 安全壳(反应堆厂房)

安全壳内的消防由复合材料或不锈钢制作的消防水分配系统保证,正常运行状态下,系统为空管,并配有消火栓。由于反应堆厂房相邻厂房的管线始终充满水,必要时安全壳消火栓系统可与其相接。位于安全壳内的止回阀及安装在反应堆厂房外的阀门应确保安全壳的隔离准则要求。

该回路同时也为反应堆冷却剂泵提供防火保护。

5.2 安全壳环形空间

双层安全壳之间环形空间的消防由直接与消防水分配系统相接的两个回路保证。

第一回路始终充满水,以便通过消火栓确保安全壳环形空间的消防用水。消火栓的安装应覆盖所有的受保护区域。

第二回路由为环形空间动力电缆区所设的固定式喷淋灭火系统构成。每一个通道采用自动喷水灭火设备,其隔离阀应位于就地模拟盘附近,该模拟盘可以确定安全壳环形空间发生火灾的部位。

5.3 反应堆冷却剂泵

每一台电动泵配备一个感烟探测器环路和一个火焰探测器环路,或配备有一个火焰探测器环路及空气采样火灾自动报警系统。

为避免由于蒸汽泄漏引起误报警,需要用火焰式火灾探测器对报警进行确认。

电视摄像机监视每一台反应堆冷却剂泵并可以在主控制室内对报警进行核实。

每台反应堆冷却剂泵由固定式水喷雾灭火系统进行保护(参见4.5.3.2.5.3),通过设置在与泵不同房间的除盐水箱给灭火系统供水,水箱利用加压系统形成氮封,在0.8 MPa压力下对受保护的面积提供自动喷雾15 L/(min·m^2)的流量,历时约3 min。

从主控制室通过阀门的远距离控制启动喷水。

紧急情况下,喷水环管可以从主控制室遥控或就地与反应堆厂房外的消防水系统接通,此时,反应堆厂房消防水系统由核电厂的消防水生产系统加压。

5.4 碘吸附器

5.4.1 安装区域防火分区要求

安装带密封不锈钢(或其他不燃材料制成的)箱体的碘吸附器装置的房间可不划为防火区。

5.4.2 降低火灾危害的措施

为降低碘吸附器箱体内发生火灾的危害,应采取如下措施:

a) 通风小室内,除过滤系统专用电缆外,不应安装其他任何电缆。
b) 在紧靠过滤箱体上游入口位置安装的电加热器上设置过热保护器,在温度超限时,切断电加热器的供电电源,并向主控制室发出第一阶段报警信号。
c) 电加热器的电源受风机运行工况控制,任何运行偏差在主控制室发出报警信号。
d) 在电加热器与碘过滤器之间设置温度传感器,超过设定温度时,由温控器发出信号切断电加热器的电源,并在主控制室发出第二阶段报警信号,该信号在集中火灾报警控制器上显示。
e) 在碘吸附器密封箱体的进、出口处各设置一个手动操作防火阀。在火灾时手动关闭,将碘吸附器箱体与管道系统隔离。
f) 火灾自动报警系统包含上述温度传感器,还包括向主控制室集中火灾报警控制器发出报警信号的温控装置。

5.4.3 碘吸附器消防设计要求

在碘吸附器活性碳的总装量大于100 kg时,碘吸附器的上部应设置喷淋装置。为了避免喷淋误动作,该喷淋装置不应与核岛消防水系统直接连通。在需要时,由消防人员使用软管接至专设的消火栓上。消火栓与碘吸附器的距离应小于10 m。

5.5 上充泵房

上充泵安装在一个构成防火区的房间内。在失去安全电源时，为反应堆冷却剂泵提供密封水的试验泵也安装在该房间内。每台泵之间设置的屏障构成独立的防火区。

火灾探测由感烟探测器和火焰探测器组成的双重探测保证。电视摄像机监视每一台上充泵并可以在主控制室内对报警进行核实。

喷淋灭火系统配备有易熔金属喷头，系统由消防水分配总网供水，安装在每台泵的上方，确保受保护面积具有 15 L/(min・m²)的喷淋强度。

试验泵也受到同样的保护。

应在该泵房外易于操作的地点设置消火栓和移动式灭火器。

5.6 安全注入泵和蒸汽发生器辅助给水泵

两个系列的泵安装在不同的防火分区内。

这些泵的监测与上充泵的监测相同。

蒸汽发生器辅助给水泵的消防由水喷淋灭火系统保证。喷水灭火系统配备有易熔金属喷头，系统由消防水分配总网供水，安装在每台泵的上方，确保受保护面积具有 15 L/(min・m²)的喷淋强度。

应在该泵房外易于操作的地点设置消火栓和移动式灭火器。

5.7 柴油发电机厂房

柴油发电机房及燃油箱厂房都设有两种探测器，火焰探测器和感烟探测器。

每台柴油机宜由添加有 AFFF(水成膜泡沫灭火剂)的消防水管网进行保护。该预作用管网配备有喷头，喷头的布置应可以覆盖整个受保护面积，喷淋强度为 10 L/(min・m²)。

管网通过一个阀门与总管网连接，阀门在正常状态下关闭，阀门的开启由火灾自动报警系统控制。

喷淋可以通过可接近的阀门手动停止。

油箱保护宜由添加有 AFFF 的消防水系统确保，该雨淋系统管网配备有开式喷头，确保至少 6.5 L/(min・m²)的喷淋强度。

管网通过一个阀门与总管网连接，阀门在正常情况下关闭，阀门的开启由双重火灾自动报警系统控制。

应在该厂房外易于操作的地点设置消火栓和移动式灭火器。

5.8 电气厂房

5.8.1 总则

电气厂房的消防要遵守下列原则：

a) 用耐火极限为 90 min 的墙对每一楼层的防火区进行分隔；

b) 用耐火极限为 90 min 的墙对每层的 A 通道和 B 通道进行隔离；

c) 仅在特殊情况和必要时对分隔 2 个系列的隔墙设置由行程终端开关进行遥控的门；

d) 配电盘电缆的引进和引出应敷设在较低的部位；

e) 不同房间与通风系统的连接应符合 4.3.2.2.3 的建议；

f) 火灾荷载密度大于 400 MJ/m² 的房间应与排烟系统连接；

g) 主控制室应保持正压，防止烟雾侵入；

h) 电气厂房出入口通道应作为安全疏散出口考虑；

i) 主疏散通道相对于邻近房间应受保护；

j) 使用固定灭火系统对电缆层进行保护；

k) 电气设备房间用安装在附近的消火栓进行防火保护；

l) 在电气厂房所有楼层、楼梯间均设有消火栓，它与核岛消防水分配系统管网的立管连接。立管一直保持充水状态。

5.8.2 继电器室

由于这些房间的设备对运行很重要，当发出火警探测信号后，操作员要派人去现场确认火灾的发生。如果火灾已得到确认，则反应堆值长要触发紧急停堆。

在初始阶段，消防人员将使用便携式和移动式消防设备控制火势。

在第二阶段，如果控制不住火情，消防人员在征得反应堆值长同意后应启动对应上述房间的固定灭火系统，打开相应的隔离阀。

喷水只有在闭式喷头已打开的区域内进行。

应在该房间外易于操作的地点设置消火栓和移动式灭火器。

对于敷设在该房间不执行或终止安全功能的电缆，应尽可能降低可燃物的火灾荷载。

5.8.3 主控制室

由于主控制室的重要性，主控制室为相对独立的防火区，与其他电气房间隔离，此措施能防止热气、火焰和烟气侵入给主控制室带来的影响。

因为操纵员经常居留在主控制室内，同时控制台内的火灾风险有限，因此在主控制室内采取手动消防的措施，配备有移动式灭火器，主控制室外设有消火栓，操作人员可根据情况采取有效措施扑灭火灾。

应在该房间外易于操作的地点设置消火栓和移动式灭火器。

主控制室机柜内应设置火灾自动报警系统，可采用点式感烟探测器、空气采样感烟探测器等探测手段，当火灾确认时，应在就地和控制器上发出声光火灾报警信号。

5.8.4 反应堆保护模拟机柜间

该房间是系列 A 和系列 B 电缆通向控制台的交汇区。该房间设在主控制室下面并设置了使用洁净气体的消防装置。这种装置的控制设备设在房间外面靠近门处，手动操作。

5.9 氢气危险区

含有大量氢气设备的区域，在事故泄漏的情况下有潜在的爆炸危险。

对于核岛，有关设备为：

a) 蓄电池间及氢分配系统；

b) 容积控制箱和化容系统的阀门；

c) 硼回收系统暂存波动箱；

d) 含氢废气处理系统和衰变波动箱；

e) 废气处理系统压缩机；

f) 废气处理系统贮存箱。

各种箱体、压缩机和阀门部件要设置在相互隔开的房间内。

废气处理系统的贮存箱和隔离阀应串联安装在通风的房间内，房间内不应装有任何电气设备，否则应设有防爆装置。

对于废气处理系统各阀门、贮存箱的房间和容积控制箱间的换气次数至少为 4 次/h，以确保空气中氢浓度低于 4%。

在安装氢气探测器和防爆电气设备的其他一些房间，如果含有大量氢气（约 1%），废气处理系统的压缩机就应停止工作。

氢气危险区之间的通风转送口以及排风口应设置在紧靠天花板处。

决不允许将空气从有氢气危险的房间直接转输到无氢气的房间。

应在该房间外易于操作的地点设置消火栓和移动式灭火器。

通风系统的丧失应引起主控制室报警。

5.10 电气厂房排烟系统

电气厂房排烟系统的一般设计原则如下：

a) 电气厂房的排烟系统应按两个独立的系列进行设计。

b) 在电厂排烟系统中，仅与同一安全系列相关的所有房间应设置为一个排烟系统。每个排烟系统配备单台电动排烟风机。电动排烟风机则由另一安全系列的柴油发电机的应急电源开关盘供电。

c) 电气厂房设计两路排烟系统，排烟风机安装在电气厂房的上部。两路排烟系统通过一小段风管相连通，并配置一套控制风阀组。通过控制风阀的开关，不仅可以使一个回路的风机作为另一个回路的备用，而且还可以通过启动两台风机，将两套排烟系统同时投入运行。

d) 在上述连通方案不可行时，也可在每个排烟系统设置备用风机，以获得相同的运行工况。

e) 排烟管道的设计布置要满足电气连接的隔离准则，确保形成两条完全隔开的排烟系统，即A系列和B系列。

f) 每个排烟阀可由火灾探测信号自动启动或在主控制室通过按钮遥控启动。系统带电运行时，所有控制器都应起作用。

g) 风机的控制按钮安装在火灾报警盘上，火灾报警盘设在主控制室。

5.11 汽轮机厂房

5.11.1 一般要求

汽轮机厂房火灾危险一方面来源于装有可燃流体并有可能出现泄漏的回路，另一方面来源于载有高温流体的管道以及某些机器的高温壁面。

防火基本原则：

a) 设置疏散通道。

b) 遵守本标准规定的原则，建立防火区。

c) 设置可收集可燃液体泄漏的装置。

d) 汽机房室内消防竖管应在底层或运转层由水平管构成环状。在汽机大厅运行层楼板以下形成了一个闭合消防水环路。

汽轮机厂房应与包含安全相关设备的相邻构筑物用最小耐火极限为3 h的防火屏障进行分隔。

5.11.2 汽轮发电机组

汽轮机厂房内大部分火灾是由汽轮发电机组造成，原因是由于油的泄漏，造成管道或壁面保温材料被油浸透。另一个原因是在通风不良场所，使油蒸汽聚积在高温的表面上或最终有氢泄漏造成火灾。

5.11.2.1 油箱

油箱要安装在小室内的一个漏油盘上，在汽轮机厂房内单独构成一个防火区。

油箱面要高出构成漏油槽的房间地面。该泄漏油槽通过设置有防止火焰传播装置(排油)的管道与油收集槽相接。此外，该管道在顶部还装有一个探测装置，用于探测地坑内是否有液体存在。泄漏槽的容量应考虑消防水的引入。构成油箱间的房间应有两个出口。

油箱间要通风，以维持辅助设备或控制设备正常运行的温度。另外，应设一个装置，在发生火灾时，可以将热气和烟雾排向不会对设备造成损坏的区域。

防火阀应布置在通风口上，尤其应布置在排风口上。

电机应确保在水喷淋下能够运行。

a) 探测

火灾探测可选用火焰、感烟等探测器。

b) 灭火

采用固定水喷雾灭火系统，喷水强度为15 L/(min·m^2)。

移动式干粉灭火器设置在入口处。

5.11.2.2 离心过滤机

5.11.2.2.1 设计

离心过滤机及其配件应布置在油箱房间内的泄漏油盘上。

离心过滤机为防止运行故障应设置以下安全装置：

a） 一个能破坏虹吸作用的油箱的输油管道；

b） 离心过滤机转筒排空监测系统；

c） 出油管流量监控系统。

5.11.2.2.2 **探测**

离心过滤机与油箱属于同一组成部分，设有火焰、感烟探测器。

5.11.2.2.3 **灭火**

离心过滤机是由移动式灭火器以及为汽轮发电机组油箱设置的喷水消防系统进行保证。

5.11.2.3 **润滑油系统及顶轴油系统**

5.11.2.3.1 **设计**

管道的设计应做到：

a） 避免把油管安装在蒸汽管附近；当不可避免地要安装在蒸汽管附近时，在两管之间要设置保温隔热垫层。如果不可行，则在蒸汽管保温材料上放置一个密封保护套。

b） 最大程度地寻求操作灵活性。

c） 避免靠近电缆桥架。

d） 管道最好采用焊接。

e） 尽量减少接头。

f） 对于设备采用带槽法兰盘连接。

g） 避免或最大限度减少软管的使用。

h） 采用不锈钢阀门。

承压的油分配总管网采用双层套管。

5.11.2.3.2 **探测**

当汽轮机设有罩壳时，在轴承上方应设置感烟火灾探测器。

火焰探测器布置在汽机进汽阀区域内。

5.11.2.3.3 **灭火**

可通过布置在汽轮机厂房附近的移动式灭火装置进行灭火。

5.11.2.4 **液压调节系统**

应使用一种抗燃油的特殊调节流体。

5.11.2.4.1 **设计**

装有液压调节流体的容器应与润滑油箱分开布置。

5.11.2.4.2 **探测**

与油箱的保护措施相同。

5.11.2.4.3 **灭火**

采用移动式灭火器和消火栓进行灭火。

5.11.3 **交流发电机**

交流发电机消防主要涉及到氢气二次降压站和油处理站。

5.11.3.1 **设计**

有关的场所应用栅栏进行隔离，以避免可能泄漏氢气的聚积及禁止工作人员自由进入。

对于油处理站的防火应按照5.11.2.3中规定的原则进行设计。

非防爆电气设备应安装在自然通风的区域内，该区域内严禁有氢气的聚积。

一次减压站和二次减压站之间由安装于双层套管内的一根管道连接，配件是靠密封焊连接的。位于套管上的旁通管咀应配备有一个压力开关，管咀布置在处于露天的一次降压站的附近。

用于把压力升高信号传递到主控制室的压力开关与大气中可燃气体测定仪相比更要考虑其可靠性，因此压力开关需要特别加强维修。

5.11.3.2　**探测**

用火焰探测器进行探测。

5.11.3.3　**灭火**

在发电机房附近设置：

——消火栓；

——干粉灭火器。

5.11.4　**主给水泵**

对于每一台主给水泵都设有一个润滑油箱。

油箱安装在设有防火堤的隔间内，其容量考虑了消防水的注入量。

由火焰探测器进行探测。

在零标高处设有移动式消防器材，但主要还应使用自动灭火系统对油箱进行保护。

油系统的设计类同于主汽轮机的设计，即：

a)　漏油的收集与排放；

b)　管道采用焊接；

c)　管道布置要考虑与热点的关系；

d)　由于振动危险，仅在必需时才可使用软管；

e)　只能使用不锈钢制阀门。

5.12　**变压器**

5.12.1　**设计**

5.12.1.1　**油的包容**

油的包容是通过在变压器本体周围建造一个掩蔽挡墙来实现的，它可以确保以下两个功能：

a)　当变压器上部发生爆炸时，通过加高挡墙防止热油喷向四周环境及挡住输出端子的跌落，高挡墙上顶标高应根据变压器油箱顶以45°的喷射角来确定；

b)　当变压器下部油箱爆裂时，直接或经由排油沟通向变压器下部的漏油收集坑，防止油向四周环境漫流，其容积应暂时能容纳变压器油箱内的油量及五分钟水喷雾消防的用水量。

该掩体有一面是可拆卸的，用于可能的维修。掩体的耐火稳定性应等于或大于将油排向废油系统所需的时间。

同时，所有的贯穿孔及开口处（电缆沟、通风格栅、门等）应密封，或应安装在高于漏油收集坑上油位以上的标高处。

5.12.1.2　**漏油排放**

漏油收集坑的油通过重力排放到废油系统。排油管径建议为300 mm。

流入沉淀器/油水分离器或油捕集器的集油坑的管子，应布置在最低水位或剩余油位以下。

5.12.2　**探测**

如果变压器相位是分开的，则每个相位变压器都应配备一个由热敏元件组成的探测系统，这些探测器合理地布置在变压器油箱及其相连的油路周围。

设施包括：

a)　通常调节在120 ℃的恒温探测器；

b)　一个机柜，其中包括各种转换开关和自动控制器。该机柜安装在变压器掩体的外部。

探测系统的作用：

a)　当变压器着火时，探测系统立即报警；

b)　自动启动水喷雾灭火系统。

5.12.3　**灭火**

5.12.3.1　**固定灭火设施**

灭火系统是由配备有水雾喷头的喷雾管网构成，水雾喷头为分布和定向型两种布置，以便覆盖变压器及其油路系统。这些喷淋管由消防水分配系统供水。

在变压器油箱的上部和下部各装置有喷雾管网。

如果变压器的相位是分开的，每个相位的消防系统应是独立的。当采用添加 AFFF 添加剂的水喷雾灭火系统时：

a) 系统特性：

喷雾强度为 20 L/(min·m^2)。

消防水添加有 AFFF 乳化剂，配比为 3%，其最低极限使用温度应不低于 −15 ℃。

应使用文丘里管式吸入器进行配比。

储存在单个容器内的乳化器的容量可以根据配置情况为几个管网公用。在这种情况下，容积应根据计算进行确定，以便在最不利的情况下，确保 5 min 喷雾的用量要求。

当采用水喷雾灭火系统时，符合国家标准 GB 50219 的规定。

b) 运行逻辑：

灭火装置由火灾自动报警系统进行控制。火灾探测触发 3 个动作：在主控制室报警；当管路静压不足时，自动启动消防水生产系统的消防水泵(或专门的升压泵)；自动开启与探测系统连锁的系统阀门。

在正常运行情况下，掺加添加剂的水喷雾灭火系统启动大约 5 min 之后，"乳化液低液位"信号直接触发阀门，阀门自动关闭。

当火灾后需要进一步冷却、清理时，喷雾装置应可以重新启动。

自动阀门应能就地手动操作。

当可能发生火灾自动报警系统故障时，自动灭火装置应能就地手动控制。

每个探测系统接线箱上布置有"紧急操作按钮"，使有可能启动自动运行逻辑。

不需要对邻近相位的变压器进行冷却，如需要，可使用移动灭火装置。

5.12.3.2 移动式灭火装置

在变压器起火后，使用消防车可以作为固定消防系统的补充，移动式灭火装置应使用乳化液(喷沫枪、泡沫枪等)。使用淡水的移动式灭火装置应保持变压器外部设备的冷却。

5.12.3.3 用于试验的装置

禁止用水对自动阀门后的喷雾管路进行定期检查。

试验仅限于以下检查：

——运行逻辑必需的设备是否正常运行；

——通过为试验设置的一个或几个管咀注入压缩空气，对系统的状态进行检查。

5.13 金属结构屋面的喷洒装置

当厂房屋面面积大于 100 m^2，底部楼层装有较大火灾危害性的材料设备时，应在厂房屋面上设置一个流量为 1 L/(min·m^2)的喷雾装置。每个喷雾组由厂房上部楼层的一根空立管(正常情况下)进行供水。发生火灾时，在可接近地方设有阀门保证隔离。在阀门下游的低点设有不用隔离的放空阀，防止管路发生冰冻。

5.14 冷却塔

5.14.1 主冷却塔

5.14.1.1 设计

冷却塔的设计可以是自然通风或机械通风，也可以是逆流或横流通风方式。

在任何情况下主要构筑物都为钢筋混凝土结构。

冷却水通过喷淋器系统喷洒，它是由不燃塑料部件构成的。

在逆流自然通风的冷却塔内，喷淋洒水系统上部应设置内部人行通道，以便在停运阶段，维修人员可以通行，必要时消防人员也可以通过。人行通道应为消防队员提供撤离条件。为此，这些通道应通向两个门，两门之间应有足够的距离，并能提供通向直达地面的通道。

5.14.1.2 灭火

对于不同的冷却塔采用如下消防措施：

a) 自然通风冷却塔

在逆流或横流通风冷却塔内使用的难燃聚氯乙烯板条滴水喷淋系统不需要任何消防。

在机组停运维修期间，塔内火灾危险性最大，应在冷却塔走道附近设置足够数量的吸气面罩。

b) 机械通风冷却塔

在每个塔的中央布置一个消火栓。用于扑救设置在风机与传动电机之间的齿轮减速器油盘在排空或注油操作过程中可能产生的火灾。

5.14.2 核岛安全厂用水系统管廊及冷却塔

5.14.2.1 一般要求

这些部位属于核岛的一部分，因此，对于火灾危险，所有与核岛相同的规定都适用。

5.14.2.2 非能动防火措施——防火分区

每个“管廊-冷却塔”构成一个防火安全区。该防火安全区又被划分为：4 个限制不可用性的防火区(管廊-电缆层-电气设备间-泵房)和 1 个防火小区(剩余的其他房间)。疏散通道通往电气间和泵房。

5.14.2.3 探测

火灾探测采用火焰探测器和感烟探测器。

5.14.2.4 灭火

管廊和电缆层由水喷淋灭火系统进行保护。电气设备间和其他房间由消火栓进行保护。

5.15 油和油脂贮存间

贮存间应布置在核电厂发生火灾和火灾传播可能性较小的区域内。

房间承重构件具有的耐火极限应为 2 h。

与另一个厂房毗邻的建筑物，要求其间隔墙的耐火极限为 2 h。

设在集油坑上的油槽应可接近以便清洗。

油管连接应采用焊接方式。

与油收集系统相接的地沟应防止泄漏的油和水流入污水系统。

贮存间配备有感烟探测器和火焰探测器。

灭火采用水喷雾灭火系统。喷头的布置应可以同时覆盖油槽的上部及其侧壁以及架子上的一些小油罐[按展开面积的喷雾强度为 15 L/(min · m^2)]。

还应设置灭火器和消火栓。

6 质量保证

6.1 标准

应制定防火质量保证大纲，其内容应遵循 HAF 003 所提出的原则和要求，并参照 HAD 003/03、HAD 003/02、HAD 003/04、HAD 003/06、HAD 003/07 和 HAD 003/09 中的有关规定。

6.2 目的

从核电厂设计开始，在核电厂整个建造期间及运行寿期和退役期间都应执行防火质量保证大纲，从而保证：

a) 设计能满足防火要求。

b) 各种防火材料和设备均能满足核电厂防火设计所提出的采购技术文件的要求。应对火灾探测和灭火设备进行鉴定，确认它们能完成其预期功能。火灾探测和灭火设备应采用成熟的型号，新研制的设备和灭火剂应经过试验鉴定。

c) 所有火灾自动报警系统和灭火系统的材料、设备应按照有关标准要求进行设计、制造和安装，并且能按程序完成投入使用前的试验和启动试验。

d) 在建造和运行期间,如发生影响安全重要物项的火灾,应评价该火灾所造成的影响,以保证该安全重要物项能达到设计所要求的性能。

e) 实施各种防火规程,按核电厂运行要求试验火灾自动报警系统和灭火系统,并且保证这些系统和设备是可靠的。应对消防系统和设备的操作及其使用人员进行培训。

6.3 行政管理

对于行政管理有以下要求:

a) 装核燃料之前,应对所有防火分区进行全面检查。所有与正常运行无关的杂物及其他临时可燃物都应清理出各防火分区。

b) 对所有可能危及消防系统运行及防火分区完整性的工程应进行监督。

c) 有火灾潜在危险的工作应在监控下进行施工,相关的消防设备应能随时投入使用,消防人员应时刻准备灭火。

d) 火灾自动报警系统和灭火系统的设备应按规定进行定期试验和检查(参见附录E)。

7 火灾危害性分析

7.1 目的

遵照HAD 102/11的要求,对核岛厂房防火设计需编制火灾危害性分析报告,以验证设计所采取的非能动和能动防火措施能满足核电厂总体防火安全目标。

7.2 火灾危害性分析报告

火灾危害性分析报告按照EJ/T 1217《核动力厂火灾危害性分析指南》要求的格式和内容、方法进行编制。

附 录 A
（资料性附录）
规 范 标 准

GB 5907—1986	消防基本术语　第一部分
GB/T 14107—1993	消防基本术语　第二部分
GB 50016—2006	建筑设计防火规范
GB 50084—2001	自动喷水灭火系统设计规范(2005 年版)
GB 50151—1992	低倍数泡沫灭火系统设计规范(2000 年版)
GB 50193—1993	二氧化碳灭火系统设计规范
GB 50219—1995	水喷雾灭火系统设计规范
GB 50229—2006	火力发电厂与变电站设计防火规范
GB 50140—2005	建筑灭火器配置设计规范
GB 50370—2005	气体灭火系统设计规范
GB 50116—1998	火灾自动报警系统设计规范
GB/T 7633—1987	门和卷帘的耐火试验方法
GB/T 5963—1995	反应堆保护系统的隔离准则
GB/T 13286—2001	核电厂安全级电气设备和电路独立性准则
GB/T 12788—2000	核电厂安全级电力系统准则
GB/T 18380.1～3—2001	电缆在火焰条件下的燃烧试验
GB/T 4083—2005	核反应堆保护系统安全准则
GB/T 16702—1996	压水堆核电厂核岛机械设备设计规范
EJ/T 637—1992	核电厂安全有关通信系统
EJ/T 1217—2007	核动力厂火灾危害性分析指南

附　录　B
（规范性附录）
抗　震　鉴　定

系统设备抗震(SL-2)见表B.1。

表B.1　系统设备抗震(SL-2)

系　　统	部　　件	地震后的功能	鉴　　定
探测(核岛部分)	探测器 系统管道 多点探测器电动抽风扇 箱 控制盘	可运行性 功能性 可运行性 可运行性 可运行性	抗震鉴定[a] 抗震鉴定 抗震鉴定 抗震鉴定 抗震鉴定
消防供水系统	泵前消防水池 泵 阀 传感器 直至隔离阀的管道	功能性 可运行性 可运行性 可运行性 功能性	D级准则[b] 抗震鉴定 抗震鉴定 抗震鉴定 D级准则
核岛消防 (包括电气厂房消防系统、核岛消防系统和柴油发电机厂房消防系统)	阀门 水箱 管道 传感器	可运行性 功能性 功能性 可运行性	抗震鉴定 D级准则 D级准则 抗震鉴定
通风(核岛部分)	阀 风道	可运行性 完整性	抗震鉴定 抗震鉴定
排烟[c](核岛部分)	风道 阀 风机	完整性 完整性 完整性	抗震鉴定 抗震鉴定 抗震鉴定
上充泵排烟通风/控制(核岛部分)	风道 防火阀	完整性 可运行性	抗震鉴定 抗震鉴定
电缆通道的防火[c]	防火套	完整性	抗震鉴定
核岛内可移动灭火器具	灭火器 水龙带绕筒	可运行性 隔离阀可运行性	由消防队员在隔离阀处连接
安全防火分区边界设施	防火墙 防火门	完整性 完整性	抗震鉴定 抗震鉴定
	贯穿件[c]	完整性	抗震鉴定

[a] 鉴定、试验或计算。

[b] GB/T 16702《压水堆核电厂核岛机械设备设计规范》中有定义。

[c] “完整性”是指:该系统设备在地震时不会向下跌落而损害执行安全功能设备。

附 录 C
（规范性附录）
防火贯穿孔封堵的水密封性试验

C.1 目的和适用范围

对由喷水灭火系统引发的积水或射流水现象，本试验规定了贯穿防火封堵组件的一般水密封性试验要求。

本试验适用于核电厂的电缆和管道贯穿防火封堵组件的一般水密性的测定，不适用于对贯穿防火封堵组件水密封性有特殊要求的测试。

C.2 试验室试验

C.2.1 设备

C.2.1.1 电缆贯穿防火封堵组件的水密封性试验的主要设备如下：

——被试验的贯穿防火封堵组件，其中电缆的布置应符合实际工程对电缆布置的要求；

——积水装置，可使被试验的贯穿防火封堵组件置于相当于水层厚度 15 cm 的条件下（试验时的最小水层厚度）；

——水回收箱；

——喷水装置，用于向组件喷水，喷水强度为 10 L/(min·m^2)。

C.2.1.2 管道贯穿防火封堵组件的水密封性试验的主要设备如下：

——被试验的贯穿防火封堵组件，其中贯穿物管道可用钢棒替代；

——积水装置，可使封堵试样置于相当于水层厚度 2 m 的条件下（试验时的最小水层厚度）；

——水回收箱。

C.2.2 贯穿防火封堵组件的制备

C.2.2.1 尺寸和制作

采用的贯穿防火封堵组件应综合考虑贯穿物的类型和尺寸、贯穿孔口及其环形间隙大小、被贯穿物类型和特性、防火封堵材料组合和厚度，以及它们的固定和支撑方式等，并应对工程实际施工尺寸具有代表性，封堵的面积不应小于 0.24 m^2。

C.2.2.2 状态调节

贯穿防火封堵组件应自然干燥的，并进行状态调节使其温度、含水率和机械强度尽可能与该类构件预计的运行条件相一致。在试样内部湿度与预计的运行条件的大气湿度相平衡时，方可对试样进行试验。

C.2.2.3 电缆类型

贯穿所用电缆及其布置方式应符合实际工程的要求。

当电缆安装要求不适用于电缆束时，这些电缆束应呈扇状布置（通常进行 1a 和 1b 级的静态试验）。

C.2.3 试验程序

C.2.3.1 试验条件

代表防火分隔构件的贯穿防火封堵组件，如果：

——是对称结构或者当有可能确定与水接触的表面时，应使组件的一面与水接触；

——不是对称的以及又无法确定接触水的表面时，应使试样的两个面与水接触。

C.2.3.2 试验过程中的检查

贯穿防火封堵组件进行水密封性试验时，在任何情况下当背水面初次有水迹出现被称为密封初始失效，应把出现这种密封初始失效的时刻记录下来，同时还应记录积水范围内水位的变化。

C.2.4 电缆封堵水密性试验的分级

按下列分级对电缆贯穿防火封堵组件的水密封性进行试验：

1a：积水条件下的水平贯穿孔；

1b：积水条件下的垂直贯穿孔；

1c：射流水条件下的水平贯穿孔；

1d：射流水条件下的垂直贯穿孔。

C.2.5 水密性试验

C.2.5.1 电缆贯穿防火封堵组件的水密性试验（1a 和 1b 级）

在 24 h 积水条件下，对于楼板贯穿组件试验装置应水平放置，即水平组件（见图 C.1）；对于墙体贯穿组件试验装置应垂直放置，即垂直组件（见图 C.2）。在试验过程中，不要改变积水的初始水位，不应添加任何水。

初始水位限制在：

——对于水平组件，水位高至少 15 cm；

——对于垂直组件，水位处于封堵的上边缘。

穿透的水应收集在回收箱内。

C.2.5.2 管道贯穿防火封堵组件的水密封性试验

在 24 h 积水条件下，贯穿防火封堵组件应水平放置（见图 C.3）。在试验过程中，不要改变积水的初始水位，不应添加任何水，初始水位高出试样至少 2 m。

C.2.6 电缆贯穿防火封堵组件的射流水试验（1c 和 1d 级）

应按照图 C.4 把封堵组件置于喷头的锥状喷洒角之下，对于楼板贯穿组件试验装置应水平放置，对于墙体贯穿组件试验装置应垂直放置。

喷头为上开式喷头，喷水强度至少为 10 $L/(min \cdot m^2)$。

对贯穿防火封堵组件应进行至少 10 min 的喷水试验。

C.3 结果判定

在试验过程中没有发现任何初始密封失效，则贯穿防火封堵组件的水密封性合格。

C.4 试验报告

试验报告应包括：

a) 承担试验机构的名称；

b) 试验日期，试验人员；

c) 生产商的名称；

d) 防火封堵用的产品牌号、贯穿防火封堵组件制作工艺及技术数据卡；

e) 按照 C.2.3.2 进行试验过程检查的记录；

f) 按 C.3 结果判定的试验结果。

C.5 现场验收试验

对电缆贯穿防火封堵组件应进行现场水密封性检查验收，验收试验的积水和喷水条件应满足 C.2.5 和 C.2.6 的规定。验收准则为：经 1 h 试验后，在受试贯穿防火封堵组件背面没有发现有连续流出的水时，该贯穿防火封堵组件视为水密封性合格。

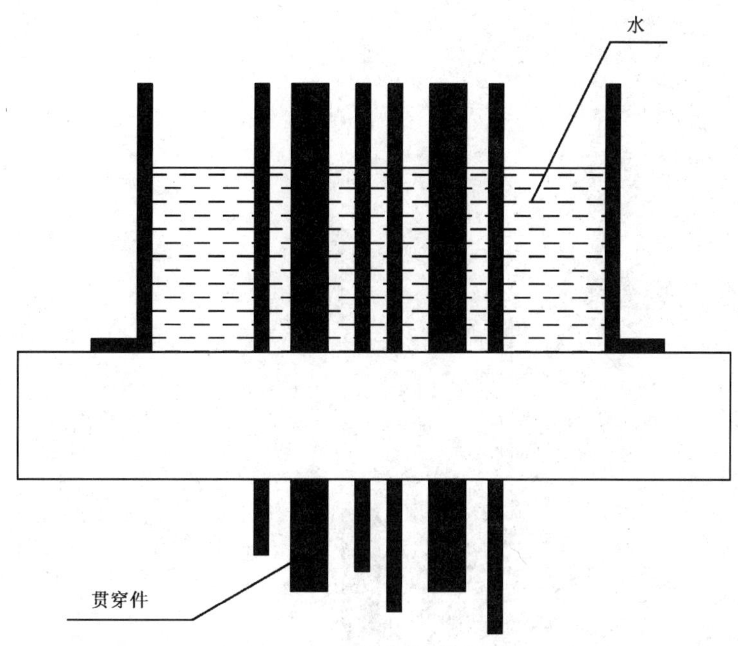

图 C.1 1a 级电缆贯穿防火封堵组件的试验装置

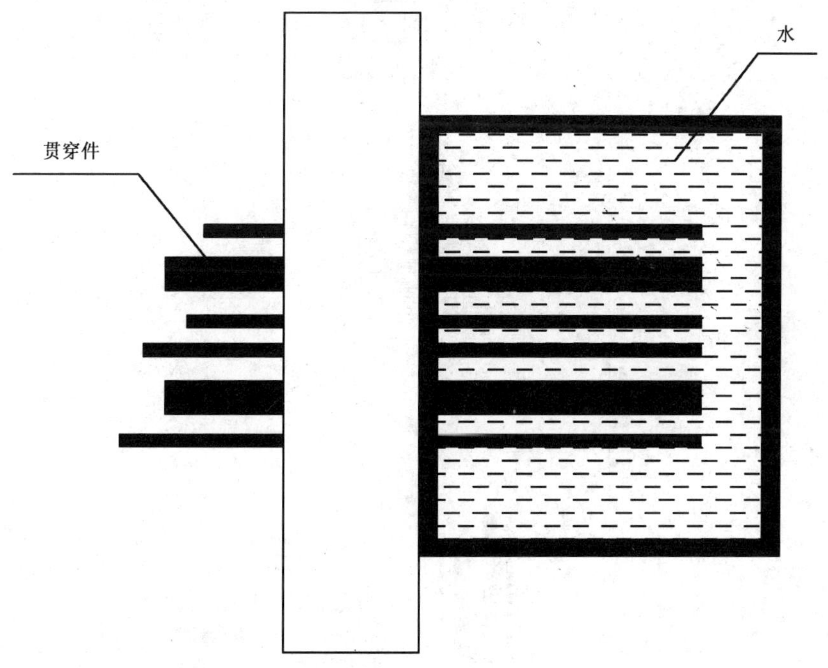

图 C.2 1b 级电缆贯穿防火封堵组件的试验装置

单位为毫米

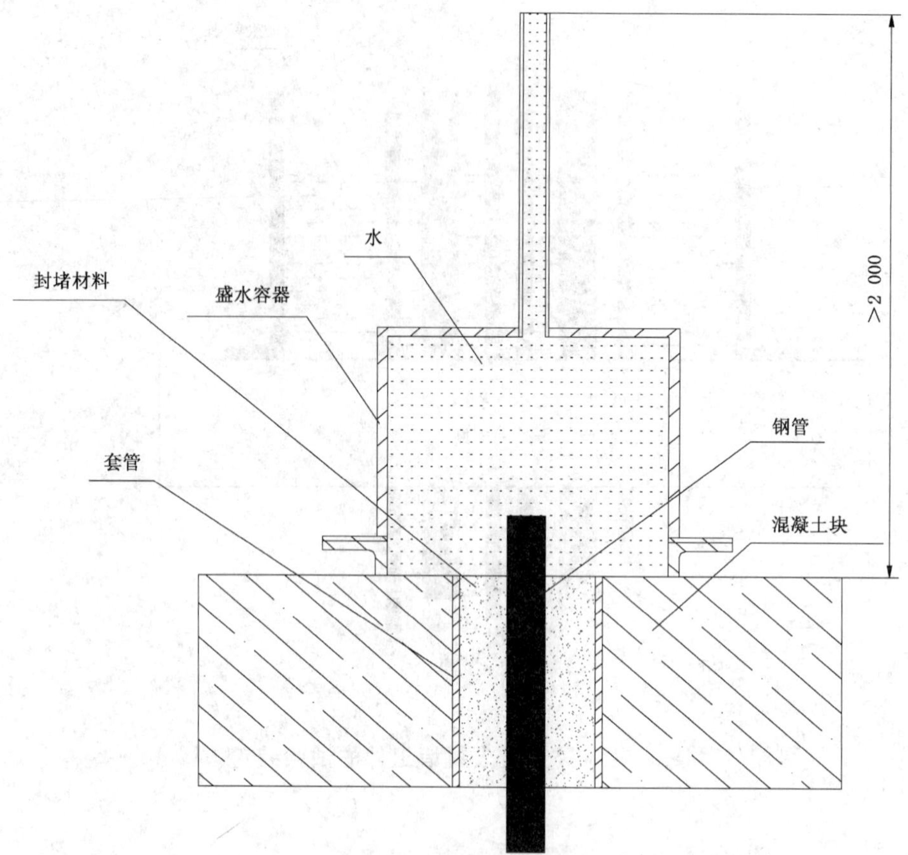

图 C.3　机械管道封堵材料水密试验装置简图

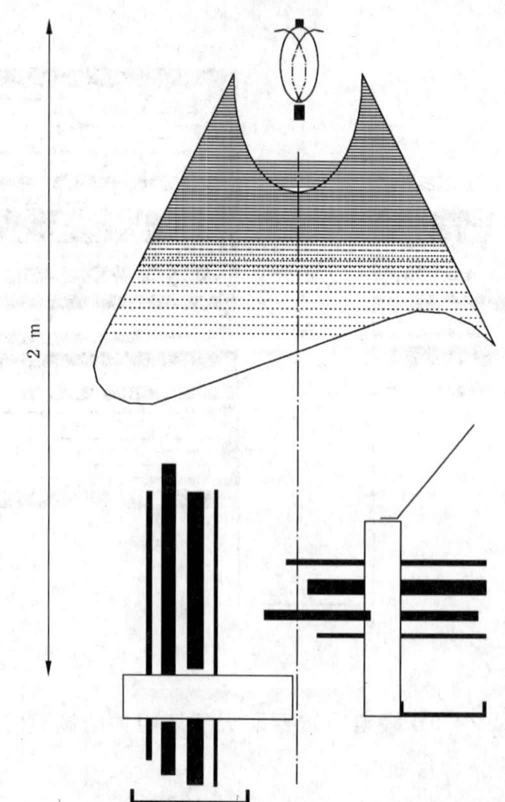

图 C.4　1c 和 1d 级电缆贯穿防火封堵组件的试验装置

附 录 D
（资料性附录）
防火门的耐久性试验

D.1 总则

在耐火或密封试验鉴定之前，防火门或半密封门应提交一份200 000次“开关”操作的耐久性试验报告。

鉴于反馈的经验，试验产品多样性及技术特性和设备的不同都表明对试验规格书的更新是有必要的，以避免有代表性的试验出现有不利的偏差。

D.2 试验的实施

D.2.1 有资格的机构

试验应由国家消防部门或其认可批准的试验机构进行。

D.2.2 试验台的描述

试验台在设计上应具有足够的刚度以能模拟试件的实际吊挂能力。

试验台包括下列装置：

—— 一个行程和力可变化的液压、气动或机械的装置；

推力装置的作用点位于锁侧、门扇宽度的1/3位置处。

推力角相对于关闭门扇平面是在90°和110°之间。见图D.1。

——挡门柱支撑的刚性框架；

该框架易于拆卸，以便可以控制对于模式A开启/关闭要求的开启角度(见4.3.2)。

——可自动编程的程序；

该程序可以输入为达到规定开启角度及下面规定的动态所必需的各种参数，如推力、千斤顶的行程等(见4.3.3)。

——开启/关闭循环的计数系统；

——安全保护系统。

该系统在门扇没有开启或没关闭或推力异常增大情况下，可使试验台自动停车。

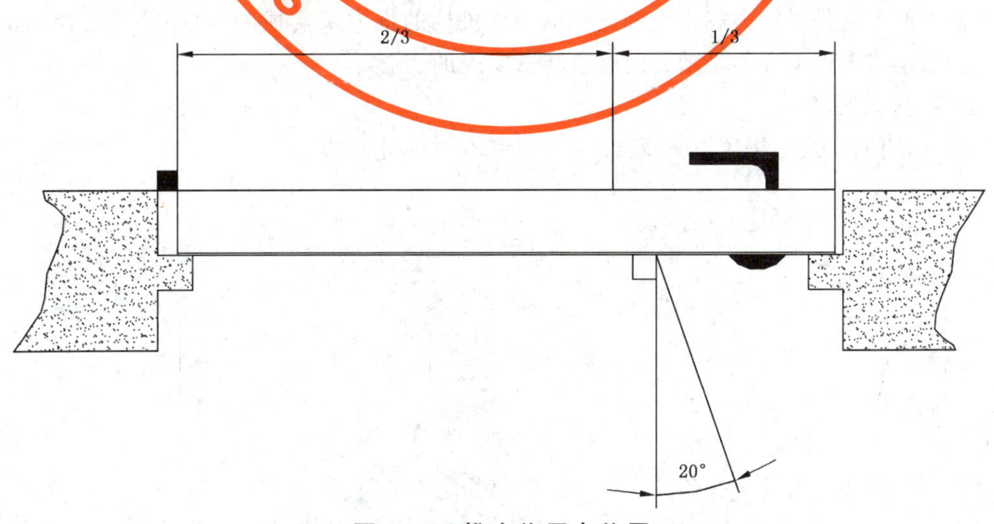

图D.1 推力作用点位置

D.2.3 试验过程

D.2.3.1 开启角度

反馈的经验要求对开启的角度进行考虑，而不是考虑随门扇旋转角度而变化的千斤顶推力。有以下四个角度：35°、65°、85°和130°，这些角度应在地面上显示出来，以便随时进行目视监测。见图D.2。

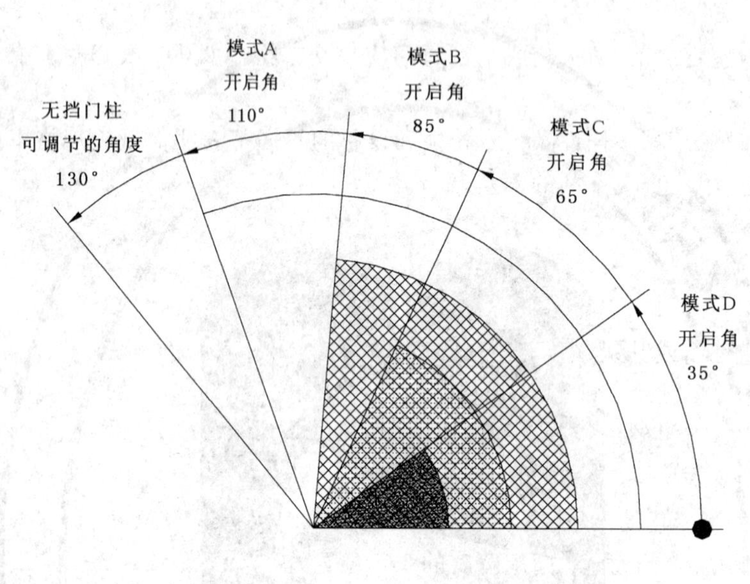

图 D.2 门的开启角度

D.2.3.2 开启/关闭的不同模式

有四种开启/关闭模式：

模式A：开启至挡门柱。无挡门柱开启角度调节：130°±5°。

挡门柱的定位：110°。

模式B：全部开启，不与挡门柱接触。开启角度调节85°±5°。

模式C：部分开启——开启角度调节65°±5°。

模式D：不完全开启——开启角度调节35°±5°。

这四种模式的开启是通过力和行程都适宜的操作机构的推力来实现的，以便获得所期望的开启角度。这四种开启模式无论怎样不是随着门扇自转来实现的。

D.2.3.3 开启/关闭循环

各种开启/关闭的模式是按照以下每30次为一基本循环进行的：

7次　模式A

6次　模式C

2次　模式A

6次　模式B

7次　模式D

2次　模式B

见图D.3。

根据自动编程这样分布是适合的。

由于编程的原因，这种循环也可达到近百次操作，但要遵守各种模式的比率。

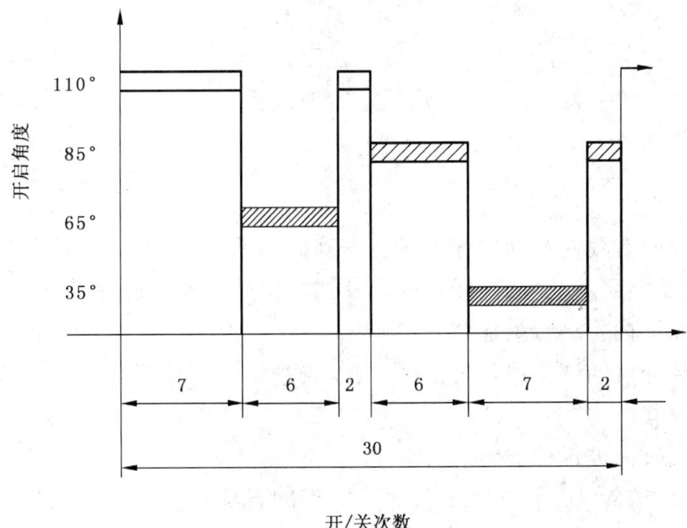

图 D.3 基本循环

D.2.3.4 试验期间的维修

D.2.3.4.1 计划维修

操作装置的调节、润滑以及预先为试验编制和提供的运行和维修指南中有关磨损件的预防性更换都应按照指南中的要求进行操作，并写入试验报告中。

应记录每一次维修操作的时间。

D.2.3.4.2 事件后的维修

根据试验过程所遇到问题的严重性，试验负责人或者可以中断试验，或者判断一下维修后试验是否可以重新进行。

在这种情况下，应编写事件报告及对维修情况进行准确的描述，附在试验报告中。

如有必要，可以更新运行和维修指南以便把这次维修纳入进去。

记录维修的时间并进行分析。

D.2.3.5 计量

试验前和试验终结，应按照下述方案对大约 20 000 次的操作试验进行检查：

a) 门四周的间隙；

b) 门扇之间的间隙，门扇与门楣之间的间隙；

c) 门扇的水平度和弯曲度。

D.2.4 试验报告的有效性

为覆盖标准系列，应对以下门进行试验：

a) 1 个标准尺寸为 2 200 mm×900 mm 的单扇门；

b) 1 个标准尺寸为 2 200 mm×1 800 mm 的双扇门；

c) 1 个带门楣的 2 600 mm×1 800 mm 标准尺寸的双扇门；

d) 1 个标准尺寸为 2 200 mm×900 mm 的带观察孔的单扇门。

对于两个门扇不相等、小尺寸和高度很大的门(2 750 mm 高、配 4 个铰链的门)及标准宽度的门可不做试验。

需要做专门耐火试验的大尺寸的门不做疲劳强度试验。

附　录　E
（资料性附录）
运行及定期试验

E.1　启动试验

为了验证消防系统的有效性及确保各种设备正确启动运行，应进行由以下文件确定的试验项目：

a）　调试大纲：调试大纲对试验的目的、内容及试验项目的顺序进行描述。

b）　调试程序对以下内容进行描述：
——在进行部分启动试验项目之前，采用有关系统设计手册以及有关设备标准指南进行的初步检查内容；
——对系统有效性进行检查的试验要求；
——试验结果：试验结果记录调试程序中规定的各项试验结果，其目的就是随着试验的实施，通过与规定在相应的调试程序中的预定值的比较来评估试验的有效性。

E.2　定期试验和检查

E.2.1　概述

定期试验、监督和检查的目的就是对设备的可用性和完整性进行检验。为了确保维持消防设施所要求的有效水平以及适时安排必要的维修，首先应对消防系统进行定期试验和检查以及通过巡检来监视一些消防设备的运转状况。

检查及试验的类别和周期通常是由法规文件规定的，其内容来自核电厂的运行经验。

E.2.2　基本原则

E.2.2.1　定义

定期试验和定期检查的定义如下：

a）　定期试验
　1）　关于功能性试验就是对全部或部分系统进行试验。进行这些试验可能很复杂，需要确定试验操作项目的顺序以及要求遵守的准则。
　2）　根据国家标准工作单编制定期试验工作单。

b）　定期检查
　1）　定期检查就是指对属于某个系统的部件进行定期检查（传感器的检查、通风防火阀的检验等）；
　2）　在整个定期检查期间，处于检查的部件属于停运的设备。

E.2.2.2　试验大纲编制准则

根据与安全有关系统的重要性以及进行试验和检查的复杂性，这些系统分为 A 和 B 两个清单：

a）　对于 A 清单的系统要建立：
——“分析”文件，该文件确定了在指定系统上进行试验和检查的内容以及试验和检查的周期、参数和验收准则；
——“试验”规程文件，该文件提供在试验中应遵守的一些规定或可替代上述文件的说明性文件；
——技术规格表；
——标准试验工作单。

b）　对于 B 清单的系统要建立：

——标准定期试验说明性文件，它可以替代“分析”文件和“试验”规程；

——标准定期试验的工作单（如需要）；

——技术规格表。

E.2.3 实施准则

应依据运行技术规格书中确定的运行限值进行定期试验和检查。

有关设备和系统正常运行的信号装置在试验期间应投入运行。

任何试验都不应引起实际和优先自动信号的中断。

试验准则对于每个系统（A 清单）都应规定实施的特殊条件。

E.2.4 试验结果

在电厂运行寿期期间，这些定期试验和检查的报告应归档，有关试验结果的管理和使用应按照质量管理手册的要求列入专门记录文本。

E.2.5 要求进行定期试验的部件和系统

表 E.1 中的部件和系统需要进行定期试验和检查。

表 E.1 定期试验检查的系统和部件

部件或系统	检查—试验
门	操作+耐火部件的检查
贯穿件	目视检查
洞口封堵	目视检查
通风防火阀	目视检查+运行
排烟阀	目视检查+运行
防火套	目视检查
水龙带绕筒	目视检查+运行
固定灭火系统	目视检查+除喷头以外的能动部件运行、流量/压力测量
探测系统	目视检查+起火状态的模拟操作+探头在线功能检查
各种储罐	乳化剂、AFFF

ICS 17.140
Z 32

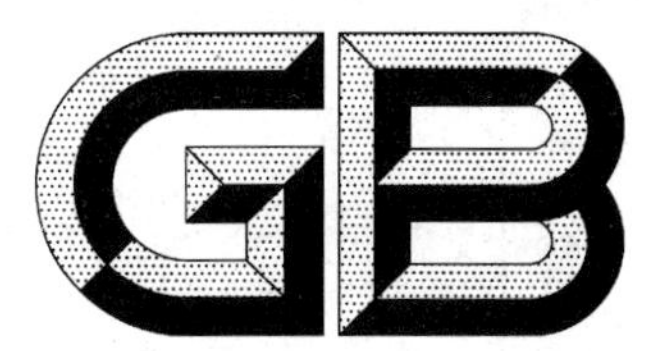

中华人民共和国国家标准

GB/T 22159.3—2008/ISO 10846-3:2002

声学与振动　弹性元件振动-声传递特性实验室测量方法　第3部分:弹性支撑件平动动刚度的间接测量方法

Acoustics and vibration—Laboratory measurement of vibro-acoustic transfer properties of resilient elements—Part 3: Indirect method for determination of the dynamic stiffness of resilient supports for translatory motion

(ISO 10846-3:2002,IDT)

2008-07-02 发布　　2009-02-01 实施

中华人民共和国国家质量监督检验检疫总局
中国国家标准化管理委员会　发布

前　言

本部分是 GB/T 22159《声学与振动　弹性元件振动-声传递特性实验室测量方法》的系列标准之一。GB/T 22159 在《声学与振动　弹性元件振动-声传递特性实验室测量方法》总标题下包括以下 5 个部分：

——第 1 部分：测量原理与指南；

——第 2 部分：弹性支撑件平动动刚度的直接测量方法；

——第 3 部分：弹性支撑件平动动刚度的间接测量方法；

——第 4 部分：非弹性支撑的平动动刚度；

——第 5 部分：测定弹性支撑件低频动刚度的点驱动法。

本部分等同采用 ISO 10846-3:2002《声学与振动——弹性元件振动-声传递特性实验室测量方法——第 3 部分：弹性支撑件平动动刚度的间接测量方法》(英文版)。

本部分的附录 A、附录 B、附录 C 为资料性附录。

本部分由中国科学院提出。

本部分由全国声学标准化技术委员会(SAC/TC 17)归口。

本部分主要起草单位：西北工业大学、中国科学院声学研究所、同济大学、合肥工业大学。

本部分主要起草人：陈克安、程明昆、吕亚东、毛东兴、李志远、俞悟周。

本部分首次发布。

引　言

各种被动隔振器被用于降低振动的传递，例如汽车发动机悬置，建筑物的弹性支撑、船用机器的弹性支承和弹性(柔性)联轴器以及家用电器中的小型隔振器。

本部分规定了测量线弹性支撑动刚度函数的间接法，如果元件对给定的静态预荷载表现出近似的线性振动特性，则本部分还包括非线性静态预荷载-偏移特性的弹性支撑。

本部分为弹性元件振动-声特性实验室测量方法系列标准之一，该系列标准还包括测量原理、直接法和点驱动法，ISO 10846-1 提供了选择合适标准的总体指南。

本部分所描述的实验室条件包含如何合理使用静态预载。间接法用于分析弹性元件 20 Hz 以上的结构声传递损失是很有用的。然而，该方法不能完全表征用于衰减低频振动或冲击位移的隔振器特性。

声学与振动　弹性元件振动-声传递特性实验室测量方法　第3部分:弹性支撑件平动动刚度的间接测量方法

1　范围

本部分详细介绍了一种在给定预载条件下,弹性支撑件平动动刚度的测量方法。该方法主要涉及振动传递率的实验室测量,称为间接测量法。该方法适用于具有平行连接件的测试部件(见图1)。

注1:本部分主要适用于那些以降低音频振动(20 Hz ～20 kHz 的结构声)向结构体传播为主的隔振器。此种类型的振动可辐射出不需要的流体声(如空气声、水声或其他)。

注2:实际情况下,由于测试装置尺寸限制,该方法不用于非常小或非常大的弹性支撑件。

注3:该方法中也包含部分连续支撑垫的测量样品。这些样品能否充分表明复杂系统的特性,由本部分使用者负责。

本部分还介绍了与待测元件连接件平行及垂直方向上的位移测量方法。附录A中介绍了含有转动部件动刚度的指导性测量方法。

该测量方法所适用的频率范围是 f_2～f_3。f_2 与 f_3 的值取决于测试装置和待测隔振器,通常 20 Hz≤f_2≤50 Hz;2 kHz≤f_3≤5 kHz。

采用本部分方法所获得的测量数据可用于:

——生产厂商和供销商提供的产品信息;

——产品开发过程中所需要的信息;

——质量控制;

——计算通过隔振器的振动传递率。

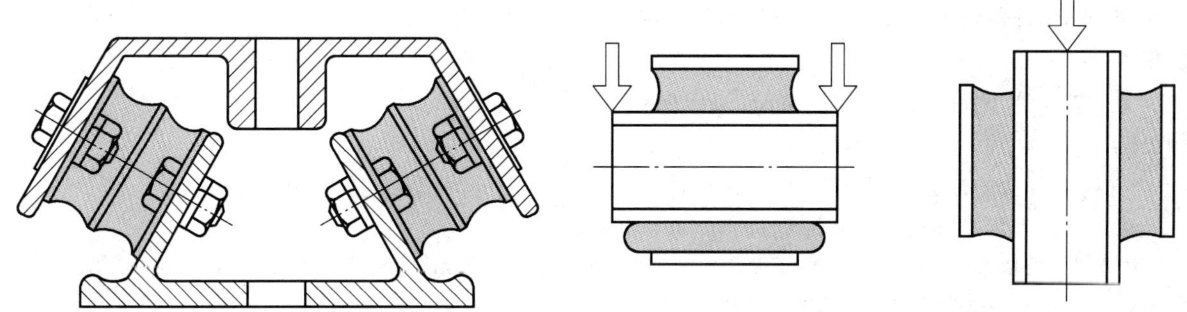

注1:当弹性部件不具有平行连接件时,需采用辅助固定夹具并将之作为待测部件的一部分,以满足测量所需的平行连接件条件。

注2:图中箭头所示为负载方向。

图1　具有平行连接件的弹性支撑件

2　规范性引用文件

下列文件中的条款通过GB/T 22159的本部分的引用而成为本部分的条款。凡是注日期的引用文件,其随后所有的修改单(不包括勘误的内容)或修订版均不适用于本部分,然而,鼓励根据本部分达成协议的各方研究是否可使用这些文件的最新版本。凡是不注日期的引用文件,其最新版本适用于本部分。

GB/T 2298—1991　机械振动与冲击　术语(neq ISO 2041:1990)

GB/T 3240　声学测量中的常用频率(neq ISO 266)

GB/T 11349.1—2006　振动与冲击　机械导纳的试验确定　第1部分:基本定义与传感器(ISO 7626-1,IDT)

GB/T 11349.2—2006　振动与冲击　机械导纳的试验确定　第2部分:用激振器作单点平动激励测量(ISO 7626-2,IDT)

GB/T 13823.3—1992　振动与冲击传感器的校准方法　正弦激励比较法校准(二次校准)(neq ISO/DIS 5347-3)

GB/T 14412—2005　机械振动与冲击　加速度计的机械安装(ISO 5348:1998,IDT)

3　术语和定义

GB/T 22159 的本部分采用下列术语和定义。

3.1

隔振器　vibration isolator

弹性元件　resilient element

用于减弱一定频率范围内的振动传递而专门设计的隔振元件。

3.2

弹性支撑件　resilient support

可支撑起机器、建筑物或其他类型结构部分质量的隔振器。

3.3

测试元件　test element

待测弹性支撑件,包括其连接件和辅助固定夹具(若使用)。

3.4

阻滞力　blocking force

F_b

外加于隔振器输出端的动态约束力,可使隔振器产生零位移输出。

3.5

动[态传递]刚度　dynamic transfer stiffness

$k_{2,1}$

与频率有关的复数,为弹性元件输出端的力与其输入端的简谐振动的位移比。

注1:下标中的1,2分别表示弹性元件的输入和输出端。

注2:$k_{2,1}$的取值受到静态初负载、温度及其他一些条件的影响。低频时,$k_{2,1}$仅取决于弹性力和阻尼力,且$k_{2,1}=k_{1,1}$($k_{1,1}$表示隔振器输入端的作用力与位移之比)。

注3:高频时,由于$k_{2,1}$还会受到弹性元件内部惯性力的影响,$k_{2,1}\neq k_{1,1}$。

3.6

弹性元件损耗因子　loss factor of resilient element

η

低频条件下,η为复数$k_{2,1}$的虚部与实部之比(即$k_{2,1}$相位角的正切值),此时,弹性元件内在惯性力的影响可忽略不计。

3.7

频率平均动[态传递]刚度　frequency-averaged dynamic transfer stiffness

k_{av}

动刚度在Δf频带内的平均值(见8.2)。

3.8

点接触　point contact

接触振动面可看作刚体表面的接触方式。

3.9

法向平动　normal translation

与弹性元件连接件方向相垂直的平移振动。

3.10

横向平动　transverse translation

垂直于法向平动方向的平移振动。

3.11

线性　linearity

满足叠加原理的弹性元件动态特性。

注1：叠加原理可表述为：系统输入为 $x_1(t)$ 时，输出为 $y_1(t)$；输入为 $x_2(t)$ 时，输出为 $y_2(t)$。对于任何 $a,b,x_1(t)$ 和 $x_2(t)$，若输入为 $ax_1(t)+bx_2(t)$，输出为 $ay_1(t)+by_2(t)$，则系统满足叠加原理。

注2：实际中，采用上述方法进行系统线性特性的检验并不可行。一种有限度地检验线性特性的方法是测量一定输入强度范围内的动刚度。事实上，该方法对检验系统激振与响应之间的线性关系是十分有效的(见7.6)。

3.12

直接法　direct method

测量隔振器输入端位移(速度或加速度)及输出端阻滞力的方法。

3.13

间接法　indirect method

当隔振器输出端载有一质量已知的刚体时，测量弹性元件(针对位移、速度或加速度的)振动传递率的方法。

注：除了类似质量阻抗的情况，术语"间接法"可能包括任何已知其阻抗的负载。然而，ISO 10846中并未涉及此类方法。

3.14

传递率　transmissibility

T

弹性元件作简谐振动时，隔振器输出端的复位移 $\underline{u_2}$ 与输入端复位移 $\underline{u_1}$ 之比($\underline{u_2}/\underline{u_1}$)。

注1：对速度 v 或加速度 a，可采用相似的方法定义传递率，其取值相等。

注2：这里下划线表示复数，本部分文中以后出现此表示方法时不再说明。

3.15

力级　force level

L_F

$$L_F = 10\lg\frac{F^2}{F_0^2} \qquad (1)$$

式中：F^2 表示特定频带内作用力的均方值；$F_0=10^{-6}$ N，为基准力。L_F 的单位为分贝(dB)。

3.16

加速度级　acceleration level

L_a

$$L_a = 10\lg\frac{a^2}{a_0^2} \qquad (2)$$

式中：a^2 表示特定频带内的加速度均方值；$a_0=10^{-6}$ m/s^2，为基准加速度。L_a 单位为分贝(dB)。

3.17

动[态传递]刚度级　level of dynamic transfer stiffness

$L_{k_{2,1}}$

$$L_{k_{2,1}} = 10\lg\frac{|k_{2,1}|^2}{k_0^2} \qquad (3)$$

式中：$|k_{2,1}|^2$为特定频率处的动刚度幅值平方(见3.5)，$k_0=1\ \mathrm{N\cdot m^{-1}}$为基准刚度。$L_{k_{2,1}}$单位为分贝(dB)。

3.18

频带平均动[态传递]刚度级　level of frequency band averaged dynamic transfer stiffness

$L_{k_{av}}$

$$L_{k_{av}} = 10\lg \frac{k_{av}^2}{k_0^2} \qquad (4)$$

式中：k_{av}见3.7中定义，$k_0=1\ \mathrm{N\cdot m^{-1}}$为基准刚度。

3.19

侧向振动传递　flanking transmission

测试过程中，由隔振器输入端激振器产生的振动，经由待测弹性元件以外的其他路径传至输出端，使隔振器输出端产生力和加速度。

4　原理

ISO 10846-1介绍了间接法测量原理。

其基本原理为：通过测量质量为m_2的刚体的加速度获得阻滞力。该作用力可使待测弹性元件输出端的振动足够小。同时，需要在阻滞质量块与测试装置的其他部件之间，进行动态去耦处理，以避免侧向振动传递的产生。

对于简谐振动并采用复数表示方法，待测元件的动刚度(见3.5)与测量所得振动传递率(见3.14)之间的关系，可由式(5)给出：

$$k_{2,1} = \underline{F}_{2,b}/\underline{u}_1 \approx -(2\pi f)^2(m_2+m_f)T \quad (|T| \ll 1) \qquad (5)$$

注：下划线表示该量为复数。

式中：m_f表示待测元件输出端连接件的质量；下标1和2分别代表弹性元件的输入端与输出端。

根据式(5)的右端项，可获得一种有效的阻滞力间接测量方法。该方法要求，仅由阻滞力决定在阻滞质量处测得的相应振动。因此原则上需要测量的振动应是由阻滞质量块与待测部件输出端连接体共同组成的组合刚体质心在期望力方向上的振动。

5　对测量仪器的要求

5.1　法向平动

5.1.1　概述

图2～图4为弹性支撑件测试装置示意图。图示各装置均受到来自法向负载方向上平移振动的作用。测试时，应根据待测部件的实际应用情况安装。

注：此处所收集的测试实例并不详尽，而且，没有对测试装置的配备原则提出任何限制。

为能根据本部分得到合适的测量，测试装置中应包括如5.1.2～5.1.6中所述各部件。

5.1.2　阻滞质量

在待测部件的输出端放置的质量块。该质量块的作用之一就是阻滞输出。通过测量该质量块的加速度，可确定阻滞力的大小。另外，质量块起到的另一个作用是使其振动与测试部件输出端连接件的振动相一致。

5.1.3　静态预载系统

测量应在测试部件具有典型性和特定静态预载的条件下进行。下述方法为使用静态预载的几个示例：

a)　采用液压激振器作为激振源。这一激振装置与待测部件、测试部件输出端的阻滞质量块，一起被安放在同一负载结构上。阻滞质量块放置在辅助隔振器上，以减弱质量块与负载结构之间的耦合作用。所有这些辅助隔振器的低频动刚度之和，与待测元件的动刚度在幅值上具有相同的数量级。

b) 采用一种仅提供静态预载的结构，如图 2、图 3 所示。如若采用此种结构，同样需要在待测部件的输入端使用辅助隔振器，以减弱待测部件与负载结构之间的耦合作用。

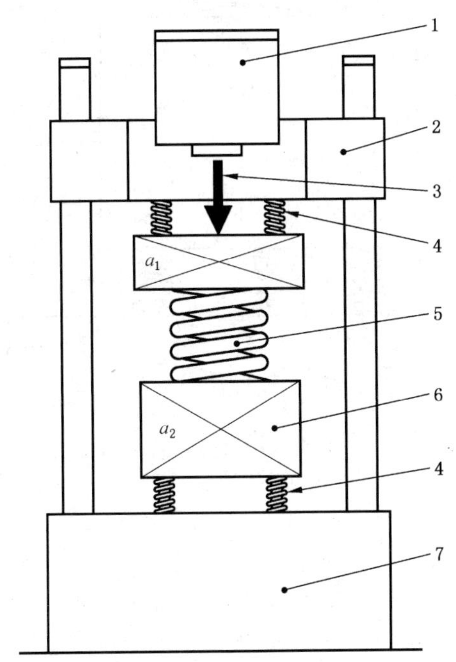

1——激振器；

2——横梁；

3——连杆；

4——动态解耦弹簧，静态预载；

5——待测部件；

6——阻滞质量块；

7——刚性基础。

a) 整体效果图

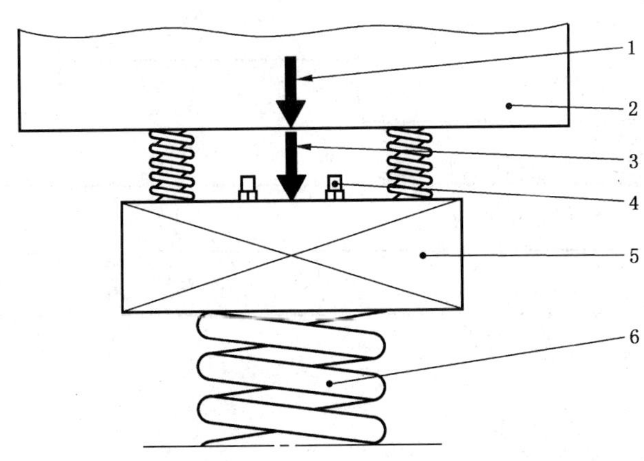

1——静态预载；

2——横梁；

3——动态激振；

4——加速度测点(a_1)；

5——激振质量块；

6——待测部件。

b) 输入端(局部放大图)

图 2 法向平动动刚度实验室测试装置例一(连续型)

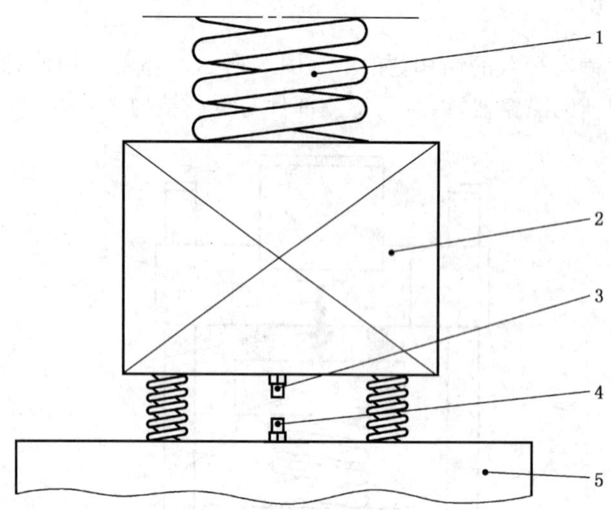

1——待测部件；
2——阻滞质量块(m_2)；
3——加速度测点(a_2)；
4——加速度测点(a_3)；
5——刚性基础。

c) 输出端(局部放大图)

图 2(续)

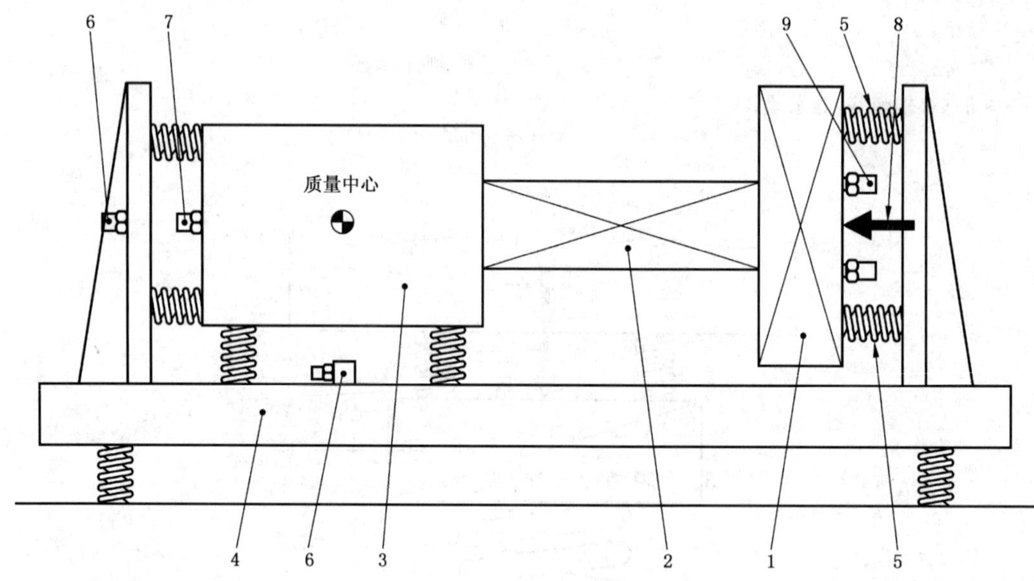

1——激振质量块；
2——待测部件；
3——阻滞质量块；
4——刚性基础；
5——动态解耦弹簧；
6——加速度测点(a_3)；
7——加速度测点(a_2)；
8——动态激振；
9——加速度测点(a_1)。

图 3 法向平动动刚度实验室测试装置例二

c) 在待测部件顶端采用(有或没有支撑结构的)阻滞质量块,以作为重力负载。

5.1.4 加速度测量系统

加速度计应被安放在待测部件的输入端、输出端及用于支撑阻滞质量块的基础上。当加速度测量不易在中心点位置进行时,需要通过适当的信号叠加,进行中心点加速度的间接测量。例如,对置于对称位置的两个加速度计采集的信号进行线性平均。

若频率范围适当的话,可采用位移或速度传感器代替加速度传感器进行测量[见图 2b)和图 4]。

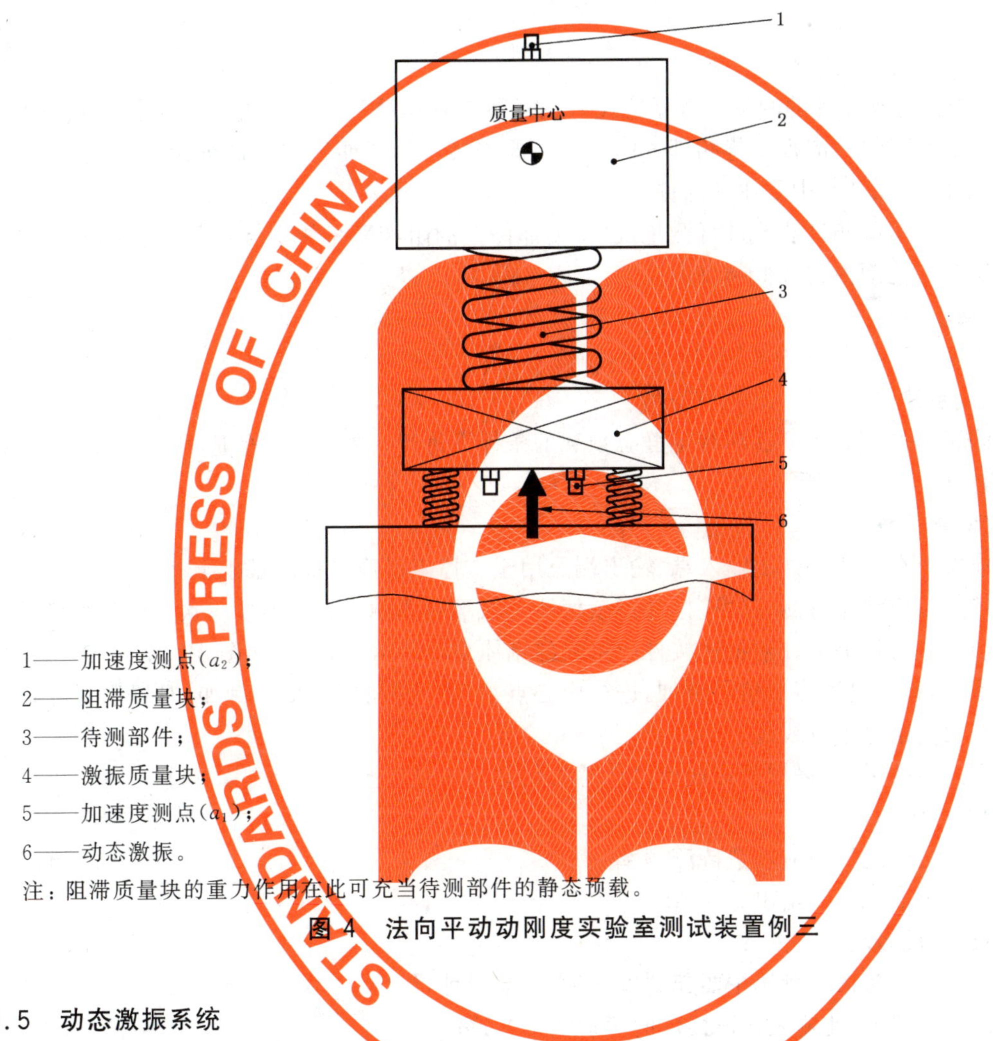

1——加速度测点(a_2);
2——阻滞质量块;
3——待测部件;
4——激振质量块;
5——加速度测点(a_1);
6——动态激振。

注:阻滞质量块的重力作用在此可充当待测部件的静态预载。

图 4 法向平动动刚度实验室测试装置例三

5.1.5 动态激振系统

动态激振系统的激励频率应涵盖待测频率。

允许使用任何一种恰当的激振器。如:

a) 能够同时提供静态预载的液压激振器;

b) 一个或多个有顶杆的电动激振器(激励器);

c) 一个或多个压电式激振器。

隔振器可以用于激振器的动态去耦,以此降低因使用静态预载引起的侧向振动通过测试结构的传输。然而,在采用液压激振器的测试装置中,由于同时存在静态和动态两种预载,将对低频测量造成不利影响,因此针对此种测试结构的去耦通常不易实现。

5.1.6 输入端激振质量块

待测部件输入端的激振质量块主要起到以下之一种或两种作用:

a) 在动态力作用下,使输入端连接件的振动状态一致;

b) 加强输入端连接件的单向振动强度。

若待测部件含有能提供上述功能的刚性质量型输入连接件，可不采用专门的激振质量块。

注：理论上讲，根据本部分内容所述，在测量法向平动动刚度时，需要在待测部件输入端激发出单向位移。然而，对于大多数弹性支撑件，该要求的提出并非是从实际应用出发的。ISO 10846-1 附录 B 表明：由于弹性支撑件所具有的最普遍对称性，因输入端振动而引起的法向作用力与法向平动相比可以忽略不计。因此，要求待测部件中具有两个结构对称的正交平面，其交叉线即为弹性支撑件沿法向负载方向的对称轴。见附录 A 中式(A.5)和附录 B。对于结构上不对称的特殊形状的弹性支撑件，根据本部分，测量时要求激振位移以单向位移为主(详见 5.3 和 6.4)。若采用质量足够大的刚体充当作用力分配板，较容易产生此种单向激振方式。

5.2 横向平动

5.2.1 概述

图 5～图 7 为弹性支撑件的测试装置示意图。图示各装置均受到来自垂直于法向负载方向平移振动的作用(见 5.1.1 注释)。应根据待测部件的实际情况安装。为了能根据本部分进行合适测量，测试装置应包括如 5.2.2～5.2.6 中所述各部件。

若采用如图 7 所示的测试装置进行测量，由待测部件上的阻滞质量块引起的旋转振动的第一特征频率应低于测试频率范围内的最低频率。

5.2.2 阻滞质量块

见 5.1.2。

5.2.3 静态预载系统

测量应在测试部件具有典型性和特定静态预载的条件下进行。静态预载的应用与 5.1.3 中介绍的方法基本相似，如图 5～图 7 所示。

5.2.4 加速度测量系统

加速度计应安装在待测部件的输入端、输出端及用于支撑阻滞质量块的基础上。

输入端加速度计应置于待测部件连接件或激振器的水平对称轴上。阻滞质量块上的加速度计应置于通过由阻滞质量块与待测部件输出连接件所组成的刚体重心的水平轴上(如图 8 所示)。若这些位置无法放置加速度计，可通过适当的信号叠加，进行中心点加速度的间接测量。例如，对置于对称位置的两个加速度计采集的信号进行线性平均。

若频率范围适当的话，可采用位移或速度传感器代替加速度传感器进行测量。

5.2.5 动态激振系统

动态激振系统的激励频率应涵盖待测频率。

激振器实例已在 5.1.5 中给出。

5.2.6 输入端激振质量块

待测部件输入端的激振质量块主要起到以下(之一或两种)作用：

a) 在动态力作用下，使输入端连接件的振动状态一致；

b) 加强输入端连接件的单向振动强度(见本条注解)。

若待测部件含有能提供上述功能的质量型输入连接件，可不采用专门的激振质量块。

注：根据本部分，在测量待测部件的动刚度时的基本要求是，部件输入端的振动应以单向平移振动为主(见 6.4)。如输入为平移横向振动，所要求的位移的显著性将受到以下因素的影响：

——激振器的对称性及激振质量块的边界条件，见图 6；

——激振质量块的惯性。在某些情况下有必要采取一些外部约束，如使用滚柱轴承或导向系统，以阻止在非期望方向上产生的振动。

5.3 非期望振动的抑制

5.3.1 概述

本部分的测量方法涵盖了法向和横向上逐次、单向激振时动刚度的测量。然而，由于激振装置、边界条件及测试部件都存在不对称性，在某些特定频率处，期望方向之外的输入振动将会引发强烈的非期望响应。下面讨论输入端非期望振动抑制的定性方法。可采用一种专门的测试装置，该装置可以对两个基本一样的待测部件在相同的设置条件下进行测试。此装置非常有利于对测试过程中产生的非期望输入振动进行抑制。6.4 对测试过程提出了明确的定量要求。

5.3.2 法向

对于法向激振，从实际角度考虑，单向激振仅适用于那些耦合了法向与其它方向振动的，外形特异的弹性支撑件，见 5.1.6 注释。对此类情况，可通过下列方法强有力地抑制输入端的非期望振动。

——对称放置激振器或激振器对；

——采用轴向对称的激振质量块；

——采用与弹性支撑件有连接件的激振质量块，其横向与旋转方向上的输入阻抗大于待测部件的输入阻抗。

抑制非期望输入振动的另一类方法是，采用具有两个相同待测部件的对称装置，或采用激振质量块的侧面具有“导向”系统的测试装置(例如，使用滚柱轴承)。因与图 5～图 7 中所示的横向激振情况非常相似，在此没有给出上述测试系统的图示。

5.3.3 横向

横向激振往往会引起横向和旋转振动的耦合。

下面给出一些能够增强输入端单向振动措施的示例。图 6 所示为具有两个相同待测部件的对称测试装置。图 5 和图 7 的示例说明了如何采用导向装置抑制输入端旋转。另外，也可以采用具有对称结构的激振块，沿经过其重心的直线方向进行激振。当激振块的横向与旋转方向的阻抗大于待测部件和解耦弹簧阻抗时，此频率范围内，激振块的单向振动将十分明显。

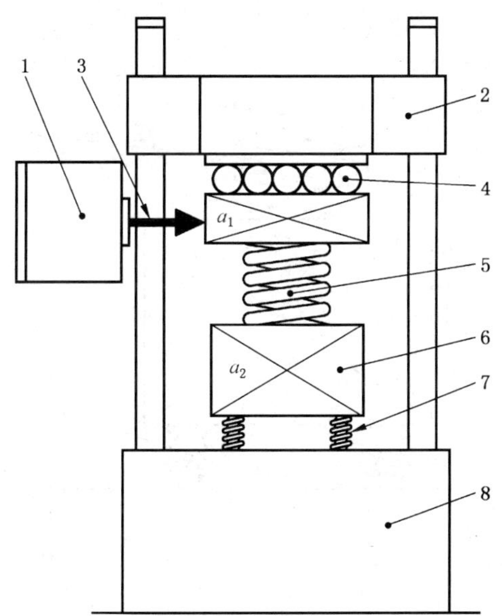

1——激振器；

2——横梁；

3——连杆；

4——低摩擦轴承；

5——待测部件；

6——阻滞质量块；

7——动态解耦弹簧，静态预载；

8——刚性基础。

a) 完整系统

图 5 横向平动动刚度实验室测试装置例一(连续型)

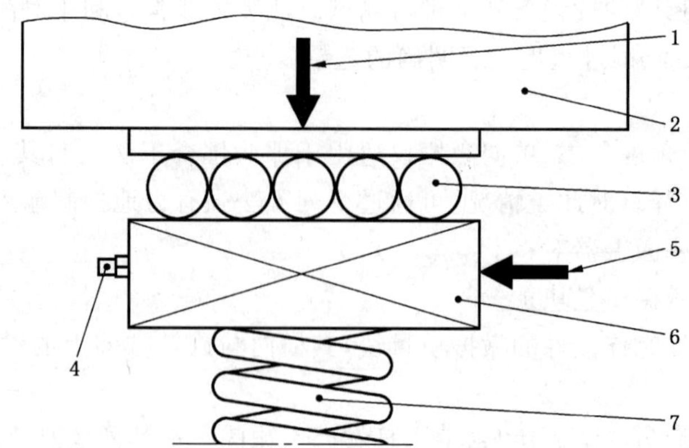

1——静态预载；

2——横梁；

3——低摩擦轴承；

4——加速度测点(a_3)；

5——动态激振器；

6——激振质量块；

7——待测部件；

b) 输入端(局部放大图)

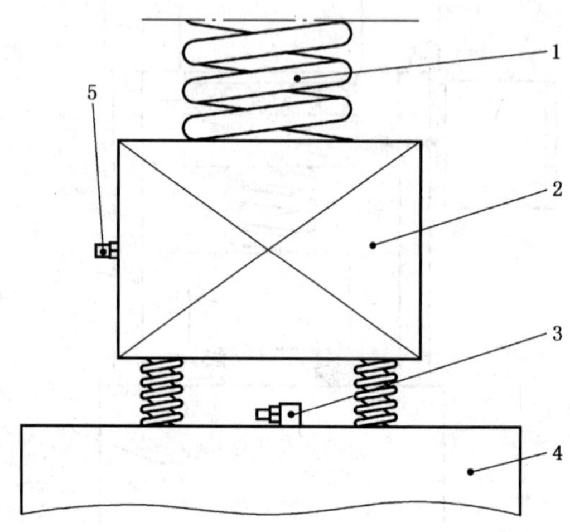

1——待测部件；

2——阻滞质量块(m_2)；

3——加速度测点(a_3)；

4——刚性基础；

5——加速度测点(a_2)。

c) 输出端(局部放大图)

图 5(续)

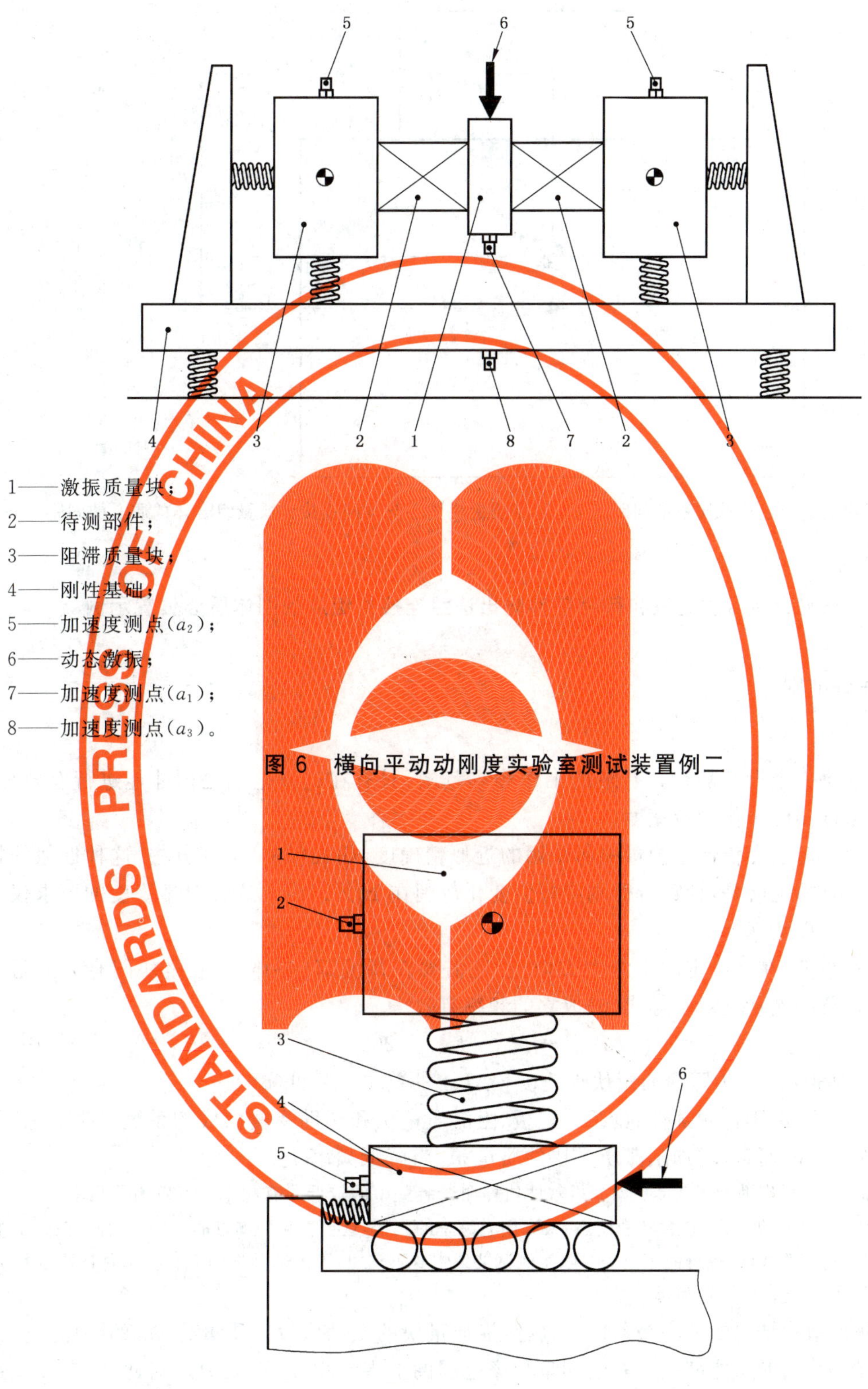

1——激振质量块;
2——待测部件;
3——阻滞质量块;
4——刚性基础;
5——加速度测点(a_2);
6——动态激振;
7——加速度测点(a_1);
8——加速度测点(a_3)。

图 6 横向平动动刚度实验室测试装置例二

1——阻滞质量块;
2——加速度测点(a_2);
3——待测部件;
4——激振质量块;
5——加速度测点(a_1);
6——激振器。

图 7 横向平动动刚度实验室测试装置例三

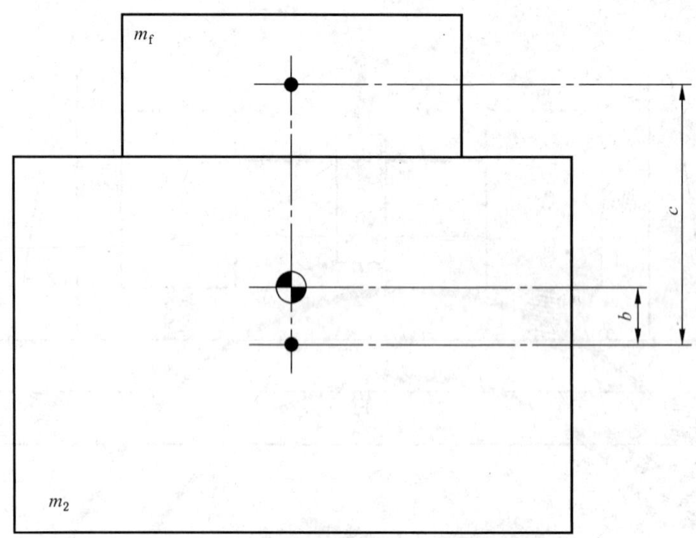

注：阻滞质量块质心与连接件质心的间距为 c。阻滞质量块质心与其同连接件质量组合体的质心的间距为 b：

$$b=\frac{c}{1+m_2/m_f}$$

图 8　确定由阻滞质量块和待测部件输出法兰连接件组成的刚体质心位置示例

6　测试装置适用性准则

6.1　频率范围

测试装置中的每一个设备都有其有限的工作频率范围，只有在这一范围之内才能进行有效测试。其中一个限制是激振器的工作频带宽度。

另一限制因素来源于在传递率测量中所采用的近似精确度，如式(5)。本部分中，这种近似的精确度应在 1 dB 的范围内，也就是，计算所得刚度幅值变化范围在 12%以内。这种对精确度的要求仅在有限频率范围 $f_2<f<f_3$ 内满足。

为了得到这种精度，在已确定的阻滞力方向上，还需要在待测部件和阻滞质量块间有大的阻抗失配。依据本部分进行的测量仅对不等式(6)成立的频率有效。

$$\Delta L_{1,2}=L_{a_1}-L_{a_2}\geqslant 20 \qquad \cdots\cdots(6)$$

式中：a_1 表示输入加速度，a_2 为阻滞质量块加速度。$\Delta L_{1,2}$的单位为分贝(dB)。

当频率低于 f_2 时，由于待测部件、负载分配板、阻滞质量块和辅助弹簧构成的系统发生共振，使得不等式(6)不成立。一般而言，增加阻滞质量块的质量 m_2 将降低频率 f_2。

注：从设计目的出发，可借助于离散体振动分析软件估算测试装置中的较低固有频率。有效测量频率范围的下限频率 f_2，约为所有振动模态(包含转动模态)最高固有频率的三倍，这会影响到测量的方向。然而，在大于 f_2 的某些特定频率，不等式(6)也可能不成立。除了测试装置本身不理想，因内部共振引起待测部件的刚度增大，也是引起不等式(6)无法成立的原因。

采用式(5)获得精确结果的另一个条件是，将阻滞质量块的振动假设为质量为 m_2 的刚体所做的振动。阻滞质量块的大小、形状能够决定有效测量频率范围的上限频率 f_3 的取值。对此，将在 6.2 部分予以讨论。

6.2　上限频率 f_3 的确定

6.2.1　有效质量

由于在一定的频率之上，用于测量阻滞力大小的阻滞质量块不能再被看作刚性振动物体，因此存在有效测量范围上限频率 f_3。此时，可将式(5)修正为：

$$k_{2,1}=\underline{F}_{2,b}/\underline{u}_1\approx-(2\pi f)^2(m_{2,\mathrm{eff}}+m_f)T \quad (|T|\ll 1) \qquad \cdots\cdots(7)$$

其中,$m_{2,\text{eff}}$表示阻滞质量块的有效质量,它被定义为:通过弹性元件施加于阻滞质量块的激振力与阻滞质量块加速度 a_2之比,该比值与频率有关。原则上讲,该比值取决于激振方向、质量块的受激振部位及加速度计的位置。

为能根据本部分得到合适的测量结果,在使用6.2.2及6.2.3所述方法的基础上,将 $f \leqslant f_3$ 的测试结果表示出来。

6.2.2 选择质量块的方法

图9所示为外形分别为立方体和圆柱体的实心钢块尺寸的列线图。

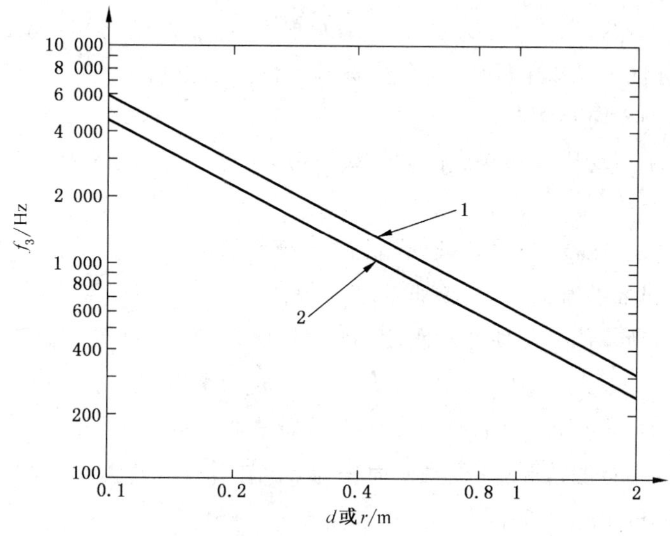

a) f_3 与给定质量块尺寸之间的关系

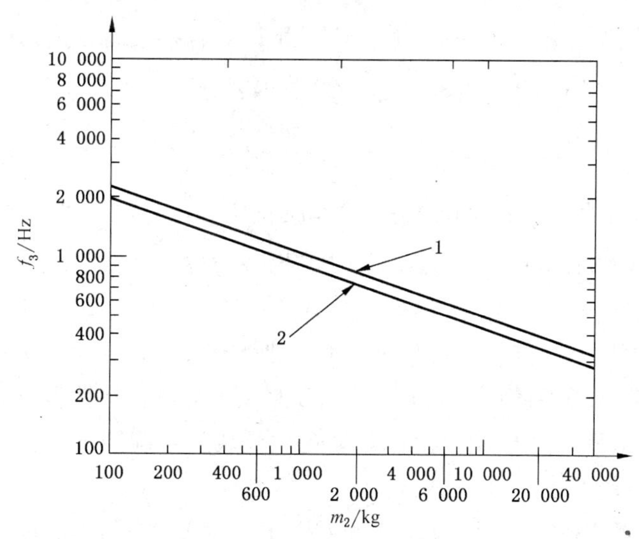

b) f_3 与给定质量块质量 m_2 的关系

1——圆柱体实心钢块;

2——立方体实心钢块;

r——立方体的边长;

d——圆柱体的直径;

h——圆柱体的高。

$d=h$

图9 实心钢块尺寸列线图

如选用其中一种形状的质量块，当 $f \leqslant f_3$ 时，可采用等式(5)计算得到动刚度数据。对于给定的质量块尺寸，f_3 可由图 9a)查得。

注：对于圆柱体和立方体的质量块，图 9b)给出了质量 m_2 与上限频率 f_3 之间的关系。为获得合适的上限频率 f_2，需要 m_2 的最小值。因此，如选择质量为 m_2 的质量块以获得 f_2，可根据图 9b)确定相应的 f_3 值，再由图 9a)确定质量块的直径 d 和边长 r。

6.2.3 有效质量的实验确定方法

若图 9 中所包含的阻滞质量块尺寸、形状或质量无法满足测量目的，允许替换为其他几何形状的质量块。但是，在此种情况下，f_3 必须通过实验方法予以确定。为了使平动和转动解耦，阻滞质量块需在笛卡儿坐标系中存在对称性。在该坐标系中，各坐标轴与惯性系主轴相一致，其坐标系原点为质量块的质心，坐标轴方向为振动的横向和法向。

为满足以上要求，应采用均质材料制成的质量块，其形状可为实心圆柱体、环形圆柱体、矩形质量块或这些形状的组合。

为确定 f_3，根据下述方法确定有效质量 $m_{2,\text{eff}}$，它为频率的函数。频率 f_3 对应于有效质量 $m_{2,\text{eff}}$ 与质量 m_2 相差大于 12%(即量级为 1 dB)的最低频率。

因此，应采用等式(5)计算待测部件的动刚度，并仅表示 $f \leqslant f_3$ 的结果。此时，不等式式(8)成立：

$$|\Delta L| = |10\lg(m_{2,\text{eff}}{}^2/m_2{}^2)| \leqslant 1 \qquad \cdots\cdots(8)$$

式中 $|\Delta L|$ 的单位为分贝(dB)。图 10 显示了有效质量的测量方法，其中图 10a)和图 10b)给出了待测部件与阻滞质量块相结合的情况，其接触面面积为 S。在弹性元件测试过程中，可依待测部件输入端的激振方向，测量 $a_{2,\text{vert}}$ 和 $a_{2,\text{hor}}$。

图 10c)和图 10d)举例说明了垂向激振时有效质量的确定方法。不含待测部件的阻滞质量块被一柔软弹性部件支撑。该质量-弹簧系统的固有频率应低于 10 Hz。测量时，在测量频率范围内，沿通过阻滞质量块质心的纵轴，在测量 $a_{2,\text{vert}}$ 的一侧，施加激振力 F_2。在接触面 S 内，该纵轴的两侧，对称地放置两个加速度计，间距为 $D=\sqrt{S}$。有效质量可定义如式(9)：

$$m_{2,\text{eff}} = \frac{2\,\underline{F}_2}{(\underline{a}'_1 + \underline{a}''_1)} \qquad \cdots\cdots(9)$$

图 10e)和图 10f)举例说明了水平激振时有效质量的确定方法。与上述纵向激振情况相似，激振力沿通过质量块质心的水平轴方向，在 S 范围内，沿该轴对称地放置两个加速度计，间距离为 $D=\sqrt{S}$。有效质量仍可依据式(9)确定。

如果在低频段($f<40\text{Hz}$)$m_{2,\text{eff}}$ 与 m_2 在量级上的差别大于 1 dB，在确定 f_3 时可将这一差别忽略。这是因为，此偏差是由质量-弹簧系统的特性而并非由质量块的非刚性特性引起的。

需要非常仔细地布置水平方向上的激振器，以避免质量块发生旋转振动。否则，即便在低频，采用式(9)测量产生的偏差也将使不等式(8)无法成立。

有关力和加速度的测量应按 GB/T 11349.1 和 GB/T 11349.2 中的方法进行。

宽带测量要求 f_2 取较低的值(即采用很重的质量块)，同时取较高的 f_3 值(质量块尽可能采用刚体)。最好采用高密度、波速快的材料，如钢。如有必要，应采用不同的阻滞质量块，以涵盖所需要频率范围。

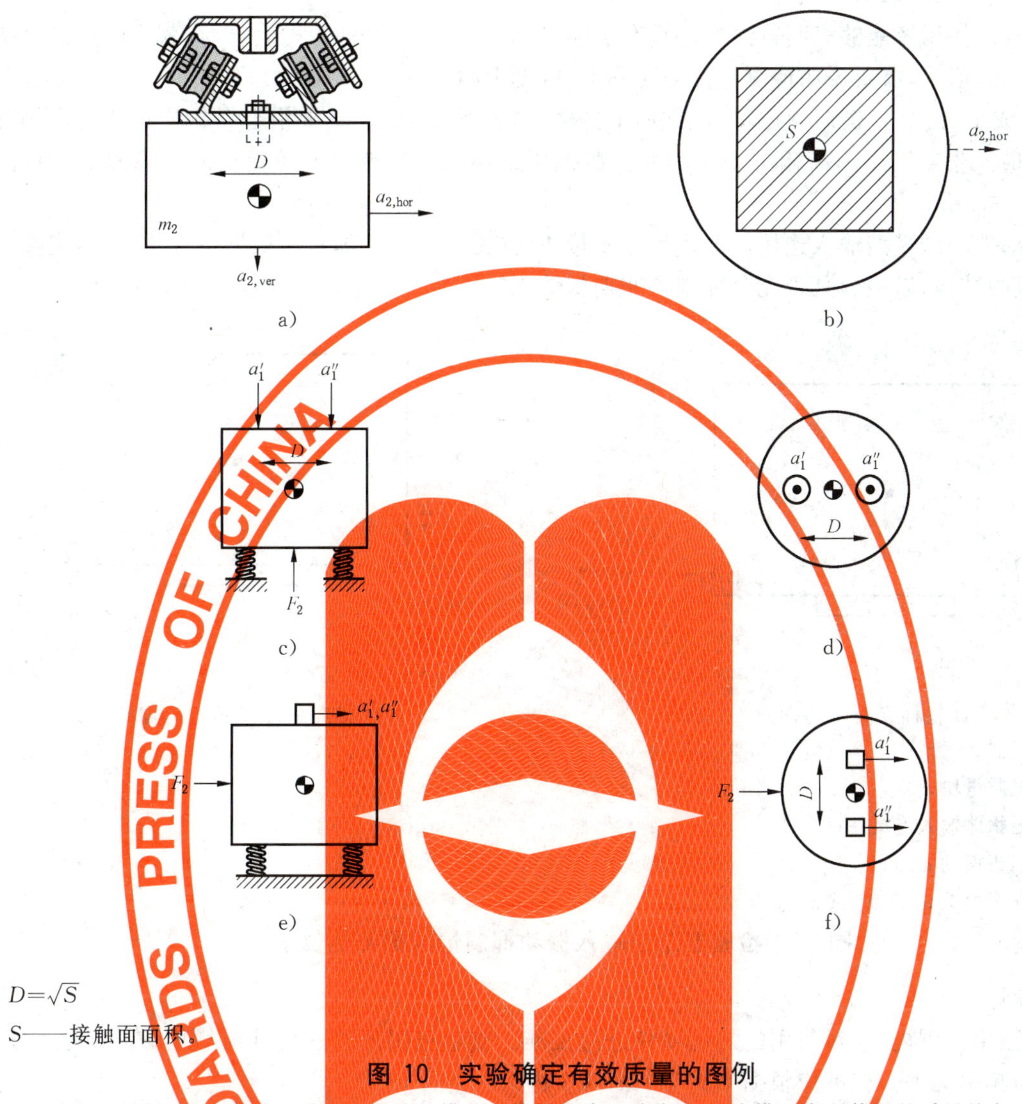

$D=\sqrt{S}$

S——接触面面积。

图 10 实验确定有效质量的图例

注：出于设计的目的，可采用质量块的缩尺模型以简便经济地确定 f_3。该模型中所使用的质量块与原始质量块材料相同，依照一定比例 n 缩小原质量块的线性尺寸而制成。f_3^*（缩尺模型）$=n\cdot f_3$（足尺模型）。

6.3 侧向振动传递

在很多测试装置中，侧向振动传递的产生使得本测试方法的适用范围和测量精度受到很大限制。空气声或结构声可导致侧向振动传递的产生。假定允许采用大量不同的测试装置，使用本部分要注意设计合适的测试方法使获得的刚度数据不受侧向振动传递的影响。

在测试报告中，应记录这些测试方法和结果。

6.4 非期望输入振动

根据 5.3，除了激振方向，其他方向的输入加速度都应加以抑制。本部分所介绍的测量方法，仅当激振方向上的输入加速度级超过其他与之正交的方向上的加速度级至少 15 dB 时才有效，也就是：

$$L_a(\text{激振})-L_{a'}(\text{非期望})\geqslant 15 \qquad \cdots\cdots(10)$$

式中结果的单位分贝，dB。图 11 为应满足这一要求的测量位置。

对于法向激振而言，激振方向 a_{1z} 上的输入振动是沿着激振质量块与输入接触面上的激振连线方向。在横向上的非期望输入 a_{1x}' 与 a_{1y}' 的测量，应在激振质量块边缘或在作用力分配板上，以及激振质量块与输入接触平面上进行[见图 11a)]。

大多数类型的弹性支撑件都能满足法向轴对称的要求，可将法向振动与其他方向的振动解耦出来

(见5.1.6中注释及附录B的内容)。

若本部分的使用者能够表明待测部件具有上述对称性，在进行法向激振测试时，就可不必满足不等式(10)的要求。但是，需要说明待测部件的对称类型(见ISO 10846-1附录B)。

对于(x或y方向的)横向激振，激振方向上的输入振动(a_{1x}或a_{1y})，要沿着激振质量块的水平对称轴线方向测量。非期望输入a'_{1z}和a'_{1y}或a'_{1x}应在激振质量块的边缘或激振质量块的接触面上进行测量[见图11b)]。

当待测部件的质量型输入连接件取代激振质量块时(见5.1.6注释)，应根据不等式(10)，定义一种与图11相似的结构，以检验是否充分抑制了非期望输入。

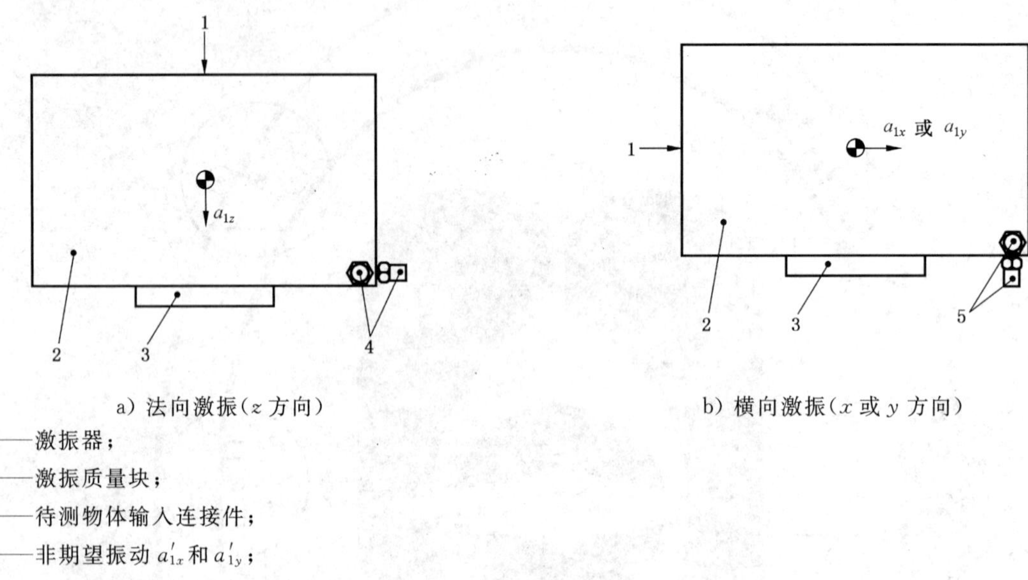

1——激振器；

2——激振质量块；

3——待测物体输入连接件；

4——非期望振动a'_{1x}和a'_{1y}；

5——非期望振动a'_{1z}和a'_{1y}或a'_{1x}。

图11 检验非期望输入振动抑制情况的测量位置

6.5 加速度计

在测量频率范围内，应对使用的加速度计进行校准。测量选用的加速度计灵敏度偏差应在0.5 dB范围内，且与频率无关。校准应根据GB/T 13823.3进行。

加速度计应不易受到外界环境(如温度、湿度、磁场、电场、声场以及张力等)变化的影响，且加速度传感器的横向灵敏度应小于轴向灵敏度的5%。

若采用位移或速度传感器，其使用要求与加速度计的使用要求一致。

6.6 力传感器

在测量频率范围内，应对使用的力传感器进行校准。测量选用的力传感器灵敏度偏差应在0.5 dB范围内，且与频率无关。校准应根据GB/T 11349.1—2006中描述的质量-负载技术进行。

若有适当的补偿程序，即采用合适的数字化传递函数，也可使总灵敏度偏差达到0.5 dB的要求。

力传感器应不易受到外界环境(如温度、湿度、磁场、电场、声场以及张力等)变化的影响，且其传感器的横向灵敏度应小于轴向灵敏度的5%。

6.7 信号叠加

若对来自力传感器或加速度计的信号进行叠加处理，叠加后的最大容许偏差应为5%。达到这个偏差的一种方法就是使用同类型的传感器，其灵敏度差别应在5%的范围内；另一种方法是借助多通道分析仪实现信号叠加。此时，为了补偿因传感器灵敏度差别大于5%及因各通道增益系数不同带来的差异，需对叠加结果进行适当修正(见6.8)。

6.8 分析仪

应使用满足下列要求的窄带分析仪：

a) 在测量频率范围内，对大于 f_2 的频率进行谱分析时，频谱分辨率应该使大于 f_2 的频率内每 1/3 倍频程带宽内显示出至少 5 根离散谱线。

b) 在输入、输出端用于加速度测量的不同通道（包括信号调理设备）之间，频率响应偏差应小于 0.5 dB，并与测量弹性支撑件时采用的频谱分辨率相同。否则，就要对各通道增益系数的差异进行修正。

一种比较通道增益的方法如下。在两通道输入相同的宽带信号（如白噪声），其输出比窄带谱的幅值量级应小于 0.5 dB。否则，需将测得的增益比作为所测动刚度的修正因子。

7 测试过程

7.1 待测部件的安装

待测部件应确保整个连接件接触良好，附着于激振质量块和阻滞质量块之间。实际应用中，对那些不属于弹性部件组成部分的装置，应将其固定，也可将之去除。

注：为改善弹性部件与其两侧质量块之间的接触效果，可在其中加入油脂或双面胶带。然而，采用后一种方法时，在高频部分会引发一些问题。对那些有大型连接件的待测部件，为了获得明确的测试结果，接触面必须是平整的。

含橡胶类成分的待测部件，由于存在蠕变特性，其负载和偏移会发生一定的改变。对此类部件，应施加 100% 的静态预载满足容许负载的要求。在正式进行测量之前，由蠕变效应引发的负载或偏移的变化，每天应小于 10%。

注：测量静态负载或静态位移的传感器及其应用说明书，一般很容易获得。需要考虑的是，如何恰当地选择被测弹性部件所需的负载或偏移范围。

对于钢弹簧，没有特定的预载安装方法，但也应采用合适的预载。

7.2 加速度计的安装与连接

加速度计被放置于待测部件的输入端与输出端，各自用于测量 a_1、a_2 和 a_3。应采用刚性连接方式。实际安装时，应根据 GB/T 14412 的要求进行。

7.3 激振器的安装与连接

在振源与激振质量块之间，必须使用顶杆联接。设计顶杆时，应避免因杆的共振而引发强烈的横向振动与声辐射。

7.4 信号源

可使用下列信号之一作为信号源：

——离散步进频率正弦信号；

——正弦扫频信号；

——周期性正弦扫频信号；

——有限带宽噪声信号。

为使测试结果准确，应对测试结果做平均。施加源信号的时间应足够长，使平均时间加倍后的结果差异小于 0.1 dB。当采用步进频率或周期性正弦扫频信号作为信号源时，对 $f>f_2$ 的频段，源信号的频率间隔应每 1/3 倍频程带宽内应至少包含源信号的 5 根谱线。

7.5 测量方法

7.5.1 概述

测量应在一个或多个特定的负载条件下进行，以反映实际的负载范围。

测量应在一个或多个特定环境温度下进行，以反映实际的环境温度范围。测量过程中，还需要对环境温度进行监控。待测弹性元件在接受测试之前，至少应在适当的环境温度下、3℃的容许变化范围内暴露 24 h。

若已知或能够合理地预见到待测部件在测试时的材料特性（如阻尼）对其自身的温度、湿度变化非常敏感，则应规定容许温度和湿度的偏差，使得在这个偏差范围内，仍具有 7.5.3 中所述的测量不确定度。

预测量时,应在振源开启或关闭的条件下确定加速度级 L_{a_2} 的大小。如果可能或需要的话,可以调整信号源输出,这样可使得在整个测试频带范围内,测得的加速度级与信号源关闭时的输出相比,最小差别为 15 dB。

正式测量时,测量待测部件输入端加速度 a_1、输出端加速度 a_2 以及整个测试装置基础的加速度 a_3。对那些不满足 6.4 中所述条件的测量结果,在计算动刚度函数时应不予考虑。

7.5.2 测量有效性

实现有效测量的条件如下:

a) 隔振器的振动特性应近似呈线性(见 7.6);

b) 隔振器与毗邻振源及受振结构的接触面可被认为是点接触。

测量时应指出有效的频率范围。

7.5.3 测量不确定度

根据本部分,弹性部件动刚度的标准偏差,以刚度级表示时,约为 2 dB,以幅值表示时,约为 26%。

注:标准偏差与频率有关。以目前的技术水平,还需对测量不确定度进行进一步评定。为此需要组织实验室间的交互实验。

7.6 线性检验

在 ISO 10846 系列标准中,动刚度概念及其测量方法,均建立在弹性部件的振动特性为线性的模型基础之上。然而,实际使用的隔振器,最多表现出一种近似的线性振动特性。因此,为了准确确定本部分要求的可接受的近似线性条件,将考虑与输入振动级有关的动刚度数据的有效性。

由于对系统进行完全线性测试并不实际,根据本部分获得的测量数据,应考虑采用以输出力与输入加速度(或速度、位移)之比表示的系统输出输入比进行检验。见 3.11 的注 1、注 2。

本部分要求的动刚度数据测量的有效性,仅是针对等于或小于测试中使用的输入振幅和已经过检验的输出输入近似比而言。实验报告中应明确指出,测量数据具备有效性的输入级上限。

应采用如下方法进行输出输入近似比检验:

a) 设定 A 为输入级 1/3 倍频程频谱;

b) 设定 B 为另一输入频谱,其 1/3 倍频程频谱至少比 A 低 10 dB;

c) 若由激振谱 A 和 B 测得的传输刚度级之差不大于 1.5 dB,则在输入级(或对应输入振幅)等于或小于 A 的范围内,可认为动刚度数据有效;

d) 若测试装置所采用的输入 A 的最大值低于被测部件实际应用中的典型输入级,需修正原测试装置或采用新装置进行测试,以获得实际应用中的有效测量数据;

e) 如对 c)条件下的测试结果无法接受,则需在输入级较低的条件下进行重复测试,调节合适的输入量,直到输出与输入成线性比例。

有效输入级范围应是:在测试中等于或低于能产生有效输出的较高输入级的 1/3 倍频带输入加速度(若测量的是位移,则采用输入位移级)。

注:输入量可采用简化的信息量表示。例如,该信息量可能是输入位移均方根的最大值。

若某一待测部件不满足前文所说的输入输出比标准,则可认为该元件是非线性的。本部分未给出非线性元件的测量方法,但仍可参照标准中的大部分内容来确定相应的测量方法。例如,对于特定振幅的简谐激振情况。

8 测试结果计算

8.1 动刚度的计算

可根据式(5)计算动刚度。

在与振动传递率 T 的测量精确度有相同的限制和附加条件的范围内,根据 3.6,待测部件损耗因子 $\eta(f)$ 可由式(11)求得:

$$\eta(f) = \mathrm{Im}\{T(f)\}/\mathrm{Re}\{T(f)\} \quad \cdots\cdots(11)$$

损耗因子计算方法是可选择的。高频时，弹性支撑件的特性不再表现为无质量弹簧。此时，就不能再使用式(11)描述弹性支撑件的阻尼特性(见 ISO 10846-1)。

若损耗因子很小，采用等式(11)计算时，其结果会对误差十分敏感。例如：某损耗因子 $\eta=0.01$，与之相应，T 的相位角 $\phi=\mathrm{arctg}(\eta)=0.57°$。此时，建议采用半功率带宽法测试损耗因子。

8.2 动刚度 1/3 倍频带平均值

$k_{2,1}$ 的 1/3 倍频带平均值，可由式(12)计算：

$$k_{av} = \left\{\frac{1}{n}\sum_{i=1}^{n}\left|k_{2,1}(f_i)\right|^2\right\}^{\frac{1}{2}} \quad \cdots\cdots(12)$$

式中：$n \geqslant 5$。

注 1：选择对幅值的平方求平均，用于强调所有刚度值中的最大值。该值通常非常重要。

注 2：当输入位移 u_1 的谱密度函数为平直能量谱密度函数时，采用等式(12)的计算结果与采用实时 1/3 倍频程分析仪直接测得的频带平均结果一致。

注 3：采用 1/3 倍频程形式表达刚度，可明显减少数据量，但会丢失相位信息。

根据 3.18，可采用频带平均动刚度级表示测量结果。

应根据 GB/T 3240 选择 1/3 倍频程中心频率 f_m。

8.3 1/3 倍频带结果表示

可采用表格和(或)图形表示 1/3 倍频带动刚度级。表格中应包含：各 1/3 倍频程中心频率、以分贝形式表示的动刚度级和规定的基准值(如：1 N·m^{-1})。

图形表示时的格式要求如下：

——纵坐标：每 20 mm 代表刚度级 10 dB，相当于幅值系数 $10^{1/2}$；

——横坐标：每 5 mm 代表一个 1/3 倍频程带宽。

在实际作图时，在确保适当比例的条件下，可适当放大或缩小图形尺寸。为能更加清晰地表示，作图时可采用网格线。

注：图 12 为一种作图格式。除了分贝标度(左侧纵轴)，右侧纵轴给出了以 N·m^{-1} 为基准值的对数标度。

图形表示时，应清楚地描述动刚度。

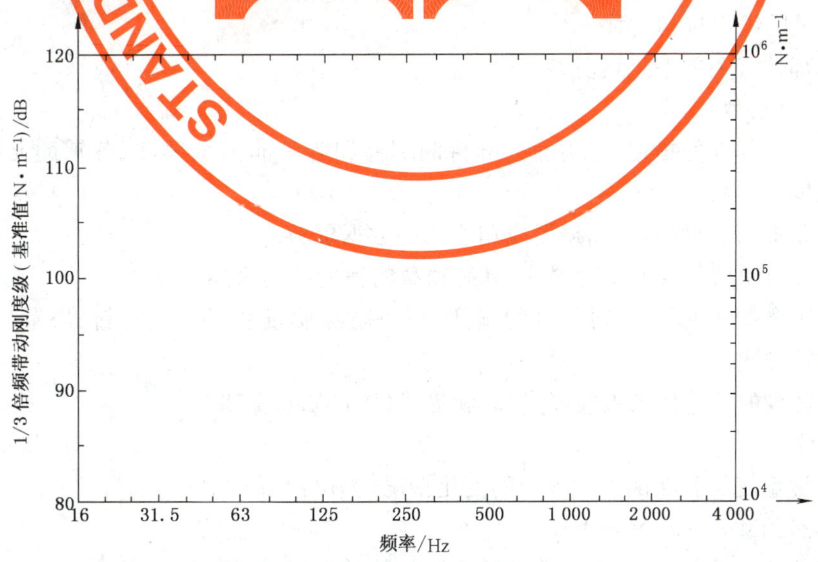

图 12 1/3 倍频带平均动刚度级图形表示格式及刻度值示例

8.4 窄带数据的表示

可有选择性地表示出动刚度的振幅谱、相位谱及损耗因子谱。应使用窄带频谱分析的频谱分辨率。本部分的使用者们有责任提供充分完全的有关窄带相位或损耗因子数据的精确度的信息。

以图形表示动刚度幅值量级，应规定基准值(如 1 N·m^{-1})。应优先采用下面格式作图：

——纵坐标：每 20 mm 代表刚度级 10 dB，相当于幅值系数 $10^{1/2}$；

——横坐标：每 15 mm 代表一个 1/3 倍频程带宽。

注：详见 8.3。

相位数据应以图形表示。

应优先采用下面格式作图：

——纵坐标：40 mm 代表−180°～180°角度范围；

——横坐标：每 15 mm 代表一个倍频程。

注：详见 8.3。

损耗因子应以图形表示。应优先采用下面格式作图：

——纵坐标：每 20 mm 代表损耗因子 η 变化 10 倍；

——横坐标：每 15 mm 代表一个倍频程。

注：详见 8.3。

图形表示应清楚描述有关的动刚度。

9 记录内容

测量时，需记录以下相关信息：

——环境温度(包括对测试过程中环境温度变化情况的记录)，单位：℃；

——静态预载，单位：N；

——相对湿度，单位为%。

10 测试报告

应参考本部分编写测试报告，报告中至少应包含以下信息：

a) 实施测试的组织机构名称。

b) 与待测部件有关的信息，包括：
   - ——制造商，型号，序号；
   - ——对待测部件的描述；应明确区分待测部件和各种非测试部件(各辅助元件不在测试对象范围之内)；
   - ——由制造商提供的，与隔振器应用有关的数据资料。

c) 弹性部件与测试装置的实物照片；静态预载的辅助结构描述。

d) 若采用了激振质量块，需对其进行描述；要对阻滞质量块(尺寸、材料、质量)和待测部件附属结构进行描述。

e) 用加速度级的偏差谱来检验等式(6)和等式(10)(见 6.1 和 6.4)。

f) 测试条件：
   - ——环境温度及其在测试过程中的变化情况，单位：℃；
   - ——静态预载，单位：N 或 Pa；
   - ——其他相关的特定条件(如静位移和强加的低频振动：振幅、频率)。

g) 测试信号的描述。

h) 待测部件输入端加速度级谱 L_{a_1}(若测量的是位移，则采用位移级)。

i) 所采用的测量和分析仪器,包括其型号,布置位置、序号、校准方法和制造商。

j) 1/3 倍频带平均动刚度级的表示。

k) 对线性测试过程的描述(见 7.6),包括对那些被认为是有效的加速度 a_1 或位移 u_1 的级值或幅值变化范围。

以下内容可自行选择:

l) 测量 10 $\lg(m_{2,\mathrm{eff}}^2/m_2^2)$数据,以确定 f_3(见 6.3)。

m) 动刚度窄带幅值谱。

n) 动刚度窄带相位谱。

o) 损耗因子窄带谱,其中应说明(参考 ISO 10846-1)η 仅直接代表低频时的耗散损失,此时,测试部件内部的惯性力可忽略不计。

p) 静态刚度曲线,见附录 B。

q) 动刚度的实部和虚部。

r) 测试数据有效时,输入级上限的简要信息(如,位移均方根最大值)。

s) 待测部件温度容差,根据 7.5.3,在此范围内仍存在最大测量不确定度。

t) 相对湿度,%。

u) 背景噪声可能对测试产生影响的描述。

v) 侧向振动传递可能对测试产生影响的描述。

附 录 A
（资料性附录）
转动部件的扭转动刚度

A.1 概述

在 ISO 10846 系列标准中，只对平动动刚度的测量进行了规范，不过对本部分所包含的间接方法进行延伸，也可以测量转动部件的动刚度。

本附录对在第 5 章中提及的测量理论、测量原理以及测量仪器的适用性分别进行了阐述，以进行转动部件的测量。

A.2 理论

单个弹性隔振器的动刚度矩阵为 6×6 的矩阵，如式(A.1)所示。参见 ISO 10846-1 中描述的完整的 12×12 的刚度矩阵。

$$\begin{Bmatrix} \underline{F}_{2x} \\ \underline{F}_{2y} \\ \underline{F}_{2z} \\ \underline{M}_{2x} \\ \underline{M}_{2y} \\ \underline{M}_{2z} \end{Bmatrix} = \begin{bmatrix} k_{F_{2x},u_{1x}} & k_{F_{2x},u_{1y}} & k_{F_{2x},u_{1z}} & k_{F_{2x},\gamma_{1x}} & k_{F_{2x},\gamma_{1y}} & k_{F_{2x},\gamma_{1z}} \\ k_{F_{2y},u_{1x}} & k_{F_{2y},u_{1y}} & k_{F_{2y},u_{1z}} & k_{F_{2y},\gamma_{1x}} & k_{F_{2y},\gamma_{1y}} & k_{F_{2y},\gamma_{1z}} \\ k_{F_{2z},u_{1x}} & k_{F_{z},u_{1y}} & k_{F_{2z},u_{1z}} & k_{F_{2z},\gamma_{1x}} & k_{F_{2z},\gamma_{1y}} & k_{F_{2z},\gamma_{1z}} \\ k_{M_{2x},u_{1x}} & k_{M_{2x},u_{1y}} & k_{M_{2x},u_{1z}} & k_{M_{2x},\gamma_{1x}} & k_{M_{2x},\gamma_{1y}} & k_{M_{2x},\gamma_{1z}} \\ k_{M_{2y},u_{1x}} & k_{M_{2y},u_{1y}} & k_{M_{2y},u_{1z}} & k_{M_{2y},\gamma_{1x}} & k_{M_{2y},\gamma_{1y}} & k_{M_{2y},\gamma_{1z}} \\ k_{M_{2z},u_{1x}} & k_{M_{2z},u_{1y}} & k_{M_{2z},u_{1z}} & k_{M_{2z},\gamma_{1x}} & k_{M_{2z},\gamma_{1y}} & k_{M_{2z},\gamma_{1z}} \end{bmatrix} \begin{Bmatrix} \underline{u}_{1x} \\ \underline{u}_{1y} \\ \underline{u}_{1z} \\ \underline{\gamma}_{1x} \\ \underline{\gamma}_{1y} \\ \underline{\gamma}_{1z} \end{Bmatrix} \qquad \cdots\cdots(A.1)$$

式(A.1)中的动刚度矩阵一方面决定了输出端的阻滞力和扭矩的比值，另一方面决定了输入端平动位移和转动位移的比值。

图 A.1 为正交系中平动力、转动力和位移的关系图。

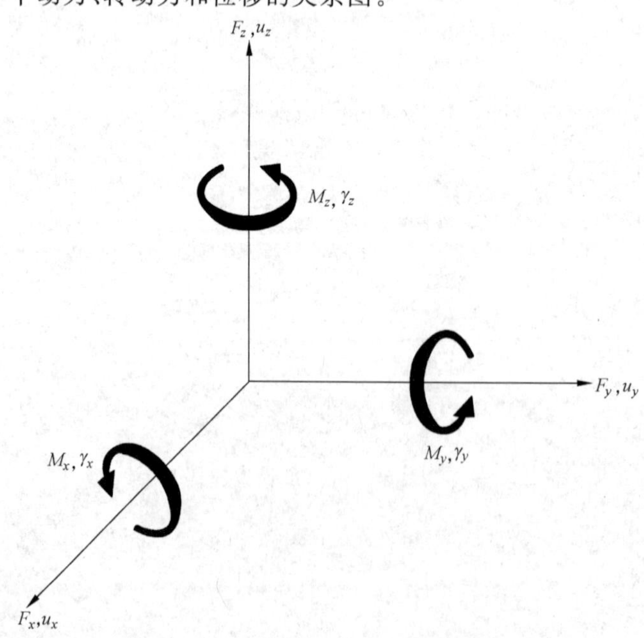

图 A.1 笛卡儿坐标系中，力、扭矩、位移和转动位移关系

式(A.1)可简写如下：

$$\{\underline{F}_2\}_b = [k_{2,1}] \cdot \{\underline{u}_1\} \quad \cdots\cdots (A.2)$$

当输入和输出互易时，与此类似的公式也是正确的，即把位移加到位置2，而在位置1阻滞振动。那么，式(A.2)则被替换为：

$$\{\underline{F}_1\} = [k_{1,2}] \cdot \{\underline{u}_2\} \quad \cdots\cdots (A.3)$$

由于互易性：

$$[k_{2,1}] = [k_{1,2}]^T \quad \cdots\cdots (A.4)$$

式(A.4)中的等式具有重要的现实意义，有时候测量$[k_{2,1}]$的某一元素比较困难，此时可用比较容易测量的$[k_{1,2}]$的相应元素替换。这就意味着可以对弹性部件的输入、输出端进行互换测量。

通常，实际隔振器的对称性导致动刚度矩阵中的非零元素数目远低于36。

注：参照图A.1中相应的坐标系。

图A.2为有10个非零动刚度元素的弹性支撑件的例子，见ISO 10486-1的附录B。矩阵如下：

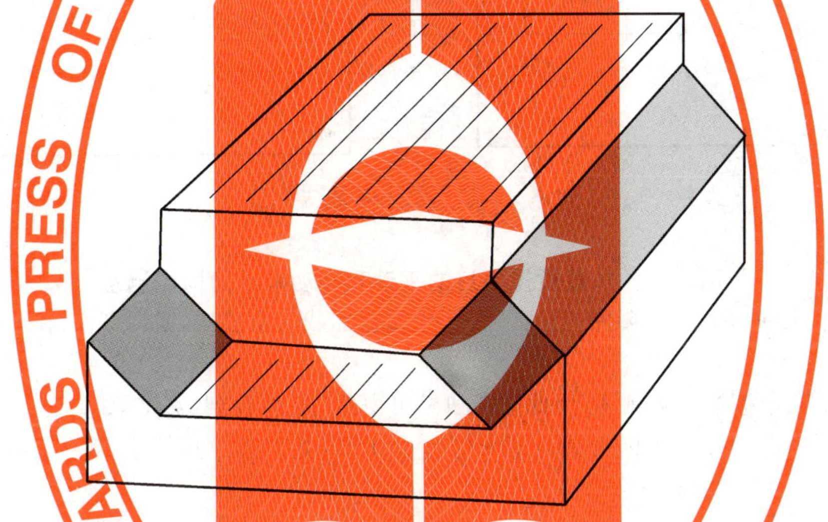

图A.2 对应式(A.5)的具有10个非零元素的动刚度矩阵的弹性支撑件

$$[k_{2,1}] = \begin{bmatrix} k_{F_{2x},u_{1x}} & 0 & 0 & 0 & k_{F_{2x},\gamma_{1y}} & 0 \\ 0 & k_{F_{2y},u_{1y}} & 0 & k_{F_{2y},\gamma_{1x}} & 0 & 0 \\ 0 & 0 & k_{F_{2z},u_{1z}} & 0 & 0 & 0 \\ 0 & k_{M_{2x},u_{1y}} & 0 & k_{M_{2x},\gamma_{1x}} & 0 & 0 \\ k_{M_{2y},u_{1x}} & 0 & 0 & 0 & k_{M_{2y},\gamma_{1y}} & 0 \\ 0 & 0 & 0 & 0 & 0 & k_{M_{2z},\gamma_{1z}} \end{bmatrix} \quad \cdots\cdots (A.5)$$

式(A.5)中的10个非零动刚度元素可分为如下三类：

a) 平动分量的对角线元素

使用间接方法测量矩阵中3个对角线元素$k_{F_{2x},u_{1x}}$，$k_{F_{2y},u_{1y}}$和$k_{F_{2z},u_{1z}}$是本部分的主要内容，本附录中不再详细讨论。

b) 具有平动分量和转动分量的非对角线元素

4个非对角矩阵元素$k_{F_{2x},\gamma_{1y}}$，$k_{F_{2y},\gamma_{1x}}$，$k_{M_{2x},u_{1y}}$和$k_{M_{2y},u_{1x}}$的测量可使用第5章中描述的间接方法和测量仪器进行，其测量原理在A.3中进行讨论。

c) 转动分量的对角线元素

矩阵中的3个对角线元素 $k_{M_{2x},\gamma_{1x}}$，$k_{M_{2y},\gamma_{1y}}$ 和 $k_{M_{2z},\gamma_{1z}}$ 的测量可使用间接方法进行。但需要对第5章中描述的测量仪器布置方式进行修改，其测量原则在A.4中进行讨论。

A.3 具有一个平动和一个转动分量的动刚度

使用5.2中针对横向平移的相同的仪器布置方式，通过间接方法可测量式(A.5)中动刚度矩阵的非对角项。阻滞质量块的对称性与第6章中讨论的相同。

需要安装一个弹性支撑件来测量 $k_{M_{2y},u_{1x}}$ 和 $k_{M_{2x},u_{1y}}$，同时采用与测量 $k_{F_{2x},u_{1x}}$ 和 $k_{F_{2y},u_{1y}}$ 相同的方式激振弹性支撑件。不过，除阻滞力外，还需要测量阻滞扭矩 $M_{2y,\mathrm{b}}$ 和 $M_{2x,\mathrm{b}}$。

测量方法在图A.3中进行了阐释。

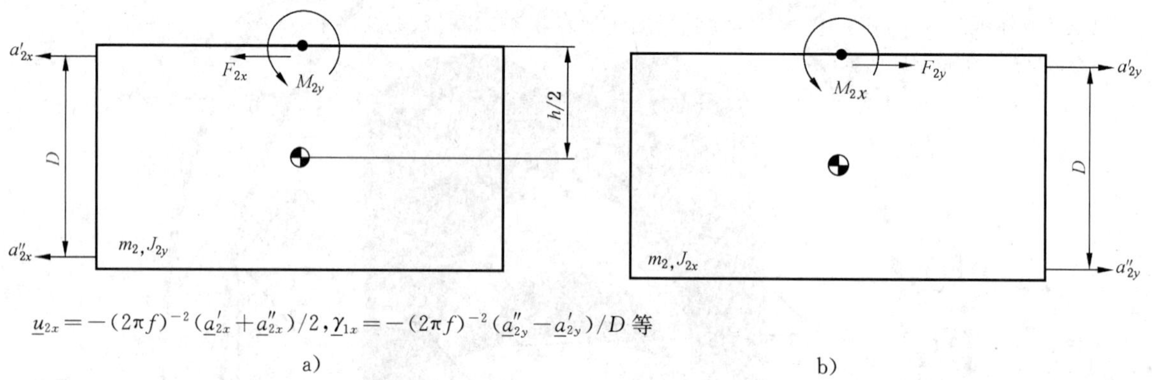

$\underline{u}_{2x}=-(2\pi f)^{-2}(\underline{a}'_{2x}+\underline{a}''_{2x})/2$，$\underline{\gamma}_{1x}=-(2\pi f)^{-2}(\underline{a}''_{2y}-\underline{a}'_{2y})/D$ 等

a)　　　　b)

图A.3 加载质量块后的平动和转动响应的同步测量

图A.3a)中，阻滞力 $F_{2x,\mathrm{b}}$ 和阻滞扭矩 $M_{2y,\mathrm{b}}$ 同步激振加载的质量块，激振则由待测部件输入端的 a_{1x} 产生。

因为假定阻滞质量块 m_2 为刚体，因此阻滞扭矩可由式(A.6)得到(见图A.3)：

$$\underline{M}_{2y,\mathrm{b}}=-(2\pi f)^2(\underline{J}_{2y}\underline{\gamma}_{2y}-hm_2\underline{u}_{2x}/2) \quad \cdots\cdots(\mathrm{A.6})$$

式中：

J_{2y}——阻滞质量相对于 y 轴的主轴转动惯量；

$-(2\pi f)^2u_{2x}$——质量块中心的平动加速度。

如图A.3所示，通过两个对称放置的加速度计信号的叠加和消减，可测量平动和转动加速度。

为得到准确结果，对平动分量来说，根据传递率能够进行最好的测量和计算，如式(5)所示，例如：

$$k_{M_{2y},u_{1x}}=\frac{\underline{M}_{2y,b}}{\underline{u}_{1x}}=-(2\pi f)^2(J_{2y}T_{\gamma_{2y},u_{1x}}-hm_2T_{u_{2x},u_{1x}}/2) \quad \cdots\cdots(\mathrm{A.7})$$

其中：

$$T_{\gamma_{2y},u_{1x}}=\frac{1}{D}\left\{\frac{\underline{a}'_{2x}-\underline{a}''_{2x}}{\underline{a}_{1x}}\right\} \quad \cdots\cdots(\mathrm{A.8})$$

$$=\frac{1}{D}\left\{\frac{\underline{a}'_{2x}}{\underline{a}_{1x}}-\frac{\underline{a}''_{2x}}{\underline{a}_{1x}}\right\} \quad \cdots\cdots(\mathrm{A.9})$$

注：由于对位移和加速度来说，传递率是等值的，因此由式(A.8)和式(A.9)的加速度测量即可确定式(A.7)。

通过双通道信号测量模拟量 a'_{2x} 和 a''_{2x} 进行加减可实现式(A.8)，式(A.9)则可用于两个单独的频率响应函数 $\underline{a}'_{2x}/\underline{a}_{1x}$ 和 $\underline{a}''_{2x}/\underline{a}_{1x}$ 测量实现。

测量矩阵中的其他非对角项(即 $k_{F_{2x},\gamma_{1y}}$ 和 $k_{F_{2y},\gamma_{1x}}$)，可使用与测量 $k_{F_{2x},u_{1x}}$ 和 $k_{F_{2y},u_{1y}}$ 相同的仪器，不过需互易弹性支撑件，即输入和输出交换。基于式(A.4)，$k_{F_{2x},\gamma_{1y}}$ 的测量被 $k_{M_{1y},u_{2x}}$ 替代，$k_{F_{2y},\gamma_{1x}}$ 的测量被 $k_{M_{1x},u_{2y}}$ 替代。由于输入和输出被相互交换，这种测量方法与其他两个非对角项的测量类似。当然，将弹

性隔振器位置互换并不影响对角项的结果,见式(A.4)。

A.4 具有两个转动分量的动刚度

只有将第5章中所述的测量装置进行修改才能够测量对角项元素 $k_{M_{2x},\gamma_{1x}}$、$k_{M_{2y},\gamma_{1y}}$ 和 $k_{M_{2z},\gamma_{1z}}$。修改方法与待测弹性部件输入端的激振有关,因为在输出端,测量与A.3中所述情况类似。

如果 z 方向为静载方向,如本部分图2到图4所示,只需做最简单的修改,以测量 $k_{M_{2z},\gamma_{1z}}$。对图A.2中的待测部件,能够通过与图4中相似的测试装置由 γ_{1z} 激振实现。与在横向上对称放置一个激振器不同,γ_{1z} 的产生是通过非对称放置激振器或者更一般的,采用一对激振器。当使用非对称放置的激振器时,u_{1y} 或 u_{1x} 也会被激振。然而,对图A.2所示的待测部件来说,放置非对称激振器不会对 γ_{2z} 产生额外的影响,因为此时对应的动刚度元素 $k_{M_{2z},u_{1x}}$ 和 $k_{M_{2x},u_{1y}}$ 都等于零[如式(A.5)]。

对 $k_{M_{2x},\gamma_{1x}}$ 和 $k_{M_{2y},\gamma_{1y}}$ 的测量,图A.4显示了输入端激振的一种可能性。

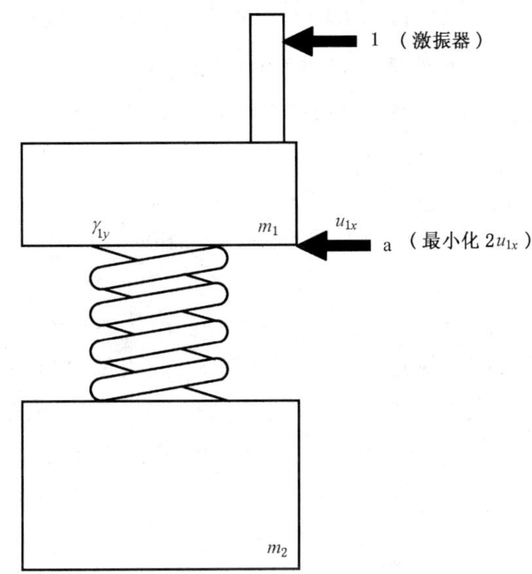

图 A.4 弹性部件输入端横向平移最小化时的转动激振

根据第6章中讨论的 m_2 的对称性,在输入端待测弹性支撑件上加载一个对称的刚性阻滞质量块,借助横向上适当高度的顶杆和激振器,可以最大化比值 γ_{1x}/u_{1y} 或 γ_{1y}/u_{1x}。为施加静载,采用与图2中相同的方式在顶部质量块和荷载结构之间放置辅助隔振器。测量 γ_{1x} 或 γ_{1y},可采用与图A.3类似的方式使用成对的普通加速度计。

如果在实际中抑制横向平移 u_{1x} 或 u_{1y} 不可行,应对不同高度的激振器进行多次测量,每次测量提供一种 γ_{1x} 和 u_{1y} 或者 γ_{1y} 和 u_{1x} 的组合。根据下面的例子可得到动刚度元素对。

示例1:

假定下列公式对两个测试是成立的:

测试1:

$$\underline{M}_{2x,\mathrm{b}}(1)=k_{M_{2x},u_{1y}}\,\underline{u}_{1y}(1)+k_{M_{2x},\gamma_{1x}}\,\underline{\gamma}_{1x}(1) \qquad \cdots\cdots(\mathrm{A}.10)$$

测试2:

$$\underline{M}_{2x,\mathrm{b}}(2)=k_{M_{2x},u_{1y}}\,\underline{u}_{1y}(2)+k_{M_{2x},\gamma_{1x}}\,\underline{\gamma}_{1x}(2) \qquad \cdots\cdots(\mathrm{A}.11)$$

仅在振动测量的基础上求解这些公式,以上两式可重写如下:

测试1:

$$\underline{M}_{2x,\mathrm{b}}/\underline{u}_{1y}(1)=k_{M_{2x},u_{1y}}+k_{M_{2x},\gamma_{1x}}R_{\gamma_{1x},u_{1y}}(1) \qquad \cdots\cdots(\mathrm{A}.12)$$

测试2:

$$\underline{M}_{2x,\mathrm{b}}/\underline{u}_{1y}(2)=k_{M_{2x},u_{1y}}+k_{M_{2x},\gamma_{1x}}R_{\gamma_{1x},u_{1y}}(2) \qquad \cdots\cdots(\mathrm{A}.13)$$

上述公式的右边部分按式(A.7)和式(A.8)的方式表述为传递率,包含了振动比值 $R(i)=\underline{\gamma}_{1x}/\underline{u}_{1y}$。测量这些量采用具有加减功能的双通道 FFT 分析仪就足够了[见式(A.9)后的注释]。

根据式(A.14)对传递率矩阵求逆,可得到含有 2 个动刚度元素的向量,如:

$$\begin{Bmatrix} k_{M_{2x},u_{1y}} \\ k_{M_{2x},\gamma_{1x}} \end{Bmatrix} = \begin{bmatrix} 1 & R_{\gamma_{1x},u_{1y}}(1) \\ 1 & R_{\gamma_{1x},u_{1y}}(2) \end{bmatrix}^{-1} \begin{Bmatrix} \underline{M}_{2x}/\underline{u}_{1y}(1) \\ \underline{M}_{2x}/\underline{u}_{1y}(2) \end{Bmatrix} \quad \cdots\cdots(\text{A}.14)$$

对病态矩阵求逆时,为避免放大测量误差,设计的实验必须使条件数等于或小于 3。条件数的计算公式如下:

$$cond\begin{bmatrix} 1 & R(1) \\ 1 & R(2) \end{bmatrix} = \max(1+|R(1)|,1+|R(2)|)\max\left(\left|\frac{R(2)}{R(1)-R(2)}\right|+\left|\frac{R(1)}{R(1)-R(2)}\right|,\frac{2}{|R(1)-R(2)|}\right) \quad \cdots\cdots(\text{A}.15)$$

式中:$R(1)$和 $R(2)$表示 γ_{1x}/u_{1y}的比值。当以下两式成立时,即:

$$-2\text{m}^{-1} < R(1) < -0.5\text{m}^{-1} \quad \cdots\cdots(\text{A}.16)$$

$$0.5\text{m}^{-1} < R(2) < 2\text{m}^{-1} \quad \cdots\cdots(\text{A}.17)$$

条件数即可等于或小于 3。式(A.16)中的减号表示 γ_{1x}和 u_{1y}反相。

示例 2:

为了便于正确设计实验,下面给出一个当 $R(1)\approx-1.5\text{m}^{-1}$,$R(2)\approx1.5\text{m}^{-1}$时实验如何实现的例子。图 A.5 显示了待测部件输入端一侧质量块的两个激振,该质量块是一直径为 d、高度为 h 的实心圆柱体,假定其质量和转动惯量大于待测部件的输入端的质量和惯量,作为初步近似,质量块在测量频率范围为可看作自由振动体。图 A.5a)中所示的水平激振(即把质量块质心作为原点,F_y位于 z 轴正方向上),将给出负的传递率。

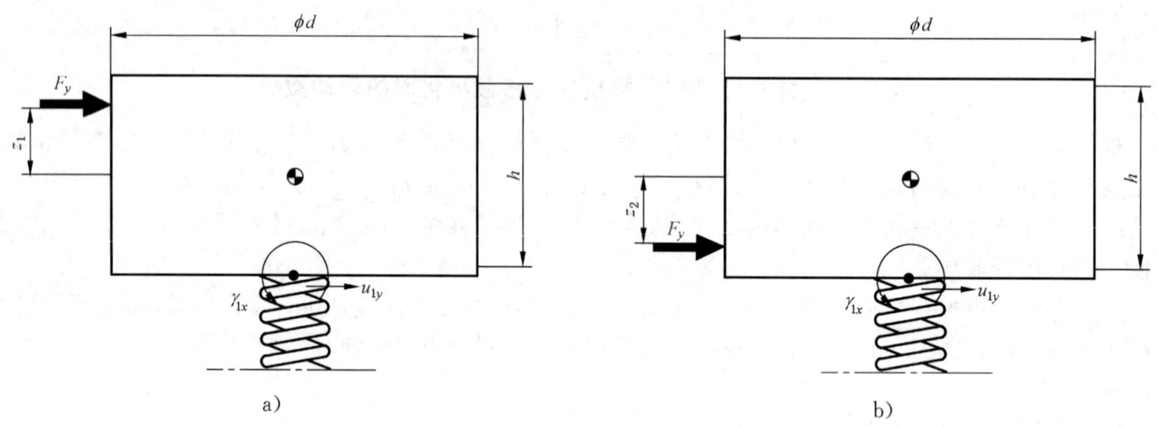

图 A.5 待测部件输入端荷载分布质量块上两个不同激振的例子

图 A.5b)中的激振 F_y(位于 z 轴负方向),给出正的传递率。

对这种类型的质量块,有:

$$R_{\gamma_{1x},u_{1y}} = \frac{-6\alpha}{(2b^2+1)h-6\alpha h} \quad \cdots\cdots(\text{A}.18)$$

$$\alpha = \frac{(3b^2+1)hR}{6(hR-1)} \quad \cdots\cdots(\text{A}.19)$$

式中：$\alpha=z/h$，$b=d/2h$。

图 A.6a)和图 A.6b)给出了各种列线图，针对选择不同的圆柱形质量块，激振位置在 $-h<z<h$ 之间变化(即在质量块上)，及 $R(1)=-1.5\text{m}^{-1}$，$R(2)=+1.5\text{m}^{-1}$。式(A.18)和式(A.19)可用于质量块范围之外的 z 轴的求解，例如，通过使用顶杆且 $z<-h/2$。当使用大尺寸质量块时，二者是相关的。

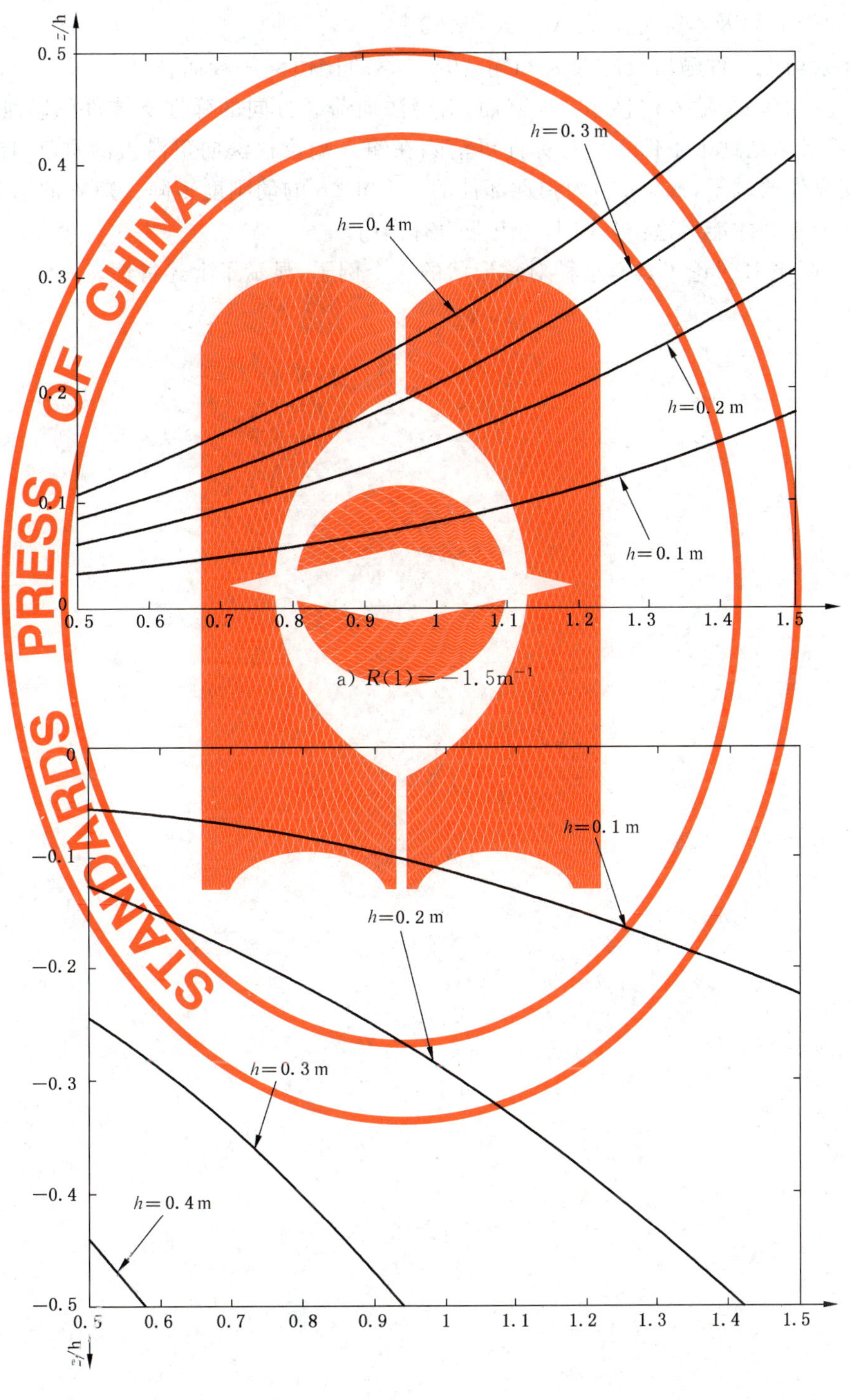

a) $R(1)=-1.5\text{m}^{-1}$

b) $R(2)=1.5\text{m}^{-1}$

图 A.6 根据式(A.16)和式(A.17)得到的列线图(有助于采用圆柱形质量块激振进行实验)

附 录 B
（资料性附录）
对称性对动刚度矩阵的影响

GB/T 22159 系列标准主要涉及弹性部件的刚度矩阵（6×6 矩阵）中单个元素的测量［见 5.3 和 ISO 10846-1 的附录 B 以及本部分附录 A 和式(A.1)］。

这些单个元素均为部件输出端阻滞力和输入端位移的比值。一般而言，GB/T 22159 对这些元素进行测量时，仅允许有一个输入位移非零。然而，对于法向荷载方向的弹性支撑件的动刚度，由于元素的对称性，通常不必满足这个条件。该对称性可消除在输入端位移法向阻滞力的贡献，图 A.2 显示了一个此类弹性支撑件的例子，式(A.5)为弹性部件的一个 6×6 的动刚度矩阵。矩阵的第三行表明只有法向荷载方向上的刚度才能对这个方向上的阻滞力有作用。

ISO 10846-1 附录 B 讨论了具有这种对称形状的 4 个例子，显示了上述特性。

附　录　C
（资料性附录）
静态荷载偏移曲线

如果有用，在报告中可以附加静载-偏移曲线和对测试方法的描述，该曲线的静载范围为最大允许荷载的0至100%。见参考文献[3]和[4]。

参考文献

[1] ISO 2017,Vibration and shock—Isolators—Procedure for specifying characteristics.

[2] ISO 10846-1:1997, Acoustics and vibration—Laboratory measurement of vibro-acoustic transfer properties of resilient elements—Part 1:Principles and guideilnes.

[3] DIN 2096-1,Helical compression springs made of round wire and rod—Quality requirements for hot formed springs.

[4] DIN 2096-2,Cylindrical coil compression springs made from round rods—Quality requirements for mass production.

[5] VERHEIJ J. W. Measuring sound transfer through resilient mountings for separate excitation with orthogonal translations and rotations,Proceedings Internoise,1980,723-726.

[6] VERHEIJ J. W. Multi-path sound transfer from resiliently mounted shipboard machinery, Doctoral Thesis,TNO-Institute of Applied Physics,Delft,Netherlands,1982.

ICS 75.140
E 42

中华人民共和国国家标准

GB 22160—2008

食品级微晶蜡

Food grade microcrystalline wax

2008-06-27 发布　　2009-01-01 实施

中华人民共和国国家质量监督检验检疫总局
中国国家标准化管理委员会　发布

前　言

本标准的第4章为强制性条款，其余为推荐性条款。

本标准与联合国粮农组织和世界卫生组织联合食品添加剂专家委员会标准FAO/WHO JECFA（2000）《微晶蜡》（英文版）的一致性程度为非等效。

本标准与FAO/WHO JECFA（2000）的主要差异如下：

——增加了滴熔点的技术要求，并以产品的滴熔点确定牌号，共5个牌号；

——增加了25℃针入度的技术要求；

——增加了含油量的技术要求；

——增加了70号“100℃运动黏度”为“不小于6.0”的技术要求；

——增加了嗅味的技术要求；

——取消了“外观”、“溶解性”、“红外吸收”、“硫含量”、“折光指数”的技术要求。

本标准的附录A、附录B为规范性附录。

本标准由全国石油产品和润滑剂标准化技术委员会提出。

本标准由中国石油化工股份有限公司抚顺石油化工研究院归口。

本标准起草单位：中国石油化工股份有限公司抚顺石油化工研究院。

本标准主要起草人：严益民、齐邦峰。

本标准为首次发布。

食品级微晶蜡

1 范围

1.1 本标准规定了食品级微晶蜡的技术要求、试验方法、标志、包装、贮运、取样。

1.2 本标准适用于由石油的重馏分或减压渣油的溶剂脱沥青油经溶剂精制、脱蜡、脱油，再经白土或加氢精制而制得的食品级微晶蜡。

2 规范性引用文件

下列文件中的条款通过本标准的引用而成为本标准的条款。凡是注日期的引用文件，其随后所有的修改单(不包括勘误的内容)或修订版均不适用于本标准，然而，鼓励根据本标准达成协议的各方研究是否可使用这些文件的最新版本。凡是不注日期的引用文件，其最新版本适用于本标准。

GB/T 265 石油产品运动粘度测定法和动力粘度计算法

GB/T 4985 石油蜡针入度测定法

GB/T 5009.75 食品添加剂中铅的测定

GB/T 6540 石油产品颜色测定法

GB/T 7363 石蜡中稠环芳烃试验法

GB/T 8026 石油蜡和石油脂滴熔点测定法(GB/T 8026—1987,neq ISO 6244:1982)

SH/T 0129 石油蜡和石油脂灼烧残渣试验法

SH 0164 石油产品包装、贮运及交货验收规则

SH/T 0229 固体和半固体石油产品取样法

SH/T 0398 石油蜡和石油脂分子量测定法

SH/T 0414 石蜡嗅味试验法

SH/T 0638 微晶蜡含油量测定法(体积法)(SH/T 0638—1996,neq ISO 2908:1974)

SH/T 0653 石油蜡正构烷烃和非正构烷烃碳数分布测定法

3 产品用途

本标准所属产品适用于食品的保护涂层、消泡剂、表面处理剂和口香糖基料用蜡。

4 技术要求和试验方法

食品级微晶蜡的技术要求和试验方法见表1。

表1 食品级微晶蜡的技术要求和试验方法

项目		质量指标					试验方法
牌号		70	75	80	85	90	
滴熔点/℃	不低于	67	72	77	82	87	GB/T 8026
	低于	72	77	82	87	92	
针入度(25 ℃,100 g)/(1/10 mm)	不大于	35	35	30	23	15	GB/T 4985
含油量(质量分数)/%	不大于	3.0					SH/T 0638
颜色/号	不大于	1.5					GB/T 6540

表 1（续）

项目		质量指标					试验方法
牌号		70	75	80	85	90	
运动黏度(100 ℃)/(mm^2/s)	不小于	6.0	10				GB/T 265
5%蒸馏点碳数	不小于	25					SH/T 0653
平均相对分子质量	不小于	500					SH/T 0398
灼烧残渣[a]（质量分数）/%	不大于	0.1					附录 A SH/T 0129
铅[b]/(mg/kg)	不大于	3					附录 B GB/T 5009.75
嗅味/号	不大于	1					SH/T 0414
稠环芳烃/(紫外吸光度/cm) 280 nm～289 nm 290 nm～299 nm 300 nm～359 nm 360 nm～400 nm	 不大于 不大于 不大于 不大于	 0.15 0.12 0.08 0.02					GB/T 7363

a 灼烧残渣允许用 SH/T 0129 测定，仲裁试验以附录 A 方法测定结果为准。

b 铅含量允许用 GB/T 5009.75 测定，仲裁试验以附录 B 方法测定结果为准。

5 取样

取样按 SH/T 0229 进行，取 1 kg 作为检验及留样用。

6 标志、包装、运输和贮存

本产品的标志、包装、运输、贮存及交货验收按 SH 0164 进行。

附　录　A
（规范性附录）
灼烧残渣试验法

在已称重的瓷或白金器皿中准确称取大约 2 g 样品，置于火焰上加热。样品挥发时无任何辛辣气味，灼烧至无碳而出现极度暗红色物质，在干燥器中冷却后称重。

附 录 B
（规范性附录）
铅含量测定法（原子吸收法）

B.1 范围

本方法适用于测定食品级微晶蜡中的铅含量。

B.2 设备

B.2.1 原子吸收分光光度计：波长范围 190 nm～900 nm。

B.2.2 铅空心阴极灯。

B.2.3 容量瓶：50 mL、100 mL、500 mL、1 000 mL。

B.2.4 凯氏烧瓶：100 mL～150mL。如图 B.1 所示，有一个用于冷凝蒸汽的外接部分与凯氏烧瓶的磨口相接，此外接部分具有一旋塞漏斗，通过它加入试剂。

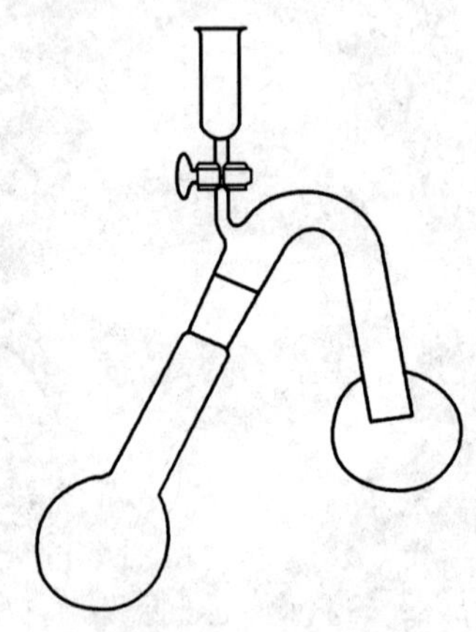

图 B.1 凯氏烧瓶

B.2.5 天平：感量 0.1 mg。

B.2.6 移液管：5 mL、10 mL。

B.3 材料与试剂

B.3.1 空气：压缩空气，经净化除去油、水。

B.3.2 乙炔气：纯度不低于 99.9%。

B.3.3 去离子水。

B.3.4 浓硫酸：优级纯。

B.3.5 浓盐酸：优级纯。

B.3.6 浓硝酸：优级纯。

B.3.7 高氯酸：优级纯。

B.3.8 硝酸铅：优级纯。

B.4 准备工作

B.4.1 配制铅标准溶液

在 1 000 mL 容量瓶中，将 1.6 g 硝酸铅 $Pb(NO_3)_2$（称准至 0.1 mg）溶解在硝酸（10 mL 浓硝酸溶

于 20 mL 水中，煮沸，除掉硝酸烟气并冷却)中，加水至刻线。在 20 ℃时取该溶液 10 mL 于 500 mL 容量瓶中并加水至刻线。该铅标准溶液含铅 20 μg/mL。

B.4.2 配制校正曲线溶液

在一系列 100 mL 容量瓶中，用移液管分别加入 0、1 mL、2 mL、3 mL、4 mL、5 mL 铅标准溶液并稀释到大约 50 mL。加 8 mL 浓硫酸和 10 mL 浓盐酸，摇匀，使之溶解。溶解完毕，用去离子水稀释至刻线。

该溶液中每毫升含有 0、0.2 μg、0.4 μg、0.6 μg、0.8 μg 和 1.0 μg 的铅。

B.4.3 配制样品溶液

在一个 100 mL～150 mL 凯氏烧瓶中准确称取 2.5 g 样品(称准至 0.1 mg)，加入 5 mL 稀硝酸。当初期反应一变缓，开始缓慢加热，直到进一步的剧烈反应停止，然后冷却。逐渐加入 4 mL 浓硫酸，控制加入速度，使加热的过程中不会产生过多的泡沫(通常需要 5～10 min)，加热，直到液体颜色明显变黑，即开始碳化。缓慢加入少量浓硝酸，每两次加入之间加热，直到再次变黑。不要猛烈加热以致于过度碳化，在整个过程中，应有少量的游离硝酸存在。继续该处理过程直到溶液变为浅黄色并且在后续的加热过程中颜色不再变黑。如果该溶液在 0.5 mL 高氯酸溶液和少量浓硝酸中仍然变色，加热大约 15 min，然后进一步加入 0.5 mL 高氯酸溶液，再加热几分钟。记录所用浓硝酸的总量。稍冷却并用 10 mL去离子水稀释。溶液的颜色应该是完全无色的(如果存在很多铁，溶液可能是浅黄色)。平稳煮沸，避免暴沸，直到出现白色烟气。冷却，再加入 5 mL 水，再次平稳煮沸到出现烟气。最后，冷却，加入 10 mL 5 mol/L 盐酸平稳煮沸几分钟。冷却将溶液转移到 50 mL 单一刻线的容量瓶中，用少量水冲洗凯氏烧瓶。将冲洗凯氏烧瓶的水加到容量瓶中，用水稀释到刻线。该溶液称为溶液 A。

用相同数量的试剂(样品氧化过程中所用的试剂)准备一个空白溶液。

B.5 试验步骤

B.5.1 仪器工作条件

分析波长：283.3 nm

其他条件因仪器型号不同，所推荐的各种仪器参数是不同的。而且在使用时某些参数需要最优化，以获得最佳结果。因此，应该参照厂家说明书的火焰类型及上面所规定的设置来调节仪器。

B.5.2 步骤

将原子吸收分光光度计的工作条件设定在选好的状态，吸入含有待测元素的浓度最高的标准溶液，并优化仪器的设定条件，使之在记录纸上达到满量程或偏移值最大。测定其他标准溶液的吸收值，绘制净吸收值与标准溶液中元素浓度关系的曲线。吸入由样品溶解或样品湿法氧化得到的溶液 A 及相应的空白溶液，检测净吸收值。使用上边绘制的曲线，测定样品溶液中待测元素的浓度。

B.6 计算

铅含量(mg/kg)＝元素质量浓度(μg/mL)×50(mL)/试样质量(g)

ICS 37.060.10
N 42

中华人民共和国国家标准

GB/T 22161—2008

35 mm 电影放映机间歇输片齿轮 尺寸

Intermittent sprockets for 35 mm motion-picture projectors—Dimensions

(ISO 6896:1984,MOD)

2008-06-30 发布　　2009-01-01 实施

中华人民共和国国家质量监督检验检疫总局
中国国家标准化管理委员会　发布

前　言

本标准修改采用ISO 6896:1984《35 mm电影放映机间歇输片齿轮　尺寸》(英文版)。

本标准根据ISO 6896:1984重新起草。由于ISO 6896:1984所引用的标准ISO 491:1983和现行标准ISO 491:2002相比变化较大,而我国胶片标准和ISO 491:2002技术差异较小,本标准对引用标准进行了修改,并将适用范围进行了限定,这些技术性差异用垂直单线表示在它们所涉及的页边空白处。在附录B中给出了技术性差异及其原因的一览表以供参考。本标准还删除了国际标准的引言。

本标准的附录A、附录B是资料性附录。

本标准由中国机械工业联合会提出。

本标准由机械工业电影和电教机械标准化技术委员会归口。

本标准起草单位:秦皇岛视听机械研究所。

本标准主要起草人:阎继华。

本标准为首次发布。

35 mm 电影放映机间歇输片齿轮尺寸

1 范围

本标准规定了两种齿型的 35 mm 电影放映机 16 齿间歇输片齿轮的尺寸。本标准适用于与按 HG/T 2695 中规定打孔的 P 型 35 mm 影片相啮合的齿轮。

2 规范性引用文件

下列文件中的条款通过本标准的引用而成为本标准的条款。凡是注日期的引用文件,其随后所有的修改单(不包括勘误的内容)或修订版均不适用于本标准,然而,鼓励根据本标准达成协议的各方研究是否可使用这些文件的最新版本。凡是不注日期的引用文件,其最新版本适用于本标准。

HG/T 2695 电影胶片尺寸

3 术语和定义

下列术语和定义适用于本标准。

3.1

间歇输片齿轮 intermittent

用来周期性(逐幅)输送影片的供片齿轮。

注:在输送影片的间歇中齿轮通常是完全静止的,在将影片的输送速度从零速度加速到供片的平均速度的运动期间通常是重载的。由于片孔的变形较大,它的齿根直径通常大于供片齿轮的齿根直径。

4 齿轮的齿型

4.1 S 型是方形齿。

4.2 R 型是圆角齿,在与影片接触的各面均经倒角。

5 尺寸

5.1 尺寸如图 1 和表 1 所示。

5.2 齿轮的节距 P 应在影片厚度为 δ 的中间点测量,并按公式(1)计算。

$$P = \frac{(E + \delta)\pi}{Z} \qquad (1)$$

式中:

P——齿轮的节距,单位为毫米(mm);

E——支撑圆直径,单位为毫米(mm);

δ——影片的厚度,单位为毫米(mm);

Z——齿轮的齿数,个。

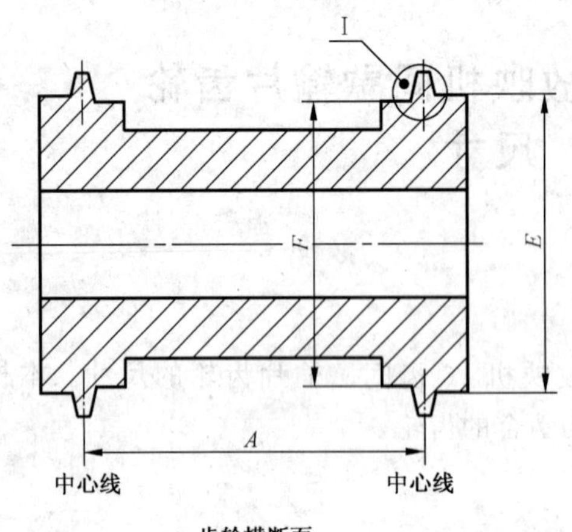

齿轮横断面

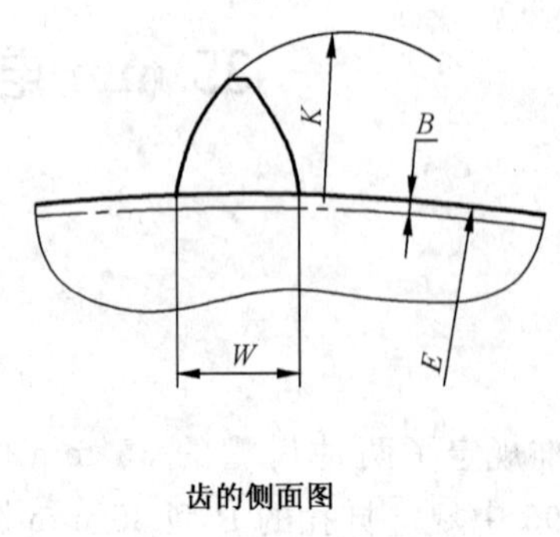

齿的侧面图

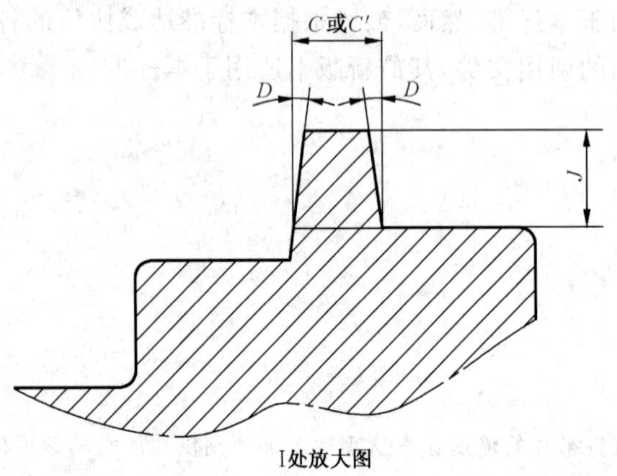

I处放大图

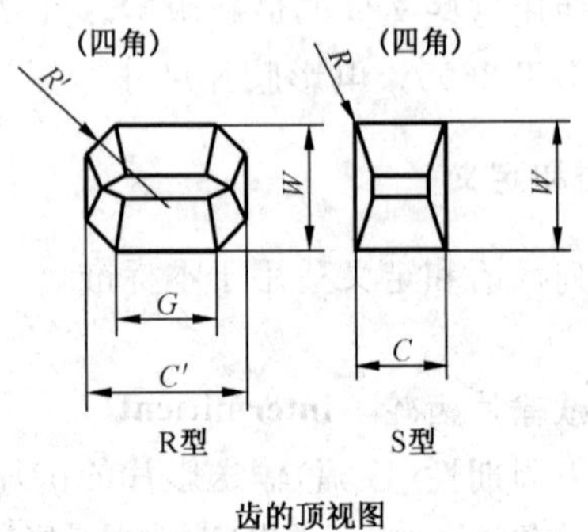

齿的顶视图

图 1

表 1 尺寸

符号	名 称	尺寸/mm
A	齿中心距	28.17±0.03
B	齿圆弧中心距	$0.1_{-0.03}^{0}$
C	方形齿侧宽	$1.65_{-0.05}^{+0.03}$
C'	圆角齿侧宽	$1.83_{-0.05}^{0}$
D	齿侧面的导向角	7°30′(max)
E	支撑圆直径	24.13±0.03
F	内径	比 E 小 0.25
G	承载面	$1.17_{-0.05}^{0}$
J	在 E 之上的齿高	1.27
K	齿的圆角	$1.96_{0}^{+0.05}$
R	方形齿倒角半径	0.13(max)
R'	圆角齿倒角半径	1.09±0.03
W	齿宽	$1.4_{-0.05}^{0}$

附 录 A
（资料性附录）
注 释

A.1 支撑圆直径 *E*

现有放映机的供、收片齿轮，除了支撑圆直径之外，齿轮的尺寸均如表1所示。16齿供片齿轮的直径 *E* 一般为 23.95 mm，收片齿轮的 *E* 值一般为 23.88 mm。24齿供片齿轮直径 *E* 值的范围为 35.89 mm～36.17 mm，收片齿轮的 *E* 值一般是 35.89 mm。生产厂家不同，*E* 的具体数值也不同。

A.2 依据标准

本标准规定的齿轮是根据P型片孔所设计的。其中 C' 是R型圆角齿的齿侧宽，其值较大，每个齿角处的倒角半径也比较大，可避免齿四角与影片片孔四角相接触，从而减少了齿对片孔造成损伤的可能性。*C* 是S型方形齿的齿侧宽，对方形齿倒角也减小了影片片孔边缘的划伤。

A.3 术语和定义

A.3.1

供片齿轮 feed sprocket

用来克服阻力而输送影片的齿轮，又称为输片齿轮或主动轮，通常是轻载的。

注：阻力作用于影片片孔的前边缘(从影片运动方向看)，齿轮以标称的匀速转动。

A.3.2

收片齿轮 holdback sprocket

用来克服张力而制动影片的齿轮，又称为制动轮。

注：张力作用于片孔的后缘(从影片运动方向看)，齿轮以标称的匀速转动。

附 录 B
（资料性附录）
技术差异及其原因

表 B.1 技术差异及其原因

章	技术差异	原 因
1 范围	只保留 P 型片孔。	在我国用于放映机的影片都为 P 型片孔，并且国际发展方向为放映机全部采用 P 型片孔。
2 规范性引用文件	将“ISO 491”改为“HG/T 2695”。	a）采用我国行业标准； b）此行业标准与现行国际标准 ISO 491：2002 技术内容基本一致。
5 尺寸	a）将齿中心距“28.58±0.03”改为“28.17±0.03”； b）将方形齿侧宽“$1.02^{+0.03}_{-0.05}$”改为“$1.65^{+0.03}_{-0.05}$”。	a）适应 P 型片孔“齿孔横跨距 28.17±0.05”的需要； b）适应 P 型片孔“高 1.980±0.012”的需要，增加承载面。

ICS 25.040.40
N 10

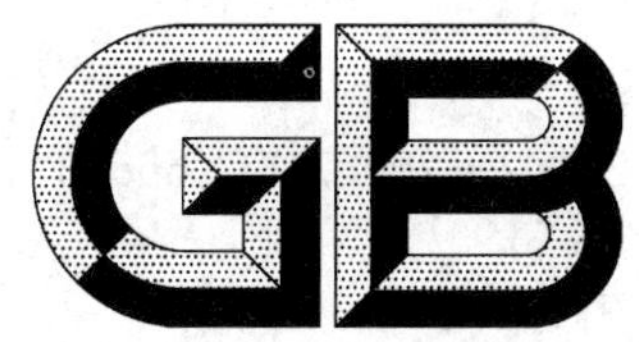

中华人民共和国国家标准

GB/T 22162—2008/IEC 60668:1980

盘装和架装工业过程测量和控制仪表的盘面和开孔尺寸

Dimensions of panel areas and cut-outs for panel and rack-mounted industrial-process measurement and control instruments

(IEC 60668:1980,IDT)

2008-06-30 发布　　2009-01-01 实施

中华人民共和国国家质量监督检验检疫总局
中国国家标准化管理委员会　发布

前　言

本标准等同采用 IEC 60668:1980《盘装和架装工业过程测量和控制仪表的盘面和开孔尺寸》(英文版)。

本标准在制定时按 GB/T 1.1—2000《标准化工作导则　第 1 部分:标准的结构和编写规则》和 GB/T 20000.2—2001《标准化工作指南　第 2 部分:采用国际标准的规则》的有关规定做了如下编辑性修改:

a) 删除了国际标准的前言和引言;

b) "本报告"一词改为"本标准";

c) 原国际标准 3.7 中例举的 IEC 60473 已被 IEC 61554 替代,本标准改为例举 IEC 61554;

d) 原国际标准表 1、表 2 上有说明,本标准将其移至表下,作为表注;

e) 表 1 倒数第 3 行,原国际标准遗漏了第 1 栏的倍数值"26"和第 2 栏的尺寸值"325",本标准予以补充。

为便于对照,本标准未更改原国际标准采用的格式。

本标准由中国机械工业联合会提出。

本标准由全国工业过程测量和控制标准化技术委员会第一分技术委员会归口。

本标准负责起草单位:上海工业自动化仪表研究所。

本标准参加起草单位:上海仪器仪表自控系统检验测试所。

本标准主要起草人:李明华、蔡闻智。

本标准为首次发布。

盘装和架装工业过程测量和控制仪表的盘面和开孔尺寸

1 范围

本标准规定了安装在仪表盘或仪表架上的工业过程测量和控制仪表的盘面和开孔尺寸系列。

2 目的

本标准给出了测量和控制仪表的面板和开孔尺寸，以方便：

——安装工业过程测量和控制仪表的仪表盘或仪表架的布置图的设计；

——工业过程测量和控制仪表的设计适应此尺寸系列。

3 总则

3.1 面板和开孔尺寸应使设备的设计能依据工效学原则，尤其是人体测量学原则，为各个行业的工业过程测量和控制装置提供最适宜的操作员/设备界面。

3.2 面板和开孔尺寸应考虑到技术的发展，技术的发展会改变工业过程仪表的形式和信息的显示方式。

3.3 面板和开孔尺寸应允许有效利用仪表盘、架的空间。

3.4 面板和开孔尺寸应满足仪表盘、架不同机械结构和安装技术的要求。

3.5 面板和开孔尺寸应考虑到现行的标准 482.6 mm(19 in)仪表架尺寸体系[见 GB/T 19520 电子设备机械结构 482.6 mm(19 in)系列机械结构尺寸]。

3.6 面板和开孔尺寸系列并不考虑自动布线机常用的 2.54 mm(0.1 in)结构体系，因为现代机器可通过编制程序处理毫米。

3.7 推荐的面板和开孔尺寸应与本标准未涉及的，以及控制系统中经常随工业过程测量和控制仪表一起使用的其他仪表的尺寸相兼容(例如 IEC 61554 盘装设备 电测量仪表 盘装尺寸)。

3.8 推荐的尺寸系列应允许单台安装和多台安装(在一个公共开孔、外壳或镶嵌结构中成组安装)。

3.9 鉴于本标准适用范围之外的设备在国际上尚未标准化(例如，无论是气或是电的连接插头和插座，以及插头插脚的功能和功能位置都没有统一标准)，此尺寸系列并不能使仪表实际尺寸的标准化水平达到使仪表可互换的程度。

4 术语和定义

下列术语和定义适用于本标准。

4.1

尺寸 size

仪表盘上由一台或一组仪表的宽度和高度所确定的面积的尺度。

4.2

仪表盘 panel

由一块或多块平板材料和(或)结构件组成适用于安装各类仪表的单元。它可以是控制台或仪表柜的一部分。

4.3

仪表架　rack

主要为安装设备而设计的特定的机械结构。

4.4

仪表面板　instrument front

位于仪表盘的正面、且不能穿过开孔的仪表部分。

4.5

边框　flange

仪表面板延伸到表壳外的部分，它可以是仪表面板的一部分，或是作为表壳部分的边缘。边框可包括能拆卸的装饰条。

4.6

开孔　cut-out

为安装一台或一组仪表而在仪表盘上开的孔。

4.7

单台安装　individual mounting

在仪表盘的开孔内安装一台仪表的安装方式。

4.8

组合安装　array mounting

多台仪表并列安装在一个水平组件内的安装方式。

4.8.1

共壳安装　common case mounting

在仪表盘的一个开孔内共用一个外壳安装一组仪表的安装方式。

4.8.2

共孔安装　common cut-out mounting

利用仪表各自的外壳在仪表盘的一个开孔内安装一组仪表的安装方式。

4.9

拼装　mosaic mounting

一组面板符合公称尺寸的仪表安装在一个机械栅格框架内的安装方式。

4.10

固定架　suppport structure

除外壳之外，安装或支撑仪表所需的结构。

5　原则

5.1　尺寸值以 12.5 mm 尺寸模数为依据(见 3.6 和 3.7)。

5.2　如果一台或一组仪表需要额外的固定架，或者一台或一组仪表在仪表盘后面的部分不在面板尺寸的垂直投影范围内，制造厂应对此要求或条件做出规定，因为此尺寸可能会超出盘面而影响使用。

5.3　本标准给出的最大开孔尺寸与制造厂选择的最小面板尺寸之间，应考虑到有足够的开孔覆盖面积，并应适合安装。

5.4　仪表可分成两类：

——边框随尺寸变化的仪表，A 类；

——边框不变，不受尺寸影响的仪表，B 类。

5.5 本标准给出的开孔尺寸的公差为正值，因为最小开孔尺寸是一个临界尺寸，制造厂在设计时应予以考虑，以便与仪表相配。

5.6 仪表的边框可以是固定的或可拆卸的。

5.7 本标准将边框不变的一组仪表看成是一台仪表。

共壳安装或共孔安装的开孔宽度应与尺寸等于该组仪表尺寸总和的单台仪表的开孔尺寸相同。

5.8 本标准将面板公称尺寸小于规定尺寸(例如尺寸 50 mm，面板 48 mm)的边框可变拼装式仪表当作一台仪表。尺寸可等于或大于拼装式仪表的宽度和高度。开孔尺寸应由各方协商确定。

5.9 仪表的宽度和高度尺寸值应从表 1 和表 2 中选取。

第 1 个值应为宽度，第 2 个值为高度。

例如：100×200 表示仪表的宽度尺寸为 100 mm，高度尺寸为 200 mm。

表 1 A 类仪表

单位为毫米

倍数 N	尺寸值 $N\times12.5$	仪表面板公称尺寸			开孔	
		A	B	C	公称值	公差
2	25	24			22.2	+0.3
3	37.5	36	37.5		33	+0.6
4	50			40	35	+0.6
4	50	48	50		45	+0.6
5	62.5			60	55	+0.7
6	75	72	75		68	+0.7
7	87.5			80	75	+0.7
8	100	96	100		92	+0.8
10	125			120	115	+0.9
12	150	144	150		138	+1.0
13	162.5			160	155	+1.0
14	175		175		162	+1.0
16	200	192			186	+1.1
20	250			240	230	+1.2
20	250	240	250		234	+1.2
24	300	288			282	+1.3
26	325			320	305	+1.3
26	325	324			318	+1.4
32	400			400	375	+1.4
40	500	480			445	+1.5
注：若选自同一栏，可适用于任何宽、高组合。						

表 2　B类仪表

单位为毫米

倍数 N (a)	尺寸值 $N\times12.5$ (b)	面板公称宽度 (c)		开孔宽度 (c)－5 mm (d)	
		Ⅰ	Ⅱ	Ⅰ	Ⅱ
2	25	25		20	
4	50	50	40	45	35
5	62.5	62.5	60	57.5	55
6	75	75		70	
7	87.5	87.5	80	82.5	75
8	100	100		95	
10	125	125	120	120	115
12	150	150		145	
13	162.5	162.5	160	157.5	155
14	175	175		170	
16	200	200		195	
18	225	225		220	
20	250	250		245	
24	300	300		295	
28	350	350		345	
30	375	375		370	
36	400	400		395	
40	500	500		495	
48	600	600		595	
N(偶数)＞48	$N\times12.5$	$N\times12.5$		$N\times12.5-5$	

注：适用于边框不变的仪表。选用(c)Ⅰ栏的面板公称宽度，其面板公称高度为150 mm或175 mm，相应的开孔高度分别为138 mm或162 mm。

边框不变的仪表选用(c)Ⅱ栏的面板公称宽度，其面板公称高度为160 mm，开孔高度为155 mm。

开孔宽度的公差：$^{+1\ \mathrm{mm}}_{-0\ \mathrm{mm}}$；开孔高度的公差：$^{+2\ \mathrm{mm}}_{-0\ \mathrm{mm}}$。

ICS 11.020
C 04

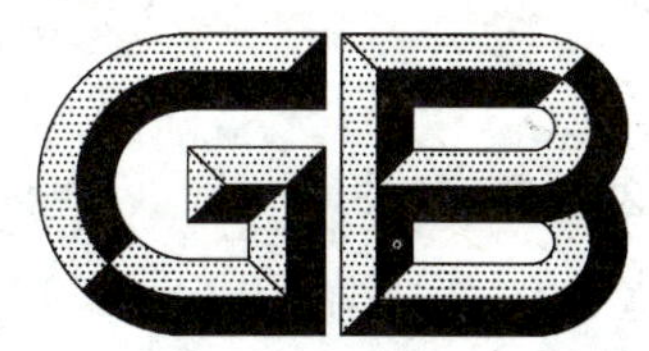

中华人民共和国国家标准

GB/T 22163—2008

腧穴定位图

Illustrations for location of acupuncture points

2008-07-02 发布　　　　2008-11-01 实施

中华人民共和国国家质量监督检验检疫总局
中国国家标准化管理委员会　发布

前　言

本标准为 GB/T 12346—2006《腧穴名称与定位》的图形部分，与 GB/T 12346—2006 配套使用。为便于读者阅读，每一图形下方都标明了与 GB/T 12346—2006 相对应的章、条编号。

本标准腧穴定位依据国家标准 GB/T 12346—2006《腧穴名称与定位》。

本标准由国家中医药管理局提出。

本标准由中国针灸学会归口。

本标准起草单位：中国中医科学院针灸研究所。

本标准主要起草人：黄龙祥。

本标准参加起草人：黄幼民、王勇、申玮红、武晓冬、吴中朝。

腧 穴 定 位 图

1 范围

本标准规定了根据 GB/T 12346—2006 确定的腧穴定位图。

本标准与 GB/T 12346—2006 配套使用。

2 规范性引用文件

下列文件中的条款通过本标准的引用而成为本标准的条款。凡是注日期的引用文件,其随后所有的修改单(不包括勘误的内容)或修订版均不适用于本标准,然而,鼓励根据本标准达成协议的各方研究是否可使用这些文件的最新版本。凡是不注日期的引用文件,其最新版本适用于本标准。

GB/T 12346—2006 腧穴名称与定位

3 术语和定义

本标准采用 GB/T 12346—2006 确立的术语和定义。

4 基本要求

4.1 包括 GB/T 12346—2006 各部分所涉及的各种类型图。

4.2 显示 GB/T 12346—2006 正文与注文所涉及的所有体表标志、取穴方法、取穴体位以及与相邻穴的位置关系。

4.3 图中腧穴点的定位应与 GB/T 12346—2006 文本一致。

5 图形设计

5.1 不同解剖层次的表现方式

5.1.1 体表采用黑白真人照片。

5.1.2 体内深层结构以不同形式的线条表现。体内深层结构的表现层次为:肌肉在最上层,血管次之,骨骼再次之。

5.1.3 体表标志与深层结构准确叠加对位。

5.2 不同解剖结构的表现方式

5.2.1 肌肉采用与真实肌肉纹理方向相同的黑色细线条表现。

5.2.2 肌腱采用黑色线条轮廓,白色填补,并做不透明度处理,以显示肌腱下层的骨骼。

5.2.3 骨骼采用黑色线条轮廓。

5.2.4 血管采用白色线条轮廓,用灰度色填充。

5.3 穴点、穴名、解剖名词标注

5.3.1 穴点标注:十四经穴定位图,在显示一条经脉的经穴与其他经经穴的位置关系时,本经经穴以黑色实心圆点“●”表示,其他经经穴以黑色空心圆点“◘”表示;经外奇穴定位图,在显示其与经穴的位置关系时,经外奇穴以黑色实心圆点“●”表示,相邻经穴以黑色空心圆点“◘”表示。在体表黑色区域(如毛发覆盖部位),穴点以白色圆点“○”或“◉”标注。图中位于边界处的腧穴,用半圆点“◖”表示。

5.3.2 穴名标注包括汉字、国际代码两个要素。汉字在前，国际代码在后。

5.3.3 解剖名词，采用楷体字标注。

6 图形类型

6.1 腧穴定位方法图

6.1.1 体位与方位图

说明腧穴定位的体位与方位术语。

6.1.2 体表标志图

说明 GB/T 12346—2006 定义的腧穴定位体表标志。

6.1.3 基准穴点图

说明 GB/T 12346—2006 规定的用于腧穴定位的基准穴点。

6.1.4 解剖标志图

说明用于腧穴定位的解剖标志。

6.1.5 “骨度”折量寸图

说明 GB/T 12346—2006 规定的“骨度”折量寸。

6.1.6 “指寸”图

说明 GB/T 12346—2006 规定的“指寸”定位法。

6.1.7 常用取穴体位图

说明常用的取穴体位。

6.1.8 腧穴定位方法图

见图 1-1～图 1-9。

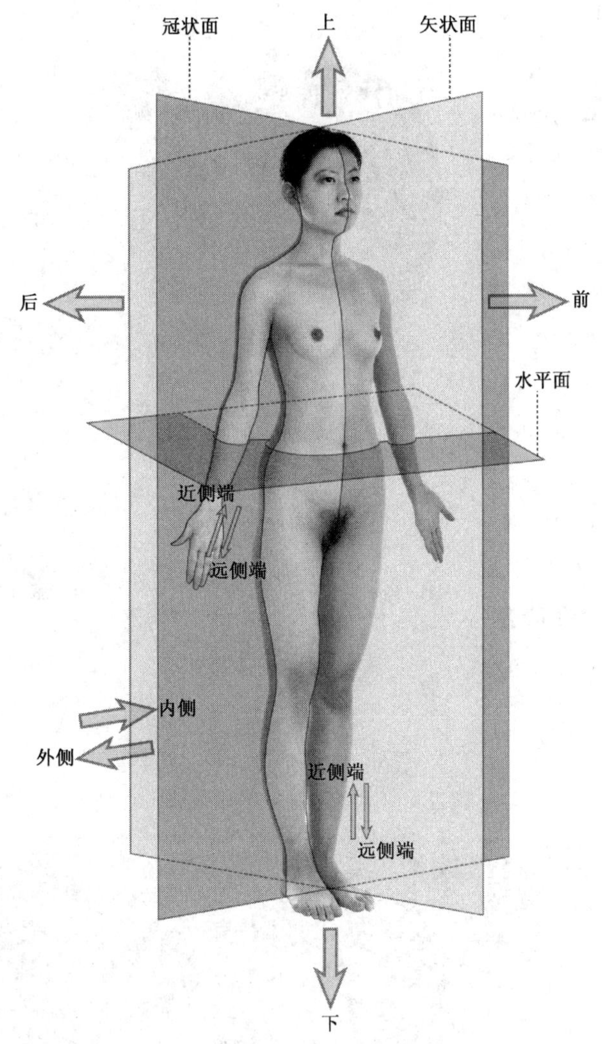

注：对应 GB/T 12346—2006 的 2.2。

图 1-1　体位与方位

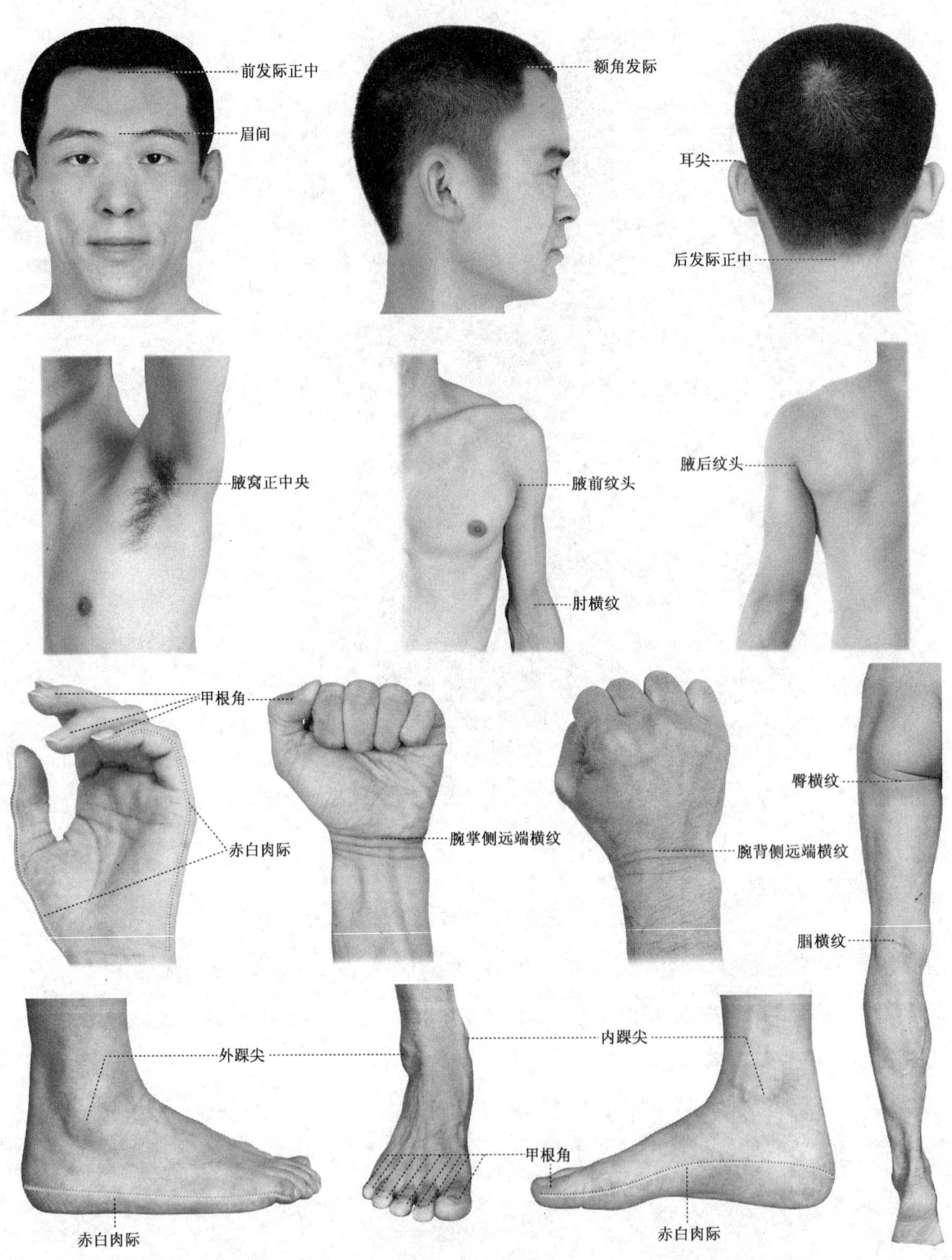

注：对应 GB/T 12346—2006 的 2.3。

图 1-2　常用定穴体表标志

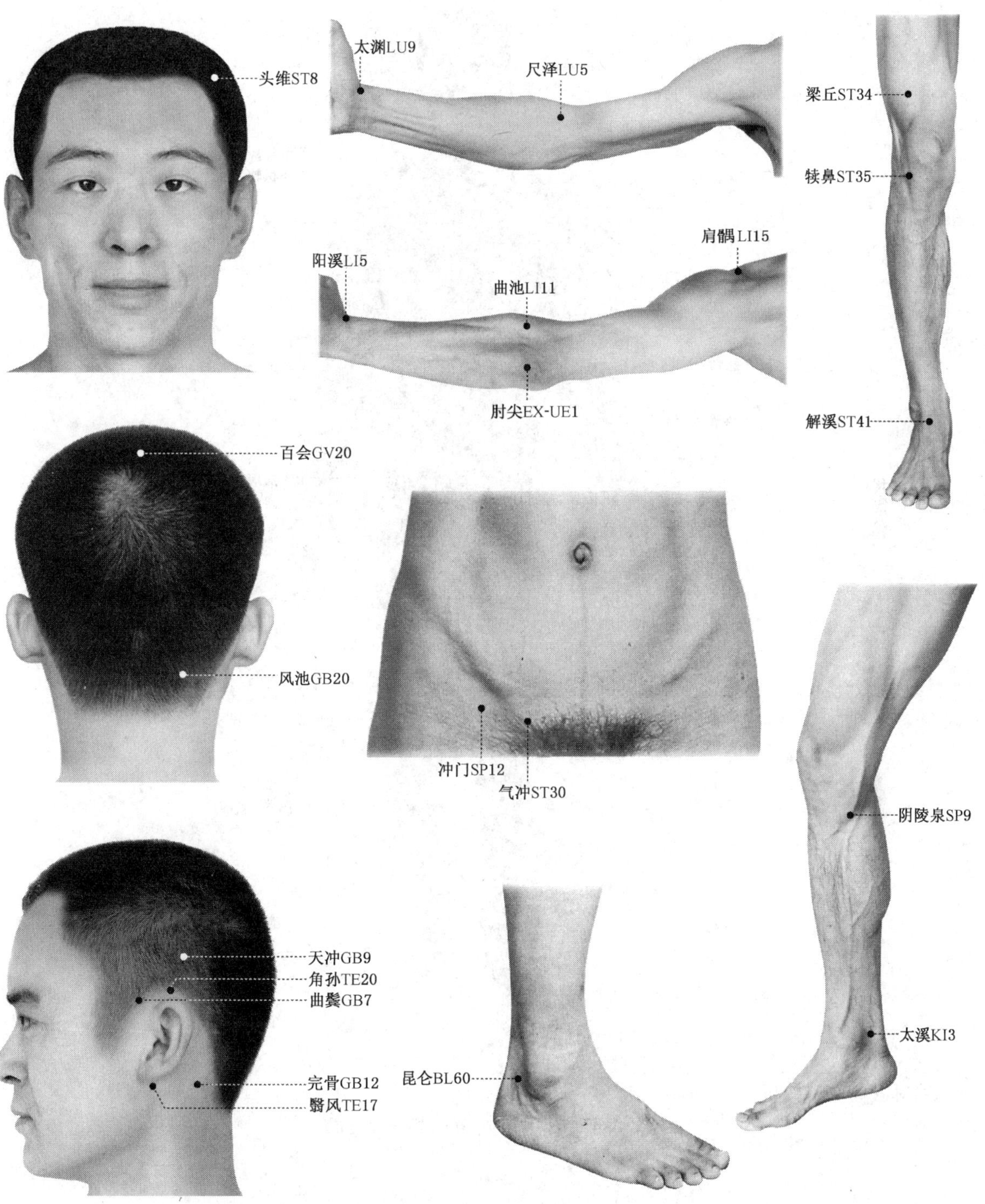

注：对应 GB/T 12346—2006 的 2.4。

图 1-3 基准穴点

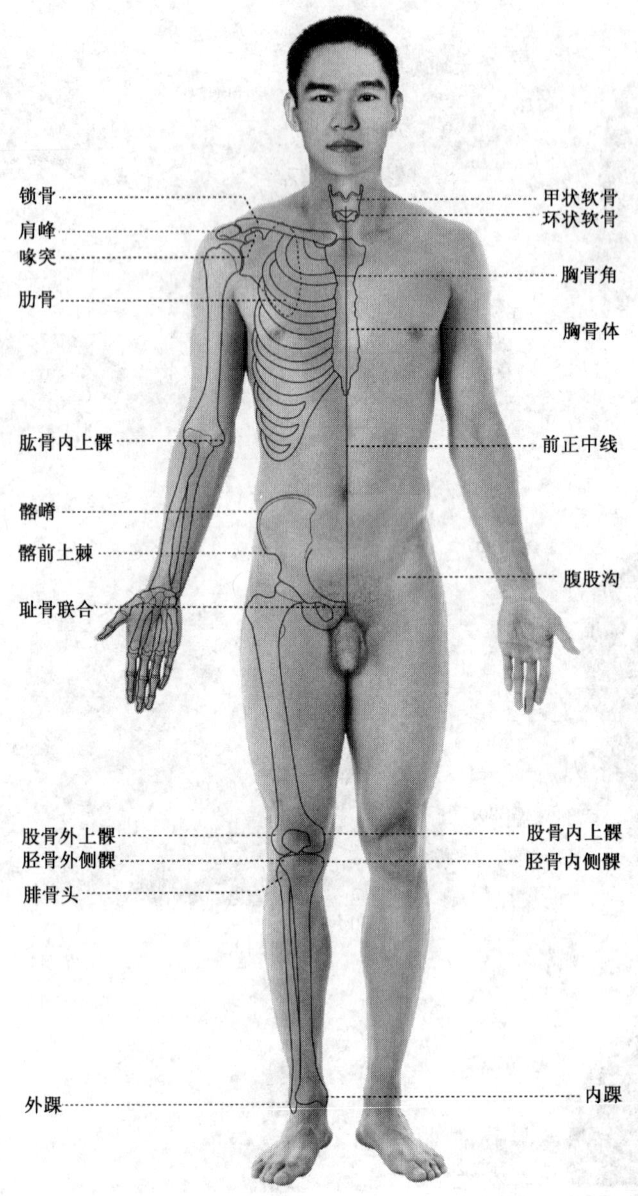

注:对应 GB/T 12346—2006 的 3.2.1。

图 1-4 常用定穴解剖标志(正面)

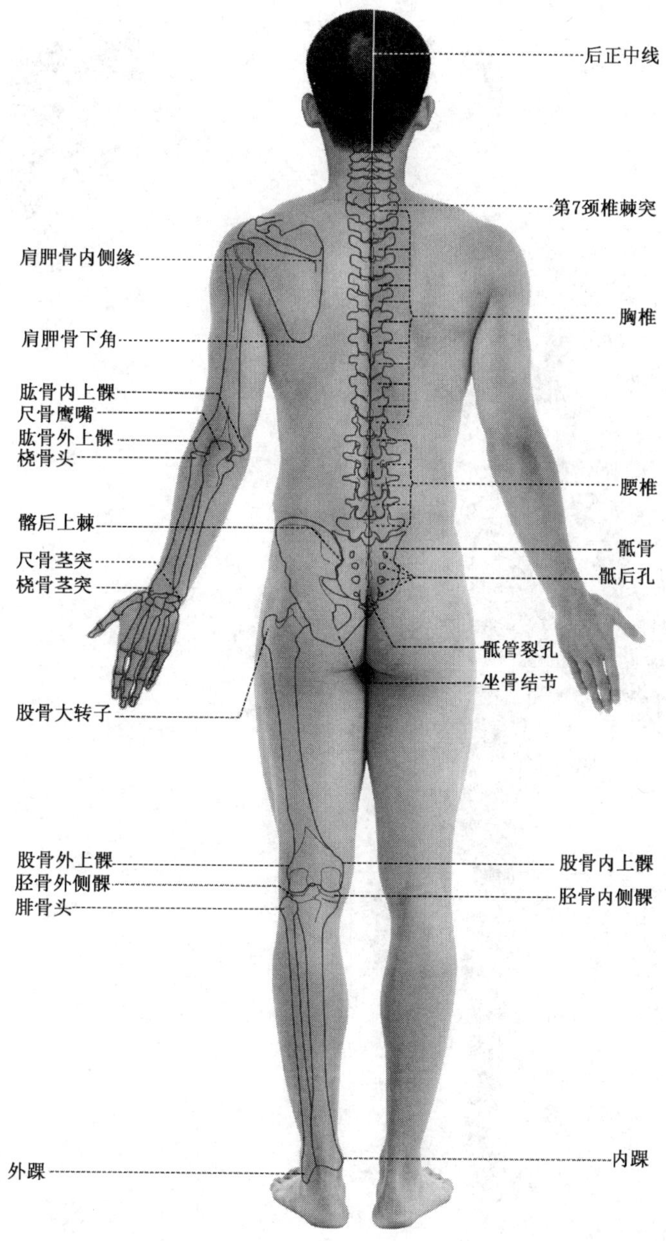

注：对应 GB/T 12346—2006 的 3.2.1。

图 1-5　常用定穴解剖标志(背面)

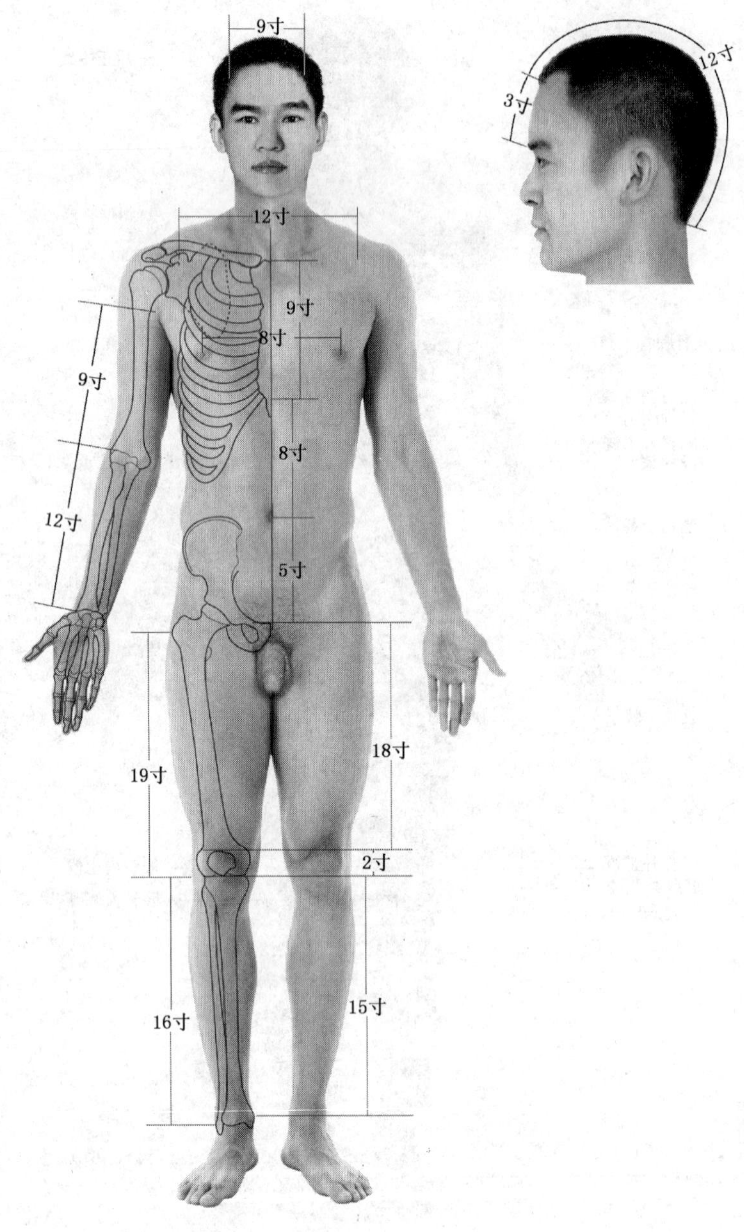

注:对应 GB/T 12346—2006 的 3.2.2。

图 1-6 “骨度”折量寸(正面)

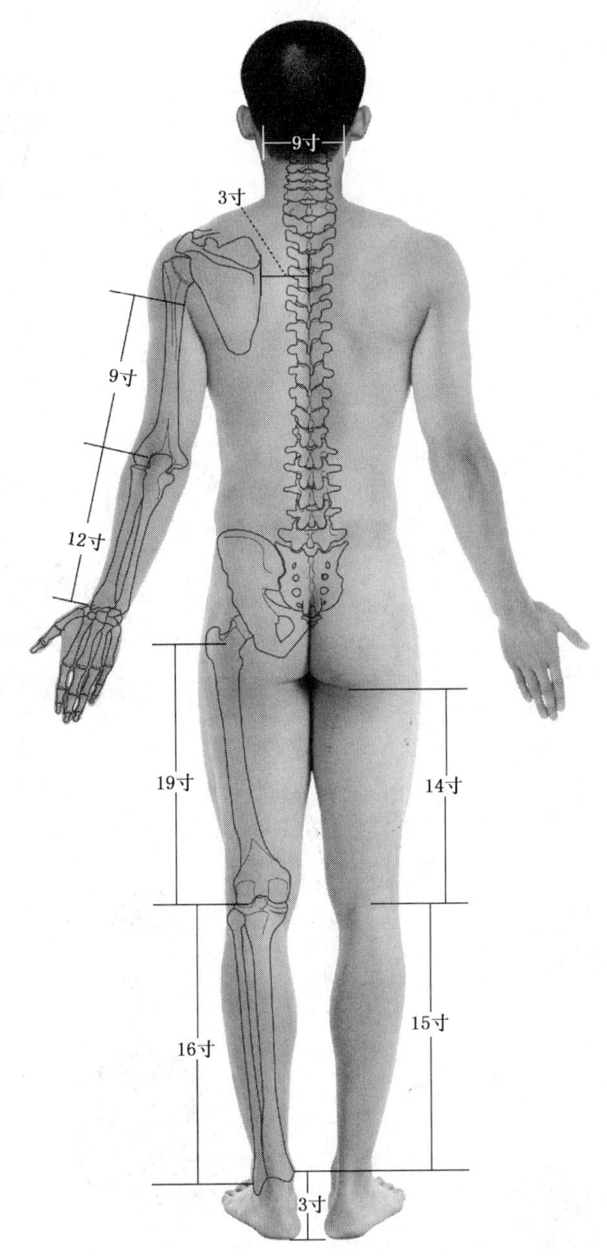

注：对应 GB/T 12346—2006 的 3.2.2。

图 1-7 “骨度”折量寸（背面）

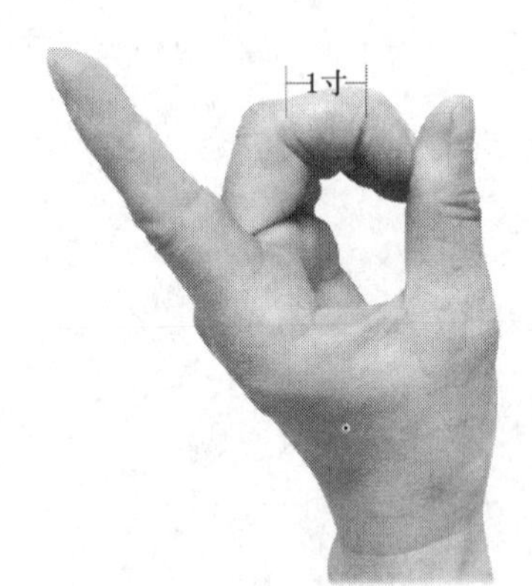

a）中指同身寸

b）拇指同身寸

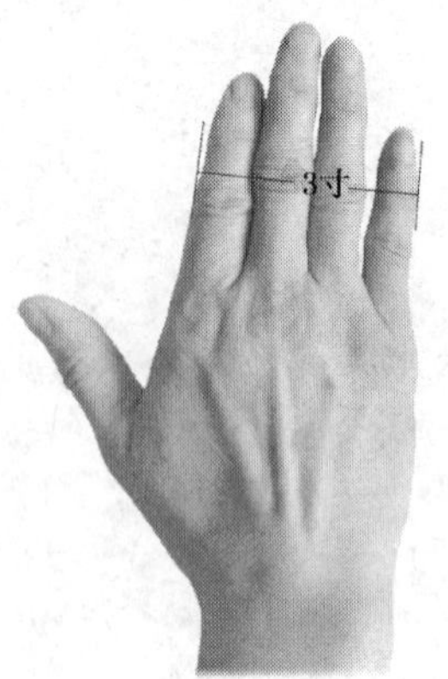

c）横指同身寸

注：对应 GB/T 12346—2006 的 3.2.3。

图 1-8 “指寸”

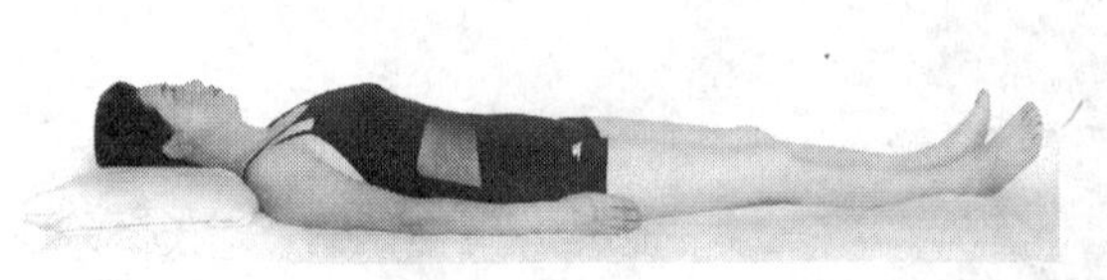

仰卧位

侧伏坐位

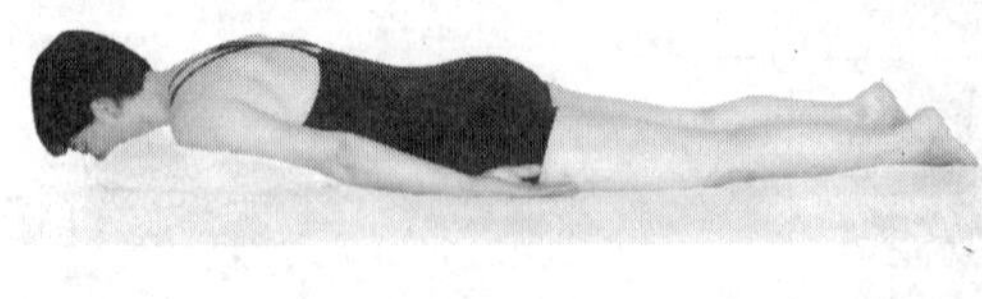

俯卧位

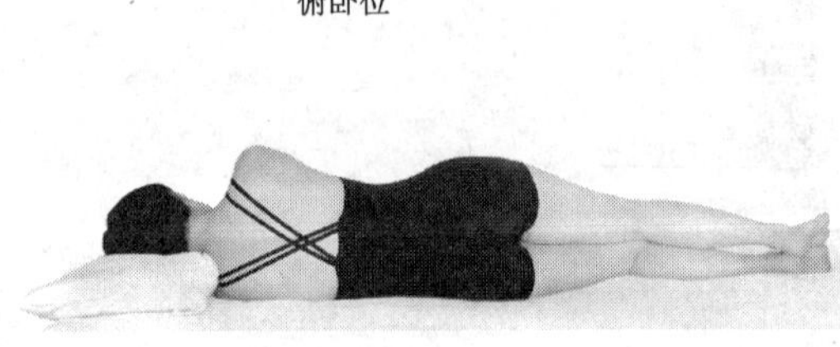

侧卧位

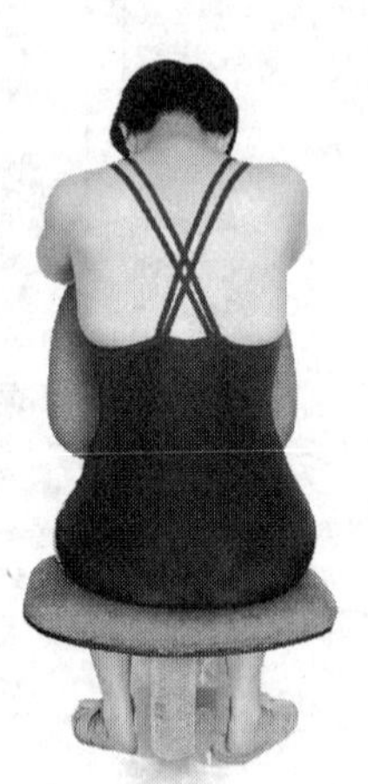

俯伏坐位

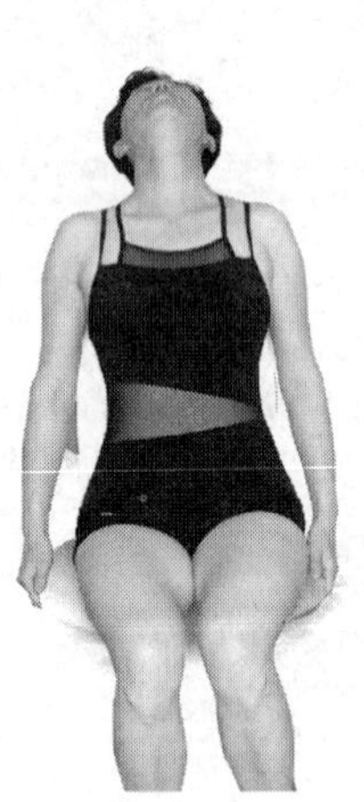

仰靠坐位

注：对应 GB/T 12346—2006 的 3.4.4.2。

图 1-9 常用取穴体位

6.2 分部经穴图

6.2.1 头颈部经穴图

说明头颈部经穴的部位以及与相邻经穴的位置关系。

6.2.2 胸腹部经穴图

说明胸腹部经穴的部位以及与相邻经穴的位置关系。

6.2.3 侧胸腹部经穴图

说明侧胸腹部经穴的部位以及与相邻经穴的位置关系。

6.2.4 背部经穴图

说明背部经穴的部位以及与相邻经穴的位置关系。

6.2.5 上肢部经穴图

说明上肢部经穴的部位以及与相邻经穴的位置关系。

6.2.6 下肢部经穴图

说明下肢部经穴的部位以及与相邻经穴的位置关系。

6.2.7 分部经穴图

见图 2-1～图 2-19。

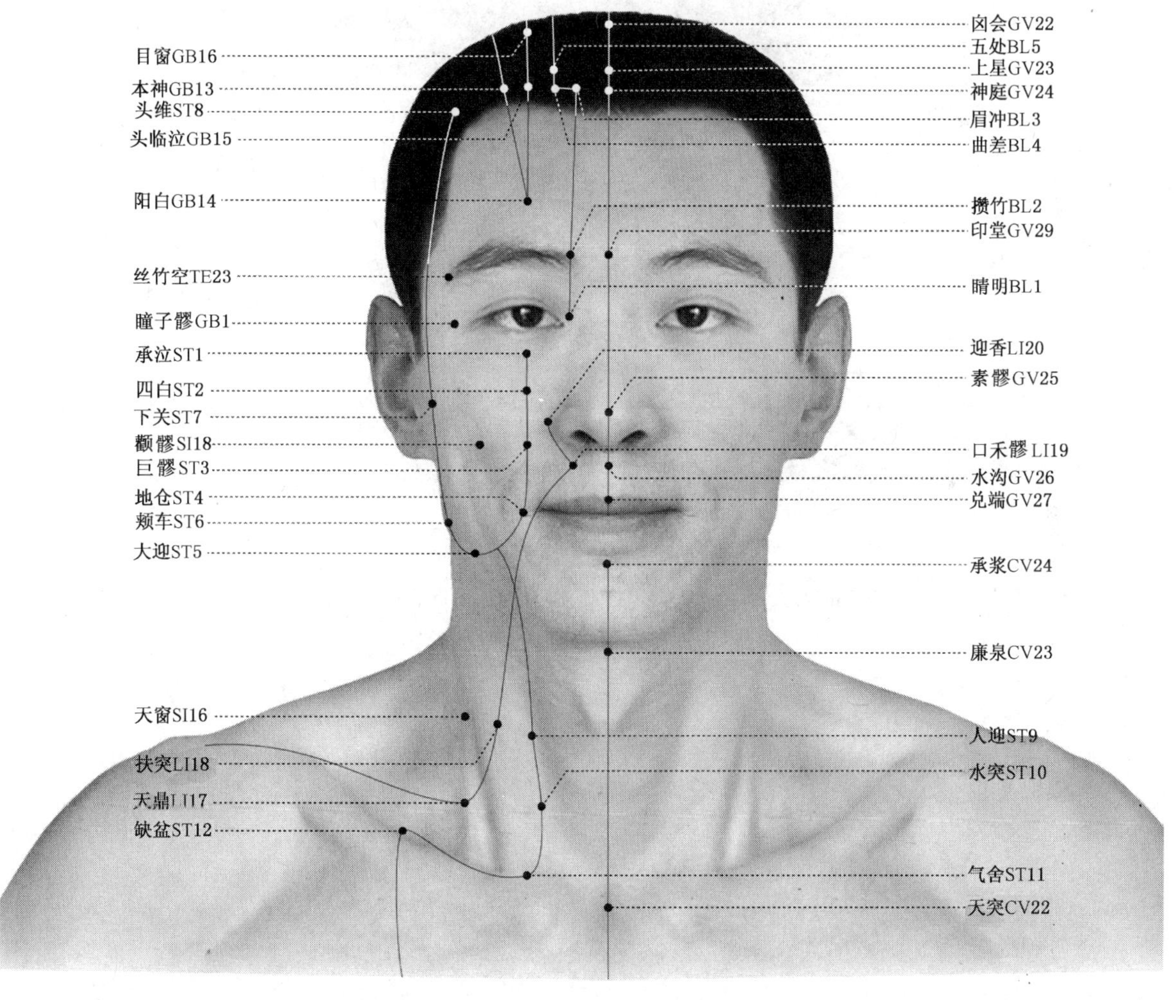

注：对应 GB/T 12346—2006 的 4.2.17～4.2.20；4.3.1～4.3.12；4.6.16，4.6.18；4.7.1～4.7.5；4.10.23；4.11.1，4.11.13～4.11.16；4.13.22～4.13.27，4.13.29；4.14.22～4.14.24。

图 2-1 头颈部经穴(正面)

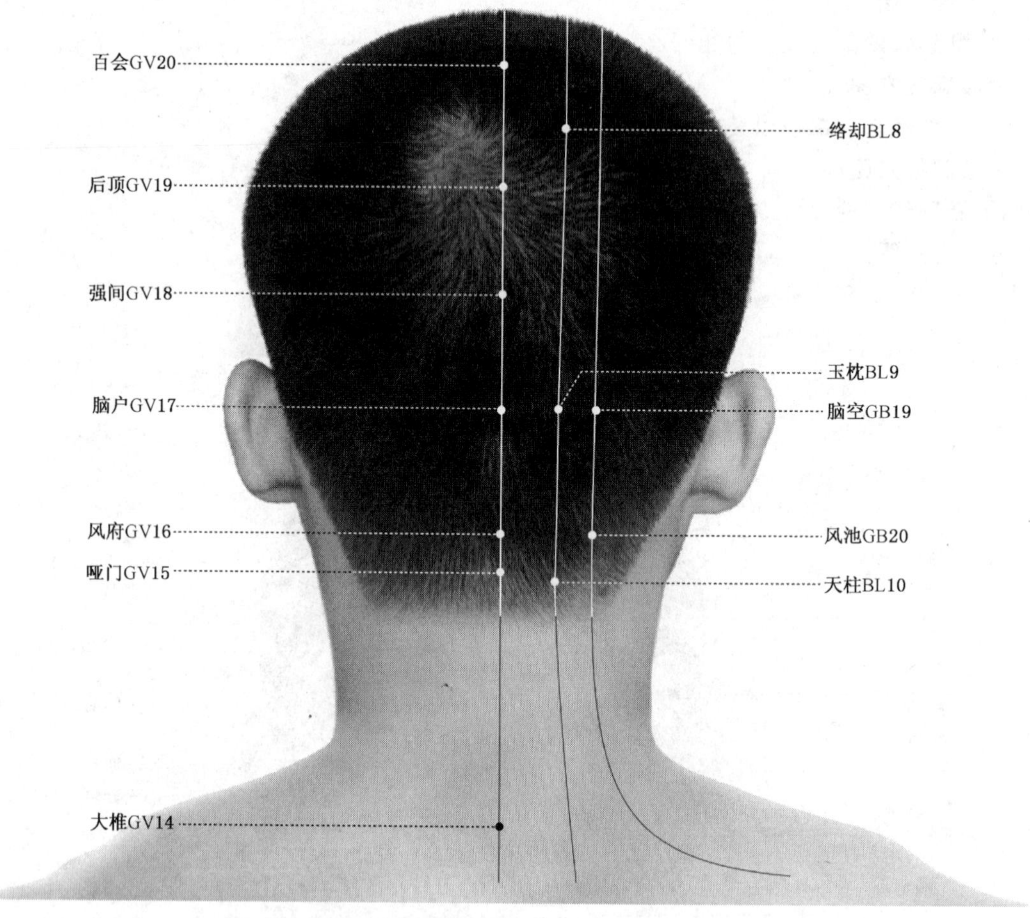

注：对应 GB/T 12346—2006 的 4.7.8～4.7.10;4.11.19,4.11.20;4.13.14～4.13.20。

图 2-2　头颈部经穴(背面)

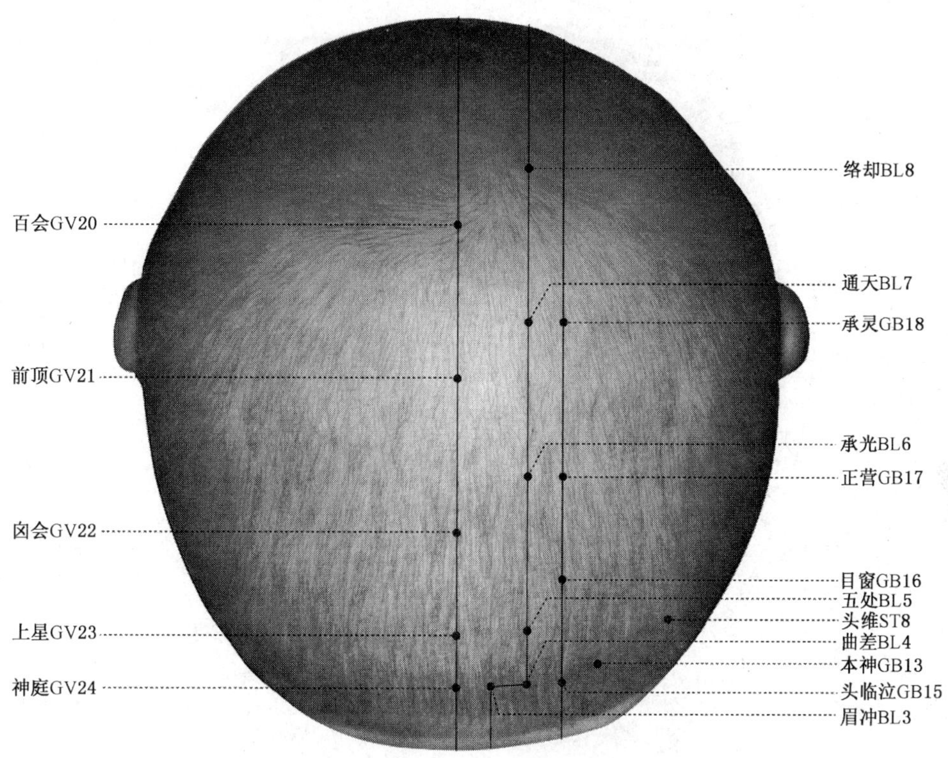

注：对应 GB/T 12346—2006 的 4.7.3～4.7.8；4.11.13，4.11.15～4.11.18；4.13.20～4.13.24。

图 2-3 头颈部经穴（头顶部）

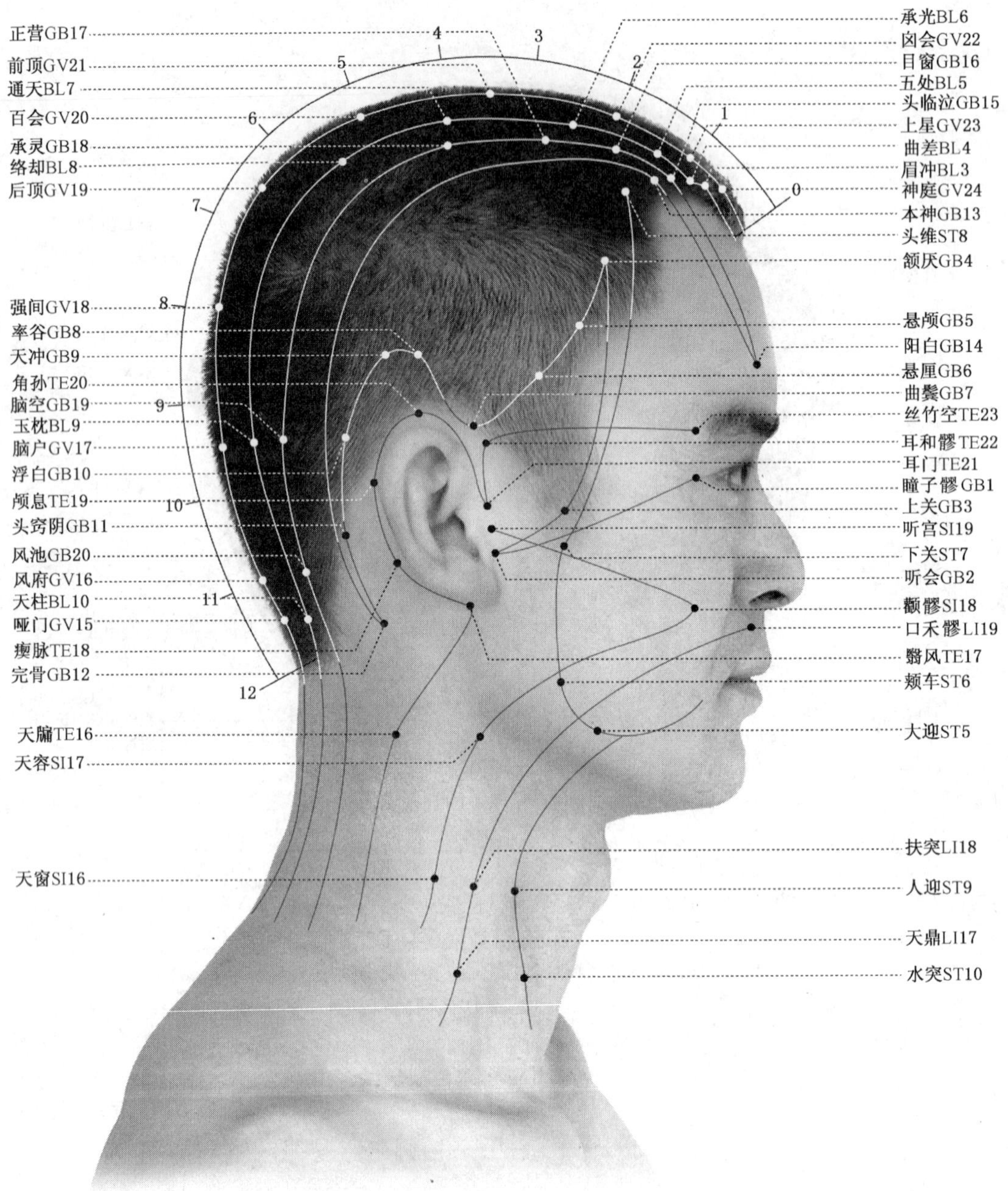

注：对应 GB/T 12346—2006 的 4.2.17～4.2.19；4.3.5～4.3.10；4.6.16～4.6.19；4.7.3～4.7.10；4.10.16～4.10.23；4.11.1～4.11.20；4.13.15～4.13.24。

图 2-4 头颈部经穴(侧面)

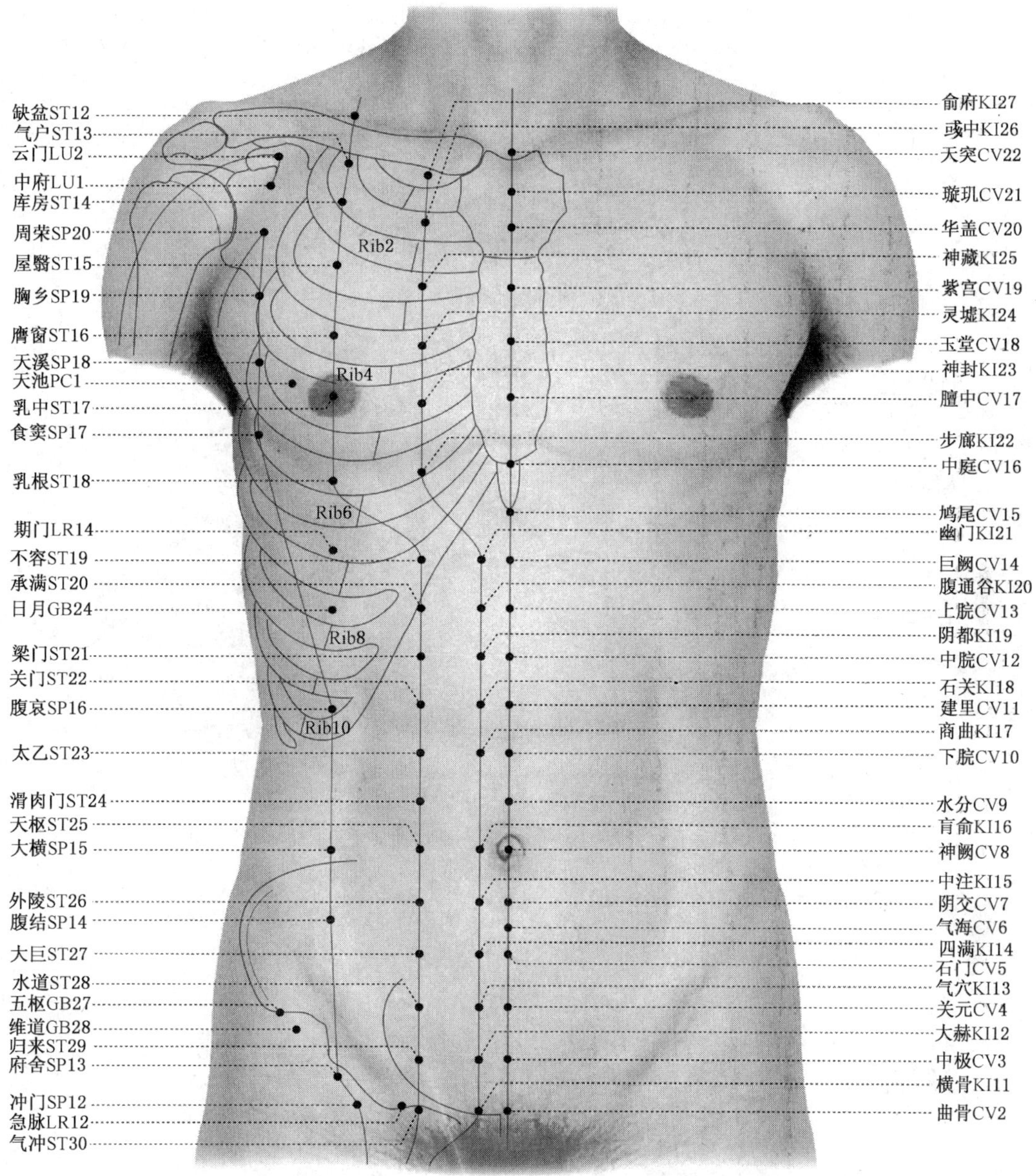

注：对应 GB/T 12346—2006 的 4.1.1，4.1.2；4.3.12～4.3.30；4.4.12～4.4.20；4.8.11～4.8.27；4.9.1；4.11.24，4.11.27，4.11.28；4.12.12，4.12.14；4.14.2～4.14.22。

图 2-5 胸腹部经穴

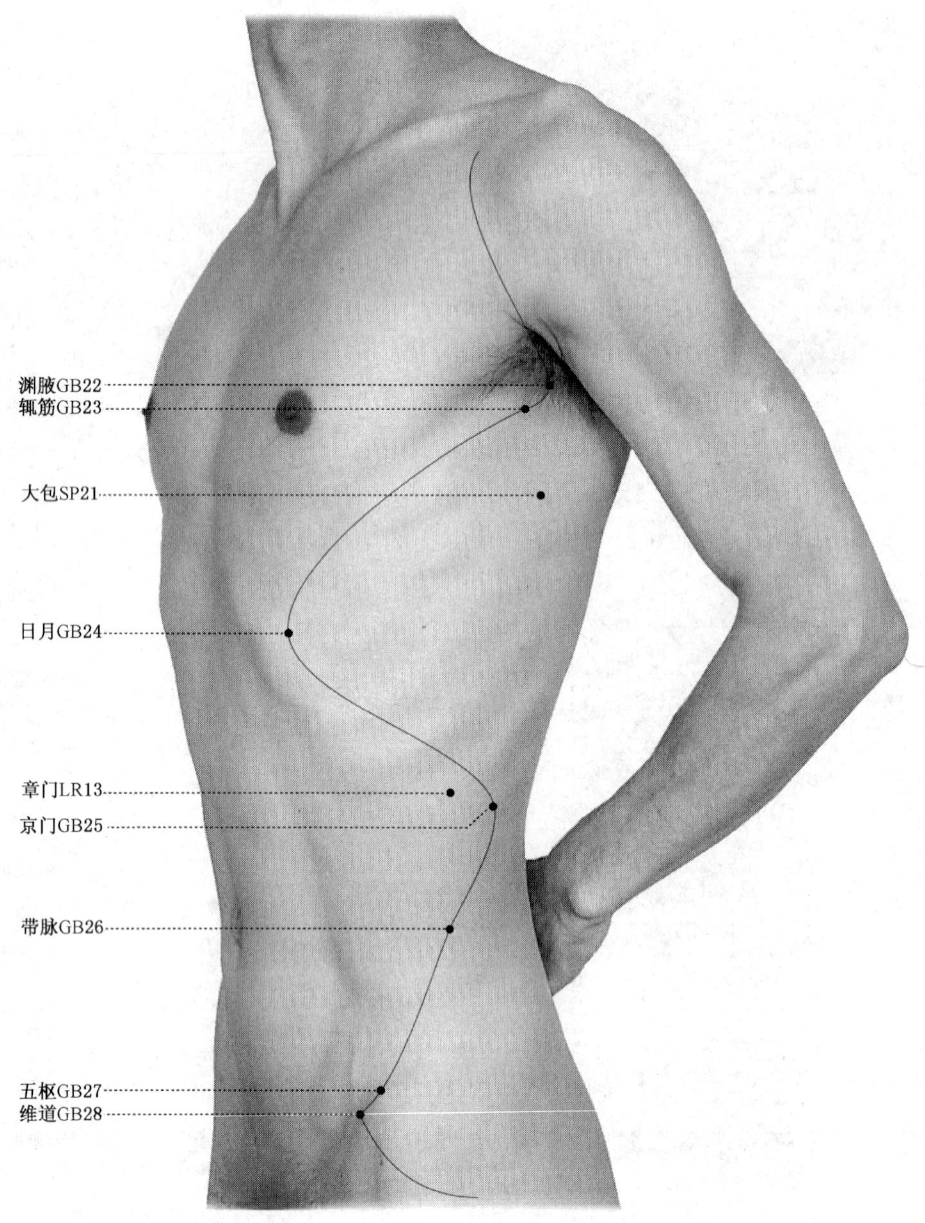

注：对应 GB/T 12346—2006 的 4.4.21；4.11.22～4.11.28；4.12.13。

图 2-6 侧胸腹部经穴

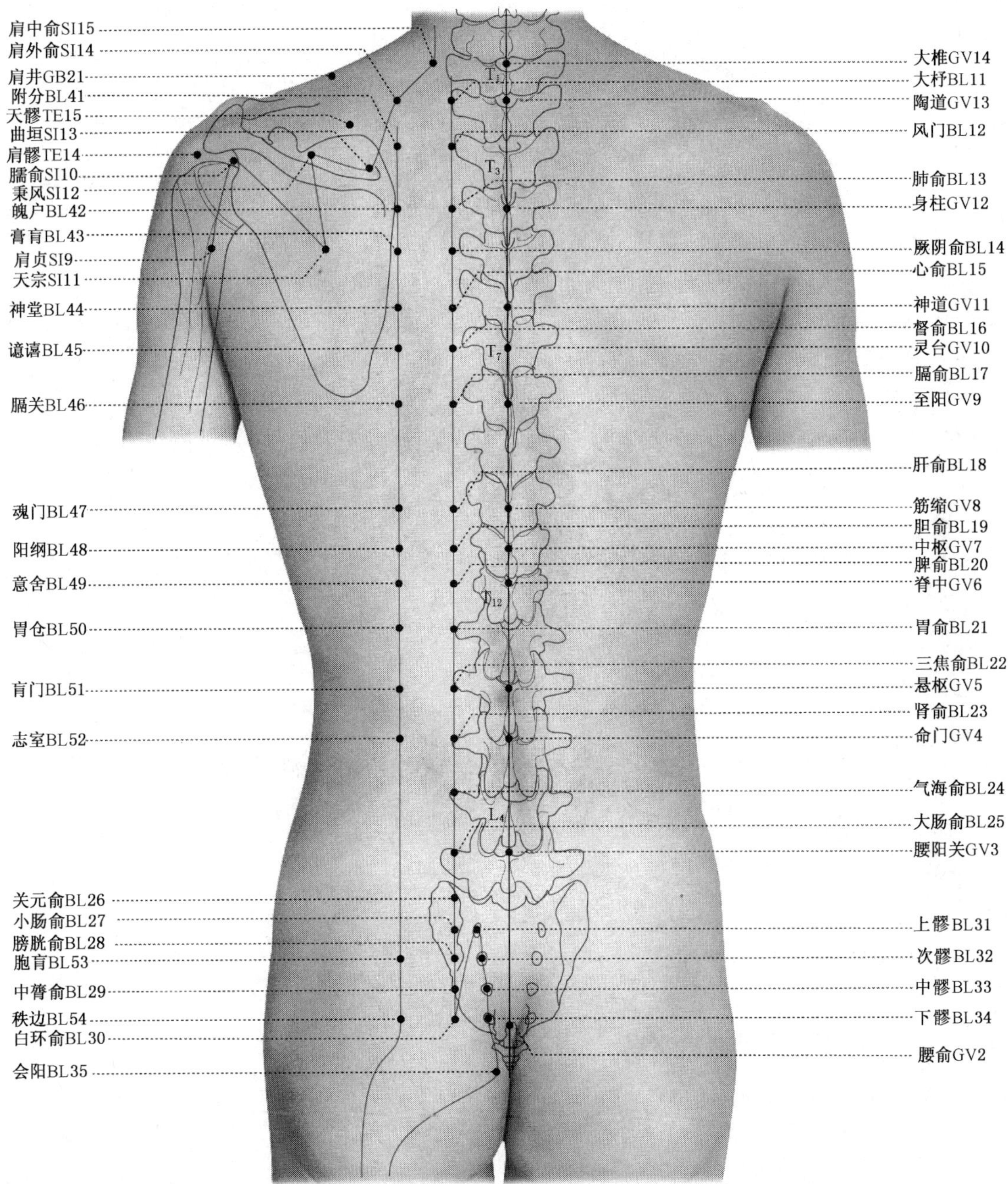

注：对应 GB/T 12346—2006 的 4.6.9～4.6.15;4.7.11～4.7.35,4.7.41～4.7.54;4.10.14,4.10.15;4.11.21;4.13.2～4.13.14。

图 2-7　背部经穴

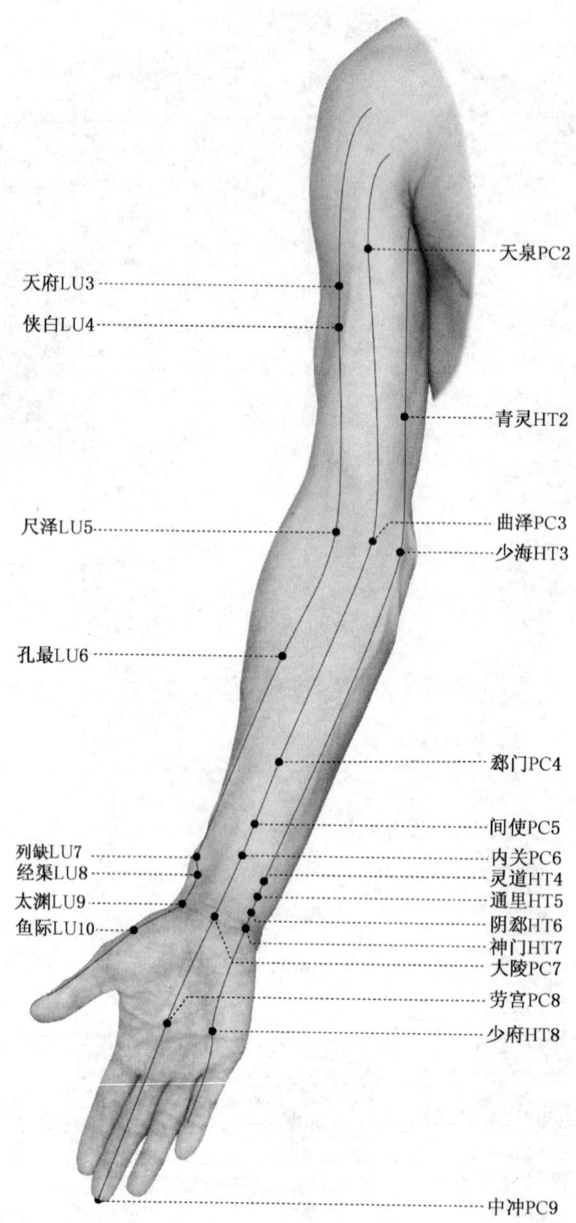

注：对应 GB/T 12346—2006 的 4.1.3～4.1.10;4.5.2～4.5.8;4.9.2～4.9.9。

图 2-8　上肢部经穴(屈面)

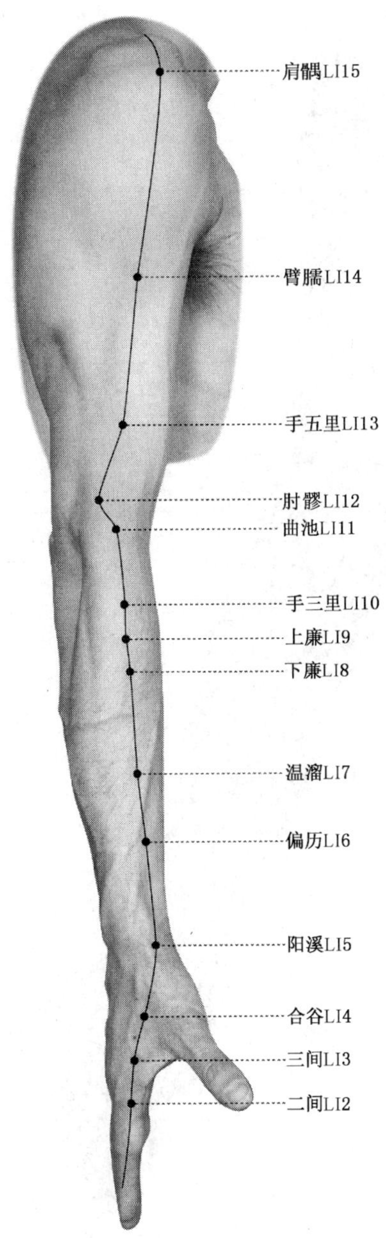

注：对应 GB/T 12346—2006 的 4.2.2～4.2.15。

图 2-9　上肢部经穴(外侧面)

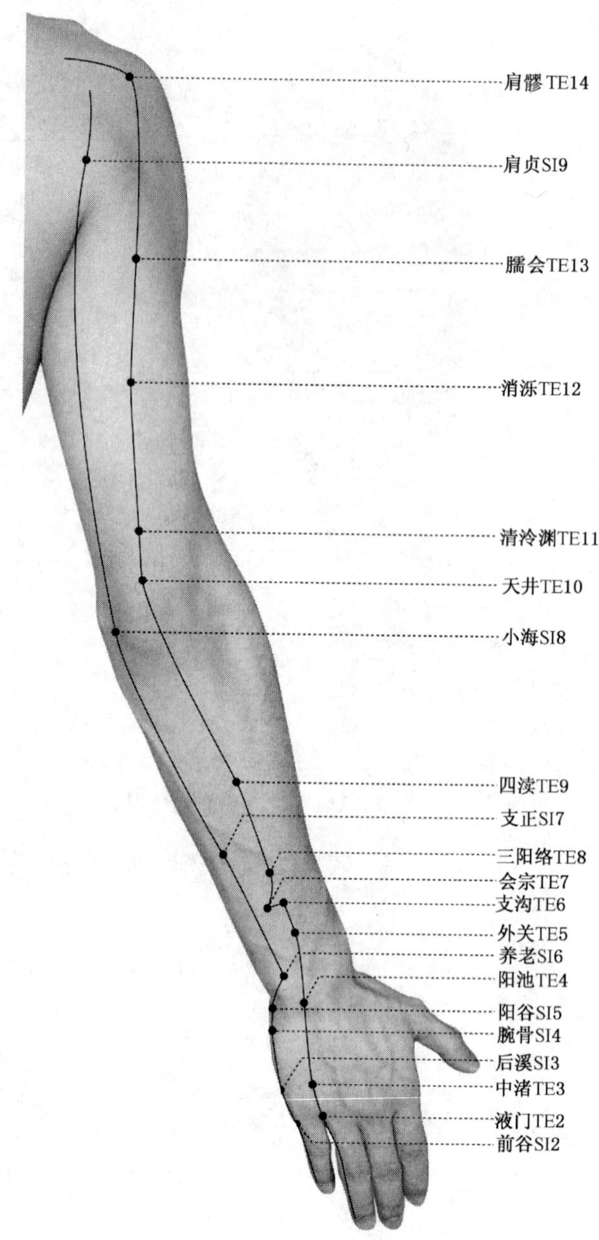

注：对应 GB/T 12346—2006 的 4.5.9；4.6.1～4.6.9；4.10.1～4.10.14。

图 2-10 上肢部经穴(伸面)

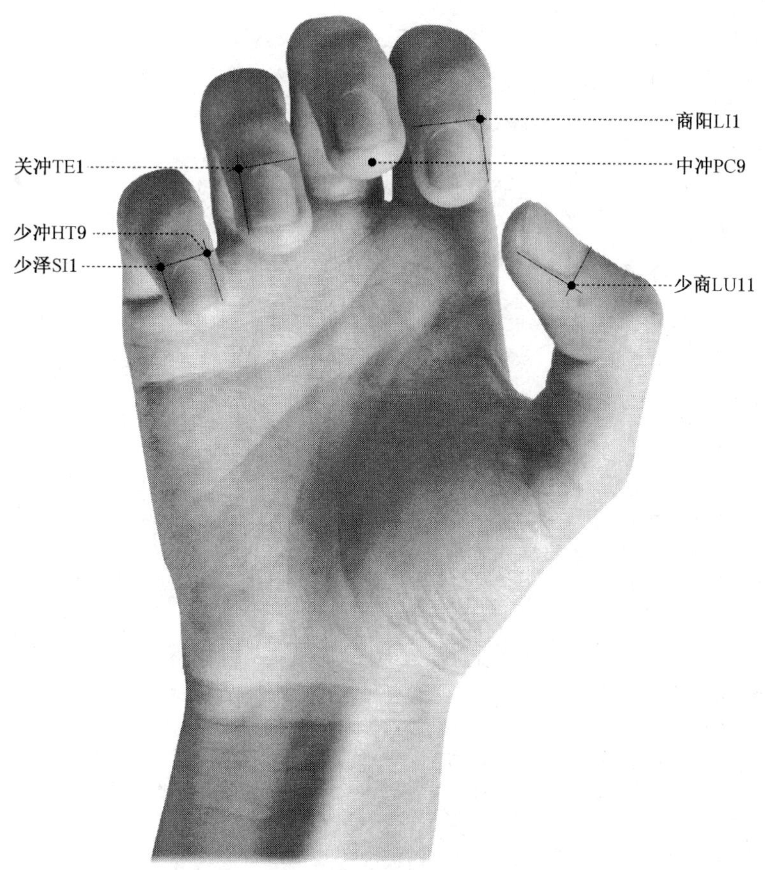

注：对应 GB/T 12346—2006 的 4.1.11;4.2.1;4.5.9;4.6.1;4.9.9;4.10.1。

图 2-11　上肢部经穴(井穴)

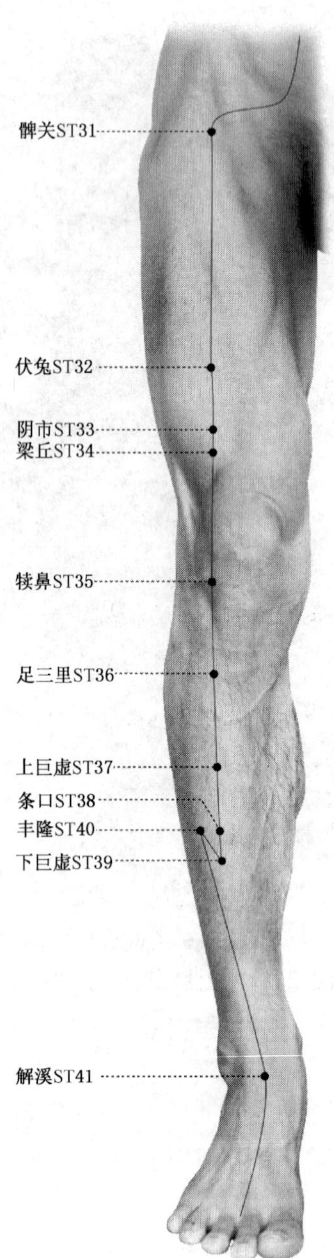

注：对应 GB/T 12346—2006 的 4.3.31～4.3.41。

图 2-12 下肢部经穴(前面)

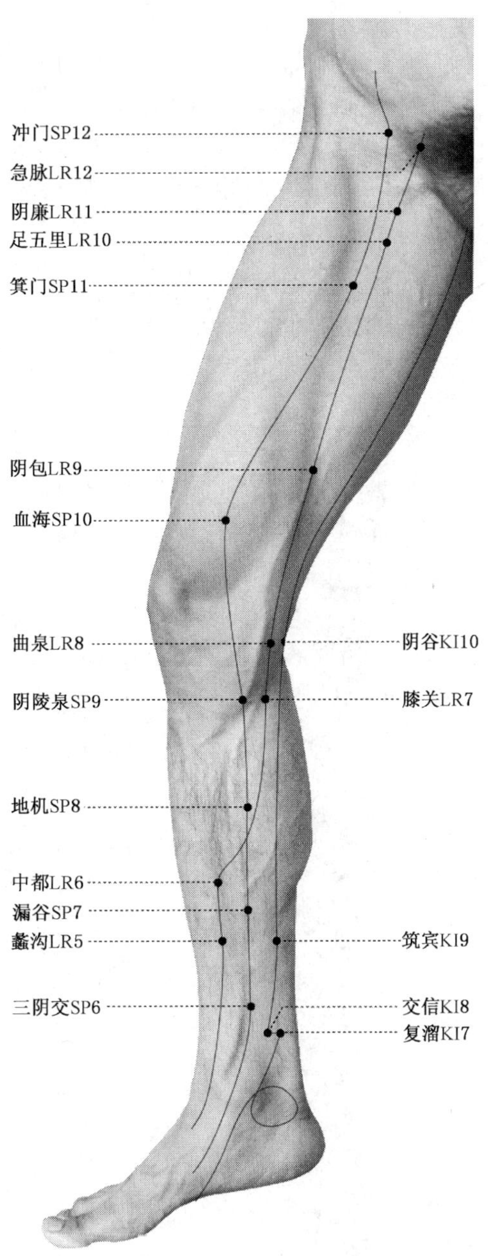

注：对应 GB/T 12346—2006 的 4.4.6～4.4.12;4.8.7～4.8.10;4.12.5～4.12.12。

图 2-13　下肢部经穴(内侧面)

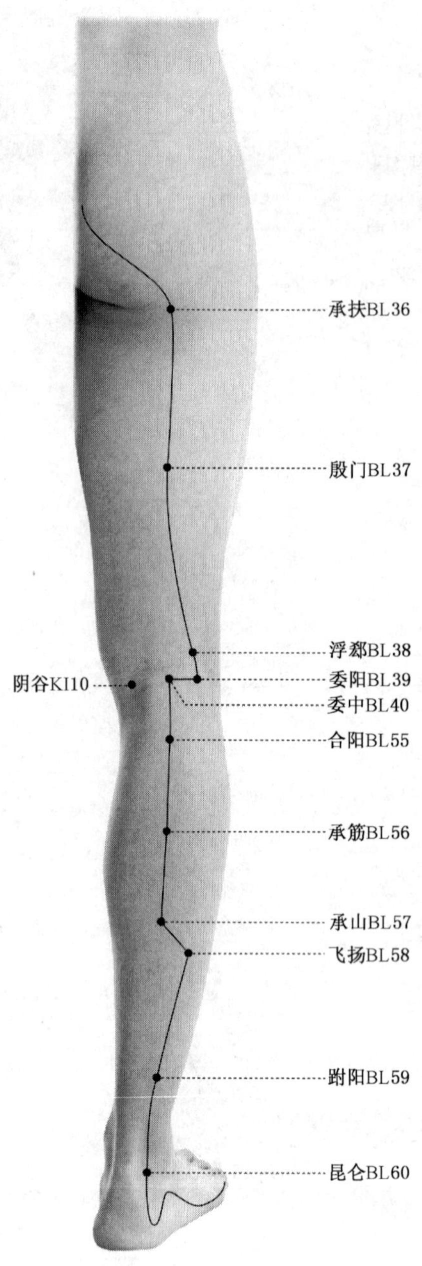

注：对应 GB/T 12346—2006 的 4.7.36～4.7.40，4.7.55～4.7.60；4.8.10。

图 2-14　下肢部经穴(背面)

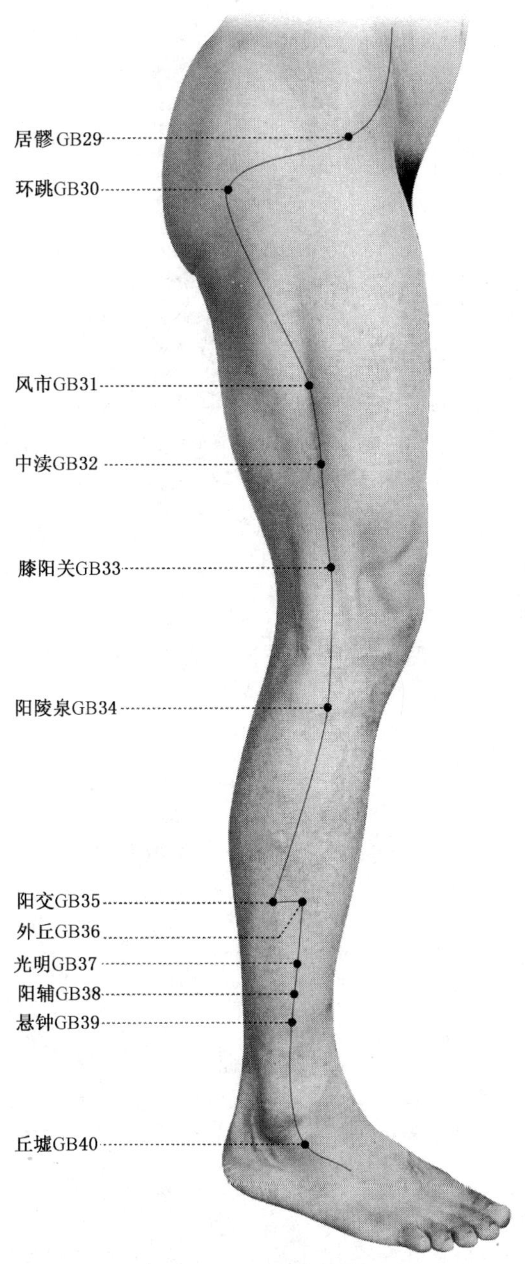

注：对应 GB/T 12346—2006 的 4.11.29～4.11.40。

图 2-15　下肢部经穴(外侧面)

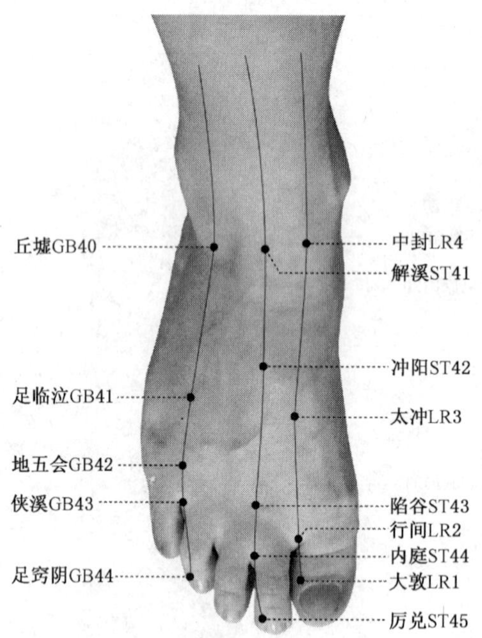

注：对应 GB/T 12346—2006 的 4.3.41～4.3.45;4.11.40～4.11.44;4.12.1～4.12.4。

图 2-16 下肢部经穴(足背)

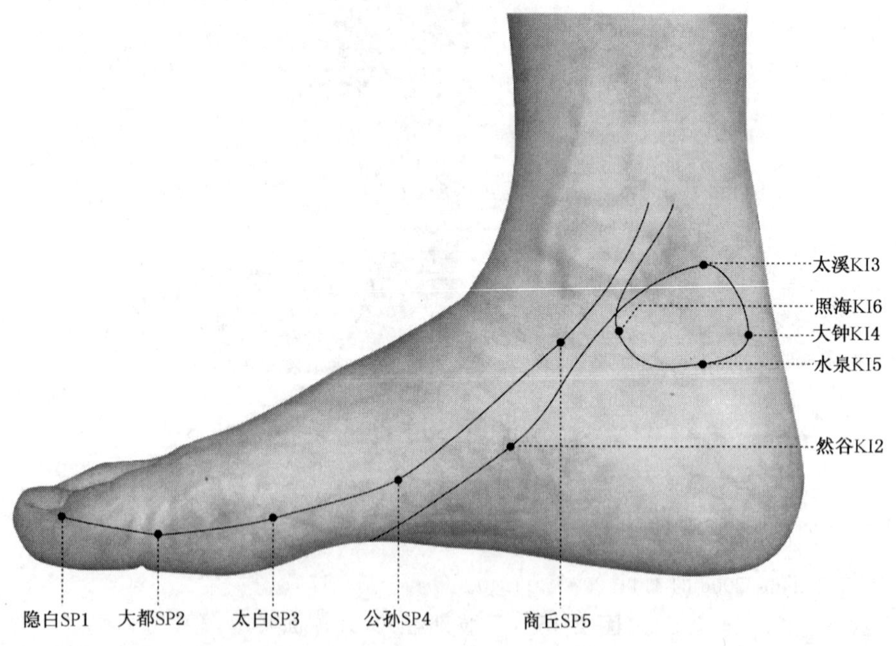

注：对应 GB/T 12346—2006 的 4.4.1～4.4.5;4.8.2～4.8.6。

图 2-17 下肢部经穴(足内侧)

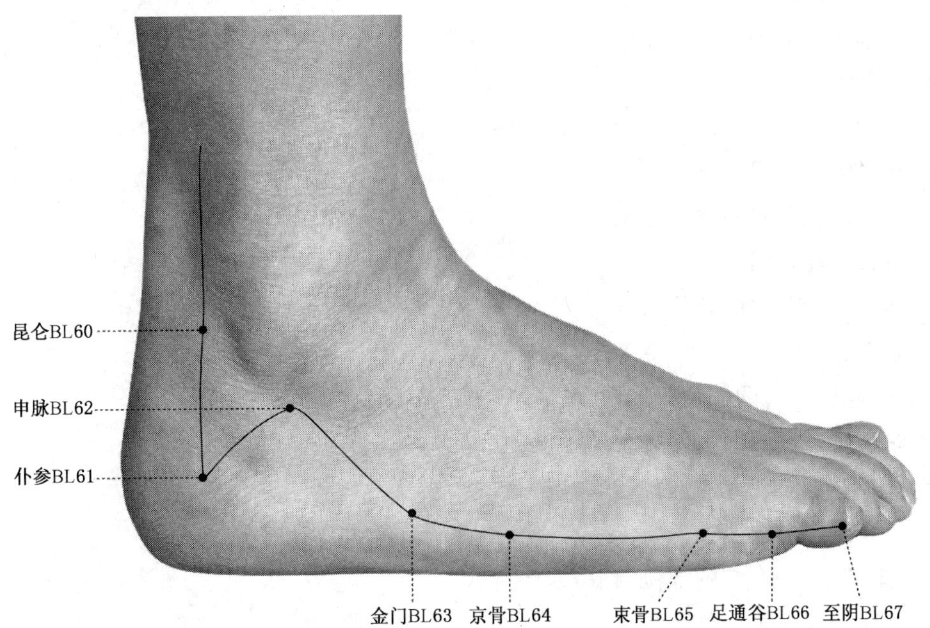

注：对应 GB/T 12346—2006 的 4.7.60～4.7.67。

图 2-18 下肢部经穴(足外侧)

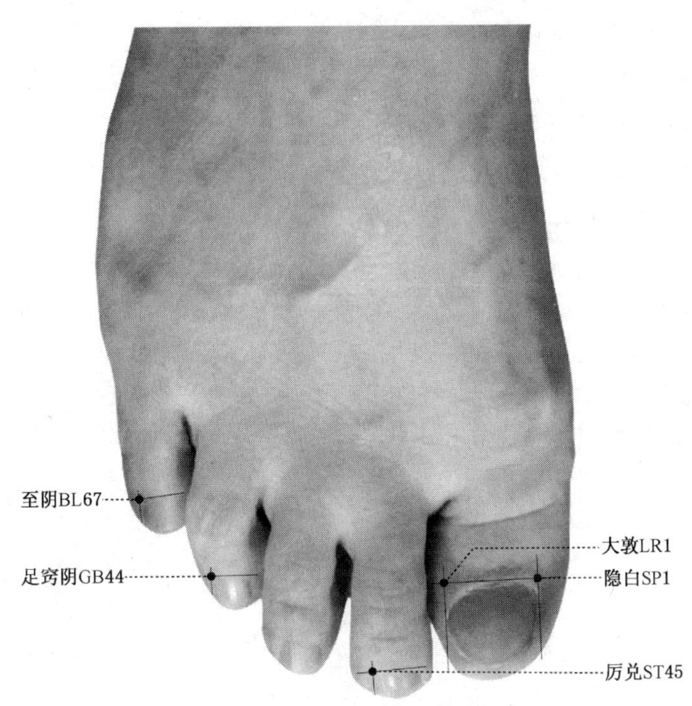

注：对应 GB/T 12346—2006 的 4.3.45;4.4.1;4.7.67;4.11.44;4.12.1。

图 2-19 下肢部经穴(井穴)

6.3 十四经经穴图

6.3.1 手太阴肺经经穴图

说明手太阴肺经 11 穴的部位与取穴。

6.3.2 手阳明大肠经经穴图

说明手阳明大肠经 20 穴的部位与取穴。

6.3.3 足阳明胃经经穴图

说明足阳明胃经 45 穴的部位与取穴。

6.3.4 足太阴脾经经穴图

说明足太阴脾经 21 穴的部位与取穴。

6.3.5 手少阴心经经穴图

说明手少阴心经 9 穴的部位与取穴。

6.3.6 手太阳小肠经经穴图

说明手太阳小肠经 19 穴的部位与取穴。

6.3.7 足太阳膀胱经经穴图

说明足太阳膀胱经 67 穴的部位与取穴。

6.3.8 足少阴肾经经穴图

说明足少阴肾经 27 穴的部位与取穴。

6.3.9 手厥阴心包经经穴图

说明手厥阴心包经 9 穴的部位与取穴。

6.3.10 手少阳三焦经经穴图

说明手少阳三焦经 23 穴的部位与取穴。

6.3.11 足少阳胆经经穴图

说明足少阳胆经 44 穴的部位与取穴。

6.3.12 足厥阴肝经经穴图

说明足厥阴肝经 14 穴的部位与取穴。

6.3.13 督脉穴图

说明督脉 29 穴的部位与取穴。

6.3.14 任脉穴图

说明任脉 24 穴的部位与取穴。

6.3.15 十四经经穴定位图

见图 3-1～图 3-59。

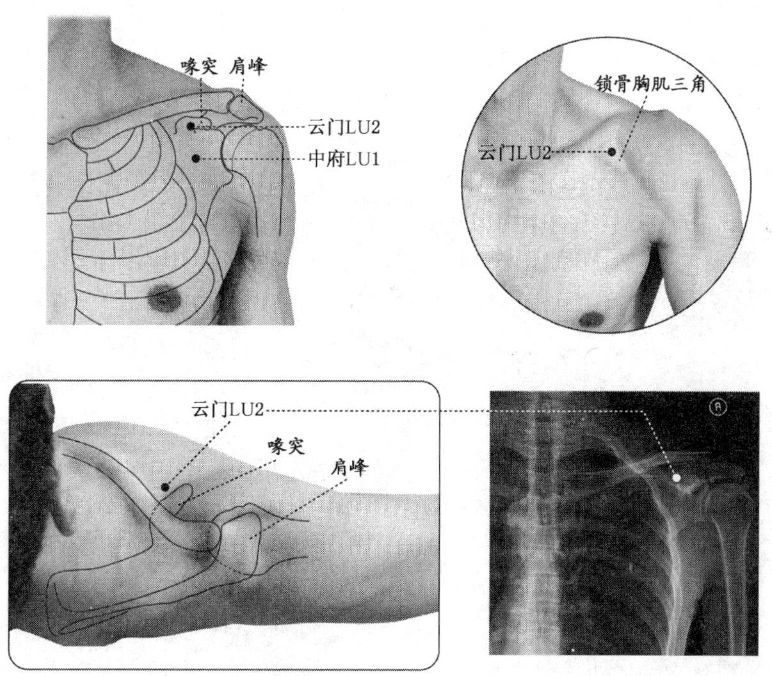

注：对应 GB/T 12346—2006 的 4.1.1,4.1.2。

图 3-1 手太阴肺经经穴(胸部)

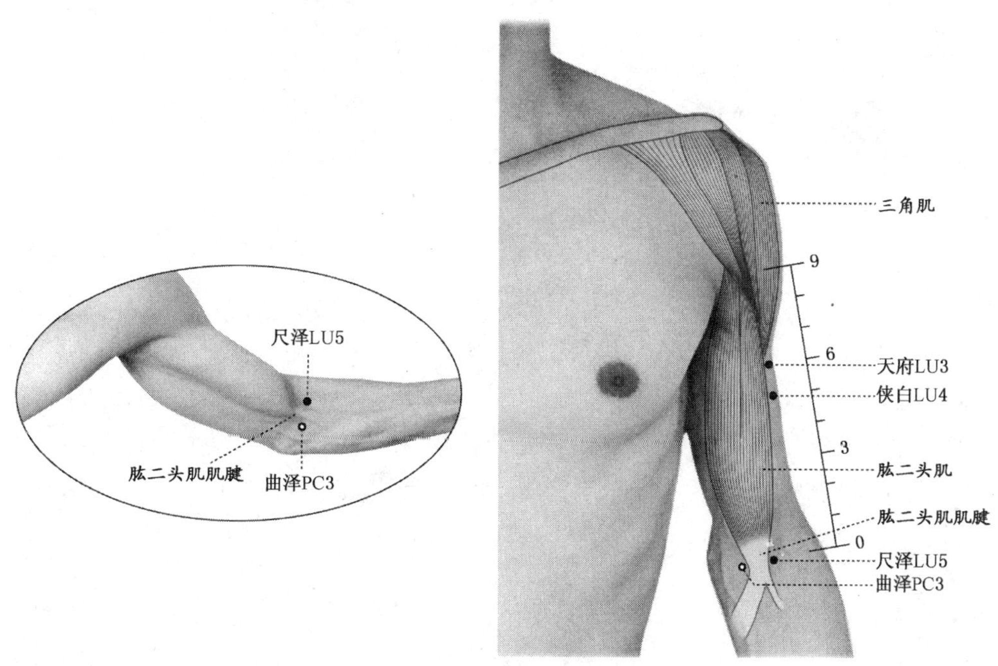

注：对应 GB/T 12346—2006 的 4.1.3～4.1.5。

图 3-2 手太阴肺经经穴(上臂部)

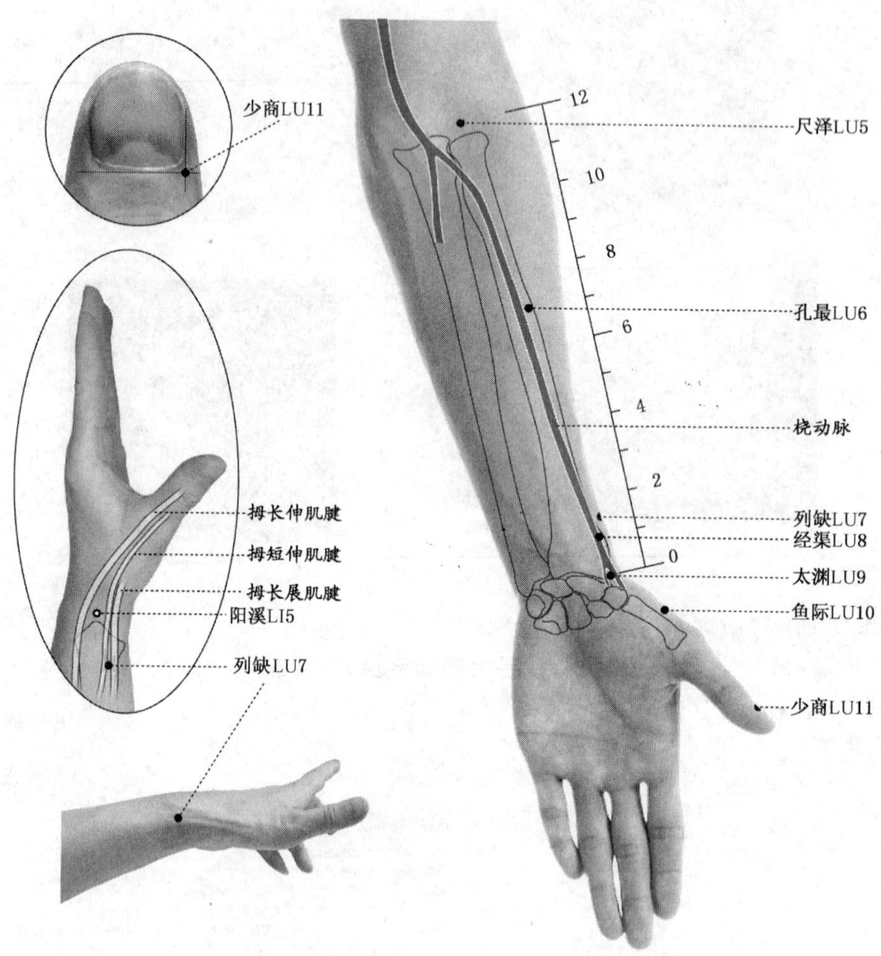

注：对应 GB/T 12346—2006 的 4.1.5～4.1.11。

图 3-3　手太阴肺经经穴(前臂部)

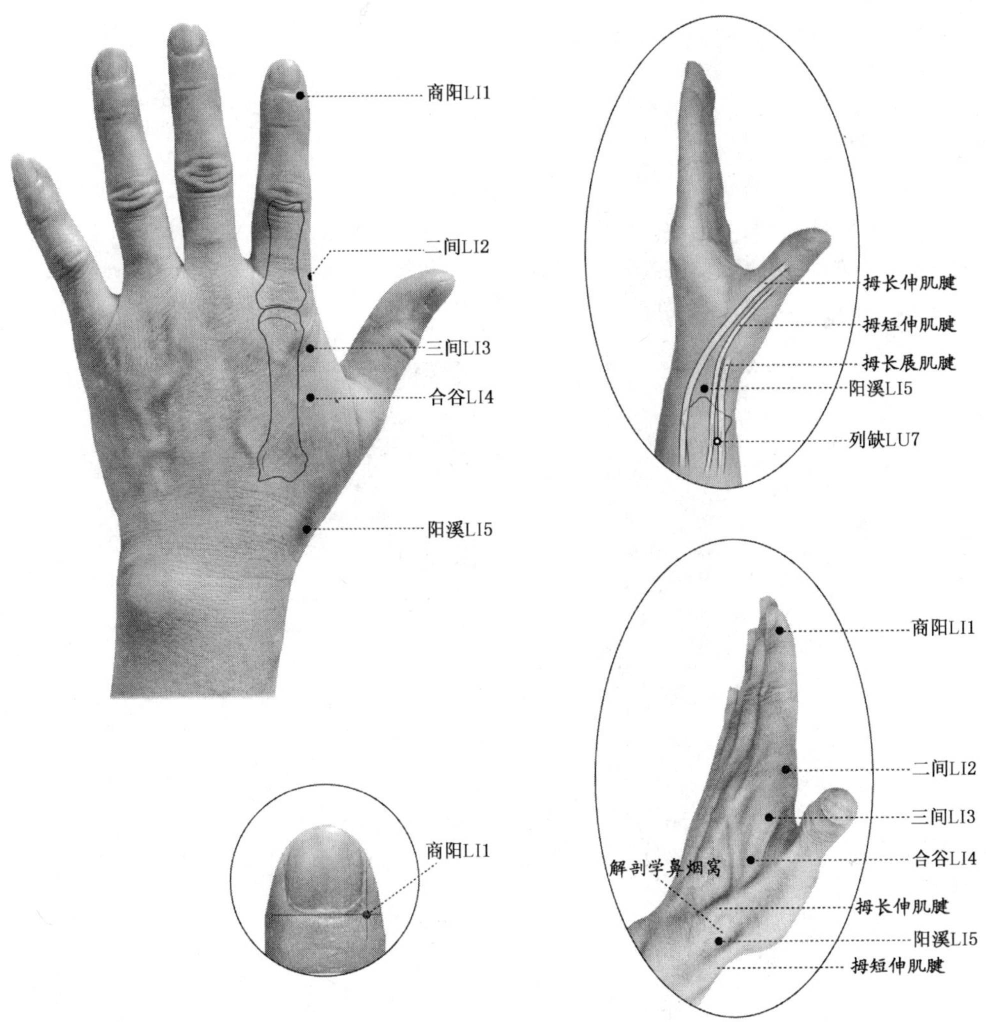

注：对应 GB/T 12346—2006 的 4.2.1～4.2.5。

图 3-4　手阳明大肠经经穴(手部)

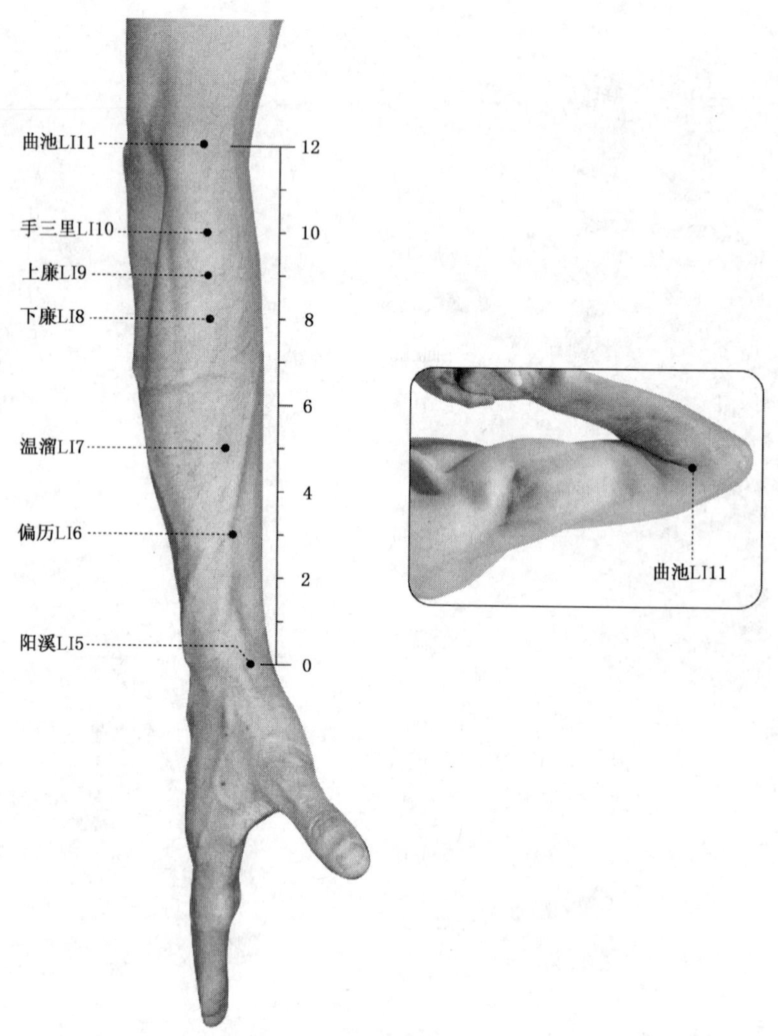

注：对应 GB/T 12346—2006 的 4.2.5～4.2.11。

图 3-5 手阳明大肠经经穴(前臂部)

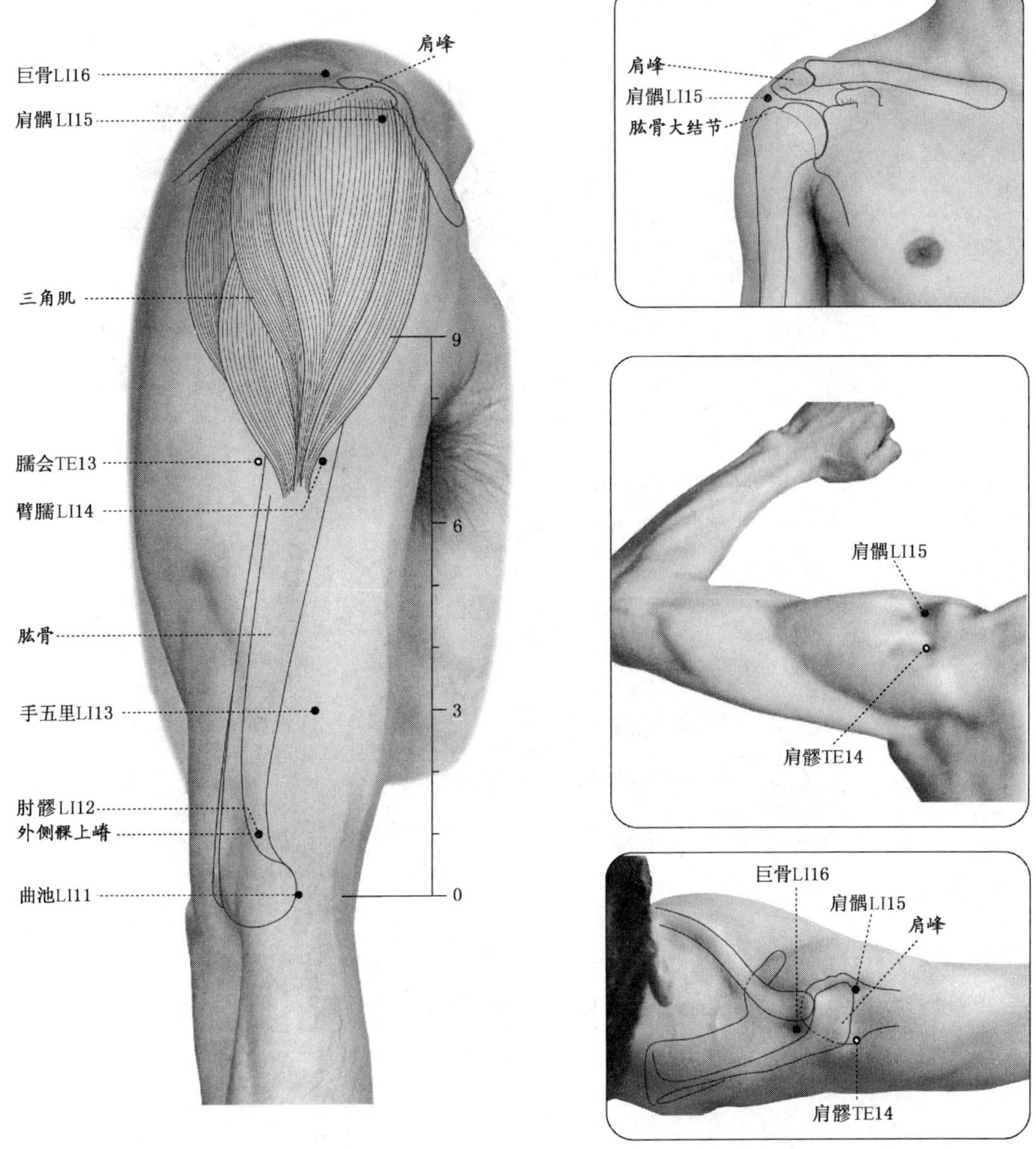

注：对应 GB/T 12346—2006 的 4.2.11～4.2.16。

图 3-6 手阳明大肠经经穴（上臂部及肩部）

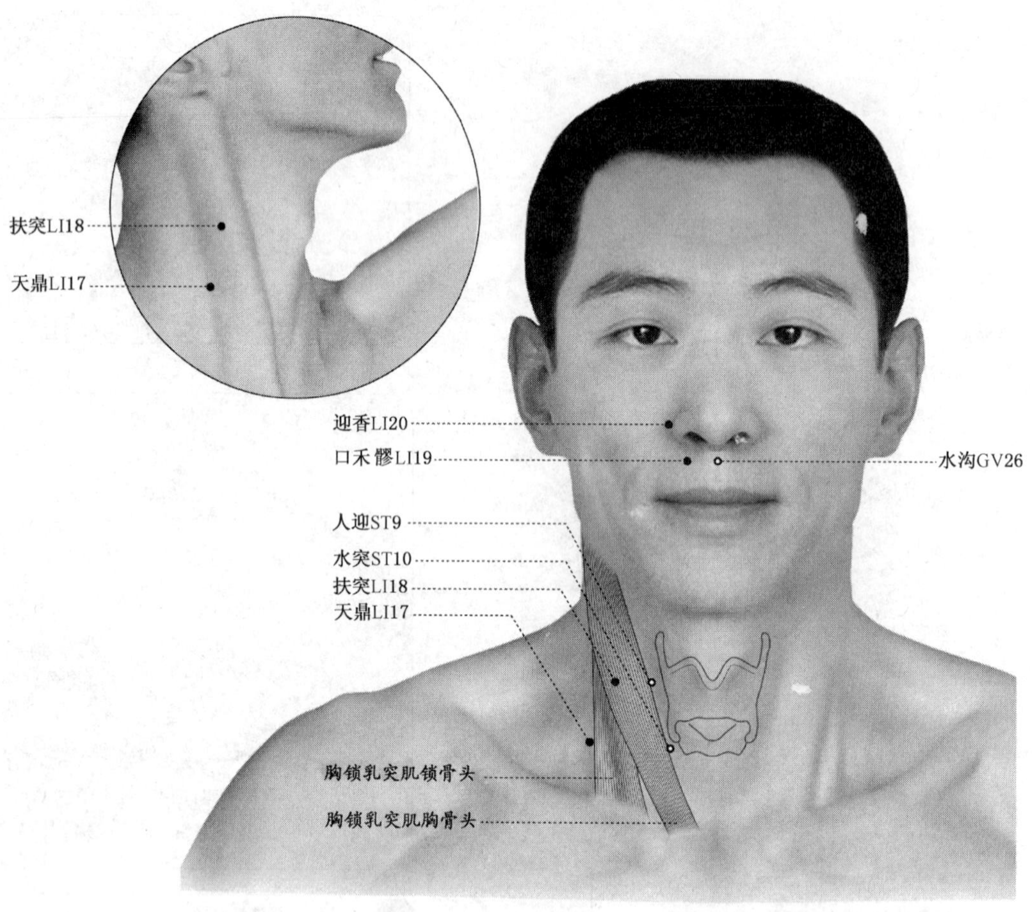

注：对应 GB/T 12346—2006 的 4.2.17～4.2.20。

图 3-7　手阳明大肠经经穴(头颈部)

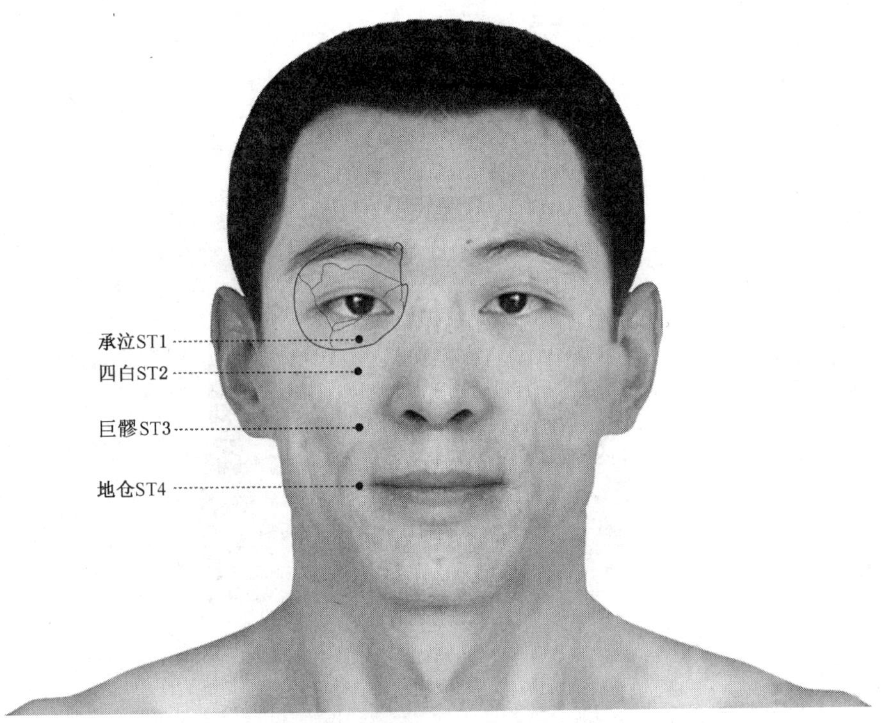

注：对应 GB/T 12346—2006 的 4.3.1～4.3.4。

图 3-8 足阳明胃经经穴(正头面部)

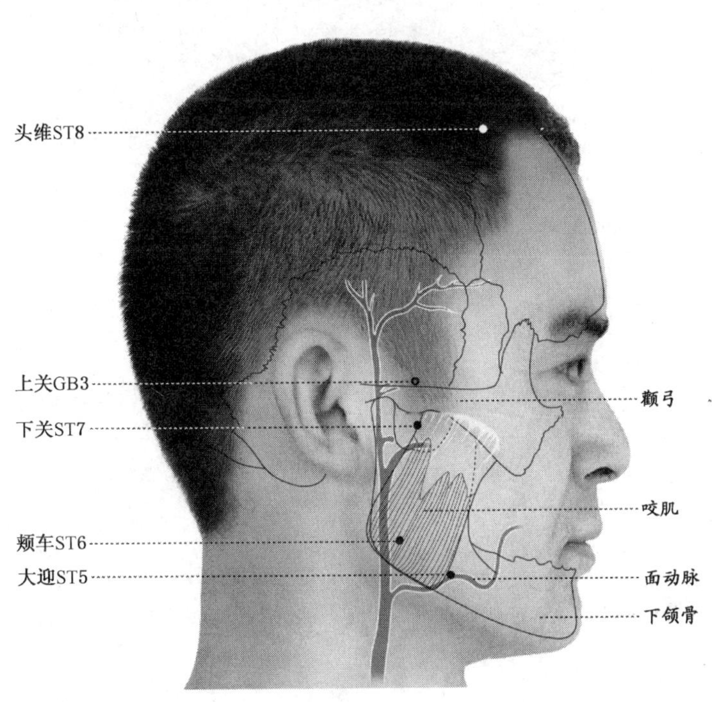

注：对应 GB/T 12346—2006 的 4.3.5～4.3.8。

图 3-9 足阳明胃经经穴(侧头面部)

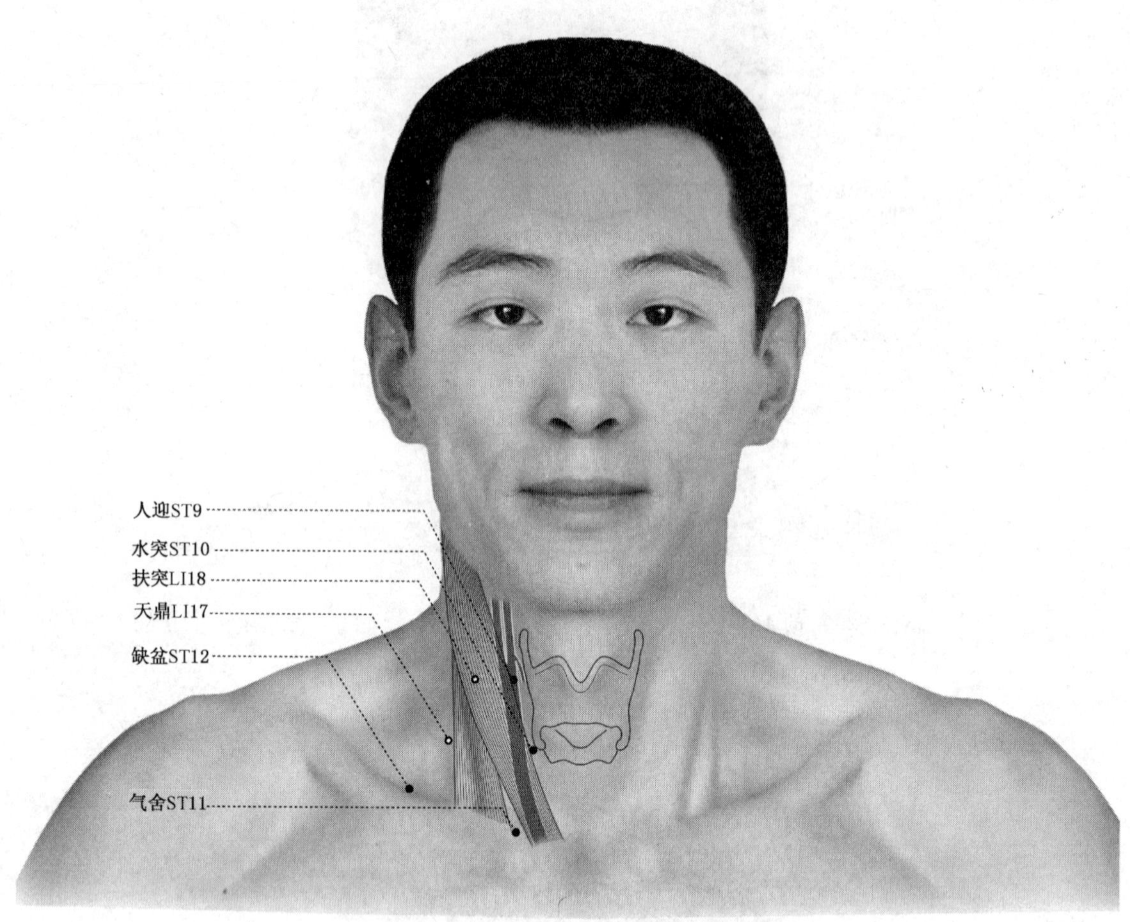

注：对应 GB/T 12346—2006 的 4.3.9～4.3.12。

图 3-10　足阳明胃经经穴(颈部)

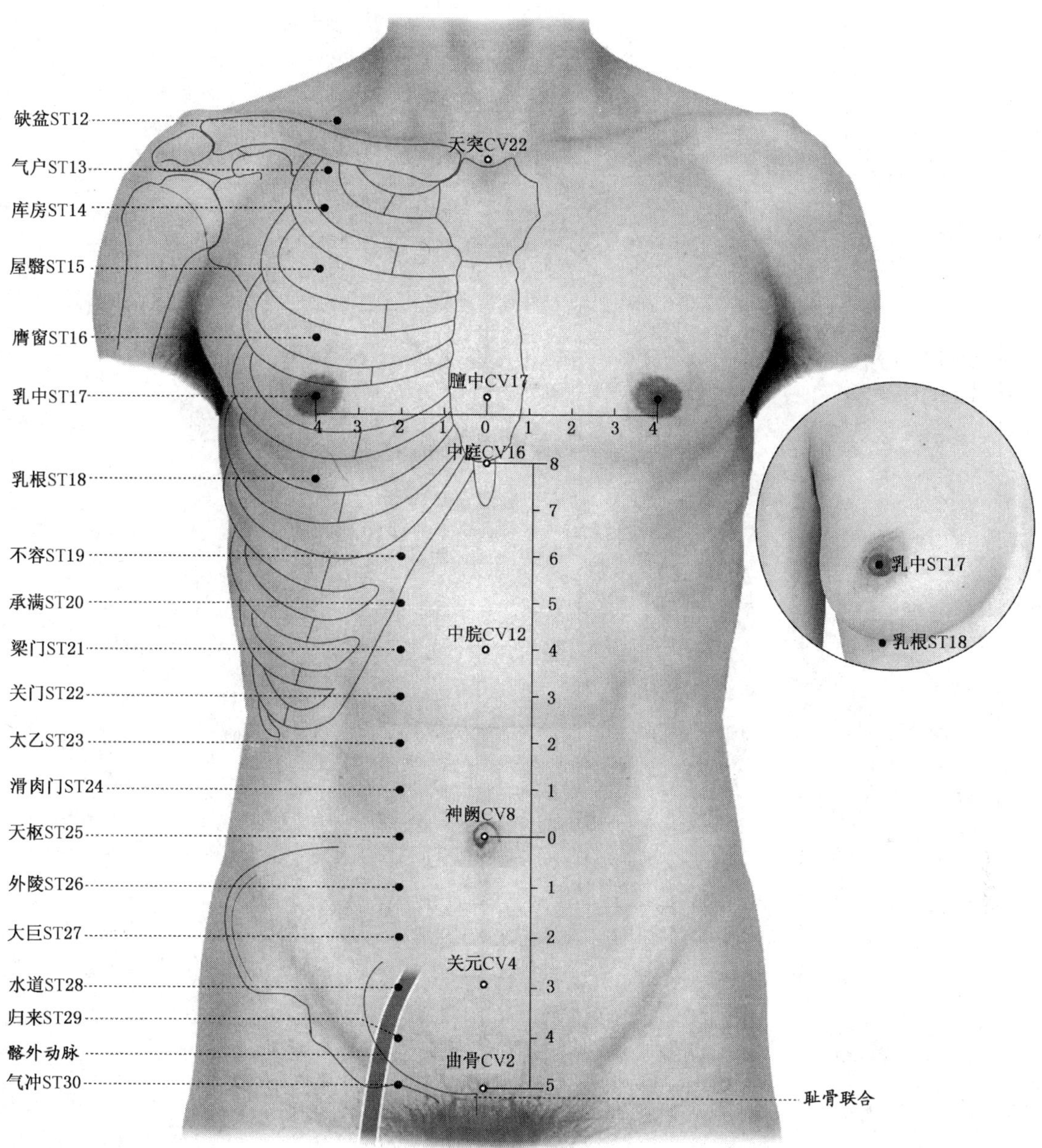

注：对应 GB/T 12346—2006 的 4.3.12～4.3.30。

图 3-11 足阳明胃经经穴(胸腹部)

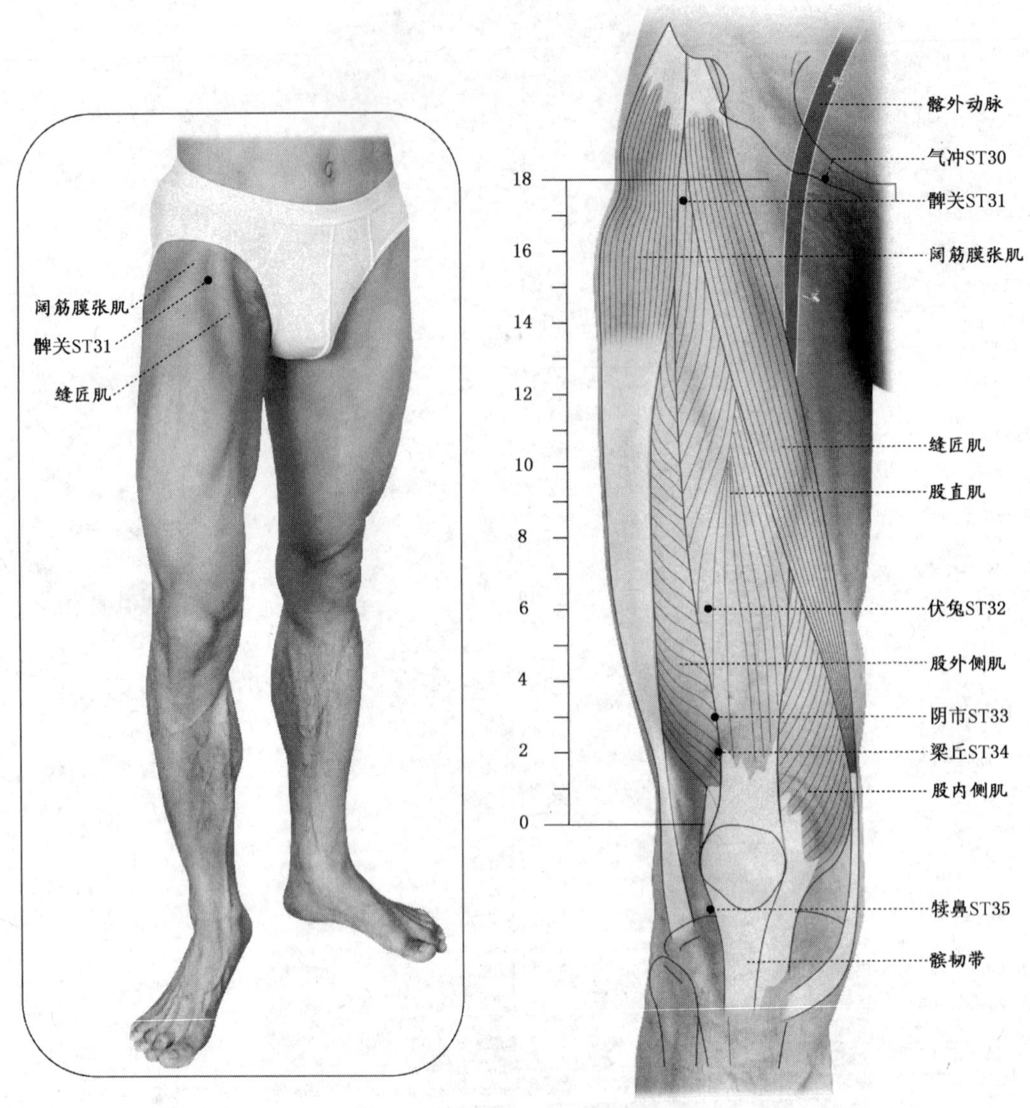

注：对应 GB/T 12346—2006 的 4.3.30～4.3.35。

图 3-12　足阳明胃经经穴(大腿部)

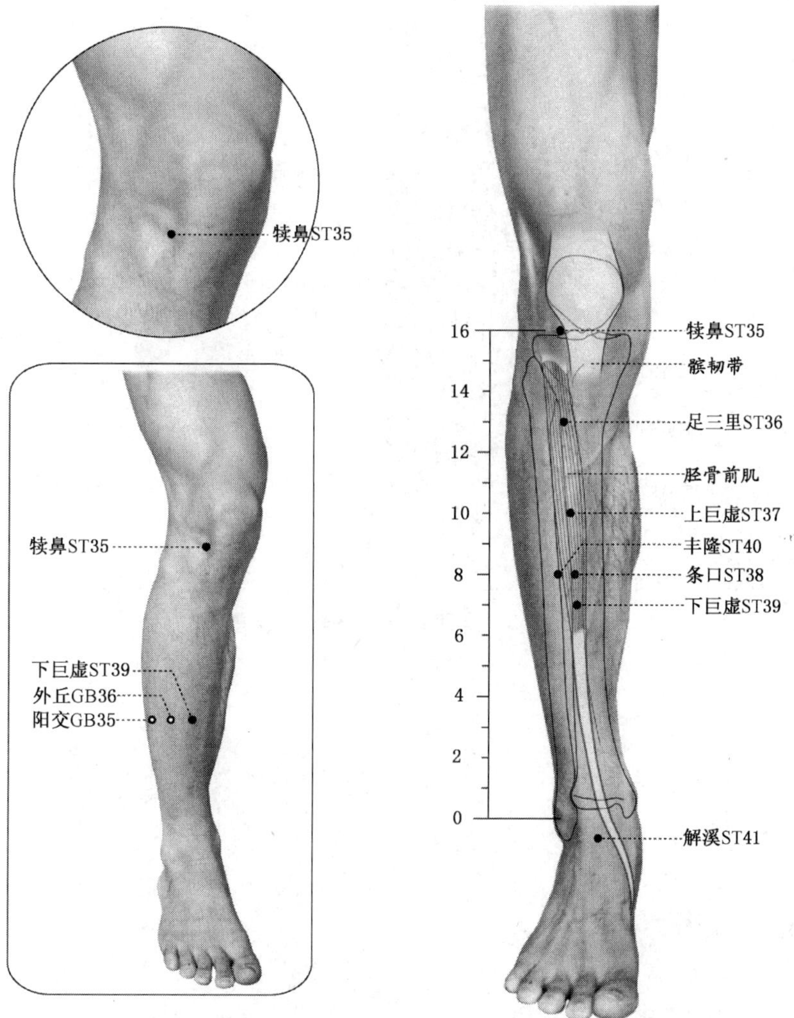

注：对应 GB/T 12346—2006 的 4.3.35～4.3.41。

图 3-13　足阳明胃经经穴(小腿部)

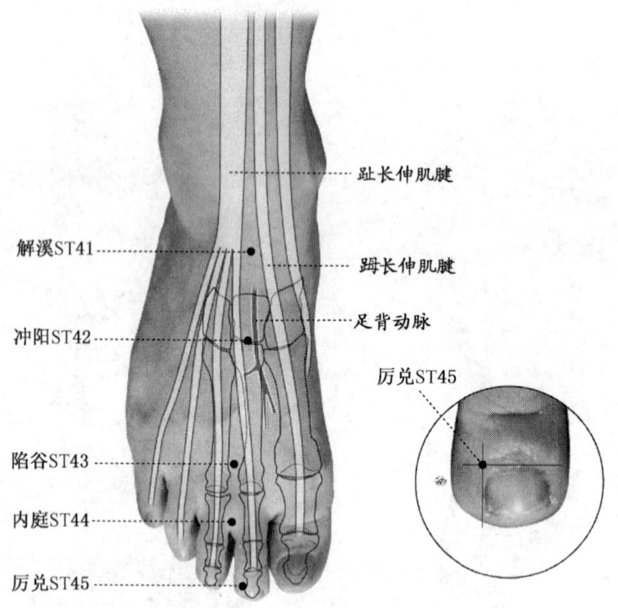

注：对应 GB/T 12346—2006 的 4.3.41～4.3.45。

图 3-14 足阳明胃经经穴(足部)

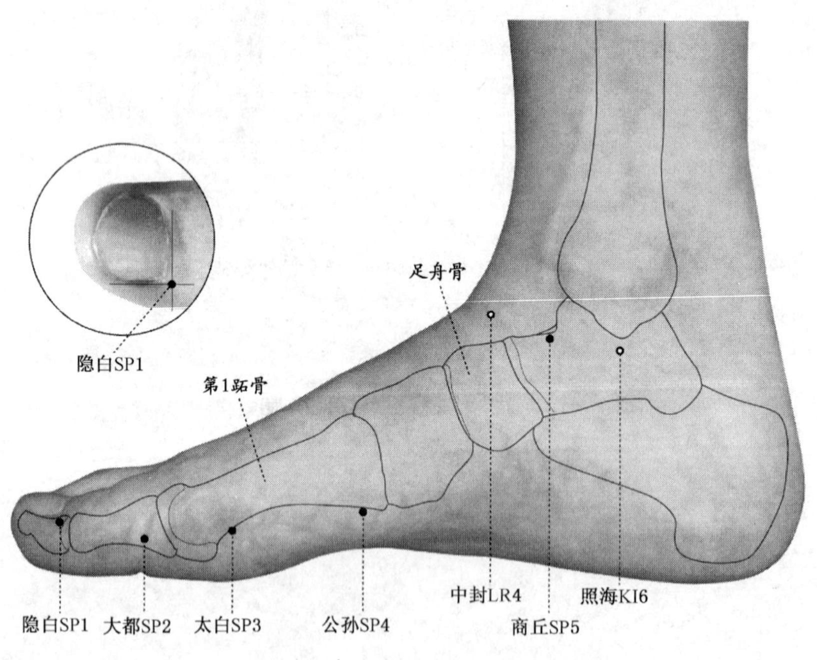

注：对应 GB/T 12346—2006 的 4.4.1～4.4.5。

图 3-15 足太阴脾经经穴(足部)

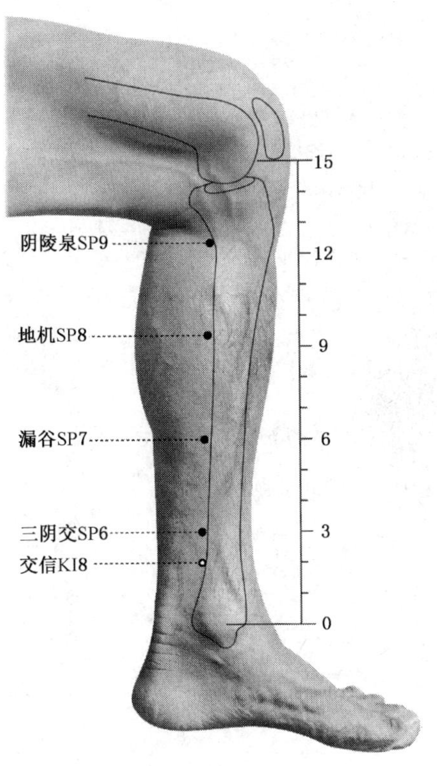

注：对应 GB/T 12346—2006 的 4.4.6～4.4.9。

图 3-16　足太阴脾经经穴(小腿部)

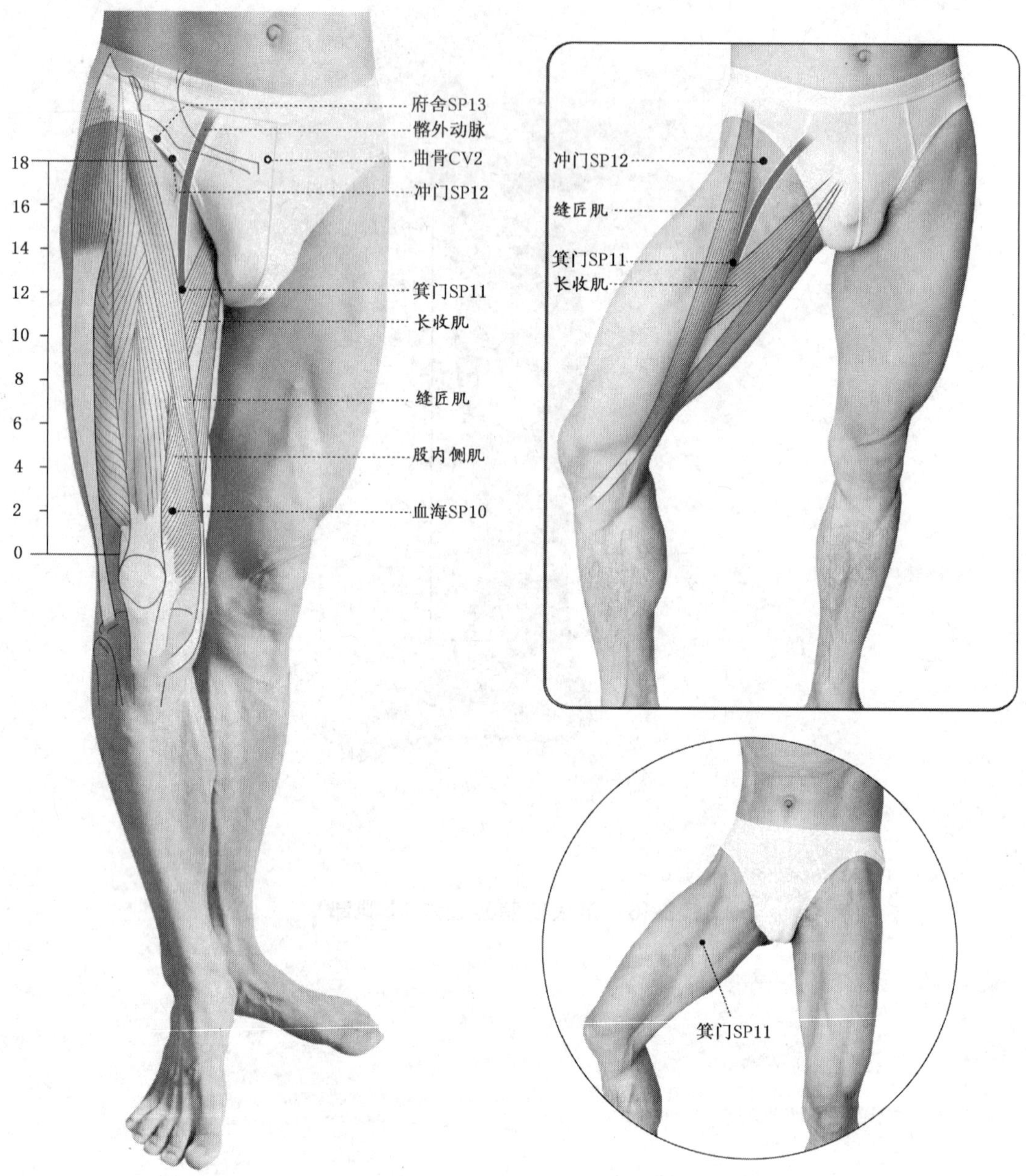

注：对应 GB/T 12346—2006 的 4.4.10～4.4.13。

图 3-17 足太阴脾经经穴(大腿部)

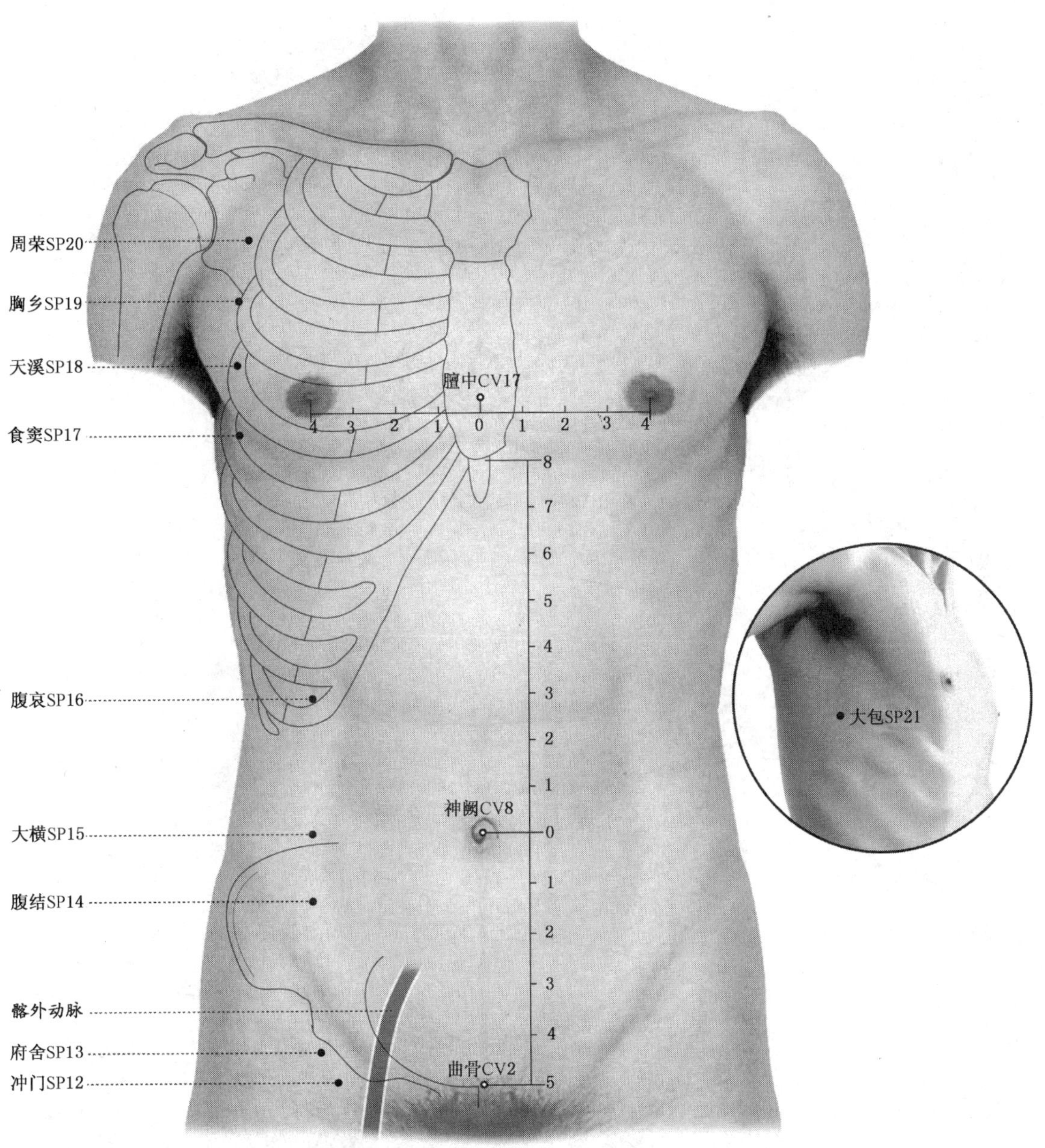

注：对应 GB/T 12346—2006 的 4.4.12～4.4.21。

图 3-18　足太阴脾经经穴（胸腹部）

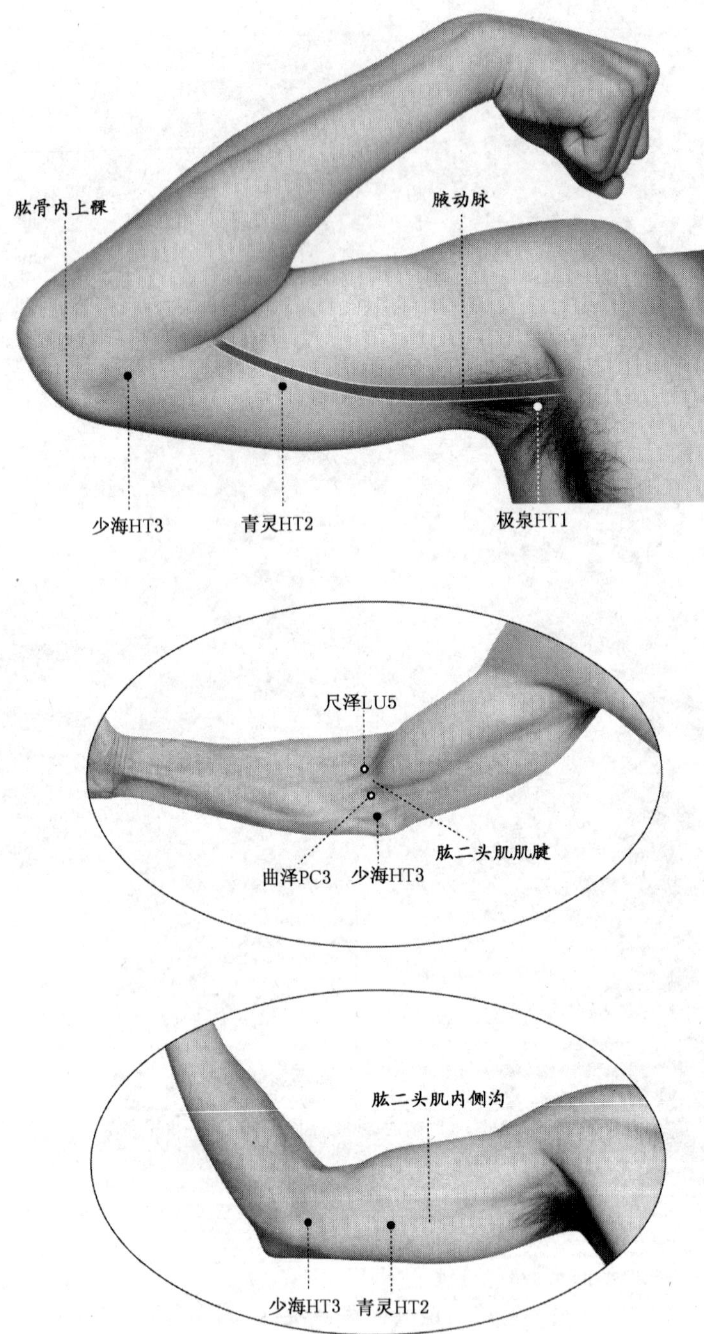

注：对应 GB/T 12346—2006 的 4.5.1～4.5.3。

图 3-19　手少阴心经经穴(上臂部)

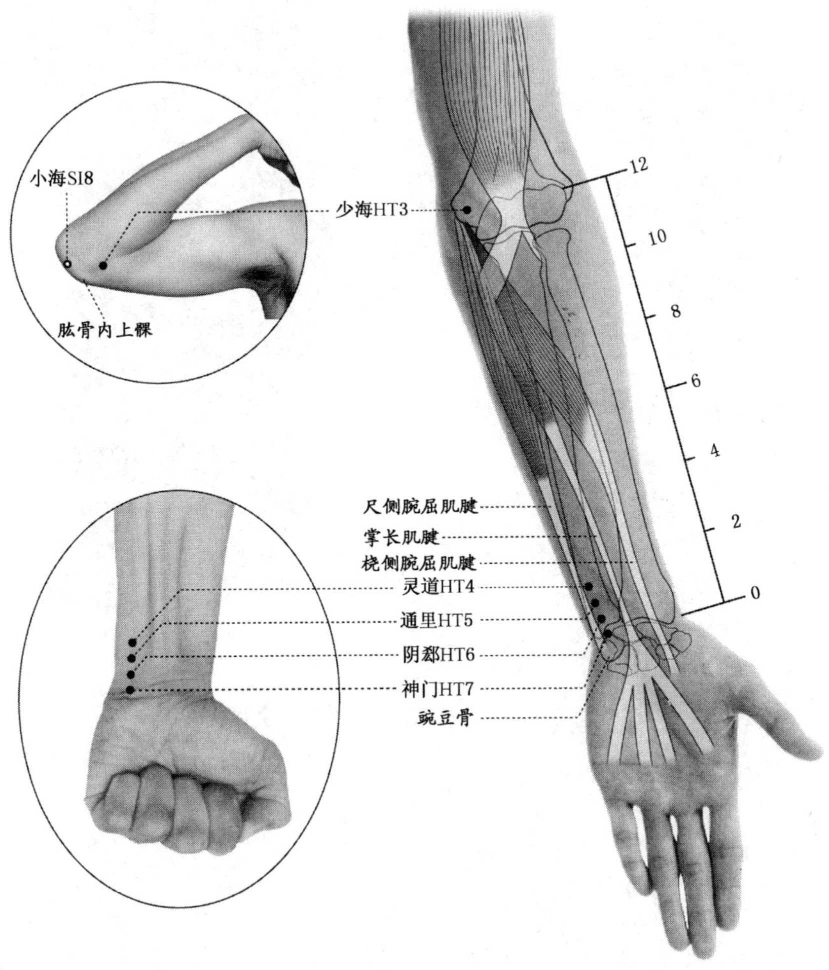

注：对应 GB/T 12346—2006 的 4.5.3～4.5.7。

图 3-20 手少阴心经经穴(前臂部)

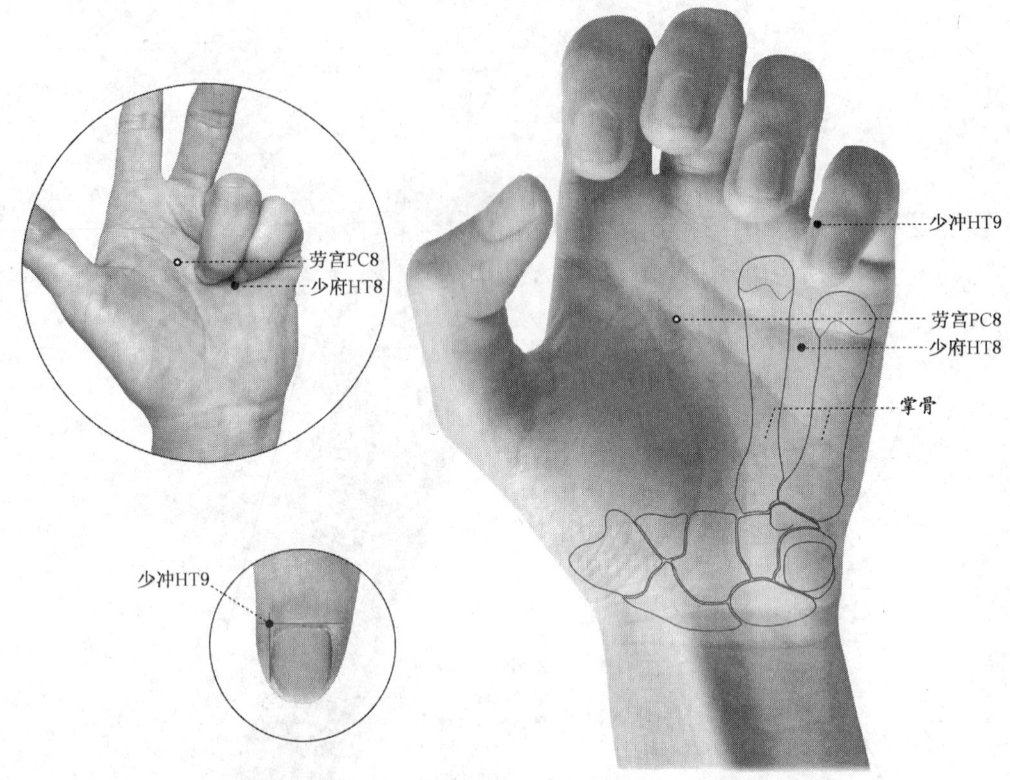

注：对应 GB/T 12346—2006 的 4.5.8，4.5.9。

图 3-21 手少阴心经经穴(手部)

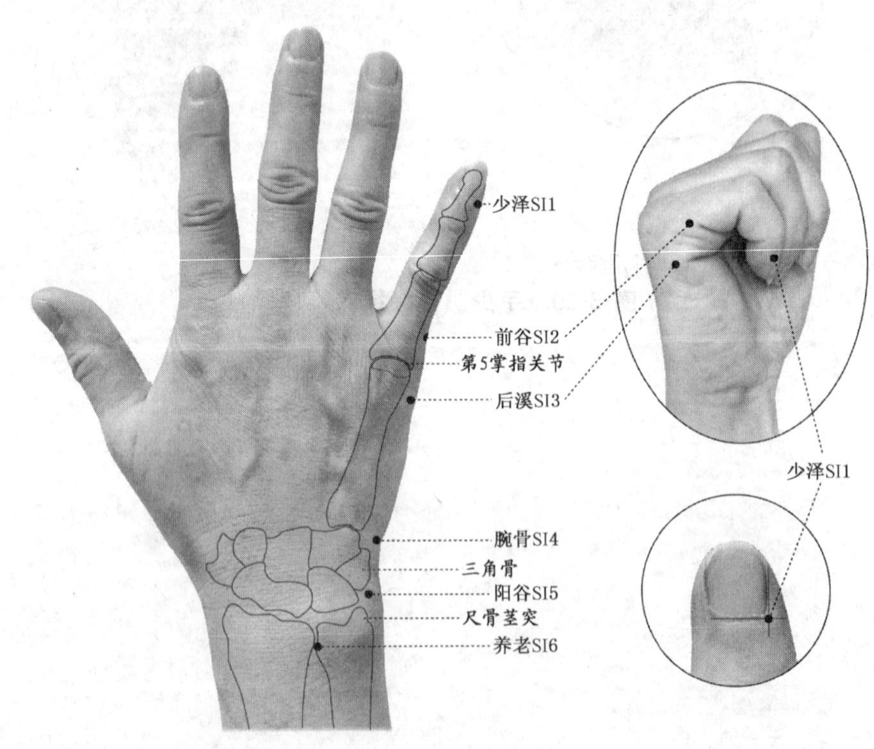

注：对应 GB/T 12346—2006 的 4.6.1～4.6.6。

图 3-22 手太阳小肠经经穴(手部)

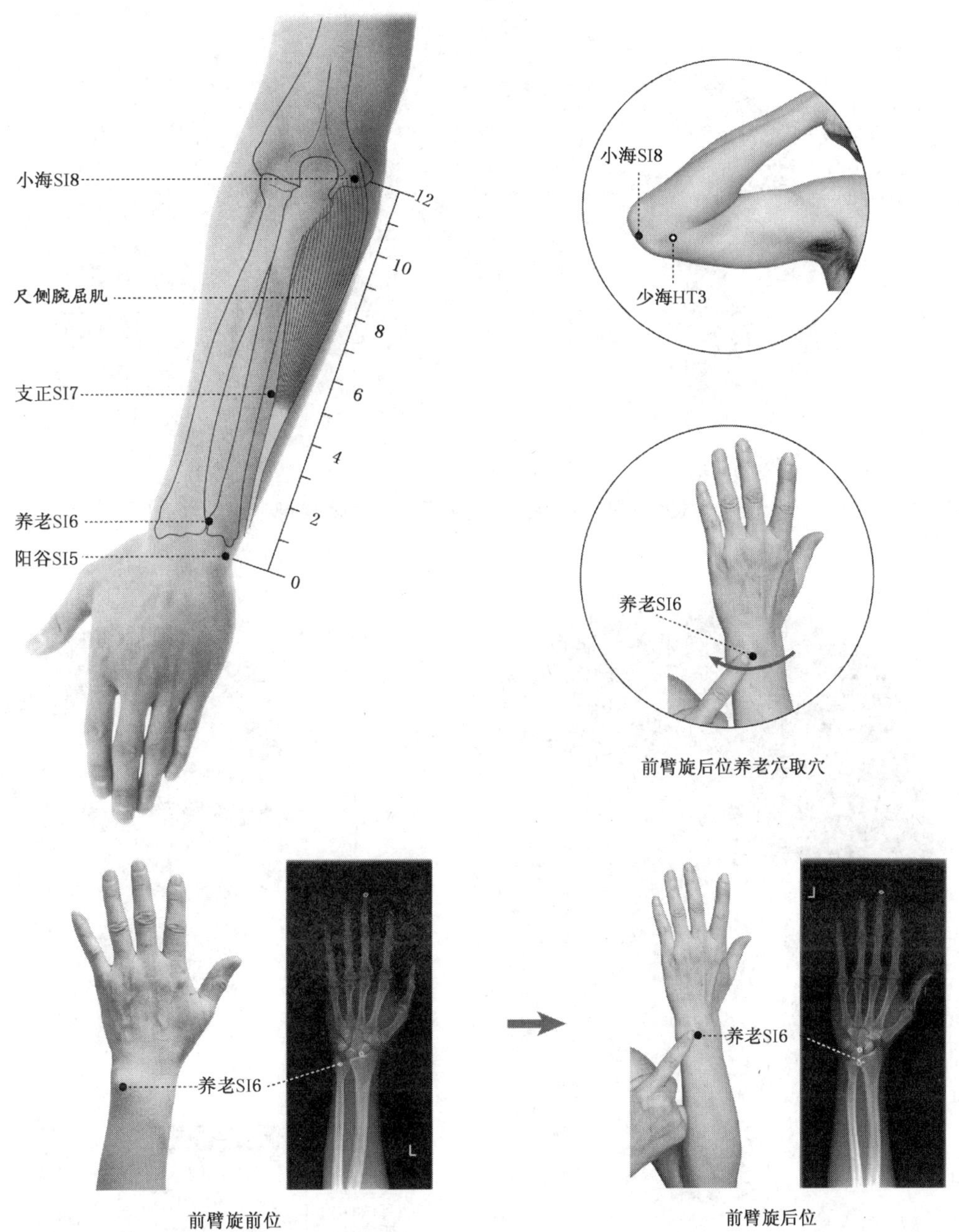

注：对应 GB/T 12346—2006 的 4.6.5～4.6.8。

图 3-23　手太阳小肠经经穴(前臂部)

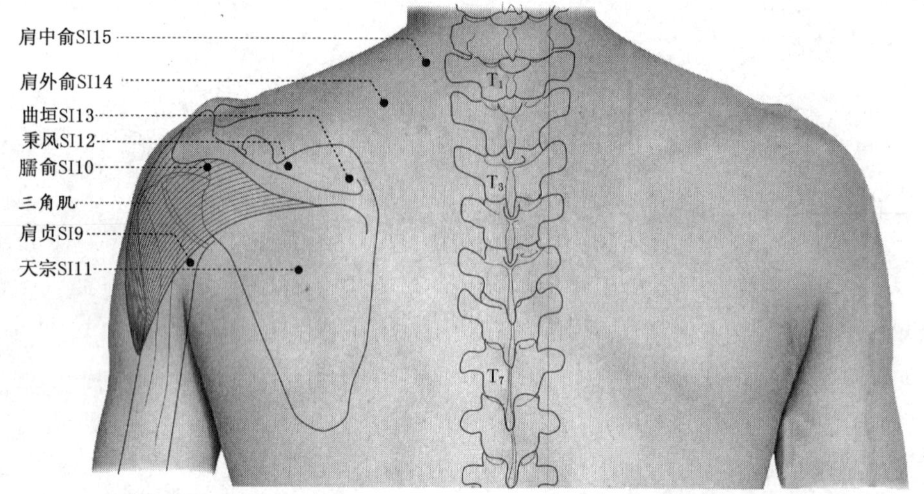

注：对应 GB/T 12346—2006 的 4.6.9～4.6.15。

图 3-24 手太阳小肠经经穴(肩背部)

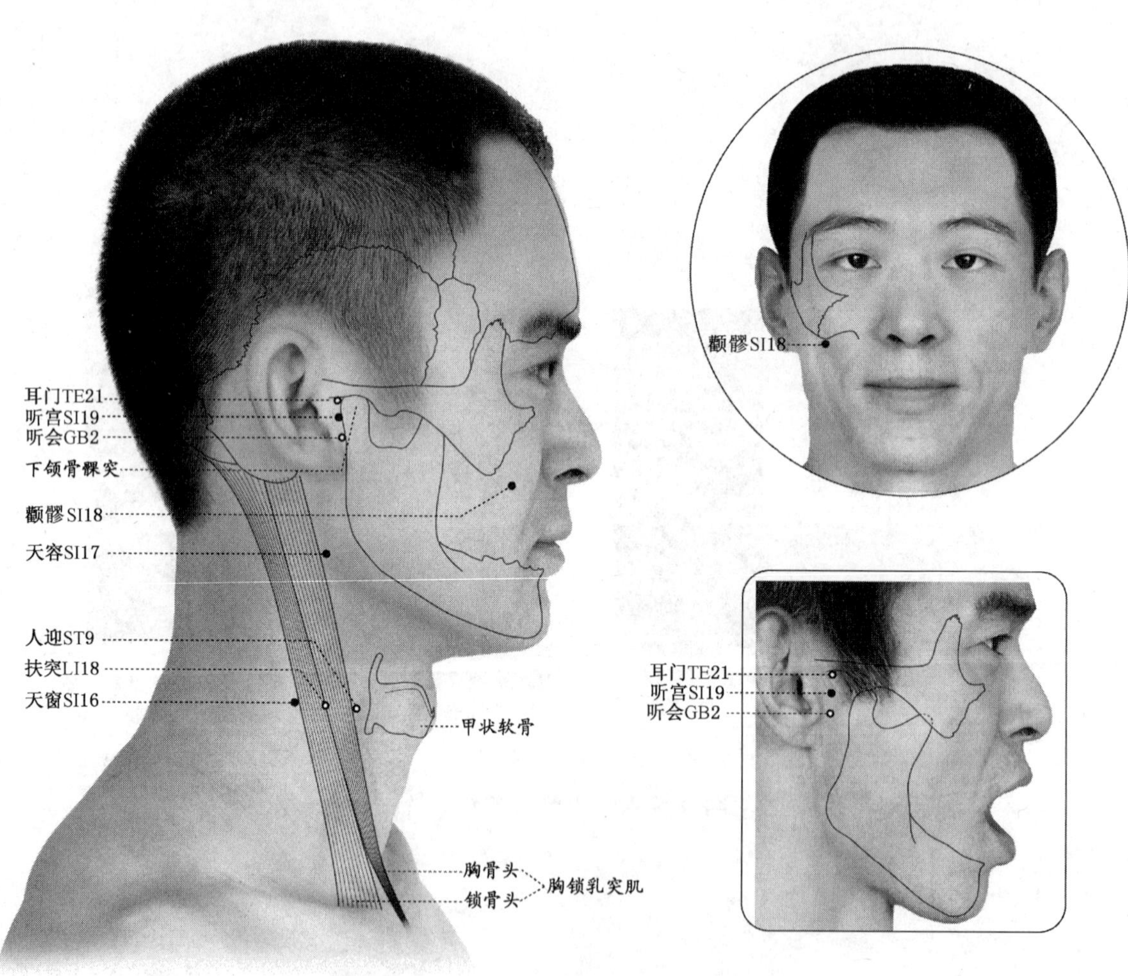

注：对应 GB/T 12346—2006 的 4.6.16～4.6.19。

图 3-25 手太阳小肠经经穴(头颈部)

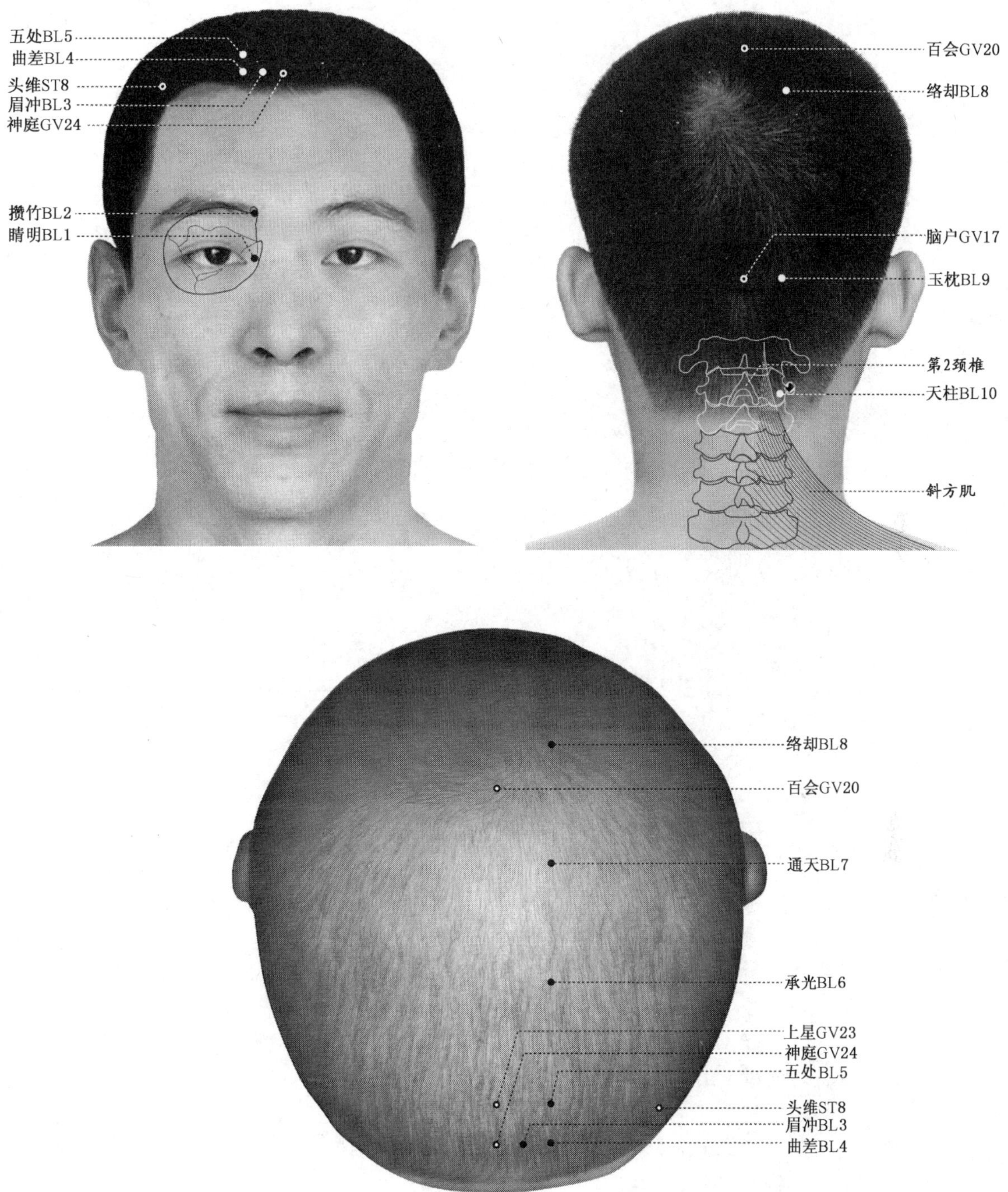

注：对应 GB/T 12346—2006 的 4.7.1～4.7.10。

图 3-26　足太阳膀胱经经穴(头面部)

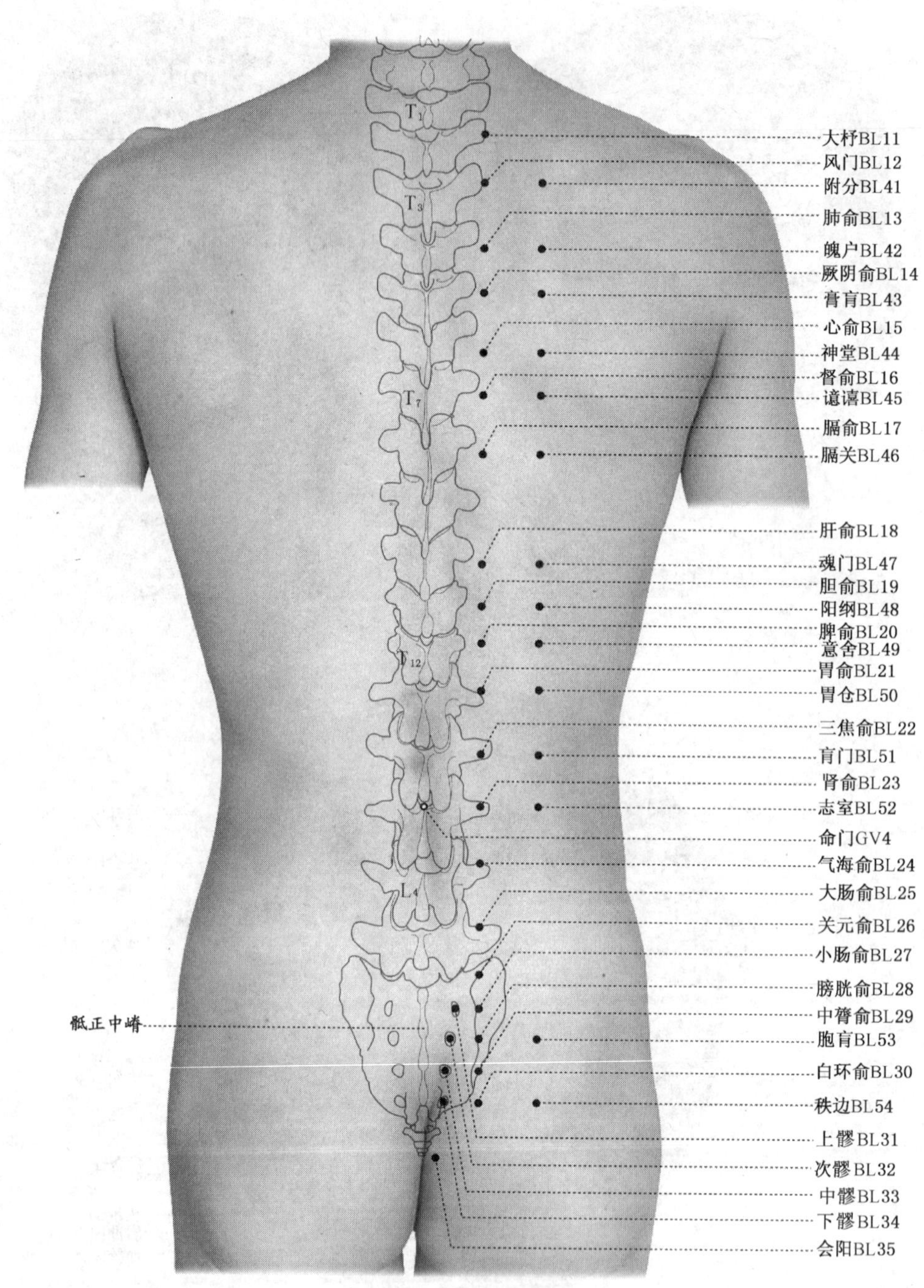

注：对应 GB/T 12346—2006 的 4.7.11～4.7.35,4.7.41～4.7.54。

图 3-27　足太阳膀胱经经穴(背部)

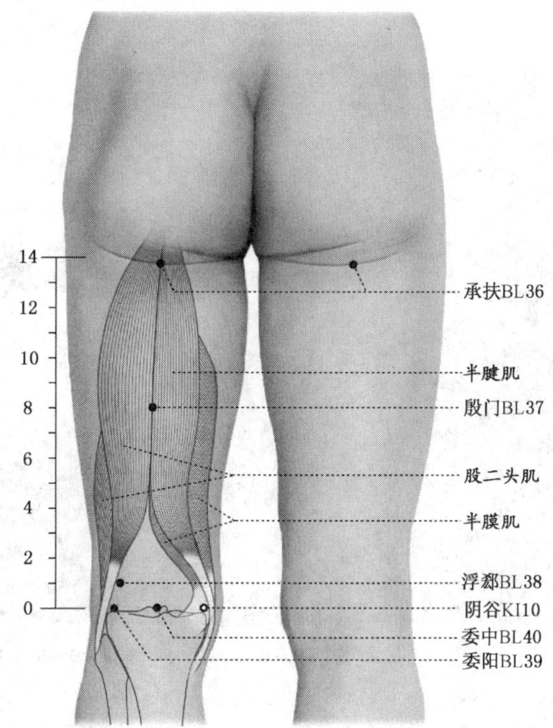

注：对应 GB/T 12346—2006 的 4.7.36～4.7.40。

图 3-28　足太阳膀胱经经穴(大腿部)

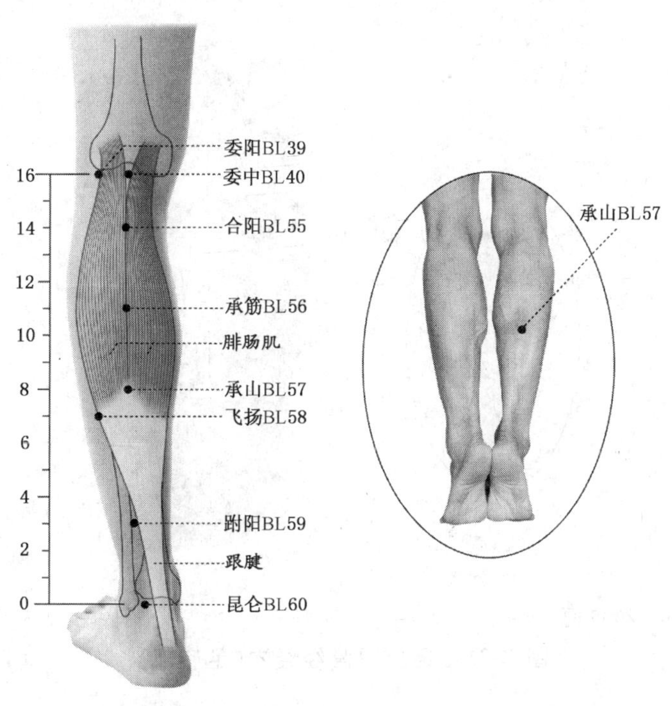

注：对应 GB/T 12346—2006 的 4.7.39,4.7.40,4.7.55～4.7.60。

图 3-29　足太阳膀胱经经穴(小腿部)

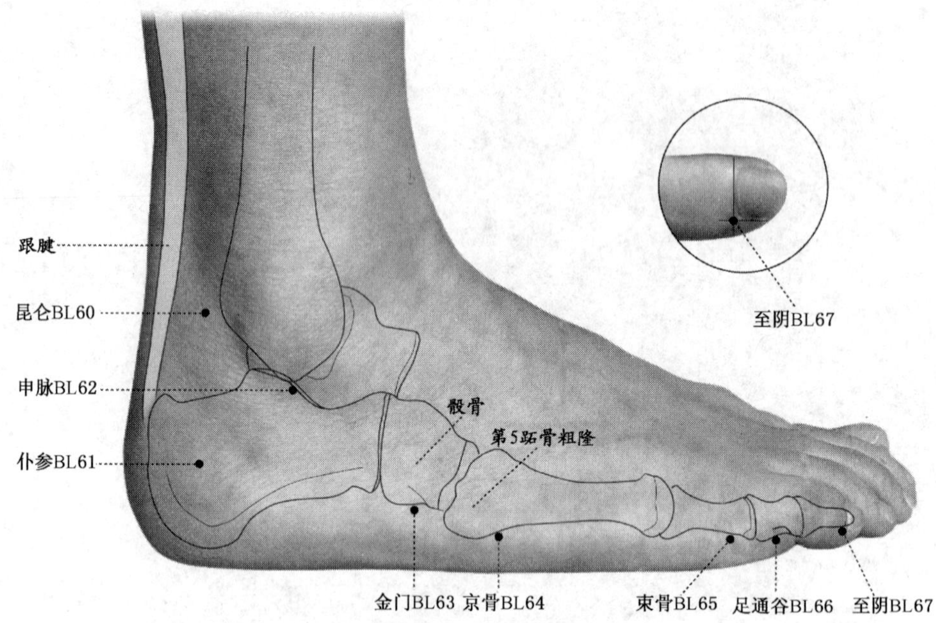

注：对应 GB/T 12346—2006 的 4.7.60～4.7.67。

图 3-30 足太阳膀胱经经穴(足部)

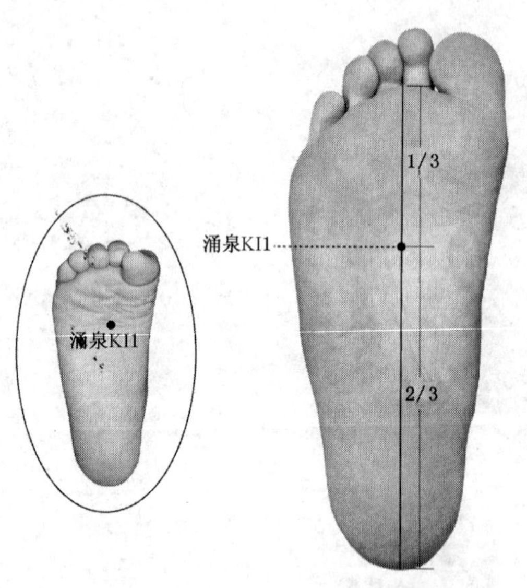

注：对应 GB/T 12346—2006 的 4.8.1。

图 3-31 足少阴肾经经穴(足底部)

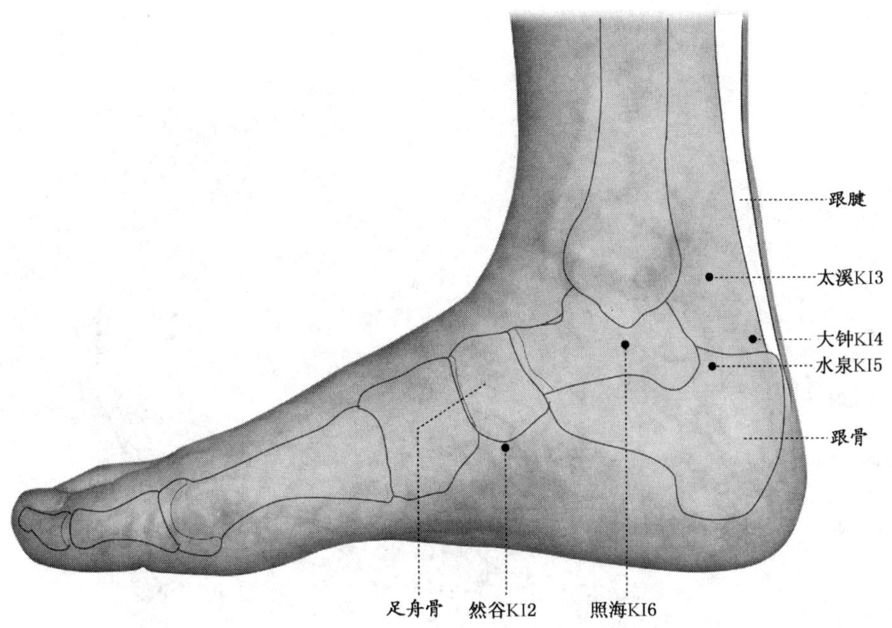

注：对应 GB/T 12346—2006 的 4.8.2～4.8.6。

图 3-32　足少阴肾经经穴(足部)

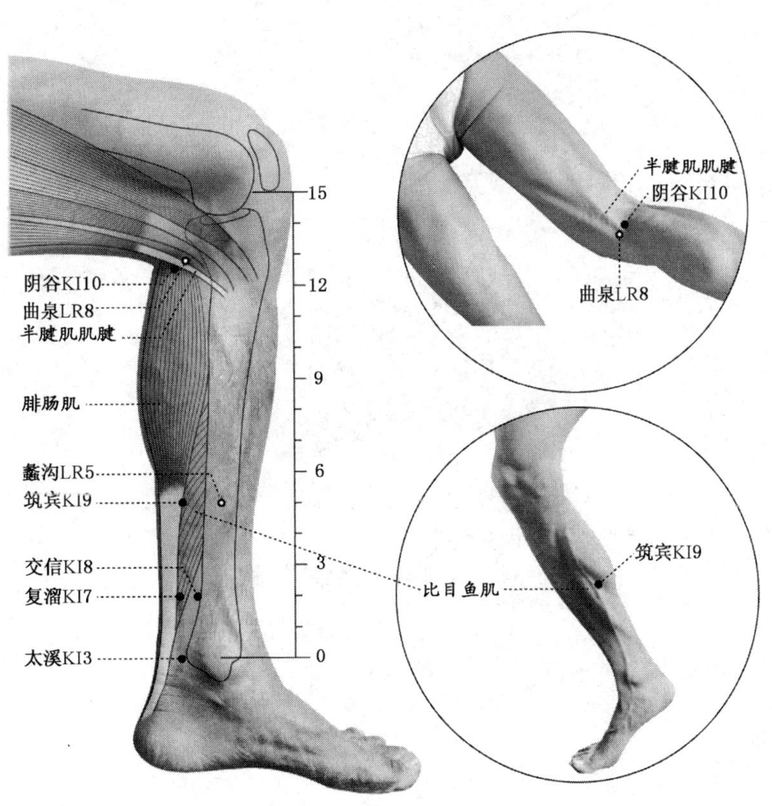

注：对应 GB/T 12346—2006 的 4.8.3，4.8.7～4.8.10。

图 3-33　足少阴肾经经穴(小腿部)

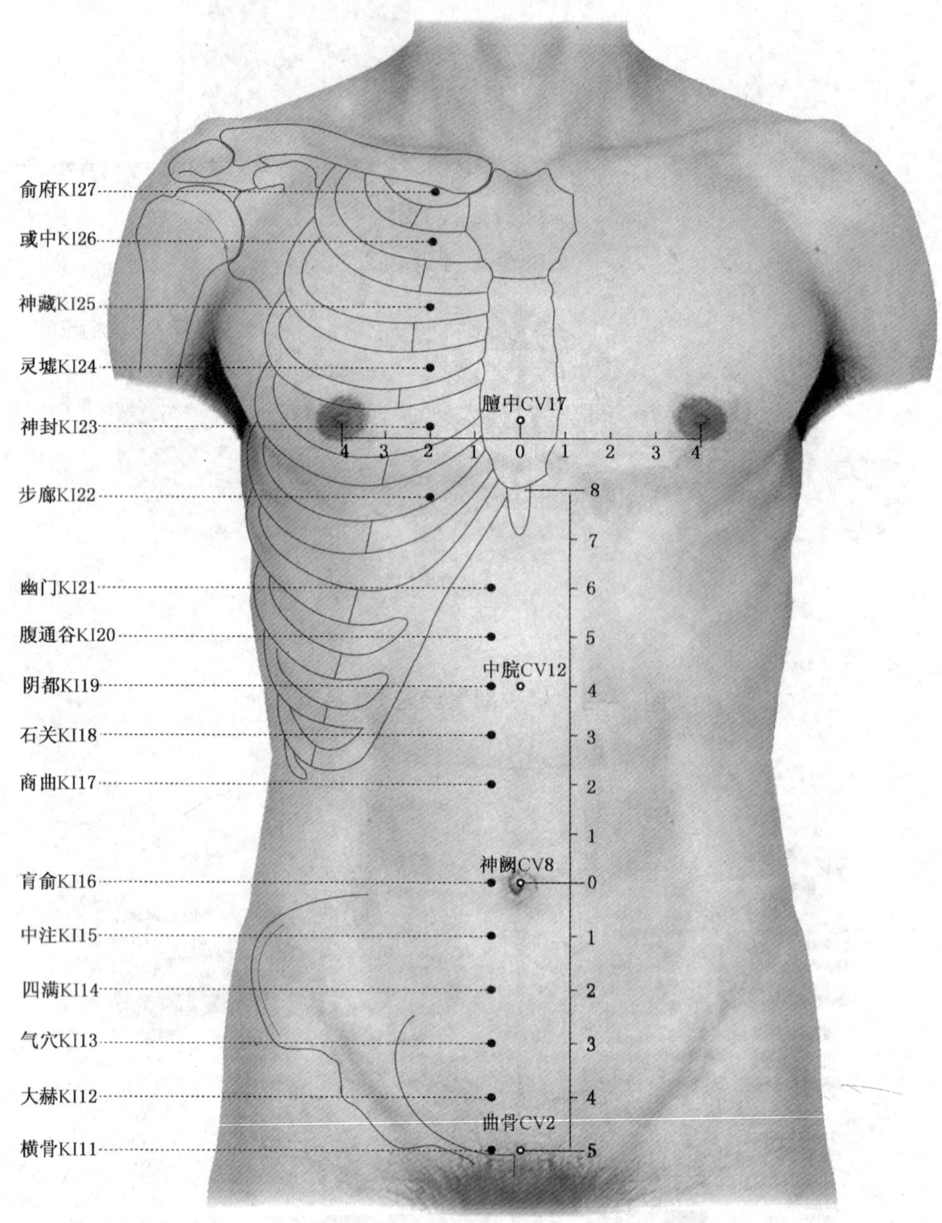

注：对应 GB/T 12346—2006 的 4.8.11～4.8.27。

图 3-34 足少阴肾经经穴(胸腹部)

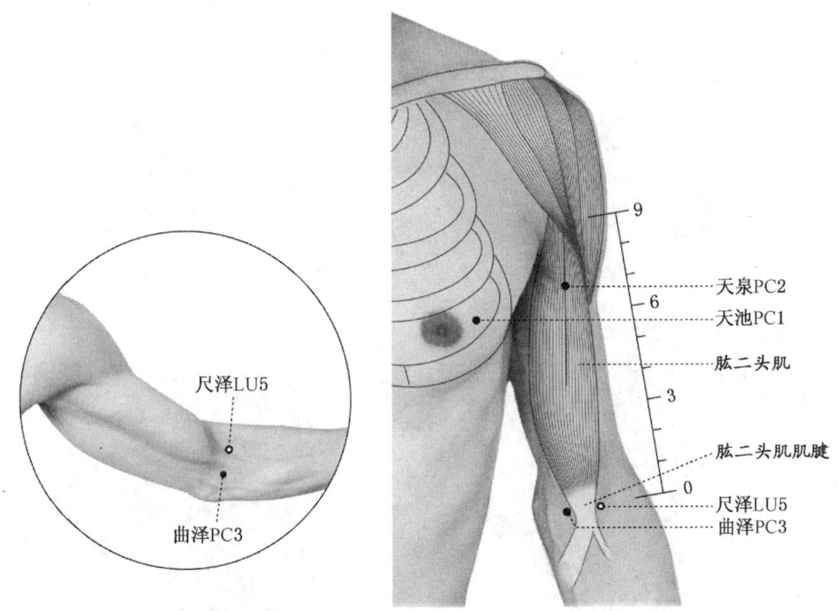

注：对应 GB/T 12346—2006 的 4.9.1～4.9.3。

图 3-35 手厥阴心包经经穴(胸及上臂部)

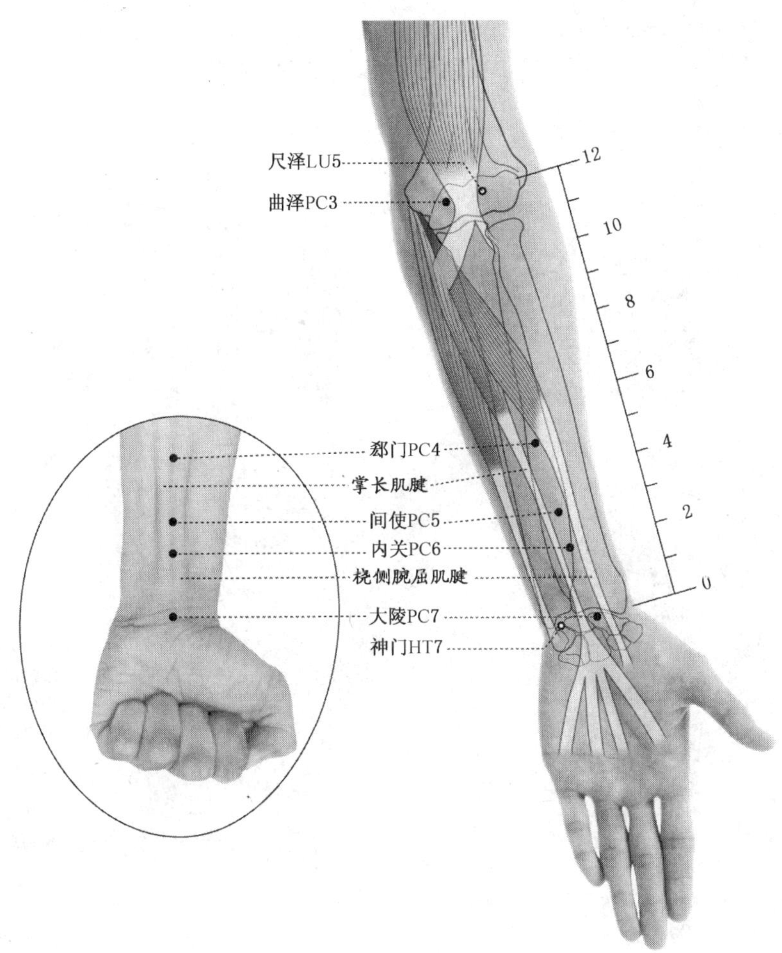

注：对应 GB/T 12346—2006 的 4.9.3～4.9.7。

图 3-36 手厥阴心包经经穴(前臂部)

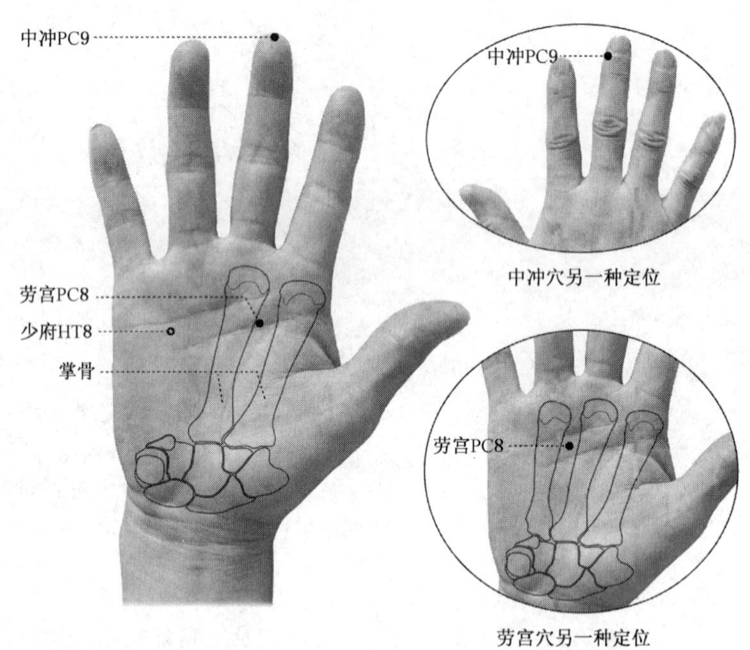

注：对应 GB/T 12346—2006 的 4.9.8,4.9.9。

图 3-37 手厥阴心包经经穴(手部)

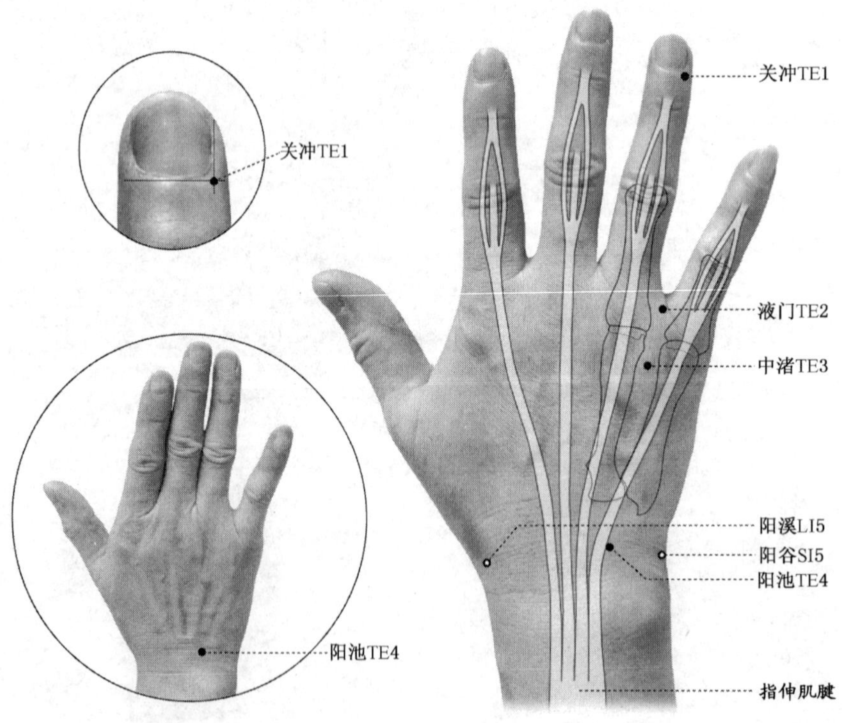

注：对应 GB/T 12346—2006 的 4.10.1～4.10.4。

图 3-38 手少阳三焦经经穴(手部)

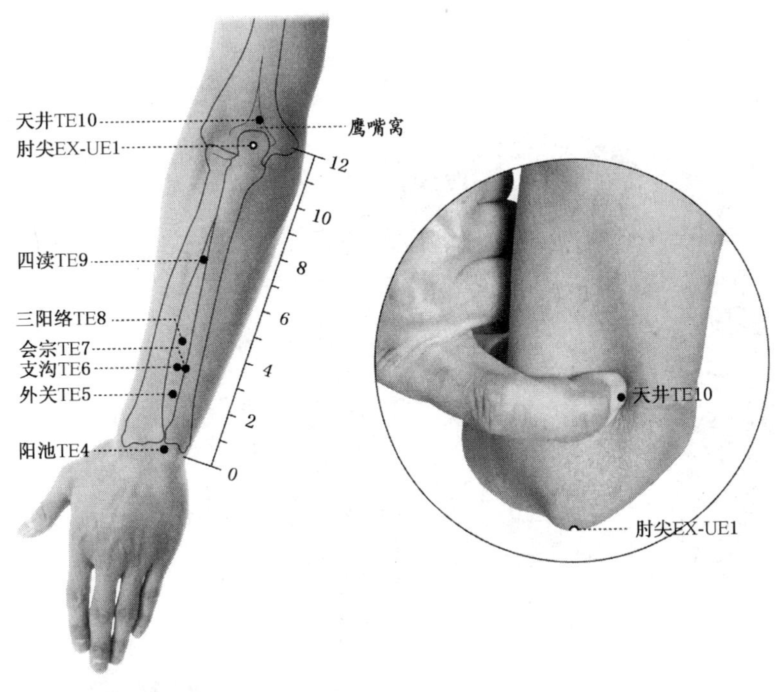

注：对应 GB/T 12346—2006 的 4.10.4～4.10.10。

图 3-39 手少阳三焦经经穴(前臂部)

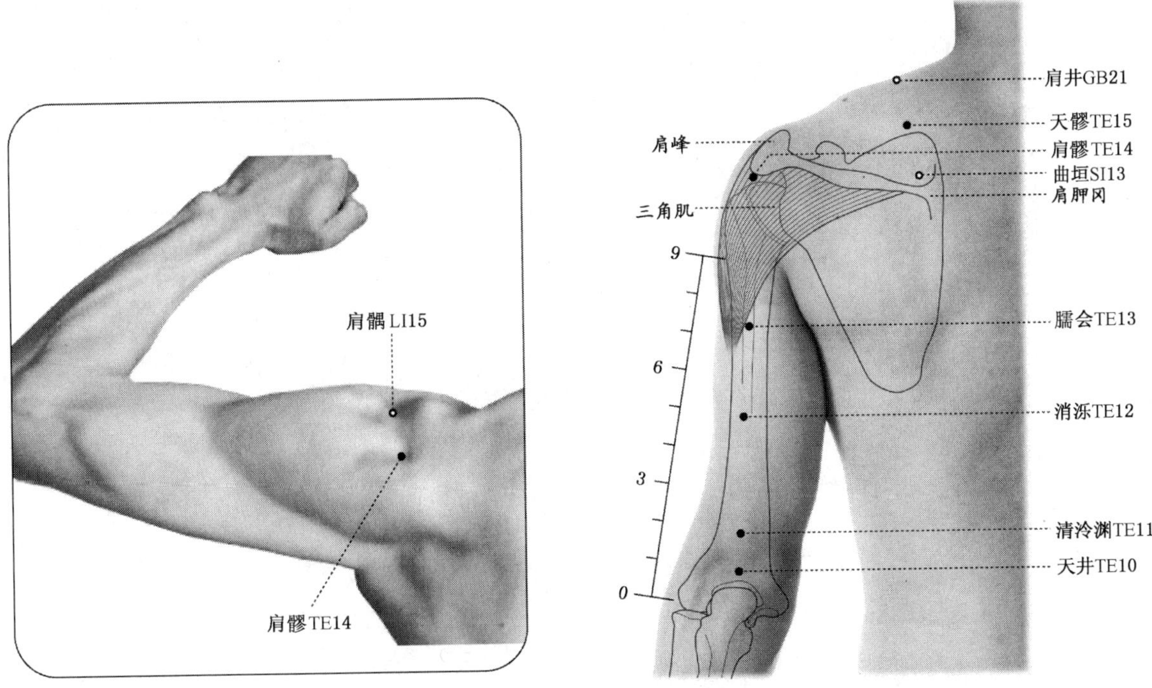

注：对应 GB/T 12346—2006 的 4.10.10～4.10.15。

图 3-40 手少阳三焦经经穴(上臂部及肩部)

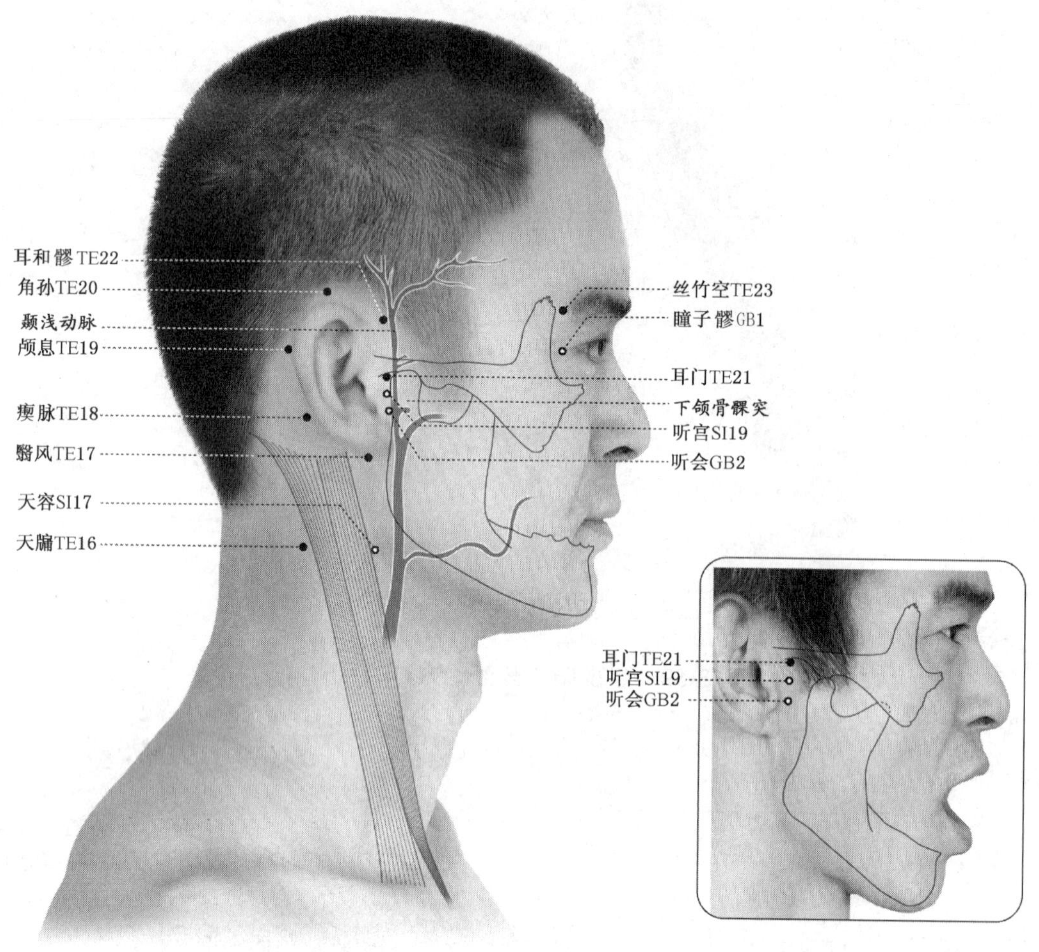

注：对应 GB/T 12346—2006 的 4.10.16～4.10.23。

图 3-41　手少阳三焦经经穴(头颈部)

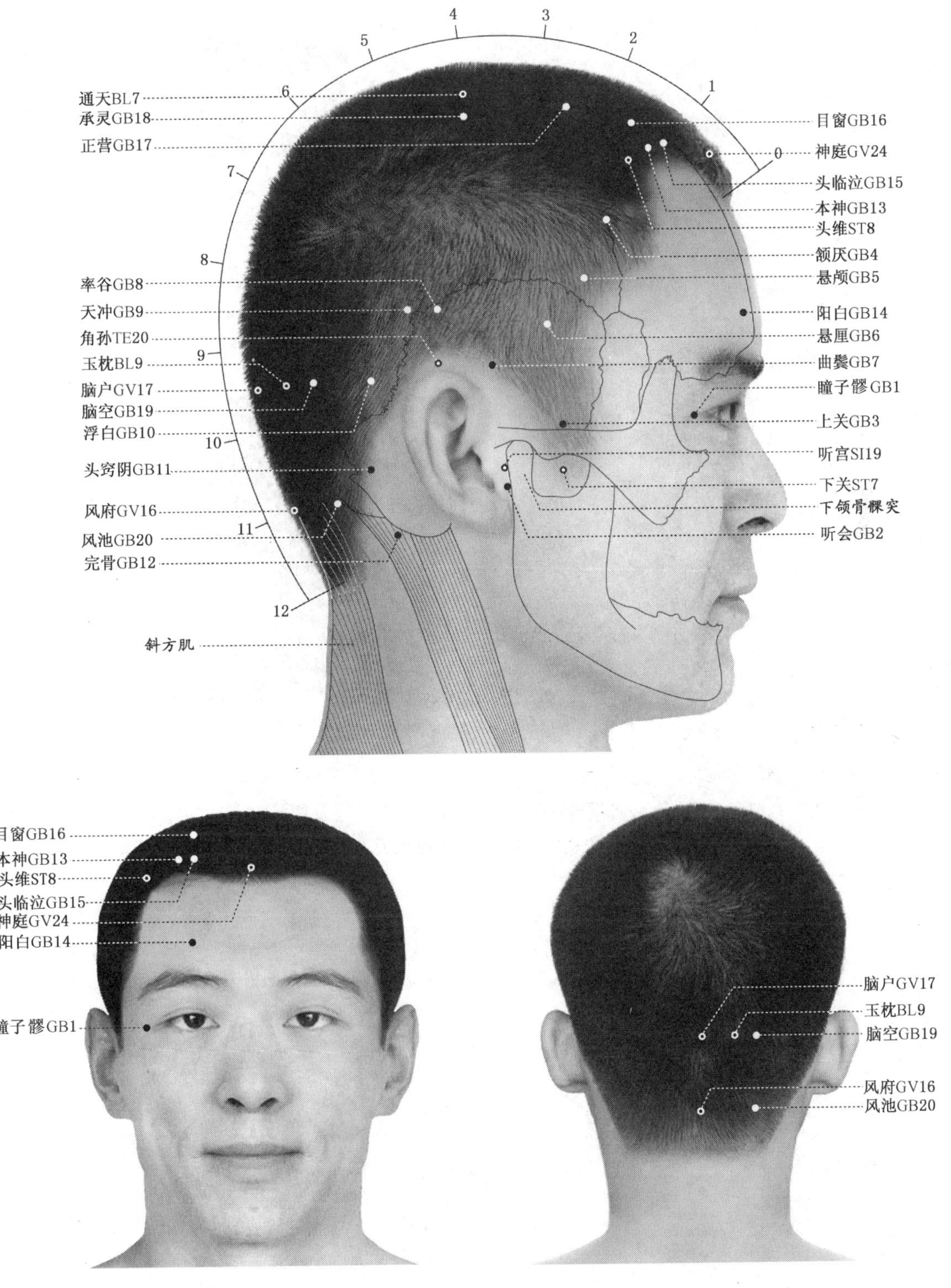

注：对应 GB/T 12346—2006 的 4.11.1～4.11.20。

图 3-42 足少阳胆经经穴(头面部)

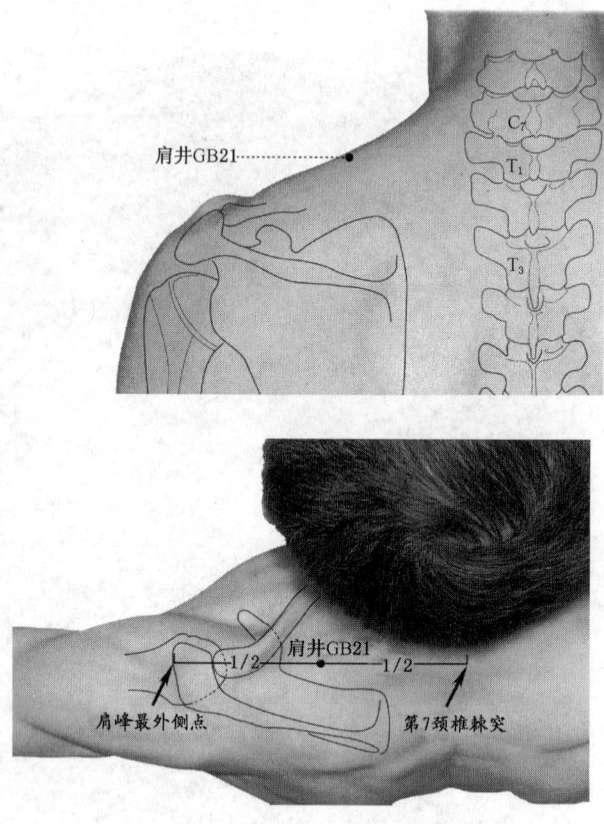

注：对应 GB/T 12346—2006 的 4.11.21。

图 3-43 足少阳胆经经穴(肩部)

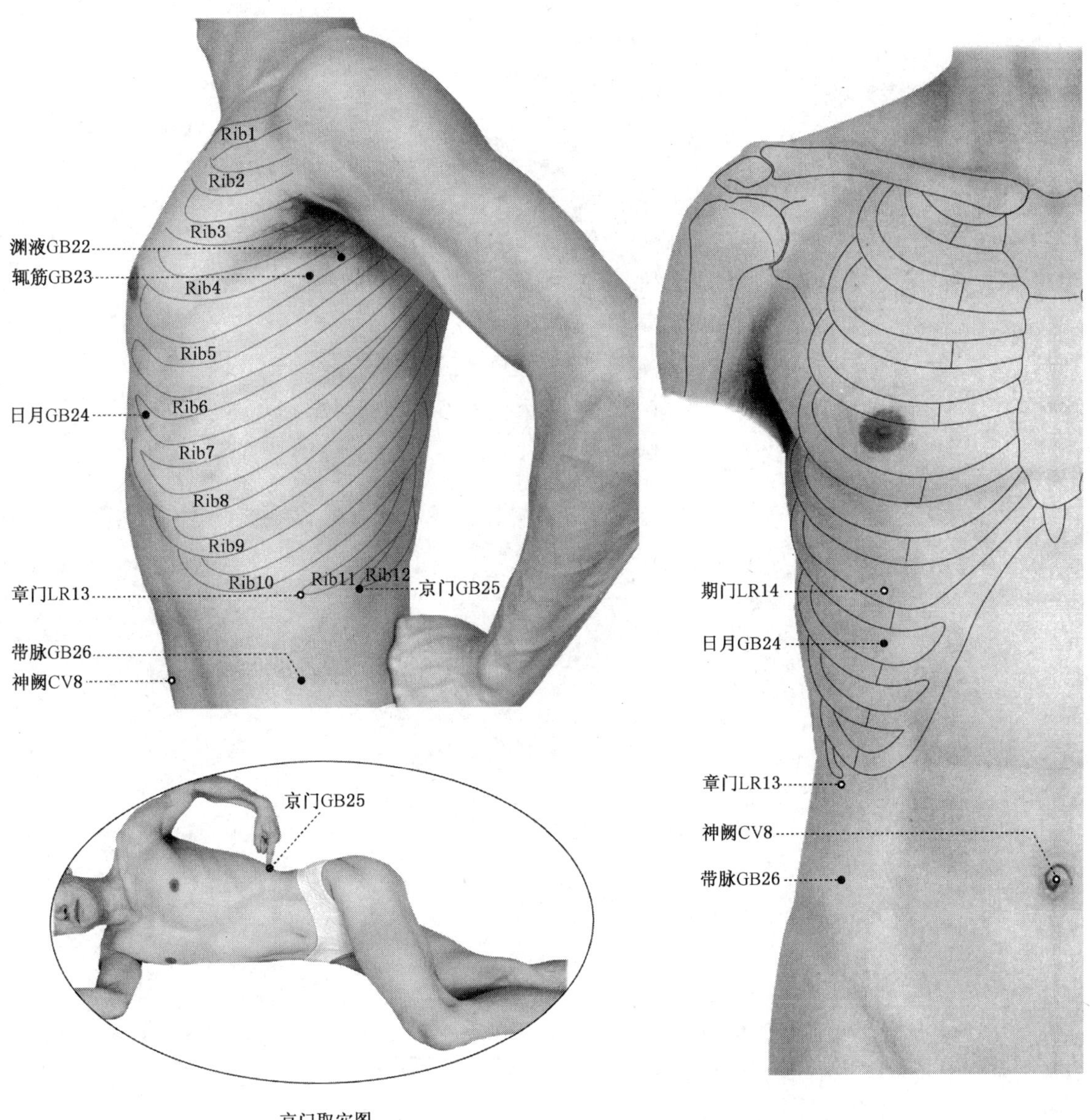

京门取穴图

注：对应 GB/T 12346—2006 的 4.11.22～4.11.26。

图 3-44 足少阳胆经经穴(胸腹部)

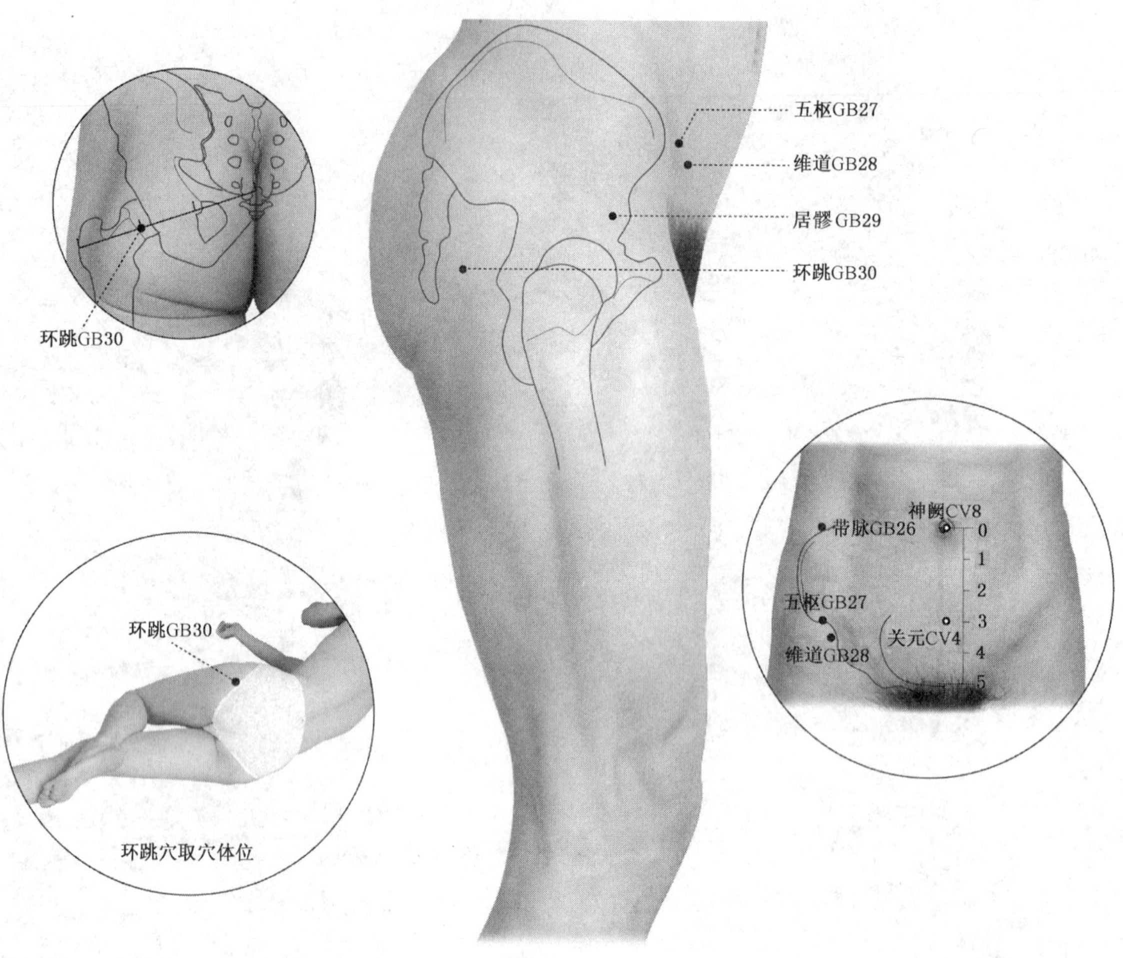

注：对应 GB/T 12346—2006 的 4.11.26～4.11.30。

图 3-45　足少阳胆经经穴(髋部)

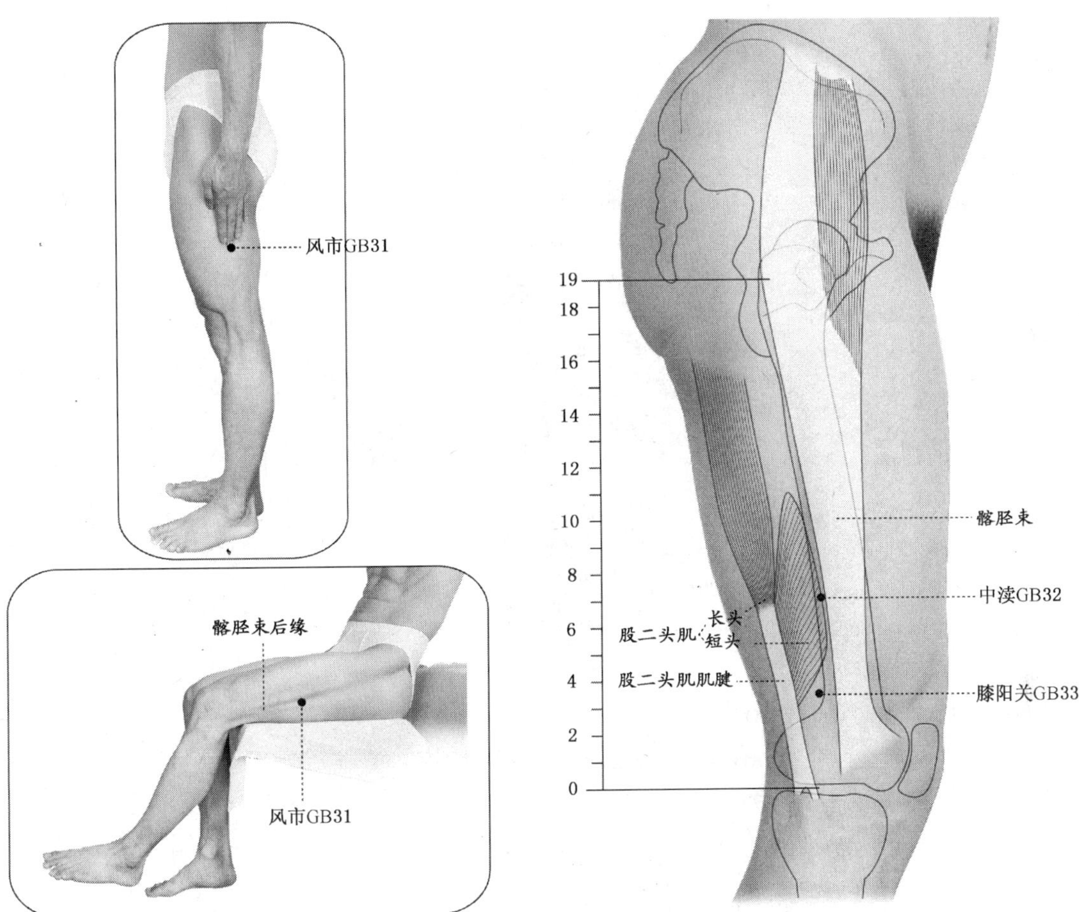

注：对应 GB/T 12346—2006 的 4.11.31～4.11.33。

图 3-46 足少阳胆经经穴（大腿部）

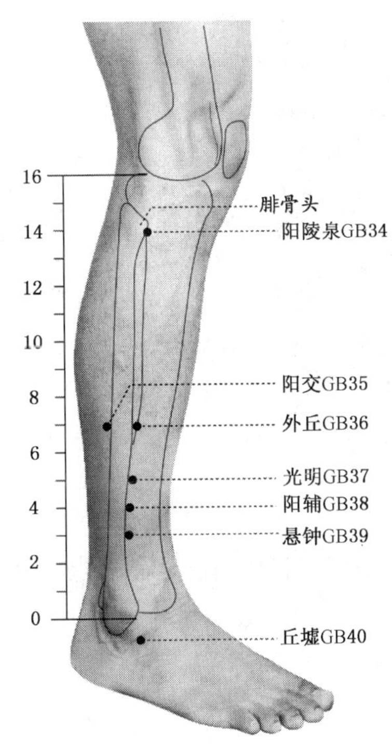

注：对应 GB/T 12346—2006 的 4.11.34～4.11.40。

图 3-47 足少阳胆经经穴（小腿部）

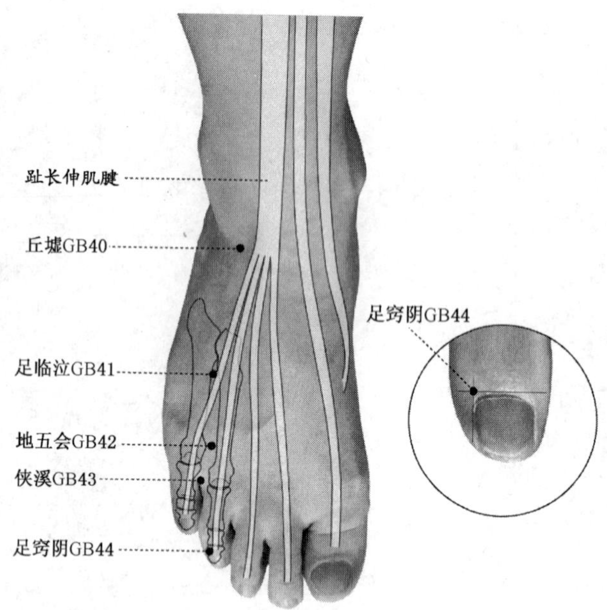

注：对应 GB/T 12346—2006 的 4.11.40～4.11.44。

图 3-48　足少阳胆经经穴(足部)

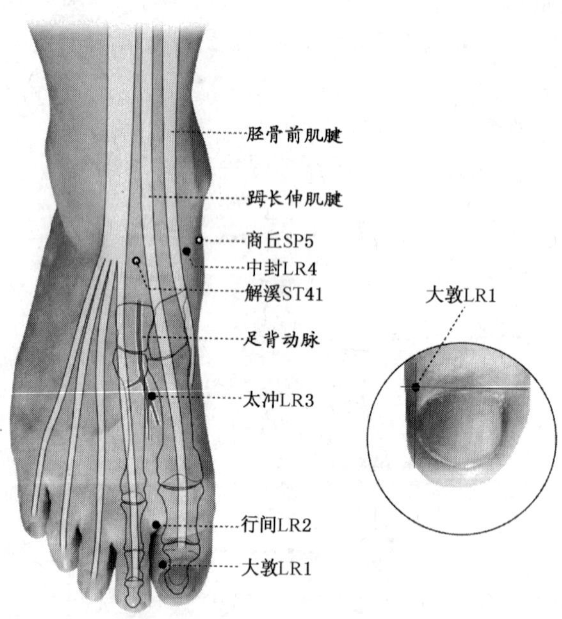

注：对应 GB/T 12346—2006 的 4.12.1～4.12.4。

图 3-49　足厥阴肝经经穴(足部)

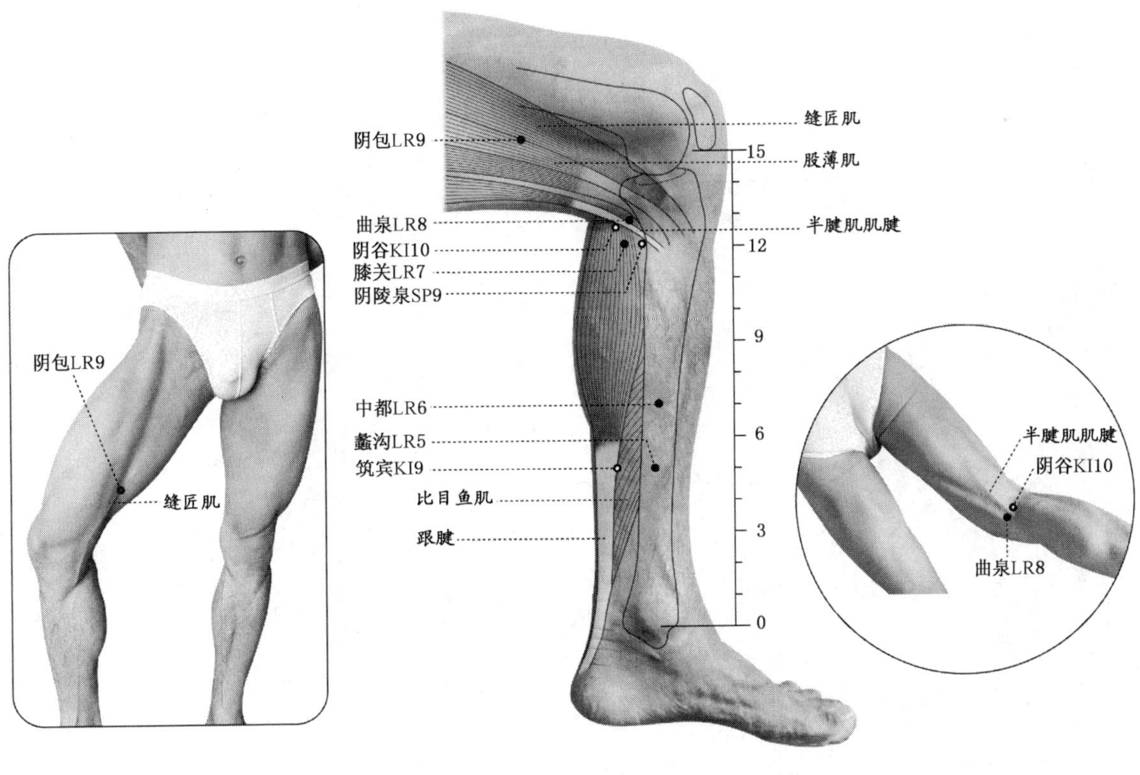

注：对应 GB/T 12346—2006 的 4.12.5～4.12.9。

图 3-50 足厥阴肝经经穴(小腿部)

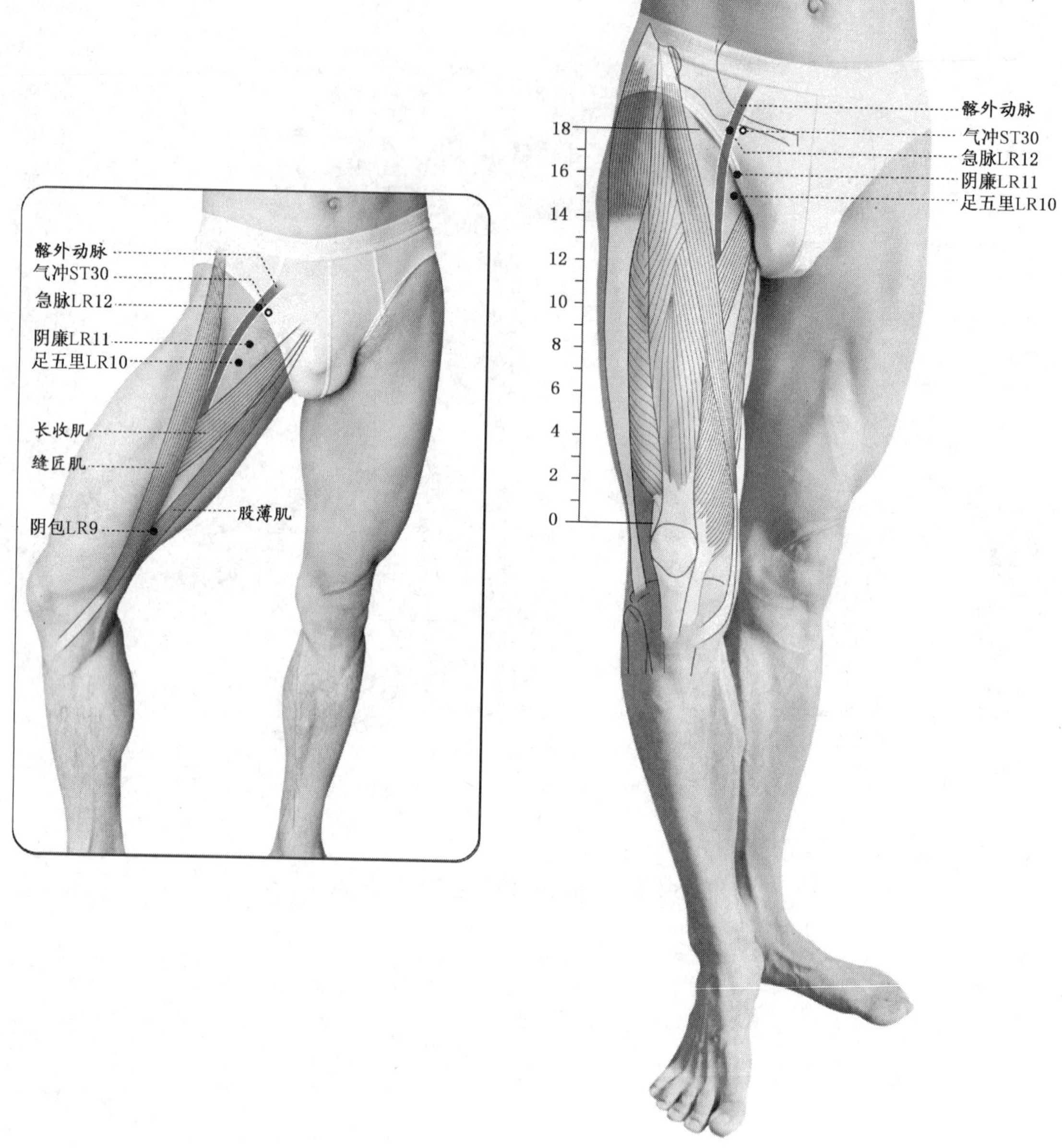

注：对应 GB/T 12346—2006 的 4.12.9～4.12.12。

图 3-51　足厥阴肝经经穴(大腿部)

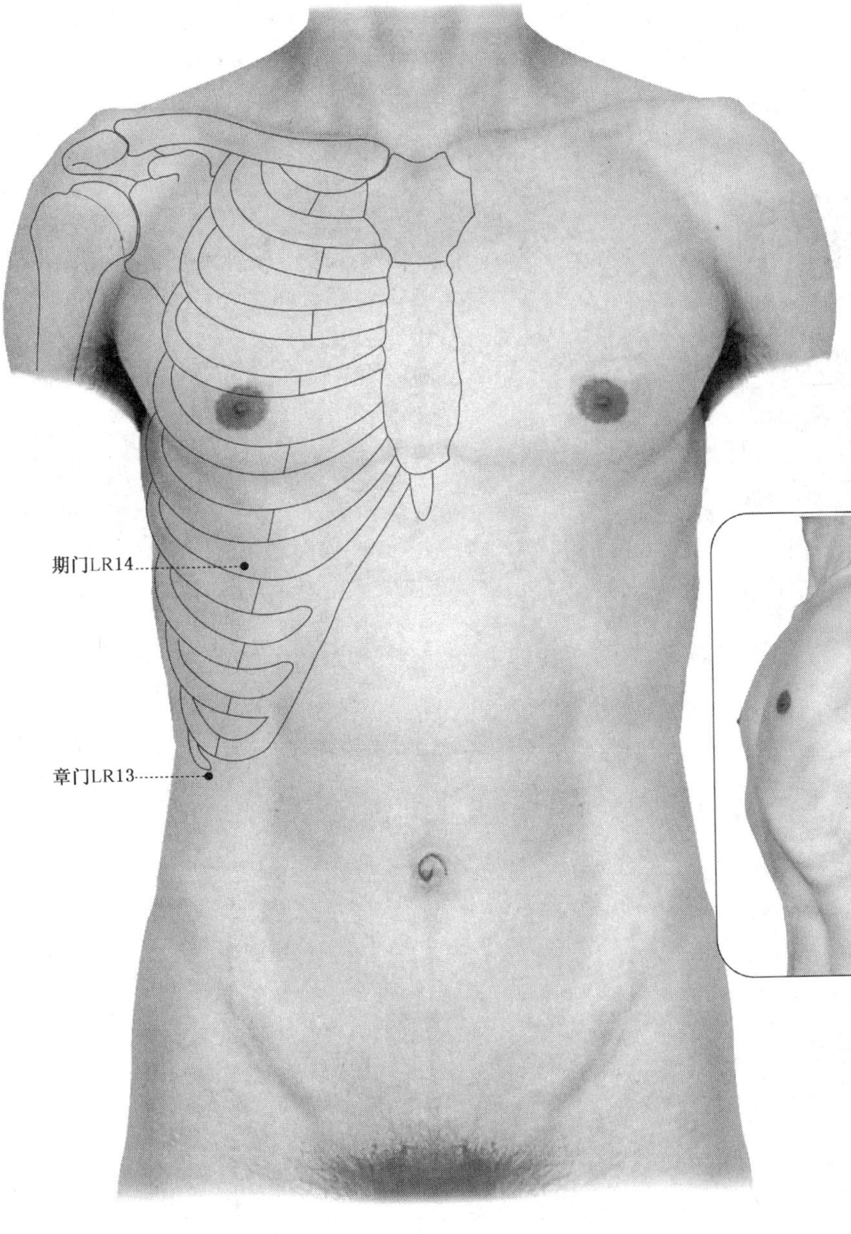

期门LR14
章门LR13

章门LR13

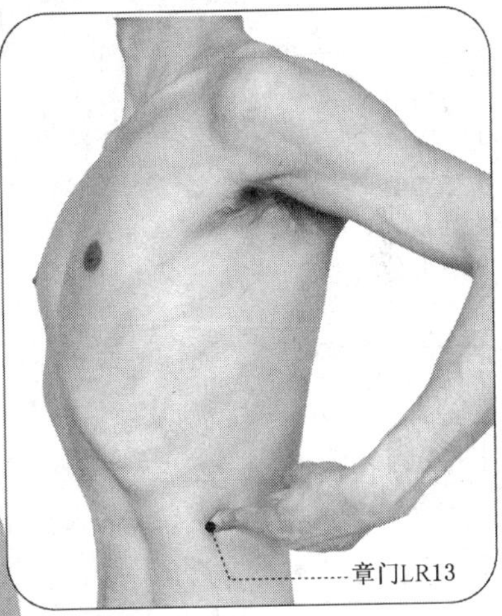

注：对应 GB/T 12346—2006 的 4.12.13,4.12.14。

图 3-52 足厥阴肝经经穴(胁部)

长强GV1

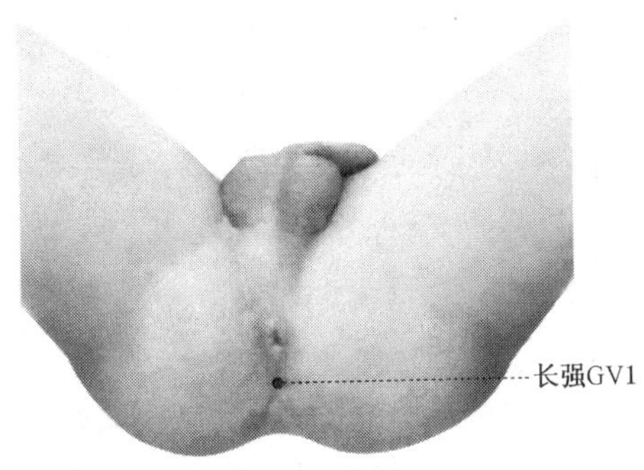

注：对应 GB/T 12346—2006 的 4.13.1。

图 3-53 督脉穴(会阴部)

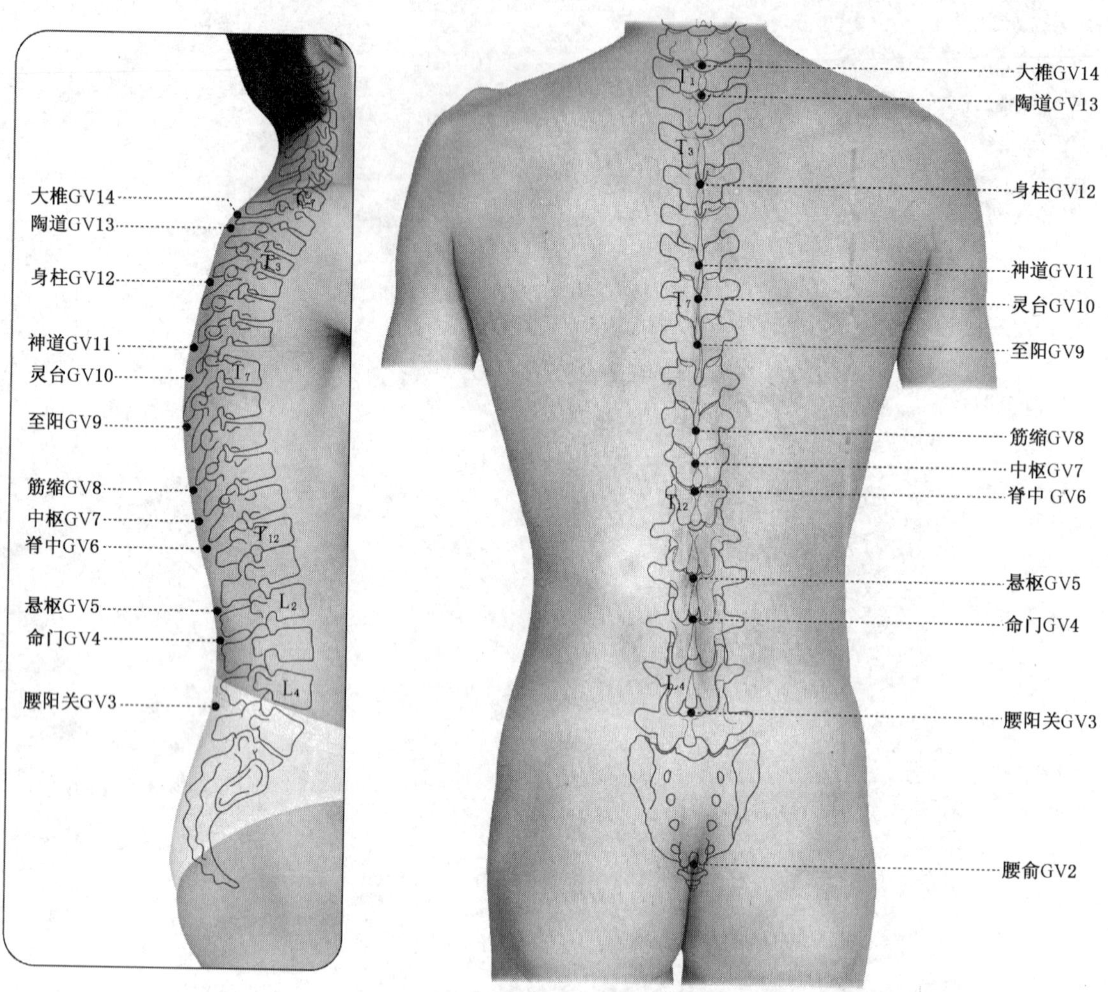

注：对应 GB/T 12346—2006 的 4.13.2～4.13.14。

图 3-54 督脉穴(背部)

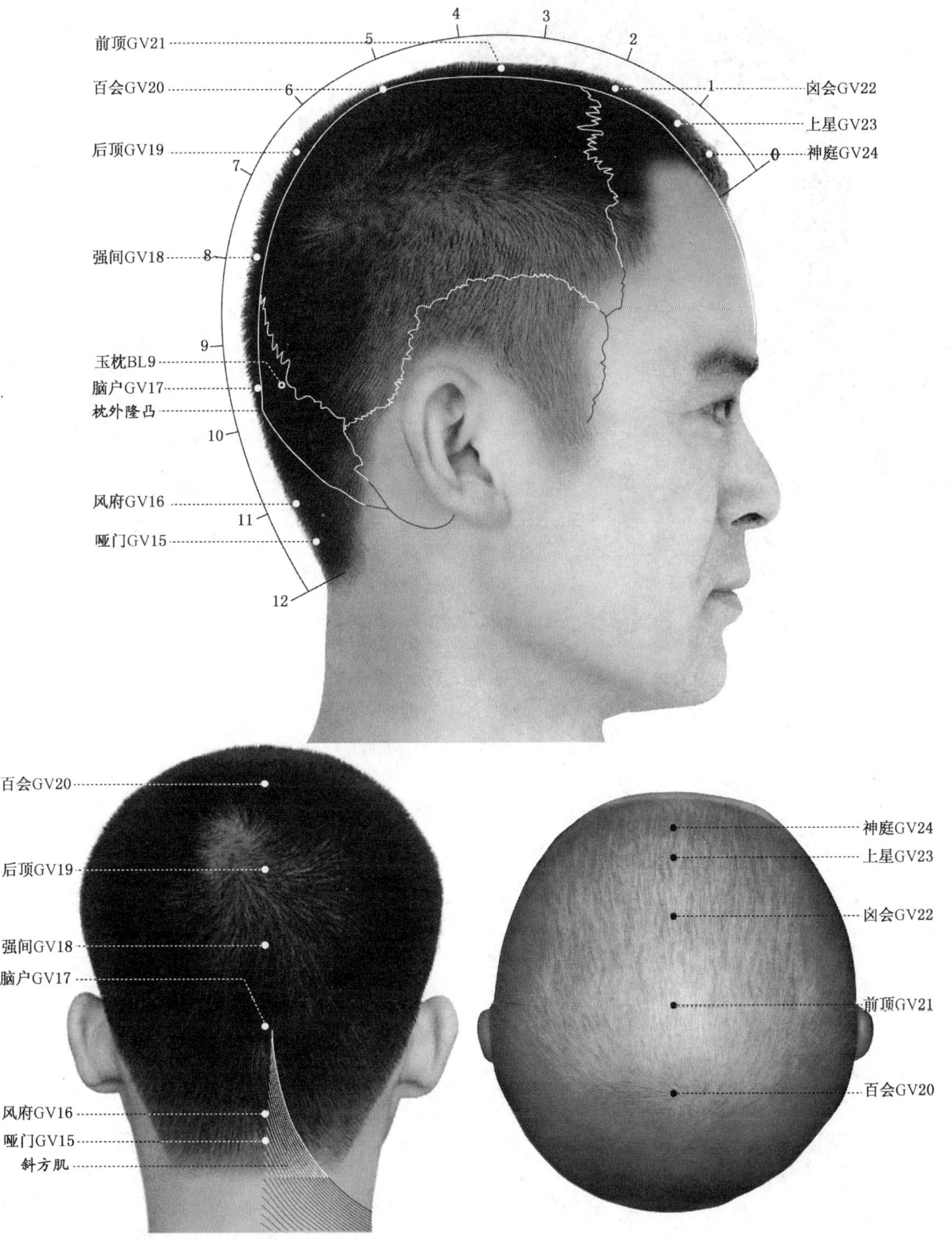

注：对应 GB/T 12346—2006 的 4.13.15～4.13.24。

图 3-55 督脉穴(头部)

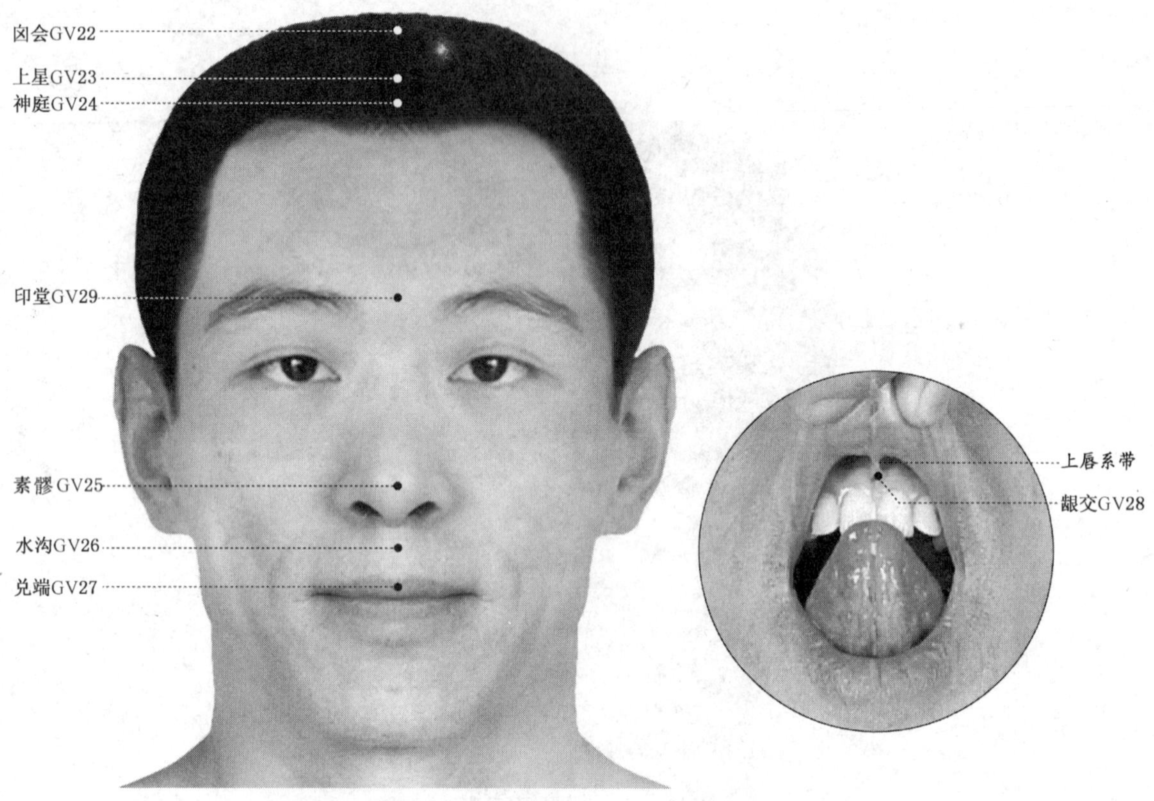

注：对应 GB/T 12346—2006 的 4.13.23～4.13.29。

图 3-56 督脉穴(头面部)

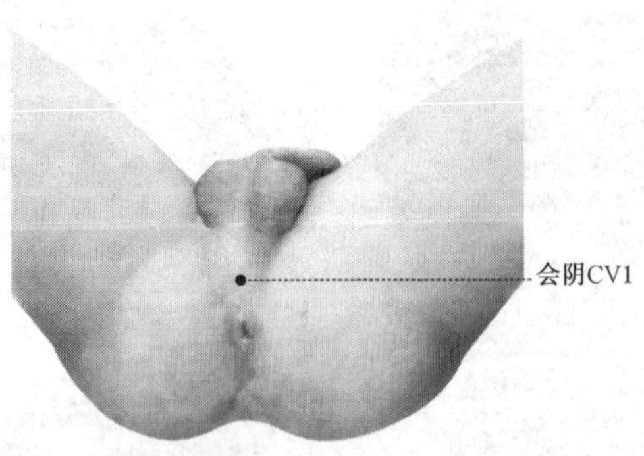

注：对应 GB/T 12346—2006 的 4.14.1。

图 3-57 任脉穴(会阴部)

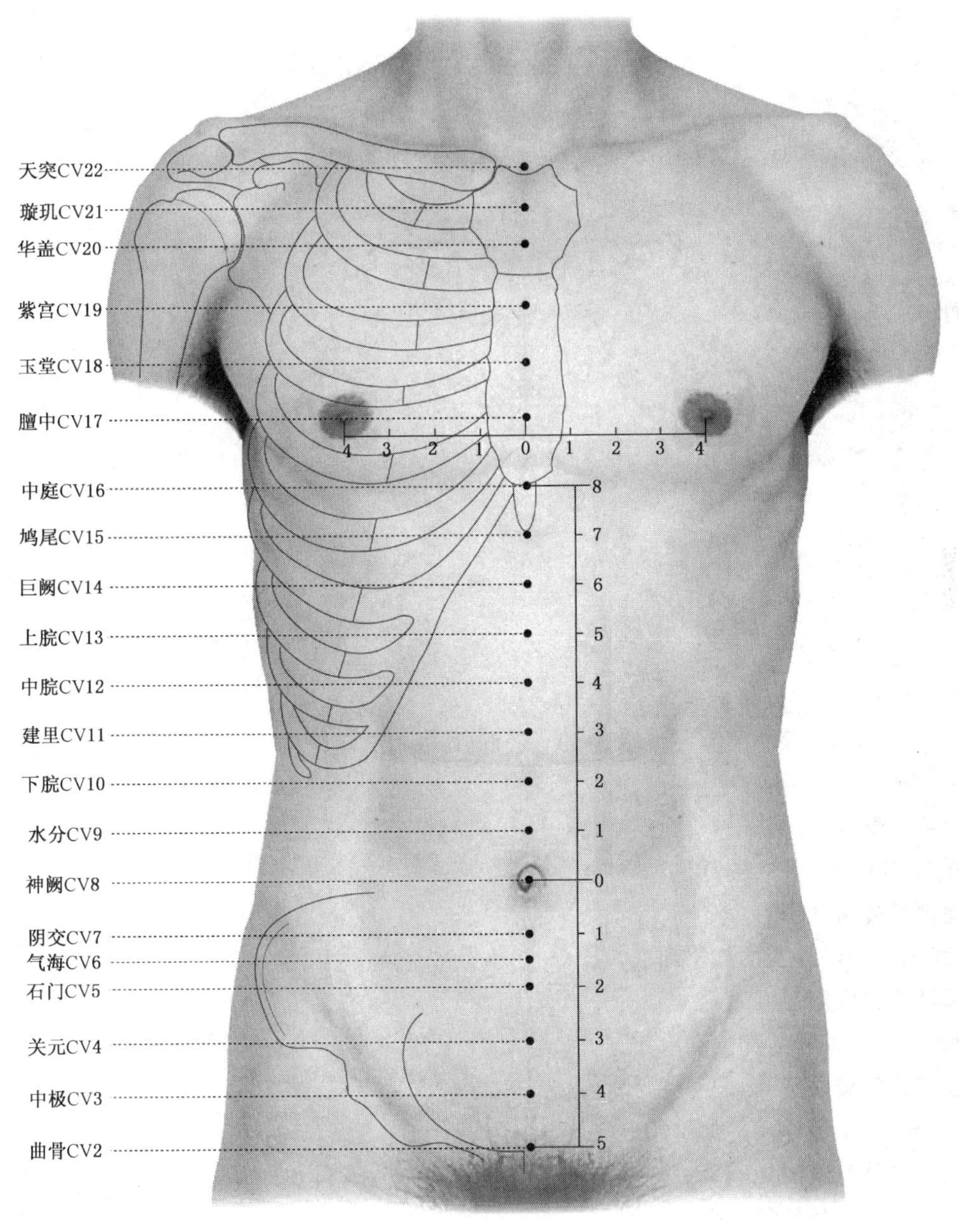

注：对应 GB/T 12346—2006 的 4.14.2～4.14.22。

图 3-58　任脉穴(胸腹部)

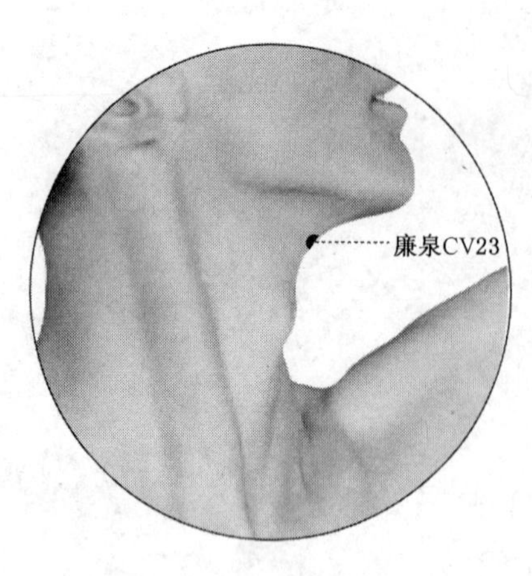

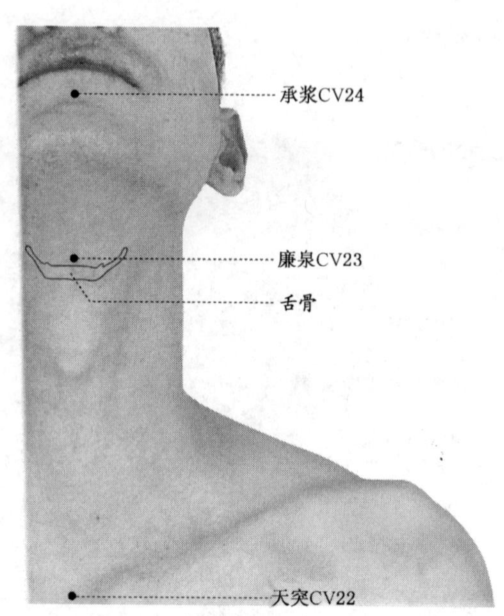

注：对应 GB/T 12346—2006 的 4.14.22～4.14.24。

图 3-59 任脉穴(头颈部)

6.4 经外奇穴图

6.4.1 头部经外奇穴图

说明头颈部 14 个经外穴的部位和取穴。

6.4.2 胸腹部经外奇穴图

说明胸腹部 1 个经外穴的部位和取穴。

6.4.3 背部经外奇穴图

说明背部 9 个经外穴的部位和取穴。

6.4.4 上肢部经外奇穴图

说明上肢部 11 个经外穴的部位和取穴。

6.4.5 下肢部经外奇穴图

说明下肢部 11 个经外穴的部位和取穴。

6.4.6 经外奇穴定位图

见图 4-1～图 4-11。

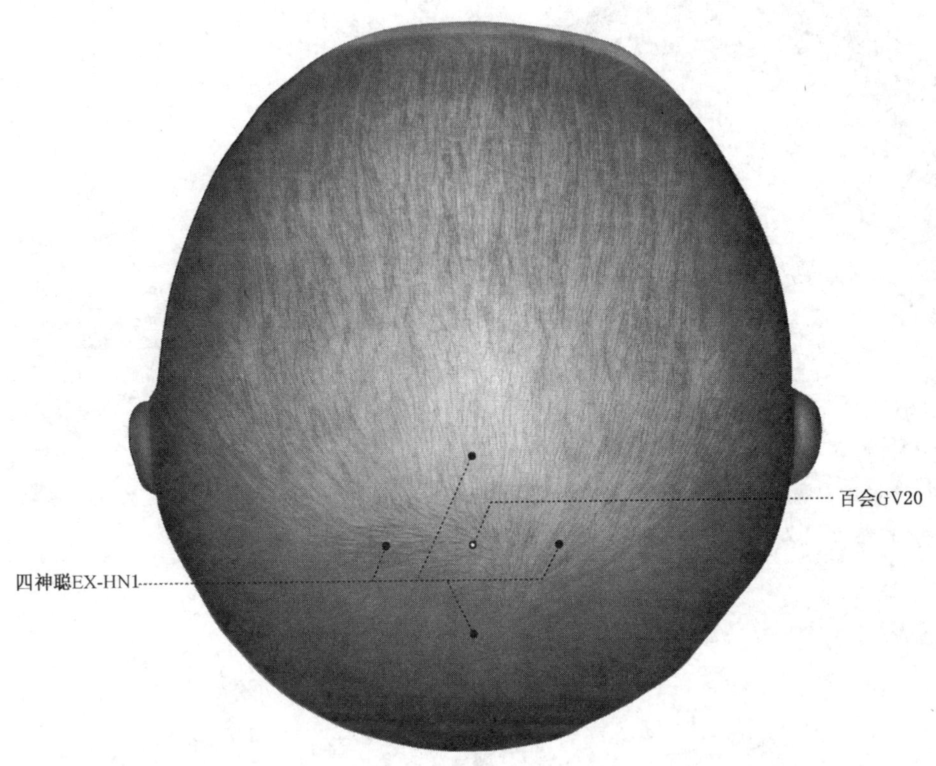

注：对应 GB/T 12346—2006 的 5.1.1。

图 4-1 头部经外奇穴(头顶部)

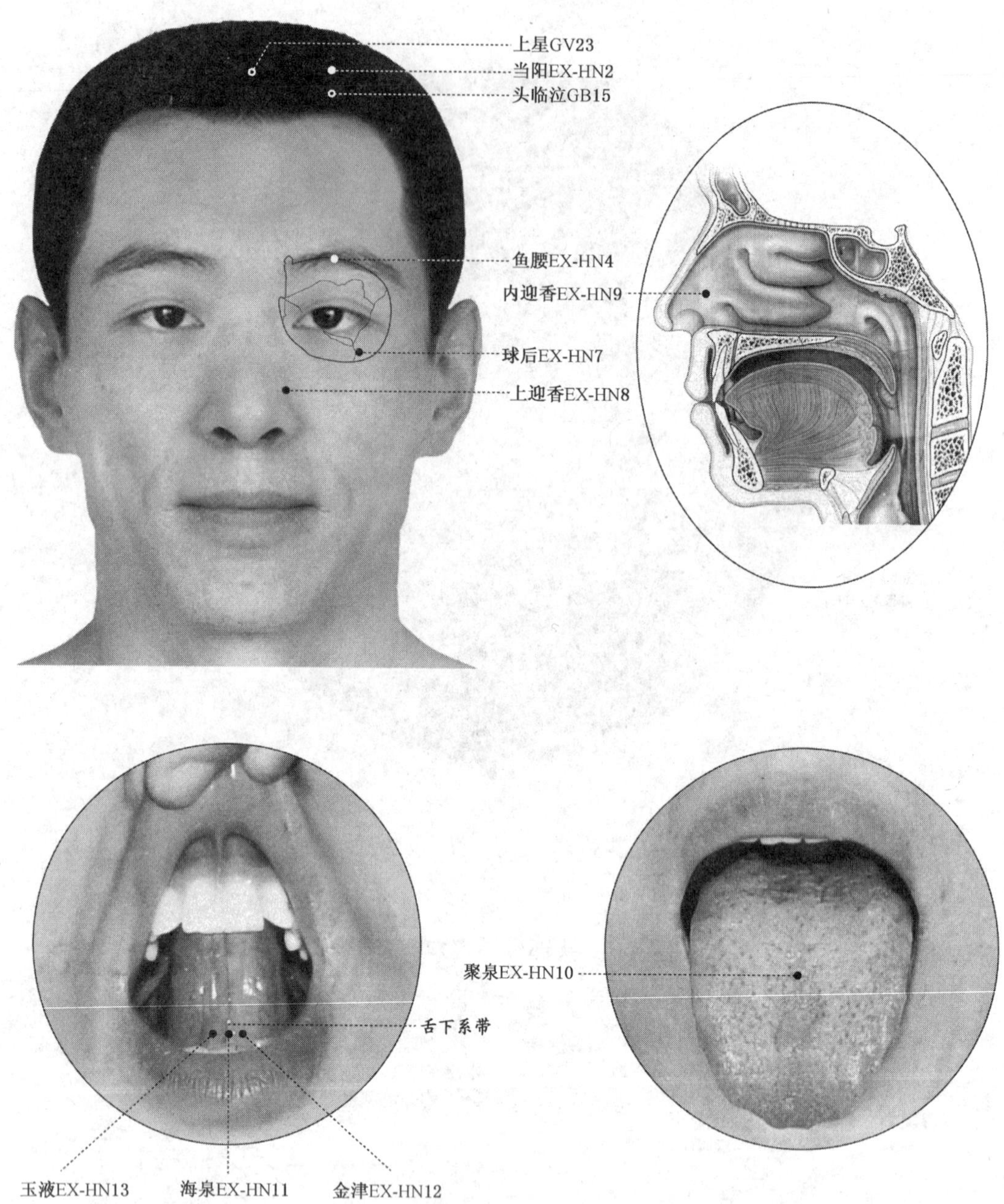

注：对应 GB/T 12346—2006 的 5.1.2,5.1.3,5.1.6～5.1.12。

图 4-2 头部经外奇穴(头面部)

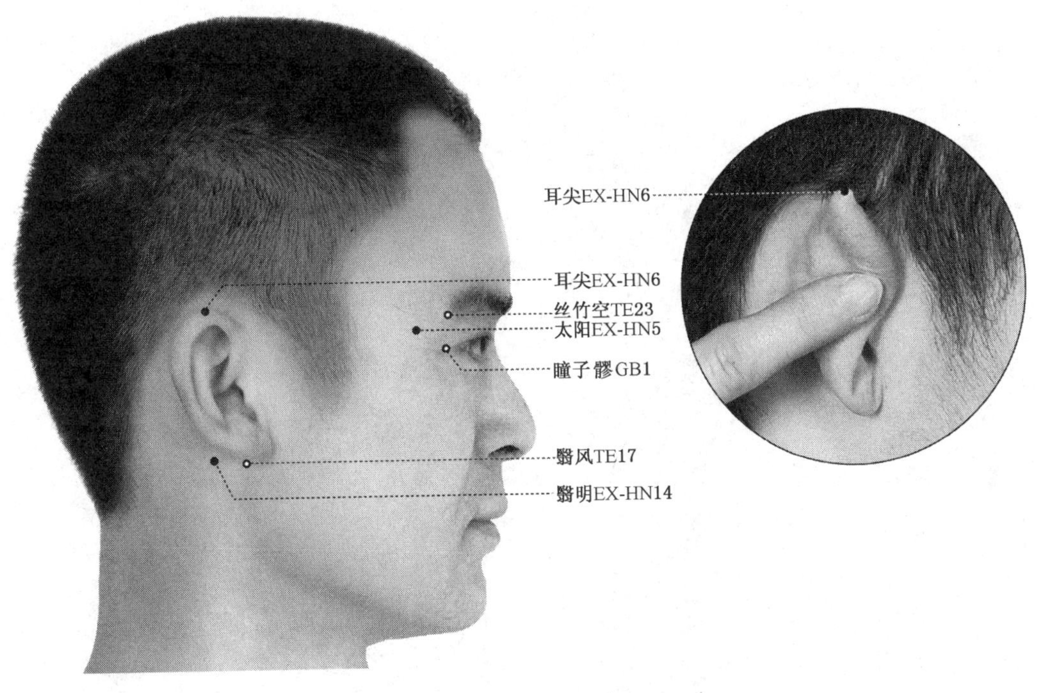

注：对应 GB/T 12346—2006 的 5.1.4,5.1.5,5.1.13。

图 4-3 头部经外奇穴(侧头部)

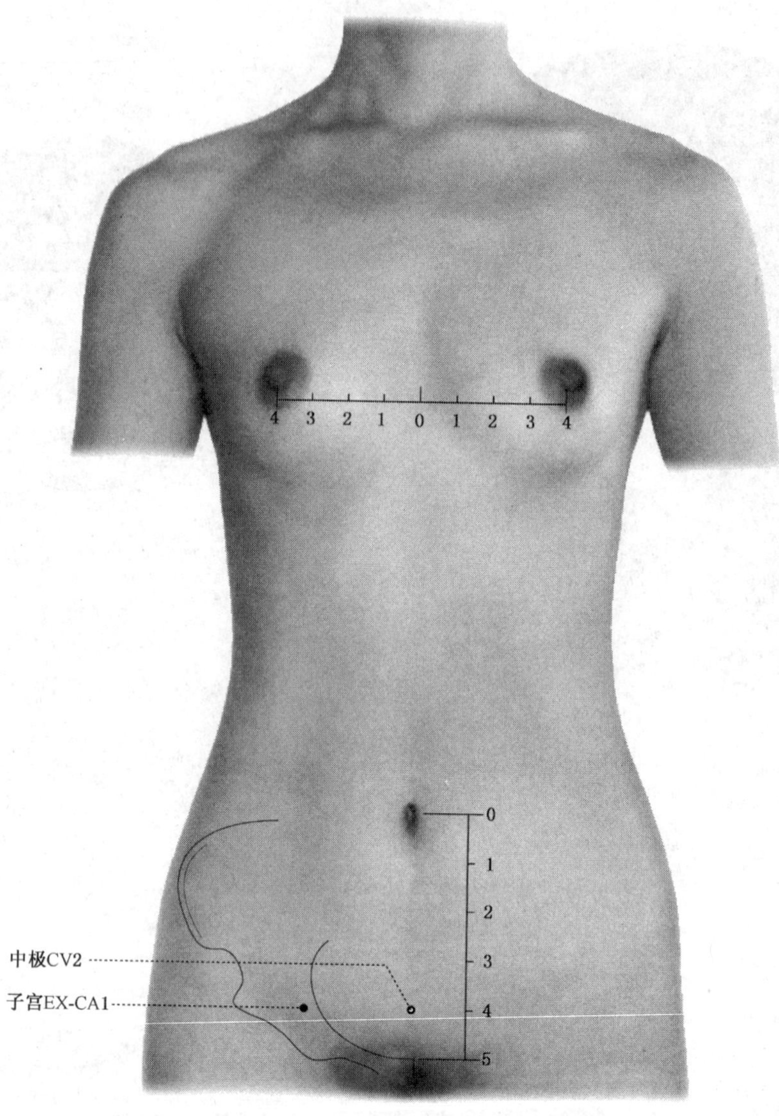

注：对应 GB/T 12346—2006 的 5.2.1。

图 4-4 胸腹部经外奇穴

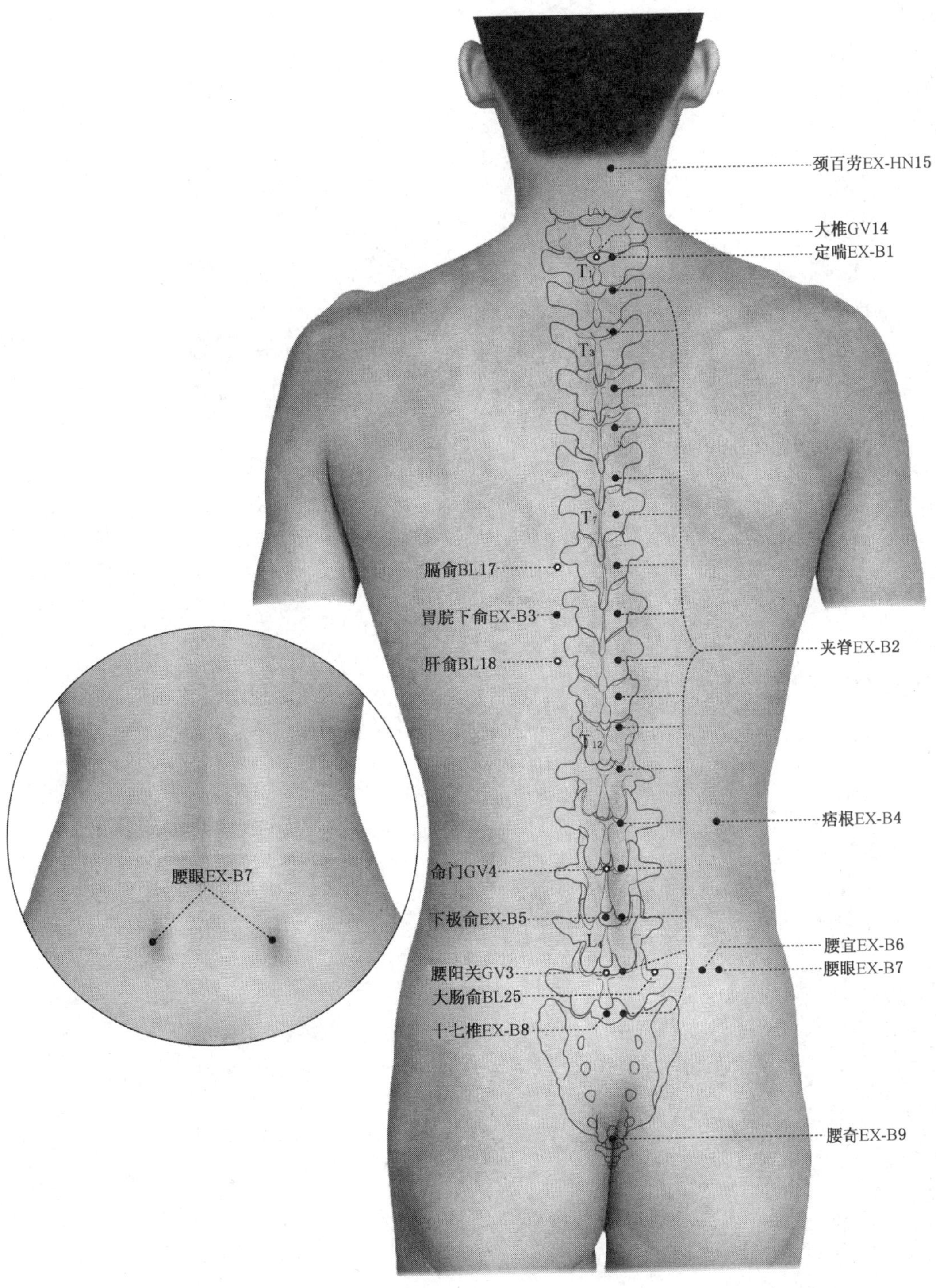

注：对应 GB/T 12346—2006 的 5.1.14；5.3.1～5.3.9。

图 4-5　背部经外奇穴

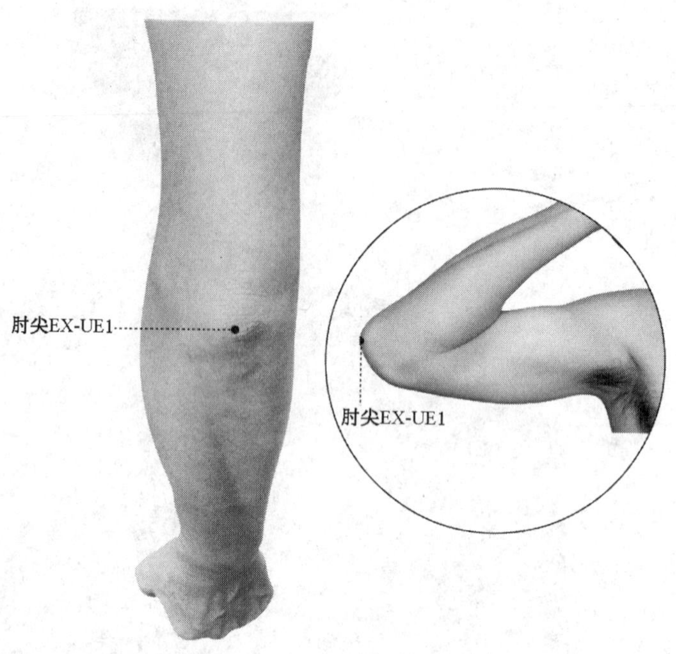

注：对应 GB/T 12346—2006 的 5.4.1。

图 4-6　上肢部经外奇穴(肘部)

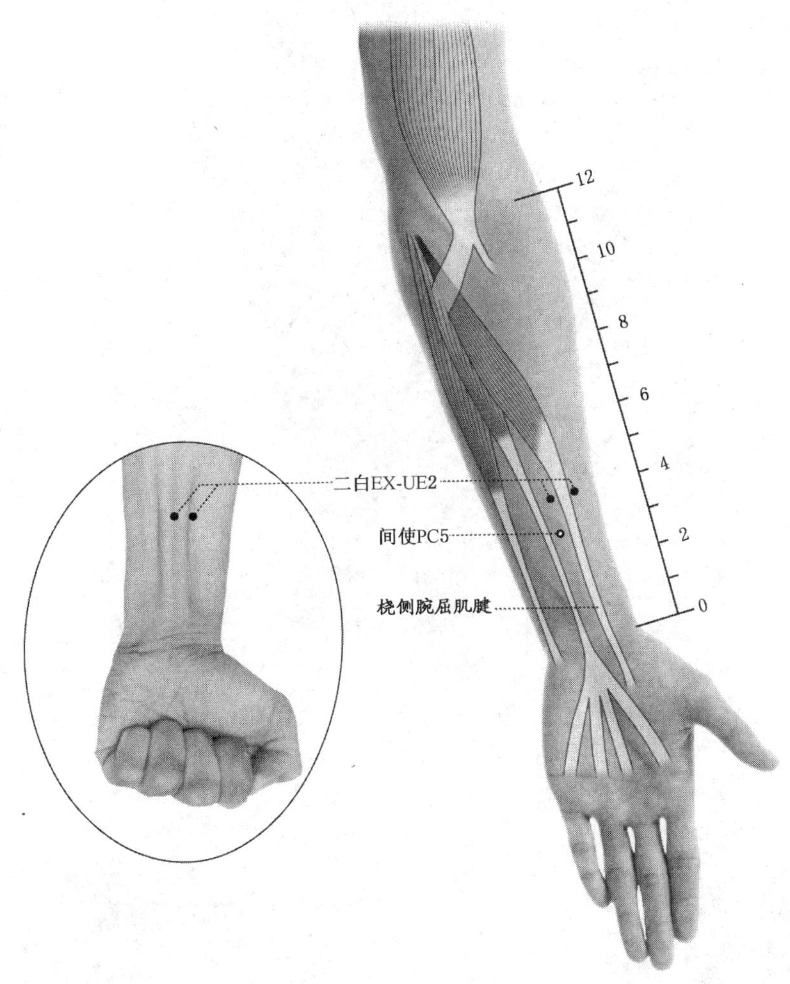

注：对应 GB/T 12346—2006 的 5.4.2。

图 4-7 上肢部经外奇穴（前臂部）

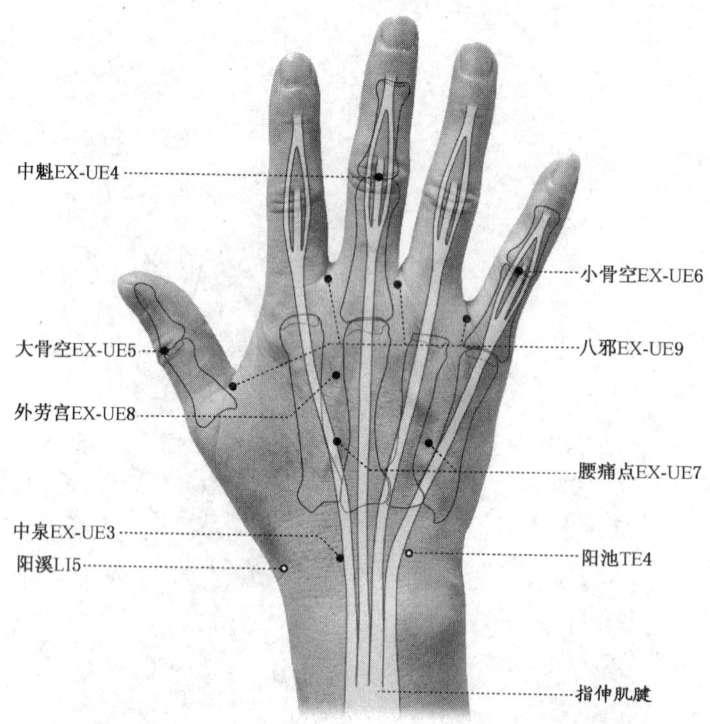

注：对应 GB/T 12346—2006 的 5.4.3～5.4.9。

图 4-8 上肢部经外奇穴(手背部)

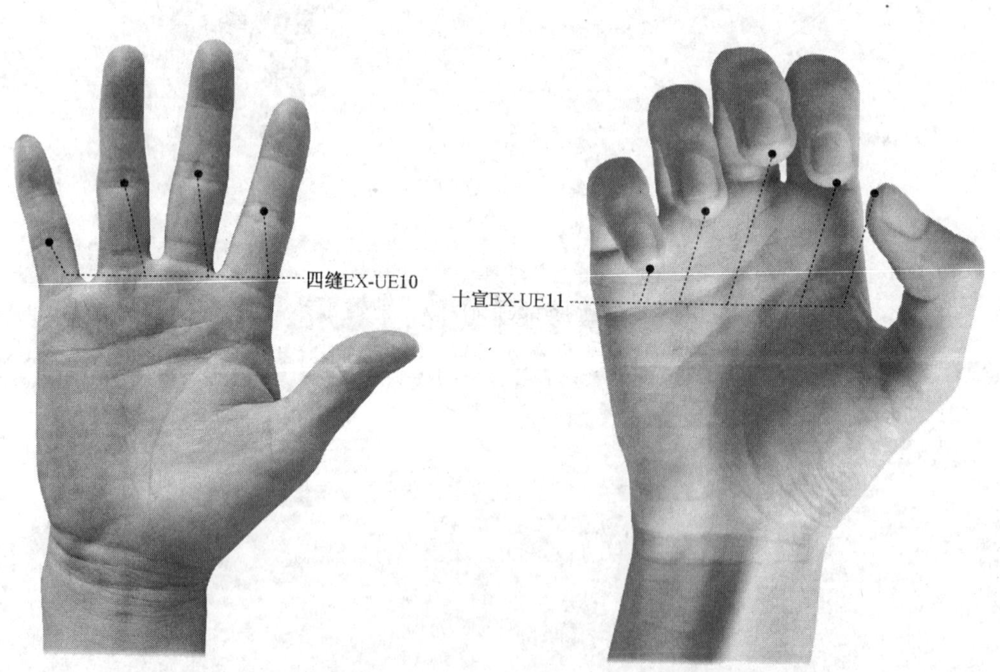

注：对应 GB/T 12346—2006 的 5.4.10、5.4.11。

图 4-9 上肢部经外奇穴(手掌部)

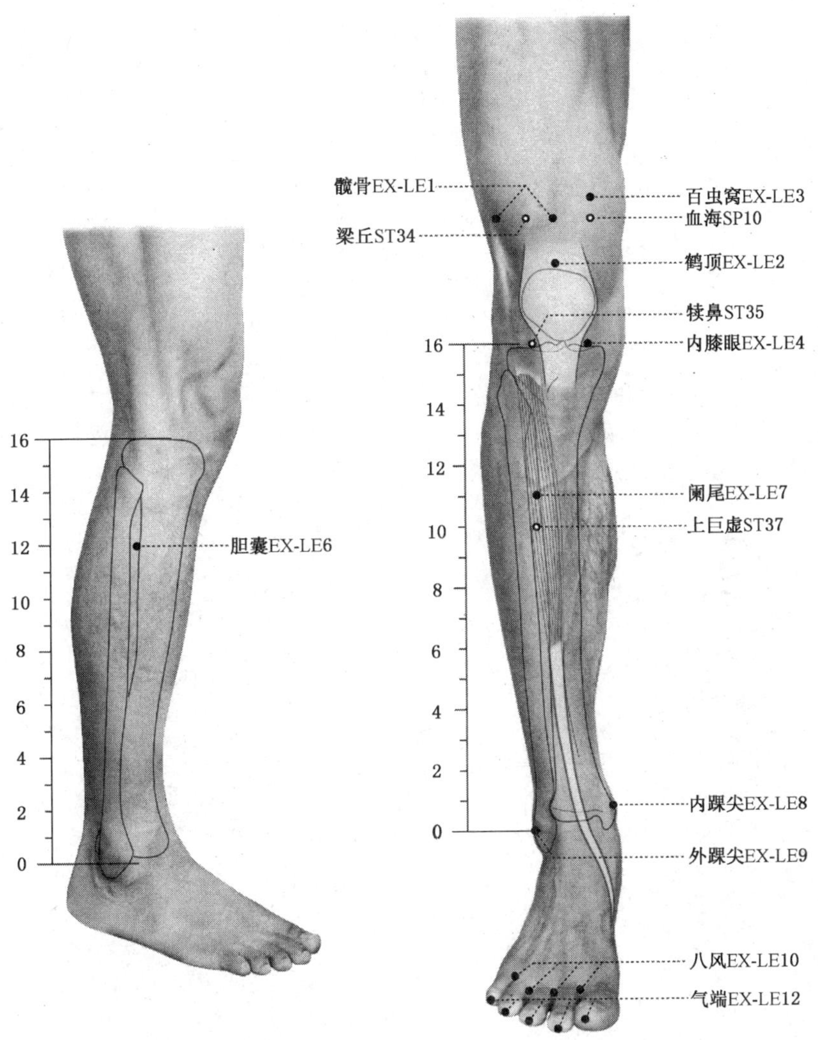

注：对应 GB/T 12346—2006 的 5.5.1～5.5.9、5.5.11。

图 4-10 下肢部经外奇穴

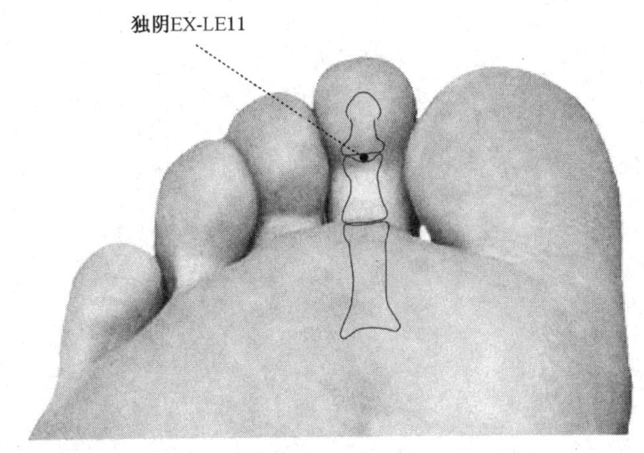

注：对应 GB/T 12346—2006 的 5.5.10。

图 4-11 下肢部经外奇穴(足底部)

ICS 07.060
A 47

中华人民共和国国家标准

GB/T 22164—2008

公共气象服务 天气图形符号

Public meteorological service—Weather graphic symbols

2008-07-02 发布　　2008-11-01 实施

中华人民共和国国家质量监督检验检疫总局
中国国家标准化管理委员会　发布

前　　言

本标准由中国气象局提出。

本标准由中国气象局政策法规司归口。

本标准由中国气象局预测减灾司负责起草，国家气象中心、华风影视宣传中心参加起草。

本标准主要起草人：邵俊年、王亚伟、耿慧、周庆亮、高兰英、张婷、韩燕革。

引　言

随着社会经济的持续发展，人们对气象信息服务的要求也越来越高，公共气象信息服务中的天气图形符号已成为传递气象信息的最基本方式之一，在各类新闻媒体上广泛使用。

由于设计理念、表达方式等方面的差异，我国各地使用的天气图形符号不尽相同，在一定程度上影响了公众使用气象信息的效果。编制本标准，旨在规范全国公共气象服务天气图形符号，使公共气象服务更为规范化、标准化。

公共气象服务　天气图形符号

1　范围

本标准规定了公共气象服务天气符号的图形表现方式、使用方法。

本标准适用于公共气象信息传播，也适用于各类出版物。

2　图形符号

本标准对公共气象服务中涉及的天气图形符号，以黑白图标与彩色图标作了规范。公共气象服务天气图形符号见表1。

表1　公共气象服务天气图形符号

序号	黑白符号	彩色符号	名称	名称(英文)	说明
1			晴(白天)	sunny	适用于白天时间段晴的表示以及不区分白天、夜晚时间段时晴的表示
2			晴(夜晚)	sunny at night	适用于夜晚的晴
3			多云(白天)	cloudy	适用于白天的多云以及不区分白天、夜晚时间段时多云的表示
4			多云(夜晚)	cloudy at night	适用于夜晚的多云
5			阴天	overcast	
6			小雨	light rain	
7			中雨	moderate rain	

表 1（续）

序号	黑白符号	彩色符号	名称	名称(英文)	说明
8			大雨	heavy rain	
9			暴雨	torrential rain	适用于暴雨及暴雨以上降雨
10			阵雨	shower	
11			雷阵雨	thunder shower	
12			雷电	lightning	
13	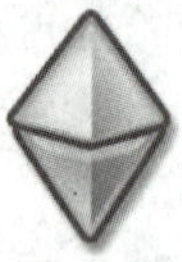		冰雹	hail	
14			轻雾	light fog	
15	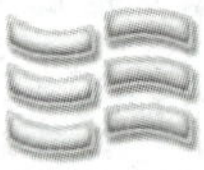		雾	fog	
16			浓雾	severe fog	
17		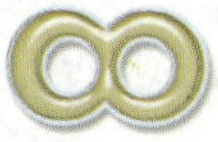	霾	haze	

表 1（续）

序号	黑白符号	彩色符号	名称	名称(英文)	说明
18			雨夹雪	sleet	
19			小雪	light snow	
20			中雪	moderate snow	
21			大雪	heavy snow	
22			暴雪	torrential snow	适用于暴雪以及暴雪以上降雪
23			冻雨	freezing rain	
24			霜冻	frost	
25			4 级风	4-force wind	
26			5 级风	5-force wind	
27			6 级风	6-force wind	

表 1（续）

序号	黑白符号	彩色符号	名称	名称(英文)	说明
28			7 级风	7-force wind	
29			8 级风	8-force wind	
30			9 级风	9-force wind	
31			10 级风	10-force wind	
32			11 级风	11-force wind	
33			12 级及以上风	12-force wind	适用于 12 级及 12 级以上风
34			台风	tropical cyclone	适用于热带气旋各等级（含热带低压、热带风暴、强热带风暴、台风、强台风、超强台风）
35			浮尘	floating dust	
36			扬沙	dust blowing	
37			沙尘暴	sandstorm/duststorm	适用于沙尘暴、强沙尘暴、特强沙尘暴

3 使用方法

在公共气象信息传播以及各类出版物中推荐使用彩色符号；可使用本标准中的黑白符号；使用彩色符号时可根据整体环境进行色调的调整；可以根据本标准规定天气符号的图形框架，作动画等技术处理；可以对天气图形符号作等比例缩放。

参 考 文 献

[1] 朱炳海,王鹏飞,束家鑫.气象学词典.上海辞书出版社.
[2] 大气科学名词审定委员会.大气科学名词.科学出版社.
[3] 阮水根,李修池,秦祥士,石永怡.电视气象服务与标准化研究.气象出版社.
[4] 中国气象局文件《关于进一步加强电视气象节目广播的通知》(中气候发[1996]18号).
[5] 中国气象局.地面气象观测规范.气象出版社.
[6] GB/T 20480—2006 沙尘暴天气等级.
[7] GB/T 19201—2003 热带气旋等级.

ICS 67.080.10
X 24

中华人民共和国国家标准

GB/T 22165—2008

坚果炒货食品通则

General standard for roasted seeds and nuts

2008-07-11 发布　　2009-01-01 实施

中华人民共和国国家质量监督检验检疫总局
中国国家标准化管理委员会　发布

前　言

本标准的附录B为规范性附录，附录A为资料性附录。

本标准由中华人民共和国商务部提出并归口。

本标准负责起草单位：中国商业联合会商业标准中心、中国食品工业协会坚果炒货专业委员会、合肥华泰集团股份有限公司。

本标准参加起草单位：浙江大好大食品有限公司、上海三明食品有限公司、江苏阿里山食品有限公司、福建百联实业有限公司、宁波恒康食品有限公司、芜湖市傻子瓜子有限总公司、咸阳市彩虹商贸食品有限公司、杭州姚生记食品有限公司。

本标准的主要起草人：张丽君、翁洋洋、宋宗庆、尹文明、徐星魏、陈居根、朱永涛、谭海波、年强、张阿妮、袁玉章。

坚果炒货食品通则

1 范围

本标准规定了坚果炒货食品(以下简称为产品)的产品分类、要求、试验方法、检验规则、标签、标志、包装、运输、贮存。

本标准适用于坚果炒货食品的生产、销售和检验。

2 规范性引用文件

下列文件中的条款通过本标准的引用而成为本标准的条款。凡是注日期的引用文件,其随后所有的修改单(不包括勘误的内容)或修订版均不适用于本标准,然而,鼓励根据本标准达成协议的各方研究是否可使用这些文件的最新版本。凡是不注日期的引用文件,其最新版本适用于本标准。

GB/T 191 包装储运图示标志

GB 2760 食品添加剂使用卫生标准

GB/T 4789.2 食品卫生微生物学检验 菌落总数测定

GB/T 4789.3 食品卫生微生物学检验 大肠菌群测定

GB/T 4789.4 食品卫生微生物学检验 沙门氏菌检验

GB/T 4789.5 食品卫生微生物学检验 志贺氏菌检验

GB/T 4789.10 食品卫生微生物学检验 金黄色葡萄球菌检验

GB/T 4789.15 食品卫生微生物学检验 霉菌和酵母计数

GB/T 5009.3 食品中水分的测定

GB/T 5009.11 食品中总砷及无机砷的测定

GB/T 5009.12 食品中铅的测定

GB/T 5009.22 食品中黄曲霉毒素 B_1 的测定

GB/T 5009.34 食品中亚硫酸盐的测定

GB/T 5009.37 食用植物油卫生标准的分析方法

GB 7718 预包装食品标签通则

GB 11671 果、蔬罐头卫生标准

GB 14881 食品企业通用卫生规范

GB 16565 油炸小食品卫生标准

GB 19300 烘炒食品卫生标准

JJF 1070 定量包装商品净含量计量检验规则

定量包装商品计量监督管理办法国家质量检验检疫总局令第 75 号(2005)

3 术语和定义

下列术语和定义适用于本标准。

3.1

坚果炒货食品 roasted seeds and nuts

以果蔬籽、果仁、坚果等为主要原料,添加或不添加辅料,经炒制、烘烤、油炸或其他加工工艺制成的食品。

4 分类

产品按加工工艺分为烘炒类、油炸类和其他类。

4.1 烘炒类

原料添加或不添加辅料，经炒制或烘烤（包括蒸煮后烘炒）而成的产品。

4.2 油炸类

原料按一定工艺配方，经常压或真空油炸制成的产品。

4.3 其他类

原料添加或不添加辅料，经水煮或其他加工工艺制成的产品。

5 要求

5.1 原辅料要求

应符合标准或有关规定。

5.2 感官要求

应符合表1要求。

表 1 感官要求

项目	指标
色泽	色泽均匀，不同品种应具有相应的色泽，不得有明显焦色和杂色
颗粒形态	颗粒形态饱满，不得有明显异常颗粒
口味	香味、滋味与气味纯正，无异味，烘炒类、油炸类带壳产品具有松脆口感
杂质	无肉眼可见外来杂质

5.3 理化指标

应符合表2的规定。

表 2 理化指标

项目		指标		
		烘炒类	油炸类	其他类
水分/(g/100 g)	≤	15	8	—

5.4 卫生指标

应符合表3的规定，具体数值参见附录A。

表 3 卫生指标

<table>
<tr><th rowspan="2" colspan="2">项目</th><th colspan="3">指标</th></tr>
<tr><th>烘炒类</th><th>油炸类</th><th>其他类</th></tr>
<tr><td>过氧化值(以脂肪计)/(g/100 g)</td><td>≤</td><td rowspan="2">应符合 GB 19300 的规定</td><td rowspan="5">应符合 GB 16565 的规定</td><td rowspan="2">应符合 GB 19300 的规定</td></tr>
<tr><td>酸价(以脂肪计,KOH)/(mg/g)</td><td>≤</td></tr>
<tr><td>羰基价(以脂肪计)/(meq/kg)</td><td>≤</td><td>—</td><td>—</td></tr>
<tr><td>总砷(以 As 计)/(mg/kg)</td><td>≤</td><td>—</td><td rowspan="2">应符合 GB 11671 的规定</td></tr>
<tr><td>铅(以 Pb 计)/(mg/kg)</td><td>≤</td><td>—</td></tr>
<tr><td>菌落总数/(CFU/g)</td><td>≤</td><td rowspan="4">应符合 GB 19300 的规定</td><td rowspan="2">应符合 GB 16565 的规定</td><td>10 000</td></tr>
<tr><td>大肠菌群/(MPN/100 g)</td><td>≤</td><td rowspan="3">应符合 GB 19300 的规定</td></tr>
<tr><td>霉菌/(CFU/g)</td><td>≤</td><td>—</td></tr>
<tr><td>酵母/(CFU/g)</td><td>≤</td><td>—</td></tr>
</table>

表 3（续）

项　　目	指　　标		
	烘炒类	油炸类	其他类
黄曲霉毒素 B_1/(μg/kg)　　≤	20(花生)，5(其他)		
二氧化硫 (SO_2)/(g/kg)　　≤	0.4		
致病菌(沙门氏菌、志贺氏菌、金黄色葡萄球菌)	不得检出		

5.5　**食品添加剂**

食品添加剂的使用应符合 GB 2760 的规定。

5.6　**净含量要求**

应符合《定量包装商品计量监督管理办法》。

5.7　**生产加工过程的卫生要求**

应符合 GB 14881 的规定。

6　试验方法

6.1　**感官要求**

在自然光或 20 W 的白织灯灯光下，将样品置于清洁、干燥的白瓷盘中，用目测检查色泽、颗粒形态和杂质，带壳产品应去除外壳后用目测检查仁的色泽；嗅其气味，尝其滋味与口感，做出评价。

6.2　**理化指标**

水分按 GB/T 5009.3 中规定的方法测定。

6.3　**卫生指标**

6.3.1　**酸价、过氧化值、羰基价**

样品前处理见附录 B，按 GB/T 5009.37 中规定的方法测定。

6.3.2　**铅**

按 GB/T 5009.12 规定的方法测定。

6.3.3　**总砷**

按 GB/T 5009.11 规定的方法测定。

6.3.4　**二氧化硫**

按 GB/T 5009.34 规定的方法测定。

6.3.5　**黄曲霉毒素 B_1**

按 GB/T 5009.22 中规定的方法测定。

6.3.6　**菌落总数**

按 GB/T 4789.2 规定的方法检验。

6.3.7　**大肠菌群**

按 GB/T 4789.3 规定的方法检验。

6.3.8　**霉菌和酵母**

按 GB/T 4789.15 规定的方法检验。

6.3.9　**致病菌**

按 GB/T 4789.4、GB/T 4789.5 和 GB/T 4789.10 中规定的方法检验。

6.4 净含量测定

按照 JJF 1070 中有关规定执行。

7 检验规则

7.1 出厂检验

出厂检验包括感官要求、理化指标、卫生指标中的酸价、过氧化值、菌落总数(有此要求的)、大肠菌群、净含量指标。

7.2 型式检验

型式检验项目为 5.2～5.6 条款中的所有项目指标,正常情况下每年检验 2 次,有下列情况之一者,应进行型式检验:

a) 工艺或原材料发生重大改变时;

b) 产品投产鉴定前;

c) 产品停产 6 个月以上再生产时;

d) 国家质量监督部门检验、检疫行政主管部门提出要求时。

7.3 检验组批和抽样

同一班次或同批原料生产的同一品种,为一个检验批,每批产品用于检验的抽样量不得少于 2 kg。

7.4 判定原则

7.4.1 检验结果全部项目符合本标准规定时,判该批产品为合格品。

7.4.2 检验结果中微生物指标有一项不符合本标准规定时,判该批产品为不合格品。

7.4.3 检验结果中除微生物指标外,其他项目不符合本标准规定时,可以在原批次产品中加倍取样对不符合项复检,复检结果全部符合本标准规定时,判该批产品为合格品,复检结果中如仍有指标不符合本标准,则判该批产品为不合格品。

8 标签、标志、包装、运输、贮存

8.1 标签、标志

8.1.1 产品标签应符合 GB 7718 的规定,产品标志应符合相关规定。

8.1.2 储运图示的标志应符合 GB/T 191 的规定。

8.2 包装

8.2.1 包装材料应清洁、干燥、无毒、无异味,符合相应国家卫生标准的要求。

8.2.2 销售包装应完整、严密、不易散包。大包装产品可分装为小包装或散装零售,包装的形式分为盒装、袋装、罐装、箱装等。

8.2.3 现场生产直接销售的产品应在标签上标注厂名、厂址、生产日期等。

注:采用马口铁罐或软罐作包装时,应符合相关罐头包装物标准的要求。

8.3 运输

运输工具应清洁、干燥、无异味、有篷盖。运输中应轻装、轻卸、防雨、防晒。

8.4 贮存

产品应贮存于通风、干燥、阴凉、清洁的仓库内,不得与有毒、有异味、有腐蚀性、潮湿的物品混贮,产品应堆放在垫板上,且离地 10 cm 以上、离墙 20 cm 以上,中间留有通道。

附 录 A
（资料性附录）
坚果炒货食品卫生指标

坚果炒货食品卫生指标具体数值见表 A.1。

表 A.1 卫生指标

<table>
<tr><th rowspan="2">项 目</th><th rowspan="2"></th><th colspan="3">指 标</th></tr>
<tr><th>烘炒类</th><th>油炸类</th><th>其他类</th></tr>
<tr><td>过氧化值（以脂肪计）/(g/100 g)</td><td>≤</td><td>0.5</td><td>0.25</td><td>0.5</td></tr>
<tr><td>酸价（以脂肪计，KOH）/(mg/g)</td><td>≤</td><td colspan="3">3</td></tr>
<tr><td>羰基价（以脂肪计）/(meq/kg)</td><td>≤</td><td>—</td><td>20</td><td>—</td></tr>
<tr><td>总砷（以 As 计）/(mg/kg)</td><td>≤</td><td>—</td><td>0.2</td><td>0.5</td></tr>
<tr><td>铅（以 Pb 计）/(mg/kg)</td><td>≤</td><td>—</td><td>0.2</td><td>1.0</td></tr>
<tr><td>黄曲霉毒素 B_1/(μg/kg)</td><td>≤</td><td colspan="3">20（花生），5（其他）</td></tr>
<tr><td>二氧化硫 (SO_2)/(g/kg)</td><td>≤</td><td colspan="3">0.4</td></tr>
<tr><td>菌落总数/(CFU/g)</td><td>≤</td><td>—</td><td>1 000</td><td>10 000</td></tr>
<tr><td>大肠菌群/(MPN/100 g)</td><td>≤</td><td colspan="3">30</td></tr>
<tr><td>霉菌/(CFU/g)</td><td>≤</td><td>25</td><td>—</td><td>25</td></tr>
<tr><td>酵母/(CFU/g)</td><td>≤</td><td>25</td><td>—</td><td>25</td></tr>
<tr><td colspan="2">致病菌（沙门氏菌、志贺氏菌、金黄色葡萄球菌）</td><td colspan="3">不得检出</td></tr>
</table>

附 录 B
（规范性附录）
酸价、过氧化值及羰基价检测样品前处理方法

B.1 去壳

对于带壳坚果炒货食品，应剥去外壳，取适量可食部分。其中南瓜子、吊瓜子产品应去除瓜子仁表面粘附着的绿色内膜，因绿色内膜经浸提后的产物影响滴定终点。

去除绿色内膜的方法：将去壳后的瓜子仁用蒸馏水喷洒其表面，5 min后，用手搓去绿色内膜，将去除干净绿色内膜的南瓜子仁放在50 ℃左右的烘箱内烘至45 min。

B.2 油脂提取

将试样粉碎后置于具塞三角瓶中，加入沸程为30 ℃～60 ℃石油醚100 mL，振摇1 min放置12 h，经盛有无水硫酸钠的漏斗过滤，滤液于60 ℃水浴上，挥尽石油醚，以备待用。提取油的量应满足GB/T 5009.37规定的方法的测定要求。

注：用于油脂提取的溶剂（石油醚）不得含有过氧化物，否则会影响过氧化值的检测值。

ICS 53.020.30
J 80

中华人民共和国国家标准

GB/T 22166—2008/ISO 3056:1986

非校准起重圆环链和吊链使用和维护

Non-calibrated round steel link lifting chain and chain slings—Use and maintenance

(ISO 3056:1986,IDT)

2008-07-09 发布　　2009-02-01 实施

中华人民共和国国家质量监督检验检疫总局
中国国家标准化管理委员会　发布

前　言

本标准等同采用ISO 3056:1986《非校准起重圆环链和吊链　使用和维护》(英文版)。

本标准等同翻译ISO 3056:1986。

为便于使用,本标准做了下列编辑性修改:

——'本国际标准'一词改为'本标准';

——用小数点'.'代替作为小数点的逗号',';

——删除国际标准的前言;

——ISO 3056:1986引用的ISO 1834和ISO 4778,用转化为我国的国家标准代替(见本标准第2章)。

本标准由中国机械工业联合会提出。

本标准由全国起重机械标准化技术委员会(SAC/TC 227)归口。

本标准起草单位:北京起重运输机械研究所、安吉长虹制链有限公司。

本标准主要起草人:何铀。

非校准起重圆环链和吊链使用和维护

1 范围

本标准提出了根据GB/T 20652、GB/T 20946、ISO 1835、ISO 3075、ISO 3076和ISO 7593制造的非校准钢制起重短环链和吊链的选择、使用、检查、试验、维护和修复的指南。

注：起重链和吊链可受国家和地方法规的制约。

2 规范性引用文件

下列文件中的条款通过本标准的引用而成为本标准的条款。凡是注日期的引用文件，其随后所有的修改单(不包括勘误的内容)或修订版均不适用于本标准，然而，鼓励根据本标准达成协议的各方研究是否可使用这些文件的最新版本。凡是不注日期的引用文件，其最新版本适用于本标准。

GB/T 20652—2006　M(4)、S(6)和T(8)级焊接吊链　(ISO 4778:1981,IDT)

GB/T 20946—2007　起重用短环链　验收总则(ISO 1834:1999,IDT)

ISO 1835　起重用短环链　吊链等用M(4)级非校准链条

ISO 3075　起重用短环链　吊链等用S(6)级非校准链条

ISO 3076　起重用短环链　吊链等用T(8)级非校准链条

ISO 7593　T(8)级非焊接吊链

ISO 8539　T(8)级链条配用的钢制锻造起重部件

3 定义

3.1

极限工作载荷(WLL)　working load limit

吊链在一般工作条件下按设计能承受的最大质量。

3.2

工作载荷(WL)　working load

吊链在特定工作条件下使用时应能承受的最大质量。

3.3

检验人员　competent person

具有丰富的理论知识和实践经验，并能依据必要的规程完成所要求的检验的指定人员(见第6章)。

3.4

经常性检查　frequent inspection

由操作人员或其他指定人员进行的例行外观检验。

3.5

定期检查　periodic inspection

由检验人员进行的全面检验，并应做出记录，为后续评估提供依据。

4 吊链的选用

4.1 总则

4.2～4.4提出了一般用途吊链，即其名义长度相等的吊链的选择原则。

4.2 工作载荷

所选吊链的工作载荷至少应等于所要起升的最大工作载荷。在正常使用环境下，该工作载荷应与极限工作载荷(WLL)相等；在某些特定的条件下，应小于极限工作载荷。

4.3 极限工作载荷

4.3.1 总则

极限工作载荷应在吊链上标记，且由以下因素确定：

a) 所选链条的规格和级别(见 4.3.2)；

b) 吊链的几何形状(见 4.3.3)；

c) 额定值的确定方法(见 4.3.4)。

4.3.2 所选链条的规格和级别(见表 1)

应注意，当所选链条等级从 4 提高到 6 或 8 级时，可以用较小名义规格的吊链达到相应的强度，例如 8 级吊链的极限工作载荷是相同规格的 4 级吊链的两倍。

4.3.3 吊链的几何形状

吊链的几何形状是指链肢数和多肢链的链肢间夹角或链肢与铅垂线的夹角。链肢间夹角或与铅垂线的夹角应按照 GB/T 20652—2006 表 2 的确定。在链肢载荷不超过许用值的情况下，链肢间的夹角越大，该级吊链能吊运的载荷越小(见图 1)。对每种情况都应检查确认任一链肢所受的载荷不超过许用值。应避免链肢与铅垂线的夹角大于 60°(两链肢或四链肢之间的夹角大于 120°)的使用状态。

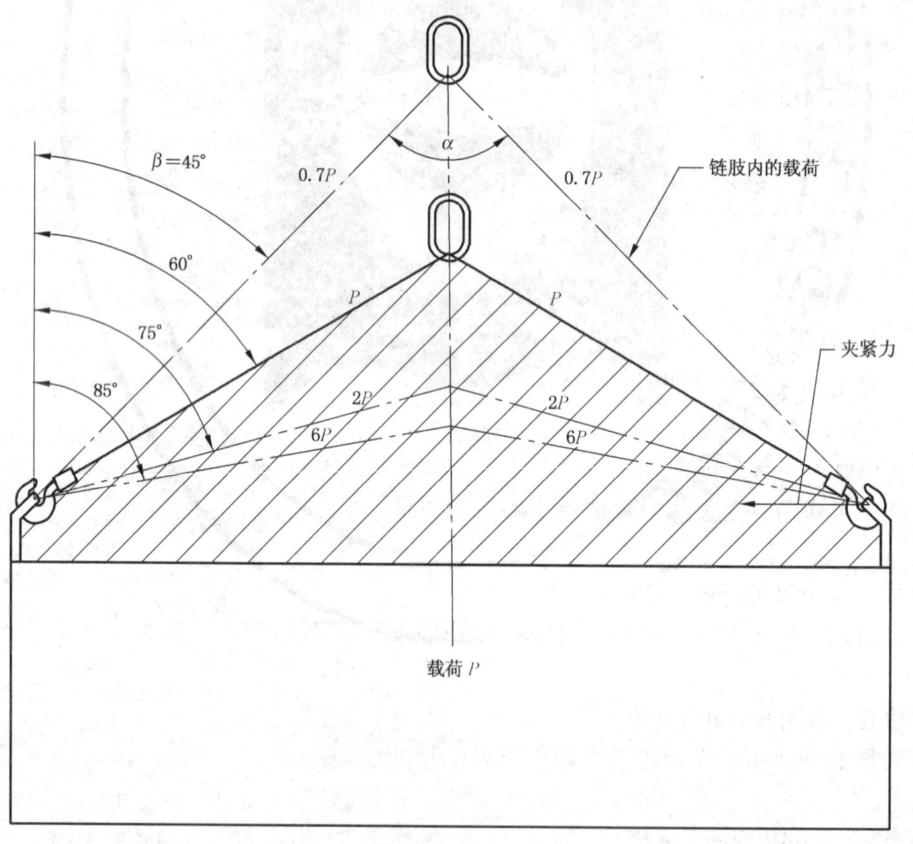

图中阴影区为链肢之间夹角大于 120°(与铅垂线夹角大于 60°)的区域，此时吊链不应使用。

图 1 给定载荷 P 下的链肢载荷随链肢角度的变化

表 1 用于吊链的短环链级别

级别[a]	相关国家标准和国际标准	极限工作载荷(WLL)下的平均应力/MPa(N/mm²)	验证力(F_e)下的平均应力/MPa(N/mm²)	最小破断力(F_m)下的平均应力/MPa(N/mm²)	比率 F_m : WLL
4	ISO 1835	100	200	400	4:1
6	ISO 3075	157.5	315	630	4:1
8	ISO 3076	200	400	800	4:1
[a] 表中链条的级别分别对应相关国际标准中的 M(4)、S(6)和 T(8)级。					

表 2 均匀负载法计算极限工作载荷用的系数

吊链	链肢数	倾角 α	铅垂角 β	WLL 系数
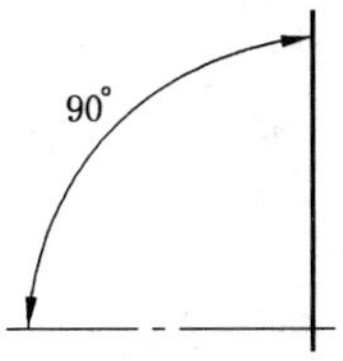 90°	1	—	—	1
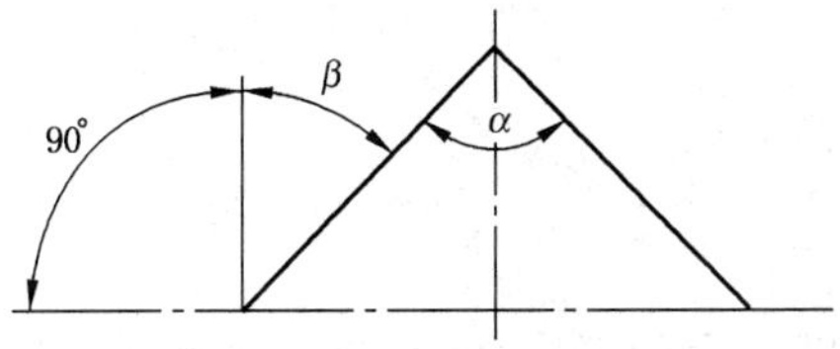 90° β α	2	0°~90°	0°~45°	1.4
		90°~120°	45°~60°	1
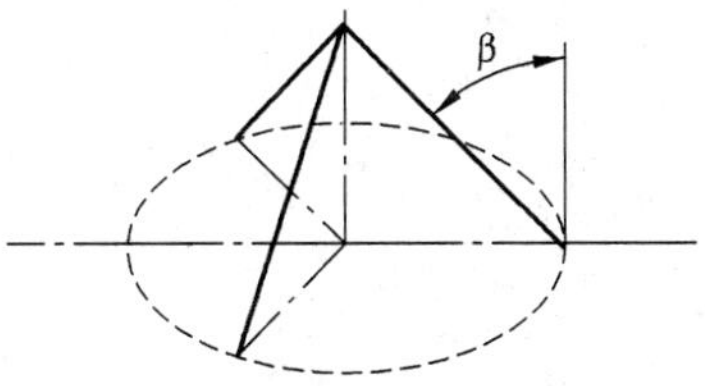 β	3	—	0°~45°	2.1
		—	45°~60°	1.5
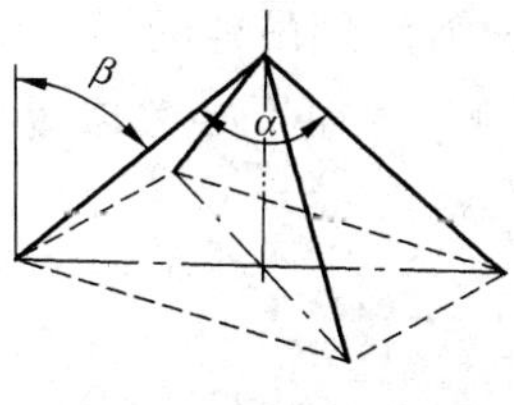 β α	4	0°~90°	0°~45°	2.1
		90°~120°	45°~60°	1.5

4.3.4 额定值的确定方法

4.3.4.1 对称分布载荷下的确定方法

有两种确定极限工作载荷的方法:均匀负载法和三角函数法。这两种方法详见 GB/T 20652—2006 和 ISO 7593。

注:必须强调,对在任一已定条件下使用的链条,只采用这些方法中之一种。

表 2 中给出了采用均匀负载法计算多肢吊链的极限工作载荷的系数。

使用三角函数法计算极限工作载荷时,应用下列公式:

双肢吊链:

$$\text{WLL}=2\times \text{单链肢的 WLL}\times \cos\beta$$

三肢和四肢吊链：

WLL＝3×单链肢的 WLL×$\cos\beta$

注：使用四肢吊链时，如能采取必要的措施使载荷在各链肢之间均匀分布，则可认为这四个链肢都承载。在此种情况下四肢吊链可采用下式计算极限工作载荷：

4×单链肢的 WLL×$\cos\beta$

特定夹角下的极限工作载荷表见 GB/T 20652—2006 和 ISO 7593。

4.3.4.2 非对称分布载荷下的确定方法

如已知，载荷起升时有可能倾斜，则离载荷重心最近的链肢，即与铅垂线的夹角 β 最小的那个链肢内的张力较大(见图 2)。

若吊链必须用于此类工况(见第 5 章)，应使用以下计算系数：

a) 均匀负载法

当 $\beta_{max}\leqslant 45°$时：

双肢吊链的 WLL＝1.4×单链肢的 WLL

三肢和四肢吊链的 WLL＝2.1×单链肢的 WLL

当 $45°<\beta_{max}\leqslant 60°$时：

双肢吊链的 WLL＝单链肢的 WLL

三肢和四肢吊链的 WLL＝1.5×单链肢的 WLL

b) 三角函数法

当 $\beta_{max}\leqslant 60°$时：

双肢吊链的 WLL＝单链肢的 $WLL_{dan}\times 2\cos\beta_{max}$

三肢和四肢吊链的 $WLL_{san,si}$＝单链肢的 $WLL_{dan}\times 3\cos\beta_{max}$

注：不推荐使用 β 角超过 60°的吊链。

上述公式只适用于与铅垂线之间的各夹角相互之间差别不大的场合(见图 2)，而不适合用于夹角相差特别大的场合。对后一种情况应向检验人员咨询。

4.4 不良环境下的极限工作载荷

4.4.1 总则

极限工作载荷应降低至 4.4.2 至 4.4.4 推荐的工作载荷值。

4.4.2 高温和低温环境

随着使用温度的增高，吊链强度将下降。应注意考虑吊链在使用中可能经受的最高温度。要做到这一点实际上是困难的，但应避免对使用温度的低估。温度的升高对各级别吊链的影响见表 3。

4 级、6 级和 8 级链条在温度下降到－40 ℃时不会受到不利影响，因而不必考虑减小极限工作载荷。在低于－40 ℃的环境下使用吊链时，应向制造商咨询。

4.4.3 酸性环境

4.4.3.1 6 级和 8 级吊链

6 级和 8 级吊链不应浸入酸性溶液或暴露在酸性雾气中使用。应当注意的是，某些生产过程涉及酸性溶液或雾气，应避免在这种环境下使用 6 级和 8 级吊链。

4.4.3.2 4 级吊链

4 级吊链可以在酸性环境中使用，但如没有制造商特别推荐，应采取以下措施：

a) 工作载荷不应超过极限工作载荷的 50%；

b) 吊链使用后应立即用清水彻底清洗；

c) 每日使用前应由检验人员对吊链进行彻底检查。

4.4.4 在其他不良环境(化学的、磨损性的等)下使用

吊链如在这类环境下使用，应向制造商咨询。

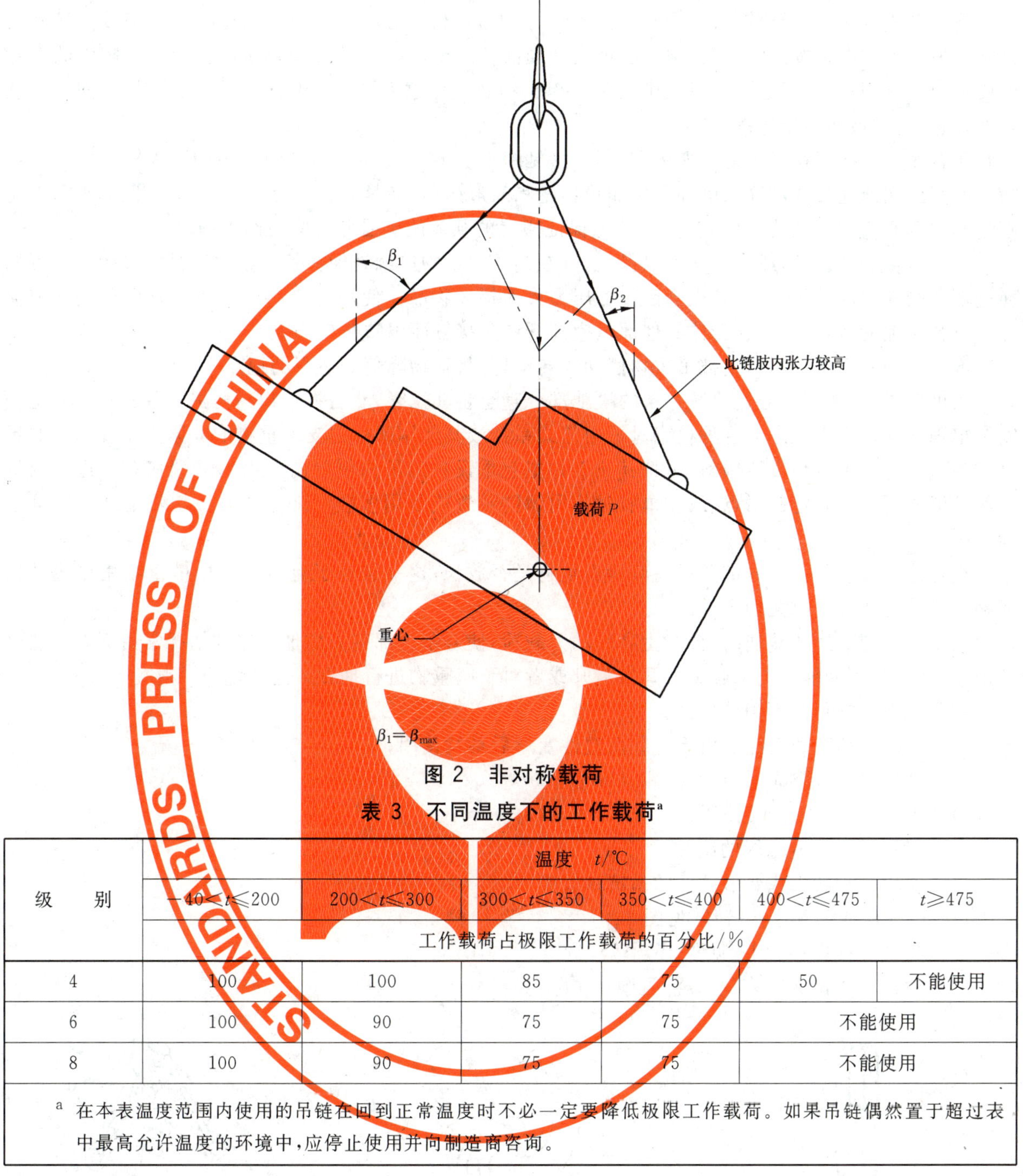

图 2 非对称载荷

表 3 不同温度下的工作载荷[a]

级别	温度 t/℃					
	$-40<t\leqslant200$	$200<t\leqslant300$	$300<t\leqslant350$	$350<t\leqslant400$	$400<t\leqslant475$	$t\geqslant475$
	工作载荷占极限工作载荷的百分比/%					
4	100	100	85	75	50	不能使用
6	100	90	75	75	不能使用	
8	100	90	75	75	不能使用	

[a] 在本表温度范围内使用的吊链在回到正常温度时不必一定要降低极限工作载荷。如果吊链偶然置于超过表中最高允许温度的环境中，应停止使用并向制造商咨询。

5 载荷的搬运

起重链一般是通过端部连接件，如吊钩和尾环，连接到载荷和起重设备上。链条应平直，无扭转、打结或弯折。载荷应可靠地吊挂在吊钩钩腔内，切勿挂在钩尖[（见图 3b）]或卡在吊钩开口处；吊钩应能自由向任何方向倾斜以免产生弯曲。同样的理由，主环在起重设备的吊钩上也应能向任何方向自由倾斜。在任何链环有可能发生上下倒转从而导致楔住继而扭转的情况下，蛋形或梨形环不应用作主环或下端环。

链条可用篮式系挂（见图 4）或箍式系挂方式（见图 5）从重物下面通过。在用篮式系挂时，存在着重物倾斜的危险，有必要在重物上系两根以上的吊链，并最好配合吊梁一起使用（见图 6）。

从重物下拉拽链条或让重物在链条上滚动会损坏链条，应避免这类操作。

采用箍式系挂时，会使链条承受非常大的张力，因此，对于给定的重物可能有必要采用较大尺寸的链条。另一个方法是按照制造商、国家法规或标准推荐的要求将该吊链降载使用。如没有相应的推荐或要求，则工作载荷应不超过极限工作载荷的80%。还应注意不要使端部连接件重复挂接在同一个链环上，因为这样最终会损坏链条。

所有多肢吊链都在载荷上施加一个夹紧力(见图1)。这个力随着链肢间夹角的增大而增大。对于吊钩或其他端部连接件被穿到链环上例如箱形链和鼓形链，其夹紧力将大得多，因此链肢间的夹角不应超过60°(与垂直线夹角为30°)，应始终注意保证搬运的载荷能承受此夹紧力而无损坏。

为了对重物或链条，或两者均加以保护，宜在链条与重物接触处加衬垫。坚硬物品的尖锐棱角可能使链环弯曲或损坏。相反，链条也会因接触压力大而损坏物品。使用衬垫物如木块等就可避免这种损坏。收紧松弛的链条时，手和身体其他部位应离开链条接触面以防止挤伤。

推荐采用一根牵引索防止被吊重物摆动或转动，并将重物降落到适当的地点。

当可以提升时，应小心地收紧链条的松弛部分直至将其拉紧，然后将重物稍稍提起并检查重物是否安全牢固并保持水平状态。这种检查对采用篮式系挂或其他靠摩擦力支承重物的非紧固系挂方式的场合尤为重要。如果重物发生倾斜，可将其放下并把起重设备的吊钩位置向重物的低端移动。这个调整动作可以通过重新确定起吊点、或在单肢时使用缩链装置或使用多肢链来完成。一切就绪之后即可重新开始起吊。

重物落地要小心。松开链条以前应检查重物是否放稳；这一点对于有若干个松散重物用篮式系挂或箍式系挂方式提升时尤为重要。

当重物急遽加速或减速时，会产生高的动力载荷，使链条内部应力增加。这种情况常由突然离地或冲击载荷引起，例如链条尚未张紧就开始提升或者对下坠重物进行捕捉。这些都应该避免。

应避免下列常见的不当操作：

a) 使吊链超载和在链条由于超载而塑性变形后继续使用；

b) 使用长链环链条(即链环节距>3d)起重；

c) 将起重链作为吊链使用；

d) 使用低于吊链等级的组件；

e) 使用带有破损或变形链环的吊链；

f) 用螺栓或钢丝连接链环[见图3a)]；

g) 将链环挂在钩尖上[见图3b)]；

h) 将链条在吊钩上多次缠绕[见图3c)]。

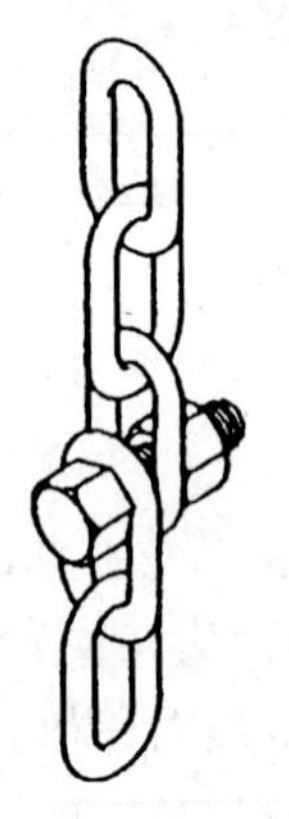
a) 用螺栓或钢丝连接链环

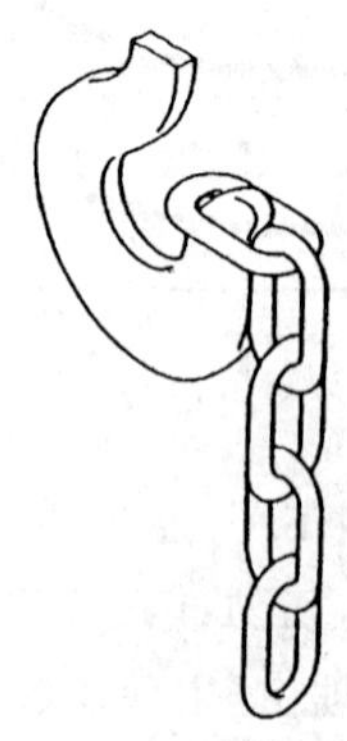
b) 将链环挂在钩尖上

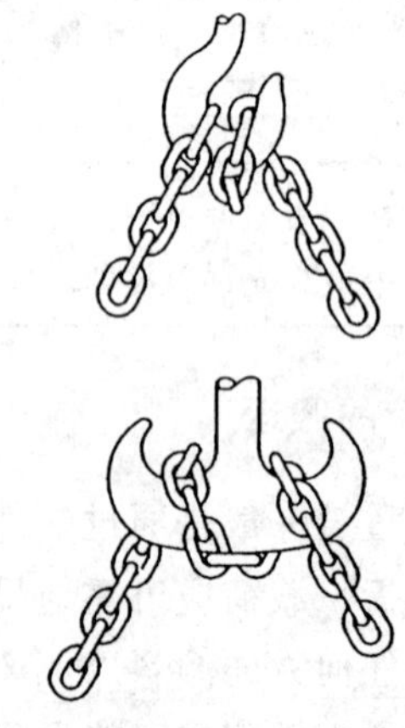
c) 将链条在吊钩上多次缠绕

图3 应避免的常见不当操作举例

a) 单肢篮式系挂(回钩入上链环)

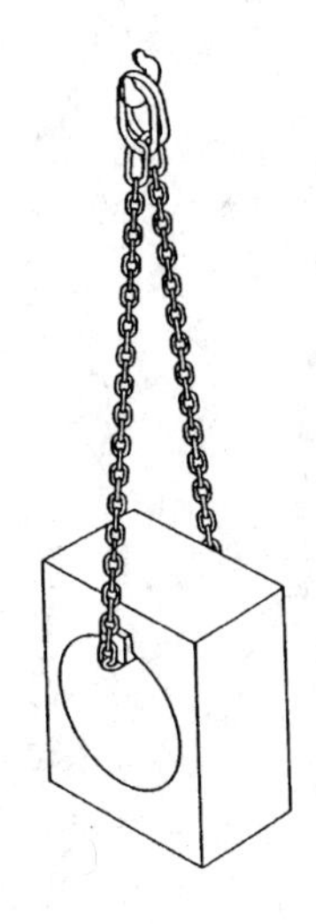
b) 篮式系挂之可穿环吊链

c) 单肢可调篮式系挂吊链

图 4　篮式系挂

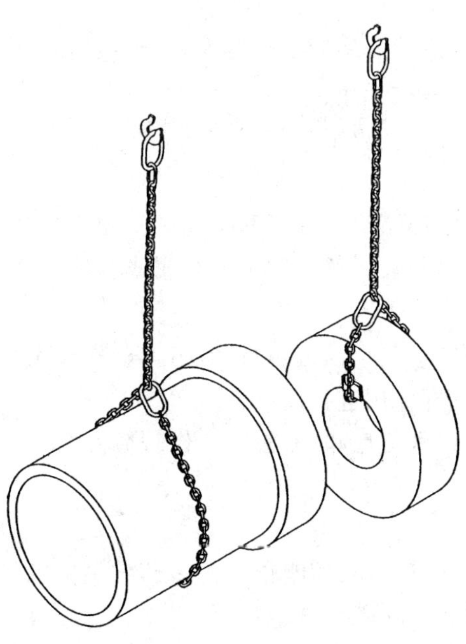

图 5　箍式系挂

图6 使用平衡梁

6 检查

6.1 经常性检查(见3.4)

经常性检查不作检查记录。应对链环的整个工作长度,包括所有附件,进行检查,看有无磨损、变形或外部损伤的迹象。检查的频度取决于使用的繁重程度。

如在检查中发现缺陷,应执行6.2规定的程序。

6.2 定期检查(见3.5)

检查前应对吊链进行彻底清洗,不得有油污和尘垢。不损伤吊链母体金属的任何清洗方法均可采用。应避免使用可能引起氢脆、过热和需要切除吊链金属或者使吊链金属发生位移的清洗方法,因为后者可能会掩盖裂纹或表面缺陷。

应在光线充足、无阴影的地方对整个吊链进行彻底检查,看有无磨损、变形或外部损伤的迹象。

如发现吊链有以下缺陷应立即停用进行维修:

a) 吊链标记,即吊链上的识别信息和/或极限工作载荷模糊不清。

b) 上下端部连接件变形。

c) 链环伸长。

如发现有链环被拉长或链环之间不能转动或多链肢吊链的链肢长度有明显差别,说明链条已被拉长。如有可能,作为一项原始检验程序,建议对吊链的实际伸长进行测量并记录。有这样一个程序便能很快发现原产品的重大变化。

d) 磨损。

与其他物体接触发生的链环磨损通常是在链环的直段部分外侧,该部分的磨损容易发现也易于测量。在相互连接的链环之间的磨损不易发现(见第7章和图7)。为显露链环的内端,需使链条松弛并转动相互连接的链环。

e) 链条或其连接件上的切口、刻痕、凿坑、裂缝、过度腐蚀、热色变、链环弯曲或扭曲以及其他缺陷。

位于链环低拉应力区的浅层和圆滑的刻痕可认为问题不大,但位于高拉应力区的深度刻痕和尖锐的横向刻痕则是不允许的。

f) 吊钩钩口有“张开”变形的迹象，即吊钩开口度明显增大或下端部连接件有任何形式的变形。钩口开口度增大量不应超过名义值的10%，或者，对于采用安全锁装置的吊钩，不应引起安全锁松开。

g) 非焊接吊链的机械连接装置的装配不正确(应参见制造商说明书)。

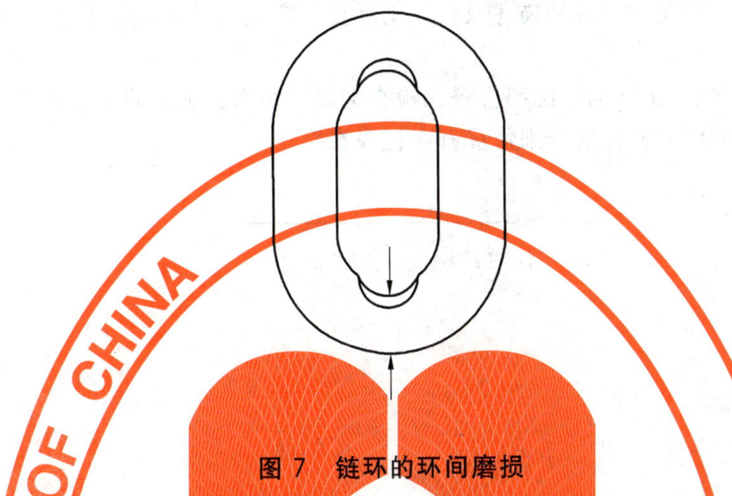

图7 链环的环间磨损

7 维修

单个链环、连接件或链段的修理或更换，必须由制造商或由那些具有这方面必要知识和装备(如焊接、热处理、验证试验设备和裂纹检测设备)的组织进行。

有裂纹的、明显弯曲或扭曲的、严重锈蚀或粘有不能除去的附着物的链环应报废并更换。明显变形的部件也应如此。

环间磨损，只要在接触点处的厚度(见图7)不减小到名义直径的80%($0.8d_n$)，可允许存在。如同一截面内不止一点发生磨损，则应测量截面的平均直径。只要平均直径不减小到名义直径的90%($0.9d_n$)可允许存在。

在适宜的场合，例如对于大型吊钩和吊链连接件，较小的缺陷如刻痕和凿坑，可采用小心打磨或锉平的办法修复。修理后的表面与相邻材料表面之间应平滑过渡而截面无突变。缺陷全部除去后，该处截面厚度减少不应超过10%。

每一根修理过程中进行了焊接的吊链在重新使用前均应通过验证试验和检查。但对于修理时只是接入一个机械装配件的吊链，如符合以下情况可不需再进行验证试验：

a) 该部件已经由制造商做过验证试验(见ISO 7593)；

b) 国家和地方法律和法规允许不再试验。

对各种规格和等级的链条都规定了验证力，应查阅有关国家标准和国际标准(见第2章)中的规定。

如果标明吊链及其极限工作载荷的标牌或标签已脱落，且所需的信息未在主环上或通过其他方式标示，则该吊链应报废。

8 吊链的贮存和保管

吊链一般应保存在适当设计的支架上。吊链使用之后不应搁置在地面上，因为这可能会损坏吊链。

如果想把吊链留挂在起重机吊钩上，吊钩应钩入上端环中。

如预计吊链将会有一段时间不使用，应进行清洗(见6.2)、干燥处理并做防锈保护，例如涂一层薄油。

注：未经制造商许可，不应对吊链表面进行电镀或涂层处理。

9 记录

对起重设备的正确使用和维护来说,详细的记录是必不可少的。在许多情况下,国家法规对于如何做记录都有规定。该记录是吊链具有连续性的档案资料,应载明检查、试验和维护的日期。

吊链初始记录的内容是对吊链的描述及其识别标记。应规定检查周期和试验间隔时间,并将其列入记录中。

在每次定期检查之后,吊链的状况都应登入检查记录。每次验证试验结果也都应做记录。

吊链每次修理的原因和修理的详细情况都应记录在案。

ICS 65.100.20
G 25

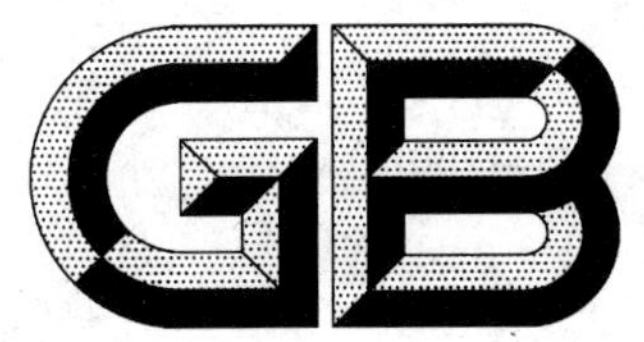

中华人民共和国国家标准

GB 22167—2008

氟磺胺草醚原药

Fomesafen technical

2008-07-11 发布 2009-01-01 实施

中华人民共和国国家质量监督检验检疫总局
中国国家标准化管理委员会 发布

前 言

本标准的第3章、第5章为强制性的，其余为推荐性的。

本标准由中国石油和化学工业协会提出。

本标准由全国农药标准化技术委员会(CSBTS/TC 133)归口。

本标准负责起草单位:沈阳化工研究院。

本标准参加起草单位:大连松辽化工有限公司、江苏长青农化股份有限公司、大连瑞泽农药股份有限公司。

本标准主要起草人:高晓晖、昝艳坤、苗革新、于海平、王大春、武铁军。

本标准委托全国农药标准化技术委员会秘书处负责解释。

氟磺胺草醚原药

该产品有效成分氟磺胺草醚的其他名称、结构式和基本物化参数如下：

ISO通用名称：fomesafen

化学名称：2-氯-4-三氟甲基苯基-3′-甲磺酰基氨基甲酰基-4′-硝基苯基醚。

结构式：

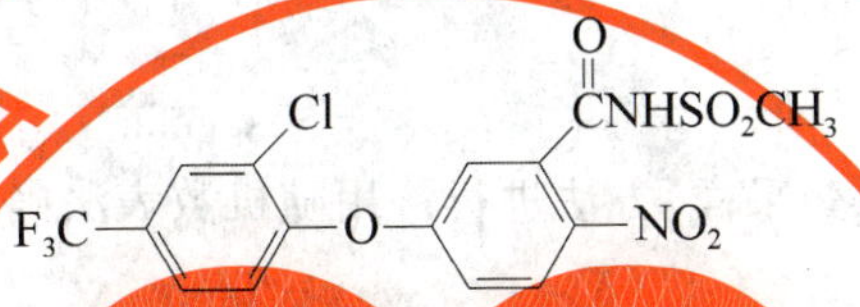

实验式：$C_{15}H_{10}ClF_3N_2O_6S$

相对分子质量：438.8（按2005国际相对原子质量计）

生物活性：除草

熔点：220 ℃～221 ℃

蒸气压(50 ℃)：0.1 mPa

溶解度(20 ℃)：水中0.05 g/L，丙酮中300 g/L，环己酮中150 g/L，二氯甲烷中10 g/L，己烷中0.5 g/L，二甲苯中1.9 g/L

稳定性：在50 ℃下稳定6个月以上，光下不稳定，在酸性或碱性条件下不易水解

1 范围

本标准规定了氟磺胺草醚原药的要求、试验方法以及标志、标签、包装、贮运。

本标准适用于由氟磺胺草醚及其生产中产生的杂质组成的氟磺胺草醚原药。

2 规范性引用文件

下列文件中的条款通过本标准的引用而成为本标准的条款。凡是注日期的引用文件，其随后所有的修改单（不包括勘误的内容）或修订版均不适用于本标准，然而，鼓励根据本标准达成协议的各方研究是否可使用这些文件的最新版本。凡是不注日期的引用文件，其最新版本适用于本标准。

GB/T 1601　农药pH值的测定方法

GB/T 1604　商品农药验收规则

GB/T 1605—2001　商品农药采样方法

GB 3796　农药包装通则

GB/T 19138　农药丙酮不溶物测定方法

3 要求

3.1 外观

本品应为灰白色固体粉末，无可见外来杂质。

3.2 技术指标

氟磺胺草醚原药应符合表1要求。

表 1 氟磺胺草醚原药控制项目指标

项目		指标
氟磺胺草醚质量分数/%	≥	95.0
丙酮不溶物[a]/%	≤	0.5
干燥减量/%	≤	1.0
pH 值范围		3.5～6.0
[a] 正常生产时，丙酮不溶物每 3 个月至少进行一次测定。		

4 试验方法

4.1 抽样

按 GB/T 1605—2001 中"原药采样"方法进行。用随机数表法确定抽样的包装件；最终抽样量应不少于 100 g。

4.2 鉴别试验

高效液相色谱法——本鉴别试验可与氟磺胺草醚含量的测定同时进行。在相同的色谱操作条件下，试样溶液某一色谱峰的保留时间与标样溶液中氟磺胺草醚色谱峰的保留时间，其相对差值应在 1.5%以内。

红外光谱法——试样与标样在 4 000 cm^{-1}～400 cm^{-1}范围内的红外吸收光谱图应无明显差异，见图 1。

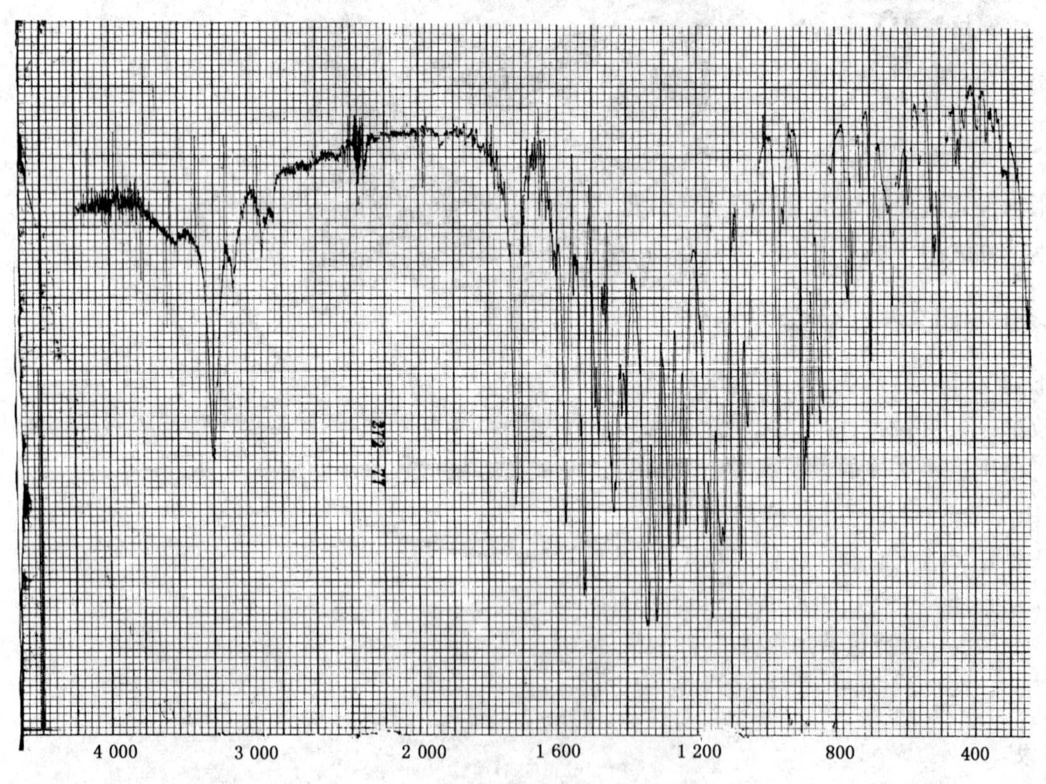

图 1 氟磺胺草醚标样红外光谱图

4.3 氟磺胺草醚质量分数的测定

4.3.1 方法提要

试样用甲醇溶解，以甲醇＋水＋磷酸为流动相，使用以 Hypersil ODS 为填料的不锈钢柱和紫外检测器(230 nm),对试样中的氟磺胺草醚进行反相高效液相色谱分离,外标法定量。

4.3.2 试剂和溶液

甲醇:色谱级;

磷酸;

水:新蒸二次蒸馏水;

氟磺胺草醚标样:已知氟磺胺草醚质量分数 $w \geq 98.0\%$。

4.3.3 仪器

高效液相色谱仪:具有可变波长紫外检测器;

色谱数据处理机;

色谱柱:200 mm×4.6 mm(i.d.)不锈钢柱,内装 Hypersil ODS、5 μm 填充物(或具等同效果的色谱柱);

过滤器:滤膜孔径约 0.45 μm;

微量进样器:50 μL;

定量进样管:5 μL;

超声波清洗器。

4.3.4 高效液相色谱操作条件

流动相:ψ(甲醇:水:磷酸)=600:400:0.2,经滤膜过滤,并进行脱气;

流量:1.0 mL/min;

柱温:室温(温差变化应不大于 2 ℃);

检测波长:230 nm;

进样体积:5 μL;

保留时间:氟磺胺草醚 7.8 min。

上述操作参数是典型的,可根据不同仪器特点,对给定的操作参数作适当调整,以期获得最佳效果。典型的氟磺胺草醚原药高效液相色谱图见图 2。

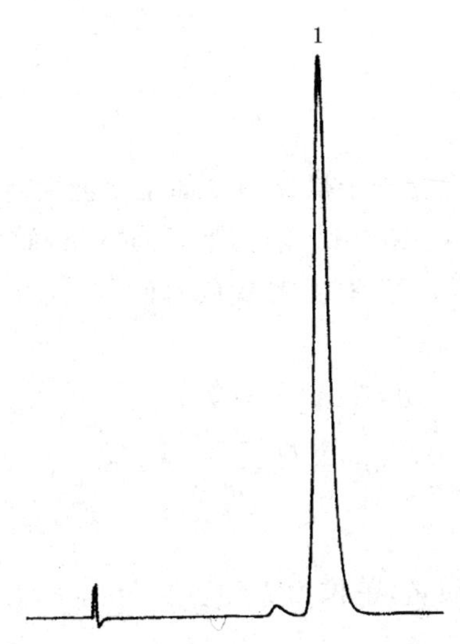

1——氟磺胺草醚。

图 2 氟磺胺草醚原药的高效液相色谱图

4.3.5 测定步骤

4.3.5.1 标样溶液的制备

称取氟磺胺草醚标样 0.1 g(精确至 0.000 2 g),置于 50 mL 容量瓶中,用甲醇溶解并稀释至刻度,摇匀。用移液管准确移取 5 mL 上述溶液置于另一 50 mL 容量瓶中,用甲醇稀释至刻度,摇匀。

4.3.5.2 **试样溶液的制备**

称取含氟磺胺草醚 0.1 g(精确至 0.000 2 g)的试样,置于 50 mL 容量瓶中,用甲醇溶解并稀释至刻度,摇匀。用移液管准确移取 5 mL 上述溶液置于另一 50 mL 容量瓶中,用甲醇稀释至刻度,摇匀。

4.3.5.3 **测定**

在上述操作条件下,待仪器稳定后,连续注入数针标样溶液,直至相邻两针氟磺胺草醚峰面积相对变化小于 1.0%后,按照标样溶液、试样溶液、试样溶液、标样溶液的顺序进行测定。

4.3.6 **计算**

将测得的两针试样溶液以及试样前后两针标样溶液中氟磺胺草醚的峰面积分别进行平均。试样中氟磺胺草醚的质量分数 w_1(%)按式(1)计算:

$$w_1 = \frac{A_2 \cdot m_1 \cdot w}{A_1 \cdot m_2} \qquad \cdots\cdots(1)$$

式中:

A_1——标样溶液中,氟磺胺草醚峰面积的平均值;

A_2——试样溶液中,氟磺胺草醚峰面积的平均值;

m_1——标样的质量,单位为克(g);

m_2——试样的质量,单位为克(g);

w——标样中氟磺胺草醚的质量分数,以%表示。

4.3.7 **允许差**

氟磺胺草醚质量分数两次平行测定结果之差,应不大于 1.0%,取其算术平均值作为测定结果。

4.4 **丙酮不溶物的测定**

按 GB/T 19138 测定。

4.5 **干燥减量的测定**

4.5.1 **仪器**

烘箱:105 ℃±2 ℃;

称量瓶:内径 70 mm,高 40 mm;

干燥器。

4.5.2 **测定步骤**

将称量瓶放入烘箱中烘 1 h,取出置于干燥器内冷却至室温,称量(精确至 0.000 2 g)。重复上述步骤,直至称量瓶恒重为止。在瓶内放置 10 g 试样,铺平,称量(精确至 0.01 g),将称量瓶放入烘箱,不加盖,烘 1 h 后,取出并放入干燥器中冷却至室温,称量(精确至 0.000 2 g)。

4.5.3 **计算**

试样中干燥减量的质量分数 w_2(%),按式(2)计算:

$$w_2 = \frac{m_1 - m_0}{m} \times 100 \qquad \cdots\cdots(2)$$

式中:

m_1——试样和称量瓶烘干前的质量,单位为克(g);

m_0——试样和称量瓶烘干后的质量,单位为克(g);

m——试样的质量,单位为克(g)。

4.5.4 **允许差**

两次平行测定结果之相对偏差,应不大于±15%;取其算术平均值作为测定结果。

4.6 **pH 值的测定**

按 GB/T 1601 测定。

4.7 **产品的检验与验收**

应符合 GB/T 1604 的规定。极限数值处理,采用修约值比较法。

5 标志、标签、包装、贮运

5.1 氟磺胺草醚原药的标志、标签、包装,应符合 GB 3796 的规定。

5.2 氟磺胺草醚原药应用清洁、干燥、内衬塑料袋的钢桶或纸板桶包装,每桶净含量应不大于 25 kg。

5.3 根据用户要求或订货协议,可以采用其他形式的包装,但需符合 GB 3796 的规定。

5.4 氟磺胺草醚原药包装件应贮存在通风、干燥的库房中。

5.5 贮运时,严防潮湿和日晒,不得与食物、种子、饲料混放,避免与皮肤、眼睛接触,防止由口鼻吸入。

5.6 安全:氟磺胺草醚属低毒农药。使用本品应戴好防护手套、口罩,穿干净防护服。使用后应立即用清水和肥皂洗净。如发生中毒现象,应及时去医院治疗。

5.7 验收期:氟磺胺草醚原药验收期为 1 个月。从交货之日起,在一个月内,完成产品质量验收,其各项指标均应符合标准要求。

ICS 65.100.20
G 25

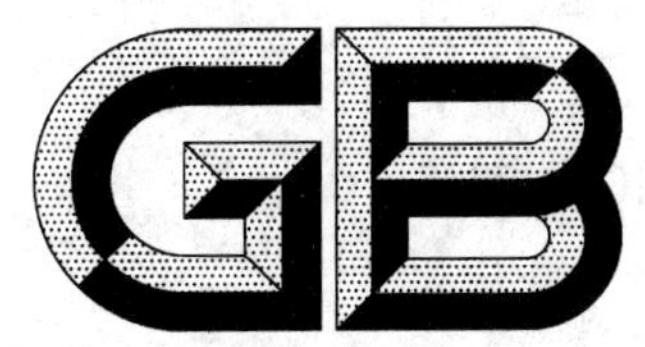

中华人民共和国国家标准

GB 22168—2008

吡嘧磺隆原药

Pyrazosulfuron-ethyl technical

2008-07-11 发布　　　　2009-01-01 实施

中华人民共和国国家质量监督检验检疫总局
中国国家标准化管理委员会　发布

前 言

本标准的第3章、第5章为强制性的，其余为推荐性的。

本标准由中国石油和化学工业协会提出。

本标准由全国农药标准化技术委员会(CSBTS/TC 133)归口。

本标准负责起草单位：沈阳化工研究院。

本标准主要起草人：许来威、邢红、张雪冰。

本标准委托全国农药标准化技术委员会秘书处负责解释。

吡 嘧 磺 隆 原 药

该产品有效成分吡嘧磺隆的其他名称、结构式和基本物化参数如下：

ISO 通用名称：pyrazosulfuron-ethyl

CAS 登录号：[93697-74-6]

化学名称：5-(4,6-二甲氧基嘧啶-2-基氨基甲酰氨基磺酰基)-1-甲基吡唑-4-羧酸乙酯

结构式：

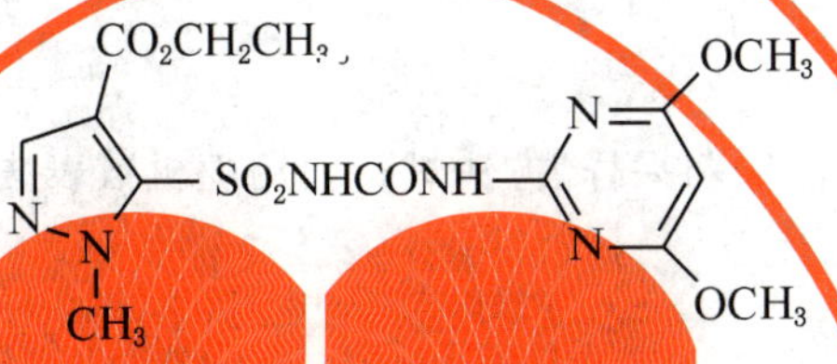

实验式：$C_{14}H_{18}N_6O_7S$

相对分子质量：414.4（按 2005 国际相对原子质量计）

生物活性：除草

熔点：181 ℃～182 ℃

蒸气压(20 ℃)：14.7 μPa

溶解度(20 ℃,g/L)：水中 0.014 5、甲醇 0.7、正己烷 0.2、苯 15.6、三氯甲烷 234.4、丙酮 31.7

稳定性：50 ℃条件下稳定 6 个月；在 pH=7 时相对稳定，在酸性或碱性介质中不稳定

1 范围

本标准规定了吡嘧磺隆原药的要求、试验方法以及标志、标签、包装、贮运。

本标准适用于由吡嘧磺隆和生产中产生的杂质组成的吡嘧磺隆原药。

2 规范性引用文件

下列文件中的条款通过本标准的引用而成为本标准的条款。凡是注日期的引用文件，其随后所有的修改单(不包括勘误的内容)或修订版均不适用于本标准，然而，鼓励根据本标准达成协议的各方研究是否可使用这些文件的最新版本。凡是不注日期的引用文件，其最新版本适用于本标准。

GB/T 1601　农药 pH 值的测定方法

GB/T 1604　商品农药验收规则

GB/T 1605—2001　商品农药采样方法

GB 3796　农药包装通则

GB/T 19138　农药丙酮不溶物测定方法

3 要求

3.1 组成和外观：本品应由吡嘧磺隆和相关的生产杂质组成，应为白色至黄色固体，无可见的外来物和填加的改性剂。

3.2 吡嘧磺隆原药应符合表 1 要求。

表 1　吡嘧磺隆原药质量控制项目指标

项　　目		指　　标
吡嘧磺隆质量分数/%	≥	95.0
干燥减量/%	≤	1.0
pH 值范围		4.0～8.0
二氯甲烷不溶物[a]/%	≤	0.5

a　二氯甲烷不溶物，每 3 个月至少测定一次。

4　试验方法

4.1　抽样

按 GB/T 1605—2001 中"商品原药采样"方法进行。用随机数表法确定抽样的包装件；最终抽样量应不少于 250 g。

4.2　鉴别试验

红外光谱法——试样的红外光谱图与吡嘧磺隆的标准红外光谱图(见图 1)，应没有明显区别。

液相色谱法——本鉴别试验可与吡嘧磺隆质量分数的测定同时进行。在相同的色谱操作条件下，试样溶液某一色谱峰的保留时间与标样溶液中吡嘧磺隆色谱峰的保留时间，其相对差值应在 1.5% 以内。

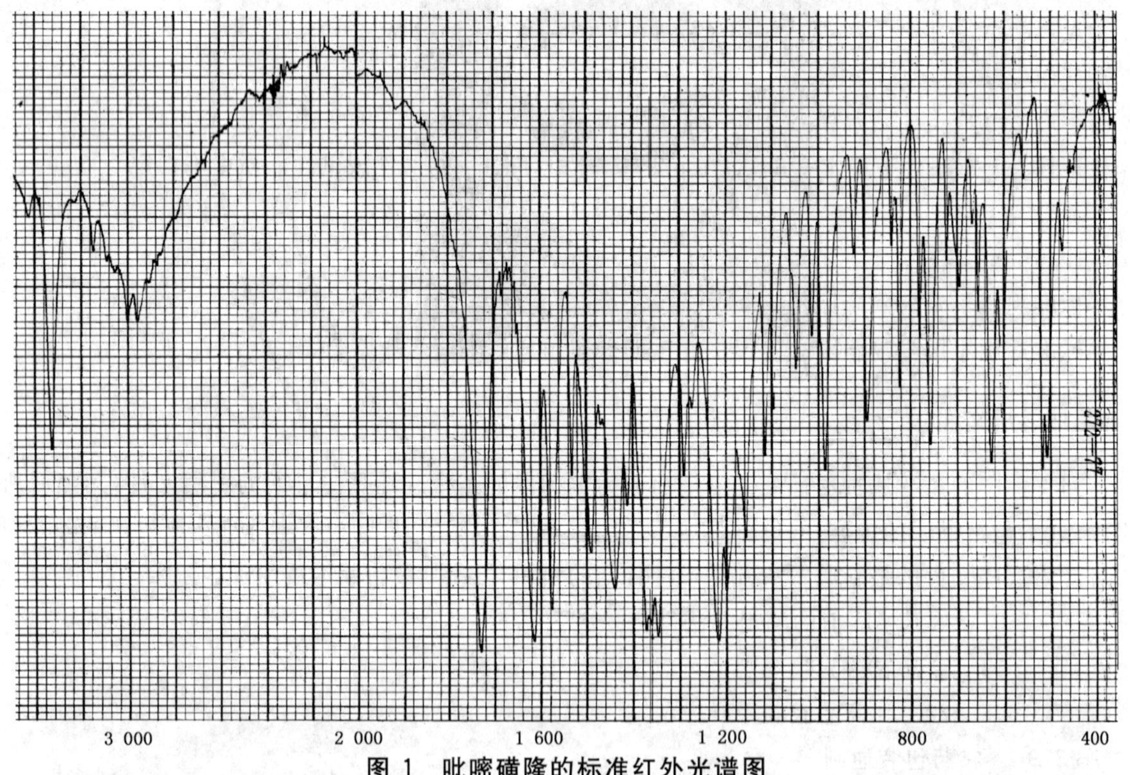

图 1　吡嘧磺隆的标准红外光谱图

4.3　吡嘧磺隆质量分数的测定

4.3.1　方法提要

试样以甲醇溶解，以甲醇-水为流动相，使用 ODS Hypersil、5 μm 为填料的色谱柱和紫外可变波长检测器，对试样中的吡嘧磺隆进行液相色谱分离和测定。

4.3.2　试剂和溶液

甲醇：色谱纯；

水:新蒸二次蒸馏水;

吡嘧磺隆标样:已知质量分数 $w \geqslant 98.0\%$。

4.3.3 仪器

液相色谱仪:具有紫外可变波长检测器和定量进样阀;

色谱数据处理机或色谱工作站;

色谱柱:4.6 mm(i.d.)×200 mm 不锈钢柱,内装 ODS Hypersil、5 μm 填充物(或具有相同柱效的其他反相色谱柱);

超声波浴槽;

微量进样器:不小于 50 μL。

4.3.4 液相色谱操作条件

流动相:$\psi(CH_3OH:H_2O)=70:30$(用磷酸调 pH=3);

流动相流量:1.0 mL/min;

柱温:室温(温差变化应不大于 2 ℃);

检测波长:241 nm;

进样体积:10 μL;

保留时间:吡嘧磺隆约 8.0 min。

上述液相色谱操作条件,系典型操作参数。可根据不同仪器特点,对给定的操作参数作适当调整,以期获得最佳效果。典型的吡嘧磺隆原药的液相色谱图见图 2。

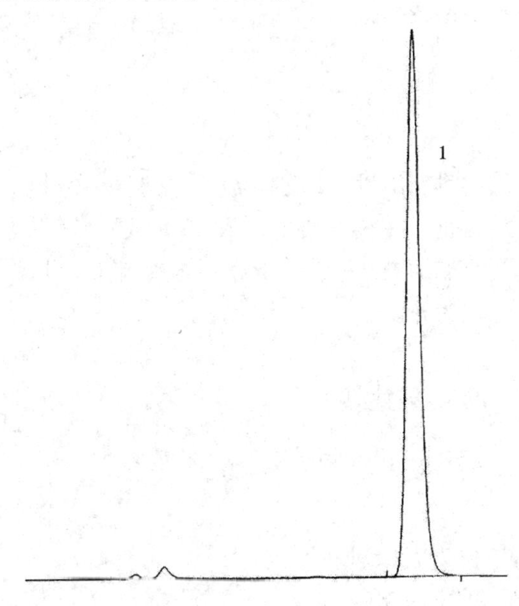

1——吡嘧磺隆。

图 2 吡嘧磺隆原药的液相色谱图

4.3.5 测定步骤

4.3.5.1 标样溶液的配制

称取吡嘧磺隆标样 0.05 g(精确至 0.000 2 g),置于 100 mL 容量瓶中,加入 80 mL 甲醇,放入超声波浴槽中超声溶解 5 min。取出,冷却至室温后,加入甲醇定容,摇匀;用移液管准确吸取 10.00 mL,置于一 50 mL 容量瓶中,加甲醇定容,摇匀。

4.3.5.2 试样溶液的配制

称取试样 0.05 g(精确至 0.000 2 g),置于 100 mL 容量瓶中,加入 80 mL 甲醇,放入超声波浴槽中超声溶解 5 min。取出,冷却至室温后,加入甲醇定容,摇匀;用移液管准确吸取 10.00 mL,置于一 50 mL 容量瓶中,加甲醇定容,摇匀。

4.3.5.3 测定

在上述色谱操作条件下，待仪器稳定后，连续注入数针标样溶液，直至相邻两针吡嘧磺隆峰面积相对变化小于1.0%后，按照标样溶液、试样溶液、试样溶液、标样溶液的顺序进样分析。

4.3.6 计算

将测得的两针试样溶液以及试样前后两针标样溶液中吡嘧磺隆的峰面积分别进行平均。试样中吡嘧磺隆的质量分数 w_1(%)按式(1)计算：

$$w_1 = \frac{A_2 \times m_1 \times w}{A_1 \times m_2} \quad \cdots\cdots(1)$$

式中：

A_1——标样溶液中吡嘧磺隆峰面积的平均值；

A_2——试样溶液中吡嘧磺隆峰面积的平均值；

m_1——标样的质量，单位为克(g)；

m_2——试样的质量，单位为克(g)；

w——吡嘧磺隆标样中吡嘧磺隆的质量分数，以%表示。

4.3.7 允许差

两次平行测定结果之差，应不大于1.2%，取其算术平均值作为测定结果。

4.4 干燥减量的测定

4.4.1 仪器和器具

称量瓶：内径50 mm，高20 mm；

烘箱：100 ℃±2 ℃；

干燥器。

4.4.2 操作步骤

将称量瓶放入100 ℃±2 ℃的烘箱中烘1 h，然后放入干燥器中冷却至室温称量(精确至0.000 1 g)。重复上述步骤，直至称量瓶恒重为止。在称量瓶中称入10 g试样(铺平称量，精确至0.000 1 g)。将称量瓶放回烘箱，不加盖烘1 h，盖上盖，取出并放入干燥器内冷却0.5 h称量(精确至0.000 1 g)。重复上述操作，直至称量瓶和试样恒重为止。

4.4.3 计算

试样中的干燥减量 w_2(%)按式(2)计算：

$$w_2 = \frac{m_1 - m_2}{m_1 - m_0} \times 100 \quad \cdots\cdots(2)$$

式中：

m_0——称量瓶恒重质量，单位为克(g)；

m_1——试样和称量瓶质量，单位为克(g)；

m_2——试样和称量瓶恒重质量，单位为克(g)。

4.5 pH值的测定

按GB/T 1601进行。

4.6 二氯甲烷不溶物的测定

按GB/T 19138进行，将丙酮替换成二氯甲烷。

4.7 产品的检验与验收

产品的检验与验收，应符合GB/T 1604的规定。极限数值的处理，采用修约值比较法。

5 标志、标签、包装、贮运

5.1 吡嘧磺隆原药应符合GB 3796的规定。吡嘧磺隆原药应用清洁的塑料桶或衬塑铁桶包装，注意不能使其直接接触金属。每桶净含量一般 50 kg 或 200 kg。

5.2　也可根据用户要求或订货协议，采用其他形式的包装，但需符合 GB 3796 的规定。

5.3　吡嘧磺隆原药包装件应贮存在通风、干燥的库房中。

5.4　贮运时，严防潮湿和日晒，不得与食物、种子、饲料混放，避免与皮肤、眼睛接触，防止由口鼻吸入。

5.5　安全：本品属低毒磺酰脲类农药，吞噬和吸入均有毒。使用本品时要戴护镜和胶皮手套，穿必要的防护衣物。如皮肤、眼睛不慎沾上本品，应立即用大量清水冲洗。误服者立即送医院急救。

5.6　验收期：吡嘧磺隆原药的验收期为 1 个月。从交货之日起，在 1 个月内完成产品的质量验收，其各项指标均应符合标准要求。

ICS 65.100.20
G 25

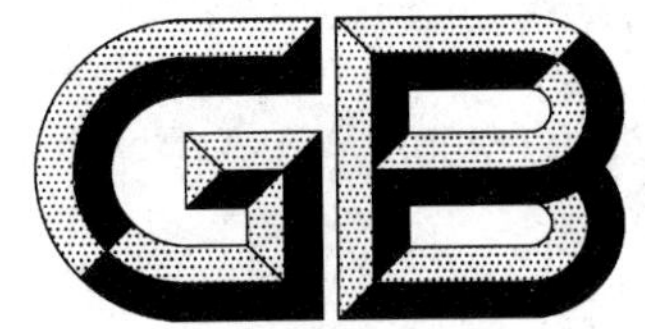

中华人民共和国国家标准

GB 22169—2008

氟磺胺草醚水剂

Fomesafen aqueous solution

2008-07-11 发布　　2009-01-01 实施

中华人民共和国国家质量监督检验检疫总局
中国国家标准化管理委员会 发布

前 言

本标准的第3章、第5章为强制性的，其余为推荐性的。

本标准由中国石油和化学工业协会提出。

本标准由全国农药标准化技术委员会(CSBTS/TC 133)归口。

本标准负责起草单位:沈阳化工研究院。

本标准参加起草单位:大连松辽化工有限公司、江苏长青农化股份有限公司、大连瑞泽农药股份有限公司。

本标准主要起草人:高晓晖、昝艳坤、苗革新、于海平、王大春、武铁军。

本标准委托全国农药标准化技术委员会秘书处负责解释。

氟磺胺草醚水剂

该产品有效成分氟磺胺草醚的其他名称、结构式和基本物化参数如下：

ISO通用名称：fomesafen

化学名称：2-氯-4-三氟甲基苯基-3′-甲磺酰基氨基甲酰基-4′-硝基苯基醚。

结构式：

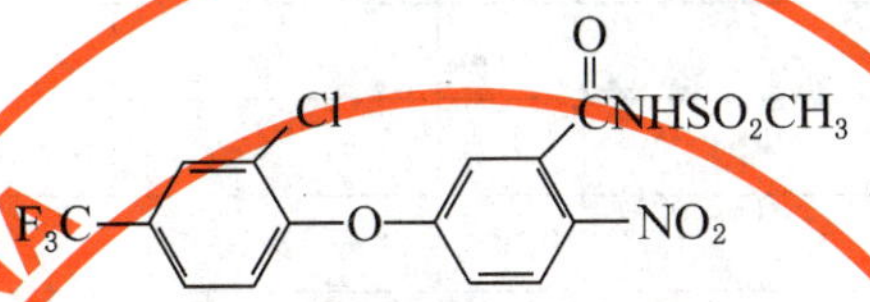

实验式：$C_{15}H_{10}ClF_3N_2O_6S$

相对分子质量：438.8（按2005国际相对原子质量计）

生物活性：除草

熔点：220 ℃～221 ℃

蒸气压(50 ℃)：0.1 mPa

溶解度(20 ℃)：水中0.05 g/L，丙酮中300 g/L，环己酮中150 g/L，二氯甲烷中10 g/L，己烷中0.5 g/L，二甲苯中1.9 g/L

稳定性：在50 ℃下稳定6个月以上，光下不稳定，在酸性或碱性条件下不易水解

1 范围

本标准规定了氟磺胺草醚水剂的要求、试验方法以及标志、标签、包装、贮运。

本标准适用于由氟磺胺草醚原药和水及适宜的助剂组成的氟磺胺草醚水剂。

2 规范性引用文件

下列文件中的条款通过本标准的引用而成为本标准的条款。凡是注日期的引用文件，其随后所有的修改单(不包括勘误的内容)或修订版均不适用于本标准，然而，鼓励根据本标准达成协议的各方研究是否可使用这些文件的最新版本。凡是不注日期的引用文件，其最新版本适用于本标准。

GB/T 1601 农药pH值的测定方法

GB/T 1604 商品农药验收规则

GB/T 1605—2001 商品农药采样方法

GB 3796 农药包装通则

GB/T 4472 化工产品密度、相对密度测定通则

GB/T 19136 农药热贮稳定性测定方法

GB/T 19137 农药低温稳定性测定方法

3 要求

3.1 组成和外观

本品应由符合标准的氟磺胺草醚原药制成，外观为均相液体，无明显的悬浮物和沉淀。

3.2 技术指标

氟磺胺草醚水剂应符合表1要求。

表 1 氟磺胺草醚水剂控制项目指标

项目	指标	
	250 g/L	25%
氟磺胺草醚质量分数[a]/% 或质量浓度(20 ℃)/(g/L)	$22.0^{+1.3}_{-1.3}$ 250^{+15}_{-15}	$25.0^{+1.5}_{-1.5}$
水不溶物/% ≤	0.3	
pH 值范围	6.0～9.0	
稀释稳定性(20 倍)	合格	
低温稳定性[b]	合格	
热贮稳定性[b]	合格	

[a] 当发生争议时,以氟磺胺草醚质量分数为仲裁。

[b] 正常生产时,低温稳定性和热贮稳定性试验,每 3 个月至少进行一次测定。

4 试验方法

4.1 抽样

按 GB/T 1605—2001 中"液体制剂采样"方法进行。用随机数表法确定抽样的包装件;最终抽样量应不少于 250 mL。

4.2 鉴别试验

高效液相色谱法——本鉴别试验可与氟磺胺草醚含量的测定同时进行。在相同的色谱操作条件下,试样溶液中某一色谱峰的保留时间与标样溶液中氟磺胺草醚色谱峰的保留时间,其相对差值应在 1.5% 以内。

4.3 氟磺胺草醚质量分数的测定

4.3.1 方法提要

试样用甲醇溶解,以甲醇+水+磷酸为流动相,使用以 Hypersil ODS 为填料的不锈钢柱和紫外检测器(230 nm),对试样中的氟磺胺草醚进行反相高效液相色谱分离,外标法定量。

4.3.2 试剂和溶液

甲醇:色谱级;

磷酸;

水:新蒸二次蒸馏水;

氟磺胺草醚标样:已知氟磺胺草醚质量分数 $w \geq 98.0\%$。

4.3.3 仪器

高效液相色谱仪:具有可变波长紫外检测器;

色谱数据处理机;

色谱柱:200 mm×4.6 mm(i. d.)不锈钢柱,内装 Hypersil ODS、5 μm 填充物(或具等同效果的色谱柱);

过滤器:滤膜孔径约 0.45 μm;

微量进样器:50 μL;

定量进样管:5 μL;

超声波清洗器。

4.3.4 高效液相色谱操作条件

流动相:ψ(甲醇∶水∶磷酸)=600∶400∶0.2,经滤膜过滤,并进行脱气;

流量：1.0 mL/min；

柱温：室温（温差变化应不大于 2 ℃）；

检测波长：230 nm；

进样体积：5 μL；

保留时间：氟磺胺草醚 7.8 min。

上述操作参数是典型的，可根据不同仪器特点，对给定的操作参数作适当调整，以期获得最佳效果。典型的氟磺胺草醚水剂高效液相色谱图见图 1。

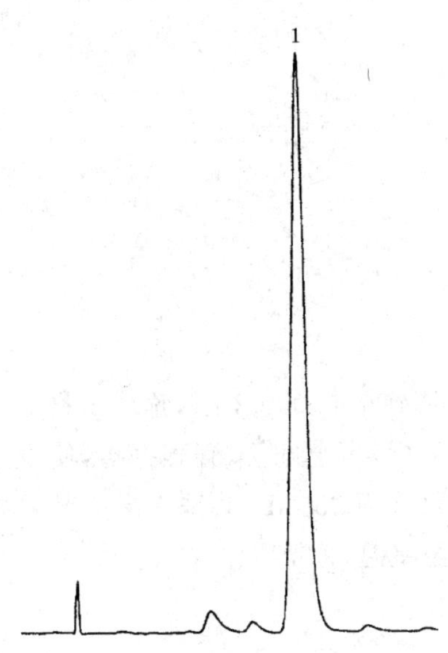

1——氟磺胺草醚。

图 1　氟磺胺草醚水剂的高效液相色谱图

4.3.5　测定步骤

4.3.5.1　标样溶液的制备

称取氟磺胺草醚标样 0.1 g（精确至 0.000 2 g），置于 50 mL 容量瓶中，用甲醇溶解并稀释至刻度，摇匀。用移液管准确移取 5 mL 上述溶液置于另一 50 mL 容量瓶中，用甲醇稀释至刻度，摇匀。

4.3.5.2　试样溶液的制备

称取含氟磺胺草醚 0.1 g（精确至 0.000 2 g）的试样，置于 50 mL 容量瓶中，用甲醇稀释至刻度，摇匀。用移液管准确移取 5 mL 上述溶液置于另一 50 mL 容量瓶中，用甲醇稀释至刻度，摇匀。

4.3.5.3　测定

在上述操作条件下，待仪器稳定后，连续注入数针标样溶液，直至相邻两针氟磺胺草醚峰面积相对变化小于 1.0%后，按照标样溶液、试样溶液、试样溶液、标样溶液的顺序进行测定。

4.3.6　计算

将测得的两针试样溶液以及试样前后两针标样溶液中氟磺胺草醚的峰面积分别进行平均。试样中氟磺胺草醚的质量分数 w_1（%）按式（1）计算；质量浓度 ρ_1（g/L）按式（2）计算：

$$w_1 = \frac{A_2 \cdot m_1 \cdot w}{A_1 \cdot m_2} \quad \cdots\cdots(1)$$

$$\rho_1 = \frac{A_2 \times m_1 \times w}{A_1 \times m_2} \times \rho \times 10 \quad \cdots\cdots(2)$$

式中：

A_1——标样溶液中，氟磺胺草醚峰面积的平均值；

A_2——试样溶液中，氟磺胺草醚峰面积的平均值；

m_1——标样的质量，单位为克(g)；

m_2——试样的质量，单位为克(g)；

w——标样中氟磺胺草醚的质量分数，以%表示；

ρ——20 ℃时试样的密度，单位为克每毫升(g/mL)(按 GB/T 4472 中“密度计法”进行测定)。

4.3.7 允许差

氟磺胺草醚质量分数、质量浓度两次平行测定结果之差，应分别不大于 0.8%、8 g/L，取其算术平均值作为测定结果。

4.4 水不溶物的测定

4.4.1 方法提要

试样用水溶解，将所有不溶物滤出，干燥称量。

4.4.2 仪器

称量瓶；

玻璃砂芯坩埚：3＃；

烘箱：105 ℃±2 ℃。

4.4.3 测定步骤

于烘箱中，将玻璃砂芯坩埚干燥至恒重(精确至 0.000 2 g)，称取试样 20 g(精确至 0.01 g)，置于 100 mL 烧杯中，用 200 mL 水淋洗转移到量筒中，盖上塞子，猛烈振摇，使可溶物全部溶解。将此溶液经坩埚过滤，用蒸馏水洗涤坩埚中的残留物，每次用 25 mL，共洗 3 次。置坩埚及残留物于 105 ℃烘箱中干燥至恒重(精确至 0.000 2 g)，取出冷却至室温，称量。

水不溶物的质量分数 w_2(%)按式(3)计算：

$$w_2 = \frac{m_1 - m_0}{m} \times 100 \quad \cdots\cdots(3)$$

式中：

m_1——恒重后坩埚与不溶物的质量，单位为克(g)；

m_0——坩埚的质量，单位为克(g)；

m——试样的质量，单位为克(g)。

4.5 pH 值的测定

按 GB/T 1601 进行。

4.6 稀释稳定性的试验

4.6.1 试剂和仪器

标准硬水：$\rho(Mg^{2+}+Ca^{2+})=342$ mg/L；

量筒：100 mL；

恒温水浴：30 ℃±2 ℃；

移液管：5 mL。

4.6.2 试验步骤

用移液管吸取 5 mL 试样，置于 100 mL 量筒中，用标准硬水稀释至刻度，混匀。将此量筒放入恒温水浴中，静置 1 h。如稀释液均一、无析出物为合格。

4.7 低温稳定性试验

按 GB/T 19137 中“乳剂和均相液体制剂”进行。析出固体或油状物的体积不超过 0.3 mL 为合格。

4.8 热贮稳定性试验

按 GB/T 19136 中“液体制剂”进行。热贮后，氟磺胺草醚质量分数应不低于热贮前的 95%；稀释稳定性仍应符合 3.2 要求。

4.9 产品的检验与验收

应符合 GB/T 1604 的规定。极限数值处理,采用修约值比较法。

5 标志、标签、包装、贮运

5.1 氟磺胺草醚水剂的标志、标签、包装,应符合 GB 3796 的规定。

5.2 氟磺胺草醚水剂采用聚酯瓶或聚乙烯瓶包装,每瓶净含量为 250 mL、500 mL,外包装为纸箱、瓦楞纸板箱或钙塑箱,每箱净含量不超过 10 kg。也可以根据用户要求或订货协议,采用其他形式的包装,但需符合 GB 3796 的规定。

5.3 氟磺胺草醚水剂包装件应贮存在通风、干燥的库房中。

5.4 贮运时,严防潮湿和日晒,不得与食物、种子、饲料混放,避免与皮肤、眼睛接触,防止由口鼻吸入。

5.5 安全:氟磺胺草醚属低毒除草剂。使用本品时应戴防护手套、防毒面具、穿干净的防护服。施药后应立即用肥皂和水洗净。如皮肤和眼睛接触药液时,要用大量清水冲洗。冲洗时间不小于 15 min,并请医生诊治;如有误服,应立即催吐。

5.6 保证期:在规定的贮运条件下,氟磺胺草醚水剂的保证期,从生产日期算起为 2 年。

ICS 65.100.20
G 25

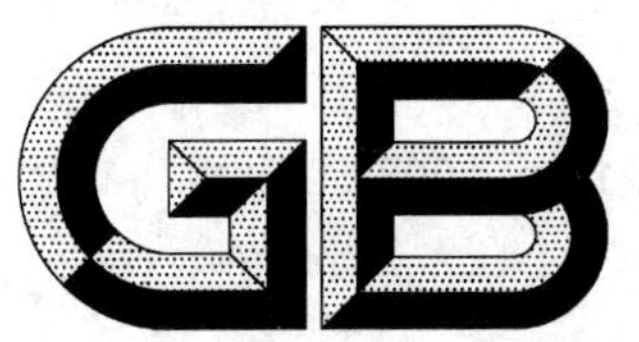

中华人民共和国国家标准

GB 22170—2008

吡嘧磺隆可湿性粉剂

Pyrazosulfuron-ethyl wettable powders

2008-07-11 发布 2009-01-01 实施

中华人民共和国国家质量监督检验检疫总局
中国国家标准化管理委员会 发布

前　言

本标准的第3章、第5章为强制性的，其余为推荐性的。

本标准由中国石油和化学工业协会提出。

本标准由全国农药标准化技术委员会(CSBTS/TC 133)归口。

本标准负责起草单位：沈阳化工研究院。

本标准主要起草人：许来威、邢红、张雪冰。

本标准委托全国农药标准化技术委员会秘书处负责解释。

吡嘧磺隆可湿性粉剂

该产品有效成分吡嘧磺隆的其他名称、结构式和基本物化参数如下：

ISO 通用名称：pyrazosulfuron-ethyl

CAS 登录号：[93697-74-6]

化学名称：5-(4,6-二甲氧基嘧啶-2-基氨基甲酰氨基磺酰基)-1-甲基吡唑-4-羧酸乙酯

结构式：

实验式：$C_{14}H_{18}N_6O_7S$

相对分子质量：414.4（按 2005 国际相对原子质量计）

生物活性：除草

熔点：181 ℃～182 ℃

蒸气压(20 ℃)：14.7 μPa

溶解度(20 ℃,g/L)：水中 0.014 5、甲醇 0.7、正己烷 0.2、苯 15.6、三氯甲烷 234.4、丙酮 31.7

稳定性：50 ℃条件下稳定 6 个月；在 pH = 7 时相对稳定，在酸性或碱性介质中不稳定

1 范围

本标准规定了吡嘧磺隆可湿性粉剂的要求、试验方法以及标志、标签、包装、贮运。

本标准适用于由吡嘧磺隆原药、填料及适宜的助剂加工而成的吡嘧磺隆可湿性粉剂。

2 规范性引用文件

下列文件中的条款通过本标准的引用而成为本标准的条款。凡是注日期的引用文件，其随后所有的修改单(不包括勘误的内容)或修订版均不适用于本标准，然而，鼓励根据本标准达成协议的各方研究是否可使用这些文件的最新版本。凡是不注日期的引用文件，其最新版本适用于本标准。

GB/T 1600　农药水分测定方法

GB/T 1601　农药 pH 值的测定方法

GB/T 1604　商品农药验收规则

GB/T 1605—2001　商品农药采样方法

GB 3796　农药包装通则

GB/T 5451　农药可湿性粉剂润湿性测定方法

GB/T 14825　农药悬浮率测定方法

GB/T 16150　农药粉剂、可湿性粉剂细度测定方法

GB/T 19136　农药热贮稳定性测定方法

3 要求

3.1　组成和外观：本品应由符合标准的吡嘧磺隆原药与适宜的助剂和填料加工制成，为组成均匀疏松

粉末,不应有团块。

3.2 吡嘧磺隆可湿性粉剂应符合表1要求。

表1 吡嘧磺隆可湿性粉剂控制项目指标

项目		指标	
吡嘧磺隆质量分数/%		7.5±0.8	10.0±1.0
悬浮率/%	≥	75	
水分/%	≤	2.0	
pH值范围		5.0~8.0	
润湿时间/s	≤	90	
细度(通过44 μm标准筛)/%	≥	98	
热贮稳定性试验[a]		合格	
[a] 正常生产时,热贮稳定性试验每3个月至少进行一次。			

4 试验方法

4.1 抽样

按GB/T 1605—2001中"固体制剂采样"方法进行。用随机数表法确定抽样的包装件;最终抽样量应不少于300 g。

4.2 鉴别试验

高效液相色谱法——本鉴别试验可与吡嘧磺隆含量的测定同时进行。在相同的色谱操作条件下,试样溶液中某一色谱峰的保留时间与标样溶液中吡嘧磺隆色谱峰的保留时间,其相对差值应在1.5%以内。

4.3 吡嘧磺隆质量分数的测定

4.3.1 方法提要

试样以甲醇溶解,以甲醇-水为流动相,使用ODS Hypersil、5 μm为填料的色谱柱和紫外可变波长检测器,对试样中的吡嘧磺隆进行液相色谱分离和测定。

4.3.2 试剂和溶液

甲醇:色谱纯;

水:新蒸二次蒸馏水;

吡嘧磺隆标样:已知质量分数 $w \geqslant 98.0\%$。

4.3.3 仪器

液相色谱仪:具有紫外可变波长检测器和定量进样阀;

色谱数据处理机或色谱工作站;

色谱柱:4.6 mm(i.d.)×200 mm不锈钢柱,内装ODS Hypersil、5 μm填充物(或具有相同柱效的其他反相色谱柱);

过滤器:滤膜孔径约0.45 μm;

超声波浴槽;

微量进样器:不小于50 μL。

4.3.4 液相色谱操作条件

流动相:$\psi(CH_3OH : H_2O) = 70 : 30$(用磷酸调pH = 3);

流动相流量:1.0 mL/min;

柱温:室温(温差变化应不大于2 ℃);

检测波长:241 nm;

进样体积:10 μL;

保留时间:吡嘧磺隆约 8.0 min。

上述液相色谱操作条件,系典型操作参数。可根据不同仪器特点,对给定的操作参数作适当调整,以期获得最佳效果。典型的吡嘧磺隆可湿性粉剂的液相色谱图见图 1。

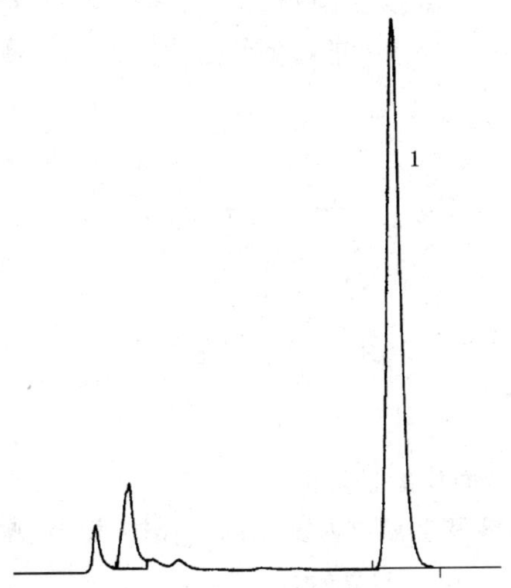

1——吡嘧磺隆。

图 1 吡嘧磺隆可湿性粉剂的液相色谱图

4.3.5 测定步骤

4.3.5.1 标样溶液的配制

称取吡嘧磺隆标样 0.05 g(精确至 0.000 2 g),置于 100 mL 容量瓶中,加入 80 mL 甲醇,放入超声波浴槽中超声溶解 5 min。取出,冷却至室温后,加入甲醇定容,摇匀;用移液管准确吸取 10.00 mL,置于一 50 mL 容量瓶中,加甲醇定容,摇匀。

4.3.5.2 试样溶液的配制

称取含吡嘧磺隆 0.05 g 的试样(精确至 0.000 2 g),置于 50 mL 容量瓶中,加入 40 mL 甲醇,放入超声波浴槽中超声溶解 5 min。取出,冷却至室温后,加入甲醇定容,摇匀;用滤膜孔径约 0.45 μm 的过滤器过滤。

4.3.5.3 测定

在上述色谱操作条件下,待仪器稳定后,连续注入数针标样溶液,直至相邻两针吡嘧磺隆峰面积相对变化小于 1.0%后,按照标样溶液、试样溶液、试样溶液、标样溶液的顺序进样分析。

4.3.6 计算

将测得的两针试样溶液以及试样前后两针标样溶液中吡嘧磺隆的峰面积分别进行平均。试样中吡嘧磺隆的质量分数 w_1(%)按式(1)计算:

$$w_1 = \frac{A_2 \times m_1 \times w}{A_1 \times m_2 \times 10} \quad \cdots\cdots(1)$$

式中:

A_1——标样溶液中吡嘧磺隆峰面积的平均值;

A_2——试样溶液中吡嘧磺隆峰面积的平均值;

m_1——标样的质量,单位为克(g);

m_2——试样的质量,单位为克(g);

w——吡嘧磺隆标样中吡嘧磺隆的质量分数,以%表示。

4.3.7 允许差

两次平行测定结果之差，应不大于0.3%，取其算术平均值作为测定结果。

4.4 悬浮率的测定

4.4.1 测定步骤

按GB/T 14825进行。称取含吡嘧磺隆0.10 g的试样(精确至0.000 2 g)。用60 mL甲醇将量筒内剩余的25 mL悬浮液及沉淀物全部转移至100 mL容量瓶中，在超声波下振荡5 min，冷却至室温后，加入甲醇定容，摇匀；用滤膜孔径约0.45 μm的过滤器过滤。按4.3测定其中的吡嘧磺隆质量。

4.4.2 计算

悬浮率w_2(%)按下式计算：

$$w_2 = \frac{m_1 - m_2}{m_1} \times 111.1 \quad \cdots\cdots(2)$$

$$m_1 = m_s \cdot w_1 \quad \cdots\cdots(3)$$

$$m_2 = \frac{A_2 \times m_b \times w}{A_1 \times 5} \quad \cdots\cdots(4)$$

式中：

A_1——标样溶液中吡嘧磺隆峰面积的平均值；

A_2——由剩余的25 mL悬浮液及沉淀物所配制的试样溶液中吡嘧磺隆峰面积的平均值；

m_1——试样中吡嘧磺隆的质量，单位为克(g)；

m_2——剩余的25 mL悬浮液及沉淀物中吡嘧磺隆的质量，单位为克(g)；

m_s——试样的质量，单位为克(g)；

m_b——标样的质量，单位为克(g)；

w_1——试样中吡嘧磺隆的质量分数，以%表示；

w——吡嘧磺隆标样中吡嘧磺隆的质量分数，以%表示。

4.4.3 允许差

两次平行测定结果之差，应不大于5%，取其算术平均值作为测定结果。

4.5 水分的测定

按GB/T 1600中的“共沸蒸馏法”法进行。

4.6 pH值测定

按GB/T 1601进行。

4.7 润湿时间的测定

按GB/T 5451进行。

4.8 细度

按GB/T 16150中“湿筛法”进行。

4.9 热贮稳定性试验

按GB/T 19136中“粉体制剂”进行。热贮后吡嘧磺隆质量分数、悬浮率仍应符合3.2的要求。

4.10 产品的检验与验收

应符合GB/T 1604的规定。极限数值处理，采用修约值比较法。

5 标志、标签、包装、贮运

5.1 吡嘧磺隆可湿性粉剂的标志、标签、包装，应符合GB 3796的规定。

5.2 吡嘧磺隆可湿性粉剂应用清洁、干燥、内衬塑料袋的编织袋包装，每袋净含量为25 kg。

5.3 根据用户要求或订货协议，可以采用其他形式的包装，但需符合GB 3796的规定。

5.4 吡嘧磺隆可湿性粉剂包装件应贮存在通风、干燥的库房中。

5.5 贮运时，严防潮湿和日晒，不得与食物、种子、饲料混放，避免与皮肤、眼睛接触，防止由口鼻吸入。

5.6 安全：本品属低毒磺酰脲类农药，吞噬和吸入均有毒。使用本品时要戴护镜和胶皮手套，穿必要的防护衣物。如皮肤、眼睛不慎沾上本品，应立即用大量清水冲洗。误服者立即送医院急救。

5.7 保证期：在规定的贮运条件下，吡嘧磺隆可湿性粉剂的保证期，从生产日期算起为3年。

ICS 65.100.20
G 25

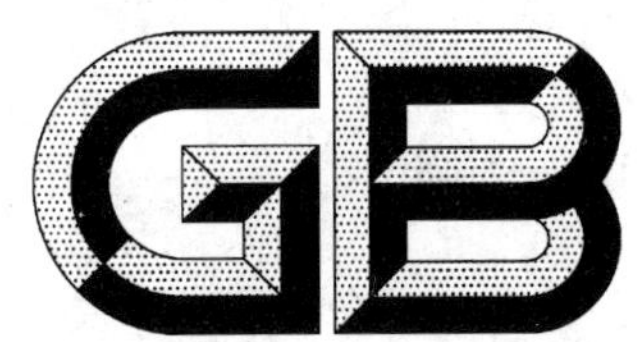

中华人民共和国国家标准

GB 22171—2008

15%多效唑可湿性粉剂

15% Paclobutrazol wettable powders

2008-07-11 发布 2009-01-01 实施

中华人民共和国国家质量监督检验检疫总局
中国国家标准化管理委员会 发布

前　言

本标准的第3章、第5章为强制性的，其余为推荐性的。

本标准由中国石油和化学工业协会提出。

本标准由全国农药标准化技术委员会(CSBTS/TC 133)归口。

本标准负责起草单位：沈阳化工研究院。

本标准参加起草单位：四川省化学工业研究设计院、江苏建农农药化工有限公司、江苏七洲绿色化工股份有限公司、江苏剑牌农药化工有限公司。

本标准主要起草人：许来威、张雪冰、邢红、段秀洪、许祥生、陈茹娟、周建华、胡春红。

本标准委托全国农药标准化技术委员会秘书处负责解释。

15%多效唑可湿性粉剂

该产品有效成分多效唑的其他名称、结构式和基本物化参数如下：

ISO 通用名称：Paclobutrazol

CAS 登录号：[76738-62-0]

化学名称：(2RS,3RS)-1-(4-氯苯基)-4,4-二甲基-2-(1H-1,2,4-三唑-1-基)戊-3-醇

结构式：

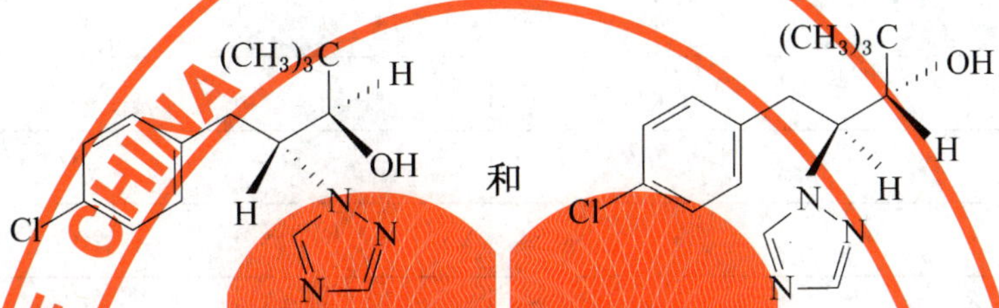

实验式：$C_{15}H_{20}ClN_3O$

相对分子质量：293.8(按 2005 国际相对原子质量计)

生物活性：植物生长调节剂

熔点：165 ℃～166 ℃

蒸气压：1 μPa(20 ℃)

相对密度(25 ℃)：1.22

溶解度(20 ℃,g/L)：水中 2.6×10^{-2}、丙酮 110、环己酮 180、二氯甲烷 100、正己烷 10、二甲苯 60、甲醇 150、丙二醇 50

稳定性：20 ℃贮存 2 年以上稳定；50 ℃贮存 6 个月以上稳定；在 pH4～pH9 水中稳定；在 pH7 条件下紫外光照射 10 d 不降解

1 范围

本标准规定了 15%多效唑可湿性粉剂的要求、试验方法以及标志、标签、包装、贮运。

本标准适用于由多效唑原药、填料及适宜的助剂加工而成的 15%多效唑可湿性粉剂。

2 规范性引用文件

下列文件中的条款通过本标准的引用而成为本标准的条款。凡是注日期的引用文件，其随后所有的修改单(不包括勘误的内容)或修订版均不适用于本标准，然而，鼓励根据本标准达成协议的各方研究是否可使用这些文件的最新版本。凡是不注日期的引用文件，其最新版本适用于本标准。

GB/T 1600 农药水分测定方法

GB/T 1601 农药 pH 值的测定方法

GB/T 1604 商品农药验收规则

GB/T 1605—2001 商品农药采样方法

GB 3796 农药包装通则

GB/T 5451 农药可湿性粉剂润湿性测定方法

GB/T 14825 农药悬浮率测定方法

GB/T 16150 农药粉剂、可湿性粉剂细度测定方法

GB/T 19136 农药热贮稳定性测定方法

3 要求

3.1 组成和外观:本品应由符合标准的多效唑原药与适宜的助剂和填料加工制成,为组成均匀的疏松粉末,不应有团块。

3.2 15%多效唑可湿性粉剂应符合表1要求。

表1 15%多效唑可湿性粉剂控制项目指标

项　　目		指　　标
多效唑质量分数/%		15.0±1.0
悬浮率/%	≥	75
水分/%	≤	2.0
pH值范围		6.0~10.0
润湿时间/s	≤	90
细度(通过44 μm标准筛)/%	≥	98
热贮稳定性试验[a]		合格
[a] 正常生产时,热贮稳定性试验每3个月至少进行一次。		

4 试验方法

4.1 抽样

按GB/T 1605—2001中“固体制剂采样”方法进行。用随机数表法确定抽样的包装件;最终抽样量应不少于300 g。

4.2 鉴别试验

液相色谱法——本鉴别试验可与多效唑质量分数的测定同时进行。在相同的色谱操作条件下,试样溶液中某一色谱峰的保留时间与标样溶液中多效唑色谱峰的保留时间,其相对差值应在1.5%以内。

气相色谱法——本鉴别试验可与多效唑质量分数的测定同时进行。在相同的色谱操作条件下,试样溶液中某一色谱峰的保留时间与标样溶液中多效唑色谱峰的保留时间,其相对差值应在1.5%以内。

4.3 多效唑质量分数的测定

4.3.1 液相色谱法(仲裁法)

4.3.1.1 方法提要

试样用甲醇溶解,以甲醇-乙腈-水为流动相,选用Nova-pak C_{18}、5 μm为填料的色谱柱和紫外可变波长检测器,对试样中的多效唑进行液相色谱分离和测定。

4.3.1.2 试剂和溶液

甲醇:色谱纯;

乙腈:色谱纯;

水:新蒸二次蒸馏水;

多效唑标样:已知质量分数 $w \geqslant 99.0\%$。

4.3.1.3 仪器

液相色谱仪:具有紫外可变波长检测器和定量进样阀;

色谱数据处理机或色谱工作站;

色谱柱:3.9 mm(i.d.)×150 mm不锈钢柱,内装Nova-pak C_{18}、5 μm填充物(或具有相同柱效的

其他反相色谱柱)；

超声波浴槽；

过滤器:滤膜孔径约 0.45 μm；

微量进样器:不小于 50 μL。

4.3.1.4 **液相色谱操作条件**

流动相:$\psi(CH_3OH : CH_3CN : H_2O)=35:20:45$；

流动相流量:1.0 mL/min；

柱温:室温(温差变化应不大于 2 ℃)；

检测波长:230 nm；

进样体积:10 μL；

保留时间(min):4-H 多效唑 3.8、多效唑Ⅱ体 6.3、多效唑 7.7、氯唑酮 9.6。

上述液相色谱操作条件,系典型操作参数。可根据不同仪器特点,对给定的操作参数作适当调整,以期获得最佳效果。典型的 15%多效唑可湿性粉剂的液相色谱图见图 1。

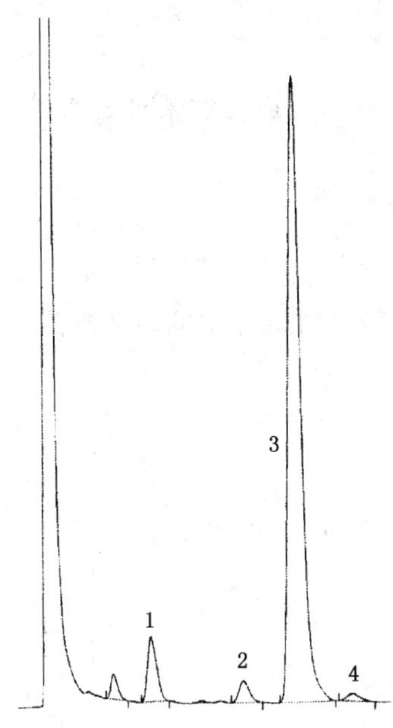

1——4-H 多效唑；

2——多效唑Ⅱ体；

3——多效唑；

4——氯唑酮。

图 1 15%多效唑可湿性粉剂的液相色谱图

4.3.1.5 **测定步骤**

4.3.1.5.1 **标样溶液的配制**

称取多效唑标样 0.10 g(精确至 0.000 2 g),置于 50 mL 容量瓶中,加入 40 mL 甲醇,放入超声波浴槽中超声溶解 5 min。取出,冷却至室温后,加入甲醇定容,摇匀;用移液管准确吸取 5 mL,置于另一 50 mL 容量瓶中,加甲醇定容,摇匀。

4.3.1.5.2 **试样溶液的配制**

称取试样 0.07 g(精确至 0.000 2 g),置于 50 mL 容量瓶中,加入 40 mL 甲醇,放入超声波浴槽中超声溶解 5 min。取出,冷却至室温后,加入甲醇定容,摇匀;用滤膜孔径约 0.45 μm 的过滤器过滤。

4.3.1.5.3 测定

在上述色谱操作条件下，待仪器稳定后，连续注入数针标样溶液，直至相邻两针多效唑峰面积相对变化小于1.0%后，按照标样溶液、试样溶液、试样溶液、标样溶液的顺序进样分析。

4.3.1.6 计算

将测得的两针试样溶液以及试样前后两针标样溶液中多效唑的峰面积分别进行平均。试样中多效唑的质量分数 w_1(%)按式(1)计算：

$$w_1 = \frac{A_2 \times m_1 \times w}{A_1 \times m_2 \times 10} \quad \cdots\cdots\cdots(1)$$

式中：

A_1——标样溶液中多效唑峰面积的平均值；

A_2——试样溶液中多效唑峰面积的平均值；

m_1——标样的质量，单位为克(g)；

m_2——试样的质量，单位为克(g)；

w——标样中多效唑的质量分数，以%表示。

4.3.1.7 允许差

两次平行测定结果之差，应不大于0.5%，取其算术平均值作为测定结果。

4.3.2 气相色谱法

4.3.2.1 方法提要

试样用三氯甲烷溶解，以三苯甲烷为内标物，使用HP-5(5%二苯基+95%二甲基聚硅氧烷)涂壁的石英毛细管色谱柱和氢火焰离子化检测器，对试样中的多效唑进行气相色谱分离和测定。

4.3.2.2 试剂和溶液

三氯甲烷；

三苯甲烷：不含有干扰分析的杂质；

内标溶液：称取5.8 g三苯甲烷，于1 000 mL容量瓶中，用三氯甲烷溶解并稀释至刻度，摇匀；

多效唑标样：已知质量分数 $w \geqslant 99.0\%$。

4.3.2.3 仪器

气相色谱仪：具有氢火焰离子化检测器；

色谱柱：30 m×0.32 mm (i.d.) 石英毛细柱，内壁涂HP-5(5%二苯基+95%二甲基聚硅氧烷)，膜厚0.25 μm；

色谱数据处理机或色谱工作站。

4.3.2.4 气相色谱操作条件

柱室温度(程序升温)：起始200 ℃，保持8 min；再以20 ℃/min的速率升温至250 ℃，保持7 min；

气化室温度：280 ℃；

检测器温度：280 ℃；

气体流量(mL/min)：载气(N_2)2.0、氢气30、空气300、补偿气(N_2)25；

分流比：40：1；

进样量(μL)：1.0；

保留时间(min)：内标物5.0、氯唑酮5.6、多效唑6.9、多效唑Ⅱ体7.3、4-H多效唑15.1。

上述气相色谱操作条件，系典型操作参数。可根据不同仪器特点，对给定的操作参数作适当调整，以期获得最佳效果。典型的15%多效唑可湿性粉剂的气相色谱图见图2。

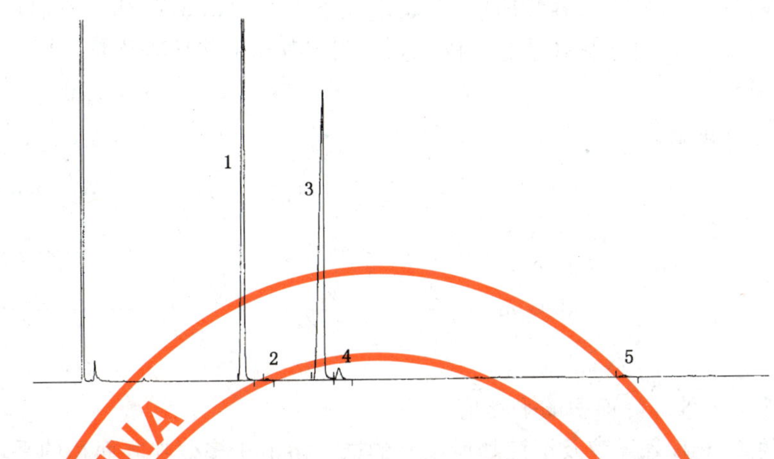

1——内标物；
2——氯唑酮；
3——多效唑；
4——多效唑Ⅱ体；
5——4-H 多效唑。

图 2 15%多效唑可湿性粉剂的气相色谱图

4.3.2.5 测定步骤

4.3.2.5.1 标样溶液的配制

称取多效唑标样 0.10 g(精确至 0.000 2 g)，置于一 15 mL 具塞玻璃瓶中，用移液管准确加入 10 mL 内标溶液，溶解、摇匀。

4.3.2.5.2 试样溶液的配制

称取试样 0.67 g(精确至 0.000 2 g)，置于一 15 mL 具塞玻璃瓶中，用与 4.3.2.5.1 同一支移液管准确加入 10 mL 内标溶液，溶解、摇匀。

4.3.2.5.3 测定

在上述操作条件下，待仪器基线稳定后，连续注入数针标样溶液，计算各针多效唑与内标物峰面积比的重复性，待相邻两针多效唑与内标物峰面积比的相对变化小于 1.2%时，按照标样溶液、试样溶液、试样溶液、标样溶液的顺序进行测定。

4.3.2.6 计算

将测得的两针试样溶液以及试样前后两针标样溶液中多效唑与内标物峰面积比分别进行平均。试样中多效唑的质量分数 w_1(%)按式(2)计算：

$$w_1 = \frac{\gamma_2 \cdot m_1 \cdot w}{\gamma_1 \cdot m_2} \qquad \cdots\cdots(2)$$

式中：

γ_1——标样溶液中，多效唑与内标物峰面积比的平均值；

γ_2——试样溶液中，多效唑与内标物峰面积比的平均值；

m_1——多效唑标样的质量，单位为克(g)；

m_2——试样的质量，单位为克(g)；

w——标样中多效唑的质量分数，以% 表示。

4.3.2.7 允许差

多效唑质量分数的两次平行测定结果之差，应不大于 0.5%，取其算术平均值作为测定结果。

4.4 悬浮率的测定

4.4.1 液相色谱法(仲裁法)

4.4.1.1 测定步骤

按 GB/T 14825 进行。称取 1.0 g 试样(精确至 0.000 2 g)。用 60 mL 甲醇将量筒内剩余的 25 mL

悬浮液及沉淀物全部转移至 100 mL 容量瓶中，在超声波下振荡 5 min，冷却至室温后，加入甲醇定容，摇匀；用滤膜孔径约 0.45 μm 的过滤器过滤。按 4.3.1 测定其中的多效唑质量。

4.4.1.2 计算

悬浮率 w_2(%)计算见下式：

$$w_2 = \frac{m_1 - m_2}{m_1} \times 111.1 \quad \cdots\cdots(3)$$

$$m_1 = m_s \cdot w_1 \quad \cdots\cdots(4)$$

$$m_2 = \frac{A_2 \times m_b \times w}{A_1 \times 5} \quad \cdots\cdots(5)$$

式中：

A_1——标样溶液中多效唑峰面积的平均值；

A_2——由剩余的 25 mL 悬浮液及沉淀物所配制的试样溶液中多效唑峰面积的平均值；

m_1——试样中多效唑的质量，单位为克(g)；

m_2——剩余的 25 mL 悬浮液及沉淀物中多效唑的质量，单位为克(g)；

m_s——试样的质量，单位为克(g)；

m_b——标样的质量，单位为克(g)；

w_1——试样中多效唑的质量分数，以%表示；

w——标样中多效唑的质量分数，以%表示。

4.4.1.3 允许差

两次平行测定结果之差，应不大于 5%，取其算术平均值作为测定结果。

4.4.2 气相色谱法

4.4.2.1 测定步骤

按 GB/T 14825 进行。称取 1.0 g 试样(精确至 0.000 2 g)。用 60 mL 水将量筒内剩余的 25 mL 悬浮液及沉淀物全部转移至 100 mL 烧杯中。将烧杯在 100 ℃±2 ℃烘箱或沸水浴上烘干后，用与 4.3.2.5.1 同一支移液管准确加入 10 mL 内标溶液，溶解、摇匀。按 4.3.2 测定其中的多效唑质量。

4.4.2.2 计算

悬浮率 w_2(%)按下式计算：

$$w_2 = \frac{m_1 - m_2}{m_1} \times 111.1 \quad \cdots\cdots(6)$$

$$m_1 = m_s \cdot w_1 \quad \cdots\cdots(7)$$

$$m_2 = \frac{\gamma_2 \times m_b \times w}{\gamma_1} \quad \cdots\cdots(8)$$

式中：

γ_1——标样溶液中，多效唑与内标物峰面积比的平均值；

γ_2——由剩余的 25 mL 悬浮液及沉淀物烘干后所配制的试样溶液中，多效唑与内标物峰面积比的平均值；

m_1——试样中多效唑的质量，单位为克(g)；

m_2——剩余的 25 mL 悬浮液及沉淀物中多效唑的质量，单位为克(g)；

m_s——试样的质量，单位为克(g)；

m_b——标样的质量，单位为克(g)；

w_1——试样中多效唑的质量分数，以%表示；

w——标样中多效唑的质量分数，以%表示。

4.4.2.3 允许差

两次平行测定结果之差，应不大于 5%，取其算术平均值作为测定结果。

4.5 水分的测定

按 GB/T 1600 中的“共沸蒸馏法”进行。

4.6 pH 值测定

按 GB/T 1601 进行。

4.7 润湿时间的测定

按 GB/T 5451 进行。

4.8 细度

按 GB/T 16150 中“湿筛法”进行。

4.9 热贮稳定性试验

按 GB/T 19136 中“粉体制剂”进行。热贮后多效唑质量分数、悬浮率仍符合 3.2 的要求为合格。

4.10 产品的检验与验收

应符合 GB/T 1604 的规定。极限数值处理，采用修约值比较法。

5 标志、标签、包装、贮运

5.1 15%多效唑可湿性粉剂的标志、标签、包装，应符合 GB 3796 的规定。

5.2 15%多效唑可湿性粉剂应用清洁、干燥、内衬塑料袋的编织袋包装，每袋净含量为 25 kg 或 50 kg。

5.3 根据用户要求或订货协议，可以采用其他形式的包装，但需符合 GB 3796 的规定。

5.4 15%多效唑可湿性粉剂包装件应贮存在通风、干燥的库房中。

5.5 贮运时，严防潮湿和日晒，不得与食物、种子、饲料混放，避免与皮肤、眼睛接触，防止由口鼻吸入。

5.6 **安全**：本品属低毒类农药，吞噬和吸入均有毒。使用本品时要戴护镜和胶皮手套以及其他必要的防护衣物。如皮肤、眼睛不慎沾上本品，应立即用大量清水冲洗。误服者立即送医院急救。

5.7 **保证期**：在规定的贮运条件下，15%多效唑可湿性粉剂的保证期，从生产日期算起为 2 年。

ICS 65.100.20
G 25

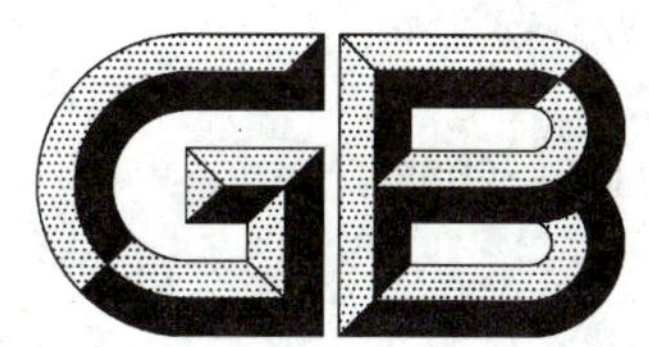

中华人民共和国国家标准

GB 22172—2008

多效唑原药

Paclobutrazol technical

2008-07-11 发布　　　　2009-01-01 实施

中华人民共和国国家质量监督检验检疫总局
中国国家标准化管理委员会　发布

前　言

本标准的第3章、第5章为强制性的，其余为推荐性的。

本标准由中国石油和化学工业协会提出。

本标准由全国农药标准化技术委员会(CSBTS/TC 133)归口。

本标准负责起草单位：沈阳化工研究院。

本标准参加起草单位：四川省化学工业研究设计院、江苏建农农药化工有限公司、江苏七洲绿色化工股份有限公司、江苏剑牌农药化工有限公司。

本标准主要起草人：许来威、张雪冰、邢红、段秀洪、许祥生、陈茹娟、周建华、胡春红。

本标准委托全国农药标准化技术委员会秘书处负责解释。

多效唑原药

该产品有效成分多效唑的其他名称、结构式和基本物化参数如下：

ISO 通用名称：paclobutrazol

CAS 登录号：[76738-62-0]

化学名称：(2RS,3RS)-1-(4-氯苯基)-4,4-二甲基-2-(1H-1,2,4-三唑-1-基)戊-3-醇

结构式：

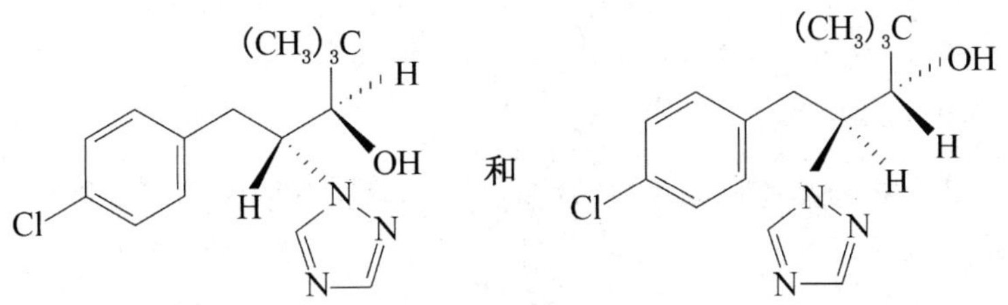

实验式：$C_{15}H_{20}ClN_3O$

相对分子质量：293.8(按 2005 国际相对原子质量计)

生物活性：植物生长调节剂

熔点：165 ℃～166 ℃

蒸气压：1 μPa(20 ℃)

相对密度(25 ℃)：1.22

溶解度(20 ℃，g/L)：水中 2.6×10^{-2}、丙酮 110、环己酮 180、二氯甲烷 100、正己烷 10、二甲苯 60、甲醇 150、丙二醇 50

稳定性：20 ℃贮存 2 年以上稳定；50 ℃贮存 6 个月以上稳定；在 pH4～pH 9 水中稳定；在 pH7 条件下紫外光照射 10 d 不降解

1 范围

本标准规定了多效唑原药的要求、试验方法以及标志、标签、包装、贮运。

本标准适用于由多效唑和生产中产生的杂质组成的多效唑原药。

2 规范性引用文件

下列文件中的条款通过本标准的引用而成为本标准的条款。凡是注日期的引用文件，其随后所有的修改单(不包括勘误的内容)或修订版均不适用于本标准，然而，鼓励根据本标准达成协议的各方研究是否可使用这些文件的最新版本。凡是不注日期的引用文件，其最新版本适用于本标准。

GB/T 1601　农药 pH 值的测定方法

GB/T 1604　商品农药验收规则

GB/T 1605—2001　商品农药采样方法

GB 3796　农药包装通则

GB/T 19138　农药丙酮不溶物测定方法

3 要求

3.1 组成和外观：本品应由多效唑和相关的生产杂质组成，应为白色至棕黄色固体，无可见的外来物和填加的改性剂。

3.2 多效唑原药应符合表1要求。

表1 多效唑原药质量控制项目指标

项目		指标
多效唑质量分数/%	≥	95.0
干燥减量/%	≤	0.5
pH值范围		4.0～9.0
丙酮不溶物[a]/%	≤	0.5
[a] 正常生产时，丙酮不溶物每3个月至少测定一次。		

4 试验方法

4.1 抽样

按GB/T 1605—2001中"商品原药采样"方法进行。用随机数表法确定抽样的包装件；最终抽样量应不少于250 g。

4.2 鉴别试验

红外光谱法——试样的红外光谱图与多效唑的标准红外光谱图(见图1)，应没有明显区别。

液相色谱法——本鉴别试验可与多效唑质量分数的测定同时进行。在相同的色谱操作条件下，试样溶液中某一色谱峰的保留时间与标样溶液中多效唑色谱峰的保留时间，其相对差值应在1.5%以内。

气相色谱法——本鉴别试验可与多效唑质量分数的测定同时进行。在相同的色谱操作条件下，试样溶液中某一色谱峰的保留时间与标样溶液中多效唑色谱峰的保留时间，其相对差值应在1.5%以内。

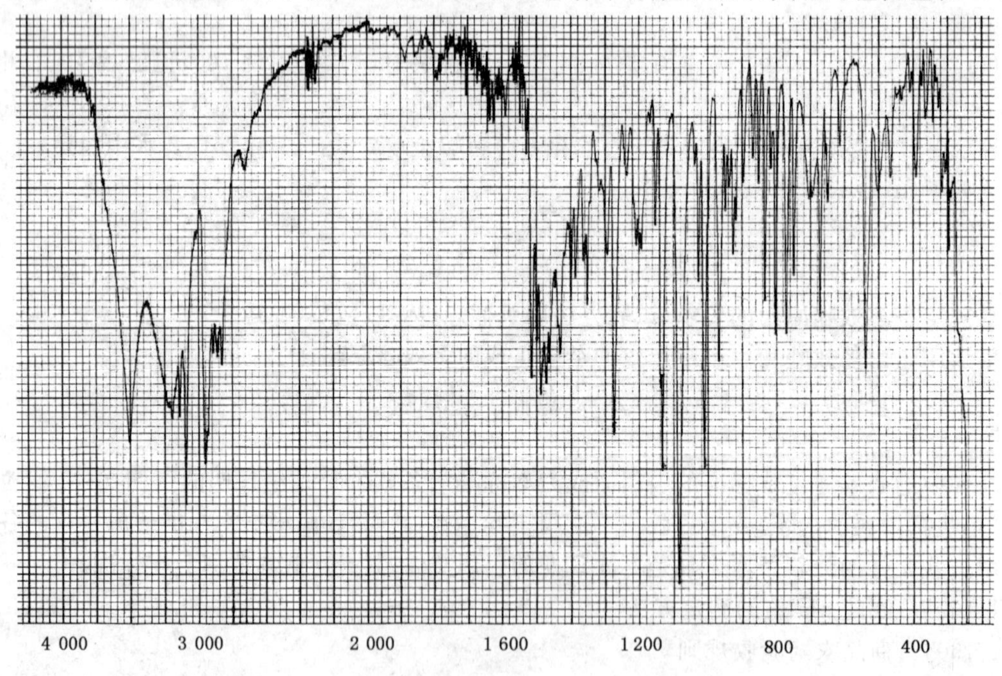

图1 多效唑的标准红外光谱图

4.3 多效唑质量分数的测定

4.3.1 液相色谱法(仲裁法)

4.3.1.1 方法提要

试样用甲醇溶解，以甲醇-乙腈-水为流动相，选用Nova-pak C_{18}、5 μm为填料的色谱柱和紫外可变波长检测器，对试样中的多效唑进行液相色谱分离和测定。

4.3.1.2 试剂和溶液

甲醇:色谱纯;

乙腈:色谱纯;

水:新蒸二次蒸馏水;

多效唑标样:已知质量分数 $w \geqslant 99.0\%$。

4.3.1.3 仪器

液相色谱仪:具有紫外可变波长检测器和定量进样阀;

色谱数据处理机或色谱工作站;

色谱柱:3.9 mm(id)×150 mm 不锈钢柱,内装 Nova-pak C_{18}、5 μm 填充物(或具有相同柱效的其他反相色谱柱);

超声波浴槽;

微量进样器:不小于 50 μL。

4.3.1.4 液相色谱操作条件

流动相:$\psi(CH_3OH:CH_3CN:H_2O)=35:20:45$;

流动相流量:1.0 mL/min;

柱温:室温(温差变化应不大于 2 ℃);

检测波长:230 nm;

进样体积:10 μL;

保留时间(min):4-H 多效唑 3.8、多效唑Ⅱ体 6.3、多效唑 7.7、氯唑酮 9.6。

上述液相色谱操作条件,系典型操作参数。可根据不同仪器特点,对给定的操作参数作适当调整,以期获得最佳效果。典型的多效唑原药的液相色谱图见图 2。

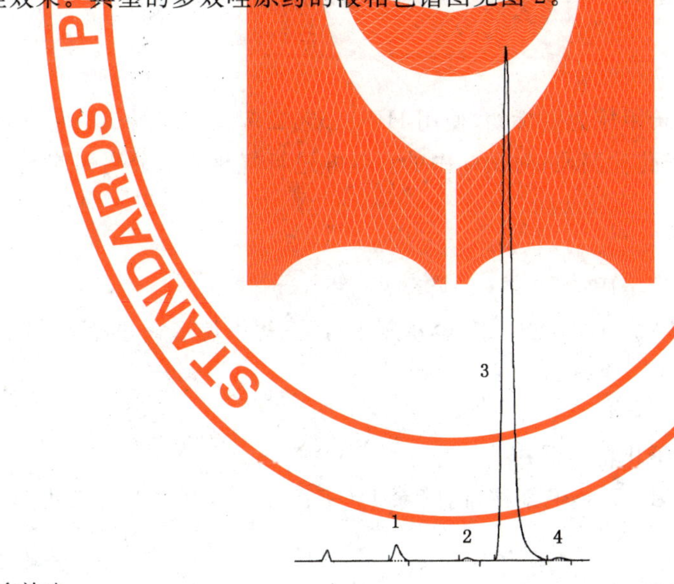

1——4-H 多效唑;

2——多效唑Ⅱ体;

3——多效唑;

4——氯唑酮。

图 2 多效唑原药的液相色谱图

4.3.1.5 测定步骤

4.3.1.5.1 标样溶液的配制

称取多效唑标样 0.10 g(精确至 0.000 2 g),置于 50 mL 容量瓶中,加入 40 mL 甲醇,放入超声波浴槽中超声溶解 5 min。取出,冷却至室温后,加入甲醇定容,摇匀;用移液管准确吸取 5 mL,置于另一

50 mL 容量瓶中，加甲醇定容，摇匀。

4.3.1.5.2 **试样溶液的配制**

称取试样 0.10 g(精确至 0.000 2 g)，置于 50 mL 容量瓶中，加入 40 mL 甲醇，放入超声波浴槽中超声溶解 5 min。取出，冷却至室温后，加入甲醇定容，摇匀；用移液管准确吸取 5 mL，置于另一 50 mL 容量瓶中，加甲醇定容，摇匀。

4.3.1.5.3 **测定**

在上述色谱操作条件下，待仪器稳定后，连续注入数针标样溶液，直至相邻两针多效唑峰面积相对变化小于 1.0%后，按照标样溶液、试样溶液、试样溶液、标样溶液的顺序进样分析。

4.3.1.6 **计算**

将测得的两针试样溶液以及试样前后两针标样溶液中多效唑的峰面积分别进行平均。试样中多效唑的质量分数 w_1(%)按式(1)计算：

$$w_1 = \frac{A_2 \times m_1 \times w}{A_1 \times m_2} \quad \cdots\cdots(1)$$

式中：

A_1——标样溶液中多效唑峰面积的平均值；

A_2——试样溶液中多效唑峰面积的平均值；

m_1——标样的质量，单位为克(g)；

m_2——试样的质量，单位为克(g)；

w——标样中多效唑的质量分数，以%表示。

4.3.1.7 **允许差**

两次平行测定结果之差，应不大于 1.2%，取其算术平均值作为测定结果。

4.3.2 **气相色谱法**

4.3.2.1 **方法提要**

试样用三氯甲烷溶解，以三苯甲烷为内标物，使用 HP-5(5%二苯基+95%二甲基聚硅氧烷)涂壁的石英毛细管色谱柱和氢火焰离子化检测器，对试样中的多效唑进行气相色谱分离和测定。

4.3.2.2 **试剂和溶液**

三氯甲烷；

三苯甲烷：不含有干扰分析的杂质；

内标溶液：称取 5.8 g 三苯甲烷，于 1 000 mL 容量瓶中，用三氯甲烷溶解并稀释至刻度，摇匀；

多效唑标样：已知质量分数 $w \geqslant 99.0\%$。

4.3.2.3 **仪器**

气相色谱仪：具有氢火焰离子化检测器；

色谱柱：30 m×0.32 mm(i.d.)石英毛细柱，内壁涂 HP-5(5%二苯基+95%二甲基聚硅氧烷)，膜厚 0.25 μm；

色谱数据处理机或色谱工作站。

4.3.2.4 **气相色谱操作条件**

柱室温度(程序升温)：起始 200 ℃，保持 8 min；再以 20 ℃/min 的速率升温至 250 ℃，保持 7 min；

气化室温度：280 ℃；

检测器温度：280 ℃；

气体流量(mL/min)：载气(N_2)2.0、氢气 30、空气 300、补偿气(N_2)25；

分流比：40∶1；

进样量(μL)：1.0；

保留时间(min)：内标物 5.0、氯唑酮 5.6、多效唑 6.9、多效唑Ⅱ体 7.2、4-H 多效唑 14.0。

上述气相色谱操作条件，系典型操作参数。可根据不同仪器特点，对给定的操作参数作适当调整，以期获得最佳效果。典型的多效唑原药的气相色谱图见图3。

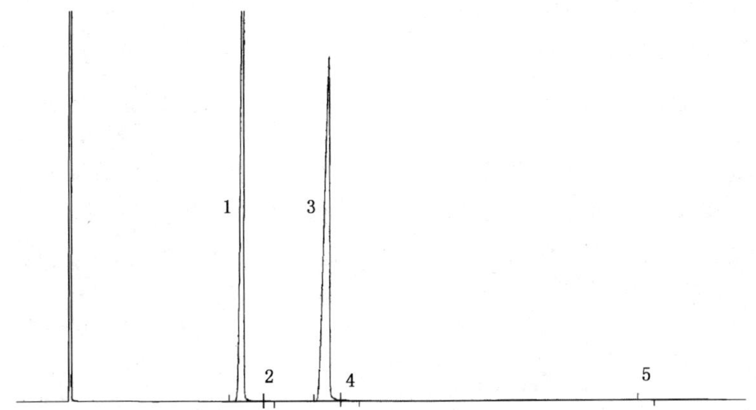

1——内标物(三苯甲烷)；

2——氯唑酮；

3——多效唑；

4——多效唑Ⅱ体；

5——4-H 多效唑。

图3 多效唑原药的气相色谱图

4.3.2.5 测定步骤

4.3.2.5.1 标样溶液的配制

称取多效唑标样0.10 g(精确至0.000 2 g)，置于一15 mL具塞玻璃瓶中，用移液管准确加入10 mL内标溶液，溶解、摇匀。

4.3.2.5.2 试样溶液的配制

称取含多效唑0.10 g的试样(精确至0.000 2 g)，置于一15 mL具塞玻璃瓶中，用与4.3.2.5.1同一支移液管准确加入10 mL内标溶液，溶解、摇匀。

4.3.2.5.3 测定

在上述操作条件下，待仪器基线稳定后，连续注入数针标样溶液，计算各针多效唑与内标物峰面积比的重复性，待相邻两针多效唑与内标物峰面积比的相对变化小于1.2%时，按照标样溶液、试样溶液、试样溶液、标样溶液的顺序进行测定。

4.3.2.6 计算

将测得的两针试样溶液以及试样前后两针标样溶液中多效唑与内标物峰面积比分别进行平均。试样中多效唑的质量分数 w_1(%)按式(2)计算：

$$w_1 = \frac{\gamma_2 \cdot m_1 \cdot w}{\gamma_1 \cdot m_2} \qquad \cdots\cdots(2)$$

式中：

γ_1——标样溶液中，多效唑与内标物峰面积比的平均值；

γ_2——试样溶液中，多效唑与内标物峰面积比的平均值；

m_1——多效唑标样的质量，单位为克(g)；

m_2——试样的质量，单位为克(g)；

w——标样中多效唑的质量分数，以%表示。

4.3.2.7 允许差

多效唑质量分数的两次平行测定结果之差，应不大于1.2%，取其算术平均值作为测定结果。

4.4 干燥减量的测定

4.4.1 仪器和器具

称量瓶：内径 50 mm，高 20 mm；

烘箱：100 ℃±2 ℃；

干燥器。

4.4.2 操作步骤

将称量瓶放入 100 ℃±2 ℃的烘箱中烘 1 h，然后放入干燥器中冷却至室温称量（精确至 0.000 1 g）。重复上述步骤，直至称量瓶恒重为止。在称量瓶中称入 10 g 试样（铺平称量，精确至 0.000 1 g）。将称量瓶放回烘箱，不加盖烘 1 h，盖上盖，取出并放入干燥器内冷却 0.5 h 称量（精确至 0.000 1 g）。重复上述操作，直至称量瓶和试样恒重为止。

4.4.3 计算

试样中的干燥减量 w_2（%）按式（3）计算：

$$w_2 = \frac{m_1 - m_2}{m_1 - m_0} \times 100 \quad \cdots\cdots\cdots\cdots(3)$$

式中：

m_0——称量瓶恒重质量，单位为克（g）；

m_1——试样和称量瓶质量，单位为克（g）；

m_2——试样和称量瓶恒重质量，单位为克（g）。

4.5 pH 值的测定

按 GB/T 1601 进行。

4.6 丙酮不溶物的测定

按 GB/T 19138 进行。

4.7 产品的检验与验收

产品的检验与验收，应符合 GB/T 1604 的规定。极限数值的处理，采用修约值比较法。

5 标志、标签、包装、贮运

5.1 多效唑原药的标志、标签、包装应符合 GB 3796 的规定。多效唑原药应用清洁的塑料桶或衬塑铁桶包装，注意不能使其直接接触金属。每桶净含量一般 50 kg 或 200 kg。

5.2 也可根据用户要求或订货协议，采用其他形式的包装，但需符合 GB 3796 的规定。

5.3 多效唑原药包装件应贮存在通风、干燥的库房中。

5.4 贮运时，严防潮湿和日晒，不得与食物、种子、饲料混放，避免与皮肤、眼睛接触，防止由口鼻吸入。

5.5 **安全**：本品属低毒类农药，吞噬和吸入均有毒。使用本品时要戴护镜和胶皮手套以及其他必要的防护衣物。如皮肤、眼睛不慎沾上本品，应立即用大量清水冲洗。误服者立即送医院急救。

5.6 **验收期**：多效唑原药的验收期为 1 个月。从交货之日起，在 1 个月内完成产品的质量验收，其各项指标均应符合标准要求。

ICS 65.100.20
G 25

中华人民共和国国家标准

GB 22173—2008

噁草酮原药

Oxadiazon technical

2008-07-11 发布　　　　2009-01-01 实施

中华人民共和国国家质量监督检验检疫总局
中国国家标准化管理委员会　发布

前　言

本标准的第3章、第5章为强制性的，其余为推荐性的。

本标准的附录A是资料性附录。

本标准由中国石油和化学工业协会提出。

本标准由全国农药标准化技术委员会(CSBTS/TC 133)归口。

本标准负责起草单位：沈阳化工研究院、安徽省化工研究院。

本标准参加起草单位：安徽科立华化工公司。

本标准主要起草人：姜敏怡、邢君、韩谋国、蒋闳、王多余。

本标准委托全国农药标准化技术委员会秘书处负责解释。

噁草酮原药

该产品有效成分噁草酮的其他名称、结构式和基本物化参数如下:

ISO通用名称:oxadiazon

CAS登录号:19666-30-9

CIPAC数字代码:213

化学名称:5-特丁基-3-(2,4-二氯-5-异丙氧苯基)-1,3,4-噁二唑-2(3H)-酮

结构式:

实验式:$C_{15}H_{18}Cl_2N_2O_3$

相对分子质量:345.2(按2005年国际相对原子质量计)

生物活性:除草

熔点:约90 ℃

蒸气压:小于0.133 mPa(20 ℃)

溶解度(20 ℃):水中0.7 mg/L;丙酮、苯乙酮、苯甲醚中600 g/L;苯、甲苯、三氯甲烷中1 kg/L。

稳定性:常温下贮存稳定。土壤中DT_{50}约90 d。

1 范围

本标准规定了噁草酮原药的要求、试验方法以及标志、标签、包装、贮运。

本标准适用于由噁草酮和生产中产生的杂质组成的噁草酮原药。

2 规范性引用文件

下列文件中的条款通过本标准的引用而成为本标准的条款。凡是注日期的引用文件,其随后所有的修改单(不包括勘误的内容)或修订版均不适用于本标准,然而,鼓励根据本标准达成协议的各方研究是否可使用这些文件的最新版本。凡是不注日期的引用文件,其最新版本适用于本标准。

GB/T 601—2002 化学试剂 标准滴定溶液的制备

GB/T 1600 农药水分测定方法

GB/T 1604 商品农药验收规则

GB/T 1605—2001 商品农药采样方法

GB 3796 农药包装通则

GB/T 19138 农药丙酮不溶物测定方法

3 要求

3.1 外观

白色至棕黄色固体,无可见的外来物和填加的改性剂。

3.2 噁草酮原药应符合表1要求。

表 1　噁草酮原药质量控制项目指标

项　　目		指　　标
噁草酮质量分数/%	≥	95.0
水分/%	≤	0.5
丙酮不溶物[a]/%	≤	0.5
酸度(以 H_2SO_4 计)/%	≤	0.3
[a] 丙酮不溶物,每 3 个月至少测定一次。		

4　试验方法

4.1　抽样

按 GB/T 1605—2001 中"商品原药采样"方法进行。用随机数表法确定抽样的包装件;最终抽样量应不少于 100 g。

4.2　鉴别试验

红外光谱法——试样与标样在 4 000 cm^{-1}～400 cm^{-1}范围的红外吸收光谱图应没有明显区别。标样红外光谱图见图 1。

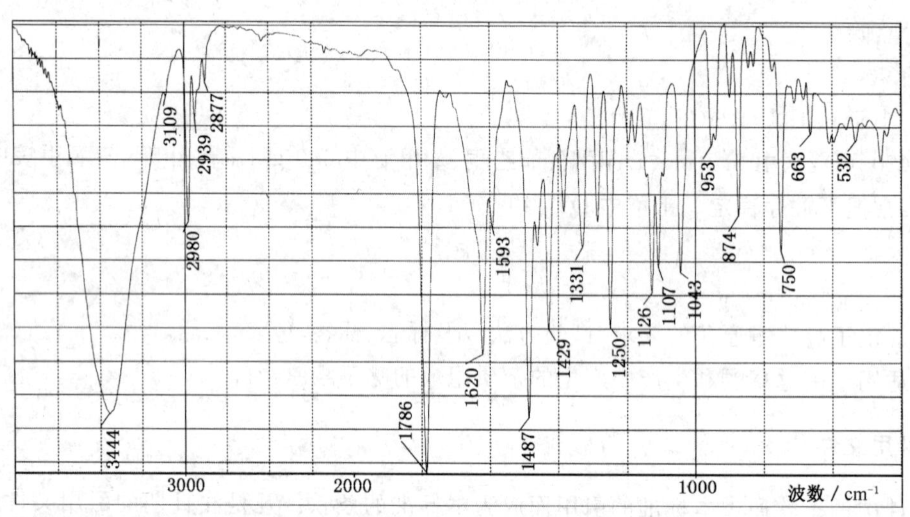

图 1　噁草酮标准红外光谱图

气相色谱法——本鉴别试验可与噁草酮质量分数的测定同时进行。在相同的色谱操作条件下,试样溶液中某个色谱峰的保留时间与标样溶液中噁草酮的色谱峰的保留时间,其相对差值应在 1.5%以内。

4.3　噁草酮质量分数的测定

4.3.1　方法提要

试样用三氯甲烷溶解,以二十四烷为内标物,使用 HP-5(5%苯甲基硅酮)涂壁的石英毛细管柱,和氢火焰离子化检测器,对试样中的噁草酮进行毛细管气相色谱分离和测定。本方法为仲裁法,也可使用填充柱气相色谱法,色谱操作条件参见附录 A。

4.3.2　试剂和溶液

三氯甲烷;

噁草酮标样:已知质量分数,w≥99.0%;

二十四烷:不含有干扰分析的杂质;

内标溶液：称取 5.0 g 的二十四烷，于 1 000 mL 的容量瓶中，用三氯甲烷溶解、定容、摇匀。

4.3.3 仪器

气相色谱仪：具氢火焰离子化检测器；

色谱柱：30 m×0.32 mm(i.d.)石英毛细柱，内壁涂 HP-5(5%苯甲基硅酮)，膜厚 0.25 μm；

色谱数据处理机或色谱工作站。

4.3.4 气相色谱操作条件

温度(℃)：柱室 210、气化室 250、检测室 260；

气体流量(mL/min)：载气(N_2)1.8、补偿气(N_2)25、氢气 40、空气 400；

分流比：40：1；

进样体积：1.0 μL；

保留时间：噁草酮：约 6.5 min、内标物：约 10.8 min。

上述气相色谱操作条件，系典型操作参数。可根据不同仪器特点，对给定的操作参数作适当调整，以期获得最佳效果。典型的噁草酮原药与内标物的气相色谱图见图 2。

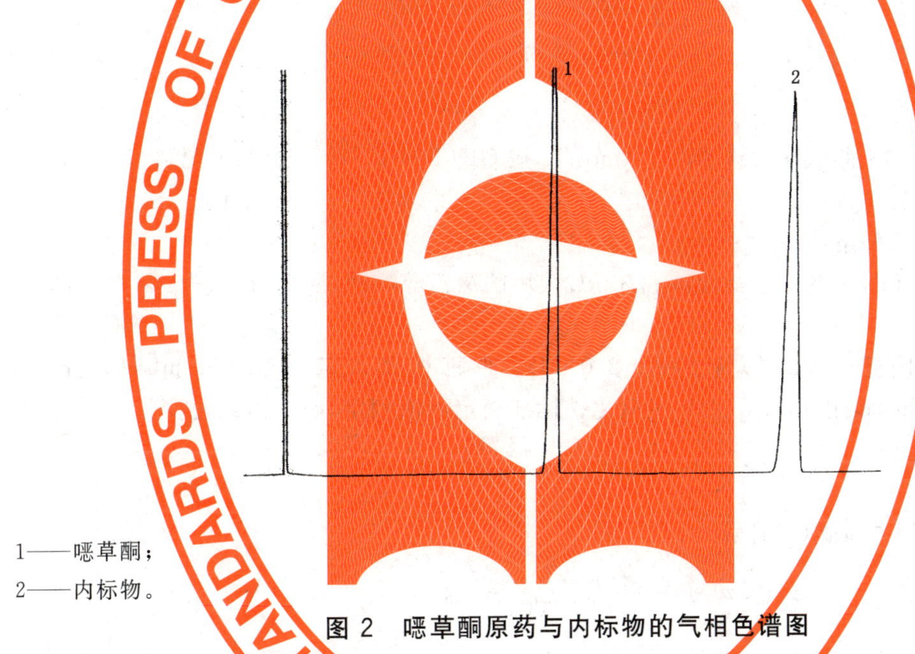

1——噁草酮；

2——内标物。

图 2 噁草酮原药与内标物的气相色谱图

4.3.5 测定步骤

4.3.5.1 标样溶液的配制

称取噁草酮标样 0.05 g(精确至 0.000 02 g)，置于一具塞玻璃瓶中，用移液管准确加入 5 mL 内标溶液，摇匀。

4.3.5.2 试样溶液的配制

称取试样 0.05 g(精确至 0.000 02 g)，置于一具塞的玻璃瓶中，用与 4.3.5.1 中使用的同一支移液管准确加入 5 mL 内标溶液，摇匀。

4.3.5.3 测定

在上述色谱操作条件下，待仪器稳定后，连续注入数针标样溶液，直至相邻两针噁草酮与内标物的峰面积比的相对变化小于 1.5%后，按照标样溶液、试样溶液、试样溶液、标样溶液的顺序进行分析测定。

4.3.6 计算

将测得的两针试样溶液以及试样前后两针标样溶液中噁草酮与内标物的峰面积比分别进行平均。试样中噁草酮质量分数 w_1(%)按式(1)计算：

$$w_1 = \frac{\gamma_2 \times m_1 \times w}{\gamma_1 \times m_2} \quad \cdots\cdots\cdots\cdots (1)$$

式中：

γ_1——标样溶液中噁草酮与内标物峰面积比的平均值；

γ_2——试样溶液中噁草酮与内标物峰面积比的平均值；

m_1——标样的质量，单位为克(g)；

m_2——试样的质量，单位为克(g)；

w——标样中噁草酮的质量分数，以%表示 。

4.3.7 允许差

两次平行测定结果之差，应不大于 1.2%，取其算术平均值作为测定结果。

4.4 水分的测定

按 GB/T 1600 中的"卡尔·费休法"进行。

4.5 丙酮不溶物的测定

按 GB/T 19138 进行。

4.6 酸度的测定

4.6.1 试剂和溶液

95%乙醇；

氢氧化钠标准滴定溶液 c(NaOH)=0.02 mol/L，按 GB/T 601—2002 中 4.1 配制和标定；

甲基红：2 g/L 乙醇溶液；

溴甲酚绿：1 g/L 乙醇溶液；

混合指示剂：取 1 mL 甲基红乙醇溶液和 3 mL 溴甲酚绿乙醇溶液，混合均匀。

4.6.2 测定步骤

称取试样 2 g(精确至 0.002 g)，置于一个 250 mL 锥形瓶中，加入 95%乙醇 50 mL，摇动使试样溶解。加入 8 滴混合指示剂，用 0.02 mol/L 氢氧化钠标准滴定溶液滴定，溶液由红色变为亮绿色即为终点。同时做空白测定。

4.6.3 计算

试样的酸度 w_2(%)，按式(2)计算：

$$w_2 = \frac{c(V_1 - V_0) \times M}{m \times 1\,000} \times 100 \quad \cdots\cdots\cdots\cdots (2)$$

式中：

c——氢氧化钠标准滴定溶液的实际浓度，单位为摩尔每升(mol/L)；

V_1——滴定试样溶液，消耗氢氧化钠标准滴定溶液的体积，单位为毫升(mL)；

V_0——滴定空白溶液，消耗氢氧化钠标准滴定溶液的体积，单位为毫升(mL)；

m——试样的质量，单位为克(g)；

M——硫酸的摩尔质量的数值，单位为克每摩尔(g/mol)，$\left[M\,\frac{1}{2}(H_2SO_4)=49\ g/mol\right]$。

4.7 产品的检验与验收

产品的检验与验收，应符合 GB/T 1604 的规定。极限数值的处理，采用修约值比较法。

5 标志、标签、包装、贮运

5.1 噁草酮原药的标志、标签和包装，应符合 GB 3796 的规定。

5.2 噁草酮原药应用编织袋内衬清洁的塑料袋或纸板桶内衬清洁的塑料袋包装，每袋、每桶净含量一般为 25 kg 或 40 kg。也可根据用户要求或订货协议，采用其他形式的包装，但需符合 GB 3796 的规定。

5.3 噁草酮原药包装件应贮存在通风、干燥的库房中。

5.4 贮运时,严防潮湿和日晒,不得与食物、种子、饲料混放,避免与皮肤、眼睛接触,防止由口鼻吸入。

5.5 **安全**:本品属低毒除草剂,吞噬和吸入均有毒,可经皮肤渗入。使用本品时要戴防护镜和胶皮手套穿必要的防护衣物。如皮肤、眼睛不慎沾上本品,应立即用大量清水冲洗。误服者应立即送医院对症治疗。

5.6 **验收期**:噁草酮原药的验收期为1个月。从交货之日起,在1个月内完成产品的质量验收,其各项指标均应符合标准要求。

附　录　A
（资料性附录）
嘧草酮填充柱气相色谱分析条件

A.1　方法提要

试样用三氯甲烷溶解，以邻苯二甲酸双环己酯为内标物，使用5%OV-210/Chromosorb W AW-DMCS(180 μm～250 μm)为填充物的不锈钢柱和氢火焰离子化检测器，对嘧草酮进行气相色谱分离和测定。

A.2　试剂和溶液

三氯甲烷；

嘧草酮标样：已知质量分数 $w \geqslant 99.0\%$；

内标物：邻苯二甲酸双环己酯，不应含有干扰分析的杂质。

A.3　仪器和试剂

气相色谱仪：具氢火焰离子化检测器；

色谱数据处理机；

色谱柱：1 m×3 mm(i.d.)不锈钢柱；

柱填充物：OV-210 涂渍在 Chromosorb W AW-DMCS 载体(180 μm～250μm)上，固定液：(固定液＋载体)＝5：100。

A.4　色谱操作条件

温度(℃)：柱温　200、气化室　250、检测器　260；

流速(mL/min)：载气(N_2)30、氢气 30、空气 300；

进样体积：1.0 μL；

保留时间(min)：嘧草酮　约 8.9；内标物　约 15.8。

A.5　测定步骤

A.5.1　标样溶液的制备

称取嘧草酮标样 0.05 g(精确至 0.000 02 g)，置于一具塞的玻璃瓶中，用移液管准确加入 5 mL 内标溶液，摇匀。

A.5.2　试样溶液的制备

称取含嘧草酮约 0.05 g 的试样(精确至 0.000 02 g)，置于一具塞的玻璃瓶中，用与 A.5.1 中使用的同一支移液管准确加入 5 mL 内标溶液，摇匀。

A.5.3　测定

在上述操作条件下，待仪器稳定后，连续注入数针标样溶液，直至相邻两针嘧草酮与内标物的峰面积比的变化小于 1.5%后，按照标样溶液、试样溶液、试样溶液、标样溶液的顺序进行测定。典型图谱见图 A.1。

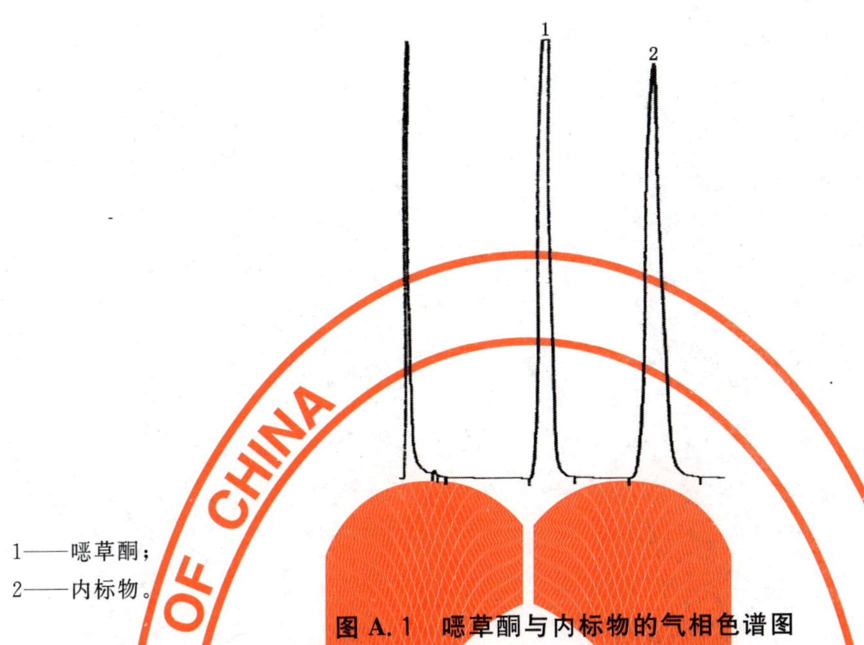

1——噁草酮；
2——内标物。

图 A.1 噁草酮与内标物的气相色谱图

A.6 计算

将测得的两针试样溶液以及试样前后两针标样溶液中噁草酮与内标物峰面积之比，分别进行平均。试样中噁草酮的质量分数 w_1(%)按式(A.1)计算：

$$w_1 = \frac{\gamma_2 \times m_1 \times w}{\gamma_1 \times m_2} \quad \cdots\cdots(A.1)$$

式中：

γ_1——标样溶液中噁草酮与内标物峰面积比的平均值；

γ_2——试样溶液中噁草酮与内标物峰面积比的平均值；

m_1——标样的质量，单位为克(g)；

m_2——试样的质量，单位为克(g)；

w——标样中噁草酮的质量分数，以%表示。

ICS 65.100.30
G 25

中华人民共和国国家标准

GB 22174—2008

烯唑醇可湿性粉剂

Diniconazole wettable powders

2008-07-11 发布　　　　2009-01-01 实施

中华人民共和国国家质量监督检验检疫总局
中国国家标准化管理委员会　发布

前　言

本标准的第3章和第5章为强制性的，其余为推荐性的。

本标准由中国石油和化学工业协会提出。

本标准由全国农药标准化技术委员会(CSBTS/TC 133)归口。

本标准负责起草单位：农业部农药检定所。

本标准参加起草单位：江苏建农农药化工有限公司、江苏剑牌农药化工有限公司、江苏盐城利民农化有限公司。

本标准主要起草人：单炜力、李友顺、吴进龙、段丽芳、周建华、许祥生、韦鸿胜。

本标准委托全国农药标准化技术委员会秘书处负责解释。

烯唑醇可湿性粉剂

该产品有效成分烯唑醇的其他名称、结构式和基本理化参数如下：

ISO 通用名称：diniconazole

CIPAC 数字代号：690

化学名称：(E)-(RS)-1-(2,4-二氯苯基)-2-(1H-1,2,4-三唑-1-基)-4,4-二甲基戊-1-烯-3-醇

结构式：

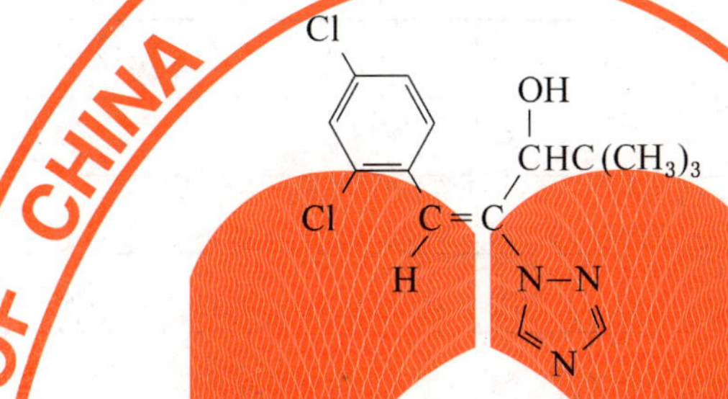

实验式：$C_{15}H_{17}Cl_2N_3O$

相对分子质量：326.2(按 2005 年国际相对原子质量计)

生物活性：杀菌

熔点：134 ℃～156 ℃

相对密度：1.32 g/cm^3(20 ℃)

蒸气压：2.93 mPa(20 ℃)、4.9 mPa(25 ℃)

溶解度：水 4 mg/L(20 ℃)，丙酮 95 g/kg(25 ℃)、甲醇 95 g/kg(25 ℃)、二甲苯 14 g/kg(25 ℃)、己烷 0.7 g/kg(25 ℃)

稳定性：对光、热、潮湿稳定

1 范围

本标准规定了烯唑醇可湿性粉剂的要求、试验方法以及标志、标签、包装和贮运。

本标准适用于由烯唑醇原药与适宜的助剂和填料加工成的烯唑醇可湿性粉剂。

2 规范性引用文件

下列文件中的条款通过本标准的引用而成为本标准的条款。凡是注日期的引用文件，其随后所有的修改单(不包括勘误的内容)或修订版均不适用于本标准，然而，鼓励根据本标准达成协议的各方研究是否可使用这些文件的最新版本。凡是不注日期的引用文件，其最新版本适用于本标准。

GB/T 1250　极限数值的表示方法和判定方法

GB/T 1600　农药水分测定方法

GB/T 1601　农药 pH 值的测定方法

GB/T 1604　商品农药验收规则

GB/T 1605　商品农药采样方法

GB 3796　农药包装通则

GB/T 5451　农药可湿性粉剂润湿性测定方法

GB/T 14825　农药剂悬浮率测定方法

GB/T 16150 农药粉剂、可湿性粉剂细度测定方法

GB/T 19136 农药热贮稳定性测定方法

3 要求

3.1 组成和外观：本品应由符合标准的烯唑醇原药与适宜的助剂和填料加工制成，为组成均匀的疏松粉末，不应有团块。

3.2 烯唑醇可湿性粉剂应符合表1要求。

表1 烯唑醇可湿性粉剂控制项目指标

项目		指标
烯唑醇质量分数/%		12.5±0.7
烯唑醇悬浮率/%	≥	70
pH值范围		7.0~11.0
水分/%	≤	3.0
润湿时间/s	≤	90
细度(通过45 μm试验筛)/%	≥	95
热贮稳定性[a]		合格

[a] 热贮稳定性试验，每3个月至少检验1次。

4 试验方法

4.1 抽样

按照GB/T 1605"固体制剂采样"方法进行。用随机取样方法确定抽样的包装件，最终抽样量不应少于300 g。

4.2 鉴别试验

高效液相色谱法——本鉴别试验可与烯唑醇含量测定同时进行。在相同的色谱操作条件下，试样溶液中某一个色谱峰的保留时间与标样溶液中烯唑醇色谱峰的保留时间，其相对差值应在1.5%以内。

当用以上方法对有效成分鉴别有疑问时，可采用其他有效方法进行鉴别。

4.3 烯唑醇质量分数的测定

4.3.1 方法提要

试样用流动相溶解，以甲醇+水为流动相，使用以C_{18}为填料的不锈钢柱和紫外检测器(250 nm)，以外标法对试样中的烯唑醇进行反相高效液相色谱分离和测定。

4.3.2 试剂和溶液

甲醇：色谱级；

水：新蒸二次蒸馏水；

烯唑醇标样：已知质量分数w≥99.0%。

4.3.3 仪器

高效液相色谱仪：具有紫外可变波长检测器；

色谱数据处理机或色谱工作站；

色谱柱：250 mm×4.6 mm(i.d.)不锈钢柱，内装ZORBAX SB-C_{18}、5 μm填充物(或其他同等效果色谱柱)；

过滤器:滤膜孔径约 0.45 μm;

微量进样器:50 μL;

超声波清洗器。

4.3.4 高效液相色谱操作条件

流动相:ψ(甲醇：水)=85：15,经滤膜过滤,并进行脱气;

流动相流量:1.0 mL/min;

柱温:室温(温差变化应不大于 2 ℃);

检测波长:250 nm;

进样体积:5 μL;

保留时间:烯唑醇约 5.6 min,烯唑醇异构体约 4.5 min。

上述操作参数是典型的,可根据不同仪器及色谱柱特点,对给定操作参数作适当调整,以期获得最佳效果。典型的烯唑醇可湿性粉剂高效液相色谱图见图 1。

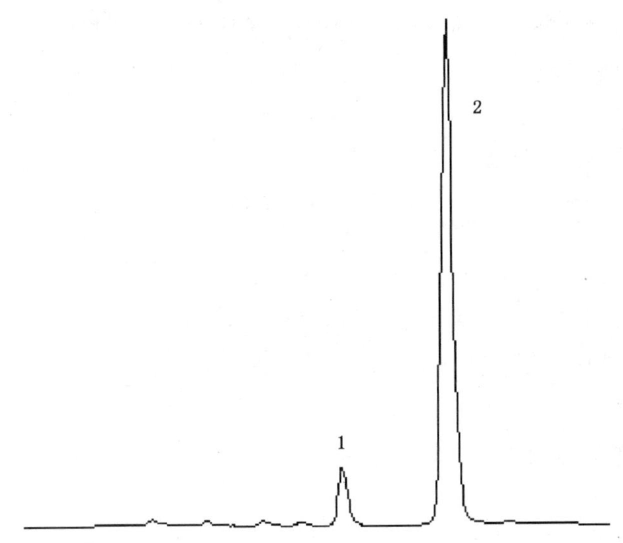

1——烯唑醇异构体;

2——烯唑醇。

图 1 烯唑醇可湿性粉剂高效液相色谱图

4.3.5 测定步骤

4.3.5.1 标样溶液配制

称取烯唑醇标样 0.05 g(精确至 0.000 2 g),置于 100 mL 容量瓶中,用流动相溶解并稀释至刻度,摇匀。

4.3.5.2 试样溶液配制

称取含烯唑醇 0.05 g 的试样(精确至 0.000 2 g),置于 100 mL 容量瓶中,用流动相溶解并稀释至刻度,摇匀。经 0.45 μm 滤膜过滤,待用。

4.3.5.3 测定

在上述操作条件下,待仪器稳定后,连续注入数针标样溶液,待相邻两针的烯唑醇峰面积相对变化小于 1.5%后,按标样溶液、试样溶液、试样溶液、标样溶液的顺序进行测定。

4.3.6 计算

将测得的两针试样溶液以及试样溶液前后两针标样溶液中烯唑醇峰面积分别进行平均。试样中烯唑醇的质量分数 w_1(%)按式(1)计算:

$$w_1 = \frac{A_2 \cdot m_1 \cdot w}{A_1 \cdot m_2} \quad \cdots\cdots(1)$$

式中：

A_1——前后两针标样溶液中烯唑醇峰面积的平均值；

A_2——前后两针试样溶液中烯唑醇峰面积的平均值；

m_1——烯唑醇标样的质量，单位为克(g)；

m_2——试样的质量，单位为克(g)；

w——标样中烯唑醇的质量分数，以%表示。

4.3.7 允许差

两次平行测定结果之差应不大于0.5%，取其算术平均值作为测定结果。

4.4 悬浮率的测定

4.4.1 测定步骤

按GB/T 14825中方法一进行。称样量约为1.0 g(精确至0.000 2 g)，用70 mL甲醇将留在量桶底部的1/10悬浮液和残留物转移到100 mL容量瓶中，充分振荡，甲醇超声溶解，定容。按本标准4.3测定烯唑醇质量，计算其悬浮率。

4.4.2 计算

试样悬浮率w_2(%)按式(2)计算：

$$w_2 = 10/9 \times \frac{m_1 - m_2}{m_1} \times 100 \quad \cdots\cdots(2)$$

式中：

m_1——配制悬浮液所取试样中有效成分质量，单位为克(g)；

m_2——留在量筒底部25 mL悬浮液中有效成分质量，单位为克(g)。

4.4.3 允许差

两次平行测定结果之差，应不大于5%，取其算术平均值作为测定结果。

4.5 水分的测定

按GB/T 1600中“共沸蒸馏法”进行。

4.6 pH值的测定

按GB/T 1601进行。

4.7 润湿时间的测定

按GB/T 5451进行。

4.8 细度的测定

按GB/T 16150中“湿筛法”进行。

4.9 热贮稳定性试验

按GB/T 19136中“粉体制剂”的方法进行，于热贮后24 h内完成烯唑醇质量分数和悬浮率的测定。烯唑醇质量分数应不低于贮前质量分数的95%，悬浮率仍应符合标准要求。

4.10 产品的检验与验收

应符合GB/T 1604的规定。极限数值的处理采用GB/T 1250修约值比较法。

5 标志、标签、包装、贮运

5.1 烯唑醇可湿性粉剂的标志、标签和包装，应符合GB 3796中的有关规定。

5.2 烯唑醇可湿性粉剂用铝塑复合袋包装，每袋净容量为50 g，外用纸箱作外包装，每箱净含量不超过10 kg。也可以根据用户要求或定货协议，采用其他形式的包装，但要符合GB 3796中的有关规定。

5.3 包装件应存放在通风、干燥的库房中。

5.4 贮运时，严防潮湿和日晒，不得与食物、种子、饲料混放，避免与皮肤、眼睛接触，防止由口鼻吸入。

5.5 安全：在使用说明书上或包装容器上，除有醒目的毒性标志外，还应有毒性说明、使用注意事项、中毒症状、解毒方法和急救措施。

5.6 保证期：在规定的贮运条件下，烯唑醇可湿性粉剂的质量保证期，从生产日期算起为两年。

ICS 65.100.30
G 25

中华人民共和国国家标准

GB 22175—2008

烯唑醇原药

Diniconazole technical

2008-07-11 发布　　2009-01-01 实施

中华人民共和国国家质量监督检验检疫总局
中国国家标准化管理委员会　发布

前　言

本标准的第3章和第5章为强制性的，其余为推荐性的。

本标准由中国石油和化学工业协会提出。

本标准由全国农药标准化技术委员会(CSBTS/TC 133)归口。

本标准负责起草单位：农业部农药检定所。

本标准参加起草单位：江苏建农农药化工有限公司、江苏剑牌农药化工有限公司、江苏盐城利民农化有限公司。

本标准主要起草人：单炜力、李友顺、吴进龙、段丽芳、周建华、许祥生、韦鸿胜。

本标准委托全国农药标准化技术委员会秘书处负责解释。

烯唑醇原药

该产品有效成分烯唑醇的其他名称、结构式和基本理化参数如下：

ISO 通用名称：diniconazole

CIPAC 数字代号：690

化学名称：(E)-(RS)-1-(2,4-二氯苯基)-2-(1H-1,2,4-三唑-1-基)-4,4-二甲基戊-1-烯-3-醇

结构式：

实验式：$C_{15}H_{17}Cl_2N_3O$

相对分子质量：326.2(按 2005 年国际相对原子质量计)

生物活性：杀菌

熔点：134 ℃～156 ℃

相对密度：1.32 g/cm^3(20 ℃)

蒸气压：2.93 mPa(20 ℃)、4.9 mPa(25 ℃)

溶解度：水 4 mg/L(20 ℃)，丙酮 95 g/kg(25 ℃)、甲醇 95 g/kg(25 ℃)、二甲苯 14 g/kg(25 ℃)、己烷0.7 g/kg(25 ℃)

稳定性：对光、热、潮湿稳定。

1 范围

本标准规定了烯唑醇原药的要求、试验方法以及标志、标签、包装和贮运。

本标准适用于由烯唑醇及其生产过程中产生的杂质组成的烯唑醇原药。

2 规范性引用文件

下列文件中的条款通过本标准的引用而成为本标准的条款。凡是注日期的引用文件，其随后所有的修改单(不包括勘误的内容)或修订版均不适用于本标准，然而，鼓励根据本标准达成协议的各方研究是否可使用这些文件的最新版本。凡是不注日期的引用文件，其最新版本适用于本标准。

GB/T 1250 极限数值的表示方法和判定方法

GB/T 1600 农药水分测定方法

GB/T 1601 农药 pH 值的测定方法

GB/T 1604 商品农药验收规则

GB/T 1605 商品农药采样方法

GB 3796 农药包装通则

GB/T 19138 农药丙酮不溶物测定方法

3 要求

3.1 外观：灰白色至白色粉末，无可见外来杂质。

3.2 烯唑醇原药应符合表1要求。

表1 烯唑醇原药控制项目指标

项　目		指　标
烯唑醇质量分数/%	≥	95.0
pH值范围		5.0～8.0
水分/%	≤	0.5
丙酮不溶物的质量分数[a]/%	≤	0.5
[a] 在正常生产情况下，丙酮不溶物的质量分数每3个月至少检验1次。		

4 试验方法

4.1 抽样

按照GB/T 1605“商品原药采样”方法进行。用随机数表法确定抽样的包装件，最终抽样量应不少于100 g。

4.2 鉴别试验

高效液相色谱法——本鉴别试验可与烯唑醇含量测定同时进行。在相同的色谱操作条件下，试样溶液中某一个色谱峰的保留时间与标样溶液中烯唑醇色谱峰的保留时间，其相对差值应在1.5%以内。

红外光谱法——试样与标样在4 000 cm^{-1}～400 cm^{-1}范围内的红外吸收光谱图应无明显差异(见图1)

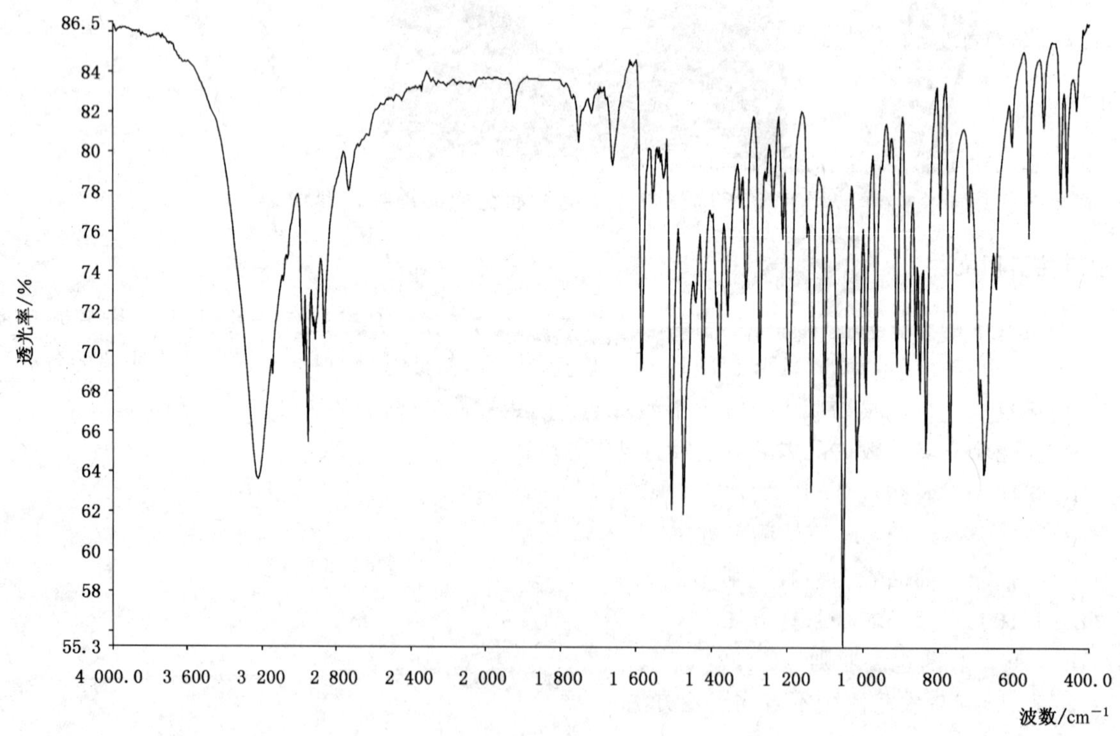

图1 烯唑醇标样的红外光谱图

4.3 烯唑醇质量分数的测定

4.3.1 方法提要

试样用流动相溶解，以甲醇＋水为流动相，使用以 C_{18} 为填料的不锈钢柱和紫外检测器(250 nm)，以外标法对试样中的烯唑醇进行反相高效液相色谱分离和测定。

4.3.2 试剂和溶液

甲醇：色谱级；

水：新蒸二次蒸馏水；

烯唑醇标样：已知质量分数 $w \geqslant 99.0\%$。

4.3.3 仪器

高效液相色谱仪：具有紫外可变波长检测器；

色谱数据处理机或色谱工作站；

色谱柱：250 mm×4.6 mm(i. d.)不锈钢柱，内装 ZORBAX SB-C_{18} 5 μm 填充物(或其他同等效果色谱柱)；

过滤器：滤膜孔径约 0.45 μm；

微量进样器：50 μL；

超声波清洗器。

4.3.4 高效液相色谱操作条件

流动相：ϕ(甲醇：水)＝85：15，经滤膜过滤，并进行脱气；

流动相流量：1.0 mL/min；

柱温：室温(温差变化应不大于 2 ℃)；

检测波长：250 nm；

进样体积：5 μL；

保留时间：烯唑醇约 5.6 min，烯唑醇异构体约 4.5 min。

上述操作参数是典型的，可根据不同仪器及色谱柱特点，对给定操作参数作适当调整，以期获得最佳效果。典型的烯唑醇原药高效液相色谱图见图 2。

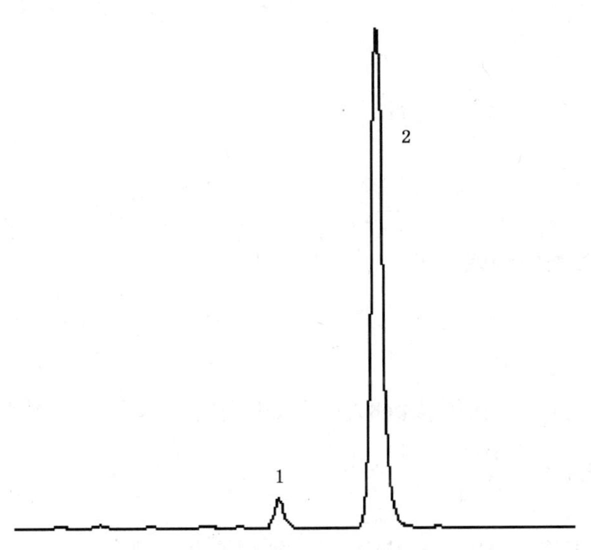

1——烯唑醇异构体；

2——烯唑醇。

图 2 烯唑醇原药高效液相色谱图

4.3.5 测定步骤

4.3.5.1 标样溶液配制

称取烯唑醇标样 0.05 g(精确至 0.000 2 g),置于 100 mL 容量瓶中,用流动相溶解并稀释至刻度,摇匀。

4.3.5.2 试样溶液配制

称取含烯唑醇 0.05 g 的试样(精确至 0.000 2 g),置于 100 mL 容量瓶中,用流动相溶解并稀释至刻度,摇匀。

4.3.5.3 测定

在上述操作条件下,待仪器稳定后,连续注入数针标样溶液,待相邻两针的烯唑醇峰面积相对变化小于 1.5%后,按标样溶液、试样溶液、试样溶液、标样溶液的顺序进行测定。

4.3.6 计算

将测得的两针试样溶液以及试样溶液前后两针标样溶液中烯唑醇峰面积分别进行平均。试样中烯唑醇的质量分数 w_1(%)按式(1)计算:

$$w_1 = \frac{A_2 \cdot m_1 \cdot w}{A_1 \cdot m_2} \qquad \cdots\cdots(1)$$

式中:

A_1——前后两针标样溶液中烯唑醇峰面积的平均值;

A_2——前后两针试样溶液中烯唑醇峰面积的平均值;

m_1——烯唑醇标样的质量,单位为克(g);

m_2——试样的质量,单位为克(g);

w——标样中烯唑醇的质量分数,以%表示。

4.3.7 允许差

两次平行测定结果之差应不大于 1.2%,取其算术平均值作为测定结果。

4.4 水分的测定

按 GB/T 1600 中"卡尔·费休法"进行。

4.5 pH 值的测定

按 GB/T 1601 进行。

4.6 丙酮不溶物的质量分数的测定

按 GB/T 19138 进行。

4.7 产品的检验与验收

应符合 GB/T 1604 的规定。极限数值的处理采用 GB/T 1250 修约值比较法。

5 标志、标签、包装、贮运

5.1 烯唑醇原药的标志、标签和包装,应符合 GB 3796 的有关规定。

5.2 烯唑醇原药应用清洁、干燥、内衬塑料袋的钢桶或纸板桶包装,每袋净含量为 25 kg。也可以根据用户要求或定货协议,采用其他形式的包装,但需符合 GB 3796 中的有关规定。

5.3 包装件应存放在通风、干燥的库房中。

5.4　贮运时，严防潮湿和日晒，不得与食物、种子、饲料混放，避免与皮肤、眼睛接触，防止由口鼻吸入。

5.5　**安全：烯唑醇属低毒杀菌剂，对皮肤、眼有刺激症状。使用本品应带防护手套。皮肤接触后，应立即用肥皂和水洗净；如溅入眼睛中，应用大量的清水冲洗；如经口摄入要催吐并送医院对症治疗。**

5.6　验收期：烯唑醇原药验收期为1个月。从交货之日起，在一个月内，完成产品质量验收，其各项指标均应符合标准要求。

ICS 65.100.20
G 25

中华人民共和国国家标准

GB 22176—2008

二甲戊灵乳油

Pendimethalin emulsifiable concentrates

2008-07-11 发布　　2009-01-01 实施

中华人民共和国国家质量监督检验检疫总局
中国国家标准化管理委员会　发布

前　言

本标准的第3章、第5章为强制性的，其余为推荐性的。

本标准由中国石油和化学工业协会提出。

本标准由全国农药标准化技术委员会(CSBTC/TC 133)归口。

本标准负责起草单位：沈阳化工研究院。

本标准参加起草单位：山东华阳科技股份有限公司、江苏龙灯化学有限公司。

本标准主要起草人：张丕龙、侯春青、朱凤霞、冯秀珍、李鹏。

本标准委托全国农药标准化技术委员会秘书处负责解释。

二甲戊灵乳油

该产品有效成分二甲戊灵的其他名称、结构式和基本物化参数如下：

ISO 通用名称：pendimethalin

CIPAC 数字代号：357

化学名称：N-(1-乙基丙基)-2,6-二硝基-3,4-二甲基苯胺

结构式：

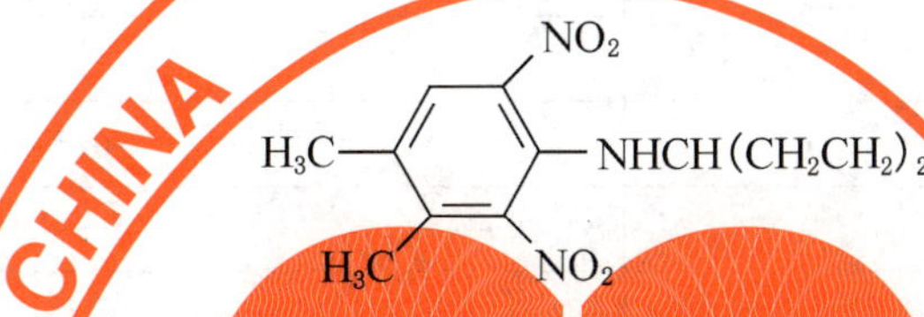

实验式：$C_{13}H_{19}N_3O_4$

相对分子质量：281.3（按 2005 国际相对原子质量计）

生物活性：除草

熔点：54 ℃～58 ℃

蒸气压(25 ℃)：4.0×10^{-3} Pa

溶解度(26 ℃,g/L)：水 3.0×10^{-4}(20 ℃)、丙酮 700、玉米油 148、异丙醇 77、二甲苯 628、庚烷 138，易溶于苯、甲苯、三氯甲烷和二氯甲烷，微溶于石油醚和汽油中

稳定性：在 5 ℃～130 ℃稳定，水中 DT_{50} < 21 d，对酸、碱稳定，土壤中 DT_{50} 为 30 d～90 d，见光慢慢分解

1 范围

本标准规定了二甲戊灵乳油的要求、试验方法以及标志、标签、包装、贮运。

本标准适用于二甲戊灵原药与乳化剂溶解在适宜的溶剂中配制成的二甲戊灵乳油。

2 规范性引用文件

下列文件中的条款通过本标准的引用而成为本标准的条款。凡是注日期的引用文件，其随后所有的修改单(不包括勘误的内容)或修订版均不适用于本标准，然而，鼓励根据本标准达成协议的各方研究是否可使用这些文件的最新版本。凡是不注日期的引用文件，其最新版本适用于本标准。

GB/T 1600　农药水分测定方法

GB/T 1601　农药 pH 值的测定方法

GB/T 1603　农药乳液稳定性测定方法

GB/T 1604　商品农药验收规则

GB/T 1605—2001　商品农药采样方法

GB/T 4472　化工产品密度、相对密度测定通则

GB 4838　农药乳油包装

GB/T 19136　农药热贮稳定性测定方法

GB/T 19137　农药低温稳定性测定方法

3 要求

3.1 组成和外观

本品应由符合标准的二甲戊灵原药与乳化剂溶解在适宜的溶剂中配制而成，应是稳定的均相液体。

3.2 二甲戊灵乳油应符合表1要求。

表1 二甲戊灵乳油控制项目指标

项目	指标	
	33%	330 g/L
二甲戊灵质量分数/%[a]	$33.0^{+1.7}_{-1.7}$	$33.5^{+2.0}_{-2.0}$
或质量浓度(20 ℃)/(g/L)	—	330^{+20}_{-20}
水分/% ≤	0.5	
pH值范围	5.0~8.0	
乳液稳定性（稀释200倍）	合格	
低温稳定性[b]	合格	
热贮稳定性[b]	合格	

[a] 当发生质量争议时，以质量分数为仲裁。

[b] 低温稳定性和热贮稳定性试验在正常生产情况下，每3个月至少检验一次。

4 试验方法

4.1 抽样

按照GB/T 1605—2001中"液体制剂采样"方法进行。用随机数法确定的抽样包装件，最终抽样量应不少于200 mL。

4.2 鉴别试验

4.2.1 液相色谱法——本鉴别试验可与二甲戊灵含量的测定同时进行。在相同的色谱操作条件下，试样溶液中某色谱峰的保留时间与标样溶液中二甲戊灵的色谱峰的保留时间，其相对差值应在1.5%以内。

4.2.2 气相色谱法——本鉴别试验可与二甲戊灵含量的测定同时进行。在相同的色谱操作条件下，试样溶液中某色谱峰的保留时间与标样溶液中二甲戊灵的色谱峰的保留时间，其相对差值应在1.5%以内。

4.3 二甲戊灵质量分数的测定

4.3.1 液相色谱法(仲裁法)

4.3.1.1 方法提要

试样用乙腈溶解，以乙腈＋水为流动相，使用ODS(C18)为填充物的不锈钢柱和紫外检测器，对试样中的二甲戊灵进行反相液相色谱分离和测定。

4.3.1.2 试剂和溶液

乙腈：色谱纯；

水：二次蒸馏水；

二甲戊灵标样：已知质量分数 $w \geq 99.0\%$。

4.3.1.3 仪器

液相色谱仪：具有紫外可变波长检测器和定量进样阀；

色谱数据处理机或色谱工作站；

色谱柱:200 mm ×4.6 mm(i.d.)不锈钢柱,内装 Hypersil ODS 5 μm 填充物(或具有相同柱效的其他反相色谱柱);

过滤器:滤膜孔径约 0.45 μm;

定量进样管:5 μL;

微量进样器:50 μL;

超声波清洗器。

4.3.1.4 液相色谱操作条件

流动相:ψ(乙腈:水)=60:40;

流动相流量:1.0 mL/min;

柱温:室温(温差变化应不大于 2 ℃);

检测波长:240 nm;

进样体积:5 μL;

保留时间:二甲戊灵 13.5 min。

上述操作参数是典型的,可根据不同仪器特点,对给定的操作参数作适当调整,以期获得最佳效果。典型的二甲戊灵乳油高效液相色谱图见图 1。

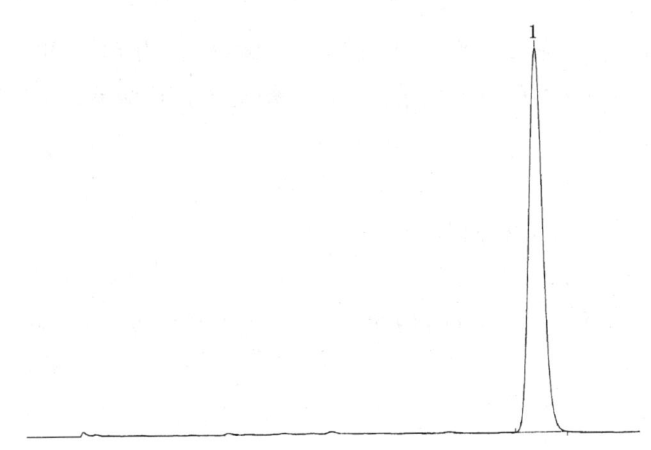

1——二甲戊灵。

图 1 二甲戊灵乳油的高效液相色谱图

4.3.1.5 测定步骤

4.3.1.5.1 标样溶液的配制

称取二甲戊灵标样 0.1 g(精确至 0.000 2 g),置于 50 mL 容量瓶中,用乙腈溶解并稀释至刻度,摇匀。用移液管移取上述溶液 5 mL 置于另一 50 mL 容量瓶中,用流动相稀释至刻度,摇匀。

4.3.1.5.2 试样溶液的配制

称取含二甲戊灵 0.1 g (精确至 0.000 2 g)试样,置于 50 mL 容量瓶中,用乙腈稀释至刻度,摇匀。用移液管移取 5 mL 上述溶液,置于另一 50 mL 容量瓶中,用流动相稀释至刻度,摇匀。

4.3.1.6 测定

在上述操作条件下,待仪器基线稳定后,连续注入数针标样溶液,计算各针相对响应值的重复性,直至相邻两针二甲戊灵峰面积相对变化小于 1.2%后,按照标样溶液、试样溶液、试样溶液、标样溶液的顺序进行测定。

4.3.1.7 计算

试样中二甲戊灵的质量分数 w_1(%)按式(1)计算:

$$w_1 = \frac{A_2 \cdot m_1 \cdot w}{A_1 \cdot m_2} \quad \cdots\cdots\cdots\cdots(1)$$

试样中二甲戊灵的质量浓度 ρ_1(g/L)按式(2)计算：

$$\rho_1 = \frac{A_2 \cdot m_1 \cdot w}{A_1 \cdot m_2} \times \rho \times 10 \quad \cdots\cdots\cdots\cdots(2)$$

式中：

A_1——标样溶液中，二甲戊灵峰面积的平均值；

A_2——试样溶液中，二甲戊灵峰面积的平均值；

m_1——二甲戊灵标样的质量，单位为克(g)；

m_2——试样的质量，单位为克(g)；

w——标样中二甲戊灵的质量分数，以%表示；

ρ——20 ℃时试样的密度，单位为克每毫升(g/mL)，按 GB/T 4472 进行测定。

4.3.1.8 允许差

两次平行测定结果之差，应不大于 0.8%，取其算术平均值作为测定结果。

4.3.2 气相色谱法

4.3.2.1 方法提要

试样用三氯甲烷溶解，以邻苯二甲酸二正戊酯为内标物，使用 5% OV-101/Chromosorb W AW DMCS，180 μm～250 μm 为填充物的玻璃色谱柱和氢火焰离子化检测器，对试样中的二甲戊灵进行气相色谱分离和测定。

4.3.2.2 仪器

气相色谱仪：具有氢火焰离子化检测器；

色谱数据处理机或色谱工作站；

色谱柱：1 m×3.2 mm(i. d.)玻璃柱，内填 5% OV-101/Chromosorb W AW DMCS，180 μm～250 μm 的填充物；

微量进样器：10 μL。

4.3.2.3 试剂和溶液

三氯甲烷；

二甲戊灵标样：已知质量分数 $w \geqslant 99.0\%$；

邻苯二甲酸二正戊酯：不应含有干扰分析的杂质；

内标溶液：称取 5 g 的邻苯二甲酸二正戊酯，置于 1 000 mL 容量瓶中，用三氯甲烷溶解并稀释至刻度，摇匀。

4.3.2.4 气相色谱操作条件

温度(℃)：柱温 175，气化室 200，检测器室 200；

气体流量(mL/min)：载气(N_2) 40，氢气 35，空气 350；

进样量(μL)：0.5；

保留时间(min)：二甲戊灵约 9.4，内标物约 14.0。

上述操作参数是典型的，可根据不同仪器特点，对给定操作参数作适当调整，以期获得最佳效果。典型的二甲戊灵乳油与内标物的气相色谱图见图 2。

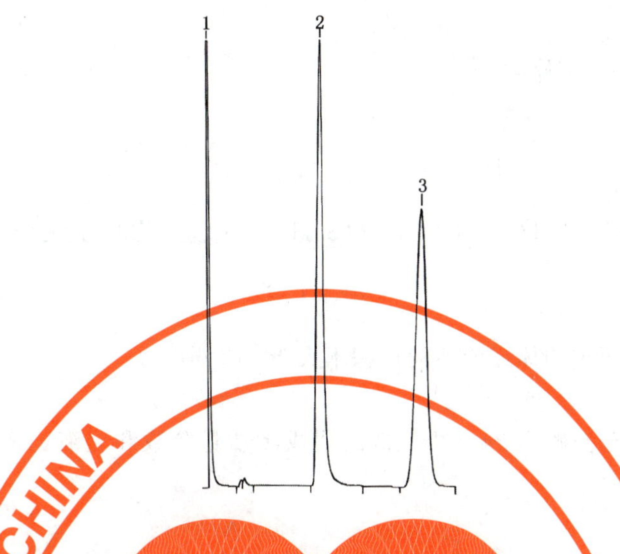

1——溶剂；

2——二甲戊灵；

3——邻苯二甲酸二正戊酯。

图 2　二甲戊灵乳油与内标物的气相色谱图

4.3.2.5　测定步骤

4.3.2.5.1　标样溶液的制备

称取二甲戊灵标样 0.1 g(精确至 0.000 2 g)，置于一 10 mL 具塞玻璃瓶中，用移液管加入 10 mL 内标溶液溶解，摇匀。

4.3.2.5.2　试样溶液的制备

称取含二甲戊灵 0.1 g(精确至 0.000 2 g)试样，置于一 10 mL 具塞玻璃瓶中，用与 4.3.2.5.1 同一支移液管加入 10 mL 内标溶液，摇匀。

4.3.2.5.3　测定

在上述操作条件下，待仪器基线稳定后，连续注入数针标样溶液，计算各针二甲戊灵与内标物峰面积之比的重复性，待相邻两针二甲戊灵与内标物峰面积比的相对变化小于 1.2%时，按照标样溶液、试样溶液、试样溶液、标样溶液的顺序进行测定。

4.3.2.6　计算

试样中二甲戊灵的质量分数 w'_1(%)按式(3)计算：

$$w'_1 = \frac{\gamma_2 \cdot m_1 \cdot w}{\gamma_1 \cdot m_2} \quad \cdots\cdots(3)$$

试样中二甲戊灵的质量浓度 ρ'_1(g/L)按式(4)计算：

$$\rho'_1 = \frac{\gamma_2 \cdot m_1 \cdot w}{\gamma_1 \cdot m_2} \times \rho \times 10 \quad \cdots\cdots(4)$$

式中：

γ_1——标样溶液中，二甲戊灵与内标物峰面积比的平均值；

γ_2——试样溶液中，二甲戊灵与内标物峰面积比的平均值；

m_1——二甲戊灵标样的质量，单位为克(g)；

m_2——试样的质量，单位为克(g)；

w——标样中二甲戊灵的质量分数，以%表示；

ρ——20 ℃时试样的密度，单位为克每毫升(g/mL)，按 GB/T 4472 进行测定。

4.3.2.7　允许差

两次平行测定结果之差应不大于 0.8%，取其算术平均值作为测定结果。

4.4 水分的测定

按 GB/T 1600 中“卡尔·费休法”进行。

4.5 pH 值的测定

按 GB/T 1601 进行。

4.6 乳液稳定性试验

将试样用标准硬水稀释 200 倍，按 GB/T 1603 进行。试验结果，上无浮油、下无沉油或沉淀为合格。

4.7 低温稳定性试验

按 GB/T 19137 进行，析出固体或液体的体积不大于 0.3 mL 为合格。

4.8 热贮稳定性试验

按 GB/T 19136 进行，于热贮后 24 h 内完成二甲戊灵质量分数和乳液稳定性的测定，测定结果应符合 3.2 要求。

4.9 产品的检验与验收

产品的检验与验收，应符合 GB/T 1604 的规定。极限数值的处理，采用修约值比较法。

5 标志、标签、包装、贮运

5.1 二甲戊灵乳油的标志、标签和包装应符合 GB 4838 的规定。

5.2 二甲戊灵乳油可用带有内塞及外盖的棕色玻璃瓶或聚酯瓶包装，每瓶净含量为 100 g、200 g、500 g 等；外包装用钙塑箱，每箱净含量不超过 20 kg。

5.3 根据用户要求或订货协议，可以采用其他形式的包装，但要符合 GB 4838 的规定。二甲戊灵乳油包装件应贮存在通风、干燥的库房中。

5.4 二甲戊灵乳油贮运时，严防潮湿和日晒，不得与食物、种子、饲料混放，避免与皮肤、眼睛接触，防止由口鼻吸入。

5.5 **安全**：二甲戊灵属低毒。使用本品应戴防护手套。皮肤接触后，应立即用肥皂和水洗净；如吸入，立即转移至新鲜空气处；如溅入眼中，用大量清水冲洗，如果发生中毒，应立即送医院抢救。

5.6 **保证期**：在规定的贮运条件下，二甲戊灵乳油的保证期，从生产日期算起为 2 年。

ICS 65.100.20
G 25

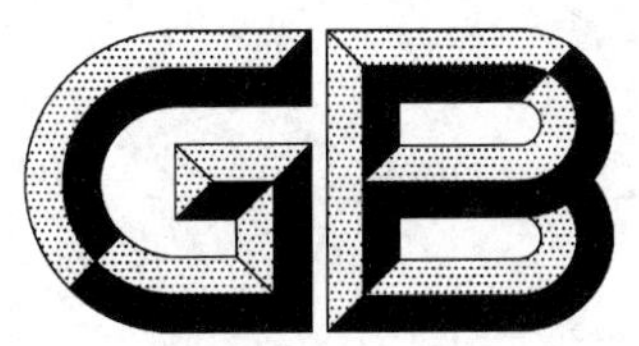

中华人民共和国国家标准

GB 22177—2008

二甲戊灵原药

Pendimethalin technical

2008-07-11 发布　　　　2009-01-01 实施

中华人民共和国国家质量监督检验检疫总局
中国国家标准化管理委员会　发布

前　言

本标准的第3章、第5章为强制性的，其余为推荐性的。

本标准由中国石油和化学工业协会提出。

本标准由全国农药标准化技术委员会(CSBTC/TC 133)归口。

本标准负责起草单位：沈阳化工研究院。

本标准参加起草单位：山东华阳科技股份有限公司、江苏龙灯化学有限公司。

本标准主要起草人：张丕龙、侯春青、朱凤霞、冯秀珍、李鹏。

本标准委托全国农药标准化技术委员会秘书处负责解释。

二甲戊灵原药

该产品有效成分二甲戊灵的其他名称、结构式和基本物化参数如下：

ISO 通用名称：pendimethalin

CIPAC 数字代号：357

化学名称：N-(1-乙基丙基)-2,6-二硝基-3,4-二甲基苯胺

结构式：

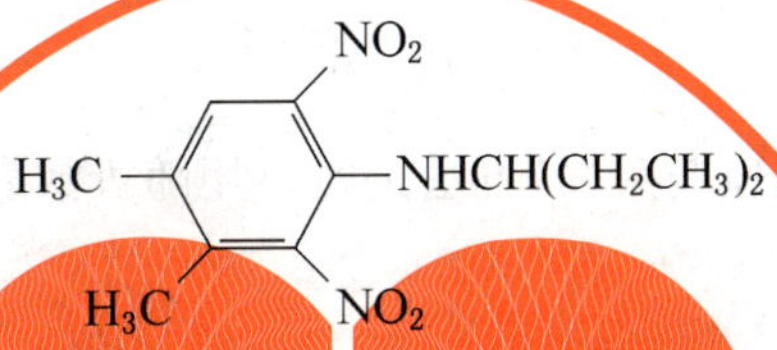

NO_2

H_3C — $NHCH(CH_2CH_3)_2$

H_3C NO_2

实验式：$C_{13}H_{19}N_3O_4$

相对分子质量：281.3（按 2005 国际相对原子质量计）

生物活性：除草

熔点：54 ℃～58 ℃

蒸气压(25 ℃)：4.0×10^{-3} Pa

溶解度(26 ℃,g/L)：水 3.0×10^{-4}(20 ℃)、丙酮 700、玉米油 148、异丙醇 77、二甲苯 628、庚烷 138，易溶于苯、甲苯、三氯甲烷和二氯甲烷，微溶于石油醚和汽油中

稳定性：在 5 ℃～130 ℃稳定，水中 DT_{50}<21 d，对酸、碱稳定，土壤中 DT_{50} 为 30 d～90 d，见光慢慢分解

1 范围

本标准规定了二甲戊灵原药的要求、试验方法以及标志、标签、包装、贮运。

本标准适用于由二甲戊灵和生产中产生的杂质组成的二甲戊灵原药。

2 规范性引用文件

下列文件中的条款通过本标准的引用而成为本标准的条款。凡是注日期的引用文件，其随后所有的修改单（不包括勘误的内容）或修订版均不适用于本标准，然而，鼓励根据本标准达成协议的各方研究是否可使用这些文件的最新版本。凡是不注日期的引用文件，其最新版本适用于本标准。

GB/T 1600　农药水分测定方法

GB/T 1601　农药 pH 值的测定方法

GB/T 1604　商品农药验收规则

GB/T 1605—2001　商品农药采样方法

GB 3796　农药包装通则

GB/T 19138　农药丙酮不溶物测定方法

3 要求

3.1　外观：本品应为棕黄色至桔黄色结晶粉末，无可见的外来物和填加的改性剂。

3.2　二甲戊灵原药应符合表 1 要求。

表 1 二甲戊灵原药质量控制项目指标

项　　目		指　　标
二甲戊灵质量分数/%	≥	95.0
水分/%	≤	0.5
pH 值范围		4.0～8.0
丙酮不溶物/%[a]	≤	0.5
[a] 丙酮不溶物试验在正常生产情况下，每 3 个月至少检验一次。		

4 试验方法

4.1 抽样

按 GB/T 1605—2001 中“商品原药采样”方法进行。用随机数表法确定抽样的包装件；最终抽样量应不少于 100 g。

4.2 鉴别试验

4.2.1 液相色谱法——本鉴别试验可与二甲戊灵含量的测定同时进行。在相同的色谱操作条件下，试样溶液中某色谱峰的保留时间与标样溶液中二甲戊灵的色谱峰的保留时间，其相对差值应在 1.5% 以内。

4.2.2 气相色谱法——本鉴别试验可与二甲戊灵含量的测定同时进行。在相同的色谱操作条件下，试样溶液中某色谱峰的保留时间与标样溶液中二甲戊灵的色谱峰的保留时间，其相对差值应在 1.5% 以内。

4.3 二甲戊灵质量分数的测定

4.3.1 液相色谱法(仲裁法)

4.3.1.1 方法提要

试样用流动相溶解，以乙腈＋水为流动相，使用 ODS(C18)为填充物的不锈钢柱和紫外检测器，对试样中的二甲戊灵进行反相液相色谱分离和测定。

4.3.1.2 试剂和溶液

乙腈：色谱纯；

水：二次蒸馏水；

二甲戊灵标样：已知质量分数 $w \geq 99.0\%$。

4.3.1.3 仪器

液相色谱仪：具有紫外可变波长检测器和定量进样阀；

色谱数据处理机或色谱工作站；

色谱柱：200 mm ×4.6 mm(i.d.)不锈钢柱，内装 Hypersil ODS 5 μm 填充物(或具有相同柱效的其他反相色谱柱)；

过滤器：滤膜孔径约 0.45 μm；

定量进样管：5 μL；

微量进样器：50 μL；

超声波清洗器。

4.3.1.4 液相色谱操作条件

流动相：φ(乙腈：水)＝60：40；

流动相流量：1.0 mL/min；

柱温：室温(温差变化应不大于 2 ℃)；

检测波长：240 nm；

进样体积：5 μL；

保留时间：二甲戊灵 13.5 min。

上述液相色谱操作条件，系典型操作参数。可根据不同仪器特点，对给定的操作参数作适当调整，以期获得最佳效果。典型的二甲戊灵原药的液相色谱图见图 1。

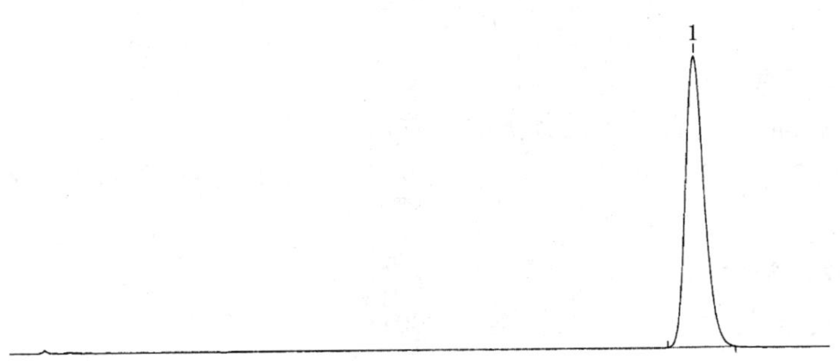

1——二甲戊灵。

图 1　二甲戊灵原药的高效液相色谱图

4.3.1.5　测定步骤

4.3.1.5.1　标样溶液的配制

称取二甲戊灵标样 0.1 g(精确至 0.000 2 g)，置于 50 mL 容量瓶中，用乙腈溶解并稀释至刻度，摇匀。用移液管移取上述溶液 5 mL 置于另一 50 mL 容量瓶中，用流动相稀释至刻度，摇匀。

4.3.1.5.2　试样溶液的配制

称取含二甲戊灵 0.1 g 的试样(精确至 0.000 2 g)，置于 50 mL 容量瓶中，用乙腈溶解并稀释至刻度，摇匀。用移液管移取上述溶液 5 mL 置于另一 50 mL 容量瓶中，用流动相稀释至刻度，摇匀。

4.3.1.5.3　测定

在上述色谱操作条件下，待仪器稳定后，连续注入数针标样溶液，直至相邻两针二甲戊灵峰面积相对变化小于 1.2%后，按照标样溶液、试样溶液、试样溶液、标样溶液的顺序进样分析。

4.3.1.6　计算

试样中二甲戊灵的质量分数 w_1(%)按式(1)计算：

$$w_1 = \frac{A_2 \cdot m_1 \cdot w}{A_1 \cdot m_2} \qquad \cdots\cdots(1)$$

式中：

A_1——标样溶液中二甲戊灵峰面积的平均值；

A_2——试样溶液中二甲戊灵峰面积的平均值；

m_1——二甲戊灵标样的质量，单位为克(g)；

m_2——试样的质量，单位为克(g)；

w——二甲戊灵标样中二甲戊灵的质量分数，以%表示。

4.3.1.7　允许差

两次平行测定结果之差，应不大于 1.0%，取其算术平均值作为测定结果。

4.3.2　气相色谱法

4.3.2.1　方法提要

试样用三氯甲烷溶解，以邻苯二甲酸二正戊酯为内标物，使用以 5%OV-101/Chromosorb W AW DMCS，180 μm～250 μm 为填充物的玻璃色谱柱和氢火焰离子化检测器，对试样中的二甲戊灵进行气相色谱分离和测定。

4.3.2.2　仪器

气相色谱仪：具有氢火焰离子化检测器；

色谱数据处理机或色谱工作站；

色谱柱：1 m×3.2 mm（i.d.）玻璃柱，内填 5%OV-101/Chromosorb W AW DMCS，180 μm～250 μm 的填充物；

微量进样器：10 μL。

4.3.2.3 试剂和溶液

三氯甲烷；

二甲戊灵标样：已知质量分数 w≥99.0%；

邻苯二甲酸二正戊酯：不应含有干扰分析的杂质；

内标溶液：称取 5 g 的邻苯二甲酸二正戊酯，置于 1 000 mL 容量瓶中，用三氯甲烷溶解并稀释至刻度，摇匀。

4.3.2.4 气相色谱操作条件

温度(℃)：柱温 175，气化室 200，检测器室 200；

气体流量(mL/min)：载气(N_2) 40，氢气 35，空气 350；

进样量(μL)：0.5；

保留时间(min)：二甲戊灵约 9.4，内标物约 14.0。

上述操作参数是典型的，可根据不同仪器特点，对给定操作参数作适当调整，以期获得最佳效果。典型的二甲戊灵原药与内标物的气相色谱图见图 2。

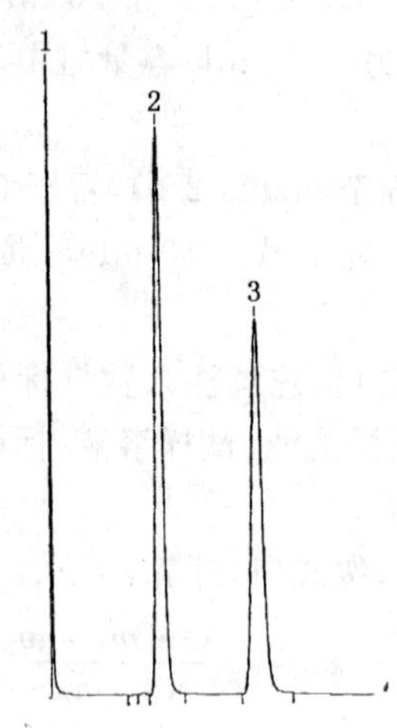

1——溶剂；

2——二甲戊灵；

3——内标物(邻苯二甲酸二正戊酯)。

图 2 二甲戊灵原药与内标物的气相色谱图

4.3.2.5 测定步骤

4.3.2.5.1 标样溶液的制备

称取二甲戊灵标样 0.1 g（精确至 0.000 2 g），置于一 10 mL 具塞玻璃瓶中，用移液管加入 10 mL 内标溶液溶解，摇匀。

4.3.2.5.2 试样溶液的制备

称取含二甲戊灵 0.1 g（精确至 0.000 2 g）的试样，置于一 10 mL 具塞玻璃瓶中，用与 4.3.2.5.1 同一支移液管加入 10 mL 内标溶液溶解，摇匀。

4.3.2.5.3 测定

在上述操作条件下，待仪器基线稳定后，连续注入数针标样溶液，计算各针二甲戊灵与内标物峰面积之比的重复性，待相邻两针二甲戊灵与内标物峰面积比的相对变化小于 1.2%时，按照标样溶液、试样溶液、试样溶液、标样溶液的顺序进行测定。

4.3.2.6 计算

试样中二甲戊灵的质量分数 w_1(%)按式(2)计算：

$$w_1 = \frac{\gamma_2 \cdot m_1 \cdot w}{\gamma_1 \cdot m_2} \quad \cdots\cdots\cdots\cdots (2)$$

式中：

γ_1——标样溶液中，二甲戊灵与内标物峰面积比的平均值；

γ_2——试样溶液中，二甲戊灵与内标物峰面积比的平均值；

m_1——二甲戊灵标样的质量，单位为克(g)；

m_2——试样的质量，单位为克(g)；

w——标样中二甲戊灵的质量分数，以%表示。

4.3.2.7 允许差

两次平行测定结果之差，应不大于1.0%，取其算术平均值作为测定结果。

4.4 水分的测定方法

按 GB/T 1600 中的"卡尔·费休法"进行。

4.5 pH 值范围的测定

按 GB/T 1601 的要求称取试样，用 ψ(丙酮：水)＝65：35 的溶液溶解，按 GB/T 1601 农药 pH 值的测定方法直接测定。

4.6 丙酮不溶物的测定

按 GB/T 19138 进行。

4.7 产品的检验与验收

产品的检验与验收，应符合 GB/T 1604 的规定。极限数值的处理，采用修约值比较法。

5 标志、标签、包装、贮运

5.1 二甲戊灵原药的标志、标签和包装，应符合 GB 3796 的规定。

5.2 二甲戊灵原药应用清洁的塑料桶或衬塑铁桶包装，注意不能使其直接接触金属。每桶净含量为 25 kg、50 kg 或 200 kg。

5.3 也可根据用户要求或订货协议，采用其他形式的包装，但需符合 GB 3796 的规定。

5.4 二甲戊灵原药包装件应贮存在通风、干燥的库房中。

5.5 贮运时，严防潮湿和日晒，不得与食物、种子、饲料混放，避免与皮肤、眼睛接触，防止由口鼻吸入。

5.6 安全：本品属低毒，吞噬或吸入均有毒，可经皮肤渗入。使用本品时要戴护镜和胶皮手套以及其他必要的防护衣物。如皮肤、眼睛不慎沾上本品，应立即用大量清水冲洗。误服者立即送医院急救。

5.7 验收期：二甲戊灵原药的验收期为1个月。从交货之日起，在1个月内完成产品的质量验收，其各项指标均应符合标准要求。

ICS 65.100.20
G 25

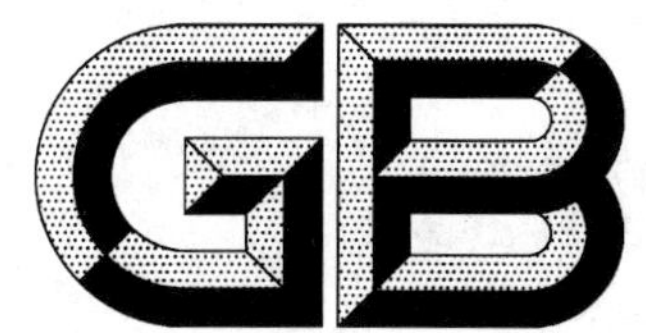

中华人民共和国国家标准

GB 22178—2008

噁 草 酮 乳 油

Oxadiazon emulsifiable concentrates

2008-07-11 发布　　　　2009-01-01 实施

中华人民共和国国家质量监督检验检疫总局
中 国 国 家 标 准 化 管 理 委 员 会　发 布

前言

本标准的第3章、第5章是强制性的，其余是推荐性的。

本标准的附录A是资料性附录。

本标准由中国石油和化学工业协会提出。

本标准由全国农药标准化技术委员会(CSBTS/TC 133)归口。

本标准负责起草单位：沈阳化工研究院、安徽省化工研究院。

本标准参加起草单位：安徽科立华化工公司。

本标准主要起草人：姜敏怡、邢君、韩谋国、蒋闳、王多余。

本标准委托全国农药标准化技术委员会秘书处负责解释。

噁草酮乳油

该产品有效成分噁草酮的其他名称、结构式和基本物化参数如下：

ISO 通用名称：oxadiazon

CAS 登录号：19666-30-9

CIPAC 数字代码：213

化学名称：5-特丁基-3-(2,4-二氯-5-异丙氧苯基)-1,3,4-噁二唑-2(3H)-酮

结构式：

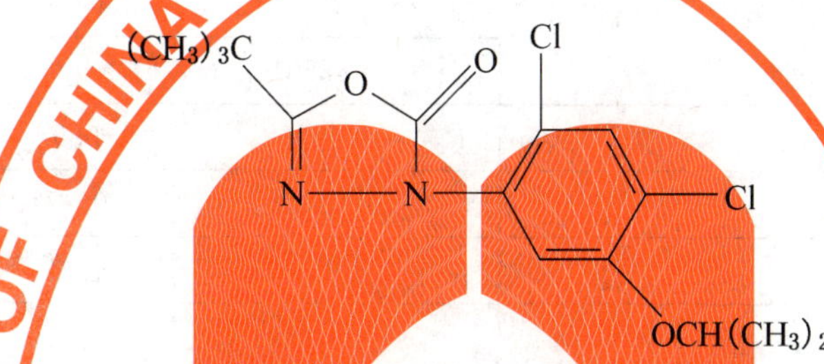

实验式：$C_{15}H_{18}Cl_2N_2O_3$

相对分子质量：345.2(按 2005 年国际相对原子质量计)

生物活性：除草

熔点：约 90 ℃

蒸气压：小于 0.133 mPa(20 ℃)

溶解度(20 ℃)：水中 0.7 mg/L；丙酮、苯乙酮、苯甲醚中 600 g/L；苯、甲苯、三氯甲烷中 1 kg/L。

稳定性：常温下贮存稳定。土壤中 DT_{50} 约 90 d。

1 范围

本标准规定了噁草酮乳油的要求、试验方法以及标志、标签、包装、贮运。

本标准适用于由噁草酮原药与乳化剂溶解在适宜的溶剂中配制而成的噁草酮乳油。

2 规范性引用文件

下列文件中的条款通过本标准的引用而成为本标准的条款。凡是注日期的引用文件，其随后所有的修改单(不包括勘误的内容)或修订版均不适用于本标准，然而，鼓励根据本标准达成协议的各方研究是否可使用这些文件的最新版本。凡是不注日期的引用文件，其最新版本适用于本标准。

GB/T 1600　农药水分测定方法

GB/T 1601　农药 pH 值的测定方法

GB/T 1603　农药乳液稳定性测定方法

GB/T 1604　商品农药验收规则

GB/T 1605—2001　商品农药采样方法

GB/T 4472　化工产品密度、相对密度测定通则

GB 4838　农药乳油包装

GB/T 19136　农药热贮稳定性测定方法

GB/T 19137　农药低温稳定性测定方法

3 要求

3.1 组成和外观

本品应由符合标准的噁草酮原药与乳化剂溶解在适宜的溶剂中配制而成，应为稳定的均相液体，无可见的悬浮物和沉淀。

3.2 噁草酮乳油应符合表1要求。

表1 噁草酮乳油质量控制项目指标

项目	指标	
	250 g/L	120 g/L
噁草酮质量分数[a]/%	$25.5^{+1.5}_{-1.5}$	$12.5^{+0.7}_{-0.7}$
或质量浓度(20 ℃)/g/L	250^{+15}_{-15}	120^{+7}_{-7}
水分/% ≤	0.5	
pH值范围	4.0～7.0	
乳液稳定性(稀释200倍)	合格	
低温稳定性[b]	合格	
热贮稳定性[b]	合格	

[a] 当发生争议时，以噁草酮质量分数为仲裁。

[b] 正常生产时，低温稳定性和热贮稳定性试验，每3个月至少进行一次测定。

4 试验方法

4.1 抽样

按GB/T 1605—2001中"液体制剂采样"方法进行。用随机数表法确定抽样的包装件；最终抽样量应不少于250 mL。

4.2 鉴别试验

气相色谱法——本鉴别试验可与噁草酮质量分数的测定同时进行。在相同的色谱操作条件下，试样溶液中某色谱峰的保留时间与标样溶液中主色谱峰的保留时间，其相对差值应在1.5%以内。

4.3 噁草酮质量分数和质量浓度的测定

4.3.1 方法提要

试样用三氯甲烷溶解，以二十四烷为内标物，使用HP-5(5%苯甲基硅酮)涂壁的石英毛细管柱，和氢火焰离子化检测器，对试样中的噁草酮进行毛细管气相色谱分离和测定。本方法为仲裁法，也可使用填充柱气相色谱法，色谱操作条件参见附录A。

4.3.2 试剂和溶液

三氯甲烷；

噁草酮标样：已知质量分数，w≥99.0%；

二十四烷：不含有干扰分析的杂质；

内标溶液：称取5.0 g的二十四烷，于1 000 mL的容量瓶中，用三氯甲烷溶解、定容、摇匀。

4.3.3 仪器

气相色谱仪：具氢火焰离子化检测器；

色谱柱：30 m×0.32 mm (i.d.) 石英毛细柱，内壁涂HP-5(5%苯甲基硅酮)，膜厚0.25 μm；

色谱数据处理机或色谱工作站。

4.3.4 **气相色谱操作条件**

温度(℃):柱室 210、气化室 250、检测室 260;

气体流量(mL/min):载气 (N_2) 1.8、补偿气 (N_2) 25、氢气 40、空气 400;

分流比:40∶1;

进样体积:1.0 μL;

保留时间:噁草酮:约 6.5 min、内标物:约 10.8 min。

上述气相色谱操作条件,系典型操作参数。可根据不同仪器特点,对给定的操作参数作适当调整,以期获得最佳效果。典型的噁草酮乳油与内标物的气相色谱图见图 1。

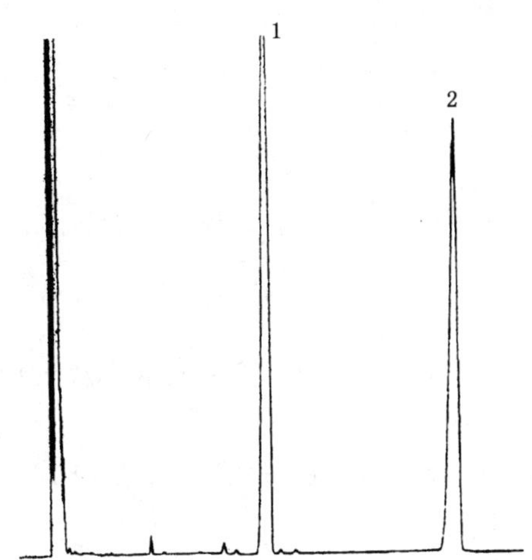

1——噁草酮;

2——内标物。

图 1 噁草酮乳油与内标物的气相色谱图

4.3.5 **测定步骤**

4.3.5.1 **标样溶液的配制**

称取噁草酮标样 0.05 g(精确至 0.000 02 g),置于一具塞玻璃瓶中,用移液管准确加入 5 mL 内标溶液,摇匀。

4.3.5.2 **试样溶液的配制**

称取含噁草酮约 0.05 g 的试样(精确至 0.000 02 g),置于一具塞的玻璃瓶中,用与 4.3.5.1 中使用的同一支移液管准确加入 5 mL 内标溶液,摇匀。

4.3.5.3 **测定**

在上述色谱操作条件下,待仪器稳定后,连续注入数针标样溶液,直至相邻两针噁草酮与内标物的峰面积比的相对变化小于 1.5%后,按照标样溶液、试样溶液、试样溶液、标样溶液的顺序进行分析测定。

4.3.6 **计算**

将测得的两针试样溶液以及试样前后两针标样溶液中噁草酮与内标物的峰面积比分别进行平均。试样中噁草酮质量分数 w_1(%)按式(1)计算;质量浓度 ρ_1(g/L)按式(2)计算:

$$w_1 = \frac{\gamma_2 \times m_1 \times w}{\gamma_1 \times m_2} \qquad \cdots\cdots (1)$$

$$\rho_1 = \frac{\gamma_2 \times m_1 \times w}{\gamma_1 \times m_2} \times \rho \times 10 \qquad \cdots\cdots (2)$$

式中:

γ_1——标样溶液中噁草酮与内标物峰面积比的平均值;

γ_2——试样溶液中噁草酮与内标物峰面积比的平均值；

m_1——标样的质量，单位为克(g)；

m_2——试样的质量，单位为克(g)；

w——标样中噁草酮的质量分数，以%表示；

ρ——20 ℃时试样的密度，单位为克每毫升(g/mL)(按 GB/T 4472 中"密度计法"进行测定)。

4.3.7 允许差

两次平行测定结果之差，应不大于 0.5%，取其算术平均值作为测定结果。

4.4 水分的测定

按 GB/T 1600 中的"卡尔·费休法"进行。

4.5 pH 值的测定

按 GB/T 1601 进行。

4.6 乳液稳定性试验

试样用标准硬水稀释 200 倍，按 GB/T 1603 进行试验和判定。在 30 ℃±1 ℃放置 1 h，上无浮油，下无沉淀(或沉油)为合格。

4.7 低温稳定性试验

按 GB/T 19137 中"乳剂和均相液体制剂"进行，离心管底部离析物的体积不超过 0.3 mL 为合格。

4.8 热贮稳定性试验

按 GB/T 19136 中"液体制剂"进行。热贮后，噁草酮质量分数不应低于热贮前测得平均含量的 97%；乳液稳定性仍应符合标准要求。

4.9 产品的检验和验收

产品的检验与验收，应符合 GB/T 1604 的规定。极限数值的处理，采用修约值比较法。

5 标志、标签、包装、贮运

5.1 噁草酮乳油的标志、标签和包装，应符合 GB 4838 的规定。

5.2 噁草酮乳油用洁净、干燥的玻璃瓶或聚酯瓶包装，每瓶净含量为 250 mL(g)、500 mL(g)，外用瓦楞纸箱包装，每箱 20 瓶。也可根据用户要求或订货协议，采用其他形式的包装，但需符合 GB 4838 的规定。

5.3 噁草酮乳油包装件应贮存在通风、干燥的库房中。

5.4 贮运时，严防潮湿和日晒，不得与食物、种子、饲料混放，避免与皮肤、眼睛接触，防止由口鼻吸入。

5.5 安全：本品属低毒除草剂，吞噬和吸入均有毒，可经皮肤渗入。使用本品时要戴护镜和胶皮手套穿必要的防护衣物。如皮肤、眼睛不慎沾上本品，应立即用大量清水冲洗。误服者应立即送医院对症治疗。

5.6 保证期：在规定的贮存、运输条件下，噁草酮乳油的保证期，从生产日期算起为 2 年。

附 录 A
（资料性附录）
噁草酮填充柱气相色谱分析条件

A.1 方法提要

试样用三氯甲烷溶解，以邻苯二甲酸双环己酯为内标物，使用5%OV-210/Chromosorb W AW-DMCS(180～250 μm)为填充物的不锈钢柱和氢火焰离子化检测器，对噁草酮进行气相色谱分离和测定。

A.2 试剂和溶液

三氯甲烷；

噁草酮标样：已知质量分数 $w \geq 99.0\%$；

内标物：邻苯二甲酸双环己酯，不应含有干扰分析的杂质。

A.3 仪器和试剂

气相色谱仪：具氢火焰离子化检测器；

色谱数据处理机；

色谱柱：1 m×3 mm(i.d.)不锈钢柱；

柱填充物：OV-210 涂渍在 Chromosorb W AW-DMCS 载体(180 μm～250 μm)上，固定液：(固定液＋载体)＝5∶100。

A.4 色谱操作条件

温度(℃)：柱温 200、气化室 250、检测器 260；

流速(mL/min)：载气(N_2)30、氢气 30、空气 300；

进样体积：1.0 μL；

保留时间(min)：噁草酮 约 8.9；内标物 约 15.8。

A.5 测定步骤

A.5.1 标样溶液的制备

称取噁草酮标样 0.05 g(精确至 0.000 02 g)，置于一具塞的玻璃瓶中，用移液管准确加入 5 mL 内标溶液，摇匀。

A.5.2 试样溶液的制备

称取含噁草酮约 0.05 g 的试样(精确至 0.000 02 g)，置于一具塞的玻璃瓶中，用与 A.5.1 中使用的同一支移液管准确加入 5 mL 内标溶液，摇匀。

A.5.3 测定

在上述操作条件下，待仪器稳定后，连续注入数针标样溶液，直至相邻两针噁草酮与内标物的峰面积比的变化小于1.5%后，按照标样溶液、试样溶液、试样溶液、标样溶液的顺序进行测定。典型图谱见图 A.1。

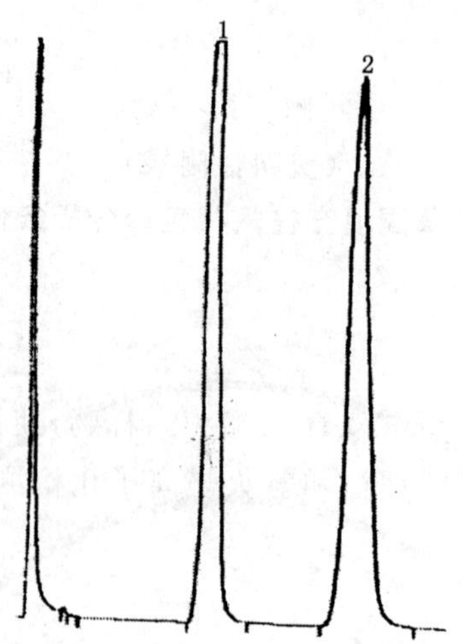

1——噁草酮；

2——内标物。

图 A.1 噁草酮与内标物的气相色谱图

A.6 计算

将测得的两针试样溶液以及试样前后两针标样溶液中噁草酮与内标物峰面积之比，分别进行平均。试样中噁草酮质量分数 w_1(%)按式(A.1)计算；质量浓度 ρ(g/L)按式(A.2)计算：

$$w_1 = \frac{\gamma_2 \times m_1 \times w}{\gamma_1 \times m_2} \qquad \cdots\cdots\cdots\cdots (A.1)$$

$$\rho_1 = \frac{\gamma_2 \times m_1 \times w}{\gamma_1 \times m_2} \times \rho \times 10 \qquad \cdots\cdots\cdots\cdots (A.2)$$

式中：

γ_1——标样溶液中噁草酮与内标物峰面积比的平均值；

γ_2——试样溶液中噁草酮与内标物峰面积比的平均值；

m_1——标样的质量，单位为克(g)；

m_2——试样的质量，单位为克(g)；

w——标样中噁草酮的质量分数，以%表示；

ρ——20 ℃时试样的密度，单位为克每毫升(g/mL)(按 GB/T 4472 中“密度计法”进行测定)。

ICS 71.100.60
Y 41

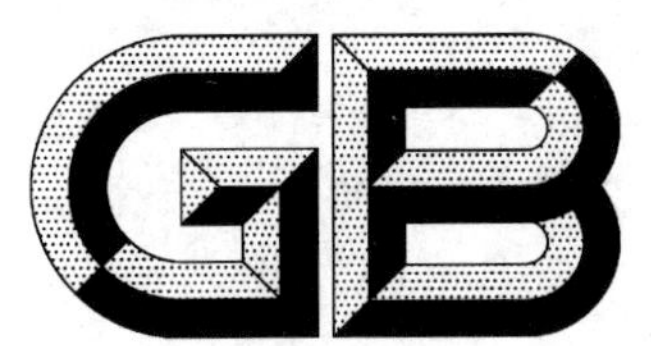

中华人民共和国国家标准

GB/T 22179—2008

柠檬桉(精)油

Oil of lemon eucalyptus (*Eucalyptus citriodora* Hook.)

(ISO 3044:1997, Oil of *Eucalyptus citriodora* Hook., MOD)

2008-07-15 发布

2008-11-01 实施

中华人民共和国国家质量监督检验检疫总局
中国国家标准化管理委员会 发布

前　言

本标准修改采用ISO 3044:1997《柠檬桉油》。本标准与ISO 3044:1997相比，主要技术差异如下：

——删除了ISO 3044:1997的取样方法；

——试验方法采用《香料通用试验方法》国家标准；

——增加了检验规则；

——对标志、包装、运输、贮存及保质期内容进行了具体规定。

本标准的附录A是资料性附录。

本标准由中国轻工业联合会提出。

本标准由全国香料香精化妆品标准化技术委员会归口。

本标准由中华人民共和国广西出入境检验检疫局、上海香料研究所负责起草。

本标准主要起草人：余敏、韦文荣、金其璋、徐易、高浩华、韦立成、李锦武、曹怡。

柠檬桉(精)油

1 范围

本标准规定了柠檬桉(精)油的术语和定义、要求、试验方法、检验规则和标志、包装、运输、贮存和保质期。

本标准适用于柠檬桉(*Eucalyptus citriodora* Hook.)(精)油。

2 规范性引用文件

下列文件中的条款通过本标准的引用而成为本标准的条款。凡是注日期的引用文件,其随后所有的修改单(不包括勘误的内容)或修订版均不适用于本标准,然而,鼓励根据本标准达成协议的各方研究是否可使用这些文件的最新版本。凡是不注日期的引用文件,其最新版本适用于本标准。

GB/T 11538—2006 精油 毛细管柱气相色谱分析 通用法(ISO 7609:1985, IDT)

GB/T 11540 香料 相对密度的测定(GB/T 11540—2008, ISO 279:1998, MOD)

GB/T 14454.2 香料 香气评定法

GB/T 14454.4 香料 折光指数的测定(GB/T 14454.4—2008, ISO 280:1998, MOD)

GB/T 14454.5 香料 旋光度的测定(GB/T 14454.5—2008, ISO 592:1998, MOD)

GB/T 14454.13—2008 香料 羰值和羰基化合物含量的测定(ISO 1271:1983, ISO 1279:1996, MOD)

3 术语和定义

下列术语和定义适用于本标准。

3.1

柠檬桉(精)油 oil of lemon eucalyptus

用水蒸气蒸馏法从生长在中国的柠檬桉树(*Eucalyptus citriodora* Hook.)的叶、枝中提取的精油。

4 要求

4.1 色状:无色、苍黄色至绿黄色液体。

4.2 香气:类似香茅醛的特征香气。

4.3 相对密度(20 ℃/20 ℃):0.860~0.870。

4.4 折光指数(20 ℃):1.450 0~1.456 0。

4.5 旋光度(20 ℃):−1°~ +3°。

4.6 羰值:≥254,相当于以香茅醛计 70%(质量分数)的羰基化合物。

4.7 特征组分含量(GC):见表 1。

表 1 特征组分含量

特征组分	含量/%
香茅醛	≥75
新异胡薄荷醇+异胡薄荷醇	≤10

5 试验方法

5.1 色状的检定

将试样置于比色管内,用目测法观察。

5.2 香气的评定

按 GB/T 14454.2 的规定。

5.3 相对密度的测定

按 GB/T 11540 的规定。

5.4 折光指数的测定

按 GB/T 14454.4 的规定。

5.5 旋光度的测定

按 GB/T 14454.5 的规定。

5.6 羰值的测定

按 GB/T 14454.13—2008 第二法的规定。试样量:0.5 g～0.6 g;静置时间:30 min;相对分子质量:154.25。

5.7 特征组分含量的测定

5.7.1 仪器

a) 色谱仪、记录仪和积分仪:按 GB/T 11538—2006 中第 5 章的规定。

b) 柱:毛细管柱。

c) 检测器:氢火焰离子化检测器。

5.7.2 测定方法

面积归一化法:按 GB/T 11538—2006 中 10.4 指定方法测定特征组分的含量。

5.7.3 重复性及结果表示

按 GB/T 11538—2006 中 11.4 规定进行,应符合要求。

柠檬桉(精)油典型气相色谱图(面积归一化法)参见附录 A。

6 检验规则

6.1 柠檬桉(精)油应由生产厂质量检验部门负责检验,生产厂应保证出厂产品符合本标准的要求,每批出厂产品应附有质量合格证书。色状、香气、相对密度、折光指数、特定组分含量为出厂检验项目,而旋光度、羰值为型式检验项目,型式检验每季度检验一次。

6.2 验收单位有权按照本标准的各项规定检验所收到的产品质量是否符合本标准的要求,每一批号做一次验收,不同批号分别验收。

6.3 抽样方法:每批的包装单位 1 个～2 个,全抽;3 个～100 个抽取 2 个;100 个以上增加部分再抽取 3%。用取样器从每个包装单位中均匀抽取试样 50 mL～100 mL,将所抽取的试样全部置于混样器内充分混匀,分别装入两个清洁干燥密闭的惰性容器中,避光保存。容器上贴标签,注明:生产厂名、产品名称、生产日期、批号、数量及取样日期,一瓶作检验用,另一瓶留存备查。

6.4 如验收结果中有一项指标不符合本标准要求时,可会同生产厂重新加倍抽取试样复验。如复验结果仍有指标不合格,则该批产品不能验收。

6.5 当供需双方对产品质量发生异议时,可由双方协议解决或由法定检验机构进行仲裁。

7 标志、包装、运输、贮存和保质期

7.1 标志

产品包装外应注明:产品名称、生产厂名和地址、商标、批号、净含量、生产日期和保质期、许可证号及标准编号。顾客如有特殊要求,可与生产厂另订协议。

7.2 包装

柠檬桉(精)油应装于清洁无杂味的镀锌铁桶或塑料桶内,或按顾客要求包装。

7.3 运输

在运输过程中应轻装轻卸，防止日晒雨淋，不得与有毒或有害物质混装、混运，并应符合有关部门的规定。本产品的闪点约为78 ℃。

7.4 贮存

本产品应贮存在阴凉、干燥、通风的仓库内，避免杂气污染，远离火源。

7.5 保质期

在符合规定的贮运条件、包装完整、未经启封的情况下，本产品保质期为一年。逾期重新检验是否符合本标准要求，合格仍可使用。

附 录 A
（资料性附录）
柠檬桉（精）油典型气相色谱图
（面积归一化法）

A.1 操作条件

柱：石英毛细管柱柱长 60 m，内径约 0.25 mm；
固定相：PEG-20M；
色谱炉温度：线性程序升温从 70 ℃～220 ℃，速率 2 ℃/min；
进样口温度：200 ℃；
检测器温度：250 ℃；
检测器：火焰离子化检测器；
载气：氮气；
载气流速：1 mL/min；
进样量：约 0.1 μL；
分流比：1/100。

A.2 柠檬桉（精）油典型气相色谱图

柠檬桉（精）油典型气相色谱图，见图 A.1。

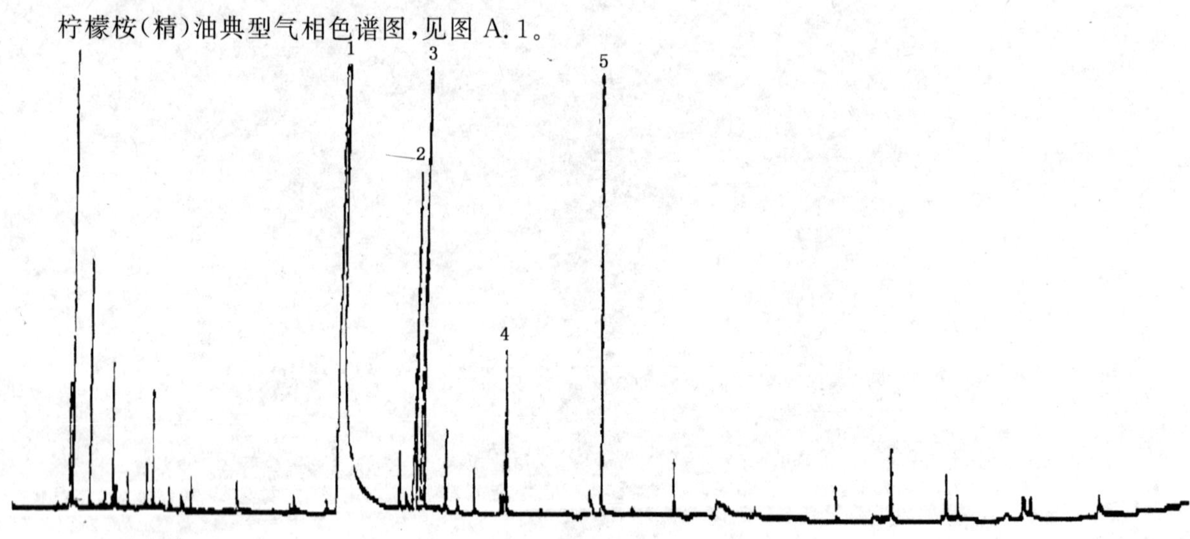

1——香茅醛；
2——新异胡薄荷醇；
3——异胡薄荷醇；
4——乙酸香茅酯；
5——香茅醇。

图 A.1 柠檬桉（精）油典型气相色谱图

ICS 67.120.30
X 20

中华人民共和国国家标准

GB/T 22180—2008

冻裹面包屑鱼

Quick frozen fish fillets-breaded or in batter

(CODEX STAN 166—1989,Rev.1—1995,Codex standard for quick frozen fish sticks (fish fingers),fish portions and fish fillets-breaded or in batter,MOD)

2008-07-16 发布　　2008-11-01 实施

中华人民共和国国家质量监督检验检疫总局
中国国家标准化管理委员会　发布

前　言

本标准修改采用国际食品法典标准 CODEX STAN 166—1989,Rev. 1—1995《冻裹面包屑或挂浆鱼条、鱼块和鱼片》(Codex standard for quick frozen fish sticks (fish fingers), fish portions and fish fillets-breaded or in batter)。本标准章条编号与 CODEX STAN 166—1995 章条编号对照参见附录 A，本标准与 CODEX STAN 166—1995 技术性差异及其原因参见附录 B。

本标准的附录 D、附录 E 为规范性附录，附录 A、附录 B、附录 C 为资料性附录。

本标准由中华人民共和国农业部提出。

本标准由全国水产标准化技术委员会水产品加工分技术委员会归口。

本标准起草单位：国家水产品质量监督检验中心。

本标准主要起草人：王联珠、翟毓秀、李晓川、孙建华、路世勇、陈远惠、江艳华。

冻裹面包屑鱼

1 范围

本标准规定了冻裹面包屑鱼的要求、试验方法、检验规则、标签、包装、贮存和运输。

本标准适用于将鲜鱼、冻鱼、冻鱼片、或由碎鱼肉组成的冻鱼条和鱼块裹面包屑或挂浆的冻结产品或预炸品。

2 规范性引用文件

下列文件中的条款通过本标准的引用而成为本标准的条款。凡是注日期的引用文件，其随后所有的修改单(不包括勘误的内容)或修订版均不适用于本标准，然而，鼓励根据本标准达成协议的各方研究是否可使用这些文件的最新版本。凡是不注日期的引用文件，其最新版本适用于本标准。

GB 2716 食用植物油卫生标准

GB 2733 鲜、冻动物性水产品卫生标准

GB 2760 食品添加剂使用卫生标准

GB/T 4789.2 食品卫生微生物学检验 菌落总数测定

GB/T 4789.3 食品卫生微生物学检验 大肠菌群测定

GB/T 4789.4 食品卫生微生物学检验 沙门氏菌检验

GB/T 4789.7 食品卫生微生物学检验 副溶血性弧菌检验

GB/T 4789.10 食品卫生微生物学检验 金黄色葡萄球菌检验

GB/T 4789.30 食品卫生微生物学检验 单核细胞增生李斯特氏菌检验

GB/T 5009.3 食品中水分的测定

GB/T 5009.11 食品中总砷及无机砷的测定

GB/T 5009.12 食品中铅的测定

GB/T 5009.15 食品中镉的测定

GB/T 5009.17 食品中总汞及有机汞的测定

GB/T 5009.45—2003 水产品卫生标准的分析方法

GB 5749 生活饮用水卫生标准

GB/T 6682 分析实验室用水规格和试验方法(GB/T 6682—2008,ISO 3696:1987,MOD)

GB 7099 糕点、面包卫生标准

GB 7718 预包装食品标签通则

GB 10146 食用动物油脂卫生标准

SC/T 3016—2004 水产品抽样方法

3 术语和定义

下列术语和定义适用于本标准。

3.1

鱼条 fish stick;fish finger

包括外层包衣在内，重量为 20 g～50 g，形状上其长度不小于最大宽度的 3 倍的产品。每条的厚度不小于 10 mm。可由同一品种的鱼制成，也可由感官特性相似的品种的鱼混合后制成。

3.2

鱼块 fish portion

鱼块包括外层包衣，但与3.1的鱼条定义不同，可为任意形状、重量或尺寸。可由同一品种的鱼制成，也可由感官特性相似品种的鱼混合后制成。

3.3

鱼片 fish fillets

将不同大小和形状的鱼进行切片。平行于鱼脊骨对鱼体剖切，并对所得到的鱼片进行接合、修补而得到，鱼片可带皮或无皮，带刺或不带刺。

3.4

外来杂质 foreign matter

除包装材料外，样品单位中存在的、非鱼体自身、可轻易辨别的物质。

3.5

异味 odour

样品散发的持久、明显、令人厌恶的由腐败、酸败或饵料引起的不正常的气味。

3.6

鱼肉异常 flesh abnormalities

样品单位出现过量凝胶状态的鱼肉，且单片鱼片中水分达86%以上，或按重量计算5%以上的样品被寄生虫感染导致质地呈现糊状。

4 要求

4.1 加工要求

4.1.1 产品经过适当预处理后，应在符合以下规定的条件下进行冻结加工：

a) 冻结应在合适的设备中进行，并使产品迅速通过最大冰晶生成带。

b) 速冻加工只有在产品的中心温度达到并稳定在≤−18 ℃时才算完成。

c) 产品在运输、贮存、分销过程中应保持在深度冻结状态，以保证产品质量。

4.1.2 在保证质量的条件下，允许按规定要求对冻结产品再次进行速冻加工，并按照被认可的操作进行再包装。

4.1.3 产品原料验收及加工操作过程应符合良好操作规范(GMP)及危害分析与关键控制点计划(HACCP计划)的要求。

4.2 原料要求

4.2.1 鱼

用于冻裹面包屑或挂糊的鱼条、鱼块、鱼片，原料应为品质新鲜，能作为鲜品出售供人们消费的可食用鱼，其质量应符合GB 2733的规定。

4.2.2 裹衣

裹衣及使用的其他配料均为食品级质量，并应符合GB 7099的规定。挂浆的制备和使用过程中要求温度控制在10 ℃以下。

4.2.3 油炸用油

能使产品达到预期的成品品质的食用油，并应符合GB 2716、GB 10146的规定。

4.2.4 水

加工用水应符合GB 5749的规定。

4.3 食品添加剂

加工生产中所用的食品添加剂的品种及用量应符合GB 2760的规定。推荐使用的食品添加剂品种及限量规定参见附录C。

4.4 感官要求

感官要求见表1。

表1 感官要求

项目	指标
色泽	呈乳白色或淡黄色，同批产品色泽基本一致
形态	产品平整，形状基本完好，面包屑应蓬松，颗粒大小较一致，附着较均匀，油炸后裹衣不开裂，不脱落
骨刺	在表明无刺的包装中每千克产品不能检出长度≥10 mm，或直径≥1 mm的骨刺： a) 允许骨刺长度≤5 mm，直径≤2 mm； b) 当骨刺的根部（与脊椎骨的连接处）宽度≤2 mm，且可用指甲轻松剥除时，可忽略不计
滋味与气味	具有该产品应有的气味，无异味，油炸后外酥里嫩，咸淡适宜，香鲜可口
组织	肉质疏松，软硬适度
杂质	无外来杂质

4.5 理化指标

理化指标的规定见表2。

表2 理化指标

项目	指标
冻品中心温度/℃	≤ −18
鱼肉含量/%	符合标示规定
多聚磷酸盐（以 P_2O_5 计）/(g/kg)	≤10（鱼肉中，包括天然磷酸盐） ≤1（裹衣中）
水分/%	≤86（鱼肉中）
净含量偏差/%	≤±4（≤1 000 g） ≤±3(1 000 g~2 500 g) ≤±2(2 500 g~5 000 g) ≤±1（>5 000 g）

4.6 安全指标

安全指标的规定见表3。

表3 安全指标

项目	指标
甲基汞（以 Hg 计）/(mg/kg)	≤0.5
铅（以 Pb 计）/(mg/kg)	≤0.5
镉（以 Cd 计）/(mg/kg)	≤0.1
无机砷（以 As 计）/(mg/kg)	≤0.1（鱼肉中）
组胺/(mg/100 g)	≤100（鲐鱼） ≤30（其他鱼类）
细菌总数/(CFU/g)	$\leqslant 1\times10^5$（挂浆产品） $\leqslant 1\times10^6$（裹衣产品）
大肠菌群/(MPN/100 g)	≤450
金黄色葡萄球菌/(MPN/100 g)	$<1\times10^4$
沙门氏菌	不得检出
副溶血性弧菌	不得检出（海水鱼）
单核细胞增生性李斯特氏菌	不得检出

5 试验方法

5.1 感官检验

5.1.1 在光线充足,无异味的环境中,将试样倒在白色搪瓷盘或不锈钢工作台上,按4.4的规定逐项进行感官检验。

5.1.2 解冻并逐个检测样品外观、色泽以及有无外来杂质、骨刺(需要时)、异味及鱼肉异常等。

5.2 蒸煮试验

5.2.1 冷冻样品应根据包装上的蒸煮说明进行蒸煮。

5.2.2 如果没有说明,或没有说明中的蒸煮器具,则可应采用焙烤、箔包装内焙烤、烤、装袋蒸煮、浅盘煎、炸、水煮、蒸制和微波加热等方法对冷冻样品进行蒸煮。

5.2.3 取样品量约100 g。蒸煮使产品内部温度达到65 ℃～70 ℃。蒸煮时间随产品大小和采用的温度而不同。如果要测定蒸煮时间,则另取样品加热,使用温度测量装置测定中心温度。

5.3 净含量的测定

每批样品单位的净含量(不包括包装材料)应在冷冻状态下测定,净含量偏差按式(1)计算:

$$A=\frac{m_1-m_0}{m_0}\times 100 \quad\cdots\cdots(1)$$

式中:

A——净含量偏差,%;

m_1——样本实际质量,单位为克(g);

m_0——样本标示含量,单位为克(g)。

5.4 冻品中心温度

将温度计插入最小包装的中心位置,至温度计指示的温度不再下降时,读数。

5.5 裹衣与鱼肉的比例

按附录D的规定执行。

5.6 样品制备

5.6.1 解冻

将样品装入不透水的袋子中,将袋子浸入水浴,轻微搅动进行解冻,水温≤20 ℃。

5.6.2 样品处理

解冻后,分离裹衣与鱼肉,并将鱼肉绞碎混合均匀后备检验用。

5.7 鱼肉中水分的测定

取按5.6制备的鱼肉样品,按GB/T 5009.3中的规定执行。

5.8 多聚磷酸盐的测定

取按5.6制备的鱼肉及裹衣样品,按附录E的规定执行,检验结果以P_2O_5计。

5.9 组胺的测定

取按5.6制备的鱼肉样品,按GB/T 5009.45—2003中4.4的规定执行。

5.10 甲基汞的测定

取按5.6制备的鱼肉样品,按GB/T 5009.17的规定执行。

5.11 铅的测定

取按5.6制备的鱼肉样品,按GB/T 5009.12的规定执行。

5.12 镉的测定

取按5.6制备的鱼肉样品,按GB/T 5009.15的规定执行。

5.13 无机砷的测定

取按5.6制备的试样,按GB/T 5009.11的规定执行。

5.14 细菌总数

按GB/T 4789.2中的规定执行。

5.15 大肠菌群

按GB/T 4789.3中的规定执行。

5.16 沙门氏菌检验

按GB/T 4789.4中的规定执行。

5.17 金黄色葡萄球菌的测定

按GB/T 4789.10中的规定执行。

5.18 副溶血性弧菌检验

按GB/T 4789.7中的规定执行。

5.19 单核细胞增生性李斯特氏菌检验

按GB/T 4789.30中的规定执行。

6 检验规则

6.1 组批规则与抽样方法

6.1.1 组批规则

在原料及生产条件基本相同下同一天或同一班组生产的产品为一批。按批号抽样。

6.1.2 抽样方法

6.1.2.1 产品批次检验用样品的抽样方法应按SC/T 3016—2004的规定执行。样品单位是初级包装。

6.1.2.2 对需检测净重的样品批次的抽样，抽样计划应按SC/T 3016—2004中附录A的规定执行。

6.2 检验分类

产品分为出厂检验和型式检验。

6.2.1 出厂检验

每批产品应进行出厂检验。出厂检验由生产单位质量检验部门执行，检验项目为感官、净含量偏差、冻品中心温度、微生物指标，检验合格签发检验合格证，产品凭检验合格证入库或出厂。

6.2.2 型式检验

检验项目为本标准中规定的全部项目。有下列情况之一时应进行型式检验：

a) 长期停产，恢复生产时；

b) 原料变化或改变主要生产工艺，可能影响产品质量时；

c) 加工原料来源或生长环境发生变化时；

d) 国家质量监督机构提出进行型式检验要求时；

e) 出厂检验与上次型式检验有大差异时；

f) 正常生产时，每年至少一次的周期性检验。

6.3 判定规则

6.3.1 裹面包屑鱼感官检验所检项目全部符合4.3规定，合格样本数符合SC/T 3016—2004中表A1的规定，则判为批合格。

6.3.2 所有样品单位平均净含量不少于标示量，且包装重量无异常。

6.3.3 微生物检验结果不得复验。

6.3.4 其他指标的检验结果中有一项指标不合格，允许加倍抽样将此项指标复验一次，按复验结果判定本批产品是否合格；检验结果中有两项及两项以上指标不合格，则判本批产品不合格。

7 标签、包装、运输和贮存

7.1 标签

食品标签应符合 GB 7718 的规定，还应遵守以下规定：

7.1.1 食品名称

7.1.1.1 标签上产品名称应为“裹面包屑”和(或)“挂浆”、“鱼条”、“鱼块”或“鱼片”，或按实际情况使用其他不会引起混淆和误导消费者的名称。

7.1.1.2 标签上应注明鱼肉与裹衣(或挂浆)的百分比。

7.1.1.3 标签上还应注明鱼的种类或混合的种类、标明产品是由碎鱼肉、鱼片还是二者混合制得的。

7.1.1.4 标签应注明产品须在运输、贮藏、分销过程中保持的条件，以保证其质量。

7.1.2 贮藏说明

标签应注明产品须在－18 ℃或更低的温度下贮藏。

7.1.3 非零售包装的标签

上述要求应既在包装上又在附文中出现，除食品名称、批号、制造或分装厂名、地址外，还包括贮藏条件。但批号、制造或分装厂名、地址也可用同一证明标志代替，只要证明标志能在辅助文件中说明清楚。

7.2 包装

7.2.1 包装材料

所用塑料袋、纸盒、瓦楞纸箱等包装材料应洁净、无毒、无异味、坚固。

7.2.2 包装要求

一定数量的小袋装入大袋(或盒)，再装入纸箱中。箱中产品要求排列整齐，大袋或箱中加产品合格证。纸箱底部用粘合剂粘牢，上下用封箱带粘牢或用打包带捆扎。

7.3 运输

7.3.1 应用冷藏或保温车船运输，保持产品温度低于－15 ℃。

7.3.2 运输工具应清洁卫生，无异味，运输中防止日晒、虫害、有害物质的污染、不得靠近或接触有腐蚀性物质、不得与气味浓郁物品混运。

7.4 贮存

7.4.1 贮藏库温度低于－18 ℃，库温波动应保持在±3 ℃内。不同品种，不同规格，不同等级、批次的冻鱼应分别堆垛，并用木板垫起，与地面距离不少于 10 cm，与墙壁距离不少于 30 cm，堆放高度以纸箱受压不变形为宜。

7.4.2 产品贮藏于清洁、卫生、无异味、有防鼠防虫设备的库内，防止虫害和有害物质的污染及其他损害。

附 录 A
（资料性附录）
本标准章条编号与 CODEX STAN 166—1995 章条编号对照

表 A.1 给出了本标准章条编号与 CODEX STAN 166—1995 章条编号对照一览表。

表 A.1 本标准章条编号与 CODEX STAN 166—1995 章条编号对照

本标准章条编号	对应的国际标准章条编号
1	1
2	—
3	2.1、8
4.1.1、4.1.2	2.2
4.1.3	5.3
4.2	3.1
4.3	4
4.4	5.1、8
4.5	4、6.2
4.6	5.2
5.1	7.3、附录 A
5.2	7.7
5.3	7.2
5.4	—
5.5	7.4
5.6	—
5.7	7.5
5.9	7.8
5.8～5.16	—
6.1	7.1、9
6.2	—
6.3	2.3.1、3.2、9
7.1	2.3.2、6.1
7.2	—
7.3	—
7.4	—
附录 C	4
附录 D	7.4

附 录 B
（资料性附录）
本标准与 CODEX STAN 166—1995 技术性差异及其原因

表 B.1 给出了本标准与 CODEX STAN 166—1995 技术性差异及其原因。

表 B.1 本标准与 CODEX STAN 166—1995 技术性差异及其原因

本标准章条编号	技术性差异	原 因
全部	本标准技术内容顺序与章条编号与 CODEX STAN 166—1995 的顺序不一致	本标准在主要技术内容与 CODEX STAN 92 的规定一致的前提下，标准的内容顺序及章条编号按我国 GB/T 1.1—2000 中的规定进行了重新编排
2	引用标准中采用的我国标准	方便本标准在我国的推广应用
3	将 CODEX STAN 166—1995 8 中对缺陷的规定，转化为术语和定义	在标准技术内容不变的情况下，标准文本结构符合我国国家标准的编写规定
4.1.3	CODEX STAN 166 中 5.3 规定了详细的操作技术规范，本标准修改为“产品原料验收及加工操作过程应符合良好操作技术规范”	CAC 正在组织修改标准中所引用的操作技术规范为水产及水产加工品操作技术规范，近期内即可发布，本标准修改后可适应修订后的水产品加工操作技术规范
4.2.4	将原标准中饮用水符合 WHO 最新版本的《国际饮用水质量规范》更改为符合 GB 5749	便于本标准在我国的推广应用
4.5	增加对冻品感官要求	与我国现行的标准描述方式一致，便于本标准在我国的推广应用
4.6～4.7	增加了对物理指标和安全指标的要求	技术内容与 CODEX STAN 166 的规定一致，但格式与我国标准起草规定一致
5.6～5.16	规定相应技术指标的测定方法	根据我国标准的结构，以及便于操作和检测的目的，对检测方法进行了规定
6.1	抽样方法本标准采用 SC/T 3016—2004 水产品抽样方法	因 SC/T 3016—2004 的相关部分章节，采用了 CODEX STAN 233—1969 预包装食品抽样的规定
6.2	增加了检验分类	在标准技术内容不变的情况下，标准文本结构符合我国国家标准的编写规定
7.2～7.4	增加了对包装、运输、贮藏过程的要求	CODEX STAN 92—1981, Rev. 1—1995 中没有这三方面的规定，为了对冻虾制品周转过程进行完整的规定，符合我国标准编写模式，增加了对包装、运输、贮藏的规定

附 录 C
（资料性附录）
冻裹面包屑鱼产品中推荐使用的食品添加剂品种及其限量[1)]

C.1 鱼片和碎鱼肉中推荐使用的添加剂及其限量

鱼片和碎鱼肉中推荐使用的添加剂及其限量规定见表 C.1。

表 C.1 鱼片和碎鱼肉中推荐使用的添加剂及其限量

类 别	添 加 剂	成品中的最高含量
保水剂	339(i) 磷酸二氢钠 340(i) 磷酸二氢钾 450(ⅲ) 焦磷酸钠 450(v) 焦磷酸钾 451(i) 三聚磷酸钠 451(ⅱ) 三聚磷酸钾 452(i) 多聚磷酸钠 452(v) 多聚磷酸钙	≤10 g/kg(以 P_2O_5 计，单用或混用) (包括天然磷酸盐)
	401 褐藻酸钠	GMP
抗氧化剂	301 抗坏血酸(维生素 C) 301 抗坏血酸钠 303 抗坏血酸钾	GMP
	304 抗坏血酸棕榈酸脂	1 g/kg

C.2 碎鱼肉中推荐使用的添加剂及其限量

碎鱼肉中推荐使用的添加剂及其限量规定见表 C.2。

表 C.2 碎鱼肉中推荐使用的添加剂及其限量

类 别	添 加 剂	成品中的最高含量
酸度调节剂	330 柠檬酸 331 柠檬酸钠 332 柠檬酸钾	GMP
增稠剂	412 瓜尔豆胶 410 角豆胶(刺槐豆胶) 440 果胶 466 羧甲基纤维素钠盐 415 黄原胶 407 卡拉胶及其钠、钾、铵盐(包括红藻胶) 407a 经热加工处理的麒麟菜 (PES) 461 甲基纤维素	GMP

C.3 面包屑和挂浆中推荐使用的添加剂及其限量

面包屑和挂浆中允许使用的添加剂及其限量规定见表 C.3。

1) 附录 C 数据来自 CODEX STAN 166—1995。

表 C.3 面包屑和挂浆中推荐使用的添加剂及其限量

类　别	添　加　剂	成品中的最高含量
发酵剂	341(i)　磷酸一氢钙	≤1 g/kg(以 P_2O_5 计,单用或混用)
	341(ⅱ)　磷酸二钙	
	541　磷酸钠铝,碱性及酸性	
	500　碳酸钠	GMP
	501　碳酸钾	
	502　碳酸铵	
增味剂	621　谷氨酸钠(味精)	GMP
	622　谷氨酸钾	
色素	160b　胭脂树籽红(萃取物)	≤20 mg/kg(以类胡萝卜素表示)
	150a　焦糖色Ⅰ(纯)	GMP
	160a　β-胡萝卜素(合成)	≤100 mg/kg (单用或混用)
	160e　β-阿朴-8'-胡萝卜醛	
增稠剂	412　瓜尔豆胶	GMP
	410　角豆胶(刺槐豆胶)	
	440　果胶	
	466　羧甲基纤维素钠	
	415　黄原胶	
	407　卡拉胶及其钠、钾、铵盐(包括红藻胶)	
	407　经热加工处理的麒麟菜(PES)	
	461　甲基纤维素	
	401　褐藻酸钠	
	463　羟基丙基纤维素	
	464　羟基丙基甲基纤维素	
	465　甲基乙基纤维素	
乳化剂	471　甘油一脂肪酸酯	GMP
	322　卵磷脂	
改性淀粉	1401　酸处理淀粉	GMP
	1402　碱处理淀粉	
	1404　氧化淀粉	
	1410　磷酸单淀粉	
	1412　磷酸二淀粉酯化三偏磷酸钠; 磷酸二淀粉酯化氢氧化磷	
	1414　磷酸乙酰化二淀粉	
	1413　磷酸化磷酸二淀粉	
	1420　醋酸淀粉酯化乙酸酐	
	1421　醋酸淀粉酯化乙烯基乙酸酯	
	1422　乙酰化二淀粉己二酸酯	
	1440　羧丙基淀粉	
	1442　磷酸羧丙基淀粉	

附　录　D
（规范性附录）
冻裹面包屑鱼制品中的鱼肉含量的测定

D.1　方法来源及原理

D.1.1　本方法来自 AOAC 方法 996.15《鱼肉在冻裹面包屑(挂浆)鱼产品中的含量》。

D.1.2　以加热的水溶解产品的外层裹衣(挂浆或面包屑)，直至去除冷冻鱼肉表面上的全部裹衣层。

D.2　仪器

D.2.1　水浴：控温 17 ℃～49 ℃。

D.2.2　温度计：两支，浸没型，精确度±1 ℃。

D.2.3　天平：精确称量到 0.1 g。

D.2.4　秒表：读到秒。

D.2.5　纸巾。

D.2.6　刮铲。

D.3　测试样品的准备

待测样品应放入冰箱中保持样品的完整性。检验前从冰箱中取出，称重(m_1)。

D.4　测试

D.4.1　将水浴的初温调到 17 ℃～49 ℃；第二次的水浴温度调为 17 ℃～30 ℃。

D.4.2　将样品浸入 17 ℃～49 ℃的水浴中浸泡至裹衣层变软，易于从仍冻结的鱼肉上刮除。

D.4.3　将样品从水浴中取出，迅速用纸巾吸掉多余的水分，从鱼肉上刮下裹衣层。

D.4.4　若裹衣层很难去除，则再浸入水温为 17 ℃～30 ℃的水浴中，至裹衣层变软，易于刮除。

D.4.5　将样品从水浴中取出，迅速用纸巾吸掉多余的水分，从鱼肉上刮下裹衣层。必要时，重复浸泡，直至去除全部裹衣层。

D.4.6　称重并记录去除裹衣层后样品的重量(m_2)。

D.5　计算

鱼肉的含量的计算公式见式(D.1)：

$$A = \frac{m_2}{m_1} \times 100 \quad \cdots\cdots\cdots\cdots (D.1)$$

式中：

A——鱼肉的含量，%；

m_2——去除裹衣后样品质量，单位为克(g)；

m_1——去除裹衣前样品质量，单位为克(g)。

附 录 E
（规范性附录）
总磷的测定 分光光度法

E.1 原理

将试样中的有机物破坏，使磷元素游离出来，在酸性溶液中，用钒钼酸铵处理，生成黄色的[$(NH_4)_3PO_4NH_4VO_3 \cdot 16MoO_3$]络合物，在波长 400 nm 下进行比色测定。

E.2 试剂

E.2.1 实验室用水：应符合 GB/T 6682 中三级水的规格，本标准中所用试剂，除特殊说明外，均为分析纯。

E.2.2 盐酸溶液：1+1。

E.2.3 硝酸。

E.2.4 高氯酸。

E.2.5 钒钼酸铵显色剂：称取偏钒酸铵 1.25 g，加水 200 mL 加热溶解，冷却后再加入 250 mL 硝酸(E.2.3)，另称取钼酸铵 25 g，加水 400 mL 加热溶解，在冷却条件下，将两种溶液混合，用水定容至 1 000 mL，避光保存，若生成沉淀，则不能继续使用。

E.2.6 磷标准液：将磷酸二氢钾在 105 ℃干燥 1 h，在干燥器中冷却后称取 0.219 5 g 溶解于水，定量转入 1 000 mL 容量瓶中，加硝酸 3 mL，用水稀释至刻度，摇匀，即为 50 μg/mL 的磷标准液。

E.3 仪器和设备

E.3.1 分析天平：感量 0.000 1 g。

E.3.2 分光光度计：可在 400 nm 下测定吸光度。

E.3.3 比色皿：1 cm。

E.3.4 高温炉：可控温度在 550 ℃±20 ℃。

E.3.5 瓷坩埚：50 mL。

E.3.6 容量瓶：50 mL、100 mL、1 000 mL。

E.3.7 移液管：1.0 mL、2.0 mL、5.0 mL、10.0 mL。

E.3.8 三角瓶：250 mL。

E.3.9 凯氏烧瓶：125 mL、250 mL。

E.3.10 可调温电炉：1 000 W。

E.4 测定步骤

E.4.1 试样的消化

称取试样约 5 g(精确至 0.000 2 g)于凯氏烧瓶中，加入硝酸(E.2.3)30 mL，小心加热煮沸至黄烟逸尽，稍冷，加入高氯酸(E.2.4)10 mL，继续加热至高氯酸冒白烟(不得蒸干)，溶液基本无色，冷却，加水 30 mL，加热煮沸，冷却后，用水转移入 100 mL 容量瓶中并稀释至刻度，摇匀，为试样消化液。

E.4.2 工作曲线的绘制

准确移取磷标准溶液(E.2.6)0.0、1.0、2.0、4.0、8.0、16.0 mL 于 50 mL 容量瓶中，各加钒钼酸铵显色剂(E.2.5)10 mL，用水稀释至刻度，摇匀，常温下放置 10 min 以上，以 0.0 mL 溶液为参比，用1 cm 比色皿，在 400 nm 波长下用分光光度计测各溶液的吸光度。以磷含量为横坐标、吸光度为纵坐标，绘制工作曲线。

E.4.3 试样的测定

准确移取试样分解液 1.0 mL～10.0 mL(含磷量 50 μg～750 μg)于 50 mL 容量瓶中,加入钒钼酸铵显色剂(E.2.5)10 mL,用水稀释到刻度,摇匀,常温下放置 10 min 以上,用 1 cm 比色皿在 400 nm 波长下测定试样消化液的吸光度,在工作曲线上查得试样消化液的磷含量。

E.5 测定结果的计算及表示

E.5.1 结果计算

测定结果按式(E.1)进行计算。

$$X = \frac{m_1 \times V \times 2.2903}{m \times V_1 \times 10^6} \times 1000 \qquad \text{(E.1)}$$

式中:

X——试样中磷酸盐的含量(以 P_2O_5 计),单位为克每千克(g/kg);

m_1——由工作曲线查得试样消化液磷含量,单位为微克(μg);

V——试样消化液的总体积,单位为毫升(mL);

2.290 3——五氧化二磷对磷的换算因子;

m——试样的质量,单位为克(g);

V_1——试样测定时移取试样消化液的体积,单位为毫升(mL)。

E.5.2 结果表示

每个试样称取两个平行样进行测定,以其算术平均值为测定结果,所得到结果应表示至小数点后两位。

E.6 允许差

含磷量 0.5%以下,允许相对偏差 10%;含磷量 0.5%以上,允许相对偏差 3%。

ICS 31.120
L 47

中华人民共和国国家标准

GB/T 22181.1—2008/IEC 61988-1:2003

等离子体显示器件
第1部分:术语与文字符号

Plasma display panels—
Part 1:Terminology and letter symbols

(IEC 61988-1:2003,IDT)

2008-06-28 发布　　　　2008-11-01 实施

中华人民共和国国家质量监督检验检疫总局
中国国家标准化管理委员会　发布

前　言

GB/T 22181《等离子体显示器件》标准的预计结构如下：

第1部分：术语与文字符号；

第2-1部分：光学参数测量方法；

第2-2部分：光电参数测量方法；

第2-3部分：显示质量测量方法；

第3-1部分：机械接口；

第3-2部分：电子接口；

第4部分：气候和机械环境试验方法；

第5部分：总规范。

本部分是GB/T 22181的第1部分，等同采用IEC 61988-1:2003《等离子体显示器件　第1部分：术语与文字符号》(英文版)。

为了便于使用，本部分作如下编辑性修改：

a) 删除国际标准的前言；

b) 用小数点“.”代替作为小数点的逗号“,”；

c) 删除了国际标准3.29条术语“black uniformity, sampled”中的“sampled”；

d) 3.169条术语是无量纲参数，因此，删除了国际标准中“单位为watts/watt”；

e) 将IEC 61988-1:2003中按英文字母排序的符号表改为按汉语拼音字母排序的符号表；

f) 增加了中文索引和英文索引。

本部分的附录A、附录B、附录C、附录D、附录E为资料性附录。

本部分由中华人民共和国信息产业部提出。

本部分由中国电子技术标准化研究所(CESI)归口。

本部分起草单位：西安交通大学电子物理与器件研究所、中国电子技术标准化研究所。

本部分主要起草人：胡文波、刘纯亮、王幼林。

等离子体显示器件 第1部分:术语与文字符号

1 范围

GB/T 22181的本部分给出了彩色交流等离子体显示器件术语定义和文字符号。技术说明见附录。

2 规范性引用文件

下列文件中的条款通过GB/T 22181的本部分的引用而成为本部分的条款。凡是注日期的引用文件,其随后所有的修改单(不包括勘误的内容)或修订版均不适用于本部分,然而,鼓励根据本部分达成协议的各方研究是否可使用这些文件的最新版本。凡是不注日期的引用文件,其最新版本适用于本部分。

GB/T 22181.21—2008 等离子体显示器件 第2-1部分:光学参数测量方法(IEC 61988-2-1:2002,IDT)

GB/T 22181.22—2008 等离子体显示器件 第2-2部分:光电参数测量方法(IEC 61988-2-2:2003,IDT)

CIE 15.2:1986,色度学,第二版

3 术语和定义

3.1

AC PDP

注:见3.2交流等离子体显示器件。

3.2

交流等离子体显示器件 AC plasma display panel

AC PDP

气体放电区与电极相互隔离,并由交流电压脉冲驱动的等离子体显示器件。

3.3

寻址偏压 address bias

Vba

数据偏压 data bias

在寻址期施加于所有寻址电极的公共电压。

3.4

寻址周期 address cycle period

连续寻址脉冲中相邻的两个脉冲初始时刻的时间间隔。

3.5

寻址放电 address discharge

改变等离子体显示器件子像素状态的放电。

3.6

寻址电极 address electrode

数据电极 data electrode

与扫描电极正交的电极，图像数据信号施加其上以驱动子像素。

3.7

寻址脉冲　address pulse

数据脉冲　data pulse

根据显示图像，施加于一条寻址（数据）电极上用于选择一个子像素的附加的电压脉冲。

注：见 3.187 扫描脉冲。

3.8

寻址电压　address voltage

Va

数据电压　data voltage

寻址期施加于寻址（数据）电极上的电压脉冲幅值（不包括寻址电极上的寻址偏压）。

3.9

寻址并显示驱动法　address while display method

AWD 驱动法　AWD method

在维持期内任何时间，可寻址显示屏上部分像素并实现灰度级显示的驱动技术。

注：见 3.12 寻址与显示分离驱动法。

3.10

寻址能力　address ability

水平方向和垂直方向上可以改变亮度的像素数。

注：通常表示为水平方向上的像素数乘以垂直方向上的像素数。它与分辨率含义不同。参见 3.182 分辨率。

3.11

寻址　addressing

用寻址脉冲设置或改变子像素的状态。

3.12

寻址与显示分离驱动法　address，display-period separation method

ADS 驱动法　ADS method

采用在一个时间段对显示屏上所有像素寻址，而在另一个时间段对所有像素施加维持脉冲，可实现灰度级显示的驱动技术。

3.13

老炼　ageing

为了稳定显示器件的性能，使所有单元都处于点亮状态的显示屏制作工序。

3.14

退火　annealing

把玻璃加热到一定的温度，然后按照控制的速率降温，以减小后续高温加工过程中玻璃尺寸变化的工序。

3.15

阳极　anode

显示器的正极性电极，它收集气体放电产生的电子。

注：在 AC PDP 中，每半个周期阴极和阳极的角色相互转变一次。

3.16

屏幕宽高比　aspect ratio

显示屏宽度与高度之比。

3.17

自动功率控制　auto power control

APC

控制显示器件的峰值功率和/或平均功率的电路技术。

3.18

辅助阳极　auxiliary anode

直流等离子体显示器件中的一种阳极，其作用是为使一个单元放电，而预先产生一个可提供引火粒子的放电。

3.19

后基板　back plate

下基板　rear plate

离观看者较远的基板。

3.20

充入气体　back-filling

注：见 3.81 充气。

3.21

烘焙　bake

注：见 3.22 烘烤和 3.23 焙烧。

3.22

烘烤　bakeout

为获得高的真空度，对真空系统和/或等离子体显示器件进行高温加热除气的工序。

3.23

焙烧　baking

用于蒸发水汽和分解有机材料的高温处理工序。

注：焙烧是通过把不需要的材料散发到空间来清洁部件。

3.24

障壁　barrier rib

在电学、光学和空间上把显示屏上各单元分开的隔离壁。

注：障壁位于前后基板之间，控制两板间隙。

3.25

粘结剂焙烧　binder burnout

通过分解和氧化去除有机粘结剂的工序。

3.26

暗场亮度　black level luminance

在黑暗环境中显示屏处于最低亮度状态时的亮度。

注：见 GB/T 22181.21—2008 中 6.3.3.b。

3.27

黑矩阵　black matrix

制作于子像素间的黑色材料，其作用是通过减小反射来提高对比度。

3.28

黑条　black stripe

制作于子像素间的条状黑色材料，其作用是通过减小反射来提高对比度。

注：黑条是用来提高对比度的黑底中的一种。

3.29

暗场亮度均匀性　black uniformity

暗场亮度的均匀性表示为在特定测量点的暗场亮度非均匀性的百分数(测量点的暗场亮度差除以平均暗场亮度)。

3.30

***BRCR*-#/#**

注:见3.33。

3.31

击穿电压　breakdown voltage

施加在阴极和阳极之间的引起气体放电并达到击穿条件的最小电压。

3.32

亮缺陷　bright defect

图像再现时,看上去亮度比正常图像更亮的缺陷。

3.33

亮室对比度#/#　bright room contrast ratio #/#

BRCR-#/#

环境光不是以通常的100 lx/70 lx照度条件照射到显示屏上时的对比度。

注:符号"#/#"表示环境光照射到垂直平面/水平平面上的照度。(见GB/T 22181.22—2008中6.1)。

3.34

亮室对比度100/70　bright room contrast ratio 100/70

BRCR-100/70

在环境光以垂直面上照度为100 lx,水平面上照度为70 lx的条件下照射到显示屏上时的对比度。

注:见GB/T 22181.22—2008中6.1。

3.35

明度　brightness

一个物体明亮程度或发出多少可被眼睛感知的可见光的视觉和主观度量。

3.36

全屏擦除　bulk erase

在显示屏上的所有电极对间施加电压脉冲,使所有单元处于熄灭状态。

3.37

全屏写　bulk write

在显示屏上的所有电极对间施加电压脉冲,使所有单元处于放电状态。

3.38

老练　burn-in

老化(被取代)

在规定的环境下执行着每个显示器件功能的硬件随着早期失效期的每个失效不断地加以修复性维修,其可靠性得到提高的过程。

3.39

汇流电极　bus electrode

制作在透明电极上的具有高导电率的电极,其作用是降低总电阻。

3.40

阴极　cathode

显示器上负极性的电极,在放电时它发射二次电子。

注:在AC PDP中,每半个周期阴极和阳极的角色相互转变一次。

3.41

单元　cell

子像素的物理结构或子像素本身。

3.42

单元节距　cell pitch

子像素节距。

3.43

单元电压　cell voltage

Vc

加在等离子体显示器件单元上的经过气体空间的时变电压。

3.44

平均着火电压　centre firing voltage

最小着火电压与最大着火电压的平均值。

3.45

平均最小维持电压　centre minimum sustain voltage

最大熄火电压与最小熄火电压的平均值。

3.46

色度均匀性　chromatic uniformity

显示屏上不同区域色度的一致性。

注：通常表示为非均匀性，如 Δx_i 和 Δy_i，或显示屏上特定的测量点色度与中心点色度差。参见 3.121 亮度均匀性和 GB/T 22181.21—2008 中 6.4。

3.47

列电极　column electrode

寻址电极 address electrode

注：列电极在垂直方向延伸。当显示屏竖直摆放时，列电极沿水平方向排列。参见 3.183 行电极。

3.48

对比度　contrast ratio

图像中的最高和最低亮度之比，此处的亮度包括由显示屏对环境光的反射产生的亮度。

注：此对比度与环境光的照度有很大关系。对比度有两种形式：亮室对比度和暗室对比度。见 GB/T 22181.21—2008 中 6.3 和 6.1。

3.49

取样对比度　contrast ratio, sampled

CR

在特定的测量点，图像白场亮度与暗场亮度之比。

注：见 GB/T 22181.21—2008 中 6.3，GB/T 22181.22—2008 中 6.1 和 6.3。

3.50

共面型等离子体显示器件　coplanar PDP

注：见 3.209 表面放电型等离子体显示器件。

3.51

串扰　crosstalk

一个单元的放电引起相邻非放电单元发生放电的现象。

3.52

暗缺陷　dark defect

图像再现时，看上去亮度比正常图像暗的缺陷。

3.53

暗室对比度　dark room contrast ratio

DRCR

在照度低于1 lx的暗室环境中测量得到的显示屏对比度。

注：见GB/T 22181.21—2008中6.3。

3.54

数据偏压　data bias

注：见3.3寻址偏压。

3.55

数据电极　data electrode

注：见3.6寻址电极。

3.56

数据脉冲　data pulse

注：见3.7寻址脉冲。

3.57

数据电压　data voltage

注：见3.8寻址电压。

3.58

DC　PDP

注：见3.59直流等离子体显示器件。

3.59

直流等离子体显示器件　DC plasma display panel

DC PDP

电极与气体放电空间直接接触的等离子体显示器件。

3.60

介质层　dielectric layer

覆盖在电极上的绝缘材料层，放电产生的带电粒子可沉积其上。

注：沉积在介质层上的电荷使交流等离子体显示器件具有记忆功能。

3.61

介质电压　dielectric voltage

Vd

由壁电荷在介质层上产生的电压(见公式(1))。

$$Vd = Qw/Cd \quad \cdots\cdots(1)$$

式中：

Qw——壁电荷量；

Cd——等效介质层电容。

注：除壁电荷在介质层上产生的电压外，单元外加电压在介质层上也有分压，因此介质层上的总电压可大于介质电压。

3.62

漫反射　diffuse reflection

对入射光产生的在各个方向上均匀的反射。

3.63

放电电流　discharge current

气体放电产生的电子和离子在气体空间中作定向运动而形成的电流。

3.64

位移电流 displacement current

由于电极上电压的变化而产生的流过等离子体显示屏上电容的电流。

注：不包括放电电流。

3.65

显示阳极 display anode

直流等离子体显示器件中加正极性直流电压用于产生显示放电的阳极。

3.66

显示对角线 display diagonal

可显示图像的显示屏区域的对角线长度。

3.67

显示电极 display electrode

三电极型等离子体显示器件中的扫描和(或)维持电极，它们提供等离子体放电的主要功率。

3.68

驱动波形 driving waveform

随时间变化的驱动信号电压。

3.69

干燥工序 drying process

从等离子体显示器部件中去除水和其他挥发性材料的制造工序。

注：通常指炉中加热。

3.70

动态伪轮廓 dynamic false contour

显示运动图像时产生虚假轮廓的现象。

3.71

动态余裕 dynamic margin

存在寻址操作时具有的电压宽裕程度。

注：可用于各种有关余裕的术语，如维持余裕、写余裕等。

3.72

动态维持范围 dynamic sustain range

在整个写电压范围内可保证所有像素被正常寻址的维持电压范围。

3.73

效率 efficacy

注：见3.122发光效率。

3.74

能量恢复电路 energy recovery circuit

通过加入电感的方法回收等离子体显示器件电容中无功功率的电路系统。

3.75

擦除 erase

使子像素由放电状态转变为熄灭状态。

3.76

擦除脉冲 erase pulse

施加在电极对上的可选择性地使子像素由放电状态转变为熄灭状态的电压波形。

3.77

擦除电压　erase voltage

Ver

擦除脉冲的电压幅度。

3.78

排气　evacuating

用真空泵排除显示器件内部空气的制造过程。

3.79

排气管　exhaust tube;exhaust tubulation;exhaust pipe

显示器件基板上的管状端口,在器件制造过程中外部真空泵通过它排除器件内的气体。

注:排气管一般为玻璃管,在显示屏内部充入适当的气体后,它可被熔化封口。

3.80

场　field

显示屏上所有像素中的部分像素经过寻址期和维持期,并且可实现各种灰度级显示的时间段。

注:见3.203子场。

示例:隔行扫描情况下,全屏一半的像素在奇数场被寻址,而另一半像素在偶数场被寻址。

3.81

充气　filling

在显示屏内的空气被排出后,充入适当气体的过程。

3.82

烧结　firing

各种混有玻璃料的材料经高温处理制成电极、障壁或介质层等的过程。

注:加热是为了烧结玻璃料。

3.83

着火电压　firing voltage

Vf

在一个单元中引起一放电序列所需的最小电压脉冲的幅值。

注:一般情况下,不同单元的着火电压稍有不同。

3.84

着火电压范围　firing voltage range

Δ*Vf*

最大着火电压与最小着火电压间的电压范围或电压差。

3.85

最先熄火　first-off

随着维持电压减小,出现第一个放电熄灭的单元。

注:不计缺陷单元。

3.86

最先熄火电压　first-off voltage

Vsm_{n}

出现第一个熄火单元时的维持电压。

3.87

最先着火　first-on

随着维持电压增加,出现第一个发生放电的单元。

注:不计缺陷单元。

3.88

最先着火电压 first-on voltage

Vf_1

最小着火电压 minimum firing voltage

出现第一个放电单元时的维持电压。

3.89

帧 frame

显示屏上所有像素都经过寻址和维持,并且可实现各种灰度级显示的时间段。

3.90

前基板 front plate

面对观看者的透明基板。

3.91

全彩色显示 full-colour display

至少可显示 25 万种不同颜色的显示。

3.92

间隙 gap

阴极与阳极间气体空间中的距离。

注:等离子体显示器件中的间隙还有维持间隙、前后基板间隙和像素间隙。

3.93

气体 gas

充入等离子体显示器件的可被电离的中性气体。

注:一般为不同种类惰性气体的混合气,如氙、氖和氦混合气等。

3.94

气体放电 gas discharge

气体中出现光发射,并伴有显著电流流过的现象。

3.95

混合气体 gas mixture

等离子体显示器件内部气体的组成。

注:一般表示为组成气体的分压强百分比。

3.96

半选 half-select

对位于执行寻址(写或擦除)操作的寻址电极或扫描电极上的非选择单元所施加的驱动电压。

3.97

高应变点玻璃 high strain point glass

具有高应变点(粘度为 $10^{13.5}$ Pa·s 时的温度),在热处理温度下收缩或形变较小的玻璃。

3.98

余像 image retention

显示转换之后,先前的显示图像仍保持一段短时间的现象。

注:工作几分钟后,保持的图像才会消失。

3.99

图像暗影 image shadowing

显示一黑色物体时,位于黑色物体上下或左右的白色周边的亮度发生下降的现象。

3.100

图像拖尾　image smear

由于荧光粉发光的缓慢衰减引起显示运动物体时产生显著的拖尾。

注：当几种荧光粉的发光衰减时间不同时，会显示与运动物体颜色不同的图像。

3.101

图像残留　image sticking

灼伤图像、鬼影图像或亮度缓慢衰减图像的统称。

3.102

图像亮影　image streaking

显示一白色块时，在位于白色块上下或左右的周边也产生一定亮度的现象。

3.103

引线端子　interconnect pad

位于等离子体显示屏周边的用于连接外部电路的单个电极引出线。

3.104

引线端子组　interconnect pad group

与一条连接带连接的一组引线端子。

3.105

引线端子组间距　interconnect pad group spacing

相邻引线端子组间非导电区域的宽度。

3.106

引线端子节距　interconnect pad pitch

一个引线端子组中相邻端子中心的距离。

3.107

引线端子间距　interconnect pad spacing

相邻引线端子间非导电区域的宽度。

3.108

引线端子宽度　interconnect pad width

引线端子的宽度。

3.109

像素间隙　interpixel gap

一个像素的维持电极或扫描电极与相邻像素的扫描电极或维持电极的间隙。

3.110

离子轰击　ion bombardment

具有较高能量的离子对固体表面的撞击。

注：离子对表面的能量传输引起电子、离子或中性粒子的发射和表面化学与热的变化。这些改变可造成交流等离子体显示器件保护层、直流等离子体显示器件阴极和等离子体显示器件荧光粉永久性的损坏。

3.111

最后熄火　last-off

当维持电压减小时，最后一个放电单元熄灭。

注：不计缺陷单元。

3.112

最后熄火电压　last-off voltage

Vsm_1

最后一个放电单元熄灭时的维持电压。

3.113

最后着火 last-on

当维持电压增加时,最后一个不放电单元发生放电。

注:不计缺陷单元。

3.114

最后着火电压 last-on voltage

Vf_{n}

最大着火电压 maximum firing voltage

最后一个不放电单元发生放电时的维持电压。

3.115

寿命 lifetime

器件保持正常运行的时间,通常进一步分为亮度寿命或工作寿命。

3.116

低熔点玻璃 low melting point glass

软化点(玻璃粘度约为 4.5×10^{6} Pa·s 时的温度)低的玻璃。

注:无定形的非晶态的玻璃不会"熔化",但会随着加热温度升高,流动性逐渐增强。

3.117

亮度 luminance

L

显示屏单位面积上的发光强度。

注:单位为 cd/m^{2}。

3.118

亮度偏差 luminance deviation

ΔL_{i}

测量点亮度与平均亮度之差。

3.119

亮度寿命 luminance lifetime

在工作期间,显示器件亮度降低到初始亮度50%或更高比例所经历的时间区间。

3.120

亮度维持 luminance maintenance

当前亮度与初始亮度的比值。

3.121

亮度均匀性 luminance uniformity

等离子体显示屏不同区域亮度的均匀性。

注:通常用非均匀性或在特定测量点亮度差与平均亮度的百分比表示。见GB/T 22181.21—2008中6.2。

3.122

发光效率 luminous efficacy

η

发光通量增量(白场发光通量减去暗场发光通量)除以用于等离子体显示器件工作时维持驱动器的功率增量(白场功率减去暗场功率)。

注:单位为 lm/W。

3.123

发光功效　luminous efficiency

仅由用于气体放电的维持功率产生的可见光的效率。

注：发光功效是发光功率除以用于白场显示的维持功率与消耗于暗场发光的功率的差值。表示为百分数，通常在一块小面积上测量(常误用为发光效率)。

3.124

氧化镁　magnesium oxide

MgO

具有高二次电子发射系数的保护层材料。

注：氧化镁是用于此目的的最常用材料。

3.125

余裕　margin

使显示器件正常工作的电压范围。

注：重要余裕有维持电压余裕和写电压余裕。参见3.201静态余裕和3.71动态余裕。

3.126

矩阵型等离子体显示器件　matrix PDP

单元按行和列排列成矩阵的等离子体显示器件。

3.127

动态维持电压上限　maximum dynamic sustain voltage limit

在整个写电压范围内，所有像素可被正常寻址的最大维持电压。

3.128

最大着火电压　maximum firing voltage

Vf_n

注：见3.114最后着火电压。

3.129

最大维持电压　maximum sustain voltage

VS_{max}

在特定的工作条件下，所有像素可被正常寻址的最高维持电压。

3.130

最大写电压　maximum write voltage

Vwr_{max}

在特定工作条件下，所有像素可被正常寻址的最高写电压。

3.131

写电压上限　maximum write voltage limit

在整个维持电压范围内，所有像素可被正常寻址的最高写电压。

3.132

记忆系数　memory coefficient

α_M

记忆余裕与着火电压比值的两倍，定义为

$$\alpha_M = 2(Vf - Vsm)/Vf \quad \cdots\cdots(2)$$

式中：

Vf——着火电压；

Vsm——最小单元维持电压。

3.133

记忆余裕　memory margin

ΔVmm

单个单元的着火电压与最小单元维持电压之差。

3.134

记忆型等离子体显示器件　memory type PDP

参见具有记忆效应的等离子体显示器件。

注：处于放电状态的单元继续保持放电状态，而处于熄灭状态的单元继续保持熄灭状态(直到发生转换)。

3.135

最小单元维持电压　minimum cell sustain voltage

Vsm

能够维持一个单元放电序列的最小维持电压。

注：一般情况下，各个单元的最小维持电压稍有不同。

3.136

动态维持电压下限　minimum dynamic sustain voltage limit

在整个写电压范围内，所有像素可被正常寻址的最小维持电压。

3.137

最小着火电压　minimum firing voltage

Vf_1

注：见3.88最先着火电压。

3.138

最低亮度　minimum luminance

当显示屏显示零灰度图像时的亮度。

注：见GB/T 22181.22—2008中6.1。

3.139

最小维持电压　minimum sustain voltage

Vs_{min}

在一定的工作条件下，所有像素可被正常寻址的最小维持电压。

3.140

最小维持电压范围　minimum sustain voltage range

ΔVsm

最大熄火电压与最小熄火电压之间的范围或电压差值。

3.141

最小写电压　minimum write voltage

Vwr_{min}

一定的工作条件下，所有像素可被正常寻址的最低写电压。

3.142

写电压下限　minimum write voltage limit

在整个维持电压范围内，所有像素可被正常寻址的最小写电压。

3.143

模块　module

包括电子线路在内的等离子体显示器件。

3.144

模块发光效率　module luminous efficacy

η_m

无外部对比度增强滤光屏时，全屏白场的发光通量除以模块的总功耗。

注：见 GB/T 22181.22—2008 中 6.3。

3.145

单色等离子体显示器件　monochrome PDP

具有一种固定色调(典型色调为橙红色)的等离子体显示器件。

3.146

多色显示　multi-colour display

可显示多种颜色，但一般无全色显示能力的显示。

3.147

斑点缺陷　mura

再现图像时，出现异常的发光非均匀性。

3.148

熄灭单元　off-cell

处于熄灭状态的单元。

3.149

熄灭态　off-state

施加了维持电压波形，但未发生放电的单元状态。

3.150

放电单元　on-cell

处于放电状态的单元。

3.151

放电态 on-state

在维持电压波形的每半个周期都发生放电的单元状态。

3.152

工作寿命　operating lifetime

满足功能要求的显示器件的工作时间区间。

3.153

工作窗口　operating window

所有单元可被正常寻址的多维电压范围。

3.154

对向放电型等离子体显示器件　opposed discharge PDP

放电发生在分别位于相对两块基板上的电极之间的两电极型结构等离子体显示器件。

3.155

显示屏　panel

不附带电子线路的等离子体显示器件。

3.156

峰值亮度　peak luminance

屏幕的最大亮度。

3.157

荧光粉焙烧　phosphor baking

分解荧光粉层中的有机粘结剂，并使荧光粉干燥的热处理工序。

3.158

荧光粉灼伤　phosphor burn-in

由于荧光粉的性能劣化，在图像激励去除后该图像仍然可被看见的现象。

注：荧光粉灼伤不会消失。

3.159

荧光粉劣化　phosphor degradation

在加工过程或工作过程中荧光粉性能逐渐下降(亮度降低或色彩偏移)的现象。

3.160

荧光粉层　phosphor layer

将气体放电产生的真空紫外辐射转化为可见光的荧光粉涂层。

3.161

像素　pixel

像素是显示屏上可显示全部亮度和色彩范围的最小单元。

注：一般地，像素由可分别发出三原色(红、绿和蓝)的子像素构成。

3.162

像素节距　pixel pitch

相邻两个像素中心的距离。

3.163

等离子体显示　plasma display

由等离子体显示器件进行的显示。

3.164

等离子体显示器件　plasma display panel

PDP

由驱动电路激励器件内部气体产生放电的显示器件。

注：放电可直接产生可见光或紫外辐射，紫外辐射可激励荧光粉发出一定颜色的光。

3.165

基板　plate

在基底上制作了功能层的部件。

注：功能层包括金属电极、介质层、障壁、荧光粉、二次电子发射材料等。

3.166

基板间隙　plate gap

前、后基板上电极(或介质层)表面间的距离。

3.167

功耗　power consumption

等离子体显示器件消耗的总功率，它是显示图像的函数。

注：在PDP中，功耗随显示图像内容的不同变化很大。

3.168

整机发光效率　power cord efficacy

η_{pc}

当显示全白图像时，显示屏发光通量与显示屏、驱动电路和电源总消耗功率的比值。

注：单位为lm/W。

3.169

整机发光功效　power cord efficiency

用于气体放电产生可见光的维持放电功耗占显示屏、驱动电路和电源总功耗的百分比。

注：整机发光功效随亮度、图像面积和亮度限制的不同变化很大。

3.170

引火　priming

产生引火粒子(电子、亚稳态粒子、离子等等)的方法,引火粒子有助于启动一次气体放电。

3.171

引火粒子　priming particles

有助于产生放电的粒子,如离子、电子、激发态原子、亚稳态原子和光子。

3.172

引火脉冲　priming pulse

产生一次气体放电用于引火的电压波形。

3.173

保护层　protective layer

交流等离子体显示器中覆盖在介质层上的具有低溅射产额和高二次电子发射系数的材料层。

3.174

脉冲存储工作　pulse memory operation

直流等离子体显示器件在使其具有存储效应的驱动条件下工作的方式。

3.175

量子效率　quantum efficiency

用输出粒子(量子)与输入粒子(量子)的比值表示的效率。

注:对于等离子体显示器件,荧光粉量子效率是指每吸收一个紫外光子所产生的可见光光子数。

3.176

下基板　rear plate

后基板　back plate

离观看者较远的基板。

3.177

反射亮度　reflected luminance

显示器电源处于关闭状态时,显示屏对环境光反射产生的亮度。

3.178

反射层　reflective layer

位于荧光粉层下的用于提高显示亮度的涂层。

3.179

刷新型等离子体显示器件　refresh type PDP

没有记忆效应的等离子体显示器件。

注:见3.134记忆型等离子体显示器件。

3.180

复位　reset

初始化　setup

为寻址操作引火和设置一定壁电压的过程。

3.181

复位波形　reset waveform

初始化波形　setup waveform

为寻址操作引火和设置一定壁电压的电压脉冲波形。

3.182

分辨率　resolution

再现紧密相邻而仍可区分物点的显示能力。

注:经常与寻址能力混淆。

3.183

行电极　row electrode

显示电极　display electrode

注：行电极沿水平方向延伸。当显示屏竖直摆放时，行电极沿垂直方向排列。参见3.47列电极。

3.184

喷砂　sandblasting

用细砂状粒子喷射表面的制造过程。

注：喷砂用于在基板上制作三维表面或在薄片上制作狭缝。在PDP制造过程中，用此工艺制作障壁。

3.185

扫描偏压　scan bias

Vb_{scan}

在寻址期，施加在所有扫描电极上的公共电压。

3.186

扫描电极　scan electrode

一次寻址一行像素并承担维持放电作用的电极。

3.187

扫描脉冲　scan pulse

在寻址期为了产生寻址放电，以一定的顺序施加在每条扫描电极上的叠加在扫描偏压之上的电压脉冲。

3.188

扫描电压　scan voltage

V_{scan}

在寻址期，施加在扫描电极上的电压脉冲的幅度(不包括扫描偏压)。

3.189

擦伤缺陷　scratch defect

人眼可察觉的在透明基板上具有一定尺寸大小的外表擦伤。

3.190

屏幕面积　screen area

显示器上可用于显示图像的最大面积。

3.191

屏幕高度　screen height

V

屏幕区域的高度。

3.192

屏幕宽度　screen width

H

屏幕区域的宽度。

3.193

密封　seal

将前后基板接合在一起，形成气密性封接以容纳气体。

3.194

封接　sealing

将前后基板接合在一起，形成气密性封接的工序。

注：一般要经过高温处理，使焊料玻璃软化将前后玻璃基板接合在一起。

3.195

二次电子发射 secondary electron emission

具有较高能量的粒子(电子或离子)撞击表面产生自由电子发射的过程。

3.196

自擦除 self erase

一电压波形将已经放电的单元熄灭的过程。

注:一个放电周期结束时如果产生足够多的壁电荷,这些壁电荷会产生一次弱放电将原先的壁电荷中和掉,这就是自擦除过程。

3.197

初始化 setup

复位 reset

为寻址操作引火和设置一定壁电压的过程。

3.198

初始化波形 setup waveform

复位波形 reset waveform

为寻址操作引火和设置一定壁电压的电压脉冲波形。

3.199

单基板等离子体显示器件 single substrate PDP

表面放电型等离子体显示器件 surface discharge PDP

3.200

镜面反射 specular reflection

像镜面一样对入射光反射,而非漫反射。

3.201

静态余裕 static margin

静态维持余裕 static sustain margin

3.202

静态维持余裕 static sustain margin

ΔVss

无寻址操作时,最小着火电压与最大熄火电压之差。

注:通过升高和降低维持电压,观察显示屏或一组单元的状态来测量。参见3.218维持余裕。

3.203

子场 subfield

场周期的一部分,在此期间一组被选择的像素可产生一定强度的光输出。

注:在等离子体显示中,一场由多个子场构成以获得灰度级。

3.204

子像素 subpixel

可被单独寻址的最小显示单元,一般为可发出一种基色光的单元。

3.205

子像素排列 subpixel arrangement

组成一个像素的彩色子像素的位置排列。

3.206

子像素节距 subpixel pitch

在基板平面上相邻子像素间的距离。

注:通常沿行方向和列方向是不同的,并且不同基色子像素的节距可能是不同的。

3.207

基底　substrate

作为基本结构部件用于制作基板的薄片材料。

注：一般为玻璃材料。

3.208

表面放电　surface discharge

显示电极位于同一基底表面上的交流等离子体显示器件的放电。

3.209

表面放电型等离子体显示器件　surface discharge PDP

显示电极位于同一基底表面的交流等离子体显示器件形式。

注：也称为共面型等离子体显示器件或单基板型等离子体显示器件。

3.210

维持　sustain

电极由交流电压驱动，并且单元保持继续放电或非放电状态的交流等离子体显示器件工作方式。

注：这种交流驱动为显示提供主要能量。

3.211

维持寻址偏压　sustain address bias

Vb_{sus}

在寻址期，施加在所有维持电极上的公共电压。

3.212

维持驱动器　sustain driver

产生维持电压波形的电路。

3.213

维持占空因子　sustain duty factor

对于寻址与显示分离的驱动方法，在一场周期中维持期时间与场周期之比。

3.214

维持电极　sustain electrode

三电极型等离子体显示器件中起维持放电作用，而无扫描驱动的电极。

注：维持电极通常在显示屏内连在一起。

3.215

维持频率　sustain frequency

fs

在显示期维持电压波形的频率。

注：见3.220维持脉冲数。

3.216

维持间隙　sustain gap

一个单元内，维持电极和扫描电极的间隙。

3.217

维持负载　sustain loading

由于显示屏上大量像素的状态改变，造成的显示图像亮度的变化(与自动功率控制无关)。

3.218

维持余裕　sustain margin

ΔVs

在一定的工作条件下，所有像素可被正常寻址的维持电压范围。

3.219

维持脉冲　sustain pulse

维持波形（半个周期）的单个脉冲。

3.220

维持脉冲数　sustain pulse number

一帧时间内，加在子像素上的维持脉冲数。

3.221

维持电压　sustain voltage

Vs

维持电压波形的电压幅值。

3.222

维持波形　sustain waveform

由维持驱动电路产生的用于维持放电的时变电压。

注：一般维持波形由两个不同的波形构成，分别驱动显示屏内的不同电极，由两个波形的电压差激励子像素放电。

3.223

维持电路　sustainer

注：见3.212维持驱动器。

3.224

热收缩　thermal compaction

在热处理过程中基板密度增加，表现为基板外形尺寸的收缩或形变。

3.225

三电极型等离子体显示器件　three-electrode type PDP

每个单元中有三条电极，其中一对显示电极给放电单元提供交变电压来维持放电的进行，在另一基板上的寻址电极提供电压来写和擦除个别单元。

注：见3.209表面放电型等离子体显示器件。

3.226

封离　tipoff

显示屏的最后真空封闭，通常玻璃排气管被加热软化封离，金属排气管被折压封口。

3.227

汤生放电　Townsend discharge

由汤生理论描述的自持放电。

注：它是忽略空间电荷效应的放电，属于电流小于辉光放电电流的放电模式。

3.228

透明电极　transparent electrodes

由透明导电材料（如氧化锡或氧化铟锡材料）构成的电极。

3.229

两电极型等离子体显示器件　two-electrode type PDP

每个单元中只有两条电极的等离子体显示器件，在这两条电极上不仅施加维持波形，而且施加写和擦除波形。

注：由两块基板构成，两基板上分别制作呈正交排列的电极组。参见3.154对向放电型等离子体显示器件。

3.230

直观缺陷　visible defect

造成显示器不能正确显示图像的缺陷。

3.231

壁电荷　wall charge

Qw

在单元介质层表面上净积累的负的或正的电荷,它影响加在气体上的电压。

注:见附录A.1.2。

3.232

壁电压　wall voltage

Vw

由于壁电荷的作用而施加在气体上的电压,它通常随时间变化。

注:壁电压等于相应介质电压的组合。对于三(或更多)电极器件,有多种壁电压,每一种对应于一对电极。

3.233

壁电压转移曲线　wall voltage transfer curves

用于描述器件特性的曲线,它说明了由于放电引起的壁电压的改变量,此改变量是施加在气体上初始电压的函数。

注:加在气体上的初始电压依赖于外加的维持电压和初始壁电压。

3.234

白场色度均匀性　white chromatic uniformity

全屏显示白场时,在特定测量点的色度均匀性(表示为色度坐标差)。

注:见GB/T 22181.21—2008中6.4。

3.235

窗口亮度　window luminance

$L_{\#}$

在显示屏选定的窗口上测量得到的亮度。

注:符号#表示屏幕面积的分数,典型值为4%,至少包含500个像素。根据GB/T 22181.21—2008中6.1的定义,$L_{0.04}$为4%窗口的亮度。

3.236

写　write

产生一次放电,通常发生在寻址和扫描电极之间,使子像素被设置为放电状态的操作。

3.237

写余裕　write margin

ΔVwr

在一定的工作条件下,所有像素可被正常寻址的写电压范围。

3.238

写脉冲　write pulse

由寻址脉冲和扫描脉冲的电压差形成的电压波形,不包括寻址偏压或扫描偏压成分。

3.239

写电压　write voltage

Vwr

写波形的最大电压。

3.240

写波形　write waveform

施加于电极对上的时变电压信号,它有选择地使子像素由熄灭状态转变为放电状态。

注:写波形包括寻址偏压、扫描偏压、寻址脉冲和扫描脉冲。

4 符号

以下两表列出了本部分所用的关于 PDP 的符号和对应的术语名称及单位。表 1 按术语的汉语拼音字母排序，表 2 按符号的字母排序。

4.1 按术语汉语拼音字母排序的符号表

见表 1。

表 1 按汉语拼音字母排序的符号

序号	术语名称	符号	单位
1	暗室对比度	$DRCR$	—
2	壁电荷	Qw	C
3	壁电压	Vw	V
4	擦除电压	Ver	V
5	窗口亮度	$L_{\#}$	cd/m²
6	单元电压	Vc	V
7	对比度	CR	—
8	发光效率	η	lm/W
9	记忆系数	α_{M}	—
10	记忆余裕	ΔVmm	V
11	介质电压	Vd	V
12	静态维持电压余裕	ΔVss	V
13	亮度	L	cd/m²
14	亮度偏差	ΔL_{i}	cd/m²
15	亮室对比度-#/#	$BRCR$-#/#	—
16	亮室对比度-100/70	$BRCR$-100/70	—
17	模块发光效率	η_{m}	lm/W
18	屏幕高度	V	mm
19	屏幕宽度	H	mm
20	扫描电压	V_{scan}	V
21	扫描偏压	Vb_{scan}	V
22	色度均匀性	Δx_i 和 Δy_i	—
23	维持电压	Vs	V
24	维持寻址偏压	Vb_{sus}	V
25	维持频率	fs	Hz
26	维持余裕	ΔVs	V
27	写电压	Vwr	V
28	写余裕	ΔVwr	V
29	寻址电压	Va	V
30	寻址偏压	Vba	V

表 1(续)

序号	术语名称	符号	单位
31	着火电压	Vf	V
32	着火电压范围	ΔVf	V
33	整机发光效率	η_{pc}	lm/W
34	最大维持电压	Vs_{max}	V
35	最大写电压	Vwr_{max}	V
36	最大着火电压	Vf_n	V
37	最后熄火电压	Vsm_1	V
38	最后着火电压	Vf_n	V
39	最先熄火电压	Vsm_n	V
40	最先着火电压	Vf_1	V
41	最小单元维持电压	Vsm	V
42	最小维持电压	Vs_{min}	V
43	最小维持电压范围	ΔVsm	V
44	最小写电压	Vwr_{min}	V

4.2 按符号字母排序的符号表

见表 2。

表 2 按符号字母排序的符号

序号	符号	术语名称	单位
1	*BRCR*-#/#	亮室对比度-#/#	—
2	*BRCR*-100/70	亮室对比度-100/70	—
3	*CR*	对比度	—
4	*DRCR*	暗室对比度	—
5	fs	维持频率	Hz
6	H	屏幕宽度	mm
7	L	亮度	cd/m²
8	$L_{\#}$	窗口亮度	cd/m²
9	Qw	壁电荷	C
10	V	屏幕高度	mm
11	Va	寻址电压	V
12	Vba	寻址偏压	V
13	Vb_{scan}	扫描偏压	V
14	Vb_{sus}	维持寻址偏压	V
15	Vc	单元电压	V
16	Vd	介质电压	V
17	Ver	擦除电压	V

表 2（续）

序号	符号	术语名称	单位
18	Vf	着火电压	V
19	Vf_1	最先着火电压 （最小着火电压）	V
20	Vf_n	最后着火电压 （最大着火电压）	V
21	Vs	维持电压	V
22	Vs_{max}	最大维持电压	V
23	Vs_{min}	最小维持电压	V
24	V_{scan}	扫描电压	V
25	Vsm	最小单元维持电压	V
26	Vsm_n	最先熄火电压	V
27	Vsm_1	最后熄火电压	V
28	Vw	壁电压	V
29	Vwr	写电压	V
30	Vwr_{max}	最大写电压	V
31	Vwr_{min}	最小写电压	V
32	α_M	记忆系数	—
33	ΔL_i	亮度偏差	cd/m^2
34	ΔVf	着火电压范围	V
35	ΔVmm	记忆余裕	V
36	ΔVs	维持余裕	V
37	ΔVsm	最小维持电压范围	V
38	ΔVss	静态维持电压余裕	V
39	ΔVwr	写余裕	V
40	Δx_i 和 Δy_i	色度均匀性	—
41	η	发光效率	lm/W
42	η_m	模块发光效率	lm/W
43	η_{pc}	整机发光效率	lm/W

附　录　A
（资料性附录）
技　术　描　述

A.1　基本工作原理

一般彩色交流等离子体显示屏由两块基板构成，在两块基板的边缘由封接玻璃进行气密性连接构成真空密封的腔体。显示屏内充入具有适当放电特性和真空紫外（VUV）辐射特性的气体。在显示屏电极间施加电压脉冲引起气体放电并辐射 VUV。VUV 激励显示屏内的荧光粉，一般为可发红、绿或蓝三基色的荧光粉。然后这些荧光粉发出彩色光，从而有效地把 VUV 转换为可见光。

A.1.1　等离子体显示器件单元的放电特性

气体放电的一个基本特性是当初始外加电压低于一定的电压阈值时不发生放电。该阈值电压称为着火电压。然而当初始电压超过着火电压时放电开始（见图 A.1）。

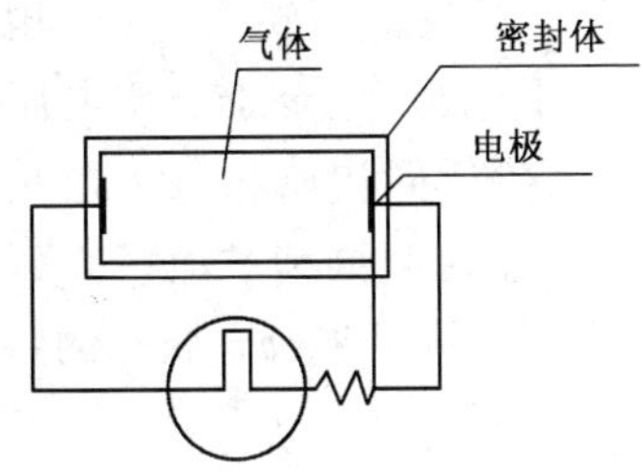

a）由直流电压驱动的直流等离子体显示器件单元结构示意图

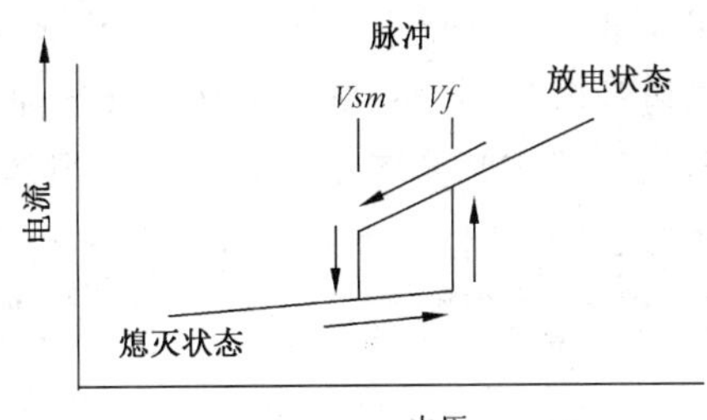

b）直流等离子体显示器件单元驱动的电流—电压特性

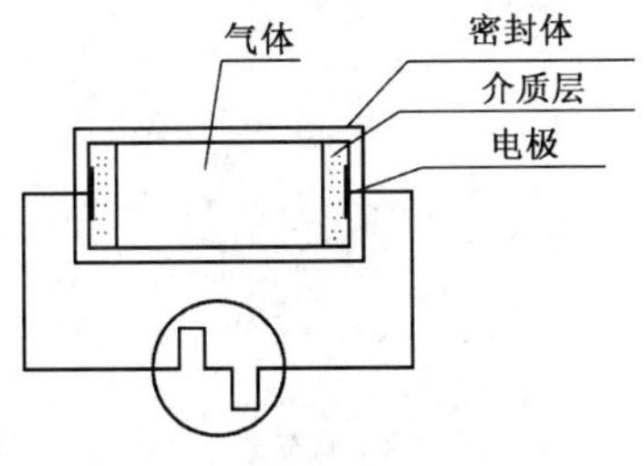

c）由交流电压脉冲驱动的交流等离子体显示器件单元结构示意图

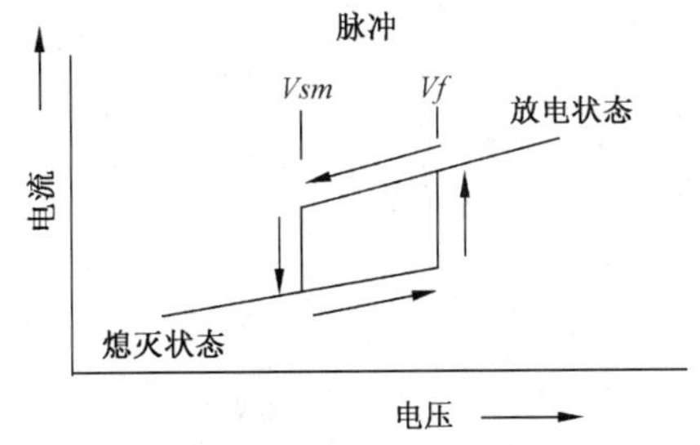

d）交流等离子体显示器件单元驱动的电流—电压特性

图 A.1　直流等离子体显示器件和交流等离子体显示器件单元的结构和放电特性

A.1.2　主要的交流模式放电特性

交流等离子体显示器件结构上的特点是电极被介质层所覆盖（见图 A.1）。因为介质层是绝缘体，因此在电极与和气体接触的介质表面间存在一个电压。加在气体上的电压由两部分组成：电极间的电压和由于介质层上沉积的电荷产生的电压。加在气体上的电压常常不等于施加在电极间的电压，因为介质层上沉积电荷产生的电压通常不等于零。

加在介质层上的电压一部分来源于气体放电产生的电荷在介质层表面的沉积，这部分电压正比于电荷量，而反比于介质层的电容。另一部分电压是外加驱动电压在介质层、气体和另一介质层上的容性分压，但这部分电压通常不显著。

当电荷由于气体放电从一介质层转移到相对的介质层上时，两介质表面的电位向相反的方向变化。电荷转移会改变加在气体上的电压。然而，两介质表面上电荷量相等、极性相同的电荷不会改变加在气体上的电压[1)]。

对气体电压有贡献的介质层电压分量称为介质电压。该介质电压不应与加在介质层上的实际的物理电压相混淆，该物理电压可被用于确定介质击穿特性。

当气体放电发生时，气体电离产生的负电荷沉积在正电位介质表面，正电荷沉积在相对的负电位介质表面。这会引起两介质层上的感应电压发生变化。电荷沉积会立刻降低单元上的电压。根据驱动电压和先前表面电荷的状态，表面电荷量会增加，减少，甚至反转。当气体放电熄灭时，由最终表面电荷产生的电压与外加电压叠加(相加或相减)，从而改变加在气体上的电压。

最后在两表面间转移的净电荷量(忽略两表面上无意义的同极性的等量电荷)称为壁电荷，它感应出的加在气体上的电压称为壁电压。加在气体上的总电压，包括驱动电压在内，称为单元电压。两个介质电压之和也产生壁电压。

为描述工作的交流模式，考虑用一交变电压驱动一块基板上的所有电极，用另一不同相位的交变电压驱动另一块基板上的所有电极，两个驱动电压脉冲的电压差稍低于着火电压。在介质层上无电荷的单元中，无壁电压与电极上的外加电压叠加，因此这些单元的气体不会被击穿。

如果介质层上的壁电压足够高，它叠加在驱动电压上，将使气体击穿放电。放电将一个电极上介质层表面的电荷转移到另一电极上介质层表面。这将在介质层表面留下电荷，以至于介质电压可以帮助外加电压极性反转时使气体产生放电。当然，下一次放电结束后，电荷返回初始状态。在此驱动条件下，在一种极性电压作用下发生放电的单元(放电单元)将在后续极性反转时继续放电。前面没放电的单元(熄灭单元)将保持熄灭状态。交流等离子体显示器件的这种单元保持原来放电状态的特性称为记忆功能。

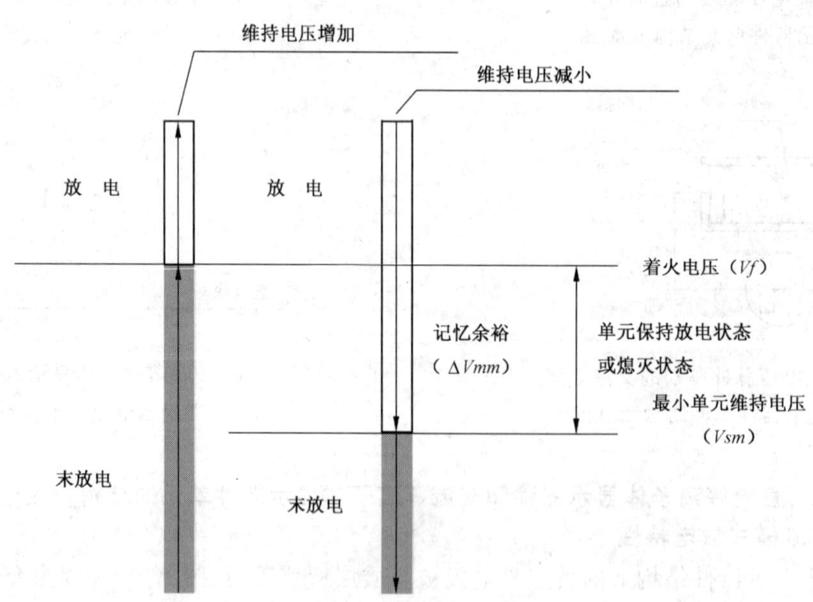

图 A.2　一个单元的放电特性(单个单元的静态特性)

1) 如此相同极性的电荷影响介质层上的总电压，但对于气体上的电压来说，它们是彼此抵消的。这些相同极性的电荷在讨论等离子体显示屏时被忽略，因为它们对显示屏的工作几乎无影响。它们是由介质层漏电和相邻单元间杂散的横向电荷发射造成的。

A.1.3 单个单元的静态特性

对于一个 PDP 单元的驱动，如果增加维持电压(见图 A.2)，当电压达到某一值时，单元开始连续放电，这个电压称为着火电压(Vf)。此后，逐渐降低电压，当其达到某一值时，单元停止放电，该电压称为最小单元维持电压(Vsm)。这两个电压之间的范围称为记忆余裕(ΔVmm)。如果维持电压选择在记忆余裕的范围内，单元将保持放电状态或熄灭状态。

A.1.4 单元静态特性

更进一步地，就具有很多单元的实际显示屏而言，有很多不同的着火电压和最小维持电压值，对于显示屏上的所有单元都处于熄灭状态时，慢慢升高维持电压(见图 A.3)，出现第一个单元点亮时的电压称为最先着火电压(Vf_1)。进一步提高电压，当出现所有单元点亮并保持点亮状态，此时电压称为最后着火电压(Vf_n)。然后，降低维持电压，当出现第一个单元熄灭时的电压称为最先熄火电压(Vsm_n)。进一步降低维持电压，当出现所有单元都熄灭时的电压称为最后熄火电压(Vsm_1)。

用于驱动显示器的维持电压应低于最先着火电压，否则部分处于熄灭状态的单元将零星地被点亮。维持电压还应高于最先熄火电压，否则部分处于放电状态的单元会转入熄灭状态。这两个电压之差称为静态维持余裕(ΔVss)。

最后着火电压和最先着火电压之差称为着火电压范围(ΔVf)。类似地，最先熄火电压与最后熄火电压之差称为最小维持电压范围(ΔVsm)。这些转入放电状态电压和转入熄灭状态电压的范围和中心值可用于统计显示屏的均匀性。

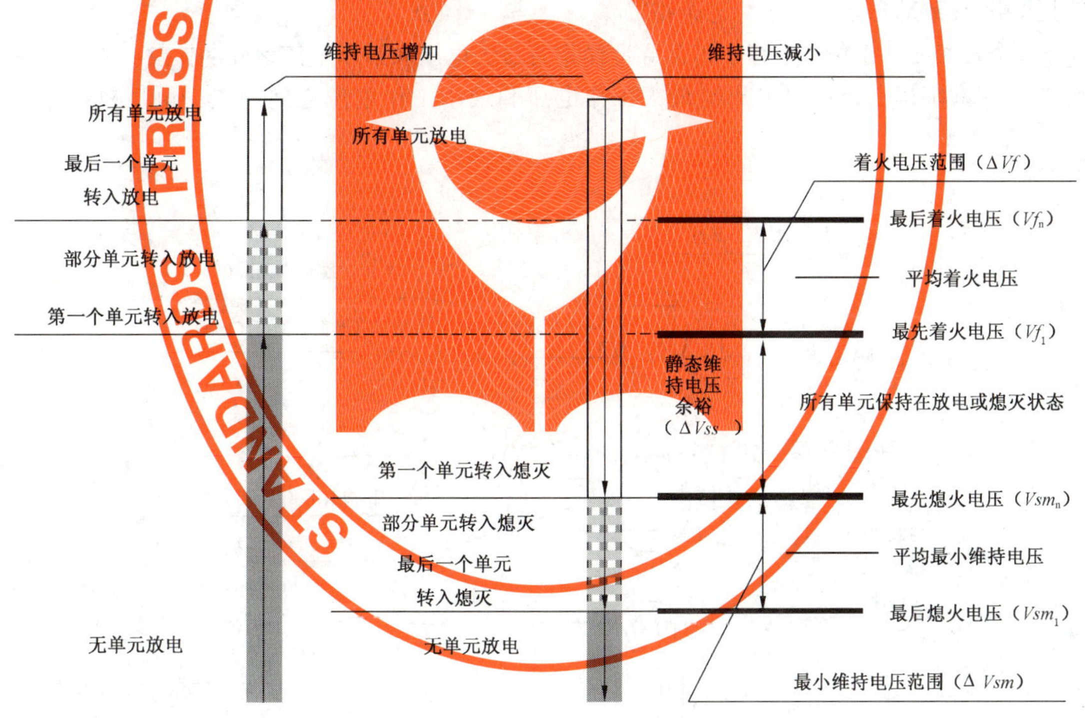

图中

$\Delta Vss = Vf_1 - Vsm_n$

$\Delta Vf = Vf_n - Vf_1$

$\Delta Vsm = Vsm_n - Vsm_1$

图 A.3 显示屏上所有单元或一组单元的静态放电特性

A.1.5 寻址机理

两电极型等离子体显示器件的两组电极分别沿水平方向和垂直方向排列构成矩阵形式。在两组电极的交叉点处形成可被单独寻址的单元。在交流等离子体显示器件中，放电可按下列方式发生。当一水平电极和一垂直电极被极性相反的脉冲选择时，交叉点处的电压差就是寻址（数据）波形和扫描波形的电压差，当此电压差高于着火电压时，会引起此单元产生一次强的气体放电（见图 A.4 和 A.5）。

考虑一个位于一条被选择的寻址（数据）电极和一条没被选择的扫描电极交叉点处的单元。间隙电压是被选择寻址（数据）电极电压（寻址偏压＋寻址电压）与没被选择的扫描电极的电压（只有扫描偏压）之差。该电压不会引发一次放电。当然，非选择电极对间的电压差只是偏置电压之差，也不会引发一次放电。气体放电特性陡峭的阈值可使放电只发生在全选单元，并允许采用适当的选择寻址电极的方法使显示屏上的个别单元被单独转入放电状态。这样一个交叉点的驱动和响应如图 A.5 所示。

通常，用窄脉冲使单元转入熄灭状态。当脉冲宽度缩短时，没有充足的电荷转移到单元内介质表面使壁电荷反转，它只是使介质层部分充电。这样一个窄脉冲使放电单元转为熄灭单元。

A.1.6　动态驱动与静态驱动

以上所讨论的，如维持、写和擦除是分别考虑的。在实际显示器件工作中，无写周期时着火电压、最先着火电压、最后着火电压、最先熄火电压和最后熄火电压的测量提供了有关显示器件工作的有用信息。无写周期的测量称为静态测量。然而，增加写周期来设置单元为放电状态或熄灭状态，会影响着火电压、最先着火电压、最后着火电压、最先熄火电压和最后熄火电压。

在图 A.6 中，绘出了改变写电压和维持电压幅度的效果。窗口的面积显示了能够正常工作的区域（例如放电单元保持放电状态，熄灭单元保持熄灭状态，被写为放电状态的单元转为放电状态，被写为熄灭状态的单元转为熄灭状态）。在简单的放电状态或熄灭状态的维持中增加转入放电和转入熄灭的操作会减小余裕，导致动态余裕小于静态余裕。

动态余裕是实际工作条件下存在正常寻址操作时最大电压和最小电压之间的区域。在一定的工作条件下（如一定的维持电压或写电压），最大工作电压和最小工作电压之间的工作电压范围称为工作余裕。

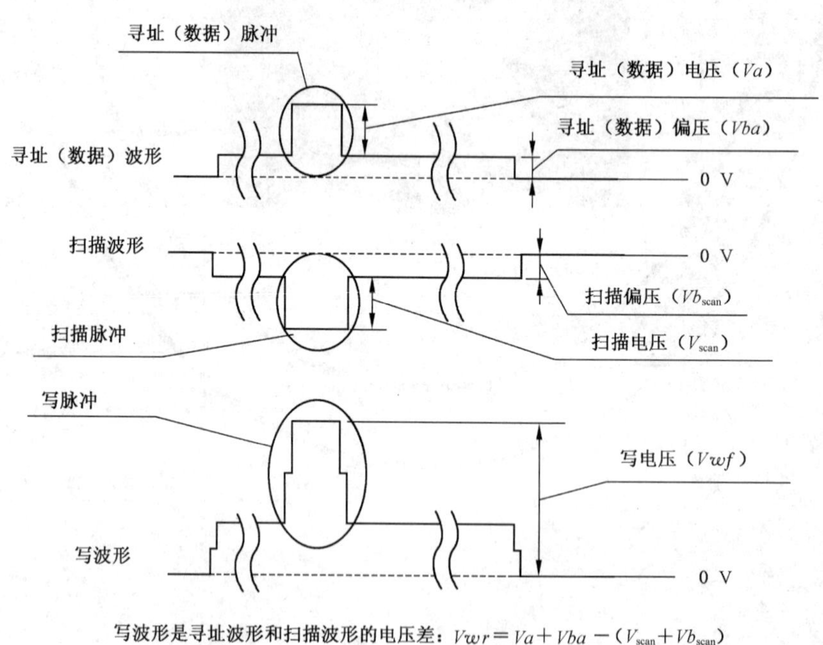

图 A.4　写电压波形的组成

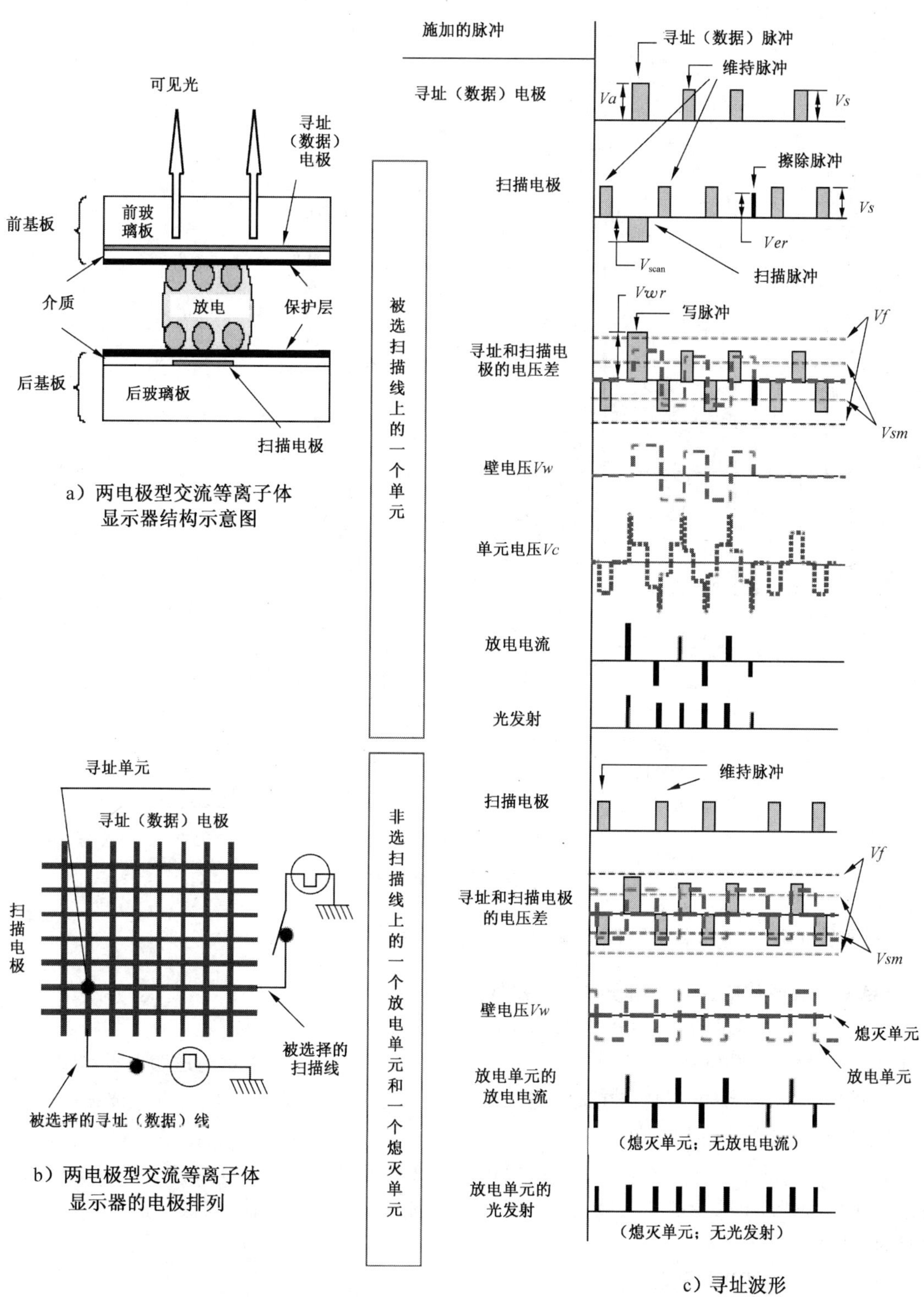

图 A.5　两电极型交流等离子体显示器件的工作

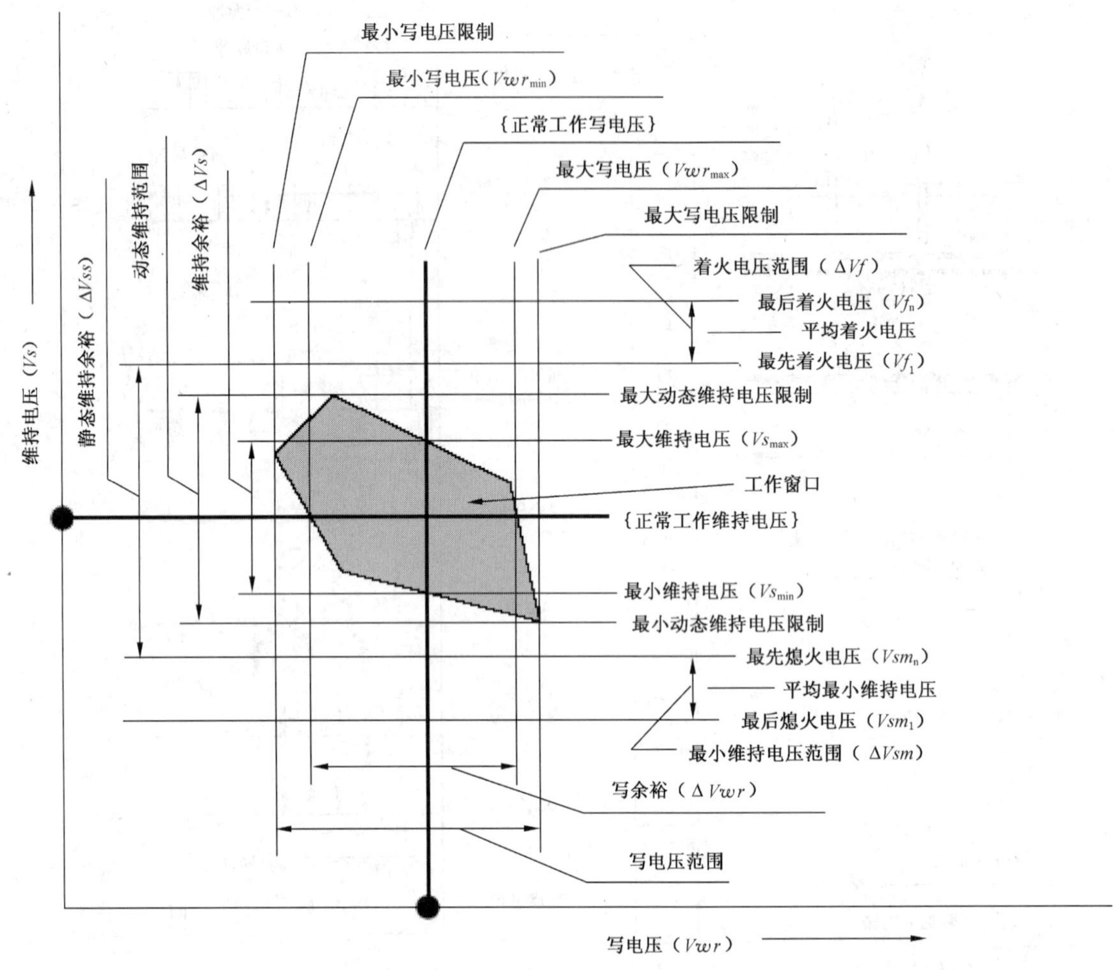

图 A.6 余裕与外加电压的关系

A.2 三电极型交流等离子体显示器件

A.2.1 三电极型表面放电交流等离子体显示器件的单元结构

彩色交流等离子体显示器件已经发展成三电极结构。几何结构见图 A.7。

平行电极(扫描电极和维持电极)制作在前玻璃板上。这些显示电极由宽的透明电极和窄的汇流电极构成。导电性更好的汇流电极制作在透明电极之上,并与透明电极导通。显示电极被透明介质层所覆盖,保护层又覆盖在介质层上。

与显示电极垂直的相互平行的寻址(数据)电极制作在后玻璃板上。介质层覆盖在寻址电极之上。障壁制作在寻址(数据)电极间的介质层上。三基色荧光粉材料(红、绿和蓝)按次序沉积在由障壁和介质层构成的沟槽中。

A.2.2 三电极型 AC PDP 的驱动

等离子体显示器件上有维持电极(一般所有的维持电极连接在一起)、扫描电极(一般被一行单元所公用)和寻址(数据)电极(一般被一列单元所公用)。这些电极分别由维持驱动器、扫描驱动器和寻址(数据)驱动器驱动。

把低于最大工作维持电压,但高于最小工作维持电压的交流维持脉冲施加于显示电极对间。写和擦除脉冲施加于寻址(数据)和扫描电极间。如上所讨论的,当外加电压脉冲高于着火电压(Vf)时,在电极间隙会产生一次放电。产生的电荷在介质层上积累,降低了外加电压产生的电场,使放电终止。当放电转移足够的电荷使单元在下一个极性反转的维持周期仍然放电,该单元被称为写入或转为放电状态。如果放电提早结束,壁电荷被中和,在下一个维持周期该单元将不再放电。该单元被称为擦除或转为熄灭状态。放电单元的放电电流和光发射具有脉冲形状。

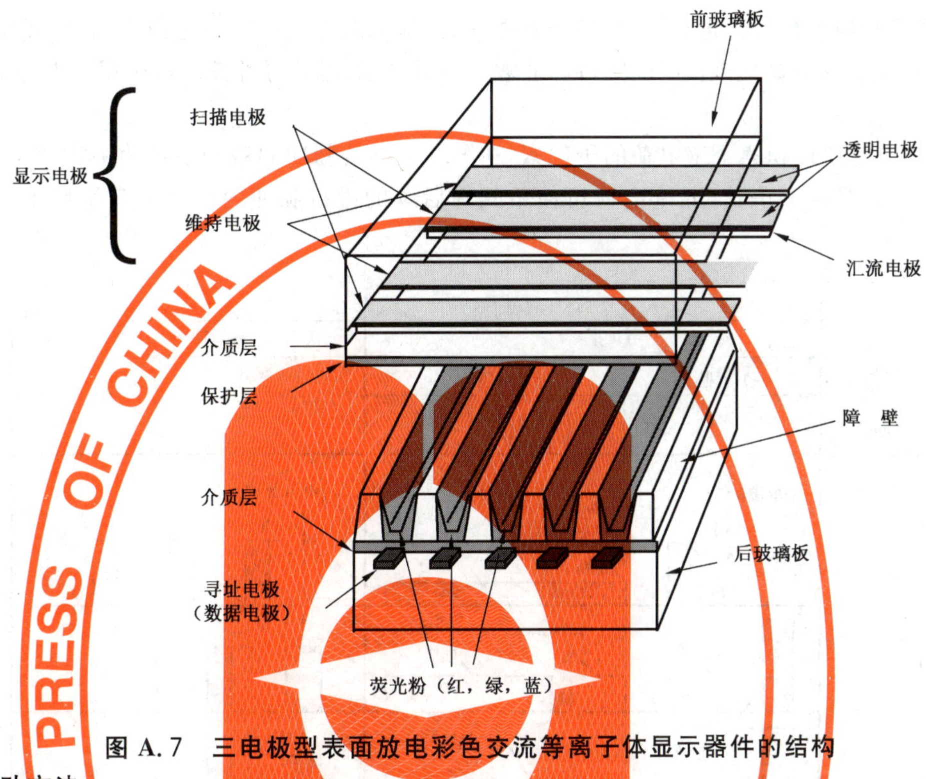

图 A.7 三电极型表面放电彩色交流等离子体显示器件的结构

A.2.3 驱动方法

有两种类型的驱动方法,ADS(寻址与显示分离)和 AWD(寻址并显示)法。ADS 驱动法应用更广泛。

A.2.4 ADS(寻址与显示分离)法

等离子体显示器件的灰度级可通过用寻址与显示分离的方法来实现。开发 ADS 的目的是简化驱动电路,实现三电极 AC PDP 在宽的工作余裕内稳定地工作。

一秒一般被分为 50 场或 60 场。通常,每场分为 8 子场。在寻址期输入显示数据。每子场有不同的维持脉冲数,实现不同的子场亮度。通过各子场不同亮度的组合实现 256 级灰度(见图 A.8)。

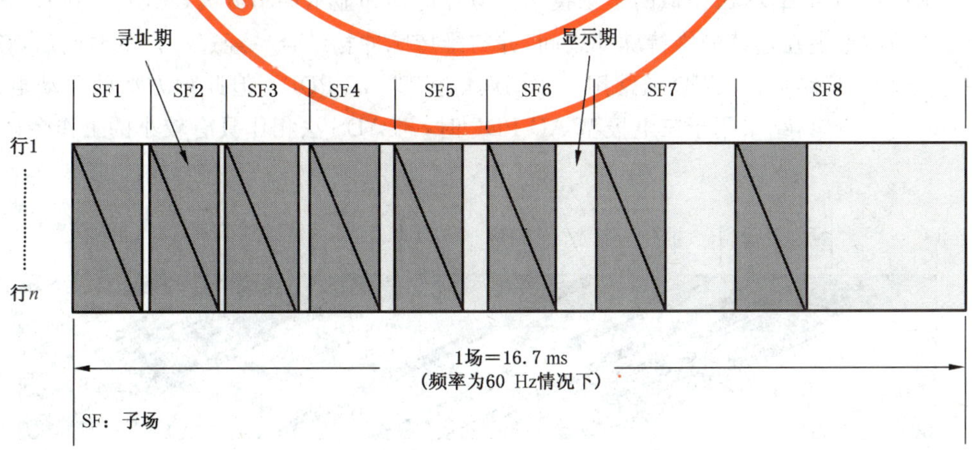

图 A.8 寻址与显示分离的方法

ADS 法的子场由寻址期和显示期构成。寻址期又由复位和寻址两步组成(见图 A.9)。

复位阶段：图像中所有子像素的放电主要是由全屏写引起的。放电结果使像素的保护层上沉积壁电荷。随后用适当的全屏擦除电压擦除这些壁电荷。结果，在复位期所有单元的介质表面状况一致。

寻址阶段：被选择子像素的放电是由同时加在扫描电极上的扫描脉冲和加在寻址(数据)电极上的寻址(数据)脉冲引起的。壁电荷在被选择要显示的单元的介质层上积累。扫描脉冲是负极性的，并按顺序施加在各条扫描电极上。正极性的寻址(数据)脉冲施加在寻址(数据)电极上，在单元中建立起适当的壁电荷，并在子场中要维持相应的维持脉冲数。在寻址期，维持寻址偏压可被用于维持电极以帮助形成壁电荷。

显示期：在寻址阶段积累了壁电荷的子像素，在第一个维持脉冲的激励下产生一次放电，结果是在此子像素内积累充足的壁电荷，此壁电荷可使单元在后续的维持脉冲的作用下产生用于显示的维持放电。

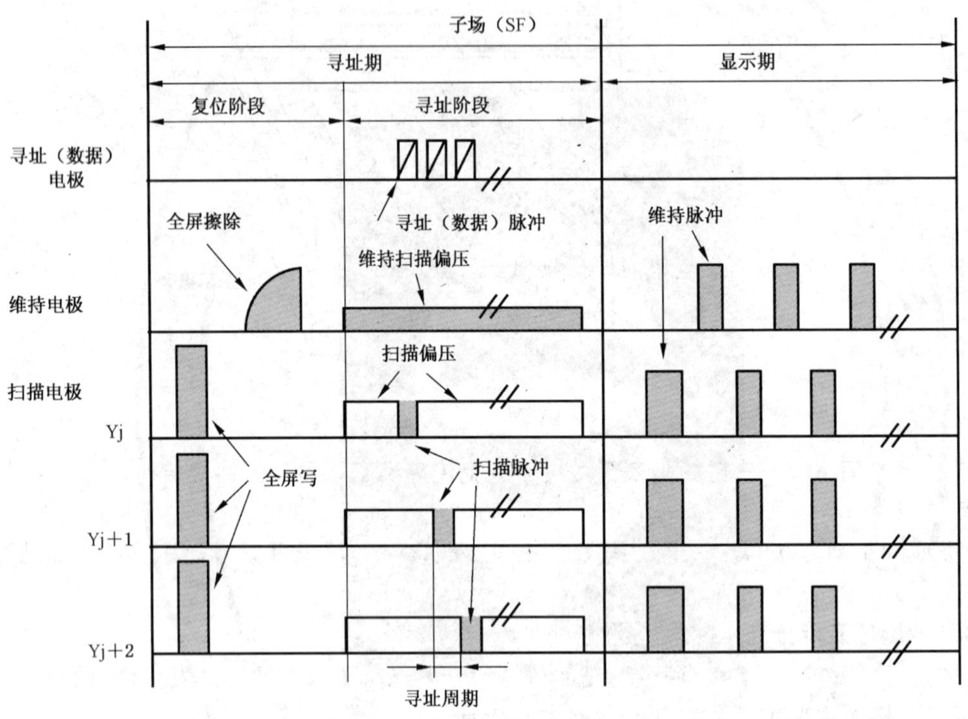

图 A.9 用于三电极的 ADS 法驱动波形

A.2.5 AWD(寻址并显示)法

寻址并显示法也用与 ADS 法相似的子场技术。但寻址期和显示期不分离(见图 A.10)。每一行的复位和寻址(数据)波形夹在连续的维持脉冲之间，并与维持脉冲相结合。经过一定的时间后，该行被擦除，该行的一个子场显示结束。AWD 通常用于驱动两电极型 AC PDP。但此种方法的驱动电路复杂，并且工作脉冲趋向于变窄，结果用于三电极型 AC PDP 时，与 ADS 法相比具有较小的工作余裕。

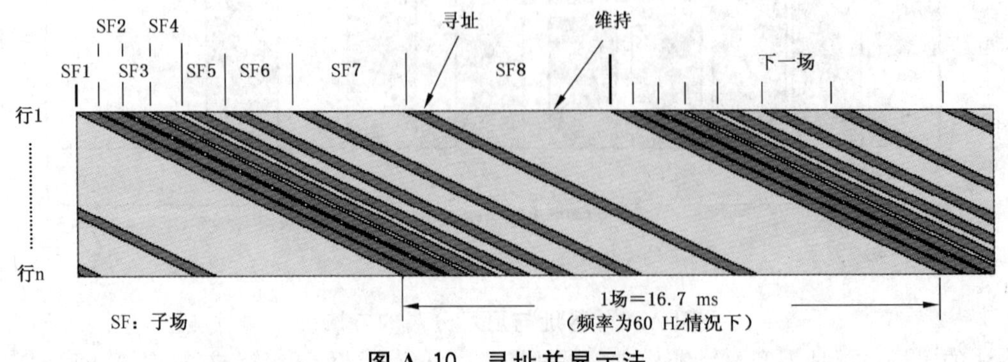

图 A.10 寻址并显示法

附 录 B
（资料性附录）
电压术语之间的关系

表 B.1 表明用于描述 PDP 放电特性的电压术语之间的关系。

表 B.1 一个单元、一块显示屏上所有单元和一组单元的静态、动态和工作放电特性的关系

<table>
<tr><td colspan="2" rowspan="2"></td><td>单元</td><td colspan="3">显示屏上所有单元或一组单元</td><td rowspan="2">数值类型</td></tr>
<tr><td>静态</td><td>静态</td><td>动态</td><td>工作</td></tr>
<tr><td rowspan="9">维持电压</td><td rowspan="4">放电电压</td><td rowspan="4">着火电压(Vf)</td><td>最后着火电压(Vfn)</td><td>—</td><td>—</td><td>最大值</td></tr>
<tr><td>最先着火电压(Vf_1)</td><td>最大动态维持电压限制</td><td>最大维持电压
(Vs_{max})</td><td>最小值</td></tr>
<tr><td>平均着火电压</td><td>—</td><td>—</td><td>中心值</td></tr>
<tr><td>着火电压范围
(ΔVf)
$\Delta Vf=Vf_n-Vf_1$</td><td>—</td><td>—</td><td>范围</td></tr>
<tr><td rowspan="4">熄火电压</td><td rowspan="4">最小单元维持电压
(Vsm)</td><td>最先熄火电压
(Vsm_n)</td><td>最小动态维持电压限制</td><td>最小维持电压
(Vs_{min})</td><td>最大值</td></tr>
<tr><td>最后熄火电压
(Vsm_1)</td><td>—</td><td>—</td><td>最小值</td></tr>
<tr><td>平均最小维持电压</td><td>—</td><td>—</td><td>中心值</td></tr>
<tr><td>最小维持电压范围
(ΔVsm)
$\Delta Vsm=Vsm_n-Vsm_1$</td><td>—</td><td>—</td><td>范围</td></tr>
<tr><td>余裕</td><td>记忆余裕
(ΔVmm)
$\Delta Vmm=Vf-Vsm$</td><td>静态维持余裕
(ΔVss)
$\Delta Vss=Vf_1-Vsm_n$</td><td>动态维持余裕</td><td>维持余裕
(ΔVs)
$\Delta Vs=Vs_{max}-Vs_{min}$</td><td>范围</td></tr>
<tr><td rowspan="3">写电压</td><td rowspan="2"></td><td>—</td><td>—</td><td>最大写电压限制</td><td>最大写电压
(Vwr_{max})</td><td>最大值</td></tr>
<tr><td>—</td><td>—</td><td>最小写电压限制</td><td>最小写电压
(Vwr_{min})</td><td>最小值</td></tr>
<tr><td>余裕</td><td>—</td><td>—</td><td>写范围</td><td>写余裕(ΔVwr)
$\Delta Vwr=Vwr_{max}-Vwr_{min}$</td><td>范围</td></tr>
</table>

附　录　C
（资料性附录）
间　　隙

交流等离子体显示器件内有各种间隙，它们对于正确驱动显示屏非常重要(见图 C.1)

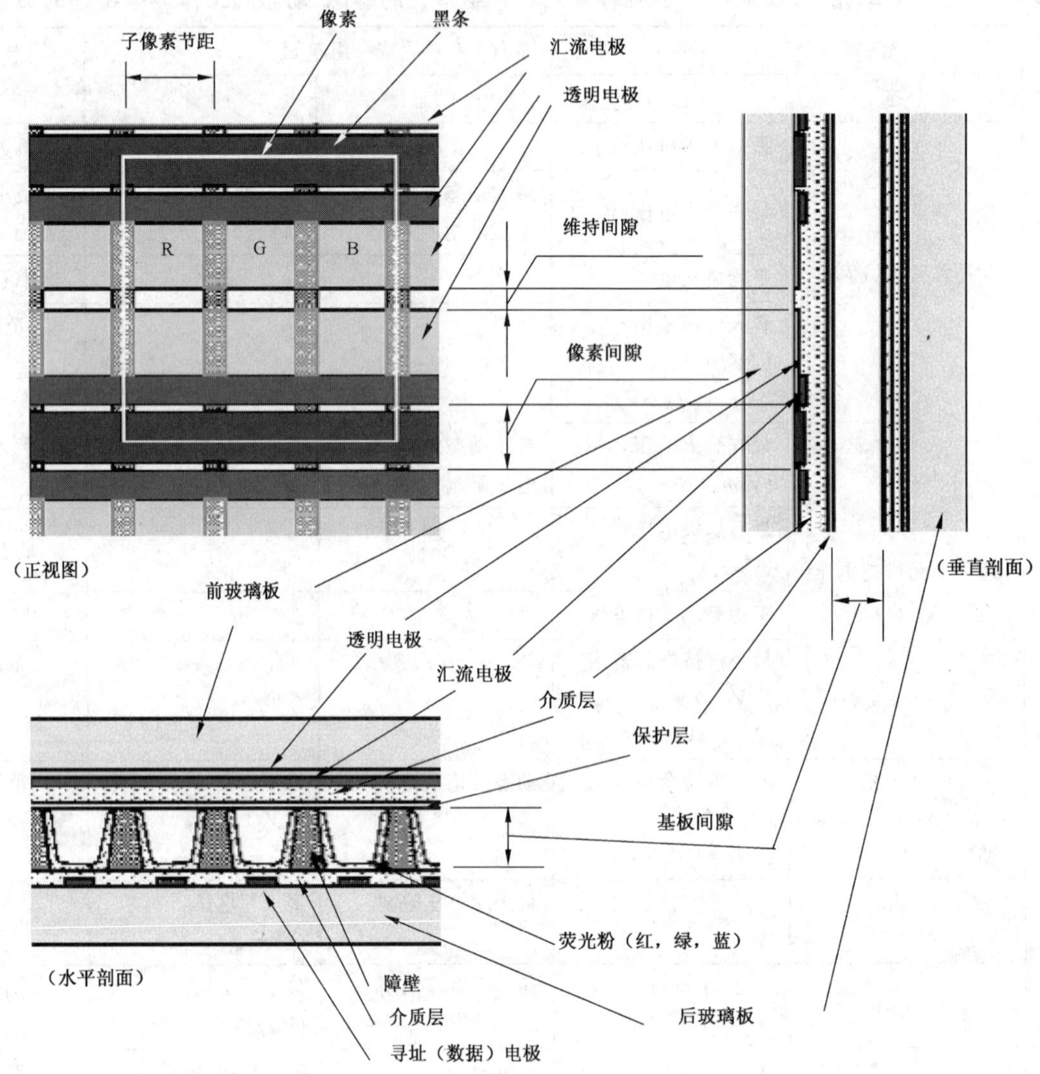

图 C.1　三电极型交流等离子体显示器件中的间隙(维持间隙，基板间隙和像素间隙)

附 录 D
（资料性附录）
制 造

三电极型表面放电彩色 AC PDP 的制造工艺流程图见图 D.1。下面按照前基板、后基板和总装配工序的顺序介绍图 D.1 中所示的制造步骤。

D.1 前基板

前基板一般采用玻璃材料来满足透明要求。一般用高应变点玻璃板来消除在热处理过程中的变形和减小收缩。常用氧化铟锡（ITO）和二氧化锡（SnO_2）制作透明电极。例如，ITO 膜由溅射或离子镀制成，然后由光刻工艺成形。

然而，ITO 的电阻率较高，不能满足要求，因此在沿着 ITO 电极的边沿制作导电率较高的汇流电极。汇流电极材料一般用银（Ag）或铬—铜—铬（Cr/Cu/Cr）。银电极先用丝网印刷带有玻璃料的光敏银浆料，然后光刻成形。铬—铜—铬电极用溅射成膜，光刻成形。

这些电极用透明厚膜介质层覆盖，形成交流工作需要的电容层。用丝网印刷、狭缝涂布、滚动涂布、绿片法制作介质层。保证很好的均匀性和高透过率非常重要，因为这些特性影响显示性能。

显示屏内有大量的可见光反射材料（荧光粉都是白色的）。因此在亮室环境下观看，图像会被冲淡。在前基板的非发光区放置黑色材料（称为黑条）可以减小反射，因此可增加图像对比度，并防止对放电发光不必要的散射。黑条用印刷法和光刻法在介质层下制成。

介质层表面用一保护层覆盖，保护层具有高的二次电子发射系数和很好的耐离子溅射性能。保护层的质量是实现显示屏良好性能的最重要因素之一。MgO（氧化镁）是用作 PDP 保护膜的最常用的材料。它一般用电子束沉积制得。现在还期望采用一些新的方法来提高制作效率，这包括离子注入法、反应溅射法、溶胶-凝胶法等。

封接玻璃层涂覆在显示区的周边，并预烧结。封接玻璃在显示屏的组装工序中将前、后基板密封连接在一起。

D.2 后基板

一般采用高应变点的玻璃基板通过减小热处理过程中的收缩来消除变形。寻址（数据）电极采用与汇流电极相类似的工艺制作。

后基板的介质层与前基板的介质层稍有不同。后基板介质层为白色，而非透明，它既可以保护寻址（数据）电极，又可以把荧光粉发出的向后基板辐射的可见光反射到前基板，并到达观看者，从而增加亮度。后基板介质层的制作工艺与前基板介质层相似。

为了避免在水平方向相邻单元间由于光的和带电粒子迁移的串扰造成的色纯变差，在寻址（数据）电极间制作厚膜障壁。制作方法包括印刷、喷砂、填充、光刻法等。

三基色荧光粉沉积在由障壁和寻址（数据）电极顶部形成的沟槽中。印刷、涂布和光刻或电泳沉积常用来沉积荧光粉层。在某一步，在后基板角处打一小孔，用以连接真空系统。用封接玻璃料把排气管和玻璃基板密封连接在一起。

D.3 装配

在前、后基板装配好后，低熔点玻璃经烧结工艺将前、后基板封接在一起。用真空烘烤工艺去除吸附在显示屏内表面上的污染物，并激活荧光粉层。然后，把潘宁混合气体充入板内。

接着，显示屏在高于着火电压的脉冲驱动下工作。此老炼工序可清洁和激活保护层。这会降低工作电压,增加均匀性,从而减小显示屏上的不同区域工作电压的变化。

最后,把显示屏和电路系统装配在一起成为一个模块。

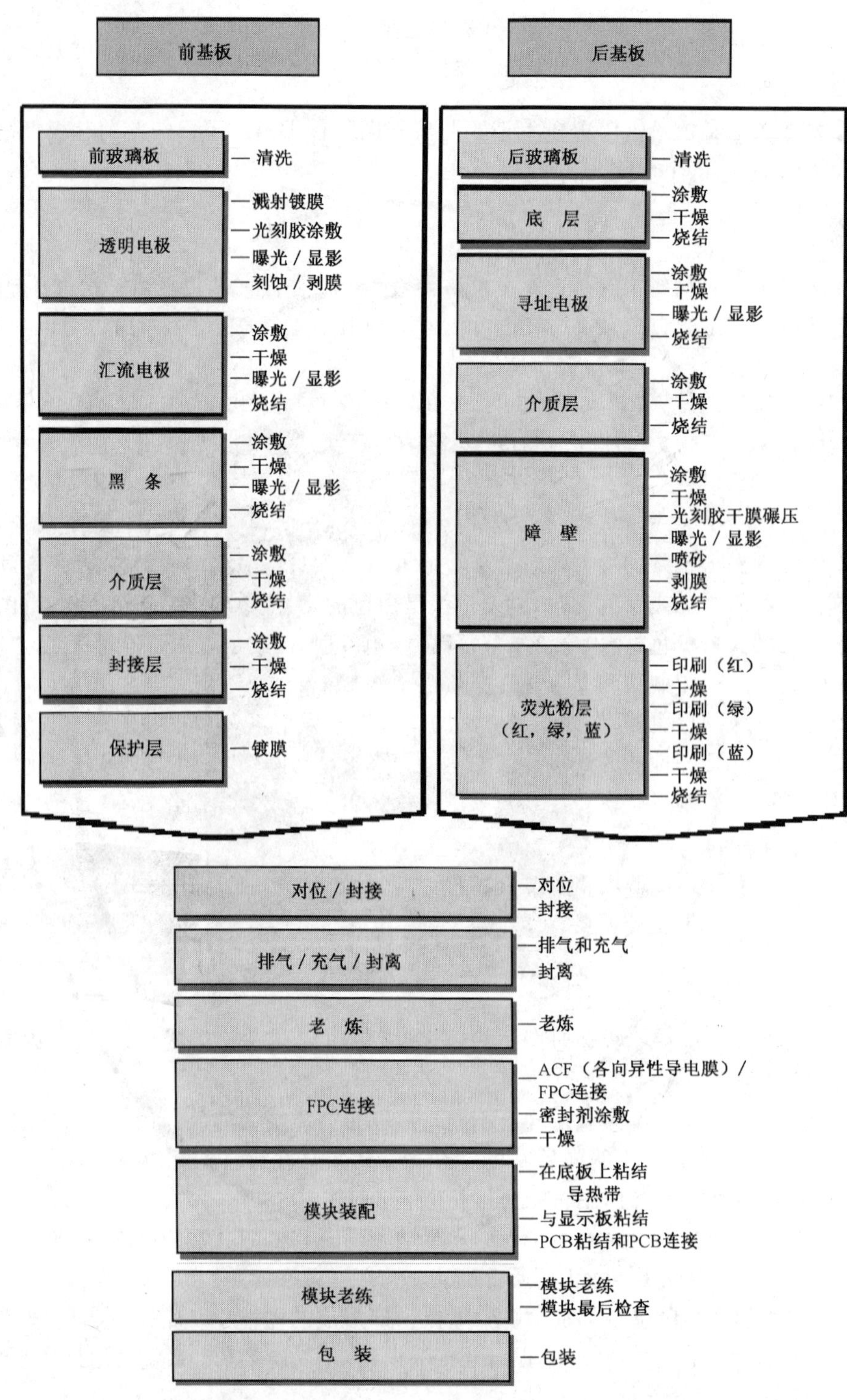

图 D.1 等离子体显示器件制造流程图

附 录 E
（资料性附录）
引 线 端 子

等离子体显示屏通过在每条电极的终端制作引线端子与驱动电路相连。寻址（数据）电极和显示电极（扫描电极和维持电极）的引线端子分别安排在后基板和前基板的周边区域（见图 E.1）。沿着 PDP 边沿，引线端子分成几组，每一组分别与相关的驱动电路相连。引线端子的宽度和间距对于电连接的可靠性很重要（见图 E.2）。

寻址电极（数据电极）引线端子组位于后基板的前侧，显示电极的引线端子组位于前基板的后侧。扫描电极和/或维持电极的引线端子组见图 E.2。

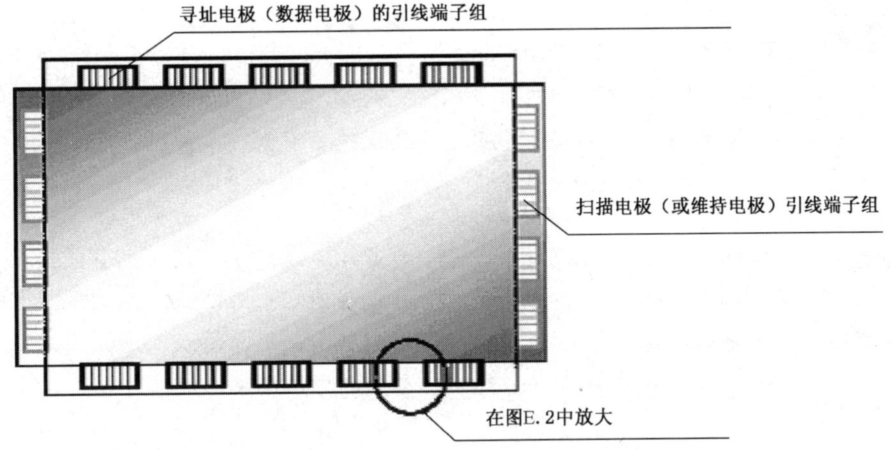

图 E.1 引线端子组

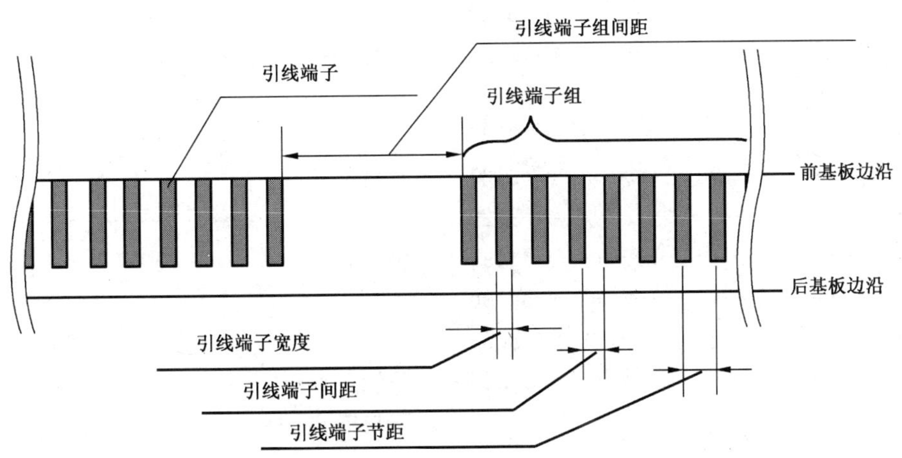

图 E.2 引线端子尺寸

中 文 索 引

T

W

X

Y

Z

英 文 索 引

A

B

L

M

O

P

R

S

T

V

W

ICS 31.120
L 47

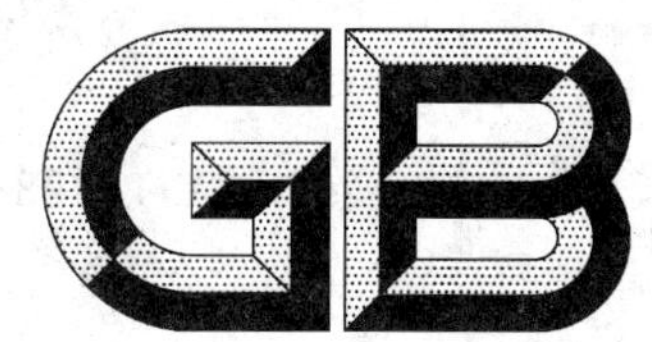

中华人民共和国国家标准

GB/T 22181.21—2008/IEC 61988-2-1:2002
(部分代替 GB/T 11483—1989)

等离子体显示器件
第2-1部分:光学参数测量方法

Plasma display panels—
Part 2-1 : Measuring methods—Optical

(IEC 61988-2-1:2002,IDT)

2008-06-28 发布　　　　2008-11-01 实施

中华人民共和国国家质量监督检验检疫总局
中国国家标准化管理委员会　发布

前　言

《等离子体显示器件》系列标准的预计结构如下：

第 1 部分：术语与文字符号；

第 2-1 部分：光学参数　测量方法；

第 2-2 部分：光电参数　测量方法；

第 2-3 部分：显示质量　测量方法；

第 3-1 部分：机械接口；

第 3-2 部分：电子接口；

第 4 部分：气候和机械试验方法；

第 5 部分：总规范。

本部分是《等离子体显示器件》系列标准的第 2-1 部分。

本部分等同采用 IEC 61988-2-1：2002《等离子体显示器件——第 2-1 部分：光学参数　测量方法》（英文版）。

为了便于使用，本部分作了如下编辑性修改：

a)　删除国际标准前言；

b)　用小数点“.”代替作为小数点的逗号“，”。

本部分与 GB/T 22181.22—2008《等离子体显示器件　第 2-2 部分：光电参数　测量方法》一起代替 GB/T 11483—1989《交流等离子体显示器件测试方法》。

本部分与 GB/T 11483—1989 的相关内容相比主要变化如下：

——本部分针对的是彩色等离子体显示模块的测量方法。

本部分由中华人民共和国信息产业部提出。

本部分由中国电子技术标准化研究所(CESI)归口。

本部分起草单位：中国电子科技集团公司第五十五研究所。

本部分主要起草人：樊卫华。

等离子体显示器件 第2-1部分:光学参数测量方法

1 范围

本部分规定了彩色等离子体显示模块显示特性的测量方法。

本部分适用于下列5个项目的测量:

a) 4%窗口亮度;

b) 亮度均匀性;

c) 暗室对比度;

d) 白色色度及色度均匀性;

e) 色域。

2 规范性引用文件

下列文件中的条款通过本部分的引用而成为本部分的条款。凡是注日期的引用文件,其随后所有的修改单(不包括勘误的内容)或修订版均不适用于本部分,然而,鼓励根据本部分达成协议的各方研究是否可使用这些文件的最新版本。凡是不注日期的引用文件,其最新版本适用于本部分。

GB/T 22181.1 等离子体显示器件 第1部分:术语与文字符号(GB/T 22181.1—2008,IEC 61988-1:2003,IDT)

GB/T 2421—1999 电工电子产品环境试验 第1部分:总则

GB/T 17309.1—1998 电视广播接收机测量方法 第1部分:一般考虑 射频和视频电性能测量及显示性能的测量(IEC 60107-1:1995,IDT)

CIE 出版物 NO.15.2:1986 色度学(第2版) (ISBN 3900734003)

3 术语和定义

GB/T 22181.1、GB/T 2421—1999和GB/T 17309.1—1998确立的术语和定义适用于本部分。

4 测量设备构成

试验设备和/或操作条件应满足所规定各项试验要求。

5 标准测量条件

5.1 环境条件

测量必须在标准环境下经过足够的预热时间后方可进行。所谓标准环境条件是指温度为25 ℃±3 ℃、相对湿度25%~85%且大气压为86 kPa~106 kPa的环境。若在非标准环境下测量,则应在测量报告中注明。预热时间应大于30 min且按照不进行γ校正的15%灰度级输入信号全屏点亮。

若采用与推荐的不相同的预热方法,则应在报告中注明。

5.2 照明条件

5.2.1 暗室条件

在等离子体显示模块的屏幕表面任意一处的光照度必须小于1 l_x。若这一照度对暗背景水平的测量产生重大影响时,则应采用减去背景光亮的方法,并在测量报告中注明。

5.3 设置条件

5.3.1 等离子体显示模块的调节

对于对比度可调的等离子体显示模块，在标准测量环境下将对比度调到最大。

5.3.2 测量开始条件

只有当等离子体显示器模块达到稳定状态，测量才能开始，除非其他的测量方法有特殊规定。

5.3.3 测量设备条件

测量设备的布局见图1。

测量设备应具备下列条件：

a) 亮度计应垂直对准等离子体显示模块屏幕的待测区域；

b) 标准测量距离 l_{x0} 为 2.5 V，V 为显示屏的高度或短边尺寸。测量距离应在 1.6 V～2.8 V 之间，在测量报告中应注明测量距离，如图1所示；

c) 亮度计应取适当的孔径角，其值不大于 2°，并且测量的区域至少包含 500 个像素且小于屏幕高度的 10%。若这种区域对应到一个圆形测量区域且显示屏的像素是含 3 个子像素的正方形像素时，则在图形区域直径上至少包含 26 条线。若如上述的孔径角设定有困难可以调整测量距离和孔径角以使视区内包含 500 个以上像素，但必须使视区小于屏幕高度的 10%。应在报告中注明与标准测量条件的偏差；

d) 驱动信号设备的标准场频应设定在 60 Hz，除非显示器件需使用一种明显不相同的场频。当使用不同于 60 Hz 场频的驱动信号设备时，应在测量报告中注明驱动信号的波形和频率。

上面规定了标准的设置条件。若在非标准设置条件下进行的任何测量应将每一条件在相关规范中规定。

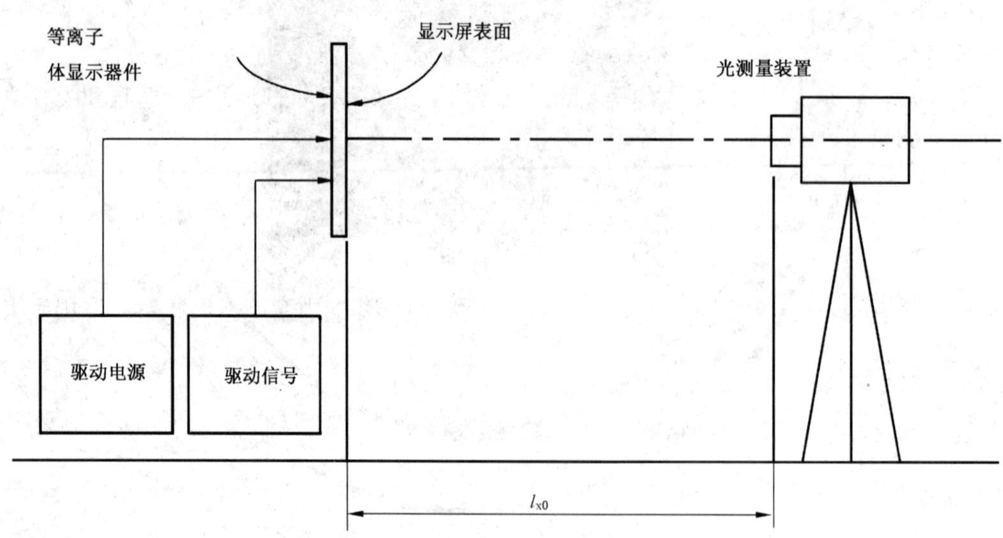

l_{x0} 标准测量距离＝2.5 V，这里 V 是屏幕高度或屏幕的短边长度

图1 测量布局框图

6 测量方法

6.1 4%窗口亮度测量方法

6.1.1 目的

测量彩色等离子体显示模块的 4%窗口亮度。

6.1.2 **测量设备**

使用下列测量设备：

a) 驱动电源；

b) 驱动信号设备；

c) 光测量设备。

6.1.3 **测量方法**

等离子体显示模块应放置于满足标准测量条件的环境中且将环境光照度调整到最小(暗室条件)。测量布局图如图2所示。在等离子体显示模块中央(H/5)×(V/5)的区域内加100%电平白色信号,测量如图2所示中央A_0区域的亮度$L_{DR0.04}$。测量区域应小于等离子体显示模块4%窗口区域并且应包括至少500个像素。

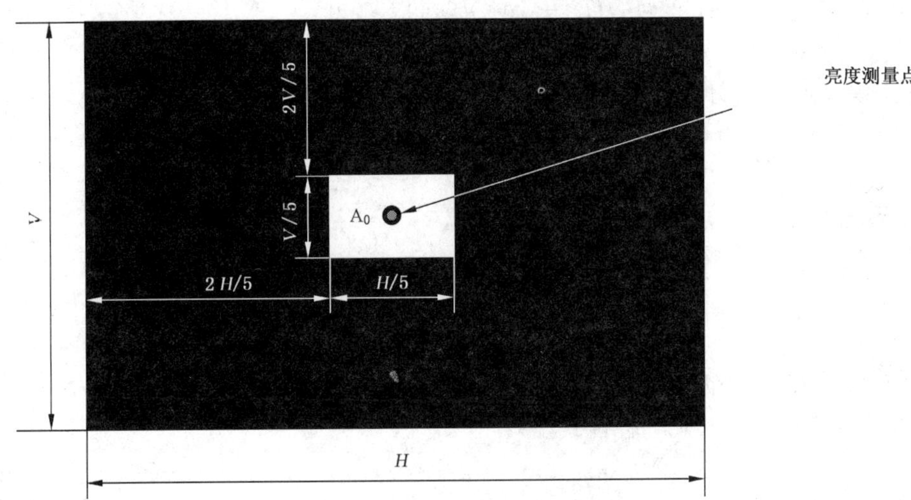

图2 4%窗口亮度测量图

6.2 **亮度均匀性的测量方法**

6.2.1 **目的**

测量等离子体显示模块显示表面的亮度均匀性。

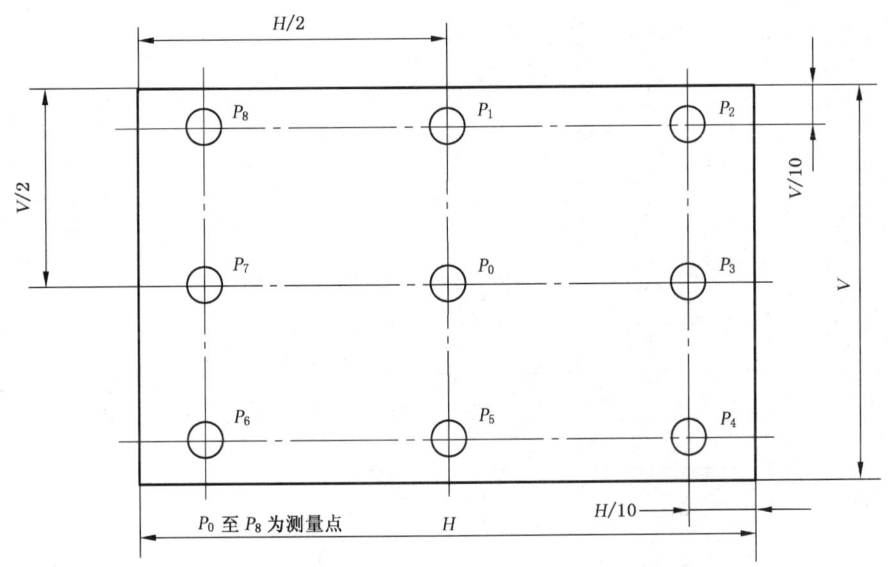

图3 测量点

6.2.2 测量设备

使用下列测量设备：

a） 驱动电源；

b） 驱动信号设备；

c） 光测量设备。

6.2.3 测量方法

等离子体显示模块应放置于满足标准测量条件的环境中且将环境光照度调整到最小(暗室条件)。施加100%电平白信号到器件并测量显示屏上特定点 P_i 的亮度 L_i，其中 i 为0到4或0到8。应测量5点或9点。在如图3所示的显示屏的情况下，测量应选 P_0 到 P_4 五点或 P_0 到 P_8 九点。在点 P_i 处的亮度非均匀性表达为：

$$LNU_i = (\Delta L_i / L_{AV}) \times 100\% \qquad (1)$$

式中：

ΔL_i——亮度差，由式(2)计算：

$$\Delta L_i = | L_i - L_{AV} | \qquad (2)$$

式中：

L_{AV}——平均亮度，由式(3)计算：

a） 采用5点法：

$$L_{AV} = (L_0 + L_1 + L_2 + L_3 + L_4)/5 \qquad (3)$$

b） 采用9点法：

$$L_{AV} = (L_0 + L_1 + L_2 + L_3 + L_4 + L_5 + L_6 + L_7 + L_8)/9 \qquad (4)$$

等离子体显示模块的亮度非均匀性由式(5)计算：

$$LNU = [\max(\Delta L_i / L_{AV})] \times 100\% \qquad (5)$$

所测结果应按表1所示例记录。

表1 亮度均匀性测量例

测量点	亮度 L_i/ (cd/m^2)	亮度非均匀性 $(\Delta L_i/L_{AV}) \times 100\%$
P_0	110	+1.6
P_1	107	−1.1
P_2	109	+0.7
P_3	106	−2.1
P_4	104	−3.9
P_5	111	+2.6
P_6	113	+4.4
P_7	105	−3.0
P_8	109	+0.7
平均亮度，L_{AV}：108 cd/m^2		

6.3 暗室对比度的测量方法

6.3.1 目的

测量等离子体显示模块暗室对比度。

6.3.2 测量设备

使用下列测量设备：

a) 驱动电源；

b) 驱动信号设备；

c) 光测量设备。

6.3.3 测量方法

等离子体显示模块应放置于满足标准测量条件的环境中且将环境光照度调整到最小(暗室条件)。

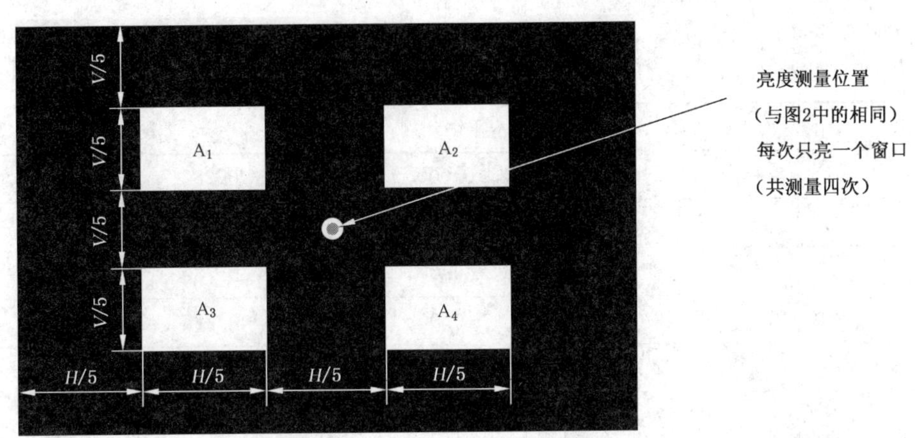

图 4 最小亮度测量图

a) 4%窗口亮度测量

利用驱动信号源施加一测量输入信号于等离子体显示模块,显示一白色窗口 A_0,大小如图 2 所示,$(H/5)\times(V/5)$。调整测量输入信号使白色窗口达到最大亮度(100%)并使显示屏的其他部分最暗(0%,黑屏)。测量白窗口的亮度 $L_{DR0.04}$。测量区域应小于显示屏幕的 4%窗口区域,并应包含至少 500 个像素。

b) 最小亮度测量

利用驱动信号源施加测量输入信号于等离子体显示模块,依次显示一白色窗口(A_0 到 A_4)的大小如图 4 所示,$(H/5)\times(V/5)$。调整测量输入信号使白色窗口达到最大亮度(100%)并使显示屏的其他部分最暗(0%,黑屏)。当 A_i,$i=1\sim4$,以最大白亮度分别点亮时,测量如图 4 所示的亮度测量点的亮度 L_{DRimin},其中 $i=1\sim4$,位置同图 2 中位置。最小亮度 L_{DRmin} 定义如下:

$$L_{DRmin}=(L_{DR1min}+L_{DR2min}+L_{DR3min}+L_{DR4min})/4 \quad\cdots\cdots(6)$$

当四次测得的亮度值足够一致(在 5%以内范围波动),点亮 A_1 到 A_4 中任一区域,只要测量一个最小亮度(如 L_{D1min})即可作为最小亮度 L_{DRmin},属于这种情况时则应在报告中注明。

c) 定义暗室对比度方法

暗室对比度 $DRCR$ 的定义如下:

$$DRCR=L_{DR0.04}/L_{Drmin} \quad\cdots\cdots(7)$$

6.4 (白场)白色色度及其均匀性测量方法

6.4.1 目的

测量等离子体显示模块的白色色度及色度均匀性。

6.4.2 测量设备

使用下列测量设备:

a) 驱动电源;

b) 驱动信号源;

c) 色度计。

6.4.3 测量方法

等离子体显示模块应放置于满足标准测量条件的环境中且将环境光照度调整到最小(暗室条件)。测量布局图如图1所示。将100%电平全白信号加到等离子体显示模块,并在显示屏的特定测量点测量色度。测量区域应小于等离子体显示模块的4%窗口并应包含500个像素。

测量应选1点,5点或9点进行。如图3所示的例,则测量点分别对应选 P_0,P_0 到 P_4 或 P_0 至 P_8。从 P_0 到 P_8 各点对应的色度值定义为 C_0,C_1……C_8。

测量结果应按表2所示例记录。

表2 色度测量结果示例

测量点	x_i	Δx	y_i	Δy
P_0	0.282	0.000	0.282	0.000
P_1	0.280	−0.002	0.283	+0.001
P_2	0.278	−0.004	0.280	−0.002
P_3	0.279	−0.003	0.285	+0.003
P_4	0.282	0.000	0.283	+0.001
P_5	0.277	−0.005	0.279	−0.003
P_6	0.274	−0.008	0.276	−0.006
P_7	0.283	+0.001	0.282	0.000
P_8	0.280	−0.002	0.285	+0.003

注:其中 P_0,P_1,……,P_8 点对应的每个色度值是 C_0:x_0y_0,C_1:x_1y_1,……,C_8:x_8y_8,每一色差 Δx,Δy 定义为:

$\Delta x = x_i - x_0$,$\Delta y = y_i - y_0$,其中 i 为1~8,其中 x 和 y 是CIE 1931色坐标,如CIE 15.2中所定义。

x,y 色度坐标值转换为 u',v',色差也可用 $\Delta u'$,$\Delta v'$ 表示。

$\Delta u' = u'_i - u'_0$,$\Delta v' = v'_i - v'_0$,

其中:

i 为1~8

$u' = 4x/(3-2x+12y)$

$v' = 9y/(3-2x+12y)$

u',v' 为CIE 1976 UCS色度图中的色度坐标(如CIE 15.2中所定义)

6.5 色域的测量方法

6.5.1 目的

测量彩色等离子体显示模块的色域。

6.5.2 测量设备

使用下列测量设备:

a) 驱动电源;

b) 驱动信号源;

c) 光测量设备。

6.5.3 测量方法

等离子体显示模块应置于标准测量条件下并将环境光照度调到最小(暗室条件)。其测量布局图如图1所示。以100%电平的R、G、B三基色每一单色信号并以窗口($H/5\times V/5$)信号施加到等离子体显示模块,如图2所示。加R信号,然后在显示屏中央部测量色坐标 x_R,y_R。用同样方法,测G信号对应的色坐标 x_G,y_G 以及B信号以对应色坐标 x_B,y_B。在色度图上画直线连接3点(x_R,y_R),(x_G,y_G)和(x_B,y_B)。图5所示为测量结果的示例,测量区域应小于等离子体显示模块4%窗口区域并应包括至少500个像素。

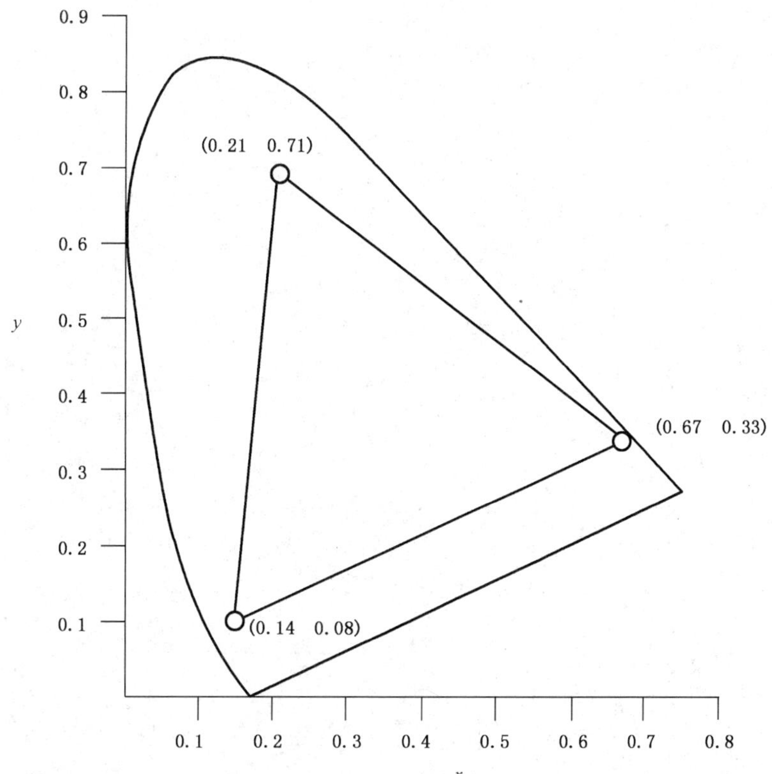

注 1：标准测量距离为 $l_{x0}=2.5\ V$。

注 2：x,y 是在 CIE 15.2 中定义的 CIE 1931 的色坐标。

注 3：根据 CIE 15.2 中的定义，可以用下面公式将色坐标 x,y 值换算成 CIE 1976 UCS 色度图上的色坐标 u',v' 的值。

$u'=4x/(3-2x+12y)$

$v'=9v/(3-2x+12y')$

图 5 色域测量结果示例

ICS 31.120
L 47

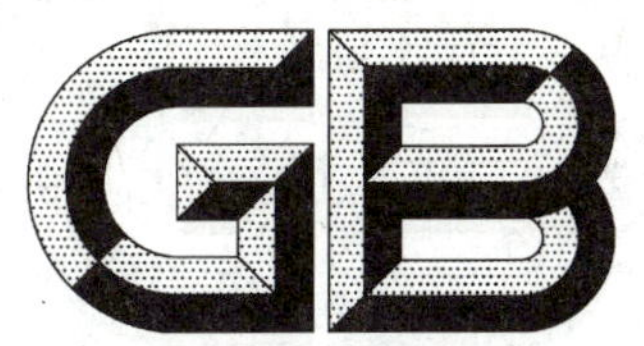

中华人民共和国国家标准

GB/T 22181.22—2008/IEC 61988-2-2:2003
部分代替 GB/T 11483—1989

等离子体显示器件 第2-2部分:光电参数测量方法

Plasma display panels—
Part 2-2:Measuring methods—Optoelectrical

(IEC 61988-2-2:2003,IDT)

2008-06-28 发布　　2008-11-01 实施

中华人民共和国国家质量监督检验检疫总局
中国国家标准化管理委员会　发布

前　　言

《等离子体显示器件》系列标准的预计结构如下：

第 1 部分：术语与文字符号；

第 2-1 部分：光学参数 测量方法；

第 2-2 部分：光电参数 测量方法；

第 2-3 部分：显示质量 测量方法；

第 3-1 部分：机械接口；

第 3-2 部分：电子接口；

第 4 部分：气候和机械试验方法；

第 5 部分：总规范。

本部分是《等离子体显示器件》系列标准的第 2-2 部分。

本部分等同采用 IEC 61988-2-2:2003《等离子体显示器件　第 2-2 部分：光电参数　测量方法》(英文版)。

为了便于使用，本部分作了如下编辑性修改：

a)　删除国际标准前言；

b)　用小数点“.”代替作为小数点的逗号“,”。

本部分与 GB/T 22181.21—2008《等离子体显示器件　第 2-1 部分：光学参数测量方法》一起代替 GB/T 11483—1989《交流等离子体显示器件测试方法》。

本部分与 GB/T 11483—1989 的相关内容相比主要变化如下：

——本部分针对的是彩色等离子体显示模块的测量方法。

本部分由中华人民共和国信息产业部提出。

本部分由中国电子技术标准化研究所(CESI)归口。

本部分起草单位：中国电子科技集团公司第五十五研究所。

本部分主要起草人：樊卫华。

等离子体显示器件
第2-2部分:光电参数测量方法

1 范围

本部分规定了彩色等离子体显示模块显示特性的测量方法。

本部分适用于下列3个项目的测量:

a) 亮室对比度;

b) 电流和功耗;

c) 发光效率。

2 规范性引用文件

下列文件中的条款通过本部分的引用而成为本部分的条款。凡是注日期的引用文件,其随后所有的修改单(不包括勘误的内容)或修订版均不适用于本部分,然而,鼓励根据本部分达成协议的各方研究是否可使用这些文件的最新版本。凡是不注日期的引用文件,其最新版本适用于本部分。

GB/T 22181.1 等离子体显示器件 第1部分:术语与文字符号(IEC 61988-1:2003,IDT)

GB/T 2421—1999 电工电子产品环境试验 第1部分:总则

GB/T 17309.1—1998 电视广播接收机测量方法 第1部分:一般考虑 射频和视频电性能测量及显示性能的测量(IEC 60107-1:1995,IDT)

CIE 出版物 NO.15.2:1986 色度学(第2版)(ISBN 3900734003)

3 术语和定义

GB/T 22181.1、GB/T 2421—1999 和 GB/T 17309.1—1998 确立的术语和定义适用于本部分。

4 测量设备构成

试验设备和/或操作条件应满足所规定各项试验要求。

5 标准测量条件

5.1 环境条件

测量必须在标准环境下经过足够的预热时间后方可进行。所谓标准环境条件是指温度为25 ℃±3 ℃、相对湿度25%~85%且大气压为86 kPa~106 kPa的环境。若在非标准环境下测量,则应在测量报告中注明。

预热时间应大于30 min且按照不进行γ校正的15%灰度级输入信号全屏点亮。

若采用与推荐的不相同的预热方法,则应在报告中注明。

5.2 照明条件

5.2.1 暗室条件

在彩色等离子体显示模块屏幕表面任意一处的照度必须小于1 lx。若这一照度对暗背景水平的测量产生重大影响时,则应采用减去背景亮度的方法,并在测量报告中注明。

5.2.2 亮室条件

灯光应调节使得已竖直放置的显示屏幕中心的垂直和水平方向的照明条件得到满足。照明精度应为±5%，每份报告中应清楚地注明测量的照度。如果使用与推荐的不相同的照度则应在报告中注明。

a) 显示屏幕上的照度

——垂直方向照度：100 lx；

——水平方向照度：70 lx。

b) 照明光源

应使用AAA配色日光白直管荧光灯。如果一只灯管不能满足照明条件，可以使用一组灯管。允许使用调光灯。应在推荐的工作条件下使用荧光灯（一只或多只）：例如老炼100 h后，但在使用2 000 h前。

c) 照明光源和显示屏的放置

显示屏应竖直放置。灯管安放应使其长轴与地板成水平并且平行于显示屏的平面。应使多个灯管的中心构成平面正交垂直于显示屏面，并经过显示屏的中心，如图1所示。

d) 照度的调节

应调节照度。通过调节照明光源发出的光或者灯管的位置，或者通过移动显示屏，满足显示屏表面上垂直方向和水平方向的照明条件。在测量照度时，显示器应从测量位置移开，以避免来自显示器的光反射。

e) 其他

墙壁应悬挂暗色调的窗帘，或者无窗户，或颜色为灰色，反射系数不大于60%。地板的颜色为灰色，反射系数不大于20%。应考虑测量系统的颜色和放置位置，包括墙壁、地板、天花板、进行测量的工作人员，以使反射光线不影响测量的照度。一旦接通光源，应在达到充分的稳定之后调节照度。测量房间的例子如图1所示。

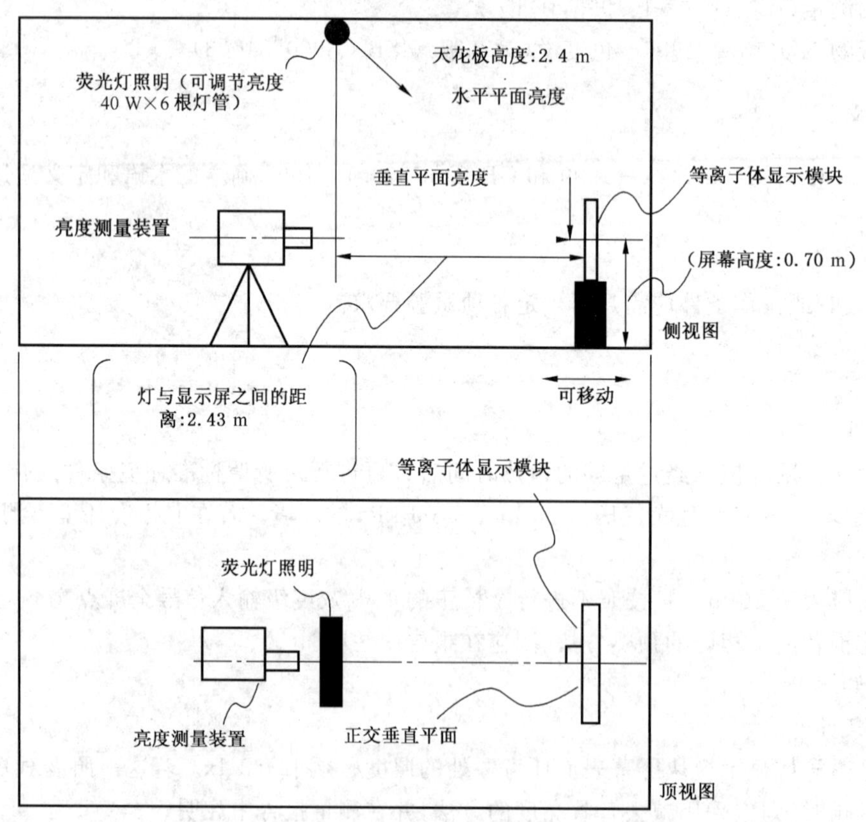

图1 亮室条件示例

5.3 设置条件

5.3.1 彩色等离子体显示模块的调节

对于对比度可调的等离子体显示模块，在标准测量环境下将对比度调到最大。

5.3.2 测量开始条件

只有当彩色等离子体显示模块达到稳定状态，测量才能开始，除非其他的测量方法有特殊规定。

5.3.3 测量设备条件

测量设备的布局见图2。

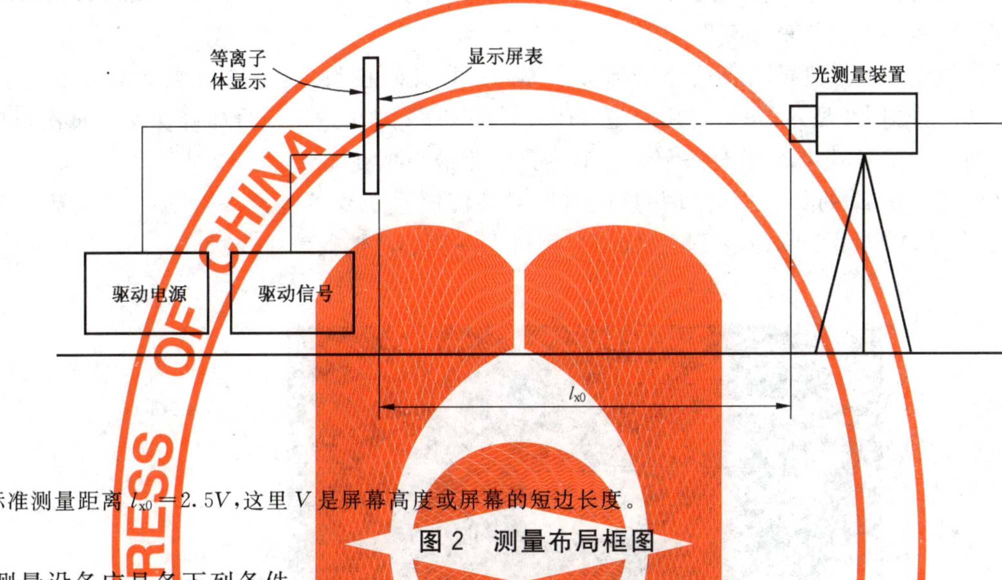

标准测量距离 $l_{x0}=2.5V$，这里 V 是屏幕高度或屏幕的短边长度。

图2 测量布局框图

测量设备应具备下列条件：

a) 亮度计应垂直对准彩色等离子体显示器模块屏幕的待测区域。

b) 标准测量距离 l_{x0} 为 $2.5V$，V 指的是显示屏的高度或短边尺寸。测量距离应在 $1.6V$～$2.8V$ 之间，在测量报告中应注明测量距离，如图2所示。

c) 亮度计应取适当的孔径角，其值不大于2°，并且测量的区域至少包含500个像素且小于屏幕高度的10%。若这种区域对应到一个圆形测量区域且显示屏的像素是含3个子像素的正方形像素时，则在图形区域直径上至少包含26条线。若如上述的孔径角设定有困难可以调整测量距离和孔径角以使视区内包含500个以上像素，但必须使视区小于屏幕高度的10%。应在报告中注明与标准测量条件的偏差。

d) 除非彩色等离子体显示模块需有意使用一种大不相同的场频，驱动信号设备的标准场频应设定在60 Hz。当使用不同于60 Hz场频的驱动信号设备时，应在测量报告中注明驱动信号的波形和频率。

上面规定的是标准设置条件。若在非标准设置条件下进行的任何测量应将每一条件在相关规范中注明。

6 测量方法

6.1 亮室对比度100/70的测量方法

6.1.1 目的

测量彩色等离子体显示模块的亮室对比度100/70。

6.1.2 测量设备

使用下列设备：

a) 驱动电源；

b) 驱动信号设备；

c） 亮度计。

6.1.3 测量方法

等离子体显示模块应在标准测量条件下进行测量并建立亮室条件(标准照度环境条件)。

a） 在亮室条件下窗口亮度测量

从驱动信号设备上将显示$(H/5)\times(V/5)$尺寸白窗口的测量信号加到等离子体显示模块上，如图3所示。测量输入信号使得白色窗口达到最大亮度且使显示屏的其他部分为最小亮度(0% 电平，黑屏)。测量白窗口中央的亮度。这一亮度用符号$L_{BR0.04}$(cd/m^2)表示。

b） 在亮度条件下测量最小亮度

从驱动信号设备上将测量输入信号加到彩色等离子体显示模块上，分别依次显示四个白窗口A_1到A_4中的一个。如图4所示，每窗口尺寸是$(H/5)\times(V/5)$。测量输入信号应确保使得每次对应显示的白窗口达到最大亮度(100%)且使得显示器其余部位为最小亮度(0%，黑屏)。

依次显示A_1到A_4的每一白窗口并且同时测量亮度测量位置的亮度$L_{BRi\min}$，(亮度测量位置如图4所示)若从白窗口反射的光影响到亮度测量，则可用一块黑色挡板盖住白窗口。

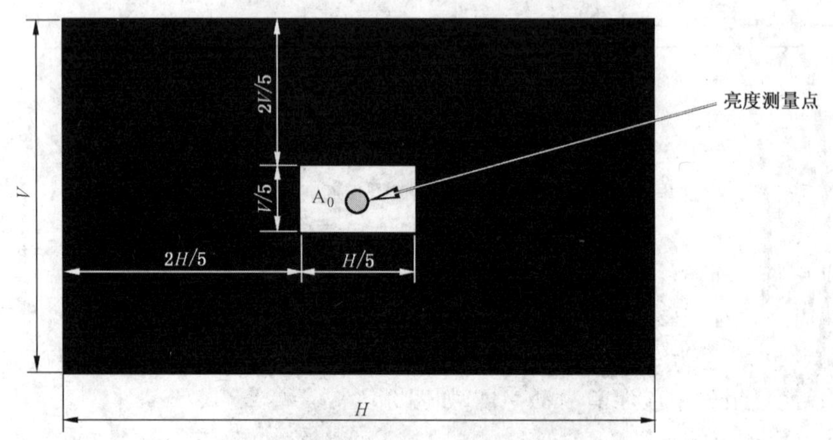

图3 4%窗口亮度测量图

最小亮度由式(1)定义：

$$L_{BR\min} = (L_{BR1\min} + L_{BR2\min} + L_{BR3\min} + L_{BR4\min})/4 \quad\cdots\cdots(1)$$

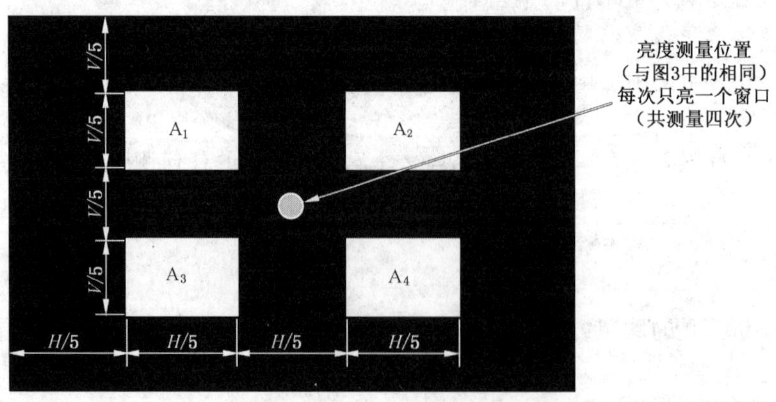

图4 最小亮度测量图

如果上述四次测量的最小亮度$L_{BRi\min}$($i=1,2,3,4$)足够均匀(偏差小于5%)，则可用四次测量中的一次测量$L_{BRi\min}$代替$L_{BR\min}$的测量。如果采用了特殊的显示图形来进行亮室对比度的测量，则应在相关规范中注明。

c） 定义亮室对比度100/70的方法

在竖直放置的显示屏垂直方向的照度是100 lx，且水平方向的照度是70 lx的条件下，测得的对比度即为亮室对比度100/70。

亮室对比度100/70（$BRCR-100/70$）由式（2）给出：

$$BRCR - 100/70 = L_{BR0.04}/L_{Brmin} \quad \cdots\cdots(2)$$

6.2 电流和功耗的测量方法

6.2.1 目的

测量彩色等离子体显示模块的电流和功耗。

6.2.2 测量设备

使用下列设备：

a） 驱动电源；

b） 驱动信号设备；

c） 交流电压表；

d） 交流功率表；

e） 直流电流表；

f） 直流电压表；

g） 其他用以测量最大功耗的设备。

用于测量的交流电压表、交流功率表、直流电流表以及直流电压表的型号或编号应在测量日志中记录，同时还要记下用以测量最大功率的其他设备的详细资料。

6.2.3 测量方法

彩色等离子体显示模块应放置在标准测量环境中。以下列方式测量加到模块上的电源功率（见图5示例）。测量供给已作为模块一部分的模块电源的交流电源的功率，同时测量来自外部的直流电源的功率。对每个电源，记录其电压、电流以及功率值以及其应用目的（见表1和表2所示例）。电源提供的

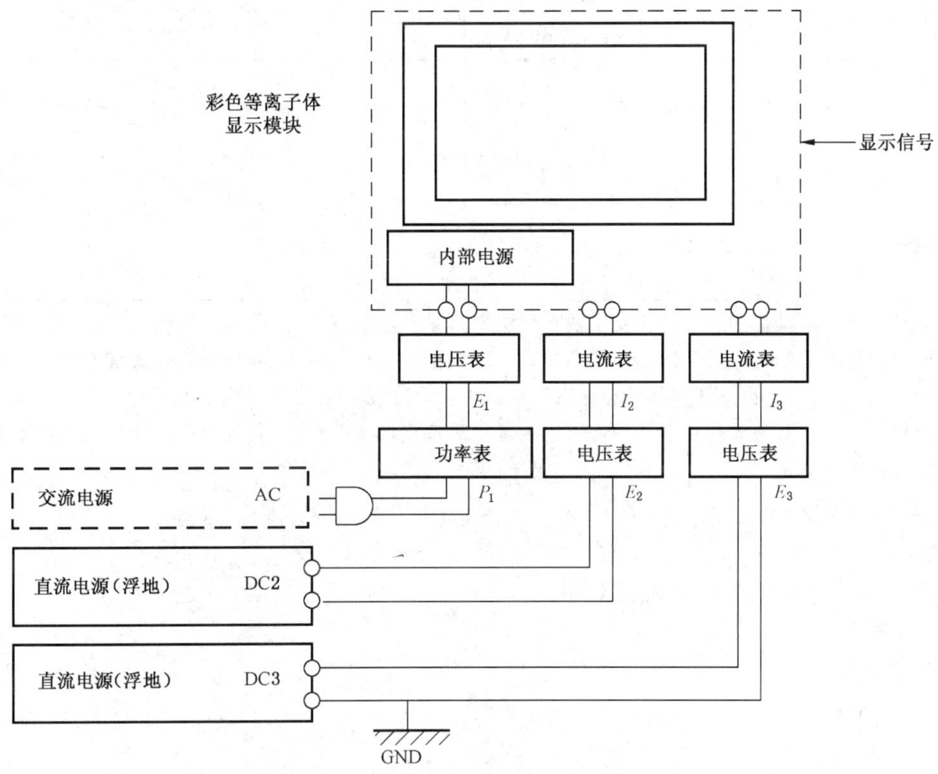

图5 功率和电流测量示例

各功率之和作为模块的总功耗。

加到每路电路的电压应为在相关规范中规定的标准电压。

a) 全屏显示白色的功率和电流和测量

将100%电平的白色输入信号加到彩色等离子体显示模块的所有单元以获得全屏白显示。测量应在电流和电压稳定后进行。

b) 全屏显示黑屏的功率和电流的测量

将0%电平的黑色输入信号加到彩色等离子体显示模块的所有单元以获得全屏黑显示。测量应在电流和电压稳定后进行。

c) 最大功耗和电流的测量

若由于模块设计方面的原因,导致功耗最大的显示信号不同于上述提到的全屏白显示,则应在使得模块达到最大功耗的条件下进行测量。导致功耗最大的条件以及测量方法应在相应的规范中规定。

表1 功耗和电流测量示例(对包含AC输入的模块)

全屏白显示时测得的功率和电流					
序号	电源	电压/V	电流/A	功率/W	备注
1	内部电源供应: 100 V (AC系统)	112.5	—	P_1	50 Hz
2	5 V (DC系统)	5.10	3.13	P_2(5.10×3.13)	信号处理等
3	…	E_3	I_3	P_3(E_3×I_3)	…
…	…	…	…	…	…
总计	总功耗:P_m	—	—	$P_1+P_2+P_3+\cdots+$	

表2 功耗和电流测量示例(对只含DC输入的模块)

全屏白显示时测得的功率和电流					
序号	电源	电压/V	电流/A	功率/W	备注
1	160 V系统	161	1.53	P_1(161×1.53)	维持
2	70 V系统	71.0	1.13	P_2(71.0×1.13)	选址,浮地
3	40 V系统	E_3	I_3	P_3(E_3×I_3)	选址偏置
…	…	…	…	…	…
总计	总功耗:P_m	—	—	$P_1+P_2+P_3+\cdots+$	

注:彩色等离子体显示模块的最大功耗受模块功率极限以及保护电路等的设计而变化。因此,在功率最大条件下显示的图像也会有变化。通常彩色等离子体显示模块都有这样的电路,即当一固定图像被显示时,显示的亮度会渐渐降低,同样功耗也逐渐在降低。这意味着最大功率损耗不能在极为稳定条件下获得。因而,对一特定的设计模块应在导致其最大功耗的条件下进行测量。对特定模块的情况,其最佳测量方法以及整套的测量条件,应在相关规范中规定。

6.3 发光效率的测量方法

6.3.1 目的

测量彩色等离子体显示模块的发光效率。

6.3.2 测量设备

使用下列设备:

a) 驱动电源;

b) 驱动信号设备;

c) 亮度计;

d) 直流电流表;

e) 直流电压表;

f) 交流功率表;

g) 交流电压表。

当某些或全部电源做到模块内部并供交流电时使用上列所注明 f)和 g)交流测量设备。当所有供给模块的电源都是直流时,仅需进行直流测量。

6.3.3 测量方法

a) 测量条件

等离子体显示模块显示屏幕表面应无任何滤光片。若显示屏已含内置滤色膜,则应交待清楚。

等离子体显示模块应放置在如 5.2.1 所述的暗室条件下。测量系统及其布局如图 1 所示。加 100%电平的白色输入信号到彩色等离子体显示模块所有单元。测量应在模块的自动功率控制(APC)使得功耗和亮度稳定后再进行。

b) 亮度和色度的测量点

应采用 5 点或 9 点法测量亮度。若采用 5 点法,则按如图 6 所示的在显示屏幕上 P_0 到 P_4 点进行测量。若采用 9 点法,测量在 P_0 到 P_8 点上进行。

色度的测量只在 P_0 点进行并记录色度值 $C_0(x_0, y_0)$。

公式(3)、(4)给出平均亮度,其中在 P_i 点的亮度是 L_i,i 为 0 到 4 或者 0 到 8。

对 5 点测量:

$$L_{av} = (L_0 + L_1 + L_2 + L_3 + L_4)/5 \quad \cdots\cdots (3)$$

对 9 点测量:

$$L_{av} = (L_0 + L_1 + L_2 + L_3 + L_4 + L_5 + L_6 + L_7 + L_8)/9 \quad \cdots\cdots (4)$$

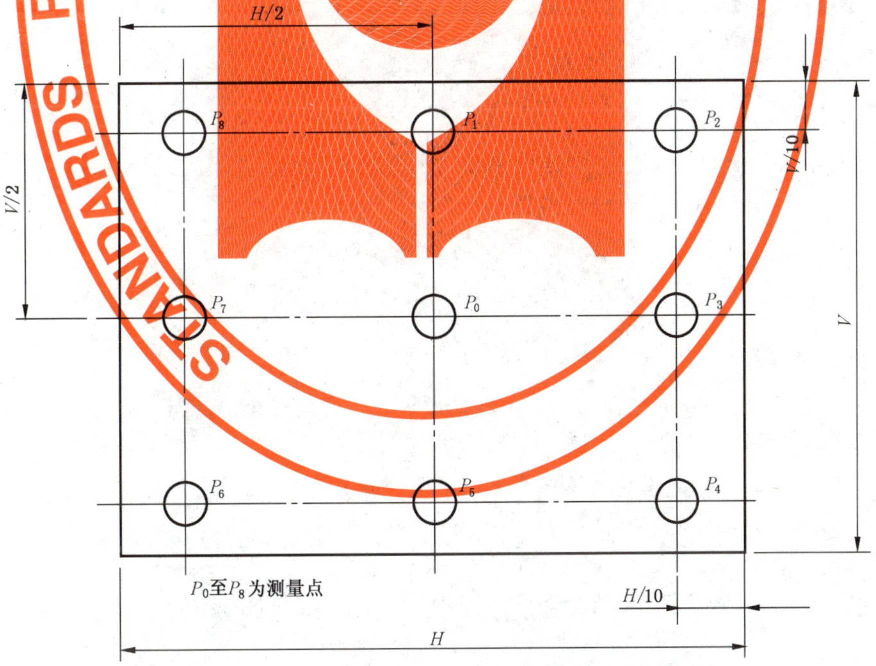

图 6 测量点

c) 功耗的测量

如图 5 所示例,既测量交流电源供给模块内部电源的功率又测外部供给模块的直流功率。对每一电源,记录测量电压、电流、功率以及其应用目的(见表 1 示例)。从外部电源供给模块的功率之和为模块的总功耗。加到每块电路上的电压应为相关规格书上标定的标准电压。

d） 发光效率的计算

用式(5)可计算模块的发光效率：

$$\eta_m = \pi S L_{av} / P_m (\mathrm{lm/W}) \qquad \cdots\cdots\cdots\cdots(5)$$

式中：

L_{av}——全屏无滤色膜的平均亮度($\mathrm{cd/m^2}$)；

S——屏幕面积($\mathrm{m^2}$)；

P_m——功耗(W)。

e） 测量记录

测量报告应包含下列条款：

1） 在模块发光效率测试过程中的亮度和色度；

2） 在模块发光效率测量过程中每组电源的功耗。

ICS 67.200.20
X 14

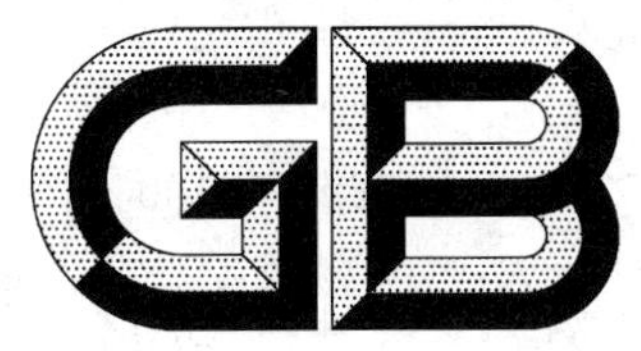

中华人民共和国国家标准

GB/T 22182—2008/ISO 10519:1997

油菜籽叶绿素含量测定
分光光度计法

Rapeseed—Determination of chlorophyll content—Spectrometric method

(ISO 10519:1997,IDT)

2008-07-16 发布　　2008-11-01 实施

中华人民共和国国家质量监督检验检疫总局
中国国家标准化管理委员会　发布

前　言

本标准等同采用 ISO 10519:1997《油菜籽——叶绿素含量测定——分光光度计法》(英文版)。

为便于使用,本标准做了下列编辑性修改:

a) “本国际标准”一词改为“本标准”;

b) 用小数点“.”代替作为小数点的逗号“,”;

c) 删除了国际标准的前言;

d) 用 GB 5491《粮食、油料检验　扦样、分样法》代替 ISO 542:1990《Oilseeds—Sampling》;

e) 用 GB/T 14489.1《油料水分及挥发物含量测定法》代替 ISO 665:1977《Oilseeds—Determination of moisture and volatile matter content》。

本标准的附录 A 为资料性附录。

本标准由国家粮食局提出。

本标准由全国粮油标准化技术委员会归口。

本标准起草单位:国家粮食局科学研究院、国家粮食储备局西安油脂研究设计院、深圳南顺油脂有限公司。

本标准起草人:薛雅琳、田淑梅、刘建涛、赵银宁。

油菜籽叶绿素含量测定
分光光度计法

1 范围

本标准规定了用分光光度计法测定油菜籽中叶绿素含量的方法。

本方法不适用于油脂中叶绿素含量的测定。

2 规范性引用文件

下列文件中的条款通过本标准的引用而成为本标准的条款。凡是注日期的引用文件，其随后所有的修改单(不包括勘误的内容)或修订版均不适用于本标准，然而，鼓励使用本标准的各方研究是否可使用这些文件的最新版本。凡是不注日期的引用文件，其最新版本适用于本标准。

GB 5491 粮食、油料检验 扦样、分样法

GB/T 14489.1 油料水分及挥发物含量测定法(GB/T 14489.1—1993,eqv ISO 665:1977)

ISO 648:1977 实验室用玻璃仪器—单标线移液管

ISO 664:1990 油料—试样制备

3 术语和定义

下列术语和定义适用于本标准。

3.1

叶绿素含量 chlorophyll content

在本标准规定的操作条件下，在波长 665 nm 附近，样品中能产生吸收带的物质的质量分数即为叶绿素 A 的含量(以 mg/kg 表示)。

4 原理

在适当的设备中，以规定的萃取液萃取样品，用分光光度计测定样品萃取溶液的吸光度来确定叶绿素的含量。

5 试剂

除特殊情况外，所用试剂均为分析纯。

5.1 萃取溶液

取 100 mL 无水乙醇于 500 mL 烧杯中，再加入 300 mL 无水异辛烷(即 2,2,5-三甲基戊烷)或无水正庚烷或无水石油醚(基本成分为 C_7 烃类，沸程 90 ℃～100 ℃)。

6 仪器

实验室常规仪器，尤其是下列仪器：

6.1 分析天平：感量 0.001 g。

6.2 机械研磨机：刀片型，或咖啡磨，或相近的设备。

6.3 微型机械研磨机：带有安全塞、不锈钢球(直径 16 mm)的 50 mL 不锈钢筒(见图 1)和使钢筒作水

平运动的设备,其频率为 240 次/min,水平振幅为 3.5 cm。或 Dangoumau 球磨机[1)]。

单位为毫米

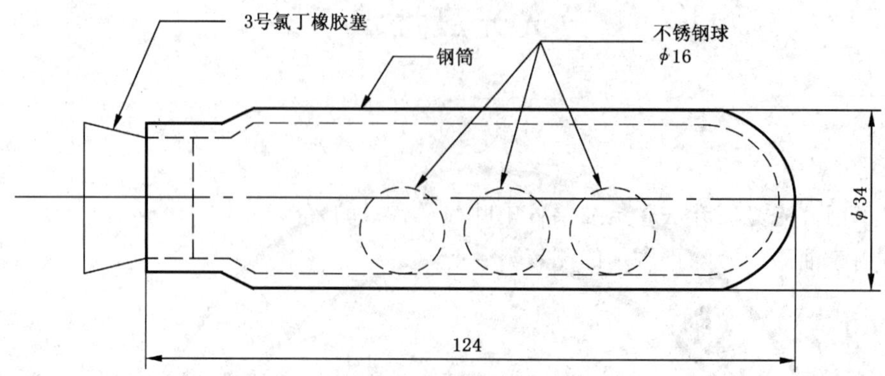

图 1　微型机械研磨筒

6.4　滤纸:中速,折叠成 V 字漏斗形。

6.5　分光光度计(最好是波长扫描型的):测定范围 600 nm～700 nm,谱带宽 2 nm。

6.6　比色皿:光径至少 1 cm。

6.7　移液管:容量 30 mL,符合 ISO 648 规定的 A 级要求。或者误差小于 1%的 30 mL 加液器。

6.8　具塞试管:20 mL。

7　扦样

本标准不规定扦样方法,推荐采用 GB 5491 规定的方法。

实验样品应具有代表性,且在运输和储存过程中无损坏和变质。

8　试样制备

按照 ISO 664 规定从样品中拣出杂质后制备试样。

当油料水分高于 10%(质量分数)时,在不破坏叶绿素的条件下 45 ℃烘 12 h,使水分降至不高于 10%(质量分数)。

取 50 g 样品,在机械研磨机(6.2)中进行研磨,得到均匀一致的粉末。若用咖啡磨等小型研磨机,分多次研磨,每次 10 g,彻底混匀样品。

9　步骤

9.1　称样

称取试样(第 8 章)2 g,精确到 0.001 g,放入不锈钢筒或 Dangoumau 球磨机的萃取容器(6.3)中。

9.2　萃取

9.2.1　用移液管(6.7)向钢筒或容器中加 30 mL 萃取溶液(5.1)。如使用钢筒时,向钢筒内加三个不锈钢球,振荡 1 h;如使用 Dangoumau 球磨机时,向容器中至少加 4 个中等大小的钢球,萃取 20 min。

9.2.2　萃取溶液澄清 10 min,用滤纸(6.4)将上清液过滤到具塞试管(6.8)中,滤液量应能装满比色皿(6.6),立即将试管塞上以尽量减少蒸发。

注:萃取液分层时,表明样品水分过高[样品水分不应高于 10%(质量分数)],或者是溶剂中水分过高(应是无水的)。

---

1)　Dangoumau 球磨机是一个适当的设备的例子,给出此信息是为了方便使用者应用本标准,而不是指定使用这种设备。

9.3 测定

将滤液倒入比色皿(6.6)中,用分光光度计(6.5)分别测定 665 nm、705 nm 和 625 nm 处的吸光度(705 nm 和 625 nm 处的吸光度用来校准基准线)。

10 结果表示

叶绿素含量 c,以每千克样品含有的毫克数(mg/kg)表示,按式(1)计算:

$$c = \frac{k \times A_{corr} \times V}{m \times l} \quad \cdots\cdots(1)$$

式中:

k——常数,等于 13;

A_{corr}——修正吸光度,等于 $A_{665}-(A_{705}+A_{625})/2$;

A_{665}——在 665 nm 处的吸光度;

A_{705}——在 705 nm 处的吸光度;

A_{625}——在 625 nm 处的吸光度;

V——加入钢筒或容器(9.2.1)中的萃取液体积,单位为毫升(mL);

m——试样的质量,单位为克(g);

l——比色皿的光径,单位为毫米(mm)。

用于基表示叶绿素含量时,按照 GB/T 14489.1 测定样品水分含量。

11 精确度

附录 A 汇集了关于本方法的精密度的联合实验室试验数据。对于其他的浓度范围和测试对象来说,这些试验数据可能是不适用的。

11.1 重复性

在很短的时间间隔内,由同一操作者、采用相同的测试方法、对于同一份被测样品、在同一实验室、使用相同的仪器、获得两个独立的测定结果。这两个独立测定结果的绝对差值不应大于这两个独立测定结果算术平均值的 10%。

11.2 再现性

由不同的操作者、采用相同的测试方法、对于同一份被测样品、在不同的实验室、使用不同的仪器、获得两个独立的测定结果。这两个独立测定结果的绝对差值不应大于这两个独立测定结果算术平均值的 20%。

12 实验报告

实验报告应说明:

——扦样方法;

——采用的检验方法;

——获得的测定结果;

——如检验了重复性,列出重复性结果。

实验报告应包括所有在本标准中未规定或视为任选的操作细节,以及其他可能已经影响了测定结果的所有事件。

实验报告还应包括完全识别样品所需要的所有信息。

附 录 A
（资料性附录）
联合实验室测试结果

按照 ISO 5725[2)]，由 16 个实验室进行了国际间联合测试。得出的重复性和再现性实验数据见表 A.1。

表 A.1 测试结果汇总

参　　数	样　　品[a]									
	A	B	C	D	E	F	H	I	J	平均
参加测试的实验室数目	16	16	16	16	16	16	16	16	16	
被排除的实验室数目[b]	1	1	1	1	1	1	1	1	4	
平均值 /(mg/kg)	25.80	31	40.4	49.8	75.5	82.9	10.5	20.4	31.2	
重复性标准偏差 S_r/(mg/kg)	1.13	1.47	1.45	1.75	2.74	2.99	0.49	0.68	0.99	
再现性标准偏差 S_R/(mg/kg)	1.93	2.15	3.02	3.44	4.9	5.68	1.02	1.63	2.19	
重复性变异系数/%	4.39	4.76	3.59	3.52	3.62	3.61	4.66	3.35	3.16	3.85
再现性变异系数/%	7.47	6.94	7.49	6.91	6.47	6.85	9.79	8	7.04	7.44
重复性限(r)/(mg/kg)	3.17	4.13	4.06	4.9	7.68	8.38	1.38	1.93	2.97	
再现性限(R)/(mg/kg)	5.39	6.03	8.47	9.63	13.71	15.9	2.89	4.61	6.21	
重复性(r)/%	12.3	13.3	10.1	9.9	10.1	10.1	13.1	9.5	8.9	10.81
再现性(R)/%	20.9	19.4	21	19.3	18.1	19.2	27.5	22.5	19.9	20.88

a 样品 A～E 是 1992 年的分析结果；样品 F～H 是 1990 年的分析结果。

A——25 mg/kg 叶绿素；

B——30 mg/kg 叶绿素；

C——40 mg/kg 叶绿素；

D——50 mg/kg 叶绿素；

E——75 mg/kg 叶绿素；

F——80 mg/kg 叶绿素；

H——10 mg/kg 叶绿素；

I——20 mg/kg 叶绿素；

J——30 mg/kg 叶绿素。

b 因为实验失败，每组实验中有 1 个实验室被排除在外。对于样品 J 来说，多了 3 个被排除在外的实验室，是因为其中双实验之差大于 3 mg/kg。

2) ISO 5725:1986《测定方法的精确度——采用联合实验室测试确定标准测定方法的重复性和再现性》(用 1994 年版替代)，用于评价精确度数据。

参 考 文 献

[1] ISO 542:1990 Oilseeds—Sampling.

[2] ISO 5725-1:1994 Accuracy(trueness and precision)of measurement methods and results—Part 1:General principles and definitions.

ICS 17.040.30
N 50

中华人民共和国国家标准

GB/T 22183—2008/ISO 5223:1995

谷物检验筛

Test sieves for cereals

(ISO 5223:1995,IDT)

2008-07-16 发布 2008-11-01 实施

中华人民共和国国家质量监督检验检疫总局
中国国家标准化管理委员会 发布

前　言

本标准等同采用 ISO 5223:1995《谷物检验筛》及其修正案 Amd 1:1999。

为便于使用，本标准做了下列编辑性修改：

——“本国际标准”一词改为“本标准”；

——用小数点“.”代替作为小数点的“,”；

——删除国际标准的前言。

本标准由国家粮食局提出。

本标准由全国粮油标准化技术委员会归口。

本标准起草单位：国家粮食局标准质量中心、中粮集团武汉科学研究设计院。

本标准主要起草人：谢华民、李美琴、谢健。

引　言

杂质的存在影响谷物的商业价值。人们通过各种分离过程来测定样品中杂质的量,其中一种重要的分离方法是检验筛分。

检验筛分的程序可以由商业惯例、合同或官方的规则来确定,精确度较低。尽管其他特征也影响测定结果,通常仅规定检验筛孔的直径或宽度,对于其他特征则不做规定。

谷 物 检 验 筛

1 范围

本标准规定了谷物检验筛的要求。谷物检验筛在实验室使用，用于检出谷物样品中的杂质和穿过下列规格检验筛的物质。

a) 长圆孔检验筛

1.00 mm×20.0 mm

1.50 mm×20.0 mm

1.60 mm×20.0 mm

1.70 mm×20.0 mm

1.80 mm×20.0 mm

1.90 mm×20.0 mm

2.00 mm×20.0 mm

2.20 mm×20.0 mm

2.25 mm×20.0 mm

2.50 mm×20.0 mm

2.80 mm×20.0 mm

3.50 mm×20.0 mm

3.55 mm×20.0 mm

b) 圆孔检验筛

直径 1.40 mm

直径 1.80 mm

直径 4.50 mm

上述 a)中所列长圆孔检验筛主要用于从黑麦、小黑麦、杜伦麦、普通小麦和大麦中分离“皱缩粒”。这不包括孔径 1.50 mm 和 1.60 mm 的检验筛，这两种检验筛通常用于大米分级。同时也不包括孔径 2.50 mm 和 2.80 mm 的检验筛，这两种检验筛通常用于检验发芽大麦。

孔径 1.40 mm 的圆孔筛被用来分离大米中的碎屑(小碎米)。孔径 1.80 mm 的圆孔筛适用于高粱。孔径 4.50 mm 的圆孔筛用于从玉米中分离破碎粒。

2 规范性引用文件

下列文件中的条款通过本标准的引用而成为本标准的条款。凡是注日期的引用文件，其随后所有的修改单(不包括勘误的内容)或修订版均不适用于本标准，然而，鼓励根据本标准达成协议的各方研究是否可使用这些文件的最新版本。凡是不注日期的引用文件，其最新版本适用于本标准。

ISO 2395:1990 检验筛和检验筛理——术语

ISO 3310-2:1990 检验筛——技术要求和检验——第 2 部分:冲孔金属筛面检验筛

3 术语和定义

ISO 2395 所规定的术语和定义适用于本标准。

4 要求

4.1 一般要求

检验筛应全部由金属制造，应配有上盖和筛底，并且上盖、筛底与筛格应使用同一种金属制成。

对于长圆孔筛，可以使用一层或多层检验筛进行检验筛分；对于多层检验筛，可由不同标准规格孔径的筛子根据需要组成一套检验筛。

4.2 筛面

筛面应由不锈钢、低碳钢或其他合适的材料[1)]组成。筛面通过焊接或其他连接方式附着在筛框上，不应与筛框分开。在一项分析中，所用的检验筛推荐使用同一类型的筛面。

筛面上的筛孔应光滑，应将冲孔正面安装为筛面正面。

4.2.1 长圆孔检验筛

检验筛的参数见表1。

表1 长圆孔检验筛和线状孔检验筛的参数

单位为毫米

孔的尺寸				间距[a]					板厚
宽度 W_1	宽度允差 $\pm\Delta W_1$	长度 W_2	长度允差 $\pm\Delta W_2$	P_1	正常允差 $\pm\Delta P_1$	减少允差 $\pm\Delta P_1$	P_2	允差 $\pm\Delta P_2$	
1.00	0.03	20.0	0.2	3.0	0.20	0.10	25.0	0.5	0.5～0.6
1.50	0.04	20.0	0.2	4.0	0.24	0.12	25.0	0.5	0.8～0.9
1.60	0.04	20.0	0.2	4.0	0.24	0.12	25.0	0.5	0.8～0.9
1.70	0.04	20.0	0.2	4.0	0.24	0.12	25.0	0.5	0.8～0.9
1.80	0.04	20.0	0.2	4.2	0.24	0.12	25.0	0.5	0.8～0.9
1.90	0.04	20.0	0.2	4.3	0.24	0.12	25.0	0.5	0.8～0.9
2.00	0.04	20.0	0.2	4.5	0.26	0.13	25.0	0.5	0.8～0.9
2.20	0.05	20.0	0.2	4.9	0.26	0.13	25.0	0.5	0.8～0.9
2.25	0.05	20.0	0.2	4.9	0.26	0.13	25.0	0.5	0.8～0.9
2.50	0.05	20.0	0.2	4.9	0.26	0.13	25.0	0.5	0.8～0.9
2.80	0.05	20.0	0.2	4.9	0.26	0.13	25.0	0.5	0.8～0.9
3.50	0.06	20.0	0.2	6.8	0.34	0.17	25.0	0.5	0.8～0.9
3.55	0.06	20.0	0.2	6.8	0.34	0.17	25.0	0.5	0.8～0.9

a 见图1。

1) 详细资料请见 ISO 683-13:1986《可热处理钢、合金钢、易切削钢——第13部分：锻不锈钢》。

筛孔排列见图 1。

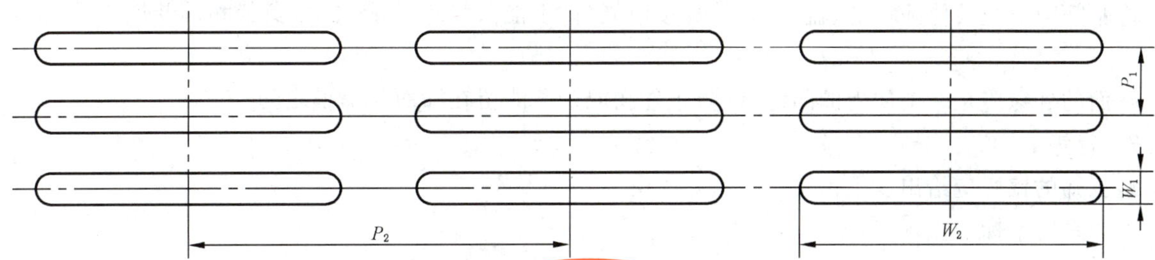

图 1　长圆孔检验筛的筛孔——线状排列

在筛面与筛框的连接处不得有不完整孔。

4.2.2　圆孔检验筛

除了本标准的规定之外，圆孔检验筛应符合 ISO 3310-2 的要求，还应符合以下参数要求：

——筛孔的标称直径（W）：1.40 mm；

——筛孔允差：±0.08 mm；

——孔距（中心距）（P）：标称值 2.6 mm；最大 3.0 mm；最小 2.2 mm。

或者

——筛孔的标称直径（W）：4.50 mm；

——筛孔允差：±0.14 mm；

——孔距（中心距）（P）：标称值 6.3 mm；最大 7.2 mm；最小 5.3 mm。

筛孔应如图 2 所示交错排列。

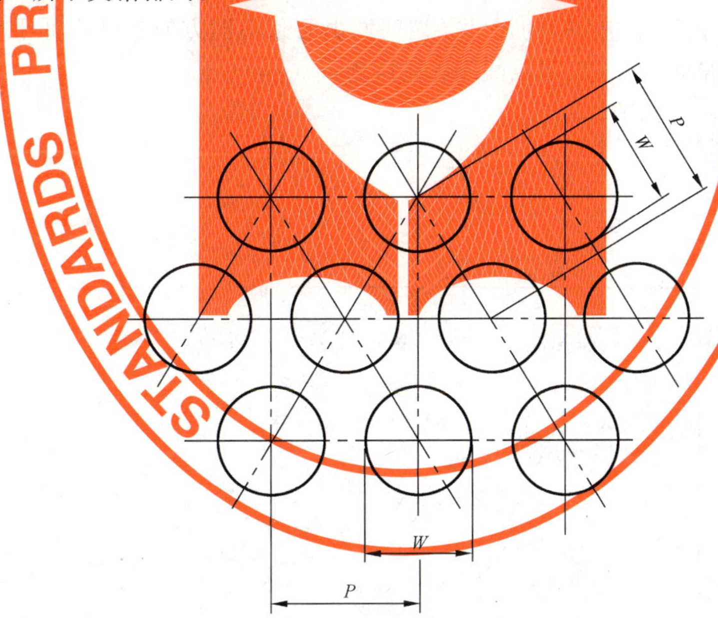

注：孔的中心位于等边三角形的顶端。

图 2　圆孔检验筛的筛孔——交错排列

4.3　筛框

4.3.1　形状和尺寸

检验筛的筛框应为圆形，内径为 200 mm±1.0 mm，深度（即两个相邻筛面的距离或筛面与上盖或筛底间的距离）在 25 mm 至 55 mm 之间 。筛框深度在 25 mm 至 35 mm 之间的检验筛通常被用作人工筛理。

4.3.2 检验筛筛框和上盖及筛底的结构

检验筛筛框与其他筛框、上盖、筛底的套接应光滑，不能太松也不能太紧，安装和拆开应不费力，表面应光滑。

筛面的外缘应是一个向上的凸缘，以防止谷物或杂质滞留在筛面与筛框之间。

4.3.3 标识

检验筛的铭牌应给出以下信息：

a） 采用本标准；

b） 规格和货号；

c） 筛孔的尺寸；

d） 对本检验筛负责的公司(制造商或供货商)的名称。

标识内容字体应清晰醒目，至少高 5 mm，位于铭牌的左侧。

如果检验筛已经被某官方机构检验过，应在筛框(标牌或标识)上注明该机构的名称或其缩写的大写字母。

5 检验报告

检验报告应记录测量得到的所有数据、检验筛的编号和其他与出具检验报告有关的信息。

6 验证

使用最小放大倍率为 50 的横截面投影仪测量筛孔。

6.1 检验筛孔尺寸

可在筛面上任选一个区域检查筛孔的尺寸。该区域由两条不同方向长度不低于 10 cm 的直线组成，每个方向至少应包括五个筛孔。两条直线的夹角应为：

——长圆孔：90°(见图 3)；

——圆孔：60°(见图 3)。

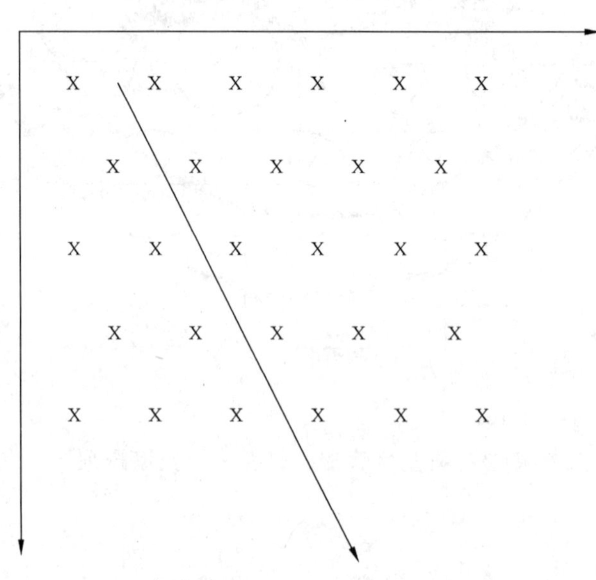

图 3 筛孔尺寸检查

如果有一个孔超过了允差(见表1),筛子就应为不合格品。

6.2 检验筛孔间距

可在6.1规定的相同条件下同时检查筛孔的间距,筛孔间距应符合表1和4.2.2规定的尺寸要求。

6.3 测量筛板厚度

测量筛板的厚度,以检查其是否符合表1的要求。

ICS 67.060
B 20

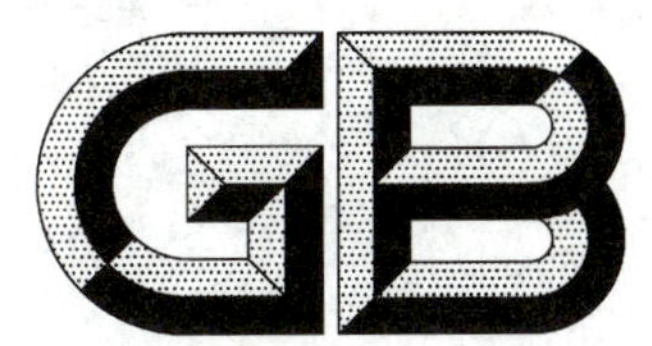

中华人民共和国国家标准

GB/T 22184—2008/ISO 4112:1990

谷物和豆类 散存粮食温度测定指南

Cereals and pulses—Guidance on measurement of the temperature of grain stored in bulk

(ISO 4112:1990,IDT)

2008-07-16 发布　　　　2008-11-01 实施

中华人民共和国国家质量监督检验检疫总局
中国国家标准化管理委员会　发布

前　言

本标准等同采用 ISO 4112:1990《谷物和豆类——散存粮食温度测定指南》(英文版)。

本标准做了下列编辑性修改:

——将"本国际标准"改为"本标准";

——将英文的小数点","改为"."。

本标准的附录 A 为资料性附录。

本标准由国家粮食局提出。

本标准由全国粮油标准化技术委员会归口。

本标准起草单位:河南工业大学、国家粮食局标准质量中心。

本标准主要起草人:吴存荣、谢华民、唐怀建。

引　言

大批量储存的粮食因其生理活动会产生热。热会使得粮食的温度升高，从而导致粮食的商业品质、工艺品质和食用品质发生不可逆的劣变。因此，必须随时监测储存粮食的温度变化并对发生过热的粮食立即采取通风和制冷等降温措施。

在散存粮食中，发热危害在初始阶段通常是局部的并仅影响少部分储粮。如不及时处理，将会向其他部分扩散。尽管只是局部粮食发热，其后果也是严重的。会导致整批粮食的降价处理甚至根本卖不出去。为了保持粮食品质并延长粮食的储存时间，经常检测粮食的温度是十分必要的。为达此目的，基于大量测温点的温度监测是一项适用技术。

对于正确地通风制冷来说，测温仪器也是必需的。在寒冷气候下，可以逐步地把粮温降到5 ℃～7 ℃。在0 ℃时，即便水分达到国际公认的最高限，粮食的生理活动也是很微弱的。

谷物和豆类
散存粮食温度测定指南

1 范围

本标准规定了立筒仓及其他粮仓中散存粮食温度测定的指导原则。

2 术语和定义

下列术语和定义适用于本标准。

2.1

粮食 grain

谷物和豆类的籽粒。

2.2

散存 bulk store

大量的粮食在仓库内以非包装形式储存。

3 原理

在散存的粮食中放置一系列温度探测器，以监测或监视温度的变化。

4 仪器

根据粮仓的大小和形状，选择适当的测温仪器(系统)和安装形式。常见的有：

——小粮仓使用的便携式仪器；

——平房仓使用的半固定式或可伸缩式仪器；

——立筒仓使用的固定式仪器。

测温仪器(系统)由以下部分组成：

4.1 温度探测器

通常由一根或多根硬管或电缆(4.1.1)与一个或多个温度感应装置(4.1.2)以及他们的外部导线组成，这些导线应套入硬管或电缆中。当探测器被埋在谷物堆里，其达到稳定的温度读数的时间不应超过3 min。

制做探测器的材料应能防熏蒸腐蚀并能防止鼠类的侵害。

用出仓机出粮的平房仓应配置可伸缩的温度探测器。

注1：立筒仓中悬吊的电缆应固定在仓底，以防止装卸时移位。

4.1.1 硬管或电缆包裹材料：由玻璃纤维、金属或其他合适材料制成的有合适长度和直径的管子。用于立筒仓的管子，应该具有一定的强度和刚性来抵抗粮食进仓、出仓时产生的很大的拉力和压力。

注2：作用于管子或电缆上的力随着其直径、埋放深度和粮食的装卸移动而变化，最高拉力可达50 kN以上。较小直径的管子可以减少固定点的张力并简化固定系统，较大直径的管子有较大的刚性，适用于较高的粮仓。

4.1.2 温度感应装置(热敏感元件)：包括一个热敏电阻或热电偶或阻抗温度计，或任何其他能测出0.5 ℃温度变化的电子温度感应装置，其工作范围应从70 ℃至当地环境的最低温度。

4.2 温度显示仪

可附带一个记录仪(参见附录A)。

4.3 温度计(用于通风仓)

设在仓库的通风口,测量流通空气的温度。

5 测定步骤

5.1 仪器位置的确定

由于粮食的导热性差,测量点应互相靠近,测量点之间的距离在任何方向均不应大于 3 m。如果由于经济或其他的原因,测量点之间的距离大于 3 m 时,应记录实际距离。对于平房仓,上层测量点应在粮面下 1 m～2 m。数个探测器或电缆应在粮食平面对称放置。

注 3:在高度较低的粮仓中,测量温度应在粮面下 0.3 m、地面上 0.5 m 和这两点之间布置测温点。

对于立筒仓,测量点应沿着探测器或紧靠仓壁、仓顶和仓底的电缆,纵向对称等距离布置。

在粮仓的对称轴上,也应设置一个探测器或一条电缆。

5.2 温度检测

5.2.1 检测周期

如果粮食的储存条件较差(高温和高水分),温度检测周期应较短,如每 24 h 一次;如果粮食的储存条件较好(干燥低温粮食),温度检测周期可以较长,如每周一次。

仓储管理负责人应根据储存粮种的特性、水分、季节和害虫侵蚀的程度等因素来决定温度检测的周期。

5.2.2 立筒仓的特殊要求

按以下步骤读取并记录各个测量点的温度。

在未通风时,测定一个初始温度读数,然后根据仓的高度通风 30 min～45 min,测定入口处流通空气的温度。

注 4:在此短暂的通风时间内,任何点的热空气向上层移动,都会使上层探测器受热升温。

通风之后测定第二个温度读数,修正获得的值,该值对计算流通空气温度是必要的。如果两次结果的差接近或超过 5 ℃,可以推测有热点存在,表明粮情处于不良状态。

应该采取有效预防措施(维修合同,足够的备件),确保上层探测器的故障时间不超过 24 h。

6 温度记录

温度记录应指明所用仪器、各个测量点的温度、测量温度的具体时间,还应包括本标准中未规定的运转状况或任何可能影响读数的环境因素。如果需要,还应包括储存粮食的特性。

附 录 A
（资料性附录）
温 度 显 示 仪

温度显示仪根据粮仓的规模不同而有差异。

在小型粮仓内，温度显示仪可以是一个标有刻度，能给出温度读数的电子测量装置，并与埋在粮堆测量点中的探测器相配套。

大型粮仓可使用控制柜。控制柜可以只包括读数显示屏和指示器，也可以是包括以下设备的复杂设备，如：

——模拟的或数字的指示器：用于人工或自动读数并记录温度；

——变化指示器：显示出温度相对于一个设定值的任何波动；

——预设控制器：温度升到预设值之上时，自动触发视觉或听觉报警信号并且指导合理地通风；

——粮仓内外的气候分析图和各种粮食储存信息的数据库；

——自动控温器：根据预设的程序（例如 6 h、12 h、24 h）对测量点进行温度测量，测量结果打印在纸上，并根据这些测量结果实现自动控温。

ICS 91.120.01
A 91

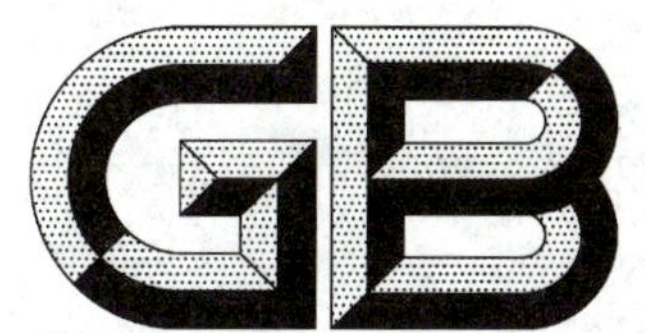

中华人民共和国国家标准

GB 22185—2008

体育场馆公共安全通用要求

General requirements of public safety and security for stadium and sports hall

2008-07-16 发布 2008-11-01 实施

中华人民共和国国家质量监督检验检疫总局
中国国家标准化管理委员会 发布

前　言

本标准的4.1.1.1、4.1.2.1、4.1.2.2、6.1.2、6.2.2.3、6.2.3.3、6.2.7.1、6.2.7.2、7.1.1、7.2.3、7.2.4、7.3.1、8.1.1、8.1.2为强制性的，其余为推荐性的。

本标准的附录A为规范性附录。

本标准由国家体育总局提出。

本标准由国家体育总局体育经济司归口。

本标准负责起草单位：国家体育总局体育设施建设和标准办公室。

本标准参加起草单位：华体集团有限公司、公安部第一研究所、北京华体联合科技有限公司、清华大学公共安全研究中心、第29届奥林匹克运动会组织委员会运动会服务部、中国足球协会。

本标准主要起草人：鲍世隆、濮容生、彭立业、袁宏永、陈国荣、刘海鹏、施巨岭、杨明辉、董聪、徐文海、王有民。

体育场馆公共安全通用要求

1 范围

本标准规定了体育场馆公共安全的基本要求、体育场馆及其内部部位目标的风险等级和相应防护措施，以及与安全防护有关的各子系统的基本要求。

本标准适用于新建、改建、扩建的体育场馆。

2 规范性引用文件

下列文件中的条款通过本标准的引用而成为本标准的条款。凡是注日期的引用文件，其随后所有的修改单(不包括勘误的内容)或修订版均不适用于本标准，然而，鼓励根据本标准达成协议的各方研究是否可使用这些文件的最新版本。凡是不注日期的引用文件，其最新版本适用于本标准。

GB/T 2887—2000 电子计算机场地通用规范

GB/T 9361—1988 计算机场地安全要求

GB 9664—1996 文化娱乐场所卫生标准

GB 9667—1996 游泳场所卫生标准

GB 9668—1996 体育馆卫生标准

GB 17945—2000 消防应急灯具

GB/T 18020—1999 信息技术 应用级防火墙安全技术要求

GB 19085—2003 商业、服务业经营场所传染性疾病预防措施

GB 50016—2006 建筑设计防火规范

GB 50034 建筑照明设计标准

GB 50057 建筑物防雷设计规范

GB 50084—2001 自动喷水灭火系统设计规范

GB 50116—1998 火灾自动报警系统设计规范

GB 50140—2005 建筑灭火器配置设计规范

GB 50198—1994 民用闭路监视电视系统工程技术规范

GB 50338—2003 固定消防炮灭火系统设计规范

GB 50343 建筑物电子信息系统防雷技术规范

GB 50348—2004 安全防范工程技术规范

GB 50394—2007 入侵报警系统工程设计规范

GB 50395—2007 视频安防监控系统工程设计规范

GB 50396—2007 出入口控制系统工程设计规范

GA/T 644—2006 电子巡查系统技术要求

JGJ 31—2003 体育建筑设计规范

3 术语和定义

GB 50016—2006、GB 17945—2000、GB 50116—1998、GB 50338—2003、GB 50348—2004、JGJ 31—2003 确立的及下列术语和定义适用于本标准。

3.1

体育场馆公共安全 public safety and security for stadium and sports hall

通过预防、控制、处理各种治安灾害事故和社会违法犯罪活动、突发性事件，从而使体育场馆中人

员、财产、信息尽可能处于没有危险、不受侵害、不出事故的状态。

3.2

体育场馆公共安全防护系统　protection system of public safety and security for stadium and sports hall

为保证体育场馆中人员、财产、信息的安全而设置的包括建筑物安全、消防、安防、疏散、信息安全、安全管理/应急指挥中心等组成的综合性防护设备和设施。

3.3

监控中心(室)　monitoring center (room)

具有对体育场馆各监控点进行集中监视,并有效控制、管理安全信息的功能,能够配合相关部门实施应急指挥的管理场所。

3.4

应急预案　emergency response plan

根据体育场馆的安全风险,为保证迅速、有序、正确、有效地开展应急与救援行动、降低事故损失而预先制定的有关计划或方案。

3.5

洁净气体灭火剂　clean gaseous-agent

具有良好电绝缘性、易挥发的或气态的灭火材料,其在挥发后不留残余物。

3.6

疏散指示标志　evacuation indicator sign

用于指示疏散方向和(或)位置、引导人员疏散的标识物,一般由疏散通道方向标志和/或疏散出口标志组成。

3.7

疏散导流标志　evacuation guiding strip

疏散指示标志的一种,能保持疏散人员视觉连续并引导人员通向疏散出口和安全出口的疏散指示标识物。

3.8

蓄光型消防安全疏散标志　light-cumulating fire evacuation indicator sign

通过光源照射,并在光源消失后仍能在规定时间内自发光的消防安全疏散标识物。

3.9

体育场馆突发公共事件应急平台　emergency response platform for stadium and sports hall

具备日常与应急情况下相关安全信息的获取、应急智能、以及应急指挥的功能,软硬件相结合的突发公共事件应急保障技术系统,是实施体育场馆突发公共事件应急预案的工具。

4　体育场馆公共安全的基本内容及公共安全防护系统的基本构成

4.1　公共安全的基本内容

4.1.1　选址

4.1.1.1　体育场馆选址应远离危险源。与污染源、高压输电线路及油库、化学品仓库、油气管线等易燃易爆物品场所之间的距离应符合有关规定,同时应防止洪涝、滑坡等自然灾害的严重后果,并注意体育设施使用时对周围环境的影响。

4.1.1.2　体育场馆选址应交通方便。根据体育场馆规模大小,至少应有一面或两面临接城市道路。道路应有足够的通行宽度,以保证疏散和交通。

4.1.2　建筑物设计

4.1.2.1　应考虑体育运动的特点(如足球)和观众情绪激动带来的危险(如共振引起的破坏);考虑体育

场馆的使用特点提高其安全度;考虑建筑物防雷和用电的具体要求;考虑建筑装修材料对安全的影响。

4.1.2.2 应采取必要的措施,如适当的分区隔离设施,以保障观众、运动员、裁判员、工作人员的人身安全,以及内部设施设备的安全。临时增加设施(包括看台、疏散等)的安全要求,对和观众直接接触的建筑构件(如栏杆)应经过结构验算,保证观众的安全。

4.1.3 运动场地

运动场地应符合 JGJ 31 和有关体育场地标准的要求。如:根据不同的运动项目,对场地使用的材料(阻燃、有毒有害物质剂量、放射性物质剂量等)、设施(牢固度、结构)、设备应按相关标准提出相应的技术要求。

4.1.4 工作地点(用房)

工作地点(用房)应符合 JGJ 31—2003 有关条款的要求。如:对用房的面积、位置、供电接口及通讯接口的位置、数量、规格等应根据使用目的提出具体要求。

4.1.5 卫生要求

体育场馆卫生要求应符合 GB 9664—1996、GB 9667—1996、GB 9668—1996、GB 19085—2003 等的有关规定。

4.2 公共安全防护系统的基本构成

体育场馆公共安全防护系统主要由建筑物安全系统、消防、安防、疏散、通讯和信息传输防护,以及与安全有关的其他系统、安全管理/应急指挥中心等构成。

5 体育场馆风险等级、防护级别及安全防护系统的配置

5.1 风险等级的划分

5.1.1 风险可分为单位风险、部位风险、目标风险。

5.1.2 单位风险等级应按体育场馆的规模及举办活动的级别、可能产生的危害程度等进行划分,由高到低分为三个级别:一级风险,二级风险,三级风险。具体见表 1。

表 1 体育场馆风险等级划分

风险等级	体育场馆规模	备 注
一级风险(单位)	a) 能容纳观众六万人以上(含六万人)的体育场; b) 能容纳观众六千人以上(含六千人)的体育馆; c) 能容纳观众三千人以上(含三千人)的游泳馆。	具备第二列条件,并在举办国家级或亚运会、奥运会、世界单项体育比赛及相应活动,或举办危险程度很大的体育比赛期间。
二级风险(单位)	a) 能容纳观众两万人以上(含两万人)不足六万人的体育场; b) 能容纳观众三千人以上(含三千人)不足六千人的体育馆; c) 能容纳观众一千五百人以上(含一千五百人)不足三千人的游泳馆。	具备第二列条件,并在举办省、直辖市级体育比赛或全国性、国际单项体育比赛及相应活动期间,或举办危险程度较大的体育比赛期间。
三级风险(单位)	a) 容纳观众两万人以下的体育场; b) 容纳观众三千人以下的体育馆; c) 容纳观众一千五百人以下的游泳馆。	具备第二列条件,并在举办县、市级地方性、群众性运动会或相应活动期间,或举办有一定危险程度的体育比赛期间。

5.1.3 体育场馆的部位(目标)风险等级可根据其重要性及可能产生的危害程度进行划分。

一级、二级风险单位的主席台(要人)、贵宾室(要人)、各系统用房、裁判员区、运动员区、竞赛管理区、新闻媒体区、供电设施、信息处理设备、封闭式体育馆的主进风口、要人避难区等要害部位(目标)为一级风险部位(目标);

一级、二级风险单位的备勤用房、观众席区、观众出入口、空调和供水设备等重点部位(目标)为二级风险部位(目标);

其他为三级风险部位(目标)。

5.2 防护级别

5.2.1 体育场馆防护级别的确定,应与风险等级相对应。也可根据体育赛事的重要程度和安全防护的需要,结合体育场馆的特殊需求、周边治安环境、公安机关应急能力等因素对防护级别进行高配,即对风险等级低的体育场馆配备高于其对应防护级别的防护措施。

5.2.2 体育场馆安全防护的级别由高到低分为三级:一级防护、二级防护、三级防护。一级风险单位或一级风险部位(目标)应采取一级防护措施;二级风险单位或二级风险部位(目标)应采取二级防护措施;三级风险单位或三级风险部位(目标)应采取三级防护措施。

5.2.3 体育场馆举行体育赛事外的多功能使用时,应满足相关使用时的安全要求。

5.2.4 防护级别与风险等级的对应关系见表2。

表2 防护级别与风险等级的对应关系

风险等级	防护级别	备注
一级风险	一级防护	防护设施可分为两部分:常备的和举行重要体育赛事或其他重要活动期间临时增设的防护设施。
二级风险	二级或一级防护	
三级风险	三级或二级防护	

5.3 各防护级别安全防护系统的配置

各防护级别应按要求配置安全防护系统,具体见表3。

表3 各防护级别安全防护系统的配置

防护系统名称	子系统名称	一级防护的配置		二级防护的配置		三级防护的配置	
		应设置	宜设置	应设置	宜设置	应设置	宜设置
管理系统	安全管理/应急指挥中心	√		√			√
消防系统	火灾自动报警	√		√		√	
	自动灭火	√		√			√
	消火栓及附属设施	√		√		√	
	紧急广播	√		√		√	
	其他消防设施	√		√		√	
安防系统	入侵报警	√		√		√	
	视频安防监控	√		√		√	
	停车库(场)及场馆道路智能管理	√		√			√
	实体防护设施	√		√		√	
	出入口控制		√		√		√
	电子巡查		√		√		
	防爆安全检查		√		√		
	声音复核		√		√		

表 3（续）

防护系统名称	子系统名称	一级防护的配置		二级防护的配置		三级防护的配置	
		应设置	宜设置	应设置	宜设置	应设置	宜设置
其他系统	疏散引导	√		√		√	
	有线和无线通讯	√		和/或		或	
	竞赛信息处理	√		√			
	防雷及接地	√		√		√	
	电子售检票		√		√		
注：配置项中的选项分为“应设置”、“宜设置”，其中打“√”的为应选项，对于三级防护配置中两选项为空白的，是自由选项，即可选其中之一或两项都不选。							

5.4　风险部位（目标）的防护

风险部位（目标）的防护应根据具体情况采用切实有效的防护措施，如：实体防护设施、技术防护系统、人力防护措施等；

一级风险部位（目标）应有两种或两种以上的防护措施，二级风险部位（目标）应有一种或一种以上的防护措施，三级风险部位（目标）可根据实际情况自行确定防护措施。

6　体育场馆公共安全防护系统的基本要求

6.1　消防安全系统

6.1.1　消防安全系统包括火灾自动报警子系统、自动灭火子系统、消火栓及附属设施、紧急广播子系统、防火封堵及其他消防设施。

6.1.2　消防安全系统的设计和建设除应符合现行国家消防法规及 GB 50016—2006 和 JGJ 31—2003 的要求外（见附录 A），还应符合以下要求：

a)　观众厅、比赛厅或训练厅等区域内各种墙体和楼板上的孔洞应做防火封堵处理，防火封堵处理系统墙体的耐火极限应不低于 3.0 h，楼板的耐火极限应不低于 1.5 h。

b)　比赛和训练建筑的照明控制室、声控室、配电室、发电机房、空调机房、重要库房、控制中心等部位，应采用耐火墙体、耐火楼板、耐火孔洞、耐火门窗和/或设自动水喷淋、自动气体等灭火系统作为防火保护措施。自动水喷淋灭火系统应符合 GB 50084—2001（2005 年版）的有关要求。

6.2　安全防范系统

6.2.1　体育场馆的安全防范系统应参照 GB 50348—2004 的有关要求。

6.2.2　入侵报警子系统包括入侵报警、紧急报警、周界报警。

6.2.2.1　体育场馆的奖牌仓库、枪械仓库等重要库房，贵宾室、财务室、灯控室、声控室、变配电机房、发电机房、大屏控制室等重点部位应安装入侵报警装置，并宜能与相应的照明、视频安防监控及声音复核等设备联动。有必要时，可设置现场声、光报警指示。

6.2.2.2　入侵报警装置应能准确、及时报告入侵异常事件，即应在向安防监控中心（室）值班人员发出声光报警信号的同时，清楚显示事件发生的部位、性质（抢劫、盗窃、故障等），准确记录报警时间、位置等信息，并能够详细查询、打印以上内容。

6.2.2.3　体育场馆的监控中心（室）等重要部位应安装紧急报警装置，并应预留能与公安 110 报警服务台联网的接口。紧急报警装置应安装在隐蔽位置，且便于操作和维修。

6.2.2.4　紧急报警线路上一般不宜挂接电话机、传真机或其他通讯设备。如挂接此类设备，系统应具有抢线发送报警信号功能。

6.2.2.5 对重点防护部位宜设置多种探测功能的报警设备,并宜有声音复核装置。

6.2.2.6 体育场馆的周界宜设置防止爬越的障碍物或周界报警装置。

6.2.2.7 系统主要技术指标及要求应符合 GB 50394—2007 的有关条款。

6.2.3 出入口控制子系统

6.2.3.1 体育场馆的金牌仓库、枪械仓库等重要库房,监控中心(室)、贵宾室、财务室、灯控室、声控室、配电室、发电机房等重点部位应装出入口控制装置,只允许授权人员在规定时间内进出并记录所有出入人员、出入时间等信息。

6.2.3.2 不同的出入口,应能设置不同的出入权限,包括出入时间权限、出入口权限、出入次数权限、出入方向权限、出入目标标识信息及载体权限等。

6.2.3.3 设置的控制点及控制不应与消防法规相抵触,应确保在发生火警紧急情况下不妨碍逃生并应开放紧急通道。

6.2.3.4 不设置公用码。授权人员应设置个人识别码,并设置定期更换个人识别码措施。

6.2.3.5 系统主要技术指标及要求应符合 GB 50396—2007 的有关条款。

6.2.4 视频安防监控子系统

6.2.4.1 体育场馆与外界相通的出入口应安装视频安防监控装置,能够监视出入体育场馆人员情况。回放图像应能清晰分辨出入人员的脸部及体貌特征。

6.2.4.2 体育场馆内外重要通道及部位应安装视频安防监控装置,应能实时监视、记录重要事件的全过程,回放图像应能清晰显示人员脸部特征。视频安防监控装置还应能够实时监视体育场馆内人员的活动情况,回放图像应能清晰辨别进出人员的体貌特征。

6.2.4.3 视频安防监控子系统宜采用数字录像设备。记录资料的保存期一般不应少于 7 d,有重要赛事时应对比赛期间的有关视频安防监控子系统的重要记录资料采用备份方式长期保存。

6.2.4.4 有条件的可设置人像识别功能,并可与防爆安检和视频安防监控子系统配合使用。

6.2.4.5 系统主要技术指标及要求可参照 GB 50198—1994 及 GB 50395—2007 的有关条款。

6.2.5 电子巡查子系统

6.2.5.1 体育场馆可设置离线式或在线式电子巡查子系统。

6.2.5.2 在线式电子巡查子系统可独立设置,或与在线式出入口控制子系统统一设置。

6.2.5.3 系统主要技术指标及要求可参照 GA/T 644—2006 的有关条款。

6.2.6 停车库(场)及场馆道路智能管理子系统

6.2.6.1 应根据建筑物的使用功能和安全技术防范管理的需要,对停车库(场)的车辆通行道口实施出入控制、监视、行车信号引导指示、停车管理及车辆防盗报警等子系统的综合设置。

6.2.6.2 宜采用先进的无线数据通讯技术、光电子显示技术、远程监控技术建立完善、有效的交通疏导管理子系统。

6.2.6.3 系统宜有较强的兼容性,宜能与出入口控制、电子巡查等其他安全防范子系统联网,方便实现一卡通管理或数据共享。

6.2.7 防爆安全检查子系统

6.2.7.1 应根据体育场馆的主要使用功能和安全技术防范管理的需要,在重要活动期间,对进入实施一级、二级防护的体育场馆主要入口应设置防爆安全检查设备,以防止易燃、易爆等危险品或其他违禁物品的进入。

6.2.7.2 防爆安全检查装置的设置不应影响消防及紧急疏散。

7 体育场馆中与安全防护有关的其他子系统的基本要求

7.1 有线/无线通讯子系统

7.1.1 一级、二级防护的体育场馆在举行赛事或活动期间,应设置为现场安全系统提供通信服务的专用有线和/或无线通信系统，保证安全防护系统各个工作点和安保人员的通信需要。

7.1.2 安全防护系统专用有线/无线通信子系统应具备数据、语音的传输能力，并和当地的公安、交通和赛事或活动组委会专电和专网连通。

7.1.3 应保证安全防护系统专用有线/无线通信子系统的安全、便捷、可靠、防泄密。

7.2 电子售检票子系统

7.2.1 系统应能通过对进出验票通道人员所持门票进行有效性验证，防止持非有效票观众的进入。

7.2.2 系统应为场馆举行赛事或活动时的人流实时监控提供有效的决策数据和资料。

7.2.3 系统应满足公安消防通道的要求，可通过网络，对每个通道实行远程控制，实施开启或关闭通道，在紧急告警时有应急开、关通道的功能。

7.2.4 系统应保证在场馆出现紧急事件(如火警)时，所有的进出通道的闸机能全部自动打开，形成无障碍通道，方便人员的疏散。

7.3 竞赛信息处理子系统

7.3.1 一级、二级防护级别的体育场馆应设置竞赛信息处理子系统。竞赛信息处理子系统应采用相应的计算机网络安全技术，保证竞赛信息在计算机网络上传输的安全性和可靠性，防止非法入侵。

7.3.2 系统应保证场馆内各系统的运行控制信息、举行赛事时的竞赛信息、以及场馆对外发布的公共信息的安全。

7.3.3 系统应保证场馆运行的各系统的中央控制主机可以防止非授权用户的非法登录，系统安全通过多级用户密码保证不同的用户有不同的授权。

7.3.4 系统安全要求可参照 GB/T 9361—1988 的有关条款。防火墙安全技术可参照 GB/T 18020—1999 的有关条款。

7.4 电源、防雷与接地子系统

7.4.1 建筑物防雷接地要求应符合 GB 50057 的规定。

7.4.2 电子信息系统防雷接地要求应符合 GB 50343 的规定。

7.4.3 具体要求可参照 GB 50348—2004 中 3.9 和 3.12 的有关规定。

8 疏散引导及标志子系统

8.1 疏散引导子系统

8.1.1 疏散引导子系统应能适应现代体育场馆规模性和复杂性的要求，疏散引导标志应在观众进场与出场时均能起到醒目引导作用。

8.1.2 观众席的安全出口上方和疏散走道出口、转折处应设疏散标志灯。疏散走道内应设疏散指示标志。疏散路线的疏散指示、导向标志灯、疏散标志灯，必须满足疏散时视觉连续的需要。

8.1.3 疏散引导子系统，包括标识，如：文字、颜色、图形、走道、楼梯、疏散门等的要求以及缓冲区的确定应符合 JGJ 31—2003 中 8.2 等有关条款的要求。

8.1.4 疏散引导子系统应与视频安防监控、紧急广播、应急照明、停车库(场)及场馆道路智能管理等子系统有机配合使用。

8.2 标志的设置

8.2.1 消防安全疏散标志应设在醒目位置，不应设置在经常被遮挡的位置，疏散出口、安全出口等疏散指示标志不应设置在可开启的门、窗扇上或其他可移动的物体上。

8.2.2 疏散走道上的消防安全疏散指示标志(不含设置在地面上的消防安全疏散指示标志或疏散导流带)宜设置在疏散走道及其转角处距地面高度 1.0 m 以下的墙面或地面上，且应符合下列要求：

a) 当设置在墙面上时，其间距不应大于 10 m；

b) 当设置在地面上时，其间距不应大于 5 m；

c) 当与疏散导流标志联合设置时，其底边应高于疏散导流标志上边缘 5 cm；

d) 当联合设置电光源型和蓄光型标志时，电光源型标志的间距应符合本标准 8.3.2 中 d)项的规定，蓄光型标志的间距应符合视觉连续的要求。

8.2.3 设置在顶棚下的疏散指示标志，应采用电光源型消防安全疏散指示标志，其下边缘距地面的高度不应小于 2 m，且不宜大于 2.5 m，间距不应大于 20 m，设置在地下的疏散标志间距不应大于 10 m。

疏散指示标志的正面或其邻近不宜有妨碍公众视读/视觉的障碍物，若无法避免时，应在障碍物上增设标记。

8.2.4 安全出口或疏散通道中的门窗应设置“禁止锁闭”标志，并宜设“推开”标志。室内疏散走道或室外通道的醒目处应设置“禁止阻塞”的标志。

8.3 标志要求

8.3.1 电源

当正常照明电源中断时，应能在 5 s 内自动切换成应急照明电源，且标志表面的最低平均照度和照度均匀度应符合 GB 50034 的要求。

8.3.2 消防安全疏散标志

体育场馆应设置消防安全疏散标志；并应在其安全出口上设置电光源型安全出口标志。设置电光源型消防安全疏散标志时，应符合下列要求：

a) 电光源型消防安全疏散标志应采用不间断电源供电，并宜采用相对集中的供电方式(可按楼层、防火分区等划分供电区域)，当数量较少，布置分散时可采用自带电源供电；

b) 大型、中型体育场馆每层建筑面积大于 3 000 m^2 的区域及地下建筑，应急电源的连续供电时间不应小于 30 min；

c) 标志表面的平均亮度宜为 17 cd/m^2～34 cd/m^2，最大亮度与最小亮度之比不应大于 5∶1，但任何小区域内的亮度不应大于 300 cd/m^2 且不应小于 15 cd/m^2。

d) 设置间距不应大于 20 m，地下不应大于 10 m。

8.3.3 蓄光型消防安全疏散标志

设置蓄光型消防安全疏散标志时，应符合下列要求：

a) 设置场所和部位的正常电光或日光照度，对于荧光灯，不应低于 25 lx；对于白炽灯，不应低于 40 lx；

b) 消防安全疏散标志表面的最低照度不应小于 5 lx；

c) 应满足正常电源中断 30 min 后其表面任一发光面积的亮度不小于 0.1 cd/m^2。

8.3.4 消防安全疏散标志的尺寸

消防安全疏散标志的尺寸应与疏散人员的观察距离相适应，并应符合表 4 的规定。

表 4 消防安全疏散标志最小尺寸

单位为米

观察距离 L	正方形标志的边长或长方形标志的短边	圆环标志的内径	三角形标志的内边
$L \leqslant 2.5$	0.063	0.070	0.088
$2.5 < L \leqslant 4.0$	0.100	0.110	0.140
$4.0 < L \leqslant 6.3$	0.160	0.175	0.220
$6.3 < L \leqslant 10.0$	0.250	0.280	0.350
$10.0 < L \leqslant 16.0$	0.400	0.450	0.560
$16.0 < L \leqslant 25.0$	0.630	0.700	0.880
$L > 25.0$	1.000	1.110	1.400

注：观察距离是从最远疏散点至最近标志的距离。

8.3.5 导流标志

体育场馆的疏散走道为长度超过 20 m 的内走道时，除应设置疏散指示标志外，还应设置疏散导流标志。在疏散走道或主要疏散路线的墙面或地面上设置的疏散导流标志，应符合下列要求：

a) 设置在地面上时，宜沿疏散走道或主要疏散路线的中心线布置；

b) 设置在墙上时，其中心线距地面高度不应大于 50 cm；

c) 疏散导流标志宜连续布置，标志的宽度不宜小于 8 cm，长度不宜小于 30 cm；

d) 当间断布置时，蓄光型疏散导流标志间距不应超过 1 m；电光源型疏散导流标志间距不宜大于 2 m，不应超过 3 m；

e) 当疏散导流标志遇到的门不是疏散出口或安全出口时，宜在该处的地面连续指示。

8.4 其他要求

体育场馆的疏散与交通应符合 JGJ 31—2003 的有关规定。疏散引导系统应与视频安防监控、紧急广播、应急照明、停车库(场)安全管理等子系统有机配合使用。

9 安全管理/应急指挥中心

9.1 设置

安全管理/应急指挥中心是体育场馆日常安全管理以及处理突发公共事件的管理与指挥中心。

一级、二级风险单位应设置安全管理/应急指挥中心，中心应具备处理突发公共事件的能力。并应设置体育场馆突发公共事件应急平台及监控中心(室)。

9.2 应急预案

应根据国家有关法律法规、规章并结合体育场馆的实际情况编制应急预案。

9.3 信息获取子系统

信息获取子系统的信息来源于安全防范系统、消防系统和其他系统的状态数据、监测监控数据以及报警数据。

9.4 应急智能子系统

应急智能子系统是突发公共事件预测模拟和辅助决策的核心部分，具备灾害事故发展过程的模拟预测、危险性分析和评估、预警分级以及在此基础上进行预案优化、指挥决策、处置建议等。

应急智能子系统主要包括数据库系统、模型库系统、预案库系统和决策技术库系统。应急智能系统是以数据库为基础的数据、模型软件、预案、决策软件的集合。

9.5 应急指挥子系统

应急指挥子系统通过紧急广播、有线无线通讯和电视监控以及疏散引导及标志子系统实施人员疏散的指挥与管理，组织实施救援方案，对外发布事故预警、事故处置状态等信息。

9.6 其他要求

9.6.1 安全管理与应急指挥中心应设在安全和远离强磁场的部位。

9.6.2 安全管理与应急指挥中心入口应安装防盗安全门和可视/对讲装置。对窗及通风口也应采取防护措施。

9.6.3 安全管理与应急指挥中心内应安装视频安防监控装置，对值勤人员的活动情况进行记录。

9.6.4 安全管理与应急指挥中心内应安装安全管理子系统，并应配备有线和/或无线两种通信联络方式。

9.6.5 安全管理与应急指挥中心应配置消防器材和自动应急照明设备。

9.6.6 其他主要技术指标及要求可参照 GB/T 2887—2000、GB 50198—1994、GB 50348—2004 的有关条款。

附 录 A
（规范性附录）
体育场馆的防火设计要求

A.1 体育建筑主体结构设计使用年限和建筑物耐火等级

体育建筑等级应根据其使用要求分级，不同等级体育建筑结构设计使用年限和耐火等级应符合表 A.1 的规定。

表 A.1 体育建筑结构设计使用年限和建筑物耐火等级

等级	主要使用要求	主体结构设计使用年限	耐火等级
特级	举办亚运会、奥运会及世界级比赛主场	＞100 年	不低于一级
甲级	举办全国性和国际单项比赛	50 年～100 年	不低于二级
乙级	举办地区性和全国单项比赛	50 年～100 年	不低于二级
丙级	举办地方性，群众性运动会	25 年～50 年	不低于二级

[JGJ 31—2003 中 1.0.8]

建筑物的耐火等级分为四级，其构件的燃烧性能和耐火极限应不低于表 A.2 的规定。

表 A.2 建筑物构件的燃烧性能和耐火极限

单位为小时

构件名称		耐火等级			
		一级	二级	三级	四级
墙	防火墙	不燃烧体 3.00	不燃烧体 3.00	不燃烧体 3.00	不燃烧体 3.00
	承重墙	不燃烧体 3.00	不燃烧体 2.50	不燃烧体 23.00	难烧体 0.50
	非承重外墙	不燃烧体 1.00	不燃烧体 1.00	不燃烧体 0.50	燃烧体
	楼梯间的墙、电梯井的墙	不燃烧体 2.00	不燃烧体 2.00	不燃烧体 1.50	难燃烧体
	疏散走道两侧的隔墙	不燃烧体 1.00	不燃烧体 1.00	不燃烧体 0.50	难燃烧体 0.25
	房间隔墙	不燃烧体 0.75	不燃烧体 0.50	不燃烧体 0.50	难燃烧体 0.25
柱		不燃烧体 3.00	不燃烧体 2.50	不燃烧体 2.00	难燃烧体 0.50
梁		不燃烧体 2.00	不燃烧体 1.50	不燃烧体 1.00	难燃烧体 0.50
楼板		不燃烧体 1.50	不燃烧体 1.00	不燃烧体 0.50	燃烧体
屋顶承重构件		不燃烧体 1.50	不燃烧体 1.00	燃烧体	燃烧体

表 A.2（续）

单位为小时

构件名称	耐火等级			
	一级	二级	三级	四级
疏散楼梯	不燃烧体 1.50	不燃烧体 1.00	不燃烧体 0.50	燃烧体
吊顶(包括吊顶搁栅)	不燃烧体 0.25	难燃烧体 0.25	难燃烧体 0.15	燃烧体
注1：以木柱承重且以非燃烧材料作为墙体的建筑物，其耐火等级按四级确定。 注2：二级耐火等级的建筑吊顶采用不燃烧体时，其耐火极限不限。 注3：在二级耐火等级的建筑中，面积不超过100 m^2 的房间隔墙，如执行本表的规定有困难时，可采用耐火极限不低于0.3 h的不燃烧体。 注4：一、二级耐火等级民用建筑疏散走道两侧的隔墙，按本表规定执行有困难时，可采用0.75 h不燃烧体。				

[GB 50016—2006 中表 5.1.1]

A.2 体育建筑的防火设计[1)]

A.2.1 消防安全设计

消防安全除应按照现行国家消防法规及 GB 50016—2006 执行外，还应符合以下规定：

a) 体育建筑防火分区尤其是比赛大厅、训练厅和观众休息厅等大空间处应结合建筑布局、功能分区和使用要求加以划分，并应报当地公安消防部门认定；

b) 观众厅、比赛厅或训练厅的安全出口应设置乙级防火门；

c) 位于地下室的训练用房应按规定设置足够的安全出口；

d) 比赛和训练建筑的照明控制室、声控室、配电室、发电机房、空调机房、重要库房、控制中心等部位，应采用耐火墙体、耐火楼板、耐火孔洞、耐火门窗和/或设自动水喷淋、自动气体等灭火系统作为防火保护措施。自动水喷淋灭火系统应符合 GB 50084—2001(2005 年版)的有关要求；

e) 比赛、训练大厅设有直接对外开口时，应满足自然排烟的条件；没有直接对外开口的或无外窗的地下训练室、贵宾室、裁判员室、重要库房、设备用房等应设机械排烟系统；

f) 有特殊消防需要的体育场馆应按照现行国家消防法规执行。

A.2.2 看台结构的耐火要求

室内、外观众看台结构的耐火等级，应与表1规定的建筑等级和耐久年限相一致，室外观众看台上面的罩棚结构的金属构件可无防火保护，其屋面板可采用经阻燃处理的燃烧材料。

A.2.3 墙面装修和顶棚的耐火要求

用于比赛、训练大厅的室内墙面装修和顶棚(包括吸声、隔热和保温处理)应采用不燃烧材料，当此场所内设有火灾自动灭火系统和火灾自动报警系统时，室内墙面和顶棚装修可采用难燃烧材料。

固定座位应采用烟密度指数50以下的难燃烧材料制作，地面可采用不低于难燃等级的材料制作。

A.2.4 房盖承重钢结构的防火要求

比赛、训练大厅的屋盖承重钢结构是下列情况中的一种时，承重钢结构可不做防火保护：

a) 比赛或训练大厅的墙面(含装修)用不燃烧材料；

b) 比赛或训练大厅设有耐火极限不低于0.5 h的燃烧材料的吊顶；

c) 游泳馆的比赛或训练大厅。

1) 该内容来自 JGJ 31—2003 中第8章。

A.2.5 马道的设置与防火要求

比赛、训练大厅的顶棚内可根据顶棚结构、检修要求、顶棚高度等因素设置马道，其宽度不应小于0.65 m，马道应采用不燃烧材料，其垂直交通可采用钢质梯。

A.2.6 重要机房、监控中心(室)的防火要求

比赛和训练建筑的照明控制室、声控室、配电室、发电机房、空调机房、重要库房、消防控制室(中心)等部位，按不同的防护级别采取不同的防护措施。

对于一级防护级别的场所，应同时采取下列措施作为防火保护：

a) 应采用耐火极限不低于3.0 h的墙体和耐火极限不小于1.5 h的楼板，同其他部位分隔的门、窗耐火极限不应低于1.2 h。

b) 应做防火封堵处理，防火封堵处理后的墙体和楼板的耐火极限应分别不低于3.0 h和1.5 h；

c) 设自动喷水灭火系统。当不宜设水系统时，可设气体自动灭火系统，但不应采用卤代烷1211和1301灭火系统。应采用洁净气体或二氧化碳灭火系统。

对于二级防护级别和三级防护级别的场所，应采取下列措施中的一种作为防火保护：

a) 采用耐火极限不低于2.0 h的墙体和耐火极限不小于1.5 h的楼板，同其他部位分隔的门、窗耐火极限不应低于1.2 h。

b) 设自动喷水灭火系统。当不宜设水系统时，可设气体自动灭火系统，但不得采用卤代烷1211和卤代烷1301灭火系统。应采用洁净气体或二氧化碳灭火系统。

A.3 消防设施要求

A.3.1 消火栓的设置

消火栓应按GB 50016—2006的规定设置。消火栓宜设在门厅、休息厅、观众厅的主要入口及靠近楼梯的明显位置。

A.3.2 自动喷水灭火系统的设置

贵宾室、器材库、运动员休息室等应按GB 50016—2006中对体育馆的规定设置自动喷水灭火系统，可按GB 50084—2001(2005版)的中危险级Ⅰ级设计；

赛后用做其他用途的房间，应按平时使用功能确定设置自动喷水灭火系统。

A.4 其他消防要求

甲级以上体育馆中当消火栓、自动喷水灭火系统还不能满足消防要求时，应设其他可行的自动灭火设施。消防设施的设置可参照GB 50140—2005及GB 50338—2003的相关要求执行。

有特殊消防需要的体育场馆应按现行国家消防规范执行，并应报当地消防监督部门认定。